avaliação de impacto ambiental
conceitos e métodos

3ª edição | atualizada e aprimorada

NOVO capítulo sobre Impactos Cumulativos

Luis Enrique Sánchez

avaliação de impacto ambiental
conceitos e métodos

© Copyright 2006 Oficina de Textos
1ª reimpressão 2008 | 2ª reimpressão 2010 | 3ª reimpressão 2011
2ª edição 2013 | 1ª reimpressão 2015
3ª edição 2020 | 1ª reimpressão 2022

Grafia atualizada conforme o Acordo Ortográfico da Língua Portuguesa de 1990,
em vigor no Brasil a partir de 2009.

CONSELHO EDITORIAL Cylon Gonçalves da Silva; Doris C. C. K. Kowaltowski;
José Galizia Tundisi; Luis Enrique Sánchez; Paulo Helene;
Rozely Ferreira dos Santos; Teresa Gallotti Florenzano

CAPA e PROJETO GRÁFICO Malu Vallim
DIAGRAMAÇÃO Victor Azevedo
FOTOS Luis Enrique Sánchez
PREPARAÇÃO DE FIGURAS Maria Lucia Rigon e Malu Vallim
PREPARAÇÃO DE TEXTO Hélio Hideki Iraha
REVISÃO DE TEXTOS Natália Pinheiro Soares
IMPRESSÃO E ACABAMENTO BMF gráfica e editora

Dados Internacionais de Catalogação na Publicação (CIP)
(Câmara Brasileira do Livro, SP, Brasil)

Sánchez, Luis Enrique
Avaliação de impacto ambiental : conceitos e
métodos / Luis Enrique Sánchez. -- 3. ed. atual. e
aprimorada. -- São Paulo : Oficina de Textos, 2020.

Bibliografia.
ISBN 978-65-86235-03-6

1. Desenvolvimento sustentável 2. Gestão ambiental
3. Impacto ambiental - Avaliação 4. Impacto
ambiental - Estudo de casos I. Título.

20-39427   CDD-363.7

Índices para catálogo sistemático:
1. Avaliação : Impacto ambiental : Gestão ambiental
363.7

Cibele Maria Dias - Bibliotecária - CRB-8/9427

Todos os direitos reservados à **Oficina de Textos**
Rua Cubatão, 798
CEP 04013-003 São Paulo - SP - Brasil
tel. (11) 3085 7933
site: www.ofitexto.com.br
e-mail: atend@ofitexto.com.br

PREFÁCIO À 3ª EDIÇÃO

Para esta nova edição, inteiramente revisada, encarei o duplo desafio de atualizar e de "enxugar" o livro, ou seja, de tratar de mais assuntos em menos espaço. Como não há mágica, passei meses à caça de palavras supérfluas e construindo sentenças mais concisas. Espero que o texto tenha ficado mais leve e completo.

Afinal, sempre há novos desafios em avaliação de impactos. Mudanças climáticas, perda acelerada de biodiversidade, pressão crescente sobre povos indígenas e o papel da avaliação de impactos na promoção do desenvolvimento sustentável são alguns dos temas com presença ampliada nesta edição.

Dentre as novidades, destaco a adição de um capítulo sobre impactos cumulativos, prática cada vez mais necessária. Há também novas figuras e mais exemplos de casos reais, além de atualização bibliográfica.

Cada capítulo foi minuciosamente revisto. As mudanças mais substanciais estão nos Caps. 10, 13 e 18, sobre avaliação de significância, plano de gestão e fase de acompanhamento.

Também destaco a ampliação do glossário, com novos termos, e do índice remissivo, com mais entradas. Ambos serão ferramentas importantes para que o livro possa ser utilizado como fonte contínua de consulta acadêmica e profissional. Uma novidade desta edição são "pílulas" com mensagens fundamentais condensadas em cada capítulo, um total de 66 recomendações de boa prática.

Parte do conteúdo está agora on-line, no site da editora, incluindo o apêndice "Recursos", que poderá ser atualizado com frequência.

Devo renovar minha expectativa expressa ao final da edição anterior: espero que *Avaliação de Impacto Ambiental: conceitos e métodos* tenha se tornado mais atual e completo e também mais fácil de ser consultado pelo estudante, pelo pesquisador e pelo profissional.

PREFÁCIO À 2ª EDIÇÃO

Mantendo a estrutura e a sequência dos capítulos, esta segunda edição foi inteiramente revista e atualizada. Inevitavelmente, foi também um pouco ampliada.

Dentre as principais novidades, destacam-se as várias menções aos Padrões de Desempenho Socioambiental da *International Finance Corporation* (IFC). Recém-lançados quando da primeira edição do livro, em 2006, a nova versão de 2012 desses Padrões tem rapidamente se tornado uma referência internacional que poderá influenciar a prática da avaliação de impacto ambiental (AIA) em vários países. Os Padrões também são adotados pelas instituições financeiras que subscrevem os Princípios do Equador, o que mostra o papel crescente da avaliação de impacto ambiental no âmbito das instituições financeiras privadas.

Uma maior explicitação da noção de hierarquia de mitigação também está presente em vários capítulos, procurando reforçar a ideia de que uma das principais funções da avaliação de impacto ambiental é contribuir para o planejamento de projetos que *evitem* impactos adversos, e não apenas atenuem esses impactos. No outro extremo da hierarquia, as funções da compensação ambiental e seus diferentes tipos também são discutidas com maior detalhe.

Outros novos temas, como justiça ambiental, serviços ecossistêmicos e impactos sobre a saúde, também foram incorporados a esta edição.

No Cap. 6, mais espaço é dedicado à apresentação de ferramentas e abordagens para a fase de definição de escopo dos estudos de impacto ambiental, etapa onde a prática brasileira evoluiu muito pouco. Este capítulo foi o que mais "engordou", estando agora um terço maior que na primeira edição.

O Cap. 7 traz uma ampliação da seção sobre custos do processo de AIA. O Cap. 11 também foi ampliado, trazendo mais detalhes sobre ferramentas de avaliação.

Importantes adições foram feitas ao Cap. 13. Suas seções foram mantidas, mas conteúdo foi acrescentado a todas elas, como novos exemplos de mitigação, uma comparação internacional sobre medidas compensatórias e uma atualização sobre boas práticas em reassentamento de populações humanas, entre outras mudanças.

O Cap. 16 apresenta mais exemplos de consulta pública e discorre com maior detalhe sobre as diferenças e similaridades entre as tarefas da consulta oficial e aquelas que, cada vez mais, devem ser realizadas pelos empreendedores e muito antes das audiências oficiais. O capítulo também inclui uma nova seção sobre consulta livre, prévia e informada.

Novos casos e exemplos reais são mencionados, ampliando a lista de EIAs de diversos países citados. Novas referências bibliográficas alertam os estudantes e profissionais da área para a importância de se manter atualizado. Mais referências também foram acrescentadas à seção "Recursos", que permite ao leitor localizar fontes de informação e documentos técnicos seja para aprofundar estudos ou pesquisas, seja para melhorar sua prática profissional. Finalmente, um novo índice remissivo com mais de 400 termos facilita a consulta.

Espero que, com estas modificações, *Avaliação de Impacto Ambiental: conceitos e métodos* tenha se tornado não somente mais atual e mais completo como também mais fácil de ser consultado pelo estudante, pelo pesquisador e pelo profissional.

PREFÁCIO

Vinte anos para escrever um livro não é muito. Não é exagero dizer que comecei a escrevê-lo em julho de 1985, em um frio e cinzento verão da também cinzenta Aberdeen, na costa oriental da Escócia. O *Center for Environmental Management and Planning* – CEMP, da Universidade de Aberdeen, era reconhecido pelo seminário internacional de duas semanas, que todos os anos reunia, sempre no "verão", especialistas de vários países para palestras, debates e exercícios sobre Avaliação de Impacto Ambiental (AIA). Era uma excelente oportunidade para quem, em poucos meses, pretendia iniciar um doutorado sobre esse tema. Foi uma longa viagem desde a França, onde eu já era bolsista do CNPq (Conselho Nacional de Desenvolvimento Científico e Tecnológico), de ônibus, navio, trem e até carona, pois era preciso economizar. Atendendo pedido de minha amiga Elizabeth Monosowski, os organizadores do seminário haviam me oferecido uma bolsa, mas eu teria de chegar e me hospedar por meus próprios meios.

No inverno parisiense de fevereiro de 1989, outro fato influenciaria este livro. Bill Kennedy, Rémy Barré, Ignacy Sachs e Pierre-Noël Giraud, estes últimos, respectivamente, coorientador e orientador, acharam que aquele "objeto físico, prescrito pela lei, composto de um certo número de páginas datilografadas, que se supõe tenha alguma relação com a disciplina na qual a pessoa se gradua, e que não deixe a banca em um estado de doloroso estupor", como Umberto Eco (1986, p. 249) define uma tese, merecia aprovação. Bem, eu havia concluído uma tese sobre "Os papéis dos estudos de impacto ambiental de projetos mineiros", depois de quatro anos e meio como bolsista do CNPq. Foi, na verdade, o ponto de partida para minha dedicação profissional à avaliação de impacto ambiental.

De volta a São Paulo, após o doutorado, havia boa demanda para estudos de impacto ambiental e, felizmente, pude logo começar a trabalhar no ramo. Como meu interesse era mais voltado para a vida acadêmica, enviei um trabalho baseado em minha tese para um simpósio organizado pelo Professor Sérgio Médici de Eston, na Escola Politécnica da Universidade de São Paulo, em agosto de 1989. Na sequência, veio um convite para ministrar algumas aulas em uma nova disciplina que o Departamento de Engenharia de Minas havia criado para os quintoanistas. Coincidentemente, abriu-se um concurso para contratar um novo docente e, dez anos depois de me graduar na Poli, voltei como professor e iniciei uma disciplina de pós-graduação sobre Avaliação de Impacto Ambiental de Projetos de Mineração, em 1990.

Meu interesse por temas ambientais vinha desde a graduação – período que também me possibilitou as primeiras experiências de convivência multidisciplinar. Já no primeiro ano de universidade, ingressei no CEU – Centro Excursionista Universitário –, onde estudantes de todas as áreas se reuniam para fazer caminhadas, escaladas, mergulhos e visitar cavernas. Para alguns adeptos do excursionismo, a atividade implicava mais que recreação e demandava uma verdadeira interpretação da natureza. Logo notei que isso ainda era insuficiente: os belos lugares que frequentávamos eram cada vez mais assediados por interesses econômicos – imobiliários, turísticos, minerários –, cujos impactos iam se evidenciando.

Nessa época, notei que a Engenharia era insuficiente para lidar com a natureza e a sociedade, e fui buscar na Geografia um complemento indispensável. No início dos anos 1980, depois de me formar em Engenharia de Minas e enquanto fazia a graduação em Geografia, a avaliação de impacto ambiental (AIA) surgiu como um assunto promissor para quem quisesse se dedicar ao então restrito campo de trabalho do planejamento e gestão ambiental.

O primeiro embrião deste livro só surgiu muitos anos depois, em 1998, quando passei a ministrar uma disciplina sobre AIA no Pece – Programa de Educação Continuada –, da Escola Politécnica. Tive de preparar uma apostila, bem esbelta nesse primeiro ano, mas que foi engordando com o passar dos anos, pois os alunos do curso de especialização do período noturno tinham um perfil diferente dos alunos da pós-graduação. Para estes, eu apontava uma vasta bibliografia e cada um se virava como podia. Já os alunos do curso noturno não tinham muito tempo.

Outra motivação para este livro viria com a aproximação de uma disciplina de graduação, iniciada em 2006. Mais uma vez, eu teria de pensar em métodos diferentes de ensino. Seria muito bom ter uma apostila completa, mas um livro seria muito melhor. Os amigos já me diziam isso havia anos. Sem me consultar, Rozely Ferreira dos Santos furtivamente entregou um exemplar de uma versão da apostila para Shoshana Signer, que havia fundado uma editora de livros técnicos e científicos (a Oficina de Textos) e que se interessou pelo tema, decidindo publicá-lo. A partir de então, não pude mais fugir da responsabilidade. Dei minha palavra de que entregaria um texto completo, mas negociei vários meses de prazo.

Com esta breve história de meu envolvimento pessoal, quero dizer que a avaliação de impacto ambiental é um tema fascinante, que reúne trabalho de campo com o emprego de ferramentas computacionais, engloba a conversa com o cidadão comum, a negociação privada com interesses econômicos e o debate público. O profissional da avaliação de impacto ambiental só terá sucesso se for capaz de dialogar com profissionais especializados, ao mesmo tempo que cultiva a multidisciplinaridade.

O termo "avaliação de impacto ambiental" tem hoje múltiplos sentidos. Designa diferentes metodologias, procedimentos ou ferramentas empregados por agentes públicos e privados no campo do planejamento e gestão ambiental, sendo usado para descrever os impactos ambientais decorrentes de projetos de engenharia, de obras ou atividades humanas quaisquer, incluindo tanto os impactos causados pelos processos produtivos quanto aqueles decorrentes dos produtos dessa atividade. É usado para descrever os impactos que podem advir de um determinado empreendimento a ser implantado, assim como para designar o estudo dos impactos que ocorreram no passado ou estão ocorrendo no presente.

PREFÁCIO

Assim, é comum encontrar-se, sob a denominação de avaliação de impacto ambiental, atividades tão diferentes como: (i) previsão dos impactos potenciais que um projeto de engenharia poderá vir a causar, caso venha a ser implantado; atualmente, essa modalidade da avaliação de impacto ambiental divide-se em ramos especializados, como avaliação de impacto social, de impactos sobre a saúde humana e outros; (ii) identificação das consequências futuras de planos ou programas de desenvolvimento socioeconômico ou de políticas governamentais (modalidade conhecida como avaliação ambiental estratégica); (iii) estudo das alterações ambientais ocorridas em uma determinada região ou determinado local, decorrentes de uma atividade individual ou de uma série de atividades humanas, passadas ou presentes (nesta acepção, a avaliação de impacto ambiental também é chamada de avaliação de dano ambiental ou avaliação do passivo ambiental, uma vez que se preocupa com os impactos ambientais negativos); (iv) identificação e interpretação de aspectos e impactos ambientais decorrentes das atividades de uma organização, nos termos das normas técnicas da série ISO 14.000; (v) análise dos impactos ambientais decorrentes do processo de produção, da utilização e do descarte de um determinado produto (esta forma particular de avaliação de impacto ambiental é também chamada de análise de ciclo de vida).

Embora todas essas variantes da AIA tenham uma raiz comum, passaram a trilhar caminhos próprios, o que é natural em toda disciplina. Tratar de todas elas com a devida profundidade não é possível em um único livro. Para cada uma dessas cinco modalidades, foram desenvolvidas metodologias e ferramentas específicas, haja vista que seus objetivos não são inteiramente coincidentes. Assim, este livro trata, essencialmente, da primeira variante, aquela que deu origem às demais e que tem como objetivo antever as consequências futuras sobre a qualidade ambiental de decisões tomadas hoje. É nesse sentido que a avaliação de impacto ambiental será abordada aqui.

O tema é apresentado em seis partes. Na primeira (Cap. 1), alinhavam-se conceitos e definições essenciais para a boa compreensão do texto. As origens e a evolução da Avaliação de Impacto Ambiental, uma disciplina em constante movimento, são tratadas na segunda parte (Cap. 2). Na terceira parte, define-se o processo de AIA e apresentam-se suas etapas iniciais (Cap. 3 ao 5). O planejamento e a preparação de um estudo de impacto ambiental (modelo para as demais modalidades de estudos ambientais) é tratado na quarta parte (Cap. 6 ao 14). As etapas do processo de AIA que levam à tomada de decisões é o assunto discutido na quinta parte (Cap. 15 ao 17), ao passo que a última parte (Cap. 18) aborda a continuidade da avaliação de impacto ambiental após a aprovação dos projetos. Glossário, bibliografia e um apêndice com indicações de documentos e endereços para busca de informações adicionais complementam o livro.

para Solange, Júlia e Felipe

AGRADECIMENTOS

A preparação de um livro como este somente é possível com a colaboração de muitas pessoas, de estudantes que me fizeram perguntas difíceis a amigos que facilitaram o acesso a informações ou indicaram casos interessantes. Nunca é possível fazer justiça a todos, nem mesmo na forma de uma lista que obrigatoriamente estaria fadada ao esquecimento de nomes que não poderiam faltar. Mas não posso deixar de mencionar algumas pessoas que tiveram um impacto direto sobre este livro, ao me fornecerem e autorizarem a reprodução de diversas figuras: Adolfo Yustas, Amarílis Lúcia Casteli Figueiredo Gallardo, Biviany Rojas Garzón, Ciro Terêncio Russomano Ricciardi, Cristina Catunda, João Claudio Estaiano, Lígia Mello; Maria Keiko Yamauchi, Michiel Wichers, Milton Akira Ishisaki, Paulo Sztutman, Richard Fuggle, e Juliana Siqueira-Gay, que produziu quatro mapas especialmente para a terceira edição.

Elvira Gabriela Dias teve a paciência de rever diversas versões da apostila que precedeu este livro e, principalmente, fez uma revisão minuciosa da versão quase final da primeira edição do manuscrito, caçando erros e incoerências e fazendo perguntas essenciais. Luiz César de Souza Pinto leu e releu a primeira edição, anotando inúmeras sugestões. Devo também agradecer a alunos e outros leitores que trouxeram sugestões, perguntas e dúvidas sobre as edições anteriores.

Solange, minha esposa, e Júlia e Felipe, meus filhos, foram compreensivos com minhas inevitáveis ausências, especialmente durante a redação e revisão final do livro e na longa atualização da terceira edição. Também foram fonte de estímulo e alegria nos momentos de convívio familiar.

Por três vezes, a equipe da Oficina de Textos foi compreensiva com minha demora na resolução de algumas pendências.

Finalmente, Miles Davis, John Coltrane e Charlie Haden, entre outros, deram uma bela mãozinha quando sequer havia projeto de livro e eu apenas escrevia minha tese de doutorado.

CAPÍTULO UM

Conceitos e Definições 19

1.1 Ambiente 20
1.2 Cultura e patrimônio cultural 23
1.3 Poluição 24
1.4 Degradação ambiental 26
1.5 Resiliência 27
1.6 Impacto ambiental 28
1.7 Aspecto ambiental 32
1.8 Processos ambientais 33
1.9 Recuperação ambiental 37
1.10 Avaliação de impacto ambiental 40
1.11 Síntese 41

CAPÍTULO DOIS

Origem e difusão da avaliação de impacto ambiental 43

2.1 Origens 44
2.2 Difusão internacional: países pioneiros 46
2.3 Difusão internacional: cooperação para o desenvolvimento 52
2.4 AIA em tratados internacionais 54
2.5 AIA no Brasil e licenciamento ambiental 59
2.6 Padrões de desempenho e instituições financeiras 64

CAPÍTULO TRÊS

O processo de avaliação de impacto ambiental e seus objetivos 69

3.1 Os objetivos da avaliação de impacto ambiental 71
3.2 O ordenamento do processo de AIA 73
3.3 As principais etapas do processo 75
3.4 O processo de AIA para fins de licenciamento no Brasil 79
3.5 O processo de AIA em algumas jurisdições 81

CAPÍTULO QUATRO

Etapa de triagem 87

4.1 O que é impacto significativo? 89

4.2 Critérios e procedimentos de triagem	92
4.3 Síntese	105

CAPÍTULO CINCO

Determinação do escopo do estudo e formulação de alternativas — 107

5.1 Determinação da abrangência e do escopo de um estudo de impacto ambiental	108
5.2 Histórico	110
5.3 Participação pública na determinação do escopo	112
5.4 Termos de referência	114
5.5 Como selecionar as questões relevantes?	117
5.6 A formulação de alternativas: evitar e reduzir impactos adversos	126
5.7 Síntese e problemática	132

CAPÍTULO SEIS

Etapas do planejamento e da elaboração de um estudo de impacto ambiental — 135

6.1 Duas perspectivas contraditórias na realização de um estudo de impacto ambiental	136
6.2 Principais atividades na elaboração de um estudo de impacto ambiental	138
6.3 Custos do estudo e do processo de avaliação de impacto ambiental	146
6.4 Síntese	148

CAPÍTULO SETE

Identificação de Impactos — 151

7.1 Formulando hipóteses	152
7.2 Identificação das causas: ações ou atividades humanas	154
7.3 Descrição das consequências: aspectos e impactos ambientais	157
7.4 Ferramentas	163
7.5 Coerência e integração	177
7.6 Síntese	179

CAPÍTULO OITO

Estudos de base e diagnóstico ambiental 181

8.1 Fundamentos 182
8.2 O conhecimento do meio afetado 183
8.3 Planejamento dos estudos 184
8.4 Conteúdos e abordagens dos estudos de base 189
8.5 Planejamento dos estudos de base na definição do escopo 216
8.6 Descrição e análise 216

CAPÍTULO NOVE

Previsão de impactos 219

9.1 Planejar a previsão de impactos 220
9.2 Indicadores de impactos 221
9.3 Métodos de previsão de impactos 222
9.4 Incertezas e erros de previsão 239
9.5 Síntese 245

CAPÍTULO DEZ

Avaliação da importância dos impactos 247

10.1 Critérios de importância 248
10.2 Avaliação de importância na prática 256
10.3 Outras formas de determinar a importância 263
10.4 Análise e comparação de alternativas 265
10.5 Síntese 272

CAPÍTULO ONZE

Impactos cumulativos 275

11.1 Base conceitual 277
11.2 Exemplos 282
11.3 Métodos 284

CAPÍTULO DOZE

Considerando riscos em Avaliação de Impacto Ambiental 297

12.1 Riscos ambientais 298

12.2 Um longo histórico de acidentes tecnológicos	301
12.3 Definições	304
12.4 Estudos de análise de riscos	305
12.5 Ferramentas para análise de riscos	308
12.6 Preparação e atendimento a emergências	314
12.7 Percepção de riscos	315

CAPÍTULO TREZE

MITIGAÇÃO E PLANO DE GESTÃO AMBIENTAL — 319

13.1 Plano de gestão	321
13.2 Hierarquia de mitigação	322
13.3 Medidas compensatórias	331
13.4 Reassentamento de populações humanas	335
13.5 Medidas de valorização dos impactos benéficos	338
13.6 Estudos complementares ou adicionais	340
13.7 Plano de monitoramento	341
13.8 Medidas de capacitação e gestão	342
13.9 Desenvolvendo um plano de gestão ambiental	344

CAPÍTULO QUATORZE

COMUNICAÇÃO EM AVALIAÇÃO DE IMPACTO AMBIENTAL — 347

14.1 O interesse dos leitores	349
14.2 Objetivos, conteúdos e veículos de comunicação	352
14.3 Deficiências de comunicação comuns em relatórios técnicos	356
14.4 Soluções simples para reduzir o ruído na comunicação escrita	359
14.5 Mapas, plantas e desenhos	363
14.6 Comunicação com o público	366

CAPÍTULO QUINZE

ANÁLISE TÉCNICA DOS ESTUDOS AMBIENTAIS — 369

15.1 Fundamentos	370
15.2 O problema da qualidade dos estudos ambientais	372
15.3 Ferramentas para análise e avaliação dos estudos ambientais	378
15.4 Os comentários do público e as conclusões da análise técnica	384

CAPÍTULO DEZESSEIS

Participação Pública	387
16.1 A ampliação da noção de direitos humanos	388
16.2 Graus de participação pública	391
16.3 Objetivos da consulta pública	396
16.4 A consulta pública oficial	398
16.5 Procedimentos de consulta pública em algumas jurisdições	401
16.6 Engajamento das partes interessadas	405
16.7 A consulta aos povos indígenas	410

CAPÍTULO DEZESSETE

A tomada de decisão no processo de Avaliação de Impacto Ambiental	413
17.1 Modalidades de processos decisórios	414
17.2 Modelo decisório no Brasil	417
17.3 Decisão técnica ou política?	418
17.4 Negociação	420
17.5 Mecanismos de controle	425

CAPÍTULO DEZOITO

A Etapa de acompanhamento no processo de Avaliação de Impacto Ambiental	427
18.1 A etapa de acompanhamento e a efetividade da avaliação de impacto ambiental	428
18.2 Instrumentos para acompanhamento	430
18.3 Arranjos para acompanhamento	433
18.4 Integração entre planejamento e gestão	441
18.5 Síntese	445
Epílogo	447
Glossário	449
Estudos Ambientais Citados	455
Referências bibliográficas	458
Índice remissivo	485

CONCEITOS E DEFINIÇÕES

1

Os diversos ramos da ciência desenvolveram terminologia própria, procurando dar às palavras um significado o mais exato possível, eliminar ambiguidades e reduzir a margem para diferentes interpretações. A gestão ambiental, ao contrário, utiliza vários termos do vocabulário comum. Palavras como "impacto", "avaliação" e mesmo a própria palavra "ambiente" ou o termo "meio ambiente" não foram cunhadas propositadamente para expressar algum conceito preciso, mas apropriadas do vernáculo, e fazem parte do jargão dos profissionais desse campo. Neste capítulo, são apresentadas definições de termos correntes no campo de planejamento e gestão ambiental e empregados seguidamente neste livro. Essa revisão conceitual tem o propósito de, em primeiro lugar, mostrar a diversidade de acepções, mesmo entre especialistas, e, em segundo lugar, estabelecer a base terminológica empregada ao longo de todo o livro.

O próprio conceito de "ambiente" admite múltiplas acepções, que serão exploradas antes de se conceituar "impacto ambiental". A questão ambiental diz respeito ao meio natural ou ao meio de vida dos seres humanos? Quando se diz que determinado projeto não é viável ou aceitável ambientalmente, o que se entende por ambiente? Ao se declarar que determinado produto é preferível em relação a produtos similares porque causa menor impacto ambiental, de que ambiente se fala?

1.1 AMBIENTE

O conceito de "ambiente", central para o campo do planejamento e gestão ambiental, é amplo, multifacetado e maleável. Amplo porque pode incluir tanto a natureza como a sociedade. Multifacetado porque pode ser apreendido sob diferentes perspectivas. Maleável porque pode ser reduzido ou ampliado de acordo com as necessidades do analista ou os interesses dos envolvidos.

Muitos livros-texto de ciência ambiental sabiamente passam longe de qualquer tentativa de definição do termo. Envolver-se em insolúveis controvérsias filosóficas e epistemológicas ou em ásperas discussões sobre campos de competências profissionais pode ser a sina de quem se arrisca nessa seara. Mesmo assim, não são poucos os que o fizeram, desde anônimos assessores parlamentares, redatores de projetos de lei, até renomados cientistas. Conceituar o termo "ambiente" está longe de ter somente relevância acadêmica ou teórica. O entendimento amplo ou restrito do conceito determina o alcance de políticas públicas, de ações empresariais e de iniciativas da sociedade civil. No campo da avaliação de impacto ambiental (AIA), define a abrangência dos estudos ambientais, das medidas mitigadoras, dos planos de gestão ambiental.

Em muitas jurisdições, o estudo de impacto ambiental (EIA) não é limitado às repercussões físicas e ecológicas dos projetos de desenvolvimento, mas inclui seus efeitos econômicos, sociais e culturais. Tal entendimento faz sentido quando se pensa que as repercussões de um projeto podem ir além de suas consequências ecológicas (Fig. 1.1). Uma barragem que afete os movimentos migratórios de peixes poderá causar uma redução no estoque de espécies consumidas por populações humanas locais ou capturadas para fins comerciais, o que terá implicações para essas comunidades, seu modo de vida ou sua capacidade de obter renda. Trata-se, claramente, de impactos sociais e econômicos que não podem ser ignorados ou menosprezados em um EIA. Quando pequenos agricultores perdem suas terras ou suas casas para dar lugar a uma represa, não é apenas seu meio de subsistência que é afetado, mas o próprio local em que vivem, onde nasceram muitos dos habitantes atuais e onde jazem seus ancestrais. A barragem afeta os modos de viver e fazer dessas pessoas, diretamente ligados ao lugar onde moram. O que pensar quando as

Fig. 1.1 *Parque Nacional Kakadu, situado nos Territórios do Norte, Austrália. No plano médio vê-se a mina de urânio Ranger e, ao fundo, escarpa arenítica onde são cultuados os espíritos sagrados dos Aborígenes. Uma das principais dificuldades para aprovação desse projeto foi seu impacto sobre os valores culturais da população nativa*

águas inundam os pontos de encontro da comunidade, locais de lazer como praias fluviais ou uma determinada curva do rio onde tem início uma procissão fluvial anual? Trata-se de um impacto sobre a cultura popular. Deveria ser levado em conta no EIA?

O caráter múltiplo do conceito de meio ambiente não só permite diferentes interpretações, como se reflete em uma variedade de termos correlatos, oriundos de distintas disciplinas e cunhados em diferentes momentos históricos. O desenvolvimento da ciência produziu conhecimento cada vez mais profundo da natureza, bem como uma grande especialização não somente dos cientistas, mas também dos profissionais formados nas universidades. Por essa razão, o campo de trabalho do planejamento e gestão ambiental requer equipes multidisciplinares (além de profissionais capazes de integrar as contribuições dos vários especialistas). Uma síntese das diferentes acepções do ambiente e de termos descritivos de diferentes elementos, compartimentos ou funções é mostrada na Fig. 1.2.

Por um lado, ambiente é o meio de onde a sociedade extrai os recursos essenciais à sobrevivência e os recursos demandados pelo processo de desenvolvimento socioeconômico. Esses recursos são geralmente denominados *naturais*. Por outro lado, o ambiente é também o meio de vida, de cuja integridade depende a manutenção de funções ecológicas essenciais à vida. Desse modo, emergiu o conceito de *recurso ambiental*, que se refere não somente à capacidade da natureza de fornecer recursos físicos e biológicos, mas também de prover serviços e desempenhar funções de *suporte à vida*.

Até a primeira metade do século XX era generalizado o uso do termo recurso natural. Desenvolveram-se disciplinas especializadas, como a Geografia dos Recursos Naturais e a Economia dos Recursos Naturais. Implícita nesse conceito está uma concepção da natureza como fornecedora de bens. No entanto, a sobre-exploração dos recursos naturais desencadeia diversos processos de *degradação ambiental*, afetando a própria capacidade da natureza de prover os serviços e as funções essenciais à vida.

É nítido, então, que o conceito de ambiente oscila entre dois polos: o fornecedor de recursos e o meio de vida, que são duas faces de uma só realidade. Ambiente não se define "somente como um meio a defender, a proteger, ou mesmo a conservar intacto, mas também como potencial de recursos que permite renovar as formas materiais e sociais do desenvolvimento" (Godard, 1980, p. 7).

Para Theys (1993), que examinou várias classificações, tipologias e definições de ambiente, há três maneiras de conceituá-lo: uma concepção objetiva, uma subjetiva e a que

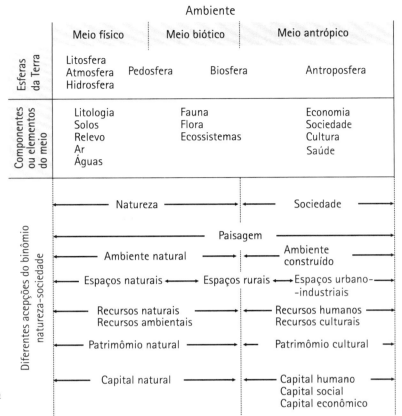

Fig. 1.2 *Abrangência do conceito de ambiente e termos correlatos usados em diferentes disciplinas*

o autor denomina de tecnocêntrica. Na concepção objetiva, ambiente é assimilado à ideia de natureza e pode ser descrito como uma coleção de objetos naturais em diferentes escalas (do pontual ao global) e níveis de organização (do organismo à biosfera), e as relações entre eles (ciclos, fluxos, redes, cadeias tróficas). Tal concepção pode ser vista como biocêntrica, segundo a qual nenhuma espécie tem mais importância que outra, e a própria sociedade, em certa medida, pode ser analisada à luz desses conceitos, como o fazem disciplinas como a Ecologia Humana (Morán, 1990).

A concepção subjetiva ou relacional encara o ambiente como "um sistema de relações entre o homem e o meio, entre 'sujeitos' e 'objetos'" (Theys, 1993, p. 22). Essas conexões entre os sujeitos (indivíduos, grupos, sociedades) e os objetos (fauna, flora, água, ar etc.) implicam necessariamente relações *entre* esses sujeitos a respeito das regras de apropriação dos objetos do ambiente, transformando-os em objetos de conflito, e o ambiente, em um campo de conflitos. A concepção antropocêntrica pode ser profundamente fragmentada, na medida em que "cada indivíduo, cada grupo social, cada sociedade seleciona, entre os elementos do meio e entre os tipos de relações, aquelas que lhe importam" (Theys, 1993, p. 26), de modo que o ambiente não é uma totalidade, e sua apreensão depende do ponto de vista, de um sistema de valores, crenças, da percepção. Em qualquer caso, ambiente é algo externo ao agente ou a um sistema. Conflitos entre "desenvolvimentistas" ou "produtivistas" e integrantes de certas correntes do movimento ambientalista podem ser interpretados sob esse ângulo.

No entanto, a extensão do "natural" no planeta Terra modifica-se conforme a Humanidade expande sem cessar suas atividades e interfere de modo crescente na natureza. A relação das sociedades contemporâneas com seu ambiente é mediada pelo emprego de técnicas cada vez mais sofisticadas, a ponto de muitas vezes diluir a própria noção de ambiente como um elemento distante ou virtual. Na prática, a sociedade moderna não tem outra opção a não ser *gerir* o meio ambiente, ou seja, ordenar e reordenar constantemente a relação entre a sociedade e o mundo natural. Na verdade, a distinção entre "sujeito" e "objeto" perde muito de seu sentido, haja vista a crescente artificialização do mundo natural. Mas, como não há nem pode haver independência ou autonomia da cultura em relação à natureza, faz-se necessário melhor gerir essa relação, e duas perspectivas são possíveis (Theys, 1993, p. 30):

> (i) tentar determinar as condições de produção do melhor ambiente possível para o ser humano, renovando sem cessar as formas de apropriação da natureza, ou
> (ii) tentar determinar o que é suportável pela natureza, estabelecendo, portanto, limites à ação da sociedade.

Assim, sob um ponto de vista que, idealmente, coadune as visões e contribuições das diversas disciplinas para o campo do planejamento e gestão ambiental, deve-se buscar entender o ambiente sob múltiplas acepções: não somente como uma coleção de objetos e de relações entre eles, nem como algo externo a um sistema (a empresa, a cidade, a região, o projeto) e com o qual esse sistema interage, mas também como um conjunto de condições e limites que deve ser conhecido, mapeado, interpretado – definido coletivamente, portanto –, e dentro do qual evolui a sociedade.

1.2 Cultura e patrimônio cultural

Os impactos ambientais de um projeto podem ir além de suas consequências ecológicas. Ações humanas repercutem sobre as pessoas, quer no plano social ou econômico, quer no plano cultural ou no âmbito da saúde. O reassentamento de uma população deslocada por um empreendimento pode desfazer toda uma rede de relações comunitárias, causar o desaparecimento de pontos de encontro ou de referenciais de memória e, com isso, relegar lendas ou manifestações da cultura popular ao esquecimento. Ademais, empreendimentos modernizadores modificam profundamente os modos de vida das populações tradicionais, nem sempre preparadas ou mesmo desejosas dessas modificações.

A palavra "cultura" reflete uma noção muito vasta. Em certo sentido, tudo o que faz o ser humano é cultura. Cultura pode ser entendida como o oposto ou o complemento da natureza. Cientistas sociais falam em cultura técnica; administradores, em cultura organizacional. Para se discutir "impacto cultural", é preciso ter uma definição operativa de cultura. Bosi (1992) sintetiza o conceito de cultura como "herança de valores e objetos compartilhada por um grupo humano relativamente coeso". Morin e Kern (1993, p. 60) a definem como:

> conjunto de regras, conhecimentos, técnicas, saberes, valores, mitos, que permite e assegura a alta complexidade do indivíduo e da sociedade humana e que, não sendo inato, precisa ser transmitido e ensinado a cada indivíduo em seu período de aprendizagem para poder se autoperpetuar e perpetuar a alta complexidade antropossocial.

Uma maneira de tratar a cultura em termos de avaliação de impactos é empregar a noção de "patrimônio cultural". Atualmente, esse é um conceito muito abrangente, abarcando um sem-número de criações humanas, passadas ou presentes. No passado, porém, o conceito de "patrimônio" limitava-se a bens de natureza material que rece-

Fig. 1.3 *Procissão fluvial no rio Ribeira de Iguape em Iporanga. A imagem de uma santa é trazida de barco até a sede municipal, onde a população aguarda às margens do rio. Os locais de embarque e desembarque e o percurso são lugares de memória, de cuja integridade depende a festividade*

biam alguma forma de reconhecimento oficial, como na locução "patrimônio histórico". Modernamente, "patrimônio cultural" inclui também bens de natureza imaterial, assim como produtos da cultura popular. A Constituição brasileira de 1988 traz uma definição ampla e atual de patrimônio cultural (art. 216), que abarca, entre outros, formas de expressão, modos de criar, fazer e viver, objetos, documentos, sítios de valor histórico, paisagístico e científico.

Os bens imateriais ou intangíveis incluem uma ampla variedade de produções coletivas, como línguas, lendas, mitos, danças e festividades, atualmente tão necessitadas de proteção quanto os recursos ambientais (Fig. 1.3). Uma Convenção internacional promovida pela Organização das Nações Unidas para a Educação, Ciência e Cultura (Unesco), a Convenção de Paris (17 de outubro de 2003), objetiva especificamente a salvaguarda do patrimônio cultural imaterial, reconhecendo-o como "garantidor do desenvolvimento sustentável" e importante elemento da diversidade cultural. Os Estados signatários se comprometem a realizar um inventário do patrimônio imaterial e a adotar políticas de valorização. No Brasil, o Instituto do Patrimônio Histórico e Artístico Nacional (Iphan) faz o inventário nacional de referências culturais e mantém o registro de celebrações, formas de expressão, lugares e saberes (Iphan, 2000).

Já os bens materiais podem ser classificados em móveis ou imóveis. Aqueles são mais facilmente protegidos dos impactos que podem advir de projetos de desenvolvimento devido à sua própria mobilidade (o que não impede, contudo, sua descontextualização, que já é um impacto). Os bens imóveis constituem sítios de interesse cultural, que podem ser arqueológicos, históricos, religiosos ou naturais. Exemplos de sítios naturais são cavernas, vulcões, gêiseres, cachoeiras, cânions, sítios paleontológicos e locais-tipo de formações geológicas. Paisagens, que muitas vezes combinam atributos naturais com o acúmulo histórico de modificações decorrentes da ação humana, também têm sido enquadradas nessa categoria. O patrimônio genético também é considerado como patrimônio cultural, além de natural, pois supõe conhecimento (científico ou tradicional) que permita seu aproveitamento.

1.3 Poluição

A partir da década de 1950, a palavra "poluição" passou a ser difundida, primeiro no meio acadêmico, em seguida pela imprensa. Foi incorporada a leis que estabeleceram condições e limites para a emissão e presença de diversas substâncias nocivas — chamadas de "poluentes" — nos diversos compartimentos ambientais.

O verbo poluir é de origem latina, *polluere*, e significa profanar, manchar, sujar. Poluir é profanar a natureza, sujando-a. No relatório preparado para a Conferência das Nações Unidas sobre o Ambiente Humano, realizada em Estocolmo, em 1972, intitulado *Uma Terra Somente*, Ward e Dubos (1972) discutem "o preço da poluição", do qual o mundo se conscientizava: entre outros exemplos, os autores citam o grande *smog* londrino de 1952, ao qual se atribuíram mais de 3 mil mortes.

Poluição é entendida como uma condição do entorno dos seres vivos que lhes possa ser danosa. As causas da poluição são as atividades humanas que, no sentido etimológico, "sujam" o ambiente. Dessa forma, tais atividades devem ser controladas para se evitar ou reduzir a poluição. Já em 1948, os Estados Unidos contavam com uma Lei de Controle da Poluição das Águas e, a partir de 1955, com uma Lei de Controle da Poluição do Ar, enquanto, em 1956, o Reino Unido decretava uma Lei do Ar Limpo.

A Declaração de Estocolmo recomendava que os governos agissem para controlar as fontes de poluição, e a década de 1970 viu florescer leis de controle de poluição e surgir entidades governamentais encarregadas da vigilância ambiental e da fiscalização das atividades poluentes. Os Estados Unidos modificaram e atualizaram suas leis de controle de poluição durante essa década, enquanto, no Brasil, os Estados do Rio de Janeiro, em 1975, e São Paulo, em 1976, estabeleceram suas próprias leis de controle de poluição. O conceito que fundamentou a legislação de vários países foi promovido internacionalmente pela Organização para a Cooperação e Desenvolvimento Econômico (OCDE) em 1974[1]:

> Poluição significa a introdução pelo homem, direta ou indiretamente, de substâncias ou energia no ambiente, resultando em efeitos deletérios capazes de pôr em risco a saúde humana, causar danos aos recursos vivos e ecossistemas e prejudicar ou interferir com as atrações e usos legítimos do meio ambiente.

[1] Recommendation of the Council on Principles concerning Transfrontier Pollution, 17 November 1974, C(74)224.

Os dois pontos principais do conceito são sua conotação negativa e a associação entre poluição e matéria ou energia. Isso significa que à poluição podem-se correlacionar *certas grandezas físicas* ou *parâmetros químicos* ou *físico-químicos*, que podem ser medidos e para os quais podem ser estabelecidos valores de referência, conhecidos como padrões ambientais. São exemplos de poluentes:

* Elementos ou compostos químicos presentes nas águas superficiais ou subterrâneas, cujas concentrações podem ser medidas por procedimentos padronizados (normalmente expressas em mg/ℓ, µg/ℓ ou ppm) e para alguns dos quais existem padrões estabelecidos pela regulamentação.
* Material particulado ou gases potencialmente nocivos presentes na atmosfera, cujas concentrações podem ser medidas por métodos normalizados (normalmente expressas em µg/m^3) e para alguns dos quais também existem padrões.
* Ruído, medido usualmente em decibéis – dB(A), cujos níveis de pressão sonora são fixados legalmente ou por normas técnicas.
* Vibrações, medidas, por exemplo, em mm/s, cujos valores são estabelecidos por normalização técnica.
* Luz, cuja intensidade é medida em lúmens e que é uma forma de poluição "emergente", cujos efeitos sobre a biota ainda são pouco estudados, comparativamente a outros poluentes.

* Radiações ionizantes, medidas, por exemplo, em Bq/ℓ ou Sievert, que são também objeto de regulamentação específica.

A possibilidade de se medir a poluição e estabelecer padrões ambientais permite que sejam definidas com clareza as responsabilidades do poluidor e do fiscal (os órgãos públicos), assim como os direitos da população. Abre também campo para estudos científicos com base em análise de risco para estabelecer padrões ambientais, que não são estáticos e podem ser revisados como resultado de pesquisas sobre os efeitos dos poluentes sobre a saúde humana e os ecossistemas, assim como dos efeitos sinérgicos de diferentes poluentes.

Assim, pode-se trabalhar com a seguinte definição operacional concisa de poluição: *introdução no meio ambiente de qualquer forma de matéria ou energia que possa afetar negativamente o homem ou outros organismos.* De uma maneira geral, com pequenas mudanças na formulação ou na terminologia, é esse o conceito de poluição que se encontra na literatura técnica internacional.

Há diversos processos de degradação ambiental aos quais não está associada a emissão de poluentes, como a alteração da paisagem – por exemplo, aquela devida à construção de um complexo turístico na orla marítima ou a submersão das Sete Quedas pelo reservatório de Itaipu – ou os efeitos sobre a fauna decorrentes da supressão de vegetação ou da modificação de hábitats – como o aterro de um manguezal.

1.4 DEGRADAÇÃO AMBIENTAL

Degradação ambiental é outro termo de conotação claramente negativa. Seu uso na "moderna literatura ambiental científica e de divulgação é quase sempre ligado a uma mudança artificial ou perturbação de causa humana – é geralmente uma redução percebida das condições naturais ou do estado de um ambiente" (Johnson et al., 1997, p. 583). O agente causador de degradação ambiental é sempre o ser humano: "processos naturais não degradam ambientes, apenas causam mudanças" (Idem, p. 584).

A degradação de um objeto ou de um sistema é muitas vezes associada à ideia de perda de qualidade. Degradação ambiental seria, assim, uma perda ou deterioração da qualidade ambiental, que, por sua vez, é outro conceito controverso e difícil de definir. Johnson et al. (1997), que se dedicaram a uma compilação e reflexão sobre o significado dos termos mais usuais em planejamento e gestão ambiental, consideram que qualidade ambiental "é uma medida da condição de um ambiente relativa aos requisitos de uma ou mais espécies e/ou de qualquer necessidade ou objetivo humano" (p. 584). Se, de algum modo, a qualidade ambiental pode ser medida por indicadores, como se tenta fazer com a qualidade de vida ou com o desenvolvimento humano, Sachs (1974, p. 556) lembra que "a qualidade ambiental deve ser descrita com a ajuda de indicadores 'objetivos' e apreendida no plano de sua percepção pelos diferentes atores sociais".

Assim, degradação ambiental pode ser conceituada como *qualquer alteração adversa dos processos, funções ou componentes ambientais, ou como uma alteração adversa da qualidade ambiental.* Em outras palavras, degradação ambiental corresponde a impacto ambiental negativo.

Degradação é um estado de alteração de um ambiente. O ambiente construído degrada-se, assim como os espaços naturais. Tanto o patrimônio natural como o cultural podem ser degradados, descaracterizados e até destruídos. Vários desses termos descritivos serão utilizados para caracterizar impactos ambientais. Assim como a poluição se manifesta a partir de um certo patamar, também a degradação pode ser percebida em diferentes graus. O grau de perturbação pode ser tal que um ambiente se recupere espontaneamente, mas, a partir de certo nível de degradação, a recuperação espontânea pode ser impossível ou somente se dar a prazo muito longo, desde que a fonte de perturbação seja retirada. Na maioria das vezes, uma ação corretiva é necessária. Na Fig. 1.4 observa-se um esquema conceitual de degradação e de recuperação ambiental.

Se o ambiente pode ser degradado de diversas maneiras, a expressão *área degradada* sintetiza os resultados da degradação do solo, da vegetação e, muitas vezes, das águas. Em que pese a relatividade do conceito de degradação ambiental, na Fig. 1.5 pode-se ver uma área inegavelmente degradada. Situada em Sudbury, província de Ontário, Canadá, uma vasta área (cerca de 10.000 ha) no entorno de usinas de metalurgia de níquel e cobre foi degradada pelas emissões de SO_2 dos fornos de fundição, por disposição de rejeitos das minas e pela poluição das águas, desde que as primeiras fundições começaram a funcionar, em 1888, liberando o dióxido de enxofre praticamente ao nível do solo, matando a vegetação e acidificando o solo e as águas (Winterhalder, 1995).

1.5 Resiliência

A capacidade de um sistema natural se recuperar de uma perturbação imposta por um agente externo (ação humana ou processo natural) é denominada *resiliência*. Esse conceito surgiu na Ecologia, nos anos 1970, a partir de analogias com conceitos da física, como resistência e elasticidade. Westman (1978, p. 705) conceituou resiliência como "o grau, maneira e ritmo de restauração da estrutura e função iniciais de um ecossistema após uma perturbação", enquanto Holling (1973, p. 17) deu ao conceito de resiliência um entendimento distinto: "a capacidade de um sistema de absorver mudanças [...] e ainda assim persistir". Para esse autor, resiliência é diferente de estabilidade, entendida como

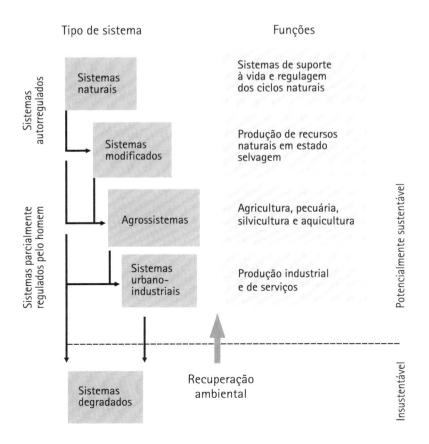

Fig. 1.4 *Conceitos de degradação e recuperação ambiental e sua relação com a sustentabilidade*
Fonte: modificado de UICN/PNUMA/WWF (1991).

Fig. 1.5 *Área degradada em Sudbury, Canadá. A chuva ácida resultante das emissões de SO_2 degradou a vegetação, com consequente perda de solo e degradação das águas. A área era originalmente coberta por florestas de coníferas, mas foi sujeita a exploração florestal desde o final do século XIX. Ao fundo, uma chaminé de 381 m de altura tem o objetivo de diluir e dispersar os poluentes atmosféricos*

"a capacidade de um sistema retornar a um estado de equilíbrio depois de uma perturbação temporária".

O uso desse conceito foi expandido para outros campos, como a administração de negócios e as políticas públicas. No campo ambiental, há crescente referência à resiliência de sistemas socioecológicos a perturbações como mudanças climáticas. Nessa acepção moderna, resiliência é entendida como "a capacidade de um sistema de absorver perturbações e se reorganizar em um processo de mudança para reter, essencialmente, a mesma função, estrutura e retroalimentações – e, portanto, sua identidade" (Folke, 2016).

1.6 Impacto ambiental

A locução "impacto ambiental" é encontrada com frequência na imprensa e no dia a dia. No sentido comum, ela é, na maioria das vezes, associada a algum dano à natureza, como a mortandade da fauna silvestre após o vazamento de petróleo no mar ou em um rio, quando as imagens de aves totalmente negras devido à camada de óleo que as recobre chocam (ou "impactam") a opinião pública.

Embora essa acepção faça parte da noção de impacto ambiental, ela dá conta de apenas uma parte do conceito. Na literatura técnica, há várias definições de impacto ambiental, quase todas largamente concordantes quanto a seus elementos básicos, embora formuladas de diferentes maneiras. Alguns exemplos são:

* Qualquer alteração no meio ambiente em um ou mais de seus componentes – provocada por uma ação humana (Moreira, 1992, p. 113).
* O efeito sobre o ecossistema de uma ação induzida pelo homem (Westman, 1985, p. 5).
* A mudança em um parâmetro ambiental, num determinado período e numa determinada área, que resulta de uma dada atividade, comparada com a situação que ocorreria se essa atividade não tivesse sido iniciada (Wathern, 1988a, p. 7).

A definição adotada por Wathern, na linha do que havia sido proposto por Munn (1975, p. 22), tem a característica de introduzir a dimensão dinâmica dos *processos* do meio ambiente como base de entendimento dos impactos ambientais (Fig. 1.6). A aplicação desse conceito pode ser ilustrada com a seguinte situação: em uma área coberta por vegetação nativa alterada por ação humana, com o corte seletivo de espécies arbóreas, seu estado atual pode ser descrito por meio de indicadores como biomassa por hectare, densidade de árvores de diâmetro acima de um determinado valor ou algum índice de diversidade de espécies. Se a vegetação foi degradada por ação humana no passado, mas hoje não sofre pressões antrópicas, provavelmente estará em processo de regeneração natural, ou seja, tenderá, dentro de um certo período (talvez da ordem de dezenas de anos), a voltar a uma situação próxima à inicial, de *clímax*. Os indicadores da situação atual podem sugerir que a área tenha pouca importância ecológica – por abrigar poucas árvores de grande porte, por exemplo. Mas, com o passar do tempo, a *trajetória* de regeneração deverá levar a área a condição melhor que a atual, abrigando árvores maiores e com maior diversidade. De acordo com o conceito de Munn e de Wathern, se um empreendimento vier a derrubar a vegetação atual, seu impacto deveria ser avaliado não comparando a possível situação futura (área sem vegetação) com a atual, mas comparando duas situações futuras hipotéticas: com e sem empreendimento. Admite-se que a situação sem o empreendimento será melhor que a atual.

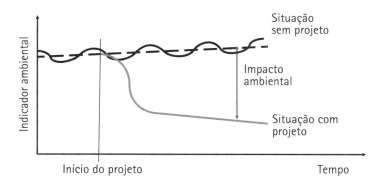

Fig. 1.6 *Representação do conceito de impacto ambiental*

Na prática da AIA, nem sempre é possível empregar esse conceito, devido à dificuldade de se prever a evolução da qualidade ambiental em uma dada área. Nesses casos frequentes, o conceito operacional de impacto ambiental é a diferença entre a provável situação futura de um indicador ambiental (com o projeto proposto) e sua situação presente. Embora na Fig. 1.6 sugira-se que os impactos ambientais possam ser medidos por meio de indicadores, na prática se enfrentam inúmeras dificuldades, pois nem todos os impactos significativos são passíveis de descrição adequada por indicadores ou a coleta de dados para mensuração pode ser demasiado onerosa ou demorada. Um exemplo simples de indicador de impacto é mostrado na Fig. 1.7, que ilustra as consequências sobre comunidades de macroinvertebrados aquáticos da abertura de estradas em ambientes florestados na Amazônia (Fig. 1.8). O estudo, realizado por Couceiro e Fonseca (2009) em 19 igarapés, mostrou que os trechos aquáticos situados a jusante das estradas e que recebem sedimentos decorrentes da erosão acelerada apresentam menor riqueza (menos de metade dos grupos taxonômicos) e menor densidade de indivíduos (cerca de 20% daquela observada em trechos não afetados pelas estradas). Um dos grupos mais afetados foi o dos insetos fragmentadores de folhas, que tem papel importante no repasse de nutrientes para outros organismos aquáticos. Um efeito não mensurado é a redução da disponibilidade de alimento para organismos terrestres que vivem às margens dos rios, já que a maioria dos insetos aquáticos cuja população é reduzida pela sedimentação é terrestre na fase adulta e é predada por aves, morcegos e outros.

Outra definição de impacto ambiental é dada pela norma ISO 14.001:2015 (segunda atualização da primeira norma ISO 14.001, de 1996). Segundo a tradução oficial brasileira da norma internacional[2], impacto ambiental é "qualquer modificação do meio ambiente, adversa ou benéfica, que resulte, no todo ou em parte, das atividades, produtos ou serviços de uma organização". É interessante conhecer o conceito de impacto ambiental empregado nessa norma porque muitas empresas e outras organizações têm adotado sistemas de gestão ambiental nela baseados. Sob esse ponto de vista, impacto ambiental é uma consequência de "atividades, produtos ou serviços" de uma organização; ou seja, um processo

[2] *As normas da Organização Internacional de Normalização – ISO (International Organization for Standardization) são traduzidas e publicadas pela Associação Brasileira de Normas Técnicas (ABNT), entidade privada brasileira filiada à ISO. As normas ABNT são reconhecidas pelo governo, por intermédio do Instituto Brasileiro de Metrologia, Normalização e Qualidade Industrial (Inmetro).*

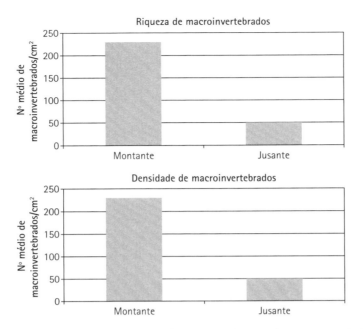

Atividades	Processos ambientais afetados	Impactos ambientais	Indicadores de impacto
Supressão de vegetação Terraplenagem para abertura de estrada em ambiente florestal	Erosão do solo pela água Sedimentação de partículas em ambientes fluviais Ciclagem de nutrientes nos riachos	Soterramento de comunidades bentônicas Perda de biodiversidade Redução da disponibilidade de nutrientes	Número de macroinvertebrados/cm^2 Número de táxons de macroinvertebrados/cm^2

Aspecto ambiental = Alteração da dinâmica ecológica dos riachos

Fig. 1.7 *Impactos da erosão sobre comunidades aquáticas na Amazônia*

Fig. 1.8 *Igarapé na região amazônica desprovido de vegetação ciliar em trecho atravessado por estrada vicinal*

industrial (atividade), um agrotóxico (produto) ou o transporte de uma mercadoria (serviço ou atividade) são causas de modificações ambientais, ou impactos. Segundo essa definição, impacto é qualquer modificação ambiental, independentemente de sua importância, entendimento coerente com o de outras definições de impacto ambiental.

Impactos ambientais podem ser positivos. Muitos EIAs apontam impactos socioeconômicos positivos, descritos como "criação de empregos" ou "aumento da arrecadação tributária", entre outros. Mas também há impactos positivos sobre componentes físicos e bióticos. Um projeto que envolva a coleta e o tratamento de esgotos resultará em melhoria da qualidade das águas, em recuperação do hábitat aquático e em efeitos benéficos sobre a saúde pública. Uma indústria que substitua uma caldeira a óleo pesado por outra a gás emitirá menos material particulado e óxidos de enxofre, ao mesmo tempo que, caso venha a ser abastecida por um duto de gás, serão eliminadas as emissões dos caminhões de transporte de óleo e os incômodos causados pelo tráfego pesado.

Esses impactos biofísicos são positivos porque tomados com referência a uma situação pré-projeto (Fig. 1.6) que, nos dias de hoje, quase sempre representa algum grau de alteração ambiental resultante de ações antrópicas passadas e presentes. Projetada para o futuro, a situação ambiental pré-projeto tenderia a se manter ou a piorar, sustentando a conclusão de que alguns impactos do projeto de coleta e tratamento de esgotos ou de substituição de combustível serão positivos.

Um projeto típico trará diversas alterações, algumas negativas, outras positivas, e todas deverão ser consideradas quando se prepara um EIA, mesmo que seja devido às consequências negativas que se elabore esse estudo.

Pode-se, então, postular que o impacto ambiental pode ser causado por uma ação humana que implique:

1. *Supressão* de certos componentes do ambiente, a exemplo de:
   * supressão de componentes do ecossistema, como a vegetação;
   * destruição completa de hábitats (por exemplo, aterramento de um manguezal);
   * destruição de componentes físicos da paisagem (por exemplo, escavações para a construção de uma rodovia ou mineração);
   * supressão de componentes significativos do ambiente construído;
   * supressão de referências físicas à memória ou lugares de memória (por exemplo, locais sagrados, cemitérios, pontos de encontro da comunidade);
   * supressão de componentes excepcionais ou valorizados (por exemplo, cachoeiras, cavernas, paisagens notáveis).

2. *Inserção* de certos elementos no ambiente, a exemplo de:
   * introdução (deliberada ou involuntária) de uma espécie exótica (por exemplo, (i) o sapo-cururu (*Bufus marinus*), nativo das Américas, foi introduzido na Austrália nos anos de 1930 para combater um besouro da cana-de-açúcar, mas tornou-se uma praga ao competir com espécies autóctones; (ii) espécies marinhas transportadas pela água de lastro de navios);
   * introdução de componentes construídos (por exemplo, barragens, quebra-mares, rodovias, edifícios, áreas urbanizadas).

3. *Sobrecarga*, decorrente da introdução de fatores de estresse além da capacidade de suporte do meio, gerando desequilíbrio, a exemplo dos poluentes, da redução dos hábitats ou do aumento da demanda por bens e serviços públicos (por exemplo, educação, saúde) gerada por grandes projetos.

À luz dessa discussão, o conceito de impacto ambiental adotado será *alteração da qualidade ambiental que resulta da modificação de processos naturais ou sociais provocada por ação humana*. Tal definição, ao trabalhar sob a *óptica dos processos ambientais*, tenta refletir o caráter *dinâmico* do ambiente. Pode-se ponderar que as questões ligadas à supressão ou inserção de elementos em um ambiente não estejam suficientemente explícitas nessa definição, mas a vantagem da concisão é preponderante.

Impacto ambiental é, claramente, o *resultado* de uma ação humana, que é a sua causa. Não se deve, portanto, confundir a causa com a consequência. Uma rodovia não é um impacto ambiental; uma rodovia *causa* impactos ambientais. Da mesma forma, um reflorestamento com espécies nativas não é um impacto ambiental benéfico, mas uma ação (humana) que tem o propósito de atingir certos objetivos ambientais, como a proteção do solo e dos recursos hídricos ou a recriação do hábitat da vida selvagem.

Há que se tomar cuidado com a noção de impacto ambiental como resultado de uma determinada ação ou atividade, não confundindo causa com consequência. Uma leitura medianamente atenta de EIAs revelará que esse erro básico é frequente. Evidentemente, tal erro conceitual compromete a qualidade do estudo ambiental.

1.7 ASPECTO AMBIENTAL

A série ISO 14.000 é uma família de normas técnicas sobre gestão ambiental. Começaram a ser desenvolvidas em 1993, tendo por base uma norma britânica de 1992 e regulamentos europeus sobre auditoria e gestão ambiental. A família ISO 14.000 compreende normas sobre sistemas de gestão, desempenho ambiental, avaliação do ciclo de vida de produtos (equivalente à avaliação de impactos ambientais de produtos), entre outros.

A norma ISO 14.001 introduziu o termo *aspecto ambiental*, que era desconhecido dos profissionais de AIA, ou era utilizado com outra conotação, mas que lentamente foi incorporado ao vocabulário de profissionais da indústria e de consultores, e chegou também aos órgãos governamentais. A norma NBR ISO 14.001:2015 assim define aspecto ambiental: "elemento das atividades, produtos ou serviços de uma organização que interage ou pode interagir com o meio ambiente" (item 3.6).

Tal definição requer explicação e exemplificação. Situações tipicamente descritas como aspectos ambientais são a emissão de poluentes e a geração de resíduos. Produzir efluentes líquidos, poluentes atmosféricos, resíduos sólidos, ruídos ou vibrações não é o objetivo das atividades humanas, mas esses aspectos estão indissociavelmente ligados aos processos produtivos. São, assim, elementos, ou partes dessas atividades ou produtos ou serviços. Aqueles elementos que podem interagir com o ambiente são chamados de aspectos ambientais. Outros aspectos ambientais típicos são aqueles ligados ao consumo de recursos naturais. Ao consumir água (recurso renovável), reduz-se sua disponibilidade para outros usos ou para suas funções ecológicas. Ao consumir combustíveis fósseis, seu estoque (finito) é reduzido. O consumo de água e de combustíveis, parte de um sem-número de atividades, são aspectos ambientais.

A palavra "aspecto" parece pouco adequada, pois é de uso corrente, mas consta de uma norma internacional, e por isso é defensável empregá-la. Um ponto positivo da diferenciação entre aspecto e impacto ambiental é deixar claro que a emissão de um poluente não é um impacto ambiental. Impacto é alteração da qualidade ambiental que resulta dessa emissão. É a manifestação no receptor, seja este um componente biofísico ou humano. Na Fig. 1.9 mostra-se esquematicamente a relação entre ações, aspectos e impactos ambientais. As ações são as causas, os impactos são as consequências, enquanto os aspectos ambientais são os mecanismos ou os processos pelos quais ocorrem as consequências. Exemplos dessa cadeia de relações são dados no Quadro 1.1.

Fig. 1.9 *Relação entre ações humanas, aspectos e impactos ambientais*

Quadro 1.1   Exemplos de relações atividade-aspecto-impacto ambiental

Atividade	Aspecto	Impacto
Lavagem de roupa	consumo de água	redução da disponibilidade hídrica
Lavagem de louça	lançamento de água com detergentes	deterioração da qualidade da água por eutrofização
Cozimento de pão em forno à lenha	emissão de gases e partículas	deterioração da qualidade do ar
Pintura de uma peça metálica	emissão de compostos orgânicos voláteis	deterioração da qualidade do ar
Armazenamento de combustível	vazamento	contaminação do solo e água subterrânea
Transporte de carga por caminhões	emissão de ruídos	incômodo aos vizinhos
Transporte de carga por caminhões	aumento do tráfego	maior frequência de congestionamentos

Evidentemente, uma ação pode levar a vários aspectos ambientais e, por conseguinte, causar diversos impactos ambientais. Da mesma forma, um determinado impacto pode ter várias causas.

Munn (1975, p. 21), um dos autores pioneiros em AIA, por sua vez, conceituou *efeito ambiental* como "um processo (como a erosão do solo, a dispersão de poluentes, o deslocamento de pessoas) que decorre de uma ação humana". Diferencia-se, assim, de impacto ambiental, entendido como uma alteração na qualidade do meio ambiente. Segundo Munn, ações humanas causam efeitos ambientais, que, por sua vez, produzem impactos ambientais.

O conceito de efeito ambiental, com essa conotação, tem a vantagem de servir de "ponte" entre as causas (ações humanas) e suas consequências (impactos) e reservar o termo impacto ambiental para as alterações sofridas pelo componente receptor. Entretanto, também é muito comum seu uso como sinônimo de impacto.

1.8 Processos ambientais

O ambiente é dinâmico. Fluxos de energia e matéria, teias de relações intra e interespecíficas são algumas das facetas dos processos naturais que ocorrem em um ecossistema, natural, alterado ou degradado. Uma maneira de estudar impactos ambientais é entender como as ações humanas afetam os processos que ocorrem em sistemas socioecológicos. Um exemplo pode clarificar esse raciocínio: os processos erosivos.

A erosão é um fenômeno (processo) que afeta toda a superfície da Terra. Sua intensidade varia em função de fatores como clima, tipo de solo, declividade e cobertura vegetal. Em climas tropicais, ocorrem chuvas intensas (ou seja, grande quantidade de água em curto período de tempo), de grande potencial erosivo. Por sua vez, escarpas íngremes estão mais sujeitas à ação erosiva da chuva do que vertentes suaves. Assim, a erosão natural varia em intensidade e pode ser medida em termos de massa de solo perdida por unidade de área e por intervalo de tempo (t/ha/ano). A ação humana interfere no processo erosivo, em geral tornando-o mais intenso. A substituição de uma floresta por uma cultura e a abertura de uma estrada são ações que expõem o solo desprovido de sua proteção vegetal natural à ação da chuva e do vento, aumentando as taxas de erosão.

Exemplos de taxas de erosão laminar no Brasil, em diferentes locais submetidos a diferentes formas de uso do solo, são mostrados no Quadro 1.2. A perda de solos é medida em experimentos realizados no campo, e as correlações entre os tipos de uso do solo e as taxas erosivas têm sido estudadas há décadas. Observa-se que a floresta atua como principal protetora do solo; quando substituída por pastagem, as taxas de erosão são cerca de uma ordem de grandeza (dez vezes) maior; já quando ocorre a substituição por culturas, o processo erosivo é cerca de três ordens de grandeza (mil vezes) mais intenso – as taxas de erosão variam muito entre cultivos e dependem também das práticas agrícolas usadas, como o plantio em curvas de nível, por exemplo. A implantação de loteamentos urbanos e a abertura de minas elevam ainda mais as taxas de erosão, uma vez que os solos ficam diretamente expostos à ação da chuva e dos ventos. Portanto, não é correto afirmar que a construção de uma estrada, a abertura de uma mina ou a derrubada de uma floresta *causam* erosão, haja vista que processos erosivos já atuavam antes. O que essas ações fazem é intensificar a erosão, acelerando um processo natural (Figs. 1.10 e 1.11).

O corolário da erosão é o assoreamento de corpos d'água. Parte dos sedimentos transportados fica retido no fundo de rios e lagos. Estudos feitos em um lago de várzea de um afluente do rio Madeira, em Rondônia, mostraram que, entre os anos de 1875 e 1961, a taxa de sedimentação média era de 0,12 g/cm^2/ano, mas, a partir da construção da rodovia BR-364, facilitando o desmatamento progressivo nessa bacia hidrográfica e a mineração aluvionar de cassiterita, a taxa de sedimentação aumentou para um valor dez vezes maior em 1985 (Forsberg et al., 1989).

Assim, a supressão de vegetação nativa afeta processos erosivos e de sedimentação. Outro processo afetado é a infiltração de água no solo. Nesse caso, o processo é retardado, ou seja, ao invés de se infiltrar e alimentar o aquífero, uma proporção maior da água de chuva escoa superficialmente, aumentando o volume de água nos rios. Estudos realizados na Amazônia por Barbosa e Fearnside (2000) mostraram que o escoamento superficial aumentou quase três vezes em Roraima, onde a floresta foi substituída por pastagem, e até 30 vezes em Rondônia, em situação similar. Neste caso, sob cobertura vegetal, apenas 2,2% da chuva escoava superficialmente, mas, em áreas de pasto, o escoamento subiu para 49,8%. Além de acelerar a erosão, o aumento do escoamento superficial acarreta maior frequência e intensidade das inundações, outro processo do meio físico modificado por ações humanas e particularmente intenso em regiões de urbanização intensa, onde a impermeabilização do solo é a principal causa das inundações, como representado no hidrograma esquemático da Fig. 1.12. Para a mesma quantidade de água (área sob a curva), o pico da curva pontilhada é mais alto, mostrando maior vazão, que também cresce e decresce mais rapidamente do que a cheia da bacia vegetada. Analisando dados de centenas de pluviômetros nos Estados Unidos, Blum et al. (2020) encontraram que, para cada ponto percentual de acréscimo da área impermeável de uma bacia, há aumento de 3,3% na intensidade das cheias anuais.

Outros processos podem ser induzidos ou deflagrados pela ação humana. Por exemplo, o bombeamento de água subterrânea em áreas de rochas calcárias onde ocorrem caver-

Conceitos e Definições

Quadro 1.2 Estimativas de taxas de erosão, segundo diferentes categorias de uso do solo

Tipo de uso, local	Contexto geomorfológico	Perda de solo (t/ha/ano)	Fonte
Floresta Amazônica primária, Roraima	Vertente com declividade de 20% Latossolo vermelho-amarelo	150	
Pastagem de *Brachiaria* em antiga área de floresta primária, Roraima		1.128	(1)
Floresta Amazônica primária, Rondônia	--	330	
Pastagem, Rondônia	--	3.556	
Mata, Goiânia	Vertente com declividade de 16% Latossolo vermelho-amarelo	32	
Pastagem de capim *napier*, Goiânia	Vertente com declividade de 14% Latossolo vermelho-amarelo	230	(2)
Cultivo de arroz, Goiânia	Vertente com declividade de 11% Latossolo vermelho-amarelo	51.655	
Cultivo de cana-de-açúcar, Piracicaba	Vertentes com declividade de 0,5% a 1%, neossolos litólicos	58.000	(3)
Floresta nativa, reflorestamento e pastagens, Piracicaba		2.000[a]	
Áreas urbanas, Quadrilátero Ferrífero, Minas Gerais	Solos de alteração de filitos, xistos e itabiritos, bacias hidrográficas com vertentes íngremes	170.000	(4)
Áreas de mineração, Quadrilátero Ferrífero, Minas Gerais		700.000	

Nota: (a) média ponderada para distintos usos na microbacia estudada.
Fontes: (1) Barbosa e Fearnside (2000); (2) Casseti (1995); (3) Weill e Sparovek (2008); (4) Coppedê Jr. e Boechat (2002).

Figs. 1.10 e 1.11 *Região de Nyanga, no Zimbábue, um dos muitos locais do planeta afetados pelo uso excessivo das capacidades de suporte do solo, no caso por atividades de criação extensiva de gado em terras comunitárias, tendo como resultado a degradação dos solos e a erosão intensa, exemplificada pela voçoroca*

nas (conhecidas como regiões cársticas) pode deflagrar um processo de abatimento da superfície do terreno, formando depressões fechadas, conhecidas como dolinas.

Processos ecológicos podem ser retardados pela ação humana. Em uma clareira aberta em uma floresta tropical, a sucessão ecológica tende a restabelecer a vegeta-

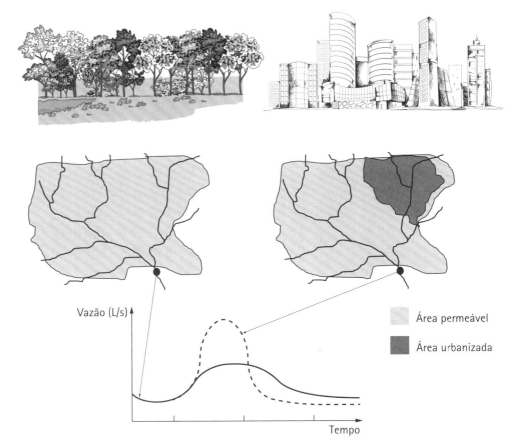

Fig. 1.12 Em uma bacia hidrográfica impermeabilizada, representada à direita, a vazão do rio aumenta mais rapidamente após as chuvas do que em uma bacia coberta por vegetação (esquerda). A impermeabilização modifica o processo natural de infiltração e escoamento de água de chuva

ção nativa, inicialmente pelo crescimento de espécies arbóreas adaptadas à intensa luz solar e à temperatura elevada – as pioneiras – e, em seguida, depois do sombreamento da área, pelo crescimento de espécies adaptadas à sombra e a temperaturas mais amenas características do solo dessas florestas. A dispersão de sementes pelo vento e pelos animais auxilia a regeneração. Todavia, o manejo humano dessa clareira pode retardar ou mesmo impedir a regeneração, como acontece em caso da semeadura de gramíneas forrageiras para criação de gado.

Processos naturais podem ser alterados de forma complexa, como no caso do lançamento de resíduos do beneficiamento de bauxita em um lago situado às margens do rio Trombetas, em Oriximiná, Pará (Figs. 1.13 e 1.14). Até a implantação desse empreendimento, o lago Batata havia sofrido pouquíssima alteração antrópica, o que o torna um caso muito interessante de estudo. Os rejeitos, constituídos por uma polpa de argilas e água, cobriram os sedimentos lacustres naturais, de onde nutrientes, como nitratos, fosfatos e sulfatos, eram liberados para a coluna d'água e incorporados ao fitoplâncton, e daí a toda a cadeia alimentar, até retornarem ao fundo do lago na forma de detritos. Os rejeitos acumulados no fundo do lago interromperam esse ciclo, afetando a qualidade da água e todo o ecossistema lacustre, com as seguintes consequências (Esteves; Bozelli; Roland, 1990):

* redução na densidade de fito e zooplâncton e de peixes;
* redução da densidade e alteração da diversidade da comunidade bentônica;
* redução da liberação de nutrientes do sedimento para a coluna d'água;
* diminuição da concentração de matéria orgânica no sedimento;
* alteração na ciclagem e na disponibilidade de nutrientes.

Figs. 1.13 e 1.14 *Duas vistas do lago Batata, situado às margens do rio Trombetas, Pará. A primeira mostra o lago em sua condição natural, e a segunda, recoberto por rejeitos de lavagem de bauxita*

Fornasari Filho et al. (1992) apresentam uma lista de processos do meio físico que usualmente são alterados por atividades humanas, alguns dos quais são mostrados no Quadro 1.3, com alguns processos ecológicos. Além de completar o quadro com dezenas de outros processos físicos e ecológicos, é possível acrescentar também processos sociais, formando, dessa maneira, uma base para o entendimento de como as atividades humanas afetam a dinâmica ambiental. Um processo social frequentemente induzido por obras de engenharia e outros projetos públicos e privados é a atração de pessoas em busca de oportunidades de trabalho, verdadeiros fluxos migratórios postos em marcha pelo mero anúncio de um grande projeto. Outro exemplo de processo social de fácil entendimento é a circulação de pessoas em uma comunidade ou entre bairros de uma cidade. Uma via expressa que corte a área interrompe os fluxos de circulação, impedindo que as pessoas transitem livremente de um lado a outro da via, transformada em barreira. Barragens de água também causam o mesmo efeito sobre comunidades ribeirinhas e indígenas que usam rios para transporte e para se relacionar com outras comunidades: ao impedi-las de usar o rio, as barragens alteram os processos sociais nessas comunidades.

Quadro 1.3 Exemplos de processos ambientais físicos e ecológicos

Processos geológicos de superfície
Erosão
Movimentação de massa (escorregamentos etc.)
Afundamentos cársticos

Processos hidrológicos
Infiltração e escoamento superficial
Eutrofização de corpos d'água
Acúmulo de poluentes nos sedimentos
Inundações
Deposição de sedimentos em rios e lagos

Processos hidrogeológicos
Difusão de poluentes na água subterrânea
Recarga de aquíferos

Processos atmosféricos
Transporte e difusão de poluentes gasosos
Propagação de ondas elásticas

Processos ecológicos
Biodegradação de matéria orgânica em corpos d'água
Bioacumulação de metais pesados
Sucessão ecológica
Ciclagem de nutrientes
Interação espécies-hábitat

1.9 Recuperação ambiental

O ambiente afetado pela ação humana pode, em certa medida, ser recuperado mediante ações voltadas para essa finalidade. A recuperação de ambientes ou de ecossistemas degradados envolve medidas de melhoria do meio físico – por exemplo, da condição do solo –, a fim de que se possa restabelecer a vegetação ou a qualidade da água e que as comunidades bióticas possam ser restabelecidas, e medidas de manejo dos elementos bióticos do ecossistema – como o plantio de sementes ou mudas de espécies arbóreas ou a reintrodução de fauna.

Quando se trata de ambientes terrestres, tem-se usado o termo *recuperação de áreas degradadas*. Diferentes entendimentos ou variações do conceito de recuperação de áreas degradadas são mostrados na Fig. 1.15. No eixo vertical, representa-se de maneira qualitativa o grau de perturbação do meio, enquanto o eixo horizontal mostra uma escala temporal. A partir de uma dada condição inicial (não necessariamente a condição "original" de um ecossistema, mas a situação inicial para fins de estudo da degradação), a área analisada passa a um estado de degradação, cuja recuperação requer, na maioria das vezes, uma intervenção planejada – a recuperação de áreas degradadas. Vale recordar o conceito de recuperação ambiental expresso na Fig. 1.4, que fundamentalmente significa dar a um ambiente degradado condições adequadas para um novo uso, restabelecendo um conjunto de funções ecológicas e econômicas.

Recuperação ambiental é um termo geral que *designa a aplicação de técnicas de manejo visando tornar um ambiente degradado apto para um novo uso produtivo, desde que sustentável*. Entre as variantes da recuperação ambiental, a restauração é entendida como o *retorno de uma área degradada às condições existentes antes da degradação*, com o mesmo sentido que se fala da restauração de bens culturais, como edifícios históricos. O termo *restauração ecológica* tem sido empregado para designar ações com objetivo de recuperar forma e funções de ecossistemas.

Por outro lado, em certas situações, as ações de recuperação podem levar um ambiente degradado a uma condição ambiental melhor do que a situação inicial (mas somente, é claro, quando a condição inicial for a de um ambiente alterado). Um exemplo é uma área de pastagem com ravinas de erosão utilizada como canteiro de obras que em seguida é repovoada com vegetação nativa para fins de conservação ambiental.

A *reabilitação* é a modalidade mais frequente de recuperação. No caso de obras de construção civil e de atividades de mineração, essa é a modalidade de recuperação ambiental pretendida pelo regulamentador – no Brasil e em diversos outros países –, ao estabelecer que o sítio degradado deverá ter "uma forma de utilização". As ações de recuperação ambiental visam habilitar a área para que esse novo uso possa ter lugar. A nova forma de uso deverá ser adaptada ao ambiente reabilitado, que pode ter características diferentes daque-

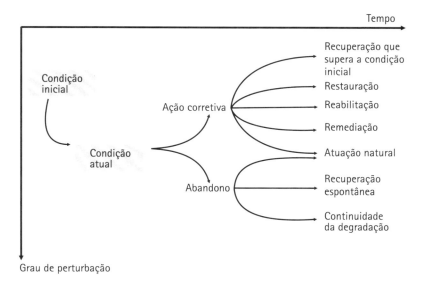

Fig. 1.15 *Diagrama esquemático dos objetivos de recuperação de áreas degradadas*

le que precedeu a ação de degradação, por exemplo, um ambiente aquático em lugar de um ambiente terrestre, prática relativamente comum em mineração. Essa nova forma de uso é chamada de "redefinição" ou "redestinação" por Rodrigues e Gandolfi (2001, p. 238).

A *remediação* é o termo utilizado para designar a recuperação ambiental de um tipo particular de área degradada, as áreas contaminadas. Remediação é definida como "aplicação de técnica ou conjunto de técnicas em uma área contaminada, visando à remoção ou contenção dos contaminantes presentes, de modo a assegurar uma utilização para a área, com limites aceitáveis de riscos aos bens a proteger" (Cetesb, 2001). Uma modalidade de remediação é conhecida como *atenuação natural*, na qual não se intervém diretamente na área contaminada, mas deixa-se que atuem processos naturais – como a biodegradação de moléculas orgânicas. A atenuação natural é uma forma de regeneração que somente tem sido autorizada em áreas contaminadas se acompanhada por um programa de monitoramento.

A inexistência de ações de recuperação ambiental configura o abandono da área degradada. Dependendo do grau de perturbação e da resiliência do ambiente afetado, pode ocorrer regeneração, uma recuperação espontânea. O abandono de uma área contaminada também pode, em certos casos, por meio de processos de atenuação natural da poluição, levar à sua recuperação.

Outro termo bastante utilizado é *passivo ambiental*, aqui entendido como "o valor monetário necessário para reparar os danos ambientais" (Sánchez, 2001, p. 18), mas também usado (embora de modo pouco apropriado) para designar a própria manifestação (física) do dano ambiental.

Quando se trata de ambientes urbanos degradados, têm sido empregados termos como *requalificação* e *revitalização*. Os ambientes urbanos podem ser degradados em razão de processos socioeconômicos, como a redução dos investimentos públicos ou privados em certas zonas, ou em decorrência da degradação do meio físico, como a poluição dos rios ou a contaminação dos solos. Um exemplo de revitalização de área urbana no centro de Seul, Coreia, pode ser visto na Fig. 1.16: entre 2005 e 2006 a prefeitura empreendeu um grande projeto de requalificação urbana e ambiental, demolindo uma via expressa e renaturalizando um córrego até então canalizado e coberto por lajes de concreto. *Renaturalização* de rios designa ações de restauração de cursos d'água mediante a remoção de estruturas de engenharia, como canais, margens artificiais ou mesmo barragens.

Fig. 1.16 *Trecho revitalizado do córrego Cheong Gye Cheon, em Seul, Coreia do Sul. As pilastras de concreto sustentavam uma via expressa elevada e foram propositalmente mantidas como referência ao passado recente. O córrego era canalizado e coberto por lajes de concreto*

1.10 Avaliação de impacto ambiental

A locução avaliação de impacto ambiental entrou na literatura a partir da legislação pioneira que criou esse instrumento de planejamento ambiental, *National Environmental Policy Act* (NEPA), a lei de política nacional do meio ambiente dos Estados Unidos. Essa lei, aprovada pelo Congresso em 1969, entrou em vigor em 1º de janeiro de 1970 e acabou se transformando em modelo de legislações similares em todo o mundo. A lei exige a preparação de uma "declaração detalhada" sobre o impacto ambiental de iniciativas do governo federal americano.

Tal declaração (*statement*) equivale ao estudo de impacto ambiental necessário em muitos países para a aprovação de novos projetos que possam causar impactos ambientais significativos. O termo *assessment* passou a ser usado na literatura para designar o processo de preparação desses estudos. Essa palavra inglesa tem raiz latina, a mesma que deu origem a assentar, sentar, e é sinônimo de *evaluation*, outra palavra de origem latina, o mesmo que avaliar. Daí a tradução corrente em línguas latinas de *environmental impact assessment* como avaliação de impacto ambiental, *evaluación de impacto ambiental*, *évaluation d'impact sur l'environnement*, *valutazione d'impatto ambientale*.

O significado e o objetivo da avaliação de impacto ambiental prestam-se a inúmeras interpretações. Sem dúvida, seu sentido depende da perspectiva, do ponto de vista e do propósito de avaliar impactos. As principais definições de AIA são encontradas em livros-texto sobre o assunto, como:

* Atividade que visa identificar, prever, interpretar e comunicar informações sobre as consequências de uma determinada ação sobre a saúde e o bem-estar humanos (Munn, 1975, p. 23).
* Instrumento de política ambiental, formado por um *conjunto de procedimentos*, capaz de assegurar, desde o início do processo, que se faça um exame sistemático dos impactos ambientais de uma ação proposta (projeto, programa, plano ou política) e de suas alternativas, e que os resultados sejam apresentados de forma adequada ao público e aos responsáveis pela tomada de decisão, e por eles sejam considerados (Moreira, 1992, p. 33).
* Um processo sistemático que examina antecipadamente as consequências ambientais de ações humanas (Glasson; Therivel; Chadwick, 1999, p. 4).
* Um processo de exame e de negociação do conjunto das consequências de um projeto (Leduc; Raymond, 2000, p. 26).
* Avaliação de ações propostas quanto às suas implicações em todos os aspectos do ambiente, do social ao biofísico, antes que sejam tomadas decisões sobre essas ações, e a formulação de respostas apropriadas às questões levantadas na avaliação (Morgan, 2012, p. 5).

Uma definição sintética é adotada pela *International Association for Impact Assessment* (IAIA): "avaliação de impacto, simplesmente definida, é o processo de identificar as consequências futuras de uma ação presente ou proposta".

Essas definições diferem pouco em sua essência. A AIA é apresentada seja como instrumento analítico, seja como processo (ou ambos), visando antever as consequências de uma decisão. As decisões informadas pela AIA são de âmbito governamental (licenciamento ou autorizações para implantação de determinado projeto), de investimento privado ou público, para evitar ou minimizar impactos adversos, e de financiamento de projetos.

> A avaliação de impacto ambiental de projetos é, ao mesmo tempo, uma ferramenta analítica e um conjunto de procedimentos de planejamento.

O caráter prévio e preventivo da AIA predomina na literatura, mas também se podem avaliar os impactos de ações ou eventos passados, por exemplo, de um acidente envolvendo a liberação de alguma substância química, ou depois de um desastre, conhecida como avaliação *ex post*, ou seja, feita *a posteriori*, em contraposição à avaliação *ex ante* ou prévia. A noção de impacto ambiental é a mesma em ambas, mas o objetivo do estudo não é o mesmo. Na avaliação *ex post*, a preocupação é com os impactos negativos já causados. Os procedimentos utilizados também são diferentes, pois não se trata de antecipar uma situação futura, mas de constatar as alterações detectadas, planejar as ações de restauração (Sánchez et al., 2018) e, em casos de ações judiciais, de valorar economicamente as perdas. Na Fig. 1.17 são representadas graficamente essas duas acepções da AIA.

Para maior clareza, neste livro, AIA será geralmente referida como esse exercício prospectivo, antecipatório, prévio e preventivo. Ambas as modalidades têm um procedimento comum, que é a comparação entre duas situações: na avaliação *ex post*, busca-se fazer a comparação entre a situação atual do ambiente e aquela que se supõe ter existido em algum momento do passado. Na avaliação *ex ante*, feita para antecipar impactos prováveis, parte-se da descrição da situação atual do ambiente para fazer uma projeção de sua situação futura com e sem o projeto em análise.

É claro que, em ambos os casos, é necessário o conhecimento da situação atual do ambiente. Denomina-se *diagnóstico ambiental* a descrição das condições ambientais existentes em determinada área no momento presente. A abrangência e a profundidade do diagnóstico ambiental dependerão dos objetivos e do escopo dos estudos.

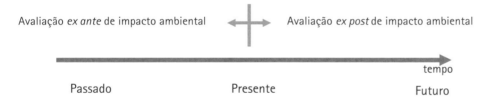

Fig. 1.17 *Duas acepções distintas da avaliação de impacto ambiental*

1.11 SÍNTESE

Definir com clareza o significado dos termos que emprega é uma obrigação do profissional ambiental. Esse profissional está sempre em contato com leigos e técnicos das mais diversas áreas e especialidades. A comunicação é uma necessidade indissociável da atuação profissional na área ambiental. Por outro lado, estabelecer uma terminologia comum é obrigatório também para uma comunicação eficaz entre autor e leitor. Ao longo deste texto, serão adotados os seguintes conceitos:

* *Poluição*: introdução no meio ambiente de qualquer forma de matéria ou energia que possa afetar negativamente o ser humano ou outros organismos.
* *Impacto ambiental*: alteração da qualidade ambiental que resulta da modificação de processos naturais ou sociais provocada por ação humana.
* *Aspecto ambiental*: elemento das atividades, produtos ou serviços de uma organização que interage ou pode interagir como meio ambiente (segundo ISO 14.001:2015).
* *Degradação ambiental*: qualquer alteração adversa dos processos, funções ou componentes ambientais, ou alteração adversa da qualidade ambiental.

* *Recuperação ambiental*: aplicação de técnicas de manejo visando tornar um ambiente degradado apto para um novo uso produtivo, desde que sustentável.
* *Diagnóstico ambiental*: descrição das condições ambientais existentes em determinada área no momento presente.
* *Avaliação de impacto ambiental*: processo de exame das consequências futuras de uma ação presente ou proposta.

Origem e difusão da avaliação de impacto ambiental

2

A avaliação de impacto ambiental é um instrumento de planejamento empregado por governos, por instituições financeiras e por entidades privadas. É reconhecida em tratados internacionais como uma ferramenta potencialmente eficaz de prevenção do dano ambiental e de promoção do desenvolvimento sustentável, e é empregada globalmente.

2.1 ORIGENS

A sistematização da AIA como requisito prévio à tomada de certas decisões que possam acarretar consequências ambientais negativas ocorreu nos Estados Unidos, pela aprovação, em dezembro de 1969, da lei da política nacional do meio ambiente daquele país, a *National Environmental Policy Act*, usualmente referida pela sigla NEPA. Essa lei entrou em vigor no dia 1º de janeiro de 1970, requerendo de "todas as agências do governo federal" (artigo 102):

> (A) utilizar uma abordagem sistemática e interdisciplinar [e] o uso integrado das ciências naturais e sociais e das artes de planejamento ambiental nas tomadas de decisão que possam ter um impacto sobre o ambiente humano;
>
> (B) identificar e desenvolver métodos e procedimentos [...] que assegurem que os valores ambientais presentemente não quantificados sejam levados adequadamente em consideração na tomada de decisões, ao lado de considerações técnicas e econômicas;
>
> (C) incluir, em qualquer recomendação ou relatório sobre propostas de legislação e outras importantes (*major*) ações federais que afetem significativamente a qualidade do ambiente humano, uma declaração (*statement*) detalhada sobre:
>
> > (i) o impacto ambiental da ação proposta,
> >
> > (ii) os efeitos ambientais adversos que não puderem ser evitados caso a proposta seja implementada,
> >
> > (iii) alternativas à ação proposta,
> >
> > (iv) a relação entre os usos locais e de curto prazo do ambiente humano e a manutenção e melhoria da produtividade a longo prazo, e
> >
> > (v) qualquer comprometimento irreversível e irrecuperável de recursos decorrentes da ação proposta, caso seja implementada.

O campo de aplicação da NEPA é complexo. Resumidamente, a lei aplica-se a decisões do governo federal que possam acarretar impactos ambientais significativos, devidos a projetos de iniciativa governamental e projetos privados que necessitem aprovação do governo federal, como a mineração em terras públicas e a construção de usinas hidrelétricas e nucleares.

O Conselho de Qualidade Ambiental (*Council on Environmental Quality* – CEQ) é uma instituição criada pela NEPA para atingir os objetivos de "criar e manter condições para que homem e natureza possam existir em harmonia produtiva e atingir os anseios sociais e econômicos das gerações presentes e futuras de americanos" (artigo 101(A)) e tem a função de fomentar a implementação da lei, de modo que as agências do governo levem em conta as implicações de suas ações sobre o ambiente humano *antes* da tomada de decisões. O CEQ é formado por três membros nomeados pelo Presidente e aprovados pelo Senado; é subordinado diretamente à Presidência, tendo *status* equivalente ao do Conselho de Atividades Econômicas, o que permitiria que as considerações ambientais merecessem a mesma deferência que as questões econômicas nas decisões governamentais.

Um dos artífices da NEPA foi o professor de ciência política Lynton Caldwell, convidado pelo Senado para assessorar a discussão e a redação do projeto de lei. Segundo Caldwell (1977, p. 12), para que a política fosse eficaz, dois enfoques eram necessários: o primeiro era estabelecer um fundamento substantivo, "expresso através de declarações, resoluções, leis ou diretrizes"; o segundo, fornecer meios para a ação, "sendo que um aspecto crítico é o mecanismo para assegurar que a ação tencionada [realmente] ocorra". O mecanismo foi justamente o *environmental impact statement* (EIS), inicialmente concebido como uma "*checklist* de critérios para planejamento ambiental" (Caldwell, 1977, p. 12). Ainda segundo o depoimento de Caldwell (p. 15), "entre as dezenas de projetos de lei sobre política ambiental [...] nenhum era operacional", ou seja, nenhum deles incluía algum mecanismo para assegurar a implementação prática dos princípios retóricos enunciados. Durante os debates de 1969, a ideia de "avaliar os efeitos [...] sobre o estado do meio ambiente" ganhou força e transformou-se na redação do artigo 102(C) da lei, transcrito acima. Caldwell (p. 16) afirma que, curiosamente, "a exigência de um EIS não provocou debate nem suscitou apoio ou objeções externas".

Foi somente depois da aprovação da lei que suas implicações foram plenamente compreendidas: "a NEPA pegou os empresários e os burocratas públicos de surpresa [...] e mesmo agências governamentais não a levaram a sério até que os tribunais começassem a exigir o estrito cumprimento da exigência do estudo de impacto ambiental" (Caldwell, 1989, p. 27). Diversos questionamentos foram levados à Justiça, desde alegações de implementação meramente formal da lei por parte das agências até a suposta tomada de decisões sem que a lei fosse levada em conta. Em dois anos, as agências federais produziram 3.635 estudos de impacto ambiental, e foram contestadas em 149 ações judiciais. Nove anos mais tarde, já havia cerca de 11 mil estudos e nada menos que 1.052 ações na Justiça (Clark, 1997). Desde então, a judicialização vem caindo sistematicamente para cerca de 0,2% (Ruple; Race; 2020).

Outro autor privilegiado do processo de concepção e aprovação da NEPA foi o assessor legislativo Daniel Dreyfus, para quem a NEPA é uma exceção à regra segundo a qual "as intenções originais dos formuladores de políticas públicas acabam sendo transformadas quando os responsáveis por sua implementação assumem as rédeas. No caso da NEPA, os objetivos foram expandidos durante a implementação, e o impacto da lei foi sentido para além das expectativas iniciais" (Dreyfus; Ingram, 1976, p. 243). Para o senador Henry Jackson, que apresentou o projeto ao Senado em 18 de fevereiro de 1969 e conseguiu sua aprovação unânime em 10 de julho (seguida de aprovação, dois meses depois, da Câmara dos Representantes), "o aspecto mais importante da lei é que ela estabelece novos processos decisórios para todas as agências do governo federal" (Spensley, 1995, p. 310).

Os mecanismos de implementação não eram triviais. O objetivo do *environmental impact statement* não era "coletar dados ou preparar descrições, mas forçar uma mudança nas decisões administrativas" (Dreyfus; Ingram, 1976, p. 254). Para guiar a aplicação dos requisitos da NEPA, o CEQ publicou, em 1º de agosto de 1973, suas diretrizes para a elaboração e apresentação do EIS. Essas diretrizes estabeleceram os fundamentos do que viriam a ser os estudos de impacto ambiental não somente nos EUA, mas em diversos países, que acabaram se inspirando nesse modelo para implementar suas próprias leis e regulamentos.

A aplicação das diretrizes de 1973 revelou-se, em vários pontos, insatisfatória, o que motivou sua substituição por um regulamento, publicado em 28 de novembro de 1978[1].

[1] 43 Federal Register 55.990, Nov. 28, 1978. *Um decreto de 1977 (Executive Order 11.991) determinou que o CEQ adotasse um regulamento para uniformizar os procedimentos de preparação e análise dos EISs. No sistema norte-americano, os regulamentos (regulations) têm aplicação compulsória, ao contrário das diretrizes (guidelines).*

Cabe às diferentes agências (ministérios, departamentos, serviços etc.) aplicar a NEPA. Para isso, cada agência desenvolveu suas próprias diretrizes e procedimentos. Ao CEQ cabe somente estabelecer diretrizes gerais e acompanhar a aplicação da lei. Em certas situações, cabe-lhe também um papel de árbitro, quando há desacordo entre agências governamentais acerca dos impactos ambientais de certos projetos. Trata-se do processo conhecido como "referral", que, no entanto, é ocasional.

Por outro lado, como a NEPA somente se aplica a ações do governo federal, diversos Estados adotaram suas próprias leis – atualmente há 17 Estados com "requisitos de planejamento ambiental similares aos da NEPA", sendo Califórnia, Washington e Nova York reconhecidos como os mais avançados (Welles, 1997, p. 209).

Um ponto fundamental quanto às origens da AIA é que o instrumento não nasceu pronto, mas como uma ideia a ser desenvolvida. Por um lado, resultou de um processo político que buscou atender a uma demanda social, que estava mais madura nos Estados Unidos no final dos anos de 1960. Por outro, a AIA evoluiu ao longo do tempo e foi modificada conforme lições eram aprendidas na experiência prática. Evoluiu nos próprios Estados Unidos e modificou-se ou adaptou-se conforme foi aplicada em outros contextos culturais ou políticos, mas sempre com o objetivo primário de prevenir a degradação ambiental e de subsidiar um processo decisório, para que as consequências sejam apreendidas antes de cada decisão ser tomada.

2.2 DIFUSÃO INTERNACIONAL: PAÍSES PIONEIROS

Em vários países industrializados, a adoção da AIA deveu-se fundamentalmente à similaridade de seus problemas ambientais, decorrentes, por sua vez, do estilo de desenvolvimento. Canadá (1973), Nova Zelândia (1973) e Austrália (1974) estiveram entre os primeiros a adotar políticas determinando que a AIA deveria preceder decisões governamentais importantes (Quadro 2.1). Da mesma forma que os Estados Unidos, esses países foram colônias de povoamento britânicas, herdando um sistema jurídico e político semelhante. Ademais, a explotação dos recursos naturais teve um papel historicamente importante em todos eles e, ao intensificar-se após a Segunda Guerra Mundial, colocou em evidência a gravidade dos impactos ambientais acumulados. Países de estrutura federativa, várias províncias e Estados no Canadá e na Austrália, assim como nos Estados Unidos, também adotaram leis sobre AIA, ampliando assim seu campo de aplicação (Quadro 2.2). Também na América Latina e na Ásia, a AIA foi legislada nos anos de 1970 e 1980, e na África a partir de 1990.

Já na Europa, o modelo americano de AIA não foi bem visto, pelo menos em um primeiro momento. Os governos sustentavam que suas políticas de planejamento já levavam em conta a variável ambiental, situação que se oporia à dos Estados Unidos, país onde o planejamento tinha pouca tradição. Mesmo assim, depois de cinco anos de discussão e cerca de 20 minutas (Wathern, 1988b), a Comissão Europeia adotou uma resolução (Diretiva 337/85), de aplicação compulsória por parte dos países-membros da então Comunidade Econômica Europeia (atual União Europeia), obrigando-os a adotar procedimentos formais de AIA como critério de decisão para uma série de empreendimentos considerados capazes de causar significativa degradação ambiental. A elaboração da diretiva europeia tardou dez anos, uma vez que os estudos preliminares haviam começado em 1975. Modificada em 1997 e em 2011, a versão mais recente é a Diretiva 2014/52/EU, de 16 de abril de 2014.

Para Wathern (1988b), a Diretiva representou grandes mudanças para países onde a AIA havia sido praticamente negligenciada nas políticas públicas – Bélgica, Espanha, Grécia,

Origem e difusão da avaliação de impacto ambiental

Quadro 2.1 Marcos legais da introdução da AIA e mudanças em alguns países selecionados

Jurisdição	Ano de introdução	Principais instrumentos legais
Canadá	1973	Decisão do Conselho de Ministros de estabelecer um processo de avaliação e exame ambiental em 20 de dezembro de 1973, modificado em 15 de fevereiro de 1977 Decreto sobre as diretrizes do processo de avaliação e exame ambiental, de 22 de junho de 1984 Lei Canadense de Avaliação Ambiental, sancionada em 23 de junho de 1992, modificada em 2012 Lei de Avaliação de Impacto, sancionada em 28 de agosto de 2019 (revogando a anterior)
Nova Zelândia	1973	Procedimentos de proteção e melhoria ambiental, de 1973 Lei de Gestão de Recursos, de julho de 1991
Austrália	1974	Lei de Proteção Ambiental (Impacto de Propostas), de dezembro de 1974, modificada em 1987 Lei de Proteção Ambiental e Proteção da Biodiversidade, de 1999
Colômbia	1974	Código Nacional de Recursos Naturais Renováveis e de Proteção do Meio Ambiente, de 18 de dezembro de 1974 Lei 99, de 1993, sobre licenças ambientais, e decreto regulamentador 2.820, de 2010
França	1976	Lei 629 de Proteção da Natureza, de 10 de julho de 1976 Lei 663 sobre as Instalações Registradas para a Proteção do Ambiente, de 19 de julho de 1976 Lei 2010-788, de 10 de julho de 2010, sobre engajamento nacional pelo meio ambiente
Filipinas	1978	Decreto sobre Política Ambiental e Decreto sobre o Sistema de Estudos de Impacto Ambiental, de 1978
China	1979	Lei "Provisória" de Proteção Ambiental, de 26 de dezembro de 1989 Decreto de 1981 sobre Proteção Ambiental de Projetos de Construção, modificado em 1986 e em 1998 Decreto de 1990 sobre procedimentos de AIA Lei de Avaliação de Impacto Ambiental, de 28 de outubro de 2002, em vigor desde setembro de 2003
Brasil	1981	Lei de Política Nacional do Meio Ambiente, de 31 de agosto de 1981 Resolução 1 do Conselho Nacional do Meio Ambiente, de 23 de janeiro de 1986, sobre estudos de impacto ambiental
México	1982	Lei Federal de Proteção Ambiental, de 1982 Lei Geral do Equilíbrio Ecológico e da Proteção do Ambiente, de 28 de janeiro de 1988 Regulamento de 30 de maio de 2000
Indonésia	1986	Lei de Provisões Básicas para Gestão Ambiental, de 1982 Regulamento 29, de 1986, sobre análise de impacto ambiental, modificado pelo Regulamento 51, de 1993, e pelo Regulamento 27, de 1999, incluindo mecanismos de participação pública
Espanha	1986	Real Decreto Legislativo 1.302, de 28 de junho de 1986, modificado em 2008 e pela Lei 6/2010 (modificação da Lei de Avaliação de Impacto Ambiental de Projetos)
Malásia	1987	Lei de 1985 que modifica a Lei de Qualidade Ambiental, de 1974 Decreto sobre Qualidade Ambiental (Atividades Controladas), de 1987
Holanda	1987	Decreto sobre AIA, de 1º de setembro de 1987, modificado em 1º de setembro de 1994

Quadro 2.1 (continuação)

Jurisdição	Ano de introdução	Principais instrumentos legais
Portugal	1987	Lei de Bases do Ambiente, de 7 de abril de 1987 Decreto-Lei 69, de 3 maio de 2000, sobre o regime jurídico da avaliação de impacto ambiental Decreto-Lei 152-B/2017, de 11 de dezembro de 2017, que altera o regime jurídico da avaliação de impacto ambiental dos projetos públicos e privados suscetíveis de produzirem efeitos significativos no ambiente, transpondo a Diretiva 2014/52/UE
Alemanha	1990	Lei de Avaliação de Impacto Ambiental, de 12 de fevereiro de 1990, modificada em 2001 e em 2010
África do Sul	1991	Art. 39 da Lei de Mineração, de 1991 Lei de Conservação Ambiental, de 1989, e Regulamento sobre AIA, de 1º de setembro de 1997, relativo à Lei de Conservação Ambiental Lei Nacional de Gestão Ambiental, de 2006, e regulamentos subsequentes, com a última modificação em 18 de junho de 2010
Tunísia	1991	Decreto de 13 de março de 1991 sobre os estudos de impacto ambiental
Hungria	1993	Decreto 86: regulamento provisório sobre a avaliação dos impactos ambientais de certas atividades Lei Ambiental, de março de 1995, incluindo um capítulo sobre AIA
Chile	1994	Lei de Bases do Meio Ambiente, de 3 de março de 1994 Regulamento do Sistema de Avaliação de Impacto Ambiental, de 3 de abril de 1997, modificado em 7 de dezembro de 2002
Uruguai	1994	Lei 16.246, de 8 de abril de 1992, que requer AIA para atividades portuárias Lei de Prevenção e Avaliação de Impacto Ambiental 16.466, de 19 de janeiro de 1994 Decreto 435/994, de 21 de setembro de 1994 (regulamento)
Hong Kong	1997	Lei de AIA, de 5 de fevereiro de 1997
Moçambique	1997	Lei do Ambiente, de 7 de outubro de 1997 Decreto 45, de 29 de setembro de 2004, que regulamenta o processo de avaliação de impacto ambiental
Angola	1998	Lei de Bases do Ambiente, de 19 de junho de 1998 Decreto 51, de 23 de julho de 2004, sobre avaliação de impacto ambiental
Japão	1999	Lei de Avaliação de Impacto Ambiental, de 12 de junho de 1999

Fontes: elaborado a partir de diversas fontes, incluindo prospectos editados por organismos governamentais, sites governamentais, Bellinger et al. (2000), Memon (2000), Purnama (2003) e Zhu e Lam (2010).

Itália e Portugal. Os demais, de diferentes formas, já aplicavam alguma modalidade de AIA (geralmente associada ao planejamento territorial), embora somente a França tivesse um sistema formal e embasado em lei.

A França, de fato, antecipou-se e foi o primeiro país da Europa a adotar a AIA, por meio de duas leis de 1976. Diferentemente dos Estados Unidos – e sem dúvida em função de um regime jurídico e de uma organização administrativa muito diferentes –, a AIA surgiu na França como uma modificação no sistema de licenciamento (ou autorização governa-

Origem e difusão da avaliação de impacto ambiental

Quadro 2.2 Exemplos de institucionalização da AIA em algumas jurisdições subnacionais

Jurisdição	Ano de introdução	Principais instrumentos legais
Califórnia, EUA	1970	Lei de Qualidade Ambiental da Califórnia, com diversas modificações subsequentes
Nova York, EUA	1978	Lei de Exame da Qualidade Ambiental, de 1978, modificada em 1987 e 1996
Alberta, Canadá	1973	Lei de Conservação e Recuperação de Terras Lei de Proteção e Melhoria Ambiental, de 2000
Ontário, Canadá	1974	Lei de Avaliação de Impacto Ambiental, de 1975 Lei sobre as avaliações ambientais, de 1990
Quebec, Canadá	1978	Modificação da Lei sobre a Qualidade do Ambiente, de 1972 Nova modificação da Lei para modernizar o regime de autorização ambiental, de 2017
Colúmbia Britânica, Canadá	1979	Lei de Ambiente e Uso do Solo e outras leis (até 2002 não havia processo único de AIA, mas diferentes processos criados por diversas leis que estabeleciam necessidade de obtenção de licenças) Lei de Avaliação Ambiental, de dezembro de 2002
Norte do Quebec, Canadá	1975	Convenção da Baía James e do Norte do Quebec (acordo firmado entre os governos do Canadá e do Quebec e as comunidades autóctones Inuit e Cri estabelecendo um regime particular de AIA na porção norte do território provincial; os Cri e os Inuit criaram seus próprios comitês para gerir o processo de AIA); cinco outros processos independentes de AIA foram depois estabelecidos no norte do Canadá
Nova Gales do Sul, Austrália	1974	Princípios e Procedimentos para Avaliação de Impacto Ambiental da Comissão Estadual de Controle de Poluição, de 1974 Lei de Planejamento e Avaliação Ambiental, de 1979
Victoria, Austrália	1978	Diretrizes para Avaliação Ambiental, de 1977 Lei sobre Efeitos Ambientais, de março de 1978
Austrália Ocidental, Austrália	1978	Lei de Proteção Ambiental, modificada em 1986 Procedimentos Administrativos de Avaliação de Impacto Ambiental, de 1993, modificados em dezembro de 2012
Castilha e Leon, Espanha	1994	Lei 8/1994, sobre Avaliação de Impacto Ambiental e Auditoria Ambiental, modificada pela Lei 6/1996 Decreto 209/1995, que aprova o regulamento da lei

Fontes: elaborado a partir de diversas fontes, incluindo prospectos editados por organismos governamentais e sites governamentais.

mental) de indústrias e outras atividades poluidoras ou incômodas, de modo que os EIAs devem ser feitos pelo próprio interessado, enquanto, segundo a NEPA, nos Estados Unidos é a agência governamental encarregada da tomada de decisões que deve preparar o EIA. No modelo francês, a exigência aplica-se a qualquer proposta, seja ela de um proponente público ou privado, enquanto a legislação federal americana aplica-se, fundamentalmente, a propostas públicas federais ou a decisões do governo federal sobre iniciativas privadas[2].

Como sucederia depois em outros países, houve na França muita resistência de alguns setores governamentais e empresariais à nova exigência de preparação prévia de um EIA

[2] *Vários Estados americanos também adotaram legislações exigindo a aplicação da avaliação de impacto ambiental para decisões no seu âmbito jurisdicional, em alguns casos incidindo também sobre vários tipos de projetos privados, como é o caso da Califórnia.*

(Sánchez, 1993b). A regulamentação tardou mais de um ano, e os novos procedimentos efetivamente entraram em vigor em 1978. Entretanto, a aplicação da lei consolidou-se rapidamente e seu vasto campo de aplicação levou à preparação de cerca de 5 a 6 mil estudos de impacto por ano (Turlin; Lilin, 1991), número bem mais alto que a quantidade preparada em outras jurisdições, como os EUA (Kennedy, 1984). Um aspecto relevante da primeira fase da AIA na França é que os procedimentos instituídos em 1976 introduziram uma nova exigência – a apresentação prévia de um estudo de impacto – a um processo de licenciamento que já vigorava para algumas atividades desde 1917. Mesmo procedimentos de consulta pública já existiam para obras que necessitassem de um decreto de utilidade pública para fins de desapropriação. Ou seja, a AIA representou uma evolução de práticas de planejamento em vigor e foi incorporada a uma estrutura administrativa preexistente. Nisto também reside uma diferença entre a maneira como a AIA surgiu na França e como foi adotada em outros países, posto que não foi criada nenhuma nova instituição para implementar o novo instrumento, apenas um departamento dentro do Ministério do Meio Ambiente, por sua vez criado em 1971.

Um indicador da diferença de receptividade da AIA nos Estados Unidos e na França é a porcentagem de casos levados a contestação judicial: enquanto nos EUA nada menos que 10% das decisões baseadas em um *environmental impact statement* foram contestadas nos tribunais no período de 1970 a 1983 (Kennedy, 1984), somente 0,65% dos *études d'impact* franceses foram contestados na Justiça durante os primeiros cinco anos de aplicação da nova lei (Hébrard, 1982).

Apesar de diversas críticas, como a falta de um organismo independente, uma certa banalização do procedimento, devido a seu uso extensivo, e foco em procedimentos administrativos ao invés da busca de soluções de menor impacto (Sánchez, 1993b), as novas exigências contribuíram para modificar a postura de empresas públicas e privadas, levando a modificações de projetos como condição indispensável para aprovação e à recusa de algumas licenças. Além de projetos de setores como infraestrutura e mineração, para os quais um EIA é exigido em vários países, na França o estudo também se tornou necessário para outros tipos de projetos que suscitavam preocupação pública, como o "remembramento" rural (Fig. 2.1), a junção de pequenas propriedades agrícolas em imóveis maiores, favorecendo a mecanização da produção, que havia tomado escala ao longo dos anos de 1960. Porém, o remembramento implica a eliminação de "obstáculos", com supressão de cercas vivas, aterro de áreas úmidas e consequente perda de hábitats, além de alteração da paisagem.

Fig. 2.1 *Paisagem rural na região de Touraine, França, com seu relevo ondulado e favorável à mecanização agrícola*

Sem dúvida, a preocupação de evitar a judicialização observada nos Estados Unidos esteve presente no desenho da maioria dos procedimentos de AIA. Na Alemanha, diversos estudos apontavam para o encaminhamento de um projeto de lei, preparado em 1973 por um grupo de especialistas a convite do governo federal. Entretanto, o projeto nunca foi apresentado ao Parlamento (Cupei, 1994). O governo federal adotou recomendações, em 12 de outubro de 1975, sob a forma de "Princípios para Avaliação de Impacto Ambiental de Ações Federais", cujo cumprimento não era obrigatório e não podia ser controlado pelos tribunais. Ademais, os Estados tampouco tinham qualquer obrigação a respeito (Kennedy, 1981). Esse documento, "por seu pouco poder formal, não conseguiu obrigar ninguém a fornecer tal relatório [de impacto ambiental]" (Summerer, 1994, p. 407).

Somente após a aprovação da Diretiva Europeia, e como obrigação de todo Estado-membro, a Alemanha adotou uma lei sobre AIA, conhecida como *Umweltverträglichkeitprufung* (UVP), cuja tradução direta seria "exame de compatibilidade ambiental" – conforme Muller-Planterberg e Ab'Sáber (1994, p. 323), e, para Schlüpmann (1994, p. 366), "estudo de consequências ambientais". Este autor relata que foram parcas as discussões que precederam a aprovação da lei no Parlamento, o que parece paradoxal em um país onde o movimento ambientalista foi pioneiro em conseguir amplo reconhecimento social. Ele considera que, justamente, o "temor da pressão popular", tendo os protestos contra usinas nucleares como pano de fundo, "constitui o fio condutor da história da Lei de AIA" (p. 373), a qual, em sua análise e fazendo eco a outros críticos, estabelece um procedimento excessivamente burocrático com pouco espaço para participação pública. A lei alemã sobre UVP data de 12 de fevereiro de 1990, quando já haviam transcorrido 20 anos da NEPA.

Em parte, as dificuldades de adaptação da Diretiva Europeia ao ordenamento jurídico de cada país-membro decorrem da existência anterior, nesses países, de regras de planejamento territorial e de controle de poluição, que precisaram ser modificadas para incorporar o novo instrumento sem que fossem postas em risco as garantias representadas por essas leis. Se em alguns países, como a Espanha, a introdução da AIA deu-se por novas leis ou decretos que estabeleceram a necessidade de preparação de um EIA nos moldes preconizados pela Diretiva, quase que a transcrevendo, em outros, exigências de AIA permearam uma complexa legislação de planejamento, como no Reino Unido, onde a Diretiva foi implementada por meio de mais de 40 "regulamentos secundários" (Glasson; Salvador, 2000).

Países ditos em desenvolvimento também legislaram sobre AIA. Exemplo notável é a Colômbia, que já em 1974 incluiu provisões sobre AIA em seu Código Nacional de Recursos Naturais Renováveis e de Proteção do Meio Ambiente. O artigo 28 dessa lei estabelecia que:

> Para a execução de obras, o estabelecimento de indústrias ou o desenvolvimento de qualquer outra atividade que, por suas características, possa produzir deterioração grave dos recursos naturais renováveis ou do ambiente ou introduzir modificações consideráveis ou notórias à paisagem, será necessário o estudo ecológico e ambiental prévio e, ademais, obter licença. Em tal estudo, deve-se levar em conta, além dos fatores físicos, os de ordem econômica e social, para determinar a incidência que a execução das obras mencionadas possa ter sobre a região.

A difusão da AIA para outros países continuou durante a década de 1990, alcançando o Japão, Hong Kong – então colônia britânica e depois Região Administrativa Especial da China – e quase todos os países da África. Ao mesmo tempo, em países onde a prática já era bem estabelecida, como Canadá, Austrália e Nova Zelândia, os processos foram fortalecidos por meio da criação de leis ou da reforma de procedimentos (Quadro 2.1). Assim, não se pode deixar de registrar que a AIA tem passado por uma contínua evolução, na qual as práticas vêm sendo revistas e novos procedimentos e exigências são formulados, com base no aprendizado proporcionado por uma avaliação crítica dos resultados, essencial para o vigor de toda política pública. Um avanço significativo é a avaliação ambiental estratégica, ou avaliação do impacto de políticas, planos e programas, e não de projetos, obras ou atividades. No entanto, esse tema não será abordado neste livro.

2.3 DIFUSÃO INTERNACIONAL: COOPERAÇÃO PARA O DESENVOLVIMENTO

Há diversos motivos para a difusão internacional da AIA. Talvez o principal seja que tanto os países ditos desenvolvidos quanto aqueles classificados como em desenvolvimento têm diversos problemas ambientais em comum. Em outras palavras, o estilo de desenvolvimento adotado engendra formas semelhantes de degradação ambiental.

Em 1972, na época da Conferência das Nações Unidas sobre Meio Ambiente, em Estocolmo, existiam apenas onze órgãos ambientais nacionais, a maioria em países industrializados. Em 1981, a situação havia mudado de forma dramática: contavam-se 106 países. Uma nova década se passa e, em 1991, praticamente todos os países dispõem de algum tipo de instituição similar (Monosowski, 1993, p. 3).

Também teve importante papel na adoção da AIA pelos países do Sul a atuação das agências bilaterais de fomento ao desenvolvimento, como a U.S. *Agency for International Development* (USAID) e suas congêneres dos países da OCDE (Organização para Cooperação e Desenvolvimento Econômico), assim como as agências multilaterais, que são os bancos de desenvolvimento, como o Banco Mundial.

Os tribunais dos Estados Unidos julgaram casos decidindo que mesmo as ações externas do governo federal americano deveriam ser sujeitas à NEPA, afetando, dessa forma, seus projetos de cooperação para o desenvolvimento e até as atividades de pesquisa na Antártida, que, coordenadas pelo U.S. *National Research Council*, foram consideradas como ações do governo federal que podiam causar significativa degradação ambiental. Em 1975, quatro ONGs ambientalistas americanas entraram em uma ação judicial contra a USAID, tencionando obrigá-la a preparar EIAs. Em consequência, essa foi a primeira agência de cooperação internacional a aplicar regularmente procedimentos de avaliação dos impactos de seus projetos (Horberry, 1988).

A lei americana de cooperação para o desenvolvimento (*Foreign Assistance Act*) foi modificada em 1978 e passou a impor a necessidade formal de preparação de EIAs para projetos de cooperação (Runnals, 1986). A USAID então estabeleceu uma política ambiental e criou diversos procedimentos para levar em conta as implicações ambientais de seus projetos; também teve que realizar uma reforma administrativa e contratar novos técnicos para atuar em planejamento e gestão ambiental (Horberry, 1988). Posteriormente, agências como a canadense ACDI/CIDA e a dinamarquesa Danida estabeleceram seus próprios procedimentos de avaliação de projetos, em geral empregando os mesmos critérios que agências de seus respectivos governos usam para analisar seus projetos internos. No entanto, até 1986, as agências de cooperação dos países da OCDE tinham experiência limitada com avaliação ambiental. Embora a maioria dos países aplicasse a AIA para projetos domésticos, esse procedimento não era usado para os mesmos tipos de projeto quando executados em um país em desenvolvimento sob financiamento de um país da OCDE (Kennedy, 1988). Foi somente a partir do final dos anos 1980, e principalmente ao longo dos anos 1990, que isso se consolidou.

Um marco nesse processo de internacionalização da AIA é a Recomendação do Conselho Diretor da OCDE, de 20 de junho de 1985, segundo a qual os países-membros da organização devem assegurar que:

> (a) Projetos e programas de assistência ao desenvolvimento que, devido à sua natureza, porte e/ou localização, possam afetar significativamente o ambiente devem ser avaliados sob um ponto de vista ambiental no estágio mais inicial possível;
> (b) Ao examinar se um projeto ou programa específico deve ser sujeito a uma avaliação ambiental detalhada, as agências de cooperação dos países-membros devem prestar especial atenção aos projetos ou programas listados no Anexo [...].

O documento traz um anexo com uma lista de projetos e programas que necessitam de avaliações ambientais. Outra recomendação do Conselho da OCDE, de 23 de outubro de 1986, conclama os países-membros a:

> (a) Apoiar ativamente a adoção formal de uma política de avaliação ambiental para suas atividades de assistência ao desenvolvimento;
> (b) Examinar a adequação dos procedimentos e práticas atuais com relação à implementação de tal política;
> (c) Desenvolver, à luz deste exame e na medida necessária, procedimentos eficazes para um processo de avaliação ambiental [...];
> [...]
> (g) Assegurar a provisão de recursos humanos e financeiros para os países em desenvolvimento que desejem melhorar sua capacitação para realizar avaliações ambientais [...].

Dessa forma, a OCDE recomendou um modelo de processo de AIA para analisar os projetos de ajuda ao desenvolvimento que era consistente com as boas práticas internacionais, e propôs fomentar a capacidade dos países receptores para avaliar internamente os impactos ambientais. Consequentemente, não apenas os projetos passaram a ser avaliados individualmente, como foram também expandidos programas de cooperação para o fortalecimento institucional e a formação de recursos humanos nos países em desenvolvimento. Por exemplo, a agência canadense de cooperação financiou um grande Projeto de Desenvolvimento de Gestão Ambiental na Indonésia, liderado pela Universidade Dalhousie e executado entre 1983 e 1994 por um consórcio de universidades canadenses e indonésias, em colaboração com o Ministério do Meio Ambiente da Indonésia. O projeto incluiu um componente de capacitação e a publicação de guias e diretrizes.

Também nas instituições multilaterais, como os bancos de desenvolvimento, a década de 1980 marcou uma inflexão em suas políticas face às implicações ambientais de suas atividades. O Banco Mundial teve papel muito importante na difusão da AIA, na medida em que movimenta bilhões de dólares por ano em projetos de desenvolvimento capazes de causar impactos significativos. Os primeiros EIAs feitos no Brasil o foram para projetos financiados em parte pelo Banco Mundial, como as barragens de Sobradinho, no rio São Francisco, em 1972 (Moreira, 1988), e Tucuruí, no rio Tocantins, em 1977 (Monosowski, 1986; 1990), um ano depois que a construção da barragem havia sido iniciada. Na época, não havia legislação exigindo tais estudos, que não foram, portanto, submetidos à aprovação governamental, mas utilizados pelo Banco para decidir sobre as condições dos empréstimos.

Uma das principais razões do envolvimento do Banco Mundial foi a pressão exercida pelas organizações não governamentais ambientalistas, com fortes críticas aos importantes impactos ecológicos e socioculturais dos grandes projetos financiados pelo Banco (Rich, 1985). Um dos casos sistematicamente citados como um dos piores exemplos de atuação do Banco foi o empréstimo concedido ao governo brasileiro para pavimentação da rodovia BR-364, de Cuiabá a Porto Velho, nos anos 1980 – a obra foi apontada como indutora de um processo perverso de ocupação da região, causando desmatamento indiscriminado e dizimação de povos indígenas (Lutzemberger, 1985). As críticas tiveram repercussão no Congresso dos Estados Unidos, o maior acionista do Banco. Os congressistas convocaram o secretário do Tesouro para depor acerca das atividades do Banco e o pressionaram para exigir que fosse dada maior importância aos impactos ambientais dos projetos financiados, como um dos critérios de concessão de empréstimos (Walsh, 1986).

O primeiro documento de política ambiental do Banco, que data de 1984, estipulava que os impactos de projetos de desenvolvimento fossem avaliados durante a preparação do projeto e que seus resultados fossem publicados somente *depois* da implantação (Goodland, 2000). Finalmente, em 1989, o Banco promoveu uma reorganização interna, criando um Departamento de Meio Ambiente e contratando uma equipe multidisciplinar cuja atribuição era analisar previamente, sob o ponto de vista ambiental, os projetos enviados ao Banco, já que, até então, a equipe encarregada de assuntos ambientais era composta por apenas cinco pessoas, face a mais de 300 projetos analisados anualmente pela instituição (Runnals, 1986)[3]. Também em 1989, o Banco adotou uma nova política a esse respeito e estabeleceu procedimentos internos de cumprimento compulsório, que incluíam a elaboração de um EIA (Beanlands, 1993a).

> [3] *Segundo Goodland (2000, p. 3), a categoria de "profissional ambiental" foi então acrescida à lista oficial de especialidades, que antes enquadrava os analistas ambientais como "outros especialistas técnicos".*

Tratava-se da Diretiva Operacional 4.00 de outubro de 1989, substituída pela Diretiva Operacional 4.01 em setembro de 1991. Posteriormente, o Banco consolidou seus procedimentos relativos às considerações ambientais na análise de solicitações de empréstimos, que devem observar as condições estabelecidas nos documentos de políticas operacionais, ou políticas de salvaguardas, que abordavam temas como hábitats naturais, povos indígenas, patrimônio cultural, reassentamento involuntário e segurança de barragens. Em 2012 o Banco iniciou um processo de consulta pública para revisão e atualização de suas políticas de salvaguardas, concluído em 2017 (World Bank, 2017).

Goodland (2000) aponta que a versão de 1989 da política de avaliação ambiental encontrou muita resistência interna e, por tal razão, era restrita – excluía, por exemplo, qualquer procedimento de participação pública. Já a versão de 1991 finalmente aproximou-se dos padrões internacionais de AIA, incluindo, entre outras modificações, procedimentos para participação pública. No entanto, somente *projetos* apresentados ao banco para financiamento eram abarcados por essa política, que não abrangia empréstimos para ajuste estrutural ou setorial. Ao longo dos anos 1990, outros organismos multilaterais seguiram os passos do Banco Mundial, adotando políticas e procedimentos internos para avaliação ambiental.

Muitos países recebem montantes de ajuda econômica que representam percentagem significativa de seus orçamentos públicos e, para manter o fluxo de recursos, devem se submeter às exigências dos financiadores e doadores que, por sua vez, estão sujeitos a pressões em suas jurisdições. Para um doador internacional, nada pior que a comprovação de que, ao invés de um projeto ter contribuído para o desenvolvimento humano, este tenha, na realidade, piorado a qualidade de vida das populações que supostamente deveria ter ajudado, ou causado danos ambientais.

2.4 AIA EM TRATADOS INTERNACIONAIS

Vários países promoveram ativamente a difusão internacional da AIA, não apenas agindo no plano bilateral, como também buscando inseri-la em acordos internacionais. Da

Origem e difusão da avaliação de impacto ambiental

mesma forma, algumas ONGs internacionais trabalharam para incluir cláusulas relativas à AIA em tratados internacionais, que vêm se multiplicando nos últimos anos.

Um grande impulso veio com a Conferência das Nações Unidas sobre Meio Ambiente e Desenvolvimento (CNUMAD), a Rio-92. Além de toda a discussão pública, com grande repercussão na imprensa, suscitada durante o período preparatório da conferência, um dos documentos resultantes desse encontro, a Declaração do Rio, estabelece, em seu Princípio 17:

> A avaliação do impacto ambiental, como um instrumento nacional, deve ser empreendida para atividades propostas que tenham probabilidade de causar um impacto adverso significativo no ambiente e sujeitas a uma decisão da autoridade nacional competente.

Em um outro documento, a Agenda 21, os Estados signatários reconhecem a AIA como instrumento que deve ser fortalecido para estimular o desenvolvimento sustentável. Várias vezes a Agenda 21 menciona a necessidade de avaliar os impactos de novos projetos de desenvolvimento.

A Declaração do Rio e a Agenda 21 são documentos cuja preparação requereu intensas negociações internacionais, inclusive com a participação de ONGs e outros grupos de interesse. A preparação da Conferência do Rio foi um processo enriquecedor, cujos resultados ultrapassam os documentos firmados durante o evento. Muitos países aprovaram novas leis, prepararam relatórios de qualidade ambiental, e as ONGs estimularam os cidadãos a buscar maior envolvimento nos processos decisórios. O surgimento de novas leis que requerem a avaliação prévia de impacto ambiental foi uma das consequências da Conferência. Durante o período preparatório e nos anos que se seguiram, novos países incorporaram a AIA em suas legislações, principalmente na América Latina, na África e na Europa Oriental (Quadro 2.1).

Além de documentos não vinculantes, como a Declaração do Rio e a Agenda 21, diversas convenções internacionais têm incorporado a AIA em seus textos. A mais importante é sem dúvida a Convenção sobre Diversidade Biológica, também aprovada durante a Conferência do Rio:

> Artigo 14 – Avaliação de impacto e minimização de impactos negativos:
> 1. Cada Parte Contratante, na medida do possível, e conforme o caso, deve:
> a) estabelecer procedimentos adequados que exijam a avaliação de impacto ambiental de seus projetos propostos que possam ter sensíveis efeitos negativos na diversidade biológica, a fim de evitar ou minimizar tais efeitos e, conforme o caso, permitir a participação pública nesses procedimentos;
> b) tomar providências adequadas para assegurar que sejam devidamente levadas em conta as consequências ambientais de seus programas e políticas que possam ter sensíveis efeitos negativos na diversidade biológica; [...].

A Convenção avançou bastante nas recomendações quanto ao uso da AIA. Em sua 6ª Conferência das Partes Contratantes (COP)[4], realizada em Haia, Holanda, em 2002, aprovou um documento intitulado "Diretrizes para incorporação de questões relativas à biodiversidade à legislação e/ou ao processo de avaliação de impacto ambiental e à avaliação ambiental estratégica" (Resolução VI/7), que traz recomendações detalhadas sobre o assunto.

[4] *Várias convenções internacionais têm dispositivos de avaliação e atualização, mediante a realização de reuniões periódicas oficiais de representantes dos países, as conferências das partes contratantes.*

A Convenção sobre Mudança do Clima, igualmente firmada durante a Conferência do Rio, também faz menção à AIA, neste caso, sobre seu emprego, para avaliar medidas de mitigação ou de adaptação às mudanças climáticas:

> Artigo 4 – Obrigações
>
> 1. Todas as Partes, levando em conta suas responsabilidades comuns mas diferenciadas e suas prioridades de desenvolvimento, objetivos e circunstâncias específicas, nacionais e regionais, devem:
>
> [...]
>
> f) levar em conta, na medida do possível, os fatores relacionados com a mudança do clima em suas políticas e medidas sociais, econômicas e ambientais pertinentes, bem como empregar métodos adequados, tais como avaliações de impactos, formulados e definidos nacionalmente, com vistas a minimizar os efeitos negativos na economia, na saúde pública e na qualidade do meio ambiente, provocados por projetos ou medidas aplicadas pelas Partes para mitigarem as mudanças do clima ou a ela se adaptarem; [...].

Mesmo convenções firmadas antes da difusão internacional da AIA incorporaram seus princípios e recomendações, como é o caso da Convenção de Ramsar para a Proteção de Áreas Úmidas de Importância Internacional. Essa convenção foi firmada em 1971, na cidade iraniana de Ramsar, com o objetivo principal de proteger os hábitats de aves migratórias, cuja sobrevivência depende do estado de conservação de planícies de inundação, lagos, estuários, manguezais e demais zonas úmidas (Figs. 2.2 e 2.3). Como outras convenções firmadas sob a égide da ONU, os países aderentes reúnem-se periodicamente nas Conferências das Partes, durante as quais são tomadas decisões relativas à implementação da convenção. Resoluções da 6ª Conferência das Partes Contratantes (COP), realizada em Brisbane, Austrália, em 1996; da 7ª COP, realizada em San José, Costa Rica, em 1999; e da 8ª COP, realizada em Valência, Espanha, em 2002, preconizam o uso da AIA para proteger as zonas úmidas. Por exemplo, a Resolução VI.16, tomada em San José:

> PEDE às Partes Contratantes que fortaleçam e consolidem seus esforços para assegurar que todo projeto, plano, programa e política com potencial de alterar o caráter ecológico das zonas úmidas incluídas na lista Ramsar ou de impactar negativamente outras zonas úmidas situadas em seu território, sejam submetidos a procedimentos rigorosos de estudos de impacto, formalizando tais procedimentos mediante os ajustes necessários em políticas, legislação, instituições e organizações.
>
> ALENTA as Partes Contratantes a se assegurar de que os procedimentos de avaliação de impacto se orientem à identificação dos verdadeiros valores dos ecossistemas de zonas úmidas, em termos dos múltiplos valores, benefícios e funções que proveem, para permitir que estes amplos valores ambientais sejam incorporados aos processos de tomada de decisões e de manejo.
>
> ALENTA, ademais, as Partes Contratantes a assegurar que os processos de avaliação de impactos referentes a zonas úmidas sejam realizados de maneira transparente e participativa, e que incluam os interessados diretos locais [...] (Secretaría de la Convención de Ramsar, 2004.

Origem e difusão da avaliação de impacto ambiental   57

Outra convenção que inicialmente não fazia menção à AIA, mas incorporou recomendações explícitas, é a Convenção sobre a Conservação de Espécies Migratórias de Animais Selvagens, firmada em Bonn, Alemanha, em 1979. A Resolução 7/2 da 7ª COP, realizada em Bonn, em 2002,

Fig. 2.2 *Planície de maré de Fujimae-higata, baía de Ise, Nagoya, Japão, ponto de parada na rota migratória do Leste da Ásia, entre a tundra da Sibéria e a Austrália, visitada anualmente por cerca de 170 espécies de aves e sítio Ramsar desde 2002, situado em um contexto urbano-industrial*

Fig. 2.3 *Centro de visitantes de Fujimae-higata, vendo-se a área pretendida para um aterro de resíduos, projeto abandonado em 1999 em função do processo de avaliação de impacto ambiental, que demonstrou a importância da área e conduziu à construção de um incinerador, visível ao fundo*

> ENFATIZA a importância da avaliação de impacto ambiental e da avaliação ambiental estratégica de boa qualidade como ferramentas para implementar o Artigo II(2) da Convenção, para evitar ameaças às espécies migratórias [...].
>
> URGE às Partes que incluam, quando for relevante, nas avaliações de impacto ambiental e nas avaliações ambientais estratégicas, a consideração mais completa possível dos efeitos de impedimento à migração [...], dos efeitos transfronteiriços às espécies migratórias e dos impactos sobre os padrões migratórios.

Um ponto que não é abordado pelas legislações nacionais é o de que alguns empreendimentos podem causar impactos além das fronteiras. Um tratado internacional promovido pela Comissão Econômica das Nações Unidas para a Europa, mas aberto à adesão de países que não sejam membros dessa organização, é a Convenção sobre Avaliação de Impacto Ambiental em um Contexto Transfronteiriço, conhecida como Convenção de Espoo, cidade da Finlândia onde foi aprovada em 1991. Trata-se da primeira convenção multilateral desse tipo, e está em vigor desde 10 de setembro de 1997. À semelhança das leis nacionais sobre AIA, a Convenção estabelece:

* uma lista de atividades às quais se aplica (Anexo I);
* um procedimento a ser seguido;
* a necessidade de que os países potencialmente afetados sejam notificados;
* procedimentos para participação pública em todos os países potencialmente afetados;
* um conteúdo mínimo para a documentação do processo de AIA (Anexo II).

Essa convenção procurou estimular a cooperação internacional, evitar o aparecimento de conflitos entre Estados e, se surgirem, estabelecer mecanismos para resolvê-los. Convenções similares são necessárias em outras regiões do Planeta, como mostra a controvérsia que emergiu, em 2005 e 2006, entre o Uruguai e a Argentina, motivada pela proposta de construção de duas fábricas de celulose naquele país, e que suscitou reações governamentais e manifestações populares na Argentina, inclusive com bloqueio de pontes internacionais, devido ao receio de poluição das águas do rio Uruguai, que nesse local forma a fronteira, e aos possíveis impactos sobre a agricultura e o turismo.

Trata-se de projetos de grande porte para o Uruguai. O maior deles previa investimentos de US$ 1,1 bilhão em uma indústria de celulose e em plantações de eucaliptos, cuja "influência socioeconômica se estenderá direta ou indiretamente a todo o Uruguai e mesmo às zonas vizinhas na província argentina de Entre-Rios" (Botnia, 2004, p. 95). As duas fábricas localizam-se na pequena cidade de Fray Bentos, com 22 mil habitantes. O presidente argentino pediu que fosse realizado um "estudo de impacto ambiental independente" (A. Vidal, *Kirchner pidió a Uruguay que frene por 90 días las papeleras*", El Clarín, 2 de março de 2006).

Observa-se que, para além de leis nacionais ou subnacionais, a AIA é promovida em documentos de âmbito internacional, que preconizam seu uso, voluntário ou obrigatório, para diferentes finalidades de planejamento ou de auxílio à decisão. Cada vez mais, a AIA vem atender a uma necessidade de estabelecer mecanismos de controle social e de decisão participativa acerca de projetos e iniciativas de desenvolvimento econômico. É interessante notar, contudo, que a Conferência Rio+20, realizada em 2012 e oficialmente denominada Conferência das Nações Unidas sobre Desenvolvimento Sustentável, nada acrescentou ao quadro internacional de instrumentos ou compromissos relativos à avaliação de impacto ambiental (Sánchez; Croal, 2012). No período recente, apenas o Acordo de Escazú, de 2018, relativo à participação pública em matéria ambiental na América Latina e no Caribe, dá destaque à AIA.

2.5 AIA no Brasil e licenciamento ambiental

Os primeiros estudos ambientais preparados no Brasil para projetos hidrelétricos durante os anos 1970 são, em grande parte, reflexo da influência de demandas originadas no exterior, de modo similar ao ocorrido em outros países. Mas não haveria também pressões internas para prevenir a ocorrência de danos ambientais causados por grandes projetos de desenvolvimento?

A década de 1970 foi marcada por grande crescimento da atividade econômica e expansão das fronteiras econômicas internas, com a progressiva incorporação à economia de mercado de vastas áreas do domínio dos cerrados e da Amazônia. A expansão econômica e territorial foi impulsionada por investimentos governamentais de grande monta em projetos de infraestrutura, dos quais a rodovia Transamazônica e a barragem de Itaipu são ícones. A estratégia de desenvolvimento econômico da qual esses projetos faziam parte era criticada por alguns setores da intelectualidade (por exemplo, Furtado, 1974, 1982; Cardoso; Muller, 1978; Oliveira, 1980), mas seus impactos ambientais eram mencionados somente *en passant*. No entanto, nessa mesma época, começa a cristalizar-se no País um pensamento "ecológico" crítico desse mesmo modelo de desenvolvimento (Lago; Pádua, 1984).

O estudo de impacto da usina hidrelétrica de Tucuruí, de 1977, certamente não influenciou a decisão de realizar o projeto, cujas obras foram iniciadas no ano anterior. Esse estudo foi realizado por um único profissional[5], que basicamente compilou informação disponível e identificou os principais impactos potenciais. Em seguida, um Plano de Trabalho Integrado para Controle Ambiental, de junho de 1978, orientou o subsequente aprofundamento dos estudos, com vários levantamentos de campo realizados por instituições de pesquisa e a "adoção de algumas ações de mitigação de impactos negativos" (Monosowski, 1994, p. 127). Segundo a autora, na ausência de exigência legal para avaliação prévia de impactos ambientais,

> entre os fatores que motivaram a realização dos estudos incluem-se a falta de experiência na implantação de projetos hidrelétricos de grande porte em regiões de floresta tropical úmida, a influência de práticas adotadas pelas agências de financiamento internacionais e a pressão da opinião pública nacional e internacional, em especial da comunidade científica, de grupos ecologistas e de interesses locais (p. 127).

No meio acadêmico, por outro lado, já se iniciavam pesquisas sobre os impactos ambientais de grandes projetos, como as barragens no baixo curso do rio Tietê, São Paulo. Tundisi (1978) montou um experimento de longa duração visando estabelecer uma linha de base das condições ecológicas antes da construção de dois reservatórios, que pudesse ser comparada com as condições após a inundação. Também em 1978 foi realizado um seminário sobre os "Efeitos das Grandes Represas no Meio Ambiente e no Desenvolvimento Regional" e Garcez (1981) contrapôs qualitativamente os "efeitos benéficos e prejudiciais das grandes barragens" (Fig. 2.4).

Foi uma conjunção de fatores internos e externos, ou endógenos e exógenos, na análise de Pádua (1991), que propiciou um avanço das políticas ambientais no Brasil e acabou levando o Poder Executivo a formular o projeto de lei sobre Política Nacional do Meio Am-

---

[5] *Robert Goodland fez seu doutorado sobre a ecologia do cerrado brasileiro e foi coautor de* Amazon Jungle: Green Hell to Red Desert?, *publicado no Brasil como* A Selva Amazônica: do Inferno Verde ao Deserto Vermelho?, *em uma versão da qual foram suprimidas menções à atuação governamental e seu papel na destruição da floresta amazônica (Goodland; Irwin, 1975). Mais tarde, esse ecólogo foi um dos primeiros profissionais da área ambiental contratados pelo Banco Mundial quando da reformulação do Departamento de Meio Ambiente, em 1989.*

biente, aprovado pelo Congresso em 31 de agosto de 1981 (Lei nº 6.938), que incluiu a AIA como um dos instrumentos para atingir seus objetivos, entre os quais (art. 4º):

* compatibilizar o desenvolvimento econômico e social com a proteção ambiental;
* preservar e restaurar os recursos ambientais "com vistas à sua utilização racional e disponibilidade permanente, concorrendo para a manutenção do equilíbrio ecológico propício à vida";
* obrigar o poluidor e o predador a recuperar e/ou indenizar os danos.

Não há dúvida de que a atuação de agentes financeiros multilaterais e de outras organizações internacionais teve um papel central na adoção da AIA por muitos países em desenvolvimento. Todavia, foram as condições internas – os fatores endógenos – que propiciaram uma acolhida mais ou menos favorável para que se pusessem em prática os princípios de prevenção e de precaução inerentes à AIA. No Brasil, parece ter ocorrido uma convergência entre as demandas colocadas por agentes exógenos e as demandas internas formuladas por movimentos sociais e setores do movimento ambientalista. Durante as décadas de 1970 e de 1980, apesar das restrições à democracia impostas pelo governo militar, o movimento ambientalista foi paulatinamente se firmando e legitimando seu discurso (Silva-Sánchez, 2010; Viola, 1992), tendo os impactos socioambientais dos grandes projetos estatais ou privados como um dos focos da crítica ao modelo de desenvolvimento adotado, visto como socialmente excludente e ecologicamente destrutivo (Lutzemberger, 1980; Sánchez, 1983).

Fig. 2.4 *Imagem de satélite da bacia do rio Paraná, observando-se a sucessão de reservatórios nos principais rios. O maior deles, visível na porção central da imagem, é de Porto Primavera*
Fonte: CBERS (Satélite Sino-Brasileiro de Recursos Terrestres), imagem de agosto de 2004.

[6] Fundação Estadual de Engenharia do Meio Ambiente, órgão governamental encarregado de zelar pela proteção ambiental, em especial no que se refere ao controle da poluição, criado em março de 1975 e substituído, em janeiro de 2009, pelo Instituto Estadual do Ambiente (Inea), que também incorporou dois outros órgãos governamentais com atribuições ambientais.

Em termos de institucionalização, a AIA foi introduzida no Brasil por meio das legislações estaduais – Rio de Janeiro e Minas Gerais adiantando-se à legislação federal. O caso do Rio de Janeiro tem maior interesse, pois foi a partir dessa experiência pioneira que mais tarde foi regulamentado o estudo de impacto ambiental no País. A origem da AIA no Estado está ligada à implementação de um sistema estadual de licenciamento de fontes de poluição (Moreira, 1988) em 1977, que atribuiu à Comissão Estadual de Controle Ambiental (Ceca) a possibilidade de estabelecer os instrumentos necessários para analisar os pedidos de licenciamento. Segundo Wandesforde-Smith e Moreira (1985), foram alguns dos próprios técnicos da Feema[6] que levantaram a possibilidade de exigir um relatório de impacto ambiental como subsídio ao licenciamento. Isso permitiria que fossem levados em conta aspectos relativos a "uso do solo, fauna e flora, e variáveis demográficas e econômicas", ao invés de restringir a análise a questões de poluição do ar e da água. Uma relação direta entre AIA e licenciamento foi uma estratégia empregada por esse grupo para facilitar a aceitação de uma nova ferramenta de planejamento ambiental, e estabelecer um contexto de aplicação que já era familiar, ou seja, o licenciamento ambiental. Em outras palavras, tratava-se de um compromisso entre o uso ideal da AIA (o planejamento de novos projetos, planos ou programas) e a possibilidade de aplicação imediata.

O esforço rendeu poucos frutos, pois até 1983 a Ceca exerceu somente duas vezes seu poder de exigir um relatório de impacto ambiental e, em ambos os casos, com parcos resultados. Todavia, os profissionais comprometidos com a AIA conseguiram pôr em prática, entre 1980 e 1983, um programa de capacitação técnica, com a assistência do Programa das Nações Unidas para o Meio Ambiente, que incluiu intercâmbios internacionais e proveu uma sólida formação acerca dos fundamentos e dos métodos de avaliação de impactos, a ponto de dar ao grupo "um nível de visibilidade e competência que lhe rendeu respeito e legitimidade" (Wandesforde-Smith; Moreira, 1985, p. 235). Esse conhecimento teria importância capital anos depois, quando o EIA foi regulamentado no âmbito federal.

Dessa forma, a AIA somente se firmaria no Brasil a partir da legislação federal. Inicialmente, cabe menção à avaliação prevista na Lei nº 6.803, de 2 de julho de 1980, para subsidiar o planejamento territorial dos locais oficialmente reconhecidos como "áreas críticas de poluição" (essa denominação havia sido introduzida pelo Decreto-lei nº 1.413, de 14 de agosto de 1975). O projeto de lei sobre zoneamento industrial, antes de ser votado em plenário, foi examinado por uma comissão mista do Congresso Nacional. Ao projeto governamental foram apresentadas 17 emendas, das quais oito propunham a introdução do estudo de impacto, tendo a proposta partido da Sociedade Brasileira de Direito do Meio Ambiente. Houve o acolhimento em parte da proposição (Machado, 2003).

Segundo esse autor, que à época era presidente dessa sociedade, a proposta encaminhada ao Congresso tinha o seguinte teor:

> O Estudo de Impacto compreenderá um relatório detalhado sobre o estado inicial do lugar e de seu meio ambiente; as razões que motivaram a sua escolha; as modificações que o projeto acarretará, inclusive os comprometimentos irreversíveis dos recursos naturais; as medidas propostas para suprimir, reduzir e, se possível, compensar as consequências prejudiciais para o meio ambiente; o relacionamento entre os usos locais e regionais, a curto prazo, do meio ambiente e a manutenção e a melhoria da produtividade, a longo prazo; as alternativas propostas. O Estudo de Impacto será acessível ao público, sem quaisquer ônus para a consulta dos interessados.
> Os congressistas não acolheram integralmente a proposta, mas incluíram a ideia.

À parte essa iniciativa pioneira, foi com a aprovação da Lei da Política Nacional do Meio Ambiente que efetivamente a AIA foi incorporada à legislação brasileira, depois fortalecida com o art. 225 da Constituição Federal de 1988:

> Art. 225 – Todos têm direito ao meio ambiente ecologicamente equilibrado, bem de uso comum do povo e essencial à sadia qualidade de vida, impondo-se ao Poder Público e à coletividade o dever de defendê-lo e preservá-lo para as presentes e as futuras gerações.
> § 1º Para assegurar a efetividade desse direito, incumbe ao Poder Público:
> [...]
> IV – exigir, na forma da lei, para instalação de obra ou atividade potencialmente causadora de significativa degradação ambiental, estudo prévio de impacto ambiental, a que se dará publicidade; [...].

A partir de então, constituições estaduais e leis orgânicas municipais também adotaram o princípio, e o Estado do Rio de Janeiro aprovou uma lei específica sobre AIA, de número 1.356/88.

Na prática, as legislações estaduais que precederam a Lei n° 6.938 foram aplicadas em poucas ocasiões, e foi somente a partir da regulamentação da parte especificamente referida à AIA dessa lei, em 1986, que o instrumento realmente passou a ser aplicado. A lei havia dado ao Conselho Nacional de Meio Ambiente (Conama) uma série de atribuições para regulamentá-la e, usando dessa prerrogativa, o Conselho aprovou sua Resolução 1/86, em 23 de janeiro desse ano, estabelecendo uma série de requisitos. O Conama é composto por representantes do governo federal, de governos estaduais e de entidades da sociedade civil, incluindo organizações empresariais e organizações ambientalistas. Alguns conselheiros atuaram ativamente na preparação da Resolução 1/86, que estabelece:

* uma lista de atividades sujeitas à apresentação de um EIA como condição para licenciamento ambiental;
* as diretrizes gerais para preparação do EIA;
* as atividades de preparação do EIA;
* o conteúdo mínimo do relatório de impacto ambiental;
* que o estudo deverá ser elaborado por equipe multidisciplinar independente do empreendedor;
* que as despesas de elaboração do estudo correrão por conta do empreendedor;
* a acessibilidade pública do relatório de impacto ambiental e a possibilidade deste participar do processo.

Tomada *ipsis litteris*, a Resolução Conama 1/86 previa a preparação de apenas um documento, denominado Rima, que sintetizaria os estudos (de impacto ambiental) realizados e apresentaria suas conclusões em linguagem acessível ao não especialista. Rapidamente, porém, a prática consolidou a apresentação, pelo proponente do projeto, de dois documentos, preparados por uma equipe técnica multidisciplinar independente:

* o Estudo de Impacto Ambiental (EIA); e
* o Relatório de Impacto Ambiental (Rima), documento destinado à informação e consulta pública e que, por tal razão, deve ser escrito em linguagem não técnica e trazer as conclusões do EIA.

A Resolução Conama 237/97 aboliu a "independência" da equipe que elabora o EIA. Em teoria, a regulamentação brasileira, de modo inovador, previa que o EIA fosse o equivalente de uma auditoria de terceira parte, na qual uma equipe independente formula um parecer sobre determinada atividade. Como a própria regulamentação também estabelecia que as despesas correriam por conta do proponente do empreendimento, na prática, os empreendedores contratavam empresas de consultoria, pagando diretamente pelo serviço prestado. A Resolução 237/97 definiu critérios de competência para o licenciamento ambiental, cujos princípios já constavam da Lei da Política Nacional do Meio Ambiente (artigo 10) e que foram depois consolidados na Lei Complementar n° 140, de 8 de dezembro de 2011. Quando da votação da Resolução 1/86 no Conama, alguns conselheiros sugeriram que caberia à administração pública escolher a equipe multidisciplinar que realizaria os estudos, mas tal provisão não foi aprovada.

Dessa forma, no Brasil, o processo de AIA é vinculado ao licenciamento ambiental e conduzido, essencialmente, pelos órgãos estaduais de meio ambiente. Face à necessidade de emitir licenças, muitos Estados tiveram que criar estruturas administrativas para receber e analisar os pedidos, uma vez que a maioria ainda não dispunha, em meados dos anos 1980, de instituições com essa finalidade. Ao Instituto Brasileiro do Meio Ambiente e dos Recursos Naturais Renováveis (Ibama), criado em 1989 pela fusão de órgãos previamente existentes, na qualidade de organismo federal, cabe o licenciamento de obras ou atividades de competência da União.

É conveniente conhecer a correspondência entre a terminologia americana – muito usada na literatura internacional – e a brasileira:
* em inglês, a sigla EIA – *Environmental Impact Assessment* equivale a AIA – Avaliação de Impacto Ambiental;
* em inglês, a sigla EIS – *Environmental Impact Statement* equivale a EIA – Estudo de Impacto Ambiental.

A legislação americana não previu o Rima, mas a prática impôs tal necessidade: o equivalente desse documento é chamado de *summary* EIS. Outras legislações também requerem a apresentação de uma versão do EIA escrita em linguagem não técnica. O termo "Resumo Não Técnico" é utilizado em Portugal.

Deve-se observar que não se exige a apresentação de EIA para toda e qualquer atividade que necessite de uma licença ambiental. A Constituição estabelece que somente para aquelas com o potencial de causar significativa degradação ambiental deve-se preparar um EIA. A lista do artigo 2º da Resolução Conama 1/86 estabelece a relação dessas atividades, podendo o órgão licenciador exigir o EIA também para outras atividades, desde que entenda que possam causar impactos significativos.

Assim como a AIA, o licenciamento ambiental começou no Rio de Janeiro, quando o Decreto-Lei nº 134/75 tornou "obrigatória a prévia autorização para operação ou funcionamento de instalação ou atividades real ou potencialmente poluidoras", enquanto o Decreto nº 1.633/77 instituiu o Sistema de Licenciamento de Atividades Poluidoras, estipulando que o Estado deve emitir Licença Prévia, Licença de Instalação e Licença de Operação, modelo que seria posteriormente adotado pela legislação federal.

Em São Paulo, a Lei nº 997/76 criou o Sistema de Prevenção e Controle da Poluição do Meio Ambiente e foi regulamentada pelo Decreto nº 8.468/76, posteriormente modificado. Em sua redação original, esse decreto estabelecia duas modalidades de licença, denominadas Licença de Instalação e Licença de Funcionamento.

O licenciamento estadual paulista e o fluminense aplicavam-se a fontes de poluição, basicamente atividades industriais e certos projetos urbanos, como aterros de resíduos e loteamentos. Com a adoção da AIA, esses sistemas preexistentes de licenciamento tiveram que ser adaptados, não somente no que tange ao seu campo de aplicação (incluindo atividades que utilizem recursos ambientais ou que possam causar degradação ambiental, ao invés de apenas atividades poluidoras), mas também quanto ao tipo de análise que passou a ser feita, não mais abrangendo somente emissões e a dispersão de poluentes, mas incluindo efeitos sobre a biota, impactos sociais etc.

A definição dos estudos técnicos necessários ao licenciamento cabe ao órgão licenciador. Todavia, nos casos de empreendimentos que tenham o potencial de causar degradação significativa, sempre deverá ser exigido o EIA. Outros tipos de estudos ambientais foram criados para subsidiar tecnicamente o processo de licenciamento, como plano de controle ambiental, relatório ambiental preliminar e estudo ambiental simplificado.

Outra modalidade é o "estudo de impacto de vizinhança", para analisar impactos locais em áreas urbanas, como sobrecarga do sistema viário, saturação da infraestrutura – como redes de esgotos e de drenagem de águas pluviais –, alterações microclimáticas derivadas de sombreamento, aumento da frequência e intensidade de inundações devido à impermeabilização do solo, entre outros. Planos diretores e leis de zoneamento – que são instrumentos de política urbana – não se mostravam suficientes para "fazer a mediação entre os interesses privados dos empreendedores e o direito à qualidade urbana daqueles que moram ou transitam em seu entorno" (Rolnik et al., 2002, p. 198).

As limitações dos instrumentos de planejamento e gestão ambiental urbana levaram urbanistas e outros profissionais a proporem uma modalidade específica de AIA adaptada a empreendimentos e impactos urbanos, o Estudo de Impacto de Vizinhança (EIV). O conceito foi adotado pelo Estatuto da Cidade (Lei nº 10.257, de 10 de julho de 2001), que lhe dedica três artigos:

> Art. 36. Lei municipal definirá os empreendimentos e atividades privados ou públicos em área urbana que dependerão de elaboração de estudo prévio de impacto de vizinhança (EIV) para obter as licenças ou autorizações de construção, ampliação ou funcionamento a cargo do Poder Público municipal.
>
> Art. 37. O EIV será executado de forma a contemplar os efeitos positivos e negativos do empreendimento ou atividade quanto à qualidade de vida da população residente na área e suas proximidades, incluindo a análise, no mínimo, das seguintes questões:
>
> I – adensamento populacional;
>
> II – equipamentos urbanos e comunitários;
>
> III – uso e ocupação do solo;
>
> IV – valorização imobiliária;
>
> V – geração de tráfego e demanda por transporte público;
>
> VI – ventilação e iluminação;
>
> VII – paisagem urbana e patrimônio natural e cultural.
>
> Parágrafo único. Dar-se-á publicidade aos documentos integrantes do EIV, que ficarão disponíveis para consulta, no órgão competente do Poder Público municipal, por qualquer interessado.
>
> Art. 38. A elaboração do EIV não substitui a elaboração e a aprovação de estudo prévio de impacto ambiental (EIA), requeridas nos termos da legislação ambiental. (Lei nº 10.257, Seção XII – Do estudo de impacto de vizinhança).

O Estatuto da Cidade conferiu ao EIV um conteúdo muito próximo ao de um EIA. Anteriormente, alguns municípios já tinham exigências similares, como São Paulo, de cuja lei orgânica, de 4 de abril de 1990, já constava um artigo instituindo um "relatório de impacto de vizinhança (Rivi)". Decretos municipais definem as modalidades de exigência dos relatórios (que dependem da área a ser construída, que, por sua vez, varia de acordo com o uso – industrial, institucional, comercial ou residencial), casos de dispensa, o conteúdo do Rivi e os procedimentos de análise. Entretanto, EIAs e EIVs não são utilizados como instrumentos complementares, mas administrados por entidades diferentes do governo municipal.

2.6 PADRÕES DE DESEMPENHO E INSTITUIÇÕES FINANCEIRAS

Na escala internacional, o mais importante desenvolvimento recente foi o surgimento dos "Padrões de Desempenho de Sustentabilidade Ambiental e Social" da Corporação Financeira Internacional (*International Finance Corporation* – IFC) e sua adoção pelos bancos signatários dos "Princípios do Equador".

A IFC é o braço do Banco Mundial especializado no financiamento de projetos privados. O Banco Internacional de Reconstrução e Desenvolvimento (BIRD) é o ramo que trabalha com governos. Inicialmente a IFC adotava as mesmas políticas que o BIRD, mas a prática mostrou que estas eram mais apropriadas para iniciativas governamentais, enquanto projetos privados tinham particularidades que não eram adequadamente tratadas pelos procedimentos então em vigor. Uma avaliação interna chamava a atenção para a importância capital do comprometimento do tomador de empréstimo para o sucesso das políticas de salvaguardas, observando que elas foram concebidas para uma audiência e circunstâncias diferentes daquelas então vigentes (IFC, 2003). Entre as recomendações desse relatório, mencionam-se a maior integração da avaliação ambiental com a gestão (desde "os primeiros estágios do projeto", atuando como "uma ferramenta para aumentar a capacitação de um cliente comprometido" p. 8) e a avaliação integrada ("se a IFC deseja continuar a fazer do processo de avaliação ambiental sua ferramenta central de planejamento [...] [é necessário] um processo integrado de avaliação ambiental e social" (p. 9)).

Assim, já em 2003 a IFC tomou a iniciativa de desenvolver ferramentas próprias e mais adequadas aos tipos de projetos e clientes com os quais trabalha, resultando em um conjunto de oito Padrões de Desempenho, aprovados em abril de 2006. Três anos depois, a experiência adquirida permitiu sua atualização, aprovada em maio de 2011. Os novos padrões passaram a ser aplicados desde 1º de janeiro de 2012. O título escolhido (desempenho) procura refletir o entendimento de que atingir resultados seria mais importante que seguir procedimentos (e seu corolário de que seguir fielmente procedimentos não garante os resultados), ao mesmo tempo que torna necessário o pleno comprometimento do cliente, que deve demonstrar que terá seguido satisfatoriamente os padrões relevantes para seu projeto. Uma das primeiras avaliações (IEG, 2008, p. 56) encontrou relação positiva entre desempenho e os sistemas de gestão ambiental e social requeridos.

Os padrões tratam do contínuo planejamento-gestão, desde a avaliação prévia dos impactos até a gestão ambiental dos empreendimentos. Os clientes devem não apenas demonstrar que identificaram e avaliaram previa e satisfatoriamente os impactos de seus projetos, como também que dispõem de sistemas de gestão capazes de implementar de forma efetiva os programas de mitigação. Seu princípio, portanto, se afasta da ideia então predominante de concentrar esforços na preparação de bons estudos *antes* da aprovação de um financiamento e procura fortalecer os vínculos entre a fase prévia de avaliação e a gestão do empreendimento aprovado. O fato de os padrões serem fundamentados mais em princípios orientadores de boa prática do que em prescrições (obrigações de procedimento) recebeu críticas de ONGs durante as discussões que precederam sua aprovação.

Exemplos dos requisitos de cada padrão são mostrados no Quadro 2.3. O Padrão 1, de avaliação ambiental e social, aplica-se a todos os projetos, assim como o Padrão 2, relativo a condições de trabalho. O emprego dos demais depende do projeto. A coluna "conteúdo selecionado" do Quadro 2.3 já adianta parte dos temas que serão tratados nos capítulos subsequentes. O documento completo (o conjunto de padrões) tem 196 parágrafos e é complementado por 270 páginas de um guia para implementação (*Notas de Orientação*), que explicam e detalham cada requisito.

Já os Princípios do Equador são um conjunto de compromissos assumidos voluntariamente por instituições financeiras privadas ou públicas, lançado em junho de 2003 por um conjunto de dez bancos. O nome foi escolhido procurando sugerir que os princípios se aplicam igualmente em ambos os hemisférios. Em 2006 os princípios foram atualizados (Princípios do Equador II), incorporando os novos Padrões de Desempenho da IFC, e em 2011 o comitê gestor lançou o processo de nova atualização. No início de 2020 havia 101 instituições signatárias, incluindo bancos privados, bancos estatais e agências de crédito à exportação. Em junho de 2013, a terceira versão foi lançada e em novembro de 2019 foi

66 Avaliação de Impacto Ambiental: conceitos e métodos

Quadro 2.3 Padrões de Desempenho Ambiental e Social

Padrão de Desempenho	Objetivos selecionados	Conteúdo selecionado
1. Avaliação e gestão de impactos e riscos ambientais e sociais	Identificar e avaliar impactos e riscos do projeto Adotar a hierarquia de mitigação Promover e melhorar o desempenho ambiental e social dos clientes Promover e prover meios para o adequado engajamento das comunidades	Conduzir um processo de avaliação ambiental e social Estabelecer um sistema de gestão ambiental e social Engajar as partes interessadas e divulgar informações relevantes
2. Trabalho e condições de trabalho	Promover tratamento justo e não discriminatório aos trabalhadores Promover condições seguras e salubres de trabalho	Fornecer informação documentada e compreensível sobre os direitos trabalhistas
3. Eficiência no uso de recursos e prevenção da poluição	Evitar ou minimizar impactos adversos sobre a saúde humana e o meio ambiente Reduzir as emissões de gases de efeito estufa	Implementar medidas técnica e economicamente viáveis para melhorar a eficiência no consumo de energia, água e outros recursos materiais Evitar, minimizar ou controlar a intensidade e emissões de cargas poluidoras
4. Saúde e segurança da comunidade	Antecipar e evitar impactos sobre a saúde das comunidades afetadas em circunstâncias rotineiras e não rotineiras	Evitar ou minimizar o potencial de exposição a substâncias e materiais tóxicos Colaborar com as comunidades e governos locais na preparação para resposta a emergências
5. Aquisição de terras e reassentamento involuntário	Evitar despejos forçados Evitar ou minimizar os impactos sociais e econômicos da aquisição de terras Melhorar ou restaurar os meios e os padrões de vida das pessoas deslocadas	Considerar alternativas de projeto que evitem ou minimizem deslocamento involuntário Estabelecer o mais cedo possível um mecanismo de reclamação consistente com o Padrão de Desempenho 1 Quando houver deslocamento físico, deve ser preparado um plano de reassentamento; quando houver deslocamento econômico, deve ser preparado um plano de restauração dos meios de vida
6. Conservação de biodiversidade e gestão sustentável de recursos naturais vivos	Proteger e conservar a biodiversidade Manter os benefícios dos serviços ecossistêmicos	A identificação de impactos e riscos deve considerar as ameaças relevantes à biodiversidade e aos serviços ecossistêmicos, especialmente perda, fragmentação e degradação de hábitats, espécies invasoras, mudanças hidrológicas, carga de nutrientes e poluição
7. Povos indígenas	Assegurar pleno respeito aos direitos humanos, dignidade, cultura e modos de vida baseados em recursos naturais dos povos indígenas Assegurar Consulta Livre, Prévia e Informada das comunidades afetadas	Devem ser identificadas todas as comunidades indígenas que possam ser afetadas pelo projeto, assim como a natureza e o grau dos impactos econômicos, sociais, culturais e ambientais diretos e indiretos
8. Patrimônio cultural	Proteger o patrimônio cultural dos impactos adversos decorrentes das atividades do projeto e apoiar sua preservação	O Sistema de Gestão Ambiental e Social deve incluir procedimentos para tratar de achados fortuitos, que não devem ser afetados antes de prévia avaliação

Fonte: IFC (2012).

CAPÍTULO

divulgada a quarta versão, EP4, na qual uma das principais mudanças relaciona-se ao uso ampliado do Consentimento Livre, Prévio e Informado de comunidades indígenas.

Ao aplicar os princípios, os bancos pretendem reduzir os riscos relativos à sua participação no financiamento de projetos. Esses riscos, denominados de socioambientais, são principalmente de três tipos:

1. risco de imagem pelo envolvimento do banco em um projeto polêmico ou que possa causar danos ambientais ou violação de direitos humanos;
2. risco de crédito, ao financiar um projeto que poderá estar sujeito a embargos administrativos ou judiciais ou a bloqueios por parte da população atingida;
3. risco de garantia, pois ao financiar um cliente cujos resultados econômicos possam ser afetados por mau desempenho socioambiental, o agente financeiro também pode ser afetado.

Os riscos são reais e às vezes se materializam em decisões judiciais condenando instituições financeiras a arcar com parcela de gastos de reparação de danos ambientais ou em notícias na imprensa apontando o envolvimento de bancos em projetos problemáticos. Uma organização não governamental sediada na Holanda, a Bank Track, é especializada em monitorar a atuação de bancos, enquanto a Plataforma BNDES, uma coalizão de ONGs brasileiras, procura influenciar a atuação do Banco Nacional de Desenvolvimento Econômico e Social – que não é signatário dos Princípios do Equador –, o qual ocasionalmente enfrenta protestos de populações atingidas por projetos financiados por essa instituição. Ademais, outra organização (ECA Watch) se especializou no acompanhamento das operações das agências de crédito à exportação (*export credit agencies* – ECA).

Os bancos signatários se comprometem, fundamentalmente, a:

* classificar os projetos segundo seu potencial de causar impactos significativos;
* exigir das empresas solicitantes de financiamento que avaliem previamente os impactos ambientais do projeto em questão;
* aplicar os Padrões de Desempenho da IFC e outras diretrizes dessa entidade;
* exigir dos tomadores de empréstimo a elaboração e a implementação de um plano de ação para tratar as questões identificadas durante a avaliação socioambiental;
* exigir que o cliente consulte as comunidades afetadas "de forma estruturada e culturalmente adequada";
* determinar que o cliente implemente um sistema de recebimento de queixas como parte de seu sistema de gestão;
* promover uma análise da avaliação socioambiental, do plano de ação e do processo de consulta pública por uma terceira parte independente;
* incluir nos contratos firmados com os tomadores de empréstimo cláusulas que obriguem o cumprimento do plano de ação e a preparação de relatórios periódicos;
* estabelecer um acompanhamento contínuo do projeto durante a vigência do contrato de financiamento; e
* divulgar ao público, pelo menos anualmente, informações sobre seus processos e experiências de implementação dos Princípios.

A aplicação dos princípios, feita por cada banco ou consórcio de bancos envolvidos em uma mesma operação de crédito, leva, ocasionalmente, à recusa de participação em determinados projetos. Anteriormente aos Princípios do Equador, um caso emblemático havia sido a decisão do *Export-Import Bank* dos Estados Unidos, em 1997, de não participar do financiamento da barragem de Três Gargantas, na China (embora agências de crédito à exportação do Canadá, Alemanha e Suíça tenham financiado as exportações de suas empresas). No caso da controvertida barragem de Belo Monte, nenhum banco privado signatário participou do financiamento, embora a Caixa Econômica Federal, banco estatal, tenha participado como repassador de recursos do BNDES.

Considerando o significativo volume de recursos intermediado por instituições financeiras, seu papel na promoção e fortalecimento da AIA é importante. Vários fundos de investimento também utilizam os Padrões de Desempenho em suporte a decisões de alocação de recursos.

O desenvolvimento mais recente em termos de avaliação ambiental nas instituições financeiras foi a aprovação, em agosto de 2016, da nova Estrutura Ambiental e Social do Banco Mundial, que entrou em vigor em 1º de outubro de 2018, depois de cinco anos de consultas. Contendo dez Padrões Ambientais e Sociais, em boa medida semelhantes aos Padrões de Desempenho da IFC, as novas normas são complementadas por outras ferramentas, como uma diretriz para tratar de riscos e impactos sobre grupos ou indivíduos em desvantagem ou vulneráveis.

Outros bancos multilaterais também atualizaram suas políticas de sustentabilidade, dando destaque à avaliação de impactos, como o Novo Banco de Desenvolvimento (conhecido como "banco dos BRICs"), o Banco Asiático de Desenvolvimento em Infraestrutura, controlado pela China, o Banco Europeu de Investimento e muitos outros.

A avaliação de impacto ambiental é um instrumento em contínua evolução mediante aprendizado e melhoria a partir da experiência prática.

Existe um *corpus* consolidado de boas práticas internacionais de AIA que pode ser mais consistente que legislações nacionais.

O PROCESSO DE AVALIAÇÃO DE IMPACTO AMBIENTAL E SEUS OBJETIVOS

3

A finalidade da avaliação de impacto ambiental é considerar os impactos ambientais antes de se tomar qualquer decisão que possa acarretar significativa degradação da qualidade do meio ambiente. Para cumprir esse papel, a AIA é organizada na forma de atividades sequenciais, concatenadas de maneira lógica. A esse conjunto de atividades e procedimentos se dá o nome de *processo de avaliação de impacto ambiental*. Em geral, esse processo é objeto de regulamentação, que define detalhadamente os procedimentos a serem seguidos, de acordo com os tipos de atividades sujeitos à elaboração prévia de um estudo de impacto ambiental, o conteúdo mínimo desse estudo e as modalidades de consulta a partes interessadas, entre outros assuntos.

São características do processo de AIA:

* *É um conjunto estruturado de procedimentos*: os procedimentos estão organicamente ligados entre si e devem ser desenhados para atender aos objetivos da avaliação de impacto ambiental.
* *É regido por política, lei, regulamentação ou orientação específica*: os principais componentes do processo são previstos em lei ou outra figura jurídica que tenha instituído a AIA em uma determinada jurisdição; no caso de organizações (como uma instituição financeira ou uma empresa que adote voluntariamente a AIA), o processo é regido por disposições internas que emanam da alta direção.
* *É documentado*: esta característica tem dupla conotação; por um lado, os requisitos a serem atendidos são estabelecidos previamente; por outro, em cada caso, o cumprimento desses requisitos deve ser demonstrado com ajuda de registros documentais (e.g., a preparação de um EIA, o parecer de análise técnica, as atas de consulta pública etc.).
* *Envolve diversos participantes*: em qualquer caso, os envolvidos no processo de AIA são vários (o proponente de uma ação, a autoridade responsável, o consultor, o público afetado, os grupos de interesse etc.).
* *É voltado para a análise da viabilidade ambiental de uma proposta*: este objetivo norteador da AIA é sua finalidade; não se estabelecem requisitos e procedimentos no vazio, mas para atingir determinado propósito, perspectiva que não se pode perder ao analisar o processo de AIA, pois procedimentos ou exigências que não se encaixem nessa finalidade não têm razão de ser e são mera formalidade burocrática.

Estabelecidos esses fundamentos, pode-se definir processo de avaliação de impacto ambiental como um conjunto de procedimentos concatenados de maneira lógica, com a finalidade de analisar a viabilidade ambiental de projetos e fundamentar uma decisão a respeito.

O conceito de processo de AIA é amplamente utilizado tanto na literatura especializada internacional como em documentos governamentais e de organizações internacionais. Às vezes, o termo *sistema de avaliação de impacto ambiental* é empregado com significado próximo ao de processo de AIA. Wood (1994) utiliza-o, embora sem defini-lo, no sentido de uma tradução legal do processo de AIA em cada jurisdição, observando que "nem todos os passos do processo de AIA [...] estão presentes [...] em cada sistema de AIA" (p. 5) e que "cada sistema de AIA é produto de um conjunto particular de circunstâncias legais, administrativas e políticas" (p. 11). Espinoza e Alzina (2001) definem sistema de AIA como a estrutura organizativa e administrativa necessária para implementar o processo de AIA, que, por sua vez, é definido como "os passos e os estágios que devem ser cumpridos para que uma análise ambiental preventiva seja considerada suficiente e útil, de acordo com padrões usualmente aceitos no plano internacional" (p. 20).

Portanto, *um sistema de AIA é o mecanismo legal e institucional que torna operacional o processo de AIA em uma determinada jurisdição* (um país, um território, um Estado, uma província, um município ou qualquer outra entidade territorial administrativa).

3.1 Os objetivos da avaliação de impacto ambiental

A questão "para que serve a avaliação de impacto ambiental?" vem sendo debatida desde sua origem. Esse debate tem sido ampliado à medida que floresce o campo de aplicação da AIA. Se, de início, a AIA voltava-se quase que exclusivamente a projetos de engenharia, seu campo hoje inclui planos, programas e políticas (a avaliação ambiental estratégica, que se consolidou a partir dos anos 1980), os impactos da produção, consumo e descarte de bens e serviços (a avaliação do ciclo de vida, que se consolidou a partir dos anos 1990), a avaliação da contribuição líquida de um projeto, um plano, um programa ou uma política, para a sustentabilidade (a avaliação de sustentabilidade, que passou a ser formulada de maneira sistemática na primeira década do século XXI), entre outras aplicações.

A compreensão de objetivos e propósitos da AIA é essencial para apreender seus papéis e funções, e também para se apreciar seu alcance e seus limites. A AIA é apenas um instrumento de política pública ambiental e, por isso, não é a solução para todas as deficiências de planejamento ou brechas legais que permitem, consentem e facilitam a continuidade da degradação ambiental, e muito menos para a conduta degradadora de cidadãos e empresas. Como lembrado por Wathern (1988a), "o objetivo da AIA não é o de forçar os tomadores de decisão a adotar a alternativa de menor dano ambiental. Se fosse assim, poucos projetos seriam implementados. O impacto ambiental é apenas uma das questões" (p. 19). Ortolano e Shepherd (1995) enumeram alguns "efeitos da AIA sobre os projetos", ou seja, os resultados reais da AIA e sua influência nas decisões: (i) retirada de projetos inviáveis; (ii) legitimação de projetos viáveis; (iii) seleção de melhores alternativas de localização; (iv) reformulação de planos e projetos; (v) redefinição de objetivos e responsabilidades dos proponentes de projetos. Denomina-se *efetividade* o alcance dos objetivos e propósitos da AIA.

> São funções da AIA de projetos: (i) ajuda à decisão; (ii) ajuda à concepção e planejamento de projetos; (iii) instrumento de negociação social; (iv) instrumento de planejamento da gestão ambiental.

A função da AIA no processo decisório é a mais reconhecida. Trata-se de prevenir danos – e prevenção requer previsão, ou antecipação da provável situação futura (Milaré; Benjamin, 1993). A AIA pressupõe a racionalidade das decisões públicas, que deveriam sempre observar princípios jurídicos administrativos, como o da impessoalidade, o da moralidade pública e o da publicidade (Mukai, 1992). Ora, decisões governamentais sempre estiveram sujeitas a pressões e interesses privados, e a simples introdução de um novo requisito, ambiental, não é suficiente para mudar práticas arraigadas.

As pessoas encarregadas da tomada de decisões, públicas ou privadas, decidem acerca daquilo que lhes é submetido. Os tomadores de decisão raramente são criativos, inovadores ou empreendedores. Logo, a prevenção do dano ambiental não pode começar pelo fim (a tomada de decisão), mas, é claro, pelo começo, ou seja, a formulação, a concepção e a criação de projetos e alternativas de soluções para determinados problemas. Assim, a função do processo de AIA seria a de "incitar os proponentes a conceber projetos ambientalmente menos agressivos e não simplesmente julgar se os impactos de cada projeto são aceitáveis ou não" (Sánchez, 1993a, p. 21). O que tradicionalmente fazem engenheiros e outros técnicos é reproduzir, para cada novo problema, maneiras de solucioná-los que atendem a certos critérios técnicos e econômicos, enquanto o que se pretende com a AIA é introduzir o conceito de viabilidade ambiental e colocá-lo em pé de igualdade com os critérios tradicionais de análise de projeto. A AIA tem a capacidade de estruturar a busca de soluções que possam atender a critérios ambientais ou de sustentabilidade, o que, idealmente, resultaria em um aprendizado e, consequentemente, em projetos que levassem em conta os aspectos ambientais desde sua concepção (Sánchez; Mitchell, 2017).

Uma das grandes dificuldades práticas da AIA é fazer com que alternativas de menor impacto sejam formuladas e analisadas comparativamente às alternativas tradicionais. Ortolano (1997), ao estudar a resistência cultural dos engenheiros do Corpo de Engenheiros do Exército Americano (*U.S. Army Corps of Engineers*)[1] às novas exigências ambientais na análise de projetos, observou mudanças "notáveis" que se seguiram à contratação de "centenas de especialistas ambientais" para atender aos requisitos da NEPA. O autor constata que alguns desses profissionais, contratados fundamentalmente para elaborar EIAs, souberam "influenciar os engenheiros responsáveis pela elaboração de projetos", encontrando, às vezes, soluções inovadoras. Ortolano concluiu que as mudanças "foram extraordinárias, dada a enorme burocracia dominada por engenheiros com uma tradição de construtores, e seus aliados no Congresso, interessados em promover novos projetos em suas bases políticas".

O conceito de viabilidade (ou aceitabilidade) ambiental não é unívoco, como, aliás, também não o é o de viabilidade econômica. Para a análise econômica, um projeto é viável dentro de determinadas condições presentes, dadas determinadas hipóteses que se fazem sobre o futuro (custos, preços, demanda etc.) e em função do nível de risco aceitável para os investidores. Para a análise ambiental, um projeto pode ser viável sob determinados pontos de vista, desde que certas condições sejam observadas (o atendimento a requisitos legais, por exemplo). Mas os impactos socioambientais de um projeto (que na análise econômica são tratados como externalidades) distribuem-se de maneira desigual. Os grupos humanos beneficiados por um projeto geralmente não são os mesmos que sofrem as consequências negativas – um novo aterro sanitário beneficia toda a população de um município, mas pode prejudicar os vizinhos; uma usina hidrelétrica beneficia consumidores residenciais e industriais, porém, prejudica aqueles que vivem na área de inundação.

O debate sobre ônus e benefícios de projetos de desenvolvimento é atualmente mediado pela AIA, que passou a desempenhar um papel de instrumento de negociação entre atores sociais. Muitos projetos submetidos ao processo de AIA são polêmicos, e pode-se mesmo argumentar que, se um projeto não for controvertido, não faz sentido submetê-lo à AIA; é melhor que seja tratado por procedimentos mais simples e baratos, como o licenciamento ambiental convencional (como a autorização para emissão controlada de certas cargas poluidoras, existente em muitos países). O processo de AIA pode organizar o debate com os interessados (a consulta pública é parte do processo), tendo o EIA como fonte de informação e base para as negociações.

A AIA tem também o papel de facilitar a gestão ambiental do futuro empreendimento. A aprovação do projeto implica certos compromissos assumidos pelo empreendedor, que são delineados no estudo de impacto ambiental, podendo ser modificados em virtude de negociações com os interessados. A maneira de implementar as medidas mitigadoras e compensatórias, seu cronograma, a participação de outros atores na qualidade de parceiros e os indicadores de sucesso podem ser estabelecidos durante o processo de AIA, que não termina com a aprovação de uma licença, mas continua durante todo o ciclo de vida do projeto.

[1] *Essa agência governamental tem a atribuição de projetar e construir obras civis, sem relação direta com a defesa ou outras funções castrenses, como barragens, obras de proteção contra enchentes, abertura e conservação de vias navegáveis.*

Esses quatro papéis ou funções da AIA de projetos se referem aos seus três principais campos de aplicação (Fig. 3.1).

3.2 O ordenamento do processo de AIA

O processo de AIA deve ser entendido tendo em vista seus objetivos. Embora as diferentes jurisdições estabeleçam procedimentos de acordo com suas particularidades e a legislação vigente, qualquer sistema de AIA deve obrigatoriamente ter um certo número mínimo de componentes, que definem como serão executadas certas *tarefas obrigatórias*. Isso faz com que os sistemas de AIA vigentes nas mais diversas jurisdições guardem inúmeras semelhanças entre si. Essas atividades são mostradas na Fig. 3.2, um esquema genérico de AIA. Cada jurisdição pode conceder maior ou menor importância a alguma dessas atividades, ou até mesmo omitir uma delas, mas, essencialmente, o processo será sempre muito semelhante.

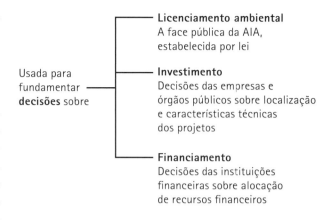

Fig. 3.1 *Tipos de decisão informados por avaliação de impacto ambiental de projetos*

A literatura internacional sobre AIA valida a ideia de um processo genérico. Wathern (1988a) fala em "principais componentes de um sistema de AIA". Wood (1994), um dos principais pesquisadores sobre estudos comparativos em AIA, fala em "elementos do processo de AIA". Para Glasson, Therivel e Chadwick (1999), "em essência, AIA é um processo, um processo sistemático que examina as consequências ambientais de ações de desenvolvimento, previamente" (p. 4). Espinoza e Alzina (2001) mostram um processo de AIA "padronizado" ou "clássico". André et al. (2003, p. 69) apresentam um "processo tipo de AIA". Weaver (2003) descreve os principais "passos" do processo. O *Manual de Treinamento em Avaliação de Impacto Ambiental*, do Programa das Nações Unidas para o Meio Ambiente (Unep, 1996), define um processo de AIA e seus "principais estágios" e o Estudo Internacional sobre a Eficácia da Avaliação de Impacto Ambiental (Sadler, 1996) estabelece os elementos básicos do processo.

Pode-se dividir o processo de AIA em três etapas, cada uma agrupando diferentes atividades: (i) etapa inicial, (ii) etapa de análise detalhada e (iii) etapa pós-aprovação, caso a decisão seja favorável à implantação do empreendimento. A etapa inicial tem função de determinar se é necessário avaliar de maneira detalhada os impactos ambientais de uma ação proposta e, neste caso, definir o alcance e a profundidade dos estudos necessários. Pode-se exemplificar com a legislação ambiental brasileira, segundo a qual uma série de empreendimentos estão sujeitos ao *licenciamento ambiental*, mas nem todos precisam da preparação prévia de um EIA. Segundo o regime de licenciamento, as atividades que utilizam recursos ambientais ou que, por alguma razão, possam concorrer para degradar a qualidade ambiental devem obter previamente uma *licença* governamental, sem a qual não podem ser construídas, instaladas nem funcionar. Em alguns desses casos, quando houver o potencial de ocorrência de impactos ambientais *significativos*, a autoridade governamental exigirá a apresentação de EIA.

É importante notar que, na hipótese de não ser necessário um EIA, há instrumentos de controle governamental sobre essas atividades e seus impactos. Assim, o licenciamento ambiental baseia-se em normas técnicas e jurídicas que regulam e disciplinam as atividades econômicas, como, entre outras, normas e padrões de emissões de poluentes, regras de destinação de resíduos sólidos, regras que determinam a manutenção de uma certa

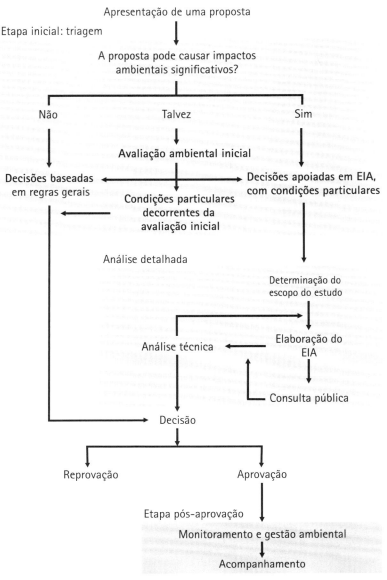

Fig. 3.2 *Processo de avaliação de impacto ambiental*

porcentagem de cobertura vegetal em cada imóvel rural e o zoneamento, que estabelece condições e limitações para o exercício de certas atividades em função de sua localização.

Por exemplo, um posto de abastecimento de combustíveis causa impactos ambientais diretos e indiretos, mas estes podem ser satisfatoriamente controlados mediante o uso de regras gerais como: (a) zoneamento de uso do solo urbano; (b) regras de destinação de resíduos sólidos de estabelecimentos comerciais; (c) regras de destinação de resíduos sólidos perigosos; (d) especificações técnicas quanto aos materiais e equipamentos a serem utilizados na fabricação, instalação e manutenção de tanques subterrâneos; (e) procedimentos padronizados para detecção de vazamentos; (f) procedimentos padronizados de inspeção e monitoramento. Na existência de regras gerais, aplicáveis a todos os empreendimentos de determinado tipo, é desnecessário – além de ineficiente – exigir um estudo que certamente concluirá que determinadas condicionantes deverão ser impostas ao empreendimento, quando essas mesmas condicionantes já existem na forma de regras gerais. Caso estas sejam ineficazes, não será a exigência de um EIA que resolverá.

A análise detalhada é aplicada somente aos projetos que tenham potencial de causar impactos significativos. Essa análise é composta de uma sequência de atividades, que começam pela definição do conteúdo preciso do EIA e seguem até sua eventual aprovação, por meio de um processo decisório próprio a cada jurisdição.

Finalmente, caso o empreendimento seja implantado, a AIA continua, por meio da aplicação das medidas de gestão preconizadas no EIA e do monitoramento dos impactos reais causados, não mais, portanto, como exercício de previsão de consequências futuras, mas como controle da atividade com o propósito de atingir objetivos de proteção ambiental. Um bom EIA fornecerá elementos e informações de grande valia para a gestão ambiental do empreendimento, principalmente se for adotado um sistema de gestão ambiental nos moldes preconizados pela norma ISO 14.001 ou um sistema de gestão ambiental e social de acordo com o Padrão de Desempenho 1 da IFC.

3.3 As principais etapas do processo

O processo genérico de AIA é representado na Fig. 3.2. Cada jurisdição, baseada em suas normas jurídicas, assim como em sua estrutura institucional e seus procedimentos administrativos, adapta o processo genérico às suas peculiaridades. Esse modelo genérico simplesmente representa uma concatenação lógica para atender à necessidade de executar certas tarefas. Os componentes básicos do processo de AIA, que correspondem às *tarefas* a serem realizadas, são:

Apresentação da proposta

O processo tem início quando uma determinada iniciativa ou projeto é apresentada para aprovação ou análise de uma instância decisória, no âmbito de uma organização que possua um mecanismo institucionalizado de decisão. Essa organização pode ser uma empresa privada, um organismo financeiro, uma agência de desenvolvimento ou um órgão governamental. Este último é o caso mais geral e por isso será usado aqui como modelo de referência. Normalmente, deve-se descrever o projeto em suas linhas gerais, informando sua localização e características técnicas. Muitas iniciativas têm baixo potencial de causar impactos ambientais relevantes, enquanto outras, incontestavelmente, serão capazes de causar profundas e duradouras modificações. A avaliação prévia dos impactos ambientais somente será realizada para as iniciativas que tenham o potencial de causar impactos significativos.

O grau de detalhe com que será descrita a proposta deve ser definido pela organização encarregada de gerir o processo de AIA. A informação apresentada será utilizada para fins de triagem e deve ser suficiente para embasar essa decisão. No mínimo, espera-se que contenha a localização pretendida, a área ocupada e uma descrição das principais atividades que serão realizadas durante a construção e o funcionamento. A descrição pode também incluir informação sobre o consumo de recursos naturais (por exemplo, água) ou sobre a afetação de recursos ambientais ou culturais significativos (por exemplo, vegetação nativa).

Triagem[2]

Trata-se de selecionar, entre as inúmeras ações humanas, aquelas que tenham um potencial de causar alterações ambientais significativas. Devido ao conhecimento acumulado sobre o impacto das ações humanas, sabe-se de muitos tipos de ações que realmente têm causado impactos significativos, enquanto outras causam impactos irrelevantes ou

[2] Na literatura de língua inglesa, essa etapa é conhecida como screening, termo que também pode ser traduzido por classificação, ou ainda enquadramento.

têm medidas amplamente conhecidas de controle dos impactos. Há, porém, um campo intermediário no qual ou não são claras as consequências que podem advir de determinada ação ou presume-se que um estudo ambiental mais simples que um EIA poderia ser suficiente para indicar quais deveriam ser os cuidados a serem tomados. A triagem resulta em um enquadramento do projeto, usualmente em uma de três categorias: (a) são necessários estudos aprofundados; (b) não são necessários estudos aprofundados; (c) há dúvidas sobre o potencial de causar impactos significativos ou sobre as medidas de controle. As ferramentas e critérios mais comuns de enquadramento costumam ser:

* *Listas positivas*: são listas de projetos para os quais é obrigatória a realização de um estudo detalhado.
* *Listas negativas*: são listas de exclusão, que compreendem projetos cujos impactos são sabidamente pouco significativos ou projetos para os quais é conhecida a eficácia de medidas, técnicas ou gerenciais, para mitigar os impactos negativos.
* *Critérios de corte*: aplicados tanto para listas positivas como para listas negativas, geralmente baseados no porte do empreendimento.
* *Localização do empreendimento*: em áreas consideradas sensíveis ou vulneráveis, pode-se exigir a realização de estudos completos independentemente do porte ou do tipo de empreendimento.
* *Recursos ambientais potencialmente afetados*: para projetos que afetem determinados tipos de ambiente que se queira proteger (como cavernas, áreas úmidas de importância internacional etc.), portanto, também em função da localização.

A principal vantagem de um estudo aprofundado, além de analisar em detalhe os impactos, é estabelecer as condições sob as quais a proposta poderá ser implementada, ou seja, condições particulares (que se somam às condições gerais estabelecidas pela legislação) e que resultam do próprio EIA e demais elementos do processo de AIA.

A esse tipo se contrapõem as decisões que podem ser tomadas mediante a aplicação de regras gerais, aplicáveis a todos os projetos de determinado tipo ou localização, como padrões de emissão de poluentes, normas técnicas ou regras de zoneamento. Se regras gerais bastam para controlar satisfatoriamente os impactos de uma atividade, então a AIA pouco ou nada terá a contribuir para a decisão.

Por outro lado, há situações em que é difícil saber de antemão se a proposta tem ou não o potencial de causar impactos significativos. Nesses casos, um estudo ambiental simples poderá ser necessário para enquadrar a proposta, definindo a necessidade de preparação de um EIA. Em muitos casos, como projetos que causem impactos significativos em poucos recursos ambientais, tal estudo pode já ser suficiente para estabelecer as condições ambientais particulares para o projeto.

Um levantamento do *Government Accountability Office*, uma agência de controle externo e auditoria do governo dos Estados Unidos, sobre a aplicação da NEPA encontrou que, de todo o conjunto de ações do governo federal sujeitas a essa lei, cerca de 95% são excluídas de qualquer avaliação devido a baixo potencial de impacto, ao passo que cerca de 5% são sujeitas a um estudo simplificado (*environmental assessment*, seção 3.5) e apenas 1% requerem a preparação de um EIA, que atualmente são de ordem de mil por ano (GAO, 2014). No Reino Unido, estima-se que um EIA (*environmental statement*) seja requerido para apenas 0,1% das atividades que exigem algum tipo de autorização (*planning consent*), o que ainda assim corresponde a cerca de 450 estudos por ano (Fischer et al., 2016).

Determinação do escopo do estudo de impacto ambiental[3]

Nos casos em que é necessária a realização do EIA, antes de iniciá-lo é preciso estabelecer seu escopo, ou seja, a abrangência e a profundidade dos estudos a serem feitos. Por abrangência entende-se o conjunto de temas ou questões que serão tratados, por exemplo, tipos de alternativas tecnológicas e de localização e o conteúdo dos estudos de base. Por profundidade entende-se o nível de detalhamento de cada levantamento e as correspondentes análises. Embora o conteúdo genérico de um EIA seja definido de antemão pela própria regulamentação, tais normas são gerais, aplicando-se a todos os estudos; portanto, não podem ser normas específicas nem normas aplicáveis a um caso particular, uma vez que a regulamentação não pode prever todas as situações possíveis. Na verdade, é em função dos impactos que podem decorrer de cada empreendimento que deve ser definido um plano de trabalho para a realização de estudos, que, uma vez concluídos, mostrarão como se manifestarão esses impactos, sua magnitude e significância e os meios disponíveis para mitigá-los.

Por exemplo, em um projeto de geração de eletricidade a partir de combustíveis fósseis, evidentemente o EIA deverá dar grande atenção aos problemas de qualidade do ar. Já em uma barragem, certamente devem receber grande atenção as questões relativas à qualidade das águas, à existência de remanescentes de vegetação nativa na área de inundação e à presença de populações e atividades humanas nessa área, enquanto a qualidade do ar possivelmente seria tratada de maneira rápida, uma vez que os impactos de uma barragem sobre esse elemento são, geralmente, de pequena magnitude e importância.

A etapa de determinação da abrangência é usualmente concluída com a preparação de um documento que estabelece as diretrizes dos estudos a serem executados, conhecido como *termos de referência* ou *instruções técnicas*.

Elaboração do estudo de impacto ambiental

Essa é a atividade central do processo de AIA, a que normalmente consome mais tempo e recursos e estabelece as bases para a análise da viabilidade ambiental do projeto. O estudo deve ser preparado por uma equipe composta de profissionais de diferentes áreas, visando determinar a extensão, a duração e a intensidade dos impactos ambientais que poderá causar e, se necessário, propor modificações no projeto, de forma a reduzir ou, se possível, evitar os impactos negativos. Como os relatórios que descrevem os resultados desses estudos costumam ser bastante técnicos, é usual (e muitas vezes obrigatório) preparar um resumo escrito em linguagem simplificada e destinado a comunicar as principais características do empreendimento e seus impactos a todos os interessados.

Análise técnica do estudo de impacto ambiental

Os estudos devem ser analisados por uma terceira parte, normalmente a equipe técnica do órgão governamental encarregado de autorizar o empreendimento, nos casos de licenciamento – ou, nos casos de financiamento, a equipe da instituição financeira à qual foram solicitados recursos para realizar o projeto.

Trata-se de verificar sua conformidade aos termos de referência e à regulamentação ou aos requisitos aplicáveis. Trata-se também de verificar se o estudo descreve adequadamente o projeto proposto, se analisa devidamente seus impactos e se propõe medidas mitigadoras capazes de atenuar suficientemente os impactos negativos. A análise é feita não somente por equipe multidisciplinar, como também pode ser interinstitucional, ou seja, podem-se consultar diferentes órgãos especializados da administração, como aquele

---

[3] Na literatura de língua inglesa, essa etapa é conhecida como *scoping*. Na legislação portuguesa, é denominada "definição do âmbito do estudo de impacto ambiental", da mesma forma que na legislação de Moçambique. No Quebec, é conhecida como definição do alcance (*portée*) do estudo de impacto ambiental. Adota-se aqui a palavra *escopo*, com o significado de alvo, mira, intuito, intenção.

encarregado do patrimônio cultural, ou o responsável pela utilização das águas de uma bacia hidrográfica. Normalmente, os analistas preocupam-se mais com os aspectos técnicos dos estudos, como o grau de detalhamento do diagnóstico ambiental, os métodos utilizados para a previsão da magnitude dos impactos e a adequação das medidas mitigadoras propostas. As manifestações expressas na consulta pública devem ser consideradas e incorporadas para fins de análise dos estudos.

Consulta pública

Desde sua origem, na legislação americana, o processo de AIA compreende mecanismos formais de consulta aos interessados, incluindo os diretamente afetados pela decisão, mas não se limitando a estes. Há diferentes procedimentos de consulta, dos quais a audiência pública é um dos mais conhecidos. Há também diferentes momentos no processo de AIA nos quais se pode proceder à consulta, como a etapa que leva à decisão sobre a necessidade de realização de um EIA, a preparação dos termos de referência ou mesmo durante a realização desse estudo. Após sua conclusão, porém, essa consulta pode ser legalmente exigida, pois somente nesse momento haverá o quadro mais completo sobre as implicações da decisão a ser tomada.

Decisão

Os modelos decisórios são muito variados e estão mais ligados à tradição política de cada jurisdição que a características intrínsecas do processo de AIA. Em linhas gerais, a decisão final, quando de aplicação a decisões de licenciamento, pode caber (i) à autoridade ambiental, (ii) à autoridade da área de tutela à qual se subordina o empreendimento, muitas vezes chamada de órgão competente (decisões sobre um projeto florestal, por exemplo, cabem ao ministério responsável por esse setor), ou (iii) ao governo (por meio de um conselho de ministros ou do chefe de governo). Há ainda o modelo de decisão colegiada, por meio de um conselho com participação da sociedade civil – muito usado no Brasil – em que esses colegiados são subordinados à autoridade ambiental. Três tipos de decisão são possíveis: (i) não autorizar o empreendimento, (ii) aprová-lo incondicionalmente, ou (iii) aprová-lo com condições. Cabe ainda retornar a etapas anteriores, solicitando modificações ou a complementação dos estudos apresentados.

Nos usos internos da AIA (fundamentar decisões sobre investimentos), os tipos de decisão podem ser: (i) submeter o projeto ao processo de licenciamento ambiental, (ii) descartar o investimento devido aos custos da mitigação ou compensações ou aos riscos muito elevados para o investidor, ou (iii) modificar o projeto de modo a evitar ou reduzir impactos de grande magnitude ou importância e tornar mais prováveis seu licenciamento e aceitação social.

Já nas aplicações da AIA para fundamentar decisões sobre financiamento de projetos, os principais tipos de decisão são os de conceder ou não o crédito e a definição de um plano de ação para que o projeto esteja em conformidade com os requisitos aplicáveis, por exemplo, os Padrões de Desempenho da IFC.

Monitoramento e gestão ambiental

Em sequência a uma decisão positiva, a implantação do empreendimento deve ser acompanhada da implementação de todas as medidas visando evitar, reduzir, corrigir ou compensar os impactos negativos e potencializar os positivos. O mesmo deve ser observado durante as fases de funcionamento e de desativação e fechamento da atividade. A gestão ambiental, no sentido aqui empregado, corresponde a todas as atividades que se seguem ao planejamento ambiental e que visam assegurar a implementação satisfatória do plano. O monitoramento é parte essencial das atividades de gestão ambiental e, entre outras funções, deve permitir confirmar ou não as previsões feitas no EIA, constatar se o empreendimento atende aos requisitos aplicáveis (exigências legais, condições da licença ambiental, requisitos de desempenho ambiental e social e outros compromissos) e, por conseguinte, alertar para a necessidade de ajustes e correções.

A gestão ambiental é hoje uma atividade cada vez mais sofisticada e há diversas ferramentas desenvolvidas para a gestão de empreendimentos e de organizações, que podem ser conjugadas e integradas à avaliação de impacto ambiental (Sánchez, 2018), tais como sistemas de gestão ambiental (ISO 14.001), auditorias ambientais (ISO 19.011), avaliação de desempenho ambiental (ISO 14.031), diretrizes de responsabilidade social (ISO 26.000), diretrizes de gestão de riscos (ISO 31.000), sistemas de gestão ambiental e social (IFC, 2012) e relatórios de sustentabilidade com base nas diretrizes da *Global Reporting Initiative*.

Acompanhamento[4]

Tem-se constatado, no mundo todo, várias dificuldades na correta implementação das medidas propostas pelo EIA e adotadas como condições vinculantes à licença ambiental. Por essa razão, têm sido buscados mecanismos para garantir o pleno cumprimento de todos os compromissos assumidos pelo empreendedor e demais intervenientes. O acompanhamento agrupa o conjunto de atividades que se seguem à decisão de autorizar a implantação do empreendimento.

As atividades de acompanhamento incluem fiscalização, supervisão e/ou auditoria, observando-se que o monitoramento é também essencial para essa etapa. A função da supervisão é primariamente a de assegurar que as condições expressas na autorização (licenças ambientais, no caso do Brasil) e em contratos sejam efetivamente cumpridas. No sentido empregado aqui, a supervisão ambiental é realizada pelo empreendedor, ao passo que a fiscalização é uma função dos agentes governamentais. Já a auditoria pode ter caráter público ou privado.

> [4] *Na literatura de língua inglesa, o termo correspondente é* follow-up.

Documentação

A complexidade do processo de AIA e suas múltiplas atividades tornam necessária a preparação de grande número de documentos. O Quadro 3.1 fornece uma visão de conjunto da documentação, tomando por base as exigências brasileiras de licenciamento ambiental. Dada a relativa autonomia, no País, de cada órgão licenciador estadual ou municipal, além do federal, à parte o EIA, os nomes dados a cada documento dependerão da regulamentação em vigor em cada jurisdição.

3.4 O processo de AIA para fins de licenciamento no Brasil

A primeira norma de referência para AIA no Brasil foi a Resolução Conama 1/86, que estabelece a orientação básica para a preparação de um EIA. Ainda que de modo conciso, os principais elementos do processo de AIA são tratados nessa norma. Outras resoluções Conama e regulamentos estaduais e municipais estabelecem requisitos adicionais, mas os elementos essenciais do processo estão inalterados desde 1986.

❋ *Triagem*: é feita por meio de uma lista positiva (Art. 2º) (outras resoluções do Conama introduziram outros critérios deflagradores para um EIA).

80 Avaliação de Impacto Ambiental: conceitos e métodos

Quadro 3.1 Principais documentos técnicos das etapas do processo de avaliação de impacto ambiental

Documentos de entrada	Etapa	Documentos resultantes
Memorial descritivo do projeto ou ficha de caracterização de atividade[1]	Apresentação da proposta	Parecer técnico que define o nível de avaliação ambiental e o tipo de estudo ambiental necessário
Avaliação ambiental inicial ou estudo preliminar[2]	Triagem	Parecer técnico com recomendação para a decisão de licenciamento ou necessidade de EIA
Plano de trabalho[3] ou proposta de termos de referência	Definição do escopo do EIA	Termos de referência[4]
Termos de referência	Elaboração do EIA e do Rima	EIA e Rima
EIA	Análise técnica	Parecer técnico
EIA e Rima	Consulta pública	Atas de audiência e outros documentos de consulta pública
EIA, estudos complementares, documentos de consulta pública	Análise técnica	Parecer técnico conclusivo
EIA, Rima, pareceres técnicos, documentos de consulta pública	Decisão	Licença prévia[5] (ou denegação do pedido de licença)
Planos de gestão[6]	Decisão	Licença de instalação
Relatórios de implementação do plano de gestão	Implantação/ construção	Licença de operação
Relatórios de monitoramento e de desempenho ambiental[7]	Operação	Renovação da licença de operação
Plano de fechamento[8]	Desativação	Licença de desativação[9]

Nota: o quadro toma por referência principalmente as exigências brasileiras de licenciamento ambiental.

[1] *Documento que descreve características técnicas e a localização do projeto, tem nome que varia entre jurisdições.*

[2] *Exemplos: relatório ambiental preliminar (RAP), relatório ambiental simplificado (RAS), relatório de controle ambiental (RCA).*

[3] *Este documento era requerido pela regulamentação de São Paulo, mas foi substituído por uma minuta dos termos de referência; o termo é mantido aqui para designar o documento preparatório para definição dos termos de referência.*

[4] *No Rio de Janeiro, este documento recebe o nome de "Instrução Técnica".*

[5] *A licença pode incluir condicionantes que só a tornam válida se as condições forem cumpridas.*

[6] *Exemplos: projeto básico ambiental (PBA) e plano de controle ambiental (PCA).*

[7] *Em alguns Estados, exigem-se relatórios de auditoria ambiental para certas atividades.*

[8] *No Brasil, é exigível para mineração e algumas outras atividades.*

[9] *Ainda não existente no Brasil.*

✳ *Determinação do escopo*: o parágrafo único do Art. 6º estabelece que cabe ao órgão licenciador definir "instruções adicionais" para a preparação do EIA, levando em conta "peculiaridades do projeto e características ambientais da área" (Não há

requisitos de procedimento para a definição da abrangência de um EIA. O órgão ambiental pode fazê-lo internamente, sem nenhuma forma de consulta).
* *Elaboração do EIA e do Rima*: tratada nos Arts. 5°, 6°, 7°, 8° e 9°; a Resolução estabelece as diretrizes e o conteúdo mínimo dos estudos, e define a responsabilidade por sua execução ("equipe multidisciplinar habilitada") e a quem são imputados os custos (ao empreendedor).
* *Análise técnica do EIA*: o Art. 10 estabelece que deve haver um prazo para manifestação do órgão licenciador, mas não estipula esse prazo.
* *Consulta pública*: o Art. 11 determina que o Rima será acessível ao público e aos órgãos públicos que manifestarem interesse ou tiverem relação direta com o projeto; os interessados terão um prazo para enviar seus comentários; poderá ser promovida audiência pública para "informação sobre o projeto e seus impactos ambientais e discussão do Rima".
* *Decisão*: o Art. 4° estabelece que os processos de licenciamento deverão ser compatíveis com as etapas de planejamento e implantação dos projetos; o licenciamento cabe aos "órgãos ambientais competentes", que também determinam a "execução do estudo de impacto ambiental e a apresentação do Rima" (Art. 11, § 2°).
* *Acompanhamento e monitoramento*: a "elaboração do programa de acompanhamento e monitoramento dos impactos positivos e negativos" é uma "atividade técnica" exigida para o estudo de impacto ambiental (Art. 6°, IV).

De um modo geral, a Resolução Conama 1/86 aborda todos os componentes principais do processo de AIA e, indubitavelmente, permite a aplicação imediata da avaliação de impactos pelos órgãos ambientais. É claro que inúmeras dificuldades surgiriam com a prática, mas a experiência acumulada, os erros e acertos, permitiriam aperfeiçoá-la.

Desde então, o Conama baixou outras normas relativas ao licenciamento ambiental, mas coube aos órgãos ambientais estaduais, na qualidade de principais operadores do licenciamento, definir procedimentos, critérios e normas voltadas para as suas peculiaridades. O Estado do Rio de Janeiro foi o primeiro a normalizar o processo, inclusive com lei própria. A Secretaria do Meio Ambiente do Estado de São Paulo, por meio de diversas Resoluções, procurou resolver os problemas colocados pela prática da AIA. Talvez o problema que mais tenha exigido esforços da SMA tenha sido a definição de quais empreendimentos devam ser sujeitos à apresentação de um EIA, ou seja, a etapa de triagem do processo de AIA.

3.5 O processo de AIA em algumas jurisdições

Para exemplificar os pontos comuns (e também para ilustrar algumas diferenças) do processo de AIA em diferentes jurisdições, são mostrados os procedimentos adotados em dois países, Estados Unidos e África do Sul, e uma jurisdição estadual, Austrália Ocidental. O primeiro por sua importância histórica, já que o processo americano serviu de modelo para muitos países, e o segundo por se tratar de um país em desenvolvimento, no qual a introdução da AIA coincidiu com a democratização. Já o processo oeste-australiano foi tido como exemplar em uma comparação internacional (Wood, 1994).

Há similaridade entre procedimentos de AIA adotados em diversos países porque esse instrumento responde a necessidades comuns.

Os principais componentes do processo NEPA são indicados na Fig. 3.3. A aplicação da lei americana é descentralizada, cabendo a cada agência (ministério, departamento, serviço) a elaboração de seu próprio conjunto de procedimentos para cada etapa do processo. Naturalmente, há de se respeitar a lei e o seu regulamento expedido pelo Conselho de Qualidade Ambiental.

Um campo em que cada agência tem bastante liberdade é a triagem, sendo comum o emprego de listas positivas e de listas negativas. Segundo Weiner (1997), o procedimento de implementação da NEPA adotado por cada agência "deveria identificar ações que tipicamente requerem um EIA e aqueles que não requerem (exclusão categórica)" (p. 77), sendo o enquadramento das demais ações resolvido caso a caso. O enquadramento dos casos intermediários, que são em grande número, é resolvido pela preparação de uma avaliação inicial denominada *environmental assessment*, literalmente, avaliação ambiental. A avaliação ambiental deve conduzir a proposta por um de três caminhos: (1) a preparação de um estudo de impacto ambiental (*Environmental Impact Statement* – EIS), porque os impactos potenciais são significativos; (2) a dispensa de um EIS porque são conhecidas medidas mitigadoras adequadas e de eficiência comprovada; ou (3) a dispensa de um EIA porque se constata que os impactos ambientais não são significativos. Nos últimos dois

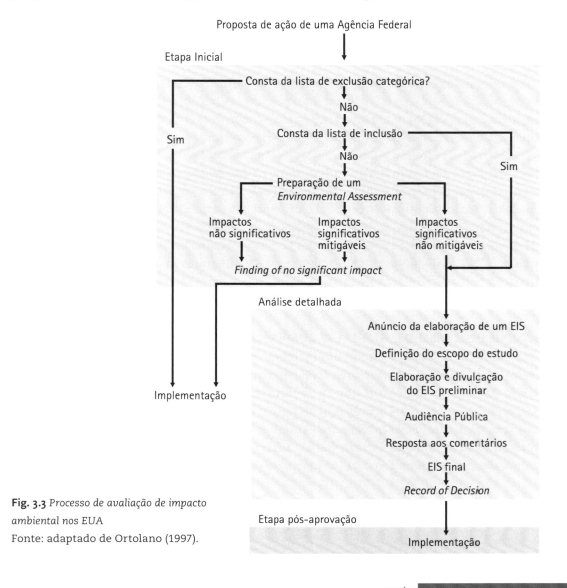

Fig. 3.3 *Processo de avaliação de impacto ambiental nos EUA*
Fonte: adaptado de Ortolano (1997).

casos, é obrigatória a elaboração de um Relatório de Ausência de Impacto Ambiental Significativo, ou *Finding of No Significant Impact* (Fonsi).

Na hipótese de que a proposta possa vir a ocasionar impactos significativos, é obrigatória a preparação de um EIA e a apresentação da proposta em um anúncio público (*notice of intent*) de que um EIA será preparado, anúncio que deve trazer uma breve descrição da proposta e de suas alternativas, assim como informar onde os interessados podem obter mais informações.

O passo seguinte é o *scoping*, procedimento obrigatório que frequentemente inclui a realização de reuniões públicas, mas que também pode ser baseado no recebimento de manifestações escritas após a divulgação da *notice of intent*. Por meio do *scoping* identificam-se (1) ações, (2) alternativas e (3) impactos a serem abordados no EIA, cuja análise pode, assim, "concentrar-se nas questões que são verdadeiramente significativas" (Eccleston, 2000, p. 71).

De posse das diretrizes e orientações resultantes do *scoping*, a agência governamental prepara o EIA. Note que, mesmo no caso de um projeto privado, cabe à agência responsável a preparação do EIA (ou a contratação do serviço), pois é essa agência que tem o poder decisório, e a lei requer que ela o faça para fundamentar sua decisão. Na prática, porém, quando há um projeto privado (por exemplo, um projeto de mineração em terras públicas), é o próprio interessado que prepara um rascunho do EIA e o submete à autoridade, que, naturalmente, pode ou não aceitá-lo. A minuta (*draft EIS*) é um documento de trabalho para revisão, críticas e comentários. Trata-se de um documento completo, colocado à disposição dos interessados para a consulta pública. O prazo para comentários é de 45 dias, contados a partir da publicação no Diário Oficial (*Federal Register*).

Todas as críticas e comentários substantivos têm de ser respondidos. A agência prepara um EIA final, corrigido, que deve ser enviado para todos aqueles que apresentaram comentários, e o disponibiliza ao público. Abre-se novo período de 30 dias para comentários públicos, e somente ao término desse período a agência pode formalizar sua decisão, emitindo um Registro de Decisão (*Record of Decision*), "uma declaração pública que explica a decisão [...], o peso dos fatores ambientais face aos fatores de ordem técnica e econômica [...] e as ações para mitigar os efeitos ambientais adversos" (Ortolano, 1997, p. 320).

O processo de AIA na África do Sul é mostrado na Fig. 3.4. A triagem ocorre em dois estágios, o primeiro sendo uma lista positiva prevista pela regulamentação e o segundo consistindo na preparação de uma avaliação inicial denominada *scoping report*. A preparação desse relatório é precedida da apresentação de um plano de trabalho (ou de estudos) e sua aprovação pela autoridade competente. As conclusões do relatório de *scoping* podem ser suficientes para justificar a aprovação do projeto, caso em que são estabelecidas condições para sua implantação e funcionamento. Quando se trata de casos mais complexos, todavia, o relatório de *scoping* forma a base para o futuro EIA; nesse caso, um novo plano de estudos é apresentado, aproveitando os levantamentos e as análises já realizados. Após a aprovação desse plano pela autoridade competente, o interessado prepara e apresenta o EIA.

A consulta pública ocorre em vários momentos: na definição do conteúdo do relatório de *scoping* e em sua análise, e também na preparação do plano de estudos para o EIA e em sua análise. Após aprovação do EIA, a autoridade decide sobre a aprovação do projeto, podendo impor condições e requerer a preparação de um plano de gestão ambiental.

O processo do estado da Austrália Ocidental é resumido na Fig. 3.5, que, além de conter as principais etapas, como nos dois casos precedentes, também inclui os principais documentos de entrada e de saída, como no Quadro 3.1. A Autoridade de Proteção Ambiental

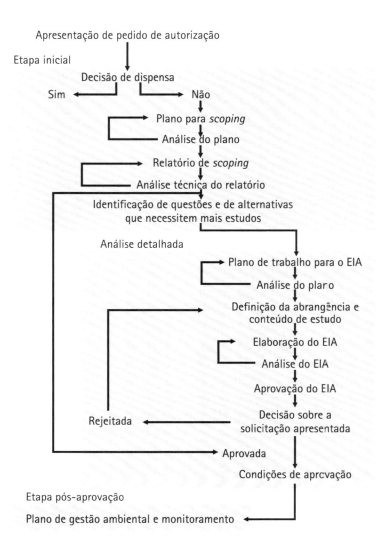

Fig. 3.4 *Processo de avaliação de impacto ambiental na África do Sul* Fonte: adaptado de Rossouw et al. (2003).

(*Environmental Protection Authority* – EPA) conduz o processo de AIA e prepara um relatório conclusivo. A triagem não tem como base listas positivas ou negativas, mas uma análise caso a caso que considera, principalmente, o que são localmente denominados "fatores ambientais chave", recursos ambientais considerados importantes, como as "comunidades ecológicas ameaçadas". Assim, a primeira decisão da EPA é a de avaliar ou não uma proposta (o processo de AIA aplica-se a projetos governamentais ou privados e a planos de zoneamento municipal). Para isso, o documento de consulta, que descreve a proposta e sua localização, fica disponível ao público, via internet. Quando a EPA decide não ser necessária a avaliação dos impactos de uma proposta, após uma análise inicial, pode emitir "recomendações" de cunho ambiental para o proponente.

O estudo relativo ao escopo da avaliação (denominado *environmental scoping document*) é normalmente preparado pelo proponente, sendo depois analisado pela EPA e também sujeito a consulta pública; entretanto, a EPA pode decidir ela mesma preparar o documento de escopo, que inclui os termos de referência para o EIA (denominado *Public Environmental Review*), que é apresentado sob forma de minuta e, após verificação de conformidade pelos analistas da EPA e eventuais correções, é liberado para consulta pública. O proponente deve, então, responder a todas as questões levantadas durante a consulta e a EPA prepara seu parecer contendo recomendações, ou seja, as possíveis condicionantes ambientais. Uma minuta desse parecer é discutida com outros órgãos da administração pública (intervenientes) e com o proponente, até a publicação do parecer final, na forma de relatório (*EPA report*). A lei estabelece uma instância administrativa de apelação em caso de discordância acerca desse relatório. Tanto o público quanto o proponente do projeto podem apelar. O relatório final é submedido ao Ministro do Meio Ambiente para decisão final e emissão de licença. Os relatórios de acompanhamento devem seguir um formato predefinido e ser apresentados periodicamente, contendo uma autodeclaração de conformidade (ou não).

Esses três exemplos ilustram a afirmação do início do capítulo acerca da convergência dos sistemas de AIA. Suas semelhanças devem-se aos objetivos similares.

Notas:
(1) desde dezembro de 2012 há dois níveis de avaliação: baseada em informação do proponente, sem consulta pública (mas segundo orientação da EPA), e avaliação ambiental pública, com consulta; anteriormente havia cinco níveis de avaliação ambiental de projeto.
(2) corresponde a uma avaliação inicial e diretrizes (termos de referência) para o EIA.
(3) o proponente e o público podem apelar, em caráter recursal, a um coordenador de apelações contra qualquer recomendação da EPA.

Fig. 3.5 *Processo de avaliação de impacto ambiental na Austrália Ocidental*
Fonte: modificado de Sánchez e Morrison-Saunders (2011), de acordo com os Procedimentos Administrativos de AIA de dezembro de 2012.

ETAPA DE TRIAGEM

4

Todo sistema de avaliação de impacto ambiental deve definir o universo de ações humanas (projetos, planos, programas) sujeitas ao processo, ou seja, seu campo de aplicação. É intuitivo ou de bom senso que não se exija um estudo prévio de impacto ambiental de todo projeto ou de qualquer intervenção no meio natural, mas onde se situa o patamar a partir do qual deveria ser aplicado o processo? O conceito-chave aqui é o de *impacto significativo*.

Todas as jurisdições e organizações[1] nas quais a AIA foi adotada estabelecem, de uma forma ou de outra, que esse instrumento de política ambiental deverá ser empregado para fundamentar decisões quanto à viabilidade ambiental de obras, atividades e outras iniciativas que possam afetar negativamente o meio ambiente. Mais precisamente, leis, regulamentos e políticas adotados por essas jurisdições e organizações estabelecem, como parte do processo de AIA, a necessidade de preparação de um EIA antes da tomada de decisões sobre iniciativas que tenham o potencial de causar alterações ambientais *significativas*. Como exemplos, pode-se tomar a legislação do Brasil e a dos Estados Unidos.

Segundo a Constituição Federal Brasileira de 1988, "incumbe ao Poder Público: [...] exigir, na forma da lei, para instalação de obra ou atividade potencialmente causadora de significativa degradação do meio ambiente, estudo prévio de impacto ambiental a que se dará publicidade" (Art. 225, IV). Nos Estados Unidos, a NEPA estabelece a necessidade de preparação de um *environmental impact statement* para ações que "possam afetar significativamente a qualidade do ambiente humano" (Seção 102 (C)). Esse princípio foi seguido nas leis de muitos países e nas convenções internacionais que mencionam a AIA (conforme Cap. 2), como a Convenção da Diversidade Biológica, que insta os países signatários a estabelecer procedimentos AIA para projetos que possam ter "sensíveis efeitos negativos na diversidade biológica" (Artigo 14, I).

Dessa forma, as primeiras etapas do processo de AIA implicam uma decisão acerca de quais tipos de projetos ou ações devem ser submetidos ao processo. Em princípio, todas as ações que possam causar impactos ambientais *significativos* devem ser objeto de um EIA, ao passo que outras ações podem passar por um processo mais simples de avaliação de impacto, enquanto outras não se presume que, individualmente, provocarão algum impacto ambiental digno de nota.

A Corporação Financeira Internacional (IFC), por exemplo, classifica os projetos que lhe são submetidos em três categorias, de acordo com seu potencial de impacto:

* *Categoria A*: atividades comerciais com riscos e/ou impactos ambientais ou sociais adversos potencialmente significativos que sejam diversos, irreversíveis ou sem precedentes.
* *Categoria B*: atividades comerciais com riscos e/ou impactos ambientais ou sociais adversos potencialmente limitados que sejam pouco numerosos, geralmente específicos do local, em grande parte reversíveis e fáceis de corrigir por meio de medidas de mitigação.
* *Categoria C*: atividades comerciais com riscos e/ou impactos ambientais ou sociais adversos mínimos ou inexistentes. (Política de Sustentabilidade Socioambiental, 2012).

As instituições financeiras que subscrevem os Princípios do Equador (seção 2.6) adotam a mesma classificação ABC da IFC, assim como fazia o Banco Mundial antes de adotar uma nova política e a Estrutura Ambiental e Social, em vigor desde 1º de outubro de 2018. Na nova política, a classificação não se faz por tipo de projeto, mas mediante análise individual, considerando:

---

[1] *Jurisdições incluem governos nacionais, regionais e locais, como é o caso da União, dos Estados e dos municípios no Brasil. Organizações incluem empresas públicas ou privadas que usam a AIA em suas políticas corporativas, assim como organizações internacionais que adotam a AIA como requisito para certas decisões de alocação de recursos, como é o caso dos bancos multilaterais.*

tipo, localização, sensibilidade e escala do projeto; a natureza e a magnitude dos impactos e riscos ambientais e sociais potenciais e a capacidade e compromisso do tomador de empréstimo em gerenciar esses impactos e riscos de modo consistente com os Padrões Ambientais e Sociais. (World Bank Environmental and Social Policy for Investment Project Financing, 2018, §20)

Todos os projetos são enquadrados em uma das seguintes categorias: alto risco, risco substancial, risco moderado, baixo risco. Todos os projetos devem ser avaliados com relação aos impactos e riscos, porém a avaliação é sempre proporcional:

a) *projetos de alto risco*: de acordo com os Padrões Ambientais e Sociais;
b) *projetos de risco substancial, moderado ou baixo*: de acordo com a legislação nacional e quaisquer requisitos dos Padrões Ambientais e Sociais que o Banco considere relevantes.
(World Bank Environmental and Social Policy for Investment Project Financing, 2018, §37)

Um dos problemas mais críticos que devem resolver as políticas e as regulamentações sobre avaliação de impacto ambiental é, portanto, a definição operacional a dar ao termo "significativo", que estabelecerá o campo de aplicação da AIA em cada jurisdição.

4.1 O que é impacto significativo?

É com o sentido de importante, ou considerável, ou seja, que merece ser considerado (na tomada de decisão), que deve ser entendida a locução *impacto ambiental significativo*. Impacto *significativo* é um termo carregado de subjetividade e dificilmente poderia ser de outra forma, uma vez que a importância atribuída pelas pessoas às alterações ambientais depende de seu entendimento, de seus valores, de sua percepção.

Por razões práticas, se não forem arbitrados limites para o campo de aplicação da AIA[2], ela será totalmente ineficaz. Aplicada para tudo, banaliza-se. O exercício seguinte ajudará a melhor formular o problema.

Claramente, uma padaria ou uma usina eletronuclear não têm o mesmo potencial de causar impactos ambientais e haveria pouca ou nenhuma dúvida em incluir um projeto de geração de eletricidade a partir de materiais físseis dentro do campo de aplicação da AIA. Mas o caso da padaria poderia dar margem a dúvidas. O problema pode ser dividido em dois: (1) pode uma padaria causar impacto ambiental? (2) pode uma padaria causar impacto ambiental significativo?

Uma padaria artesanal consome uma certa quantidade de recursos naturais, emite uma certa carga de poluentes e causa certos impactos ambientais. Farinha, água e lenha são os principais insumos, além de alguns outros ingredientes e energia elétrica. Por sua vez, ao observar a cadeia produtiva dos principais insumos, nota-se que a produção de lenha, a produção de trigo e a sua transformação em farinha, assim como o fornecimento de água, são atividades que causam impactos ambientais, assim como o transporte desses insumos até a padaria. Para simplificar o problema, os impactos associados à produção e ao transporte de matérias-primas e de insumos não são levados em conta, porque deve haver outros controles ambientais para essas atividades. Assim, o limite do problema é o processo de fabricação de pão e sua comercialização. Na fabricação, são emitidos gases de combustão pela chaminé da padaria, que também emite material particulado. Efluentes líquidos escoam pelos ralos enquanto calor e ruído são os outros poluentes emitidos pelo processo produtivo. Embalagens e resíduos sólidos orgânicos são descartados. Normas de higiene requerem o uso diário de produtos de limpeza e o uso periódico de produtos quí-

[2] *Entende-se por campo de aplicação o conjunto de ações humanas (atividades, obras, empreendimentos, projetos, planos, programas) sujeitas ao processo de AIA em uma determinada jurisdição.*

micos biocidas. Se o pão for bom, os clientes vêm em grande quantidade, a pé, de bicicleta ou de automóvel, e contribuem para perturbar o trânsito ou ocupar vagas de estacionamentos, emitindo mais ruídos e poluentes atmosféricos.

São muitas as inter-relações entre a fabricação de pão e o meio ambiente. Tudo isso justificará a realização de um estudo de impacto ambiental antes da abertura de toda nova padaria?

Certamente não, pois há outras maneiras de regular a atividade de produção de pão, de modo a reduzir seus impactos ambientais. Pode-se exigir que a lenha venha de plantações sustentáveis e certificadas, que todo consumidor de lenha pague uma taxa para financiar a reposição florestal (exigência legal no Brasil), que o trigo seja produzido sem agrotóxicos e em propriedades rurais que mantenham vegetação ciliar e reserva legal (nome dado pela legislação florestal brasileira a remanescentes de vegetação de manutenção obrigatória em propriedades rurais), que o moinho de farinha não descarregue seus efluentes líquidos diretamente em um rio (é um empreendimento sujeito ao licenciamento ambiental), que os caminhões que entregam a farinha e a lenha sejam regulados para emitir o mínimo de fumaça preta e outros poluentes atmosféricos (há normas de emissão para veículos automotores e procedimentos de inspeção), que o terminal portuário que receba o trigo importado tenha licença ambiental etc. Pode-se também determinar, por meio de zoneamento municipal, que padarias não sejam instaladas em determinadas vias ou quadras, ou que ofereçam certo número de vagas de estacionamento aos seus clientes, inclusive para bicicletas, para citar apenas algumas medidas de gestão ambiental aplicáveis a esse tipo de estabelecimento comercial. Assim, regras gerais são suficientes para definir os controles ambientais necessários para esse tipo de empreendimento.

Já uma usina nuclear é incomparavelmente mais complexa, entre outras razões porque representa um risco à saúde e à segurança das pessoas e dos ecossistemas. Também uma grande barragem causa impactos ambientais radicalmente diferentes daqueles decorrentes de uma padaria, a exemplo de Itaipu, que submergiu um sítio de incomparável beleza cênica, as Sete Quedas (Fig. 4.1). Os cidadãos que nasceram no final do século XX e as gerações seguintes foram privados da possibilidade de apreciar uma paisagem de beleza incomum devido a uma decisão, praticamente irreversível, de construir uma barragem de uma determinada altura em um determinado local. Trata-se, indubitavelmente, de

Fig. 4.1 *Vista das Sete Quedas do rio Paraná, submersas pela represa de taipu, em 1984, por decisão do governo militar e antes da regulamentação da AIA no Brasil. O local havia sido declarado Parque Nacional em 1961, mas o decreto de criação foi revogado para permitir a construção da usina. Na ocasião, entidades ambientalistas fizeram uma manifestação em protesto pela perda de um sítio de grande beleza cênica e valor simbólico*

impacto ambiental significativo, irreversível, permanente, e que afeta potencialmente toda a população do planeta, presente e futura. Ora, uma decisão de tamanhas implicações justificaria uma detalhada análise de suas consequências e ampla discussão pública. É justamente esse o objetivo da AIA, e é nesses casos que se torna necessário empregar o processo completo de avaliação de impacto ambiental, incluindo a preparação de um EIA, sua publicidade, o engajamento das partes interessadas e a análise técnica criteriosa dos estudos apresentados.

O potencial que tem determinada obra ou ação humana de causar alterações ambientais depende de duas características:

* as solicitações impostas ao meio pela ação ou projeto, ou seja, a sobrecarga imposta ao ecossistema ou à sociedade, representada pela emissão de poluentes, pela supressão ou adição de elementos ao meio (seção 1.5);
* a vulnerabilidade do meio, ou seja, o inverso da resiliência, que por sua vez dependerá do estado de conservação do ambiente, da coesão ou do capital social e das solicitações impostas anteriormente e cujos efeitos se acumularam.

Muitas vezes é difícil tornar operacionais os conceitos de vulnerabilidade e resiliência, sendo mais fácil designar recursos ambientais ou culturais que se deseje proteger (devido à sua importância ecológica, valor cultural ou outro atributo), ou áreas consideradas importantes. A importância do ambiente ou do ecossistema é um critério social. Em particular, a tutela legal de um recurso é um reconhecimento de importância.

A combinação dessas duas características é mostrada, de maneira esquemática, na Fig. 4.2. A confrontação da solicitação (ou pressão) imposta pelo projeto com a vulnerabilidade do ambiente definirá a resposta do meio. Projetos que impliquem uma grande solicitação sobre um ambiente de alta vulnerabilidade (ou baixa capacidade de suporte) ou de grande importância representarão um alto potencial de impactos significativos (Fig. 4.3). Portanto, esses projetos deveriam ser objeto de um planejamento cuidadoso, com a contribuição da AIA. Por outro lado, projetos de baixa solicitação executados em um meio resiliente não necessitariam, a princípio, de cuidados especiais, devendo-se apenas tomar precauções no sentido de minimizar os impactos ambientais, por meio de técnicas já conhecidas.

Por exemplo, um projeto que tenha alta demanda de água poderá representar um impacto significativo em uma região de baixa disponibilidade hídrica, ao passo que o mesmo

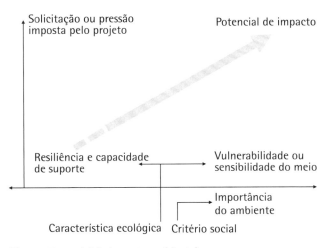

Fig. 4.2 Potencial de impacto ambiental

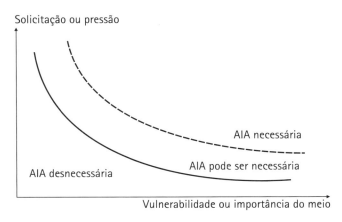

Fig. 4.3 Diagrama esquemático para determinar a necessidade de avaliação de impacto ambiental

projeto em uma região de água abundante possivelmente não teria impacto significativo sobre a disponibilidade de recursos hídricos. Portanto, a localização do projeto – ou seja, as características ambientais da área – pode ser determinante para a decisão de triagem.

Considere-se um projeto de aterro sanitário para disposição de resíduos sólidos urbanos. Se o local cogitado se localiza em uma zona de recarga de aquíferos (zona onde a água superficial se infiltra e alimenta o aquífero subterrâneo), os riscos de contaminação do aquífero (potencial de impacto sobre a qualidade das águas subterrâneas) são altos. Trata-se de um meio vulnerável para esse tipo de atividade. Já se o mesmo projeto for implantado em um local com substrato argiloso e de baixa permeabilidade (ou seja, um meio de baixa vulnerabilidade), seu potencial de impacto será menor.

Assim, projetos em ambientes importantes devido a um ou mais atributos (recursos ambientais ou culturais) deveriam ser cuidadosamente avaliados, ao passo que os mesmos tipos de projetos, em outro contexto ambiental ou cultural, poderiam ser dispensados de um EIA. Considere-se o caso de se abrir uma rodovia em uma zona rural dominada por monocultura de cana-de-açúcar; certamente esse projeto causaria impactos menos significativos que uma rodovia de características técnicas similares, mas que cortasse uma zona contendo amplos remanescentes de vegetação nativa.

Assim, o potencial de impacto ambiental resulta de uma combinação entre a solicitação (característica inerente ao projeto e seus processos tecnológicos) e a vulnerabilidade ou importância do meio. Tal combinação se dá em uma relação direta (Fig. 4.2), ou seja, quanto maior a solicitação e maior a vulnerabilidade ou importância, maior o potencial de impactos. Inversamente, quanto menor a solicitação e maior a resiliência do ambiente, menor o potencial de impactos. Não é o potencial de impacto que é inerente ao projeto e sim a solicitação ou pressão que ele pode exercer sobre os recursos ambientais.

> O potencial de impacto de um projeto depende de suas características técnicas – como porte e área ocupada – e da vulnerabilidade ou da importância dos recursos ambientais e das comunidades que poderão ser afetados, e, portanto, da localização do projeto.

Em termos práticos, a solicitação potencial que um empreendimento pode impor ao meio (e, por consequência, sua capacidade de causar impactos) depende não somente de suas características técnicas intrínsecas, mas também largamente da capacidade gerencial da organização responsável pelo projeto. Dois projetos idênticos, se realizados por duas empresas com culturas organizacionais diferentes, podem resultar em impactos ambientais muito diferentes.

4.2 Critérios e procedimentos de triagem

Com o propósito de definir para quais atividades se aplicará a AIA, a relação teórica *solicitação/vulnerabilidade*, que define o potencial de impactos ambientais, deve ser transformada em um conjunto de critérios práticos que permitam enquadrar cada nova proposta em um dos três campos da Fig. 4.3. Na Fig. 4.4, o campo de aplicação da AIA é situado no universo das ações antrópicas, dividido em três conjuntos, cujos limites são representados por linhas tracejadas, para indicar a inexistência de fronteiras nítidas. O sempre crescente conjunto de atividades, constantemente ampliado pela inventividade humana, comporta um subconjunto de atividades que podem afetar o meio ambiente ou causar alguma forma de impacto negativo ou degradação ambiental e que, por essa razão, podem ser objeto de regulação governamental, como licenciamento, regras de zoneamento, pagamento de taxas ou qualquer outro instrumento de política ambiental pública. Dentro desse subconjunto há outro, o de atividades que são capazes de causar impactos significativos, e que devem ser sujeitas à avaliação prévia de seus impactos antes de serem autorizadas. Nos Estados Unidos, estima-se que 95% das atividades sujeitas a regulamentação federal estejam isentas de avaliação de impactos e apenas 1% requeiram EIA (GAO, 2014).

É importante notar que dispensar um projeto da apresentação de um EIA não significa que ele estará desprovido de controle ambiental governamental, como exemplificado pelos casos da padaria (seção 4.1) e dos postos de abastecimento de combustíveis (seção 3.2). Pode-se discutir se os impactos deste último tipo de empreendimento são ou não significativos, mas o fato de não se exigir um EIA é compensado pela existência de outros mecanismos de controle, que são o licenciamento ambiental[3], normas técnicas para projeto, construção e instalação de tanques subterrâneos, rotinas de inspeção, poços de monitoramento e, em alguns países, a exigência de acreditação para o pessoal operacional envolvido na instalação e manutenção. Ademais, regras de zoneamento podem estabelecer critérios de localização desses empreendimentos.

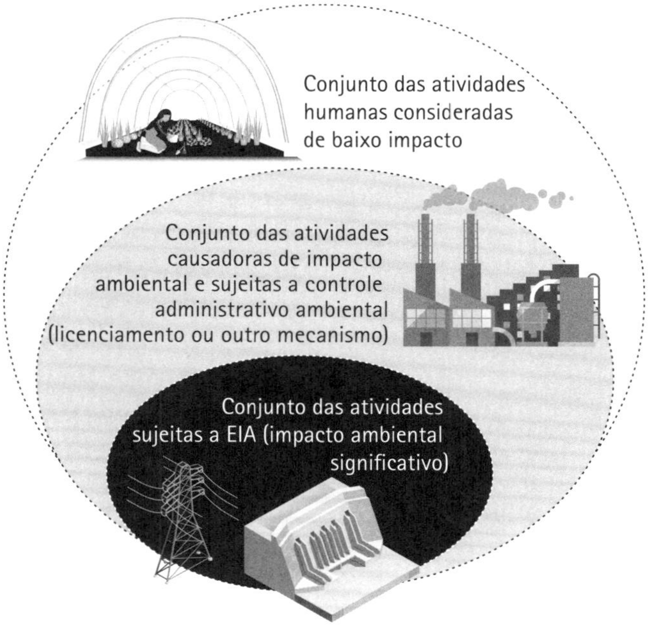

Fig. 4.4 *Campo de aplicação da AIA*

[3] *A obrigatoriedade de licenciamento ambiental para postos de combustíveis é relativamente recente na legislação brasileira. Esses estabelecimentos não constavam da lista de fontes de poluição sujeitas ao licenciamento estadual em São Paulo a partir de 1976.*

Entre a padaria ou o posto de combustíveis e uma usina hidrelétrica há um vasto campo intermediário ao qual se pode aplicar, ou não, o processo completo de AIA. O problema de selecionar os projetos a serem submetidos ao processo tem sido resolvido mediante a aplicação de dois critérios largamente utilizados em diferentes jurisdições: o tipo de empreendimento e o local pretendido para sua implantação. No entanto, nem sempre esses dois critérios são suficientes, sendo necessário lançar mão de alguma forma de análise das singularidades de cada caso.

Classificação por tipo de empreendimentos

Este critério é operacionalizado por meio do estabelecimento de listas de empreendimentos sujeitos à preparação prévia de um EIA (chamadas de listas positivas) ou dispensados de tal procedimento (chamadas de listas negativas); tais listas podem ser acompanhadas de critérios de porte para os empreendimentos listados. Listas positivas são ferramentas comuns e fazem parte da regulamentação da União Europeia e de vários países, mas não constam da NEPA nem de seu regulamento, que deixam essa tarefa para cada agência federal.

Uma lista positiva é a principal ferramenta empregada pela regulamentação brasileira para definir os tipos de empreendimentos sujeitos à apresentação e aprovação prévia de um EIA: o artigo 2º da Resolução Conama 1/86 arrola dezessete tipos de empreendimentos, alguns dos quais acompanhados de um critério de porte. As listas positivas são de fácil aplicação e objetivas. Outra vantagem é que podem ser facilmente adaptadas às condições locais. Por exemplo, numa determinada jurisdição pode ser importante submeter ao processo de AIA qualquer tipo de rodovia e, em outras, somente rodovias de uma determinada classe, como autoestradas.

4 *Área de proteção ambiental (APA) é uma das categorias de unidades de conservação classificadas como de uso sustentável pela legislação brasileira (Lei nº 9.985, de 18 de julho de 2000). As demais categorias de uso sustentável são Área de Relevante Interesse Ecológico, Floresta Nacional, Reserva Extrativista, Reserva de Fauna, Reserva de Desenvolvimento Sustentável e Reserva Particular do Patrimônio Natural.*

5 *Ley General del Equilibrio Ecológico y la Protección al Ambiente, de 28 de janeiro de 1988, art. 28, alíneas IX e X.*

6 *Ley sobre Bases Generales del Medio Ambiente 19.300, de 9 de março de 1994, art. 10, alínea 'p'. Esse artigo lista "os projetos ou atividades suscetíveis de causar impacto ambiental, em qualquer de suas fases, que deverão se submeter ao sistema de avaliação de impacto ambiental".*

As listas, tanto positivas como negativas, embora sejam de fácil aplicação, refletem uma classificação prévia genérica da pressão que um tipo de empreendimento coloca sobre o ambiente, mas não levam em conta as condições locais – assim, um projeto turístico em uma área litorânea com manguezais, restingas e ecossistemas diversificados poderá causar impactos significativos mesmo que ocupe uma área muito menor que 100 ha (o critério de porte constante da lista positiva brasileira), enquanto um grande empreendimento turístico em uma área rural ocupada por pastagens talvez não venha a causar impactos significativos.

Essa é uma das razões pelas quais convém deixar certa margem de manobra à autoridade governamental encarregada de enquadrar os projetos. É também uma das razões que leva à adoção frequente de um outro critério prático de triagem, a localização. Por exemplo, empreendimentos de pequeno porte dentro de uma área de proteção ambiental[4] são muitas vezes sujeitos à preparação prévia de um EIA. Esse cuidado foi tomado na redação da Resolução Conama, que, no caso de empreendimentos urbanísticos, contempla a possibilidade de ser exigido EIA para projetos que ocupem área inferior a 100 ha, porém se situem "em áreas consideradas de relevante interesse ambiental", ou projetos agropecuários de área inferior a 1.000 ha, porém situados em áreas "de importância do ponto de vista ambiental".

Também é necessário ter flexibilidade ou atualizar a legislação para acolher novos tipos de projetos. Por exemplo, parques eólicos oceânicos (*offshore*) são tipos de projetos de desenvolvimento recente, assim como projetos de captura e armazenamento de dióxido de carbono.

Classificação levando em conta o local do projeto

A presença de ecossistemas sensíveis ou de áreas de reconhecida importância natural ou cultural é um critério muito usado para exigência de um EIA, mesmo para tipos de empreendimentos que não constem de listas positivas. A legislação mexicana[5] fornece dois exemplos: "Projetos imobiliários que afetem os ecossistemas costeiros" e "Obras e atividades em zonas úmidas, manguezais, lagunas, rios, lagos e estuários conectados com o mar, assim como em suas costas". A lei requer EIA para empreendimentos imobiliários somente se puderem afetar a zona costeira e para qualquer tipo de empreendimento situado nas zonas úmidas especificadas. Por sua vez, a lista chilena[6] contempla quaisquer atividades em unidades de conservação.

Na legislação brasileira, as características de determinados ambientes também são levadas em conta como um critério de triagem. A Constituição considera como patrimônio nacional a Mata Atlântica, e a lei que protege os remanescentes desse bioma (Lei Federal nº 11.428, de 22 de dezembro de 2006) determina que a supressão de remanescentes desse tipo de vegetação, quando em estágio avançado de regeneração, somente poderá ser autorizada para obras consideradas de utilidade pública e para empreendimentos de mineração, desde que seja previamente preparado um EIA que demonstre a inexistência de alternativa de localização que evite o desmatamento.

No Brasil, o Decreto Federal nº 6.640, de 7 de novembro de 2008 (que substitui um decreto de 1990), estabelece a necessidade de licenciamento ambiental para atividades que possam degradar cavernas e seu entorno, podendo ser exigida a preparação de EIA.

Trata-se, assim, de situações particulares que suscitam a exigência de apresentação de um EIA mesmo em caso de empreendimentos que não constem de uma lista positiva geral. Em cada região, determinado tipo de ambiente pode ser valorizado por razões de ordem histórica ou social, mescladas à sua importância ecológica, como é o caso da

Mata Atlântica, no Brasil, das *ancient woodlands*, na Grã-Bretanha, das *old-growth forests*, no Canadá, e das *wetlands* nos Estados Unidos e em outros países, dos solos de aptidão agrícola no Quebec e das reservas agrícolas nacionais em Portugal.

Uma tipologia de ambientes, criada para fins de determinação do escopo de EIAs, é apresentada no Quadro 4.1, chamando a atenção para a necessidade de maior cuidado (estudos mais detalhados sobre aspectos específicos) caso um empreendimento possa afetar algum tipo de ambiente valorizado por sua importância ecológica ou cultural (tipos especiais de ambientes). Transposta de sua aplicação original, essa tipologia permite apreciar a existência de uma variedade de situações que também podem servir para determinar a necessidade de elaboração de um EIA ou de algum outro tipo de estudo ambiental, como se verá na seção seguinte.

Esses ambientes especiais podem ser valorizados por sua beleza cênica, biodiversidade, vulnerabilidade ambiental ou importância cultural, atributos que não raro se apresentam em conjunto (Figs. 4.5, 4.6 e 4.7). Muitas vezes, esses locais são áreas protegidas – no Brasil, são chamadas de unidades de conservação – como parques nacionais ou áreas de proteção ambiental, onde a legislação pode impedir a realização de determi-

Quadro 4.1 Tipologia de ambientes

Três tipos básicos de ambientes podem ocorrer simultaneamente na área de um empreendimento, além de ambientes de características especiais.

Tipo 1: Ambientes de uso antrópico intensivo

Ambientes onde os impactos ambientais mais importantes são referentes ao meio antrópico. Podem ser subdivididos em áreas urbanizadas ou concentrações habitacionais rurais e áreas rurais de uso intensivo (pastagens, culturas, reflorestamentos comerciais etc.).

Tipo 2: Ambientes de uso antrópico extensivo

Ambientes alterados, mas que ainda apresentam condições originais relativamente mantidas, como áreas de pastagens nativas e áreas com crescimento de vegetação secundária. É importante considerar impactos físicos, bióticos e antrópicos.

Tipo 3: Ambientes conservados

Ambientes com pouca ou nenhuma alteração antrópica, onde são mais importantes os impactos sobre o meio biótico.

Tipo 4: Tipologias especiais de ambiente

Situações especiais, que podem ser cumulativas entre si ou a qualquer dos tipos básicos:

Terrenos cársticos: formados pela dissolução das rochas pelas águas, onde ocorrem cavernas e rios subterrâneos, são especialmente sensíveis a impactos sobre as águas e a fauna subterrânea, ao patrimônio espeleológico e ao patrimônio arqueopaleontológico.

Ambientes aquáticos: ambientes costeiros e de águas interiores, sensíveis a impactos de atividades realizadas em outros ambientes.

Áreas de relevância do patrimônio natural e cultural: ambientes onde ocorrem elementos do patrimônio natural (como picos e cachoeira), patrimônio histórico ou arqueológico.

Áreas de sensibilidade socioeconômica: núcleos urbanos com pequena população e infraestrutura urbana deficiente frente ao porte do empreendimento; a demanda por mão de obra, associada à indução da migração, pode provocar sobrecarga aos serviços públicos.

Áreas de populações tradicionais: áreas (demarcadas ou não) onde vivem populações indígenas, quilombolas ou outros grupos sociais organizados de forma tradicional e historicamente ligados a uma região.

Fonte: modificado de Ministério do Meio Ambiente/Ibama (2001).

Fig. 4.5 *Afloramento calcário e entrada de caverna no vale do rio Iporanga, município homônimo no sul do Estado de São Paulo. Nesta região cárstica, mesclam-se a vulnerabilidade do terreno, o valor paisagístico, a elevada biodiversidade, o patrimônio cultural atual e o arqueológico. Em um caso de reconhecimento precoce de sua importância, a área foi declarada parque estadual em 1958*

Fig. 4.6 *Ruínas de Tulum, Yucatán, México, onde se sobrepõem diversos atributos que valorizam o sítio: construções monumentais da cultura maia, relevo cárstico, zona costeira e importância econômica derivada do turismo*

Fig. 4.7 *Chapada dos Parecis, Mato Grosso. No início do período de expansão do cultivo de soja no Centro-Oeste do País, a borda da chapada arenítica dos Parecis ainda exibia, em bom estado de conservação, um ambiente onde os atributos físicos, bióticos e humanos mereciam proteção*

nados empreendimentos. Outras vezes, o reconhecimento da importância desses locais pode se dar sob outra forma de proteção legal, como leis de zoneamento ou de ordenamento territorial.

Ab'Sáber (1977), ao propor critérios para uma política de preservação de espaços naturais, sugere que se aplique "o princípio da distinção entre paisagens consideradas banais e paisagens reconhecidamente de exceção (morros testemunhos, topografias ruineformes, altos picos rochosos, domos de esfoliação, 'mares de pedras', cânions e furnas, feições cársticas, cavernas e lapas, lajedos dotados de minienclaves ecológicos, ilhas continentais, promontórios, pontas costeiras e estirâncios de praias)" (p. 6). A esse critério se somaria a preservação de "amostras significativas de diferentes ecossistemas", que é o princípio que atualmente governa a seleção de áreas para unidades de conservação.

Por outro lado, também ocorre que tais locais não gozem de proteção jurídica suficiente, e a proposição de um projeto de alto potencial de impacto pode ser o estopim de conflitos inconciliáveis em torno de posições antagônicas "ou projeto ou preservação". A região do rio Tatshenshini, na Colúmbia Britânica, fronteira entre o Canadá e o Alasca, é um desses casos: a área não gozava de proteção legal quando uma empresa de mineração pretendeu abrir uma mina de cobre denominada Windy Craggy; a proposta deflagrou grande movimentação de entidades ambientalistas, que acabaram vencendo a disputa. A autorização para a mina foi negada e a área foi declarada parque provincial em junho de 1993[7]. Ao final do ano seguinte, já estava na lista de sítios do patrimônio mundial da Unesco[8].

Destino semelhante teve a região marinha conhecida como Banco de Abrolhos, no litoral da Bahia, onde a Agência Nacional de Petróleo retirou de licitação, para exploração de petróleo e gás, blocos avaliados como de alta sensibilidade a danos ambientais, segundo estudo conduzido por pesquisadores de ONGs e instituições públicas. Para fundamentar cientificamente o estudo das áreas sensíveis, Marchioro et al. (2005) fizeram uma avaliação ambiental estratégica e simularam os possíveis impactos das atividades de prospecção sísmica, perfuração e produção sobre uma vasta área do litoral.

Outra tipologia de ambientes é aquela concebida para a aplicação do Padrão de Desempenho 6 – Conservação da biodiversidade e manejo sustentável de recursos naturais vivos da IFC (conforme seção 2.6), que compreende duas categorias básicas (Quadro 4.2) – hábitats modificados e hábitats naturais – e procura estabelecer um limite entre elas, para fins de avaliar impactos e definir estratégias de mitigação. Sobreposta a essa divisão há a categoria de hábitat crítico, que apresenta alto valor para a conservação da biodiversidade e, por isso, qualquer intervenção que o afete diretamente deveria ser evitada, sendo necessário demonstrar não existir outra alternativa de localização do projeto. A Lei da Mata Atlântica, acima mencionada, é consistente com esse requisito da IFC, ao estipular que supressão de vegetação em estágio avançado de regeneração somente pode ser autorizada caso seja demonstrado, em um EIA, não existir alternativa de localização que não requeira supressão.

Hábitat crítico é um conceito de crescente importância em avaliação de impactos. Empregado na Lei de Espécies Ameaçadas dos EUA, de 1973, é atualmente usado nas principais diretrizes internacionais de boas práticas, ao lado de um conceito mais recente e que também vem sendo promovido no plano internacional, o de áreas-chave de biodiversidade (key biodiversity areas).

Tanto as listas de projetos como a triagem pelo critério de localização e sensibilidade ou importância do ambiente afetado são mecanismos que apresentam vantagens, entre as quais:

---

[7] O inverso também pode acontecer: uma área perder sua proteção legal para dar lugar a um projeto de impacto significativo. Foi o que ocorreu com Sete Quedas, que era um parque nacional desde 1961 (Pádua; Coimbra Filho, 1979) e deu lugar à barragem de Itaipu. Outras iniciativas de revogar áreas protegidas têm ocorrido no Brasil (Bernard; Penna; Araújo, 2014).

[8] A Organização das Nações Unidas para a Educação, Ciência e Cultura (Unesco) atribui o título de "sítio do patrimônio mundial" a locais de excepcional valor por razões históricas, culturais ou naturais. Outras categorias de importância internacional são as Reservas da Biosfera, também sob a égide da Unesco, e os Sítios Ramsar, áreas úmidas de importância internacional.

Quadro 4.2 Tipologia de hábitats

Hábitats naturais	Hábitats críticos
Áreas formadas por associações viáveis de espécies vegetais e/ou animais de origem predominantemente nativa e/ou nas quais a atividade humana não tenha modificado essencialmente as funções ecológicas primárias e a composição das espécies da área.	Podem ser naturais ou modificados e consistem em áreas com alto valor de biodiversidade, incluindo (i) hábitat de importância significativa para espécies criticamente em perigo e/ou em perigo; (ii) hábitats de importância significativa para espécies endêmicas e/ou de ação restrita; (iii) hábitats que propiciem concentrações significativas de espécies migratórias e/ou congregantes; (iv) ecossistemas altamente ameaçados e/ou únicos; e/ou (v) áreas associadas a processos evolutivos-chave.
Hábitats modificados	
Áreas que podem conter uma grande proporção de espécies vegetais e/ou animais de origem não nativa e/ou nas quais a atividade humana tenha modificado substancialmente as funções ecológicas primárias e a composição das espécies de uma área. Os hábitats modificados podem compreender áreas destinadas a lavouras, plantações florestais, zonas costeiras recuperadas e áreas alagadas recuperadas. Essas áreas, porém, podem conter "valores significativos de biodiversidade".	

Fonte: Padrão de Desempenho 6 (IFC, 2012).

* são de aplicação simples e rápida;
* dão consistência às decisões de triagem e tratamento equitativo a distintos proponentes;
* facilitam o controle judicial e do público.

Entretanto, uma aplicação automática desses mecanismos não necessariamente garante a inclusão no processo de AIA de todos os projetos com potencial de causar impactos significativos. Inversamente, um excesso de zelo na confecção dessas listas pode estender o campo de aplicação da AIA a projetos de baixo impacto, exigindo desnecessariamente do proponente do projeto em termos de tempo e custos, do mesmo modo que aumentaria a demanda de tempo e recursos dos agentes públicos, tempo e recursos que poderiam ser alocados com maior eficiência na análise e no controle de empreendimentos de alto impacto.

Em um extremo, um projeto de alto potencial de impacto poderia ser automaticamente excluído da exigência de apresentar um EIA por alguma manipulação do empreendedor, como reduzir o porte do projeto para um nível imediatamente inferior ao patamar de exigência, ou fatiá-lo em projetos menores. Na outra ponta, para um pequeno projeto de baixo potencial de impacto poderia ser requerido um EIA, a um custo incompatível com a dimensão econômica do empreendimento. Por essa razão, é desejável que exista flexibilidade para a tomada de decisão sobre o enquadramento de um projeto para fins de exigência de um EIA, ou, na expressão de Glasson, Therivel e Chadwick (1999), "abordagens híbridas", que combinem o uso de listas e patamares indicativos com uma análise caso a caso. André et al. (2003) também reconhecem ser inevitável alguma forma de análise caso a caso, e resumem os procedimentos de triagem em duas modalidades: por categorias (de projeto, de localização) e discricionários, ou alguma combinação de ambos.

Discricionariedade é necessária para combater um subterfúgio empregado universalmente, que é o *fracionamento de projetos* para escapar da obrigação de preparar um EIA e obter aprovação mais rápida e barata. Enríquez-de-Salamanca (2016) estudou as diversas estratégias de fracionamento, observando que a legislação da Espanha tinha um dispositivo para evitá-lo, mas que a reforma de 2013 o aboliu. Revendo casos levados ao Judiciário, o autor constatou diversos parques eólicos, mas também rodovias, entre os mais frequentes.

Para decidir sobre a necessidade de um EIA, é preciso considerar o contexto.

Se a discricionariedade é inevitável, como exercê-la da forma menos arbitrária possível? Uma das respostas é tornar públicos todos os atos administrativos, permitindo seu controle judicial e social, ampliando a transparência do processo decisório. Mas se tal saída pode solucionar o problema de legitimidade, não o faz sob o ponto de vista técnico. Entre a padaria e a usina nuclear continua a existir vasto campo em que diferentes projetos podem ou não resultar em impactos ambientais significativos.

Análise caso a caso é adotada pelo Banco Mundial, pela IFC e pelas instituições financeiras que subscrevem os Princípios do Equador, assim como em algumas jurisdições, a exemplo da Austrália Ocidental, cujo regulamento de AIA prevê um "teste de significância" para avaliar a necessidade de um estudo detalhado (Quadro 4.3). Em ambos os casos as decisões de triagem são divulgadas publicamente e há mecanismos recursais que podem ser acionados em caso de discordância do enquadramento.

Essa forma de proceder à triagem é mais intensa em informação sobre o projeto e conhecimento sobre o local pretendido para implantá-lo do que a aplicação de listas, podendo requerer um estudo preliminar. A solução adotada em várias jurisdições é justamente preparar um estudo ambiental preliminar ou uma avaliação inicial que indique o potencial de o empreendimento causar impactos ambientais significativos. Caso sua conclusão seja positiva, o empreendimento é submetido ao processo completo de AIA. Caso seja negativa, o próprio estudo inicial indica a mitigação necessária e o empreendimento passa por outras vias decisórias, que usualmente requerem a obtenção de autorizações administrativas, como a de suprimir vegetação nativa, de captar recursos hídricos superficiais ou subterrâneos, de emitir poluentes atmosféricos ou hídricos, ou outras, de acordo com a teia de regulamentações ambientais aplicável.

Quadro 4.3   Teste de significância para a fase de triagem

A Autoridade de Proteção Ambiental da Austrália Ocidental toma uma decisão sobre o enquadramento considerando "a possibilidade de o projeto ter um efeito significativo sobre o meio ambiente usando julgamento profissional, que é obtido por conhecimento e experiência na aplicação da AIA". As considerações adotadas incluem:

(a) valores, sensibilidade e qualidade do ambiente potencialmente impactado

(b) extensão dos prováveis impactos (intensidade, duração, área geográfica diretamente afetada)

(c) consequência dos prováveis impactos

(d) resiliência do ambiente para absorver os impactos

(e) impacto cumulativo com outros projetos

(f) nível de confiança na previsão de impactos e no sucesso da mitigação proposta

(g) legislação, procedimentos e diretrizes em relação aos quais o projeto possa ser avaliado

(h) existência de políticas de planejamento estratégico

(i) existência de outras exigências legais sobre a mitigação dos efeitos ambientais potenciais

(j) preocupação pública sobre o efeito provável do projeto

Fonte: *Environmental Impact Assessment Administrative Procedures, Western Australian Government Gazette, 7 December 2012.*

Na verdade, ao se reconhecer que o conceito de impacto significativo tem subjetividade e depende da percepção dos indivíduos e grupos sociais, deve-se admitir que tanto razões técnicas como contextuais deveriam concorrer para decidir qual nível de detalhamento e, portanto, que tipo de estudo ambiental será necessário para fundamentar decisões quanto ao licenciamento de um empreendimento.

A Fig. 4.8 sintetiza os critérios que podem ser adotados, incluindo a manifestação de interesse e preocupação do público como uma das razões que podem determinar a necessidade de elaboração de um EIA. Para que os cidadãos possam participar, é preciso um procedimento que regulamente: (a) a divulgação das intenções do proponente do projeto e (b) as formas e os canais de manifestação do público. Tais procedimentos também fazem parte das etapas iniciais do processo de AIA e formam uma das modalidades de participação pública neste.

Estudos ambientais preliminares

Uma avaliação ambiental inicial, por meio de estudos preliminares mais simples e mais rápidos que um EIA (e, consequentemente, mais baratos), é uma solução largamente adotada para o campo intermediário de aplicação da AIA, aquele em que não há clareza sobre a possibilidade de ocorrência de impactos significativos. Unep (1996, p. 237) conceitua esses estudos (ali chamados de exames ambientais iniciais) como "avaliações ambientais de baixo custo que usam informação já disponível". Nos casos em que a informação disponível

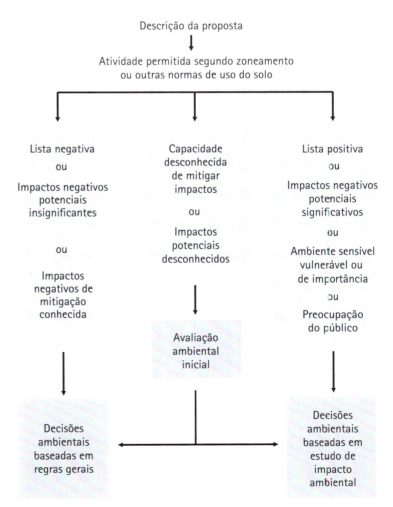

Fig. 4.8 *Critérios de triagem para avaliação de impacto ambiental*

for somente de âmbito regional, um reconhecimento de campo feito com uma equipe reduzida pode atender às necessidades dessas avaliações.

Com fundamento no princípio de proporcionalidade entre os fins e os meios, várias jurisdições estabelecem diferentes níveis de estudos ambientais: estudos aprofundados para empreendimentos mais complexos e estudos simplificados para empreendimentos de menor potencial de causar impactos ambientais significativos. Para Milaré e Benjamin (1993, p. 27), o EIA, "por seu alto custo e complexidade, deve ser usado com parcimônia e prudência, de preferência para os projetos mais importantes sob a ótica ambiental". No Quadro 4.4 mostram-se as denominações que recebem estudos preliminares (ou simplificados) em algumas jurisdições.

Estudos ambientais simplificados servem não somente para enquadrar a proposta entre aquelas que necessitam de um EIA ou aquelas que podem ser dispensadas desse estudo, mas podem também atender ao objetivo de determinar as condições em que o projeto pode ser executado, caso seja isento de apresentação de EIA. Estudos preliminares podem ser suficientes para estabelecer as condições particulares de implantação, funcionamento e desativação de um empreendimento (condicionantes da licença ambiental), ou seja, aquelas condições que vão além dos requisitos legais automaticamente obrigatórios (Fig. 4.8).

Nos Estados Unidos, a regulamentação de 1978 do *Council on Environmental Quality* (CEQ) estabeleceu um procedimento de triagem que inclui a avaliação preliminar dos impactos de cada ação das agências do governo federal. A triagem se dá pela preparação de um documento chamado de *environmental assessment* (Fig. 3.2), definido como "um documento público conciso de responsabilidade da agência federal que serve para: (1) brevemente fornecer evidência e análise para determinar se deve ser preparado um EIA ou um relatório de ausência de impacto ambiental significativo (*Findings of No Significant Impacts* – Fonsi); (2) ajudar a agência a aplicar a lei quando não é necessário um EIA; (3) facilitar a preparação do estudo quando ele for necessário". Também o conteúdo desses documentos é definido na regulamentação: "deve incluir uma breve discussão da necessidade da iniciativa, das alternativas [...], dos impactos ambientais da ação proposta e suas alternativas e uma lista de agências e pessoas consultadas".

Nos dois primeiros anos de aplicação da NEPA, foram preparados 3.635 EIAs, ou seja, cerca de 1.800 por ano. Ao final de nove anos, a média anual de EIAs havia caído para cerca

Quadro 4.4 Exemplos de níveis de detalhamento dos estudos ambientais

Jurisdição	Estudo detalhado	Estudo simplificado
África do Sul	Relatório de impacto ambiental (*environmental impact report*)	Relatório de âmbito (*scoping report*)
Austrália Ocidental	Estudo de impacto ambiental (*public environmental review*)	Avaliação inicial (*assessment on proponent information*)
Chile	Estudo de impacto ambiental	Declaração de impacto ambiental
China	Declaração de avaliação de impacto ambiental	Formulário de impacto ambiental
Estados Unidos	Estudo de impacto ambiental (*environmental impact statement*)	Avaliação ambiental (*environmental assessment*)
México	Manifestação de impacto ambiental	Relatório preventivo
Moçambique	Estudo de impacto ambiental	Estudo ambiental simplificado

de novecentos, e em meados da década de 1990, entre quatrocentos e quinhentos EIAs federais eram realizados anualmente. Em contrapartida, nada menos que 50 mil *environmental assessments* são feitos a cada ano (Clark, 1997).

Ao fazer um balanço de 25 anos de aplicação da NEPA, Clark (1997), na qualidade de diretor do CEQ, comenta que uma das consequências imprevistas das diretrizes de 1978 foi o fenomenal aumento da quantidade de estudos preliminares, ou *environmental assessments* (EAs), e o uso excessivamente liberal de listas negativas na etapa de triagem, levando a um elevado número de declarações de ausência de impacto significativo.

A prática de usar os EAs para evitar os estudos completos é disseminada (e criticada) nos Estados Unidos. Para Ortolano (1997, p. 318), as agências do governo federal americano "frequentemente veem os *environmental assessments* como documentos que podem ser usados para justificar (e defender) a declaração de ausência de impacto significativo, e alguns EAs têm o tamanho e a aparência de um estudo completo de impacto ambiental". Nesse caso, as declarações Fonsi indicam medidas mitigadoras para o projeto analisado. Parte das críticas fundamenta-se na pouca participação pública quando uma decisão é exclusivamente baseada em um EA e no grande número dessas decisões, que não levam em conta os impactos cumulativos.

No Estado de São Paulo, as avaliações ambientais iniciais, por meio do Relatório Ambiental Preliminar (RAP), foram introduzidas em dezembro de 1994 (Resolução SMA 42/94), quando da modificação dos procedimentos de AIA. Os RAPs têm sido utilizados para licenciamento de centenas de projetos, ao passo que o número de EIAs foi reduzido. Quatro críticas principais são feitas aos RAPs. A primeira é que um uso excessivamente liberal teria eximido projetos de significativo impacto da apresentação do EIA. A segunda crítica é que o procedimento necessariamente tinha início com a apresentação de um RAP, o que alongava os prazos de análise para aqueles projetos que acabavam necessitando de um EIA, problema corrigido com nova modificação de procedimentos (Resolução SMA 54, de 30 de novembro de 2004), segundo a qual, quando se trata de atividade que possa causar impacto significativo, não mais se apresenta o RAP, mas o plano de trabalho para o EIA. A terceira crítica, similar à mencionada para os EAs americanos, é que muitos RAPs têm o tamanho e a aparência de um EIA, e são muito mais caros e demorados do que um estudo feito com base em dados secundários e uma visita ao campo; na verdade são verdadeiros EIAs submetidos a um trâmite mais simplificado e menor participação pública. Esta é, justamente, uma quarta crítica, a de que o licenciamento fundado no RAP não tem suficiente abertura para participação pública. A disseminação posterior de Estudos Ambientais Simplificados no Brasil[9] também seguiu essa tendência e contribuiu para reduzir o número de EIAs, ao mesmo tempo que isentou os projetos de audiências públicas.

9 Estudos ambientais simplificados são previstos pela legislação de diversos estados, mas esses tipos de estudo têm denominação que varia entre eles.

No plano internacional, um exemplo do uso de estudos preliminares é dado pelo Protocolo de Madrid sobre Proteção Ambiental, firmado na capital espanhola em 1991 sob a égide do Tratado Antártico de 1959. O Protocolo estabelece, entre outros requisitos para AIA de iniciativas de turismo, pesquisa e outras atividades no continente, três níveis de estudos. Uma "avaliação preliminar" serve para determinar se uma atividade proposta tem "menos que impactos pequenos e transitórios". Em caso contrário, o interessado, por exemplo, uma operadora de turismo ou uma instituição de pesquisa, deve preparar uma "avaliação ambiental inicial". Para projetos que acarretam impactos mais fortes que "pequenos e transitórios", é preciso preparar uma "avaliação ambiental completa", tipo de estudo que não vem sendo feito para turismo, mas sim para atividades como a construção de uma pista de pouso, de uma base de pesquisa e sondagens para coleta de amostras de gelo e rocha (Kriwoken; Rootes, 2000, p. 145).

A triagem e o campo de aplicação da AIA

Pode-se agora resumir o campo de aplicação da avaliação de impacto ambiental e o papel da etapa de triagem. Três campos são mostrados na Fig. 4.3, o primeiro no qual a AIA seria necessária, outro onde ela não seria, e um terceiro, intermediário, onde ela poderia ser necessária, sugerindo que a combinação das características solicitação × vulnerabilidade ou importância pode necessitar um exame mais detido. Uma representação mais detalhada do campo de aplicação da AIA é agora apresentada na Fig. 4.9, na qual a solicitação ou pressão ambiental das atividades humanas é representada como um espectro contínuo, sobre o qual são definidos, com base, essencialmente, na observação de casos passados similares, limites administrativos, para fins de definir o campo de aplicação da AIA. Observam-se os seguintes campos, cujos limites, contudo, nem sempre são precisamente identificáveis, possibilitando uma decisão caso a caso da autoridade governamental:

* A linha horizontal superior representa a aplicação do critério de listas positivas (por tipo ou porte de empreendimento).
* O quadrante inferior esquerdo representa um campo onde não seria necessário o EIA, campo que pode ser delimitado por listas negativas conjugadas com critérios de localização (e.g., estão isentos de apresentar EIA os empreendimentos do tipo "X", desde que não localizados em áreas com as características "C1" ou "C2"). Os casos de dispensa de EIA podem ser tratados mediante regras gerais definidas por outras formas de controle, como zoneamento de uso do solo (que discrimine as atividades permitidas em cada zona), a obrigatoriedade de atender a determinadas normas técnicas ou requisitos regulamentares.
* O campo à direita da linha fracionada, em função da importância ou da sensibilidade do ambiente, representa a situação em que determinados empreendimentos

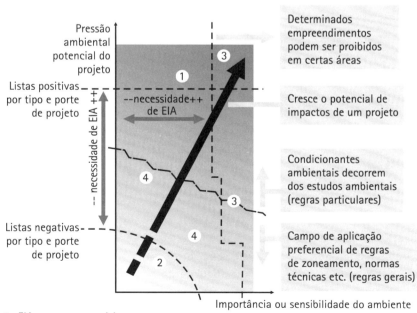

1 EIA sempre necessário
2 EIA desnecessário; aplicam-se outros instrumentos de planejamento ambiental
3 Regras de zoneamento impedem a realização de determinados tipos de empreendimentos (portanto, não faz sentido preparar um EIA)
4 A necessidade de EIA é determinada por análise caso a caso; estudos preliminares podem ser suficientes para a tomada de decisão

Fig. 4.9 *Campo de aplicação da avaliação de impacto ambiental e sua relação com outros instrumentos de planejamento ambiental*

104 Avaliação de Impacto Ambiental: conceitos e métodos

podem ser simplesmente proibidos e, portanto, não há porque exigir EIA; por exemplo, certas categorias de indústrias em áreas de proteção de mananciais ou usinas hidrelétricas em parques nacionais.

❋ O campo intermediário é aquele onde um EIA pode ser necessário para fundamentar decisões. A necessidade aumenta conforme a combinação solicitação × vulnerabilidade ou importância do ambiente se aproxima dos limites superiores. Nesses casos, pode ser conveniente realizar uma avaliação ambiental inicial (estudo preliminar) antes de tomar a decisão sobre a necessidade do EIA. A decisão também pode ser tomada com base em outros tipos de estudos ambientais, mais simples que o EIA.

O papel dos instrumentos de zoneamento pode ser apreciado no estudo comparativo de sete sistemas de AIA realizado por Wood (1994). Somente dois (Reino Unido e Holanda) não usavam avaliações ambientais iniciais ou algum tipo de estudo ambiental de menor alcance que o EIA (estudos preliminares), justamente os únicos dois que dispunham de "fortes sistemas de planejamento de uso do solo" (p. 128), sistemas que permitem controlar projetos que causam impactos menos significativos, e instituições fortes o suficiente para fazer valer as regras de zoneamento.

Em resumo, os procedimentos que podem ser utilizados para a etapa de triagem do processo de AIA são sintetizados no Quadro 4.5. Cada sistema de AIA pode empregar mais de um procedimento, ou uma combinação deles.

Quadro 4.5 Procedimentos de triagem para o processo de AIA

Abordagem	Procedimento
Por categorias	Lista negativa com limiares
	Lista positiva sem limiares
	Lista negativa sem limiares
	Lista de recursos ou de áreas importantes ou sensíveis
Discricionária	Análise caso a caso com avaliação ambiental inicial
	Análise caso a caso sem avaliação ambiental inicial
Mista	Combinação da abordagem por categorias com a abordagem discricionária

Fonte: André et al. (2003, p. 293).

Base para a decisão: descrição do projeto

Para aplicar os critérios de triagem a cada caso real, a autoridade pública encarregada do processo de AIA (o órgão licenciador, no Brasil) deve ser informada da proposta pretendida pelo proponente, usualmente por meio de um documento descritivo dessa proposta. Trata-se de um documento que deflagra todo o processo de AIA. A "apresentação de uma proposta" (Fig. 3.2) é feita com algum "documento de entrada" (Quadro 3.1), tal como um memorial descritivo do projeto. Cada jurisdição tem sua denominação para esse documento que serve de base para a decisão quanto à classificação do projeto e exigência de apresentação de um EIA, ou de outro tipo de estudo ambiental.

CAPÍTULO

Esse documento de entrada deve apresentar informação suficiente para enquadrar a proposta no campo de aplicação da AIA (Fig. 4.9): uma descrição do projeto e de suas alternativas, sua localização e uma breve descrição das características ambientais do local e seu entorno. O anúncio público da intenção de realizar o projeto (com informação sobre sua localização) permite a manifestação de interesse por parte de vizinhos e outros cidadãos.

De posse desse documento, o analista do órgão competente, conforme a Fig. 4.9, pode (1) verificar se a localização proposta é permitida por regras de zoneamento; (2) verificar se há enquadramento em listas positivas ou negativas; (3) constatar se houve manifestação dos cidadãos ou de associações; e (4) caso não haja enquadramento automático em listas positivas ou negativas, avaliar se a informação apresentada é suficiente para uma decisão de enquadramento ou se é necessária uma avaliação ambiental inicial.

4.3 Síntese

Os procedimentos e critérios usados para a triagem de ações sujeitas à avaliação de impacto ambiental são da maior importância para se estruturar um processo eficaz. De um lado, critérios muito inclusivos delimitam um universo demasiado vasto de tipos de propostas que podem demandar a elaboração de um EIA, ao risco de banalização e burocratização desse instrumento. De outro lado, exigir a elaboração de um EIA somente em situação excepcional deixa de fora uma vasta gama de empreendimentos que podem acarretar impactos adversos significativos. Uma solução, empregada em vários países e organizações internacionais, é desenhar um procedimento que dê lugar a diferentes níveis de avaliação, conforme o potencial de impacto de cada projeto.

Além da análise preliminar, as ferramentas de enquadramento incluem listas positivas e negativas por tipo e porte de projetos, e a localização do projeto, ou melhor, a importância ou sensibilidade ambiental do local. As ações ou empreendimentos não enquadrados na necessidade de preparação de um EIA, mas que possam causar alguma forma de impacto ambiental, são regulados e controlados por meio de outros instrumentos de política ambiental pública, como zoneamento, licenciamento, normas técnicas e padrões legais.

DETERMINAÇÃO DO ESCOPO DO ESTUDO E FORMULAÇÃO DE ALTERNATIVAS

5

A realização de um estudo ambiental, como, aliás, qualquer trabalho técnico, requer planejamento. Não se começa um EIA simplesmente coletando toda informação disponível, mas definindo seus objetivos e sua abrangência ou alcance. Neste capítulo discute-se a necessidade e o papel dessa etapa do processo de AIA e apresenta-se uma breve evolução histórica que levou à sua consolidação e exemplos de requisitos legais. Um adequado planejamento dos estudos ambientais, calcado naquilo que é realmente relevante para a tomada de decisão, é a *chave da efetividade da avaliação de impacto ambiental*.

As funções da etapa de definição do escopo são:

* dirigir os estudos para as questões relevantes ou os temas que realmente importam;
* estabelecer os limites e o alcance dos estudos;
* planejar os levantamentos para fins de diagnóstico ambiental (estudos de base), definindo as necessidades de pesquisa e de levantamento de dados;
* definir as alternativas a serem analisadas.

5.1 DETERMINAÇÃO DA ABRANGÊNCIA E DO ESCOPO DE UM ESTUDO DE IMPACTO AMBIENTAL

A experiência prática tem mostrado que, na discussão pública de projetos que podem causar impactos significativos, o debate geralmente se dá em torno de poucas questões-chave, que atraem a atenção dos interessados. Por exemplo, na análise de seis casos no Estado de São Paulo, observou-se que as controvérsias envolviam poucos pontos críticos (Lima; Teixeira; Sánchez, 1995). Um dos casos estudados foi o projeto de duplicação da rodovia Fernão Dias, no qual boa parte das discussões sobre a viabilidade e a aceitabilidade do projeto derivou do fato de a rodovia atravessar o Parque Estadual da Serra da Cantareira e estimular a ocupação de uma área de mananciais. Em outro caso polêmico, o projeto do aterro de resíduos industriais Brunelli, em Piracicaba, um dos principais pontos críticos foi o risco de poluição das águas subterrâneas – a questão foi tão controvertida que gerou nada menos que sete diferentes pareceres técnicos adicionais ao EIA.

Esta característica parece ser universal: embora a maioria das ações humanas tenha potencial de causar diversos impactos ambientais, nem todos terão igual importância. O impacto visual causado por uma linha de transmissão de energia elétrica em uma região turística será mais significativo que o impacto visual de linha semelhante em uma zona industrial. Em cada situação, as questões-chave que norteariam os respectivos estudos seriam diferentes.

Trata-se, dessa forma, de reconhecer e aplicar o princípio de que a AIA deve ser empregada para identificar, prever, avaliar e gerenciar impactos *significativos*. As implicações práticas de se adotar esse princípio são grandes:

Os estudos ambientais não são compilações de dados (muitas vezes secundários e irrelevantes para a tomada de decisões), *mas ferramentas para organizar a coleta e a análise de informações pertinentes e relevantes.*

Infelizmente, são muitos os estudos ambientais executados sem que se dê a devida atenção à definição clara e precisa de sua abrangência e escopo. Um exemplo, entre vários, é o projeto proposto no final dos anos de 1990 pelo Ministério dos Transportes visando à melhoria das condições de navegação de trechos dos rios Araguaia e Tocantins. Um de seus objetivos era incrementar o transporte fluvial. Nesse caso, foram feitos, sucessivamente, dois EIAs (o primeiro foi considerado insuficiente e retirado de análise). Como o projeto era controverso, houve muita discussão pública, mesmo antes da conclusão do EIA, com grande repercussão na imprensa.

Entre os pontos críticos identificados nas discussões públicas, uma das questões dizia respeito ao possível impacto do empreendimento sobre a atividade turística no rio Araguaia, concentrada no mês de julho, período de vazante, e centrada na pesca esportiva e nos atrativos das praias fluviais, atributos que poderiam ser modificados pela hidrovia. Não havia dados oficiais sobre as atividades turísticas nessa zona (origem dos visitantes, tempo de permanência, atividades desenvolvidas etc.), mas tudo o que se pode ler no EIA é justamente essa constatação. Se eram *necessárias* informações sobre o nível de atividades turísticas para melhor identificar e avaliar os impactos do empreendimento sobre o turismo, então, caberia à equipe que preparou o EIA levantar tais informações – se dados secundários não existem ou não são disponíveis, então dados primários devem ser produzidos.

A seleção das questões relevantes depende da identificação preliminar dos impactos prováveis. Uma relação de questões relevantes, por sua vez, serve para estruturar e planejar as atividades subsequentes do EIA. Se determinado impacto não é identificado já nessa etapa preliminar, então os estudos de base não serão direcionados para coletar informações sobre os componentes ambientais que poderão ser afetados, e o prognóstico da situação futura não poderá ser feito de modo confiável; em consequência, será difícil avaliar adequadamente a importância dos impactos e mais difícil ainda propor medidas mitigadoras (conforme a sequência de atividades no planejamento e execução de um estudo ambiental apresentada no Cap. 6).

Na literatura internacional, a identificação das questões relevantes e a definição da abrangência e escopo dos estudos ambientais recebem o nome de *scoping* (na legislação portuguesa, é traduzido como definição do âmbito de um estudo). O *scoping* é reconhecido como uma das atividades essenciais do processo de AIA. Para Tomlinson (1984, p. 186), *scoping* é um termo usado para "o processo de desenvolver e selecionar alternativas a uma ação proposta e identificar as questões a serem consideradas em uma avaliação de impacto ambiental". Para Wood (2000), seu propósito é estimular avaliações dirigidas (*focused*) e a preparação de EIAs mais relevantes e úteis.

Beanlands (1988, p. 33) conceitua *scoping* como "o processo de identificar, entre um vasto conjunto de potenciais problemas, um certo número de questões prioritárias para serem tratadas na AIA". Significa, portanto, escolher, selecionar e classificar os impactos potenciais, para que os estudos sejam dirigidos para aqueles de maior relevância.

Fuggle et al. (1992) definem *scoping* como "um procedimento para determinar a extensão e a abordagem apropriada para uma avaliação ambiental", que inclui as seguintes tarefas:

* envolvimento das autoridades relevantes e das partes interessadas;
* identificação e seleção de alternativas;
* identificação de questões significativas a serem examinadas no estudo ambiental;
* determinação de diretrizes específicas ou termos de referência para o estudo ambiental.

A legislação portuguesa conceitua "definição do âmbito do EIA" como uma "fase preliminar e facultativa do procedimento de AIA, na qual a Autoridade de AIA identifica, analisa e seleciona as vertentes ambientais significativas que podem ser afetadas por um projeto e sobre as quais o estudo de impacto ambiental (EIA) deve incidir" (Decreto-lei nº 151-B/2013). Facultativa em Portugal, essa etapa é obrigatória em países como Estados Unidos, Canadá e África do Sul.

Nem todas as jurisdições incluem em suas regulamentações uma etapa formal de definição do âmbito ou escopo do EIA – no Brasil, apenas alguns Estados adotam explicitamente esse procedimento. Mesmo assim, é imprescindível que quem executa um estudo ambiental faça uma seleção das questões relevantes a serem tratadas em profundidade, com base em critérios claros previamente definidos. Diretrizes da Comissão Europeia estabelecem como objetivo do *scoping* "assegurar que os estudos ambientais forneçam toda a informação relevante sobre: (i) os impactos do projeto, em particular aqueles mais importantes; (ii) as alternativas ao projeto; (iii) qualquer outro assunto a ser incluído nos estudos" (European Commission, 2001a).

Dessa forma, o *scoping* é, ao mesmo tempo, parte do processo de AIA e parte das etapas de planejamento e elaboração de um estudo ambiental.

5.2 HISTÓRICO

A necessidade de inserção de uma etapa formal de *scoping* no processo de AIA foi percebida já durante os primeiros anos de experiência prática. Estudos excessivamente longos e detalhados, assim como, ao contrário, estudos demasiado sucintos e lacônicos, refletiam a falta de diretrizes para sua condução.

Foi por meio da regulamentação de 1978 do Conselho de Qualidade Ambiental dos Estados Unidos que o *scoping* foi reconhecido como uma etapa formal do processo de AIA. Sua exigência pode ser em parte explicada pela interpretação jurídica da lei americana NEPA e por certas decisões dos tribunais que determinaram que alguns estudos de impacto ambiental analisassem as possíveis implicações ambientais de empreendimentos. De fato, alguns dos primeiros estudos de impacto ambiental eram excessivamente sucintos. Beanlands e Duinker (1983) citam que o primeiro EIA feito para um oleoduto no Alasca, de 1.900 km de extensão, tinha somente oito páginas! Considerado pela Justiça como incompatível com os objetivos da NEPA, o EIA foi refeito, resultando em um volumoso relatório de milhares de páginas, tido como pouco objetivo e de difícil leitura.

O oleoduto liga a baía de Prudhoe, na costa do mar de Beaufort, junto aos campos petrolíferos do norte do Alasca, a um terminal marítimo situado no estreito do Príncipe William, ao sul, conhecido por ser o local onde, em 24 de março de 1989, ocorreu o tristemente célebre naufrágio do petroleiro Exxon-Valdez (Quadro 12.1). O EIA havia sido apresentado em fevereiro de 1970, imediatamente após a NEPA entrar em vigor. Questionado na Justiça por grupos ambientalistas e criticado pela comunidade científica (Gillette, 1971), o *Bureau of Land Management* fez um novo estudo, detalhado, aprovado três anos mais tarde (Burdge, 2004, p. 5). O novo estudo era composto de "seis gordos volumes de análise ambiental, mais três volumes de análise econômica e de risco, além de quatro volumes com comentários do público sobre os nove volumes precedentes" (Beanlands; Duinker, 1983, p. 31). Burdge, em contraste com o ponto de vista de Beanlands e Duinker, é de opinião que, no novo estudo, "a maioria dos problemas ambientais potenciais foi tratada de maneira satisfatória para os tribunais, para os ambientalistas e para a empresa proponente", mas os impactos sociais foram completamente negligenciados.

A partir dessa e de outras experiências com os primeiros anos de prática, o CEQ tornou obrigatória uma etapa de *scoping*, na qual seriam definidos a abrangência e o conteúdo do estudo de impacto ambiental. O Conselho definiu o *scoping* como "um processo aberto e precoce (*early*) para determinar o escopo das questões a serem abordadas e para identificar as questões significativas relacionadas com uma ação proposta" (seção 1501.7).

As diretrizes estabelecidas pela regulamentação dos Estados Unidos incluem consulta pública e a agências governamentais e esclarecem que os EIAs devem eliminar questões não significativas, limitando-se a justificar por que não o são, de modo a focar o estudo nas questões relevantes (Quadro 5.1). O regulamento define um *processo de scoping* como um conjunto de atividades articuladas e coordenadas com o objetivo de determinar o escopo das questões a serem tratadas e identificar as questões relevantes. Exemplo do conteúdo de um relatório de *scoping* é mostrado no Quadro 5.2. O relatório é concluído pelo compromisso da agência responsável de incluir as questões relevantes no EIA e pelo alerta de que as manifestações a favor ou contra o projeto não contribuíram para definir o escopo do EIA.

A experiência dos EUA foi seguida em outras jurisdições, que passaram a exigir, em geral de maneira formal, a prévia identificação e o devido tratamento das questões relevantes nos EIAs. Hoje, esse princípio faz parte da boa prática de AIA, recomendada em todos os manuais e obras de referência (Unep, 1996) e nas *Diretrizes Voluntárias para Avaliação de Impacto Ambiental Inclusiva da Biodiversidade* (seção 2.4).

Muitas deficiências dos primeiros EIAs (e os consequentes resultados insatisfatórios do processo de AIA) foram imputadas à falta de foco e excessiva generalidade dos estudos. Uma revisão crítica de trinta EIAs canadenses, conduzida por Beanlands e Duinker (1983), concluiu que "a norma é a de tudo examinar, ainda que superficialmente, sem se importar sobre o quão insignificante isto possa ser para o público ou para os tomadores de decisão" (p. 29). Esses autores também apontam as incongruências de estudos excessivamente abrangentes:

Quadro 5.1   Diretrizes para *scoping* do Council on Environmental Quality dos Estados Unidos

(a) Como parte do processo de *scoping* a agência principal deverá:

Convidar para participar do processo as agências federais, o proponente da ação e outras pessoas interessadas (incluindo aquelas que possam discordar da ação por motivos ambientais).

Determinar o escopo e as questões relevantes a serem analisadas em profundidade no EIA.

Identificar e eliminar do estudo detalhado as questões que não são significativas ou que tenham sido cobertas por estudo anterior, limitando a discussão dessas questões, no EIA, a uma breve apresentação das razões pelas quais elas não têm um efeito significativo sobre o ambiente humano, ou fazendo referência a outro estudo que as aborde.

Alocar responsabilidades entre agências.

Indicar outros estudos que estão sendo ou serão preparados.

Identificar outros requisitos de estudos ou consultas.

Indicar a relação entre o cronograma de preparação das análises ambientais e o cronograma de planejamento e decisão da agência.

(b) Como parte do processo de *scoping* a agência principal deverá:

Estabelecer limites de páginas para os documentos ambientais.

Estabelecer limites de tempo.

Adotar procedimentos de acordo com a Seção 1507.3 para combinar o processo de avaliação ambiental com o processo de *scoping*.

Realizar uma reunião de *scoping*, que deve ser integrada com outros encontros de planejamento que a agência realize.

(c) Uma agência deverá revisar as determinações feitas sob os parágrafos (a) e (b) desta seção se mudanças substanciais forem feitas posteriormente na ação proposta ou se novas circunstâncias ou informações significativas se apresentarem.

Fonte: *CEQ Regulations (1978, Sec. 1501.7)*.

Avaliação de Impacto Ambiental: conceitos e métodos

Quadro 5.2 Estrutura do Relatório de Determinação do Escopo de um projeto de remoção de quatro barragens na Califórnia e em Oregon

Seção	Nfll de páginas
Capítulo 1 Introdução: objetivos e legislação aplicável	3
Capítulo 2 Síntese do projeto: acordo sobre a bacia do rio Klamath e objetivos de restauração, objetivos e justificativas do projeto, alternativas: não realização do projeto, remoção total das barragens, remoção parcial das barragens	6
Capítulo 3 Reuniões de *scoping*	5
Capítulo 4 Resumo dos comentários recebidos (organizado por temas)	37
Apêndices: comprovantes de publicações, material utilizado na divulgação pública da fase de *scoping* e apresentações feitas em reuniões públicas	65

Fonte: U.S. Department of the Interior, 2010.

> [...] a preparação de diretrizes cada vez mais longas conduz a documentos mais volumosos. Como observado várias vezes durante as reuniões de trabalho, as minutas das diretrizes invariavelmente crescem em tamanho à medida que circulam entre várias agências governamentais [...]. O resultado é que estudos de impacto ambiental são agora escritos com o objetivo de atender a demandas tão diversas que uma cobertura extensa de todas as questões precede um exame mais dirigido, porém rigoroso, daquelas que parecem ser as mais críticas. (p. 21).

O fortalecimento da etapa de seleção das questões relevantes é uma das quatro áreas prioritárias para melhoria dos processos de AIA, segundo o *Estudo Internacional sobre a Efetividade da Avaliação de Impacto Ambiental* (Sadler, 1996, p. 117), que recomenda que a determinação do alcance seja feita pela autoridade responsável:

* de acordo com as leis e diretrizes aplicáveis a cada jurisdição;
* de modo consistente com as características da atividade proposta e a condição do ambiente receptor;
* levando em conta as preocupações daqueles afetados pelo projeto.

As demais áreas prioritárias são: avaliação da significância dos impactos, análise técnica da qualidade dos estudos e monitoramento e acompanhamento. Hoje as melhores práticas para determinação do escopo de um EIA estão bem estabelecidas (Quadro 5.3), embora nem sempre sejam seguidas. As práticas 1 a 11 são aplicáveis a cada caso em que seja necessário definir o escopo, enquanto as práticas 12 a 16 aplicam-se ao órgão gestor do processo.

5.3 PARTICIPAÇÃO PÚBLICA NA DETERMINAÇÃO DO ESCOPO

Há todo interesse em envolver o público na etapa de determinação da abrangência e escopo dos estudos ambientais. A principal razão é que o conceito de impacto significativo depende de uma série de fatores, entre os quais a escala de valores das pessoas ou grupos interessados. Há diferentes motivos pelos quais as pessoas valorizam determinado componente ou recurso ambiental, inclusive razões de ordem estética ou sentimental, perfeitamente válidas quando se discutem os impactos de um projeto que pode afetar de maneira diferencial os modos de vida de indivíduos.

Quadro 5.3 Boas práticas internacionais para determinação do escopo de um estudo de impacto ambiental

Categoria	Boas práticas
Apresentação de informação inicial	1. Resumo dos objetivos do projeto, alternativas e principais características técnicas
	2. Síntese das principais características ambientais
	3. Identificação dos principais requisitos legais aplicáveis
	4. Identificação das comunidades afetadas e outras partes interessadas
	5. Exame preliminar das alternativas
Determinação do escopo	6. Identificação abrangente das questões-chave e impactos potenciais
	7. Avaliação preliminar da significância dos impactos potenciais
	8. Definição do foco em questões selecionadas e impactos mais significativos
	9. Definição dos limites do estudo (áreas de estudo, limites temporais, componentes do projeto e demais instalações incluídas no estudo)
Envolvimento de partes interessadas	10. Envolvimento das comunidades afetadas e público interessado
	11. Envolvimento de agências governamentais
Gestão do processo	12. Documentação de decisões sobre determinação do escopo
	13. Divulgação de informação para o público
	14. Monitoramento e desenvolvimento do processo de determinação do escopo
	15. Capacitação
	16. Preparação de documentos de orientação

Fonte: Borioni, Gallardo e Sánchez (2017).

Um dos primeiros EIAs realizados em Minas Gerais analisou a ampliação da área de lavra de uma mina de rocha fosfática no município de Araxá. O projeto implicaria a supressão de alguns hectares de vegetação secundária, numa área conhecida como Mata da Cascatinha (Fig. 5.1). Segundo observadores da época, o local não tinha grande importância ecológica, mas era extremamente prezado pela população como área de lazer e seu valor derivava, portanto, de seu uso recreativo, real ou potencial. O resultado da mobilização popular foi que a expansão da mina não foi aprovada pelo órgão ambiental estadual e o projeto teve que ser modificado.

Fig. 5.1 Vista da mina de rocha fosfática de Araxá, Minas Gerais (junho de 1989), observando-se, na porção centro-direita da foto, um bosque conhecido como Mata da Cascatinha, cuja supressão não foi autorizada. Na porção centro-esquerda, a mina e, ao fundo, a pilha de rocha estéril

Por outro lado, a realização de um EIA é tarefa eminentemente técnica, e seu conteúdo não pode ser determinado unicamente em função das preocupações do público. Há questões que somente os técnicos ou cientistas conseguem identificar e valorizar adequadamente, pois sua apreciação depende de conhecimento especializado. Por isso, Beanlands e Duinker (1983) propõem dois enfoques complementares para o *scoping*, o "social" e o "ecológico", termo que poderia ser ampliado para científico. O *scoping* social visa identificar e compreender os valores de diferentes grupos sociais e do público em geral, e de que maneira eles podem ser traduzidos em diretrizes para o estudo de impacto ambiental. Já o *scoping* ecológico ou científico estabelece os termos e as condições sob os quais os estudos podem ser efetivamente conduzidos.

A forma de consulta ou envolvimento pode variar, incluindo audiências ou reuniões de consulta pública, convocadas com o fim específico de debater e discutir as diretrizes para os estudos ambientais que se seguirão. Reuniões abertas, pesquisas de opinião, encontros com pequenos grupos ou lideranças e a criação de comissões multipartites são também técnicas apropriadas para essa fase do processo de AIA, que, idealmente, deveria resultar em uma "maior compreensão dos efeitos ambientais potenciais" e "esclarecer" quais são os problemas percebidos pela comunidade (Beanlands, 1988, p. 38).

Snell e Cowell (2006, p. 359) referem-se a um "dilema entre duas racionalidades para o *scoping* – a precaução e a eficiência do processo decisório". Enquanto o princípio da precaução pode incitar a ampliar o leque de questões a serem estudadas, a preocupação com os prazos, os custos e com a proporcionalidade entre o detalhamento dos estudos e o potencial de impactos pode levar justamente ao contrário, um afunilamento das questões. Enquanto um modelo "tecnocrático" busca resolver a questão tendo por base somente a eficiência do processo (não desperdiçar recursos que poderiam ser usados de modo mais produtivo em outra tarefa), um modelo "deliberativo" (seção 17.3) busca construir consensos que possam durar até o final da avaliação de impactos. Indubitavelmente, esses dois polos fundamentam-se em razões de ordem prática, e a tensão entre ambos deve ser resolvida na prática e, não raro, a cada caso.

São frequentes as dificuldades decorrentes de uma insatisfatória compreensão das preocupações do público – e, consequentemente, da inadequada definição do escopo do EIA –, causando atrasos, aumento de custos ou até inviabilizando a aprovação de projetos. No caso da usina hidrelétrica de Piraju, situada no rio Paranapanema, em São Paulo, onde três versões sucessivas do EIA tiveram de ser feitas, uma das principais razões da oposição ao projeto foi que a alternativa escolhida pelo proponente implicaria o desvio das águas do rio, com a consequente redução do fluxo na área urbana, no trecho de vazão reduzida. O rio Paranapanema é visto pela população local como componente essencial da vida e da paisagem da cidade: um leito quase seco parecia inaceitável e a população se mobilizou em torno dessa causa, conseguindo modificações substanciais no projeto. Uma discussão prévia estruturada teria mostrado inequivocamente as dificuldades de tal alternativa; o EIA teria sido direcionado para a análise de alternativas viáveis, e a licença ambiental teria sido obtida mais rapidamente e com menores custos.

5.4 TERMOS DE REFERÊNCIA

Um objetivo do *scoping* é formular diretrizes para a preparação do EIA, sintetizado em um documento que recebe o nome de *termos de referência ou instruções técnicas*. Termos de referência (TRs) são as diretrizes para a preparação de um EIA, um documento que (i) orienta a elaboração de um EIA; (ii) define seu conteúdo, abrangência, métodos; e (iii) estabelece sua estrutura.

DETERMINAÇÃO DO ESCOPO DO ESTUDO E FORMULAÇÃO DE ALTERNATIVAS

Há diferentes maneiras ou estilos de preparar os termos de referência[1]. Podem ser detalhados, estabelecendo diretrizes quanto às metodologias a serem utilizadas para levantamentos de campo e quanto à forma de apresentação dos estudos, por exemplo definindo de antemão as escalas dos mapas a serem apresentados, ou podem apenas listar os pontos principais que devem ser abordados, deixando ao empreendedor e seu consultor a escolha das metodologias e procedimentos.

> Bons termos de referência são fundamentais para a qualidade de um estudo de impacto ambiental e para a efetividade da avaliação de impacto ambiental.

Documento da Comissão Europeia recomenda que as diretrizes para a elaboração de um EIA incluam (European Commission, 2001a):
* alternativas a serem consideradas;
* estudos de base que devam ser realizados;
* métodos e critérios a serem usados para previsão e avaliação dos impactos;
* medidas mitigadoras que devam ser consideradas;
* organizações que devam ser consultadas durante a realização dos estudos;
* estrutura, conteúdo e tamanho do EIA.

O atendimento às orientações dos termos de referência pode tomar várias formas no EIA. Algumas exigências podem ser tratadas no texto principal, enquanto a compreensão de um estudo especializado pode ser facilitada se este for apresentado de forma completa em apêndice. Uma deferência ao leitor (incluindo o analista do órgão governamental responsável) é indicar com clareza em que parte do EIA encontra-se a resposta às questões levantadas. Isso pode ser feito com quadros explicativos que relacionem as questões levantadas com os capítulos e seções do EIA em que possam ser encontradas as informações e análises requeridas. O Quadro 5.4 traz, como exemplo, a indicação de onde podem ser encontradas respostas às questões levantadas durante reuniões públicas de *scoping* para o EIA de um projeto de perfuração de petróleo no mar. Nesse caso, os autores optaram por colocar quase tudo como estudos individualizados, mas essa não é necessariamente a melhor resposta em todos os casos; tal estratégia requer atenção especial da equipe coordenadora, não somente para assegurar coerência entre os diversos estudos especializados, mas também para integrar as análises e conclusões de cada especialista no estudo principal.

No Brasil, poucas jurisdições adotam uma sistemática estruturada de preparação de termos de referência. No Estado de São Paulo, a modificação dos procedimentos de AIA introduzida pela Resolução SMA nº 42/94 estabeleceu que o proponente devia apresentar um documento denominado *Plano de Trabalho*, no qual se expunham o conteúdo sugerido para o EIA e os métodos de trabalho a serem empregados (por exemplo, nos levantamentos para o diagnóstico ambiental, ou na análise dos impactos). De acordo com essa regulamentação, o interessado preparava um Plano de Trabalho, "que deverá explicitar a metodologia e o conteúdo dos estudos necessários à avaliação de todos os impactos ambientais relevantes do Projeto, considerando, também, as manifestações escritas [...], bem como as que forem feitas na Audiência Pública, se realizada". O Plano de Trabalho era analisado pela Secretaria de Meio Ambiente, que, ao aprová-lo (muitas vezes com modificações), emitia os termos de referência, documento oficial para nortear a elaboração dos estudos. Com a revogação dessa resolução, foi eliminada a possibilidade de consulta pública nessa fase e foi extinto o Plano de Trabalho, substituído por uma proposta de

---

[1] Note-se que a expressão é utilizada sempre no plural, denotando os termos ou as condições sob as quais será feito o EIA. No Brasil, estranhamente, essas diretrizes têm sido designadas de "Termo de Referência", possivelmente por influência de documentos jurídicos como "Termo de Ajustamento de Conduta", que são de natureza diversa dos termos que orientam a feitura de um EIA. Uma visão formalista dos termos de referência como documento a ser seguido ipsis litteris é contrária ao próprio conceito de orientar a preparação de um EIA: durante sua elaboração, conforme se avança no estudo, novas questões podem surgir e questões que pareciam importantes podem receber novo entendimento.

116 Avaliação de Impacto Ambiental: conceitos e métodos

Quadro 5.4 Questões relevantes em um projeto de exploração de petróleo

A Chevron Overseas (Namíbia) Ltd. obteve direitos de exploração de petróleo na plataforma continental da Namíbia. Foi preparado um EIA para perfuração de poços de exploração de petróleo (ou seja, a fase que precede a perfuração de poços de produção) na plataforma continental em um bloco de 10.000 km²; o projeto prevê a perfuração de, no mínimo, dois poços, com possibilidade de perfurações adicionais, dependendo dos resultados.

As questões relevantes foram identificadas em reuniões de trabalho com participação das partes interessadas e afetadas, e em seguida trabalhadas pelo consultor.

Poluição e gestão de resíduos	
Questões-chave	**Ações para tratar as questões-chave**
Derramamento de óleo	Modelagem de dispersão (apêndices A, B e E)
Poluição resultante de lamas de perfuração	Estudo do apêndice C
Outras formas de poluição	Discutido no Cap. 3
Impactos causados por ruptura ou deriva de plataformas (como colisões com navios)	Respeitar os requisitos de segurança marítima e códigos de comunicação
Meio biofísico	
Questões-chave	**Ações para tratar as questões-chave**
Impactos em áreas úmidas costeiras	Estudo especializado "I"
Impacto sobre *Gracilaria* (alga)	Estudo especializado "J"
Impacto sobre estoques e indústria da lagosta	Estudo especializado "K"
Impacto sobre maricultura	Estudo especializado "L"
Impacto sobre estoques e indústria pesqueira	Estudos especializados "D" e "M"
Impacto sobre aves costeiras e pelágicas	Estudo especializado "N"
Impacto sobre focas	Estudo especializado "O"
Impacto sobre golfinhos e baleias	Estudo especializado "P"
Danos e situação ambiental atual	Situação atual avaliada nos vários estudos especializados
Preocupações sociais em Lüderitz	
Questões-chave	**Ações para tratar as questões-chave**
Preocupações diversas, como falsa expectativa de crescimento econômico, contato com trabalhadores das plataformas etc.	Reuniões de trabalho e encontros de acompanhamento
Impactos sobre infraestrutura	
Questões-chave	**Ações para tratar as questões-chave**
Impactos em Lüderitz (abastecimento de água e gestão de resíduos, impacto sobre o porto)	Estudos especializados "Q", "R", "S" e "T"
Impactos nacionais (rede de transporte)	Acordos com Transnamib

Fonte: CSIR (1994).

termos de referência apresentada pelo empreendedor, para análise e eventual aprovação ou modificação pelo órgão ambiental (Decisão de Diretoria Cetesb 153/2014-I).

No Rio de Janeiro, recebe o nome de instruções técnicas o documento pelo qual o órgão ambiental estabelece oficialmente o conteúdo dos estudos a serem apresentados, procedimento estabelecido pela Lei estadual nº 1.356, de 3 de outubro de 1988.

Note-se que a Resolução Conama 1/86 já estabelecia que cada estudo deve ser objeto de diretrizes preparadas sob medida:

> Ao determinar a execução de estudo de impacto ambiental, o órgão estadual competente, ou o Ibama ou, quando couber, o Município, fixará as diretrizes adicionais que, pelas peculiaridades do projeto e características da área, forem julgadas necessárias, inclusive os prazos para conclusão e análise dos estudos. (Art. 5º, Parágrafo Único, Res. Conama 1/86).

Em algumas jurisdições, as atividades preliminares de preparação de estudos ambientais resultam em um documento denominado *scoping report* (mas a terminologia varia entre jurisdições), que sintetiza os resultados de uma avaliação ambiental inicial e aponta os impactos mais importantes. Essa é, teoricamente, uma das funções do Relatório Ambiental Preliminar (RAP) empregado no Estado de São Paulo.

5.5 Como selecionar as questões relevantes?

Ao planejar um EIA, o analista depara-se com a necessidade de estabelecer critérios para incluir ou excluir determinado impacto potencial da relação daqueles que merecerão estudos e levantamentos detalhados durante a preparação dos estudos. Em outras palavras, quais serão os impactos provavelmente significativos de um projeto em análise? Identificar as questões relevantes para um estudo ambiental é o caminho para se estabelecer seu escopo.

É preciso estabelecer critérios para determinar previamente os impactos potencialmente significativos. Três abordagens complementares têm se mostrado úteis para definir as questões relevantes em um EIA:

i. importância de um componente ambiental ou vulnerabilidade das comunidades humanas potencialmente afetadas;
ii. conhecimento anterior, incluindo experiência profissional dos analistas;
iii. opinião do público e conhecimento local.

Sua aplicação conjunta corresponde às boas práticas elencadas no Quadro 5.3. Para a primeira abordagem, usam-se duas fontes: (i) bens ou recursos protegidos legalmente; (ii) bens ou recursos cuja importância é reconhecida por especialistas.

Recursos ambientais cuja importância é legalmente reconhecida

Os requisitos legais formam o grupo mais evidente de critérios para selecionar as questões relevantes. Trata-se, indubitavelmente, de questões que o público (a sociedade) considera relevantes, haja vista que foram incorporadas a leis votadas por parlamentos ou inseridas em regulamentos decorrentes dessas leis. Alguns exemplos de requisitos legais existentes na maioria dos países são:

* proteção de espécies da flora e fauna ameaçadas de extinção;
* proteção de ecossistemas que desempenham relevantes funções ecológicas, como recifes de coral, manguezais e outras áreas úmidas;
* proteção de bens históricos e arqueológicos;
* restrição de atividades em áreas protegidas, como parques nacionais;
* restrições ao uso do solo, estabelecidas em zoneamentos, planos diretores e outros instrumentos de planejamento territorial.

As Figs. 5.2 a 5.7 ilustram alguns componentes ambientais que podem ser determinantes na definição dos termos de referência de um EIA, ou seja, se um projeto puder afetar algum desses elementos, tais impactos deverão necessariamente ser levados em conta.

Fig. 5.2 *Delta do Okavango, Botsuana, uma área úmida de importância internacional (sítio Ramsar), inundada sazonalmente pela cheia dos rios que o alimentam. Um dos poucos deltas de um rio situado no interior de um continente, a área inundável atinge 18.000 km², formando um dos lugares de maior riqueza de vida selvagem na África*

Fig. 5.3 *Grande Barreira de Recifes, Austrália. Recifes de coral formam ecossistemas de grande riqueza e diversidade biológicas. Podem ser afetados por projetos terrestres que alterem a qualidade das águas costeiras e por empreendimentos marítimos, como portos e perfurações para petróleo. Os recifes também estão ameaçados pelo aquecimento global*

Fig. 5.4 *Manguezal no Parque Estadual da Ilha do Cardoso, São Paulo, tendo ao fundo a Mata Atlântica. Manguezais são ecossistemas costeiros de transição entre os ambientes terrestre e marinho, típicos da zona intertropical. Sua flora é adaptada a condições de salinidade e ao ciclo das marés. Tidos como berçários da vida marinha, esses ecossistemas são valorizados por sua importância ecológica, social e econômica. São também importantes reservatórios de carbono. Comunidades locais (caiçaras) fazem uso direto dos recursos do ecossistema, ao passo que crescem as demandas por uso turístico, recreativo e educativo*

Fig. 5.5 *Ouidah, Benin, monumento construído no ponto final da "rota dos escravos", em um dos principais pontos de embarque de escravos da África Ocidental rumo à América. Os sítios de importância cultural podem ter um significado particular para cada comunidade*

Fig. 5.6 *Toca da Boa Vista, a maior caverna da América do Sul. Situada em Campo Formoso, Bahia, não está incluída em nenhuma unidade de conservação, mas goza de proteção legal como patrimônio espeleológico. Não explorada turisticamente, essa caverna, como muitas outras, vem sendo intensamente estudada por cientistas naturais de várias especialidades, que dela fazem um verdadeiro laboratório, particularmente propício para estudos sobre mudanças climáticas ocorridas no passado (paleoclimas)*

Fig. 5.7 *Parque Nacional Kruger, África do Sul. Criado em 1926 a partir de uma reserva de caça existente desde 1898, o mais conhecido e mais visitado dos parques sul-africanos já enfrentou diversas ameaças à sua integridade, como a proposta de construção de um duto de minério que cruzaria o parque, projeto rejeitado. Propostas que afetam diretamente unidades de conservação usualmente requerem estudos detalhados de alternativas*

Note-se que, além de legislações nacionais, muitos desses requisitos estão presentes em convenções internacionais, o que realça seu caráter universal e de interesse comum da Humanidade. "O fato de um tratado internacional haver sido aprovado pelo Congresso Nacional, ratificado internacionalmente e promulgado pelo Presidente da República faz com que o tratado passe a integrar o ordenamento jurídico nacional, internalizado segundo o processo legislativo instituído pela Constituição Federal" (Silva, 2002, p. xvii). Alguns tratados internacionais sobre a proteção de recursos ambientais e culturais são:

* Convenção de Ramsar sobre Áreas Úmidas de Importância Internacional, especialmente como hábitat de aves aquáticas (1971);
* Convenção sobre a Salvaguarda do Patrimônio Mundial, Cultural e Natural (Paris, 1972);
* Convenção sobre o Comércio Internacional de Espécies da Fauna e da Flora Selvagens em Perigo de Extinção (Cites) (Washington, 1973);
* Convenção sobre o Direito do Mar (Montego Bay, 1982);
* Convenção sobre a Diversidade Biológica (Rio de Janeiro, 1992);
* Convenção sobre Mudança do Clima (Rio de Janeiro, 1992);
* Convenção sobre a Proteção do Patrimônio Cultural Subaquático (Paris, 2001).

Além dos recursos ambientais ou culturais que gozam de reconhecimento quase universal, em certos países, determinados recursos são objeto de proteção especial, geralmente devido à sua escassez, como pode ser o caso dos solos agricultáveis, de recursos hídricos e de áreas de recarga de aquíferos subterrâneos (Quadro 5.5).

Em Portugal, os solos agrícolas constituem "reserva agrícola nacional" (DGOTDU, 2011):

> As terras de maior aptidão agrícola constituem elementos fundamentais no equilíbrio ecológico das paisagens, não só pela função que desempenham na drenagem das diferentes bacias hidrográficas, mas também por serem o suporte da produção

120 Avaliação de Impacto Ambiental: conceitos e métodos

vegetal, em especial da que é destinada à alimentação. [...] Justifica-se assim a constituição de uma Reserva Agrícola Nacional (RAN) que integre o conjunto das áreas que, em virtude das suas características [...], apresentam maiores potencialidades para a produção de bens agrícolas.

Se um projeto pode afetar uma tal reserva, o EIA deverá buscar alternativas que evitem ou minimizem a afetação desses solos.

Nos EUA, uma lei de 1968 – *Wild and Scenic Rivers Act* – protege paisagens fluviais por seus valores paisagísticos e ecológicos, impedindo a construção de barragens:

Quadro 5.5 Exemplos de recursos ambientais que gozam de proteção legal em algumas jurisdições

Recurso	Local	Observação
Solos agrícolas	Portugal, Quebec	Leis protegem os solos de maior aptidão agrícola por serem um recurso escasso
Rios cênicos	EUA	Nos anos de 1960, o sentimento que a construção de barragens ameaçava belas paisagens como cânions, corredeiras e cachoeiras levou o Congresso a aprovar em 1968 uma lei que protegia trechos de rio
Áreas úmidas	EUA	A Lei da Água Limpa restringe o uso desses ambientes para fins de aterro, lançamento de material dragado ou outras ações que possam alterar negativamente sua qualidade
Geleiras	Argentina	Lei de outubro de 2010 objetiva proteger geleiras e regiões periglaciais como reservas de água doce, para fins de proteção de biodiversidade e como atrativo turístico
Vegetação ciliar	Brasil	As margens de rios e o entorno de nascentes estão entre as chamadas áreas de preservação permanente, assim designadas desde 1965 pelo Código Florestal
Cavernas	Brasil	A legislação protege as cavidades naturais subterrâneas de qualquer tipo e porte, localizadas em propriedade pública ou privada
Áreas úmidas com solos hidromórficos	Paraná	Por determinação do órgão ambiental estadual, proíbem-se intervenções em áreas úmidas rurais "não consolidadas" que possam causar sua degradação
Turfeiras	Diversos	Vários países têm criado leis para proteger esse tipo de ambiente, cujos solos possuem alto teor de carbono, como medida de mitigação das mudanças climáticas
Fauna hipógea	Austrália Ocidental	A legislação ambiental atribui à Autoridade de Proteção Ambiental a responsabilidade de proteger valores ambientais considerados relevantes
Paisagens tradicionalmente manejadas	Diversos	Bosques de sobreiros em Portugal *Dehesas* na Andaluzia e na Extremadura espanhola *Satoyama* (paisagens rurais) no Japão *Bocage* e outros biótopos rurais na França *Subak* (campos tradicionais de arroz) em Bali, Indonésia
Céu escuro	Ilhas Canárias, Catalunha, áreas no Canadá e na Nova Zelândia	Uma lei canária de 1988 objetiva proteger observatórios astronômicos; a lei catalã de 2001, mais abrangente, foi pioneira na Europa; áreas declaradas "reserva internacional de céu escuro" em alguns países

CAPÍTULO

> [...] certos rios da Nação que, com seus ambientes adjacentes, possuam destacado valor cênico, recreativo, geológico [...], histórico, cultural [...] devam ser preservados em condição de fluxo livre [e] protegidos para benefício e fruição da presente e das futuras gerações.

Ao final de 2012, os trechos protegidos totalizavam cerca de 20 mil quilômetros, correspondentes a 0,35% do comprimento total dos rios em território estadunidense.

Já as áreas úmidas dos Estados Unidos gozam de diferentes tipos de proteção legal, destacando-se as provisões que requerem licença para despejo de material dragado e para aterro de qualquer tipo de área úmida, terrestre ou costeira, estabelecendo que, caso a perda seja inevitável, deverá ser compensada (Quadro 13.4).

Na Argentina, a legislação protege geleiras e o ambiente periglacial, que, como se sabe, estão ameaçados pelas mudanças climáticas globais, mas também podem ser negativamente afetados por projetos implantados nas imediações, como empreendimentos turísticos e, frequente tema de polêmica no País, projetos de mineração.

No Brasil, o Código Florestal protege a vegetação localizada nas denominadas áreas de preservação permanente, que incluem margens de rios, entorno de nascentes, encostas de alta declividade e topos de morros. Cavernas, por outro lado, gozam de proteção legal por ocorrerem no subsolo, que a Constituição Federal considera como bem da União. Assim, os recursos do subsolo não pertencem ao proprietário do solo. Tanto a intervenção em áreas de preservação permanente quanto o uso e a supressão de cavernas somente podem ser feitos mediante autorização. Nos Estados Unidos, apenas as cavernas localizadas em terras públicas são legalmente protegidas.

Áreas úmidas constituídas de solos hidromórficos (saturados de água permanentemente ou durante parte do ano) são importantes para a regularização do fluxo hídrico de nascentes. Junto com vegetação e fauna características, essas áreas úmidas fornecem serviços ecossistêmicos e são reservatórios de carbono. Turfeiras também são sumidouros de carbono, mas, se drenadas e aeradas, a matéria orgânica oxida e carbono é liberado.

A fauna hipógea é um dos recursos ambientais considerados relevantes na Austrália Ocidental, devido à grande riqueza de espécies e alto grau de endemismo, motivo pelo qual a Autoridade de Proteção Ambiental determina que os EIAs devem avaliar o impacto dos projetos sobre esses grupos faunísticos. Assim, cavernas não gozam de proteção especial, mas sim a fauna cavernícola, assim como a fauna dos interstícios e dos aquíferos subterrâneos, que não é especialmente protegida no Brasil.

A proteção de bens do patrimônio natural, como cavernas, sítios geológicos e paisagens notáveis, varia bastante entre países, assim como a proteção de modos de vida tradicionais e outros elementos valorizados da cultura popular. Formas tradicionais de manejo do ambiente rural, que representam a adaptação do homem e seus sistemas produtivos ao ambiente local, são protegidas em certos países, e algumas gozam de reconhecimento internacional, como reservas de biosfera e sítios do patrimônio mundial ou como bens do patrimônio imaterial.

Algumas das chamadas paisagens culturais podem gozar de proteção legal, como os campos tradicionais irrigados para produção de arroz na ilha de Bali, Indonésia (Fig. 5.8), denominados *subak*, protegidos por lei desde dezembro de 2012 e reconhecidos pela Organização das Nações Unidas para a Educação, a Ciência e a Cultura (Unesco) como patrimônio mundial desde junho de 2012. A nova proteção legal poderá evitar a conversão desses campos em instalações para turismo ou outras construções e conservar os fluxos hídricos usados para irrigação.

Fig. 5.8 *A paisagem cultural conhecida como subak, na ilha de Bali, testemunha uma forma tradicional de agricultura cujas origens remontam ao século XI, inscrita na lista de sítios do patrimônio mundial*

Paisagem cultural é um conceito adotado pela Unesco para designar certos locais com formas tradicionais e sustentáveis de uso da terra. Exemplos de paisagens culturais classificadas como patrimônio mundial são a região vinícola do Alto Douro, em Portugal, a quebrada de Humahuaca, no norte da Argentina, a paisagem do café, na Colômbia, e a região costeira de Paraty-Ilha Grande, no Rio de Janeiro.

Proteção legal ou reconhecimento internacional significa não somente que um impacto que possa afetar o bem ou o recurso designado seja potencialmente significativo, mas também que tais impactos merecerão atenção particular nos estudos ambientais, seja para melhor conhecer como os bens ou recursos serão afetados, seja para orientar a busca de alternativas de projeto para evitar ou reduzir os impactos.

Conhecimento técnico e científico

Documentos oriundos de entidades reconhecidas – intergovernamentais, não governamentais ou profissionais – também podem servir de referência para a seleção de questões relevantes. Um exemplo de documento proveniente de uma organização do primeiro tipo é a Carta de Veneza sobre Conservação e Restauração de Monumentos e Sítios, elaborada em 1964 sob a égide do Conselho Internacional de Monumentos e Sítios (*International Council on Monuments and Sites* – Icomos), entidade vinculada à Unesco. Uma noção de grande importância adotada por essa carta é que

> A noção de monumento histórico compreende a criação arquitetônica isolada, bem como o sítio urbano ou rural que dá testemunho de uma civilização particular, de uma evolução significativa ou de um acontecimento histórico. Estende-se não só às grandes criações, mas também às obras modestas, que tenham adquirido, com o tempo, uma significação cultural (Art. 1º).

Outra declaração emanada do Icomos e que pode ter relevância em AIA é a *Declaração de Tlaxcala*, México, de 1982, sobre a conservação do patrimônio monumental e a revitalização das pequenas aglomerações. Os participantes desse colóquio

> 1. Reafirmam que as pequenas aglomerações se constituem em reservas de modos de vida que dão testemunho de nossas culturas, conservam uma escala própria e personalizam as relações comunitárias, conferindo, assim, uma identidade a seus habitantes.
> [...]

3. [...] a ambiência e o patrimônio arquitetural das pequenas zonas de hábitat são bens não renováveis cuja conservação deve exigir procedimentos cuidadosamente estabelecidos [...].

Vários outros documentos de referência podem ser usados para guiar o planejamento de um EIA, a exemplo da *Recomendação sobre a Conservação dos Bens Culturais Ameaçados pela Execução de Obras Públicas ou Privadas*, adotada pela Conferência Geral da Unesco celebrada em Paris em 1968 (as referências e citações foram extraídas da tradução brasileira publicada pelo Instituto do Patrimônio Histórico e Artístico Nacional, Cartas Patrimoniais, Brasília, 1995, 343 p.).

Documentos provenientes de sociedades científicas também fornecem orientação útil sobre temas específicos para a elaboração de termos de referência. Exemplos são as diretrizes para considerar morcegos em EIAs de parques eólicos (Pereira et al., 2017), preparadas com participação da Sociedade Brasileira para o Estudo de Quirópteros, e as diretrizes para avaliar impactos de mineração em áreas cársticas (Sánchez; Lobo, 2016), preparadas com participação da Sociedade Brasileira de Espeleologia.

Outros documentos técnicos, ainda que não voltados especificamente para a AIA, podem ser de utilidade, a exemplo das conhecidas listas de espécies de fauna e flora ameaçadas de extinção (a chamada lista vermelha) e seus critérios de enquadramento, promovidas pela União Internacional para a Conservação da Natureza (IUCN). Também documentos técnicos de entidades profissionais ou associações empresariais que tratam de impactos ou mesmo de mitigação de certos tipos de empreendimentos podem ser úteis para a definição de termos de referência, como publicações da IPIECA, uma associação global da indústria de petróleo e gás para assuntos ambientais e sociais, e o *Guia para Planejamento do Fechamento de Mina* do Instituto Brasileiro de Mineração (Sánchez; Silva-Sánchez; Neri, 2013), uma vez que os impactos do fechamento precisam ser considerados desde o EIA. As *Diretrizes de Meio Ambiente, Saúde e Segurança* do Banco Mundial são fonte muito útil (vide seção Recursos no Apêndice *on-line* para mais referências).

Iniciativas não governamentais estão muitas vezes na vanguarda do reconhecimento de valores ambientais emergentes que merecem proteção – ou, pelo menos, preocupação – durante a preparação de um EIA. Cientistas reunidos em abril de 2007 prepararam a Declaração de La Palma, de abril de 2007, sobre "a defesa do céu noturno e o direito à luz das estrelas". Céu escuro tem se tornado um recurso cada vez mais escasso e passa a ser valorizado em alguns lugares (Fig. 5.9), enquanto os efeitos da poluição luminosa sobre a

Fig. 5.9 *A observação do céu noturno tem se tornado uma possibilidade escassa para a população urbana e começa a ser valorizada, impulsionando a criação de reservas*

fauna (Hölker et al., 2010a) e sobre o bem-estar humano (Hölker et al., 2010b), discutindo "o lado escuro da luz", têm sido objeto de pesquisa e influenciam iniciativas de proteção legal contra a poluição luminosa de locais onde ainda é possível observar o céu noturno. A possibilidade de observar noites estreladas é cada vez menor nas grandes conurbações nos cinco continentes e essa experiência não está ao alcance de grande número de pessoas. Por isso, alguns governos locais têm procurado estabelecer restrições à iluminação noturna, ao passo que a Associação Internacional do Céu Escuro tem promovido a criação de lugares onde esse recurso goza de alguma proteção. A primeira Reserva Internacional de Céu Escuro foi estabelecida em 2008, no sudoeste do Quebec (Lago Mégantic). Hoje existem outras categorias de lugares, como comunidades, parques e santuários. Até fevereiro de 2020, havia 130 lugares de céu escuro certificados.

O conhecimento científico também alerta sobre outros componentes ambientais de alta importância que nem sempre recebem a devida atenção em AIA, como os ecossistemas armazenadores de carbono. As maiores densidades de carbono encontram-se na vegetação e no solo de turfeiras (Fig. 10.10) e manguezais (da ordem de 500 t/ha, segundo Goldstein et al., 2020). O carbono armazenado nesses ambientes é liberado para a atmosfera quando há mudança de uso da terra nesses locais, mas conservá-lo no ecossistema é importante medida de mitigação das mudanças climáticas.

Abordar mudanças climáticas em um EIA é matéria de crescente interesse. Esse tema pode ser incluído no escopo sob três enfoques: (i) o projeto como emissor de gases de efeito estufa (GEE); (ii) se o projeto pode afetar sumidouros de carbono, a exemplo de turfeiras, manguezais e florestas; (iii) como o projeto pode ser afetado pelas mudanças climáticas, e se são necessárias medidas de adaptação às futuras condições ou mesmo alteração do projeto.

O projeto de uma mina de diamantes no norte do Canadá, cujos impactos foram avaliados em 1999, passou por modificações para aumentar sua resiliência ao aumento da temperatura média, uma vez que a fundação da barragem de contenção de rejeitos é construída sobre solos permanentemente congelados (*permafrost*).

Além do conhecimento científico, a *experiência profissional* dos consultores e analistas ambientais, assim como das equipes do empreendedor e do projetista – com seu conhecimento das características do meio afetado e das comunidades da região ou seu entendimento dos impactos usuais do tipo de projeto em que estão envolvidos –, constitui outro aporte importante para definir o escopo. Ao conhecimento oriundo da experiência com casos similares ou outros projetos na mesma região, soma-se o conhecimento registrado na *literatura técnica e científica* e em *guias de boas práticas*, que sempre requerem interpretação especializada.

Conhecimento local e opinião do público

A perspectiva dos cidadãos é importante para definir as questões relevantes em um EIA. Para que possam ser transformadas em orientações práticas, essas perspectivas precisam: (i) ser coletadas mediante técnicas adequadas (Cap. 16) e (ii) ser "traduzidas" ou transformadas em orientações para a equipe técnica do EIA.

Perspectivas e opiniões podem ser colhidas por diversos meios, como reuniões abertas ou com pequenos grupos, pesquisas de percepção, consultas por escrito ou mesmo audiências públicas, e isso independe de obrigação legal de fazê-lo. Pelo contrário, como visto nos exemplos apresentados neste capítulo, o proponente do projeto deveria ter um interesse em conhecer a opinião dos interessados antes de seguir adiante com o projeto e com os estudos ambientais. Nos casos em que o empreendedor não tenha sensibilidade suficiente para realizar essas consultas, cabe ao consultor explicar e explicitar suas vantagens. Deve-se notar que nem sempre os canais formais de consulta nessa fase do processo de AIA são suficientes ou adequados para estabelecer um meio eficaz de comunicação ou engajamento com as partes interessadas. As considerações sobre participação pública no processo de AIA do Cap. 16 aplicam-se também à etapa de definição do escopo.

Não apenas opiniões ou pontos de vista sobre as possíveis transformações do território ou dos modos de vida resultantes do projeto, mas também o conhecimento local pode ser importante para definir o escopo de um EIA. Conhecimento local, simplificadamente, é aquele que as pessoas de uma dada comunidade têm de seu ambiente, seus recursos, ciclos e variações temporais.

Integração de saberes

Um modo prático de sistematizar tanto a experiência profissional dos analistas como as opiniões do público interessado e a interpretação dos requisitos legais é por meio da seleção de *componentes ambientais relevantes*. O conceito foi inicialmente expresso por Beanlands e Duinker (1983) como "componentes valorizados do ecossistema" (*valued ecosystem components*), isto é, os componentes ou elementos do ambiente tidos como importantes devido a suas funções ecológicas ou porque assim são percebidos pelo público. Exemplos de componentes relevantes são espécies da fauna ou flora nativas de interesse econômico ou cultural, como aquelas usadas na alimentação de subsistência ou para comercialização por populações tradicionais, ou ainda espécies medicinais. Pode não haver requisito legal para proteção de tais espécies, que podem não constar de listas de espécies ameaçadas, mas sua importância para as populações locais é motivo suficiente para que se estudem os impactos que o projeto poderia ter sobre elas ou sobre o acesso às áreas fornecedoras. Um empreendimento que possa afetar o hábitat dessas espécies – por exemplo, por meio do aterramento de um manguezal que fornece recursos à comunidade local – deve ter seus impactos sobre os ambientes e as espécies cuidadosamente avaliados. Da mesma forma, o EIA de um empreendimento que afete uma feição de relevo ou um ecossistema que exerça importante função ambiental e forneça serviços à sociedade – como a ocupação de uma várzea que provê proteção contra inundações a jusante – também deverá dedicar atenção à perda desses serviços ecossistêmicos, mesmo que a área não seja protegida.

Deve-se lembrar que o gestor do processo de AIA tem papel central na definição dos termos de referência, ao integrar as demandas e pontos de vista de todos os interessados. Caso contrário, as várias rodadas de consultas poderão levar a uma somatória de questões a serem tratadas no EIA, fazendo-o novamente perder o foco e anulando o objetivo do *scoping*. Não é por outra razão que a regulamentação americana exige que sejam deixados claros os critérios, tanto de inclusão como de exclusão de itens, no EIA.

Em suma, a boa prática internacional da AIA recomenda que a seleção das questões relevantes seja uma etapa formal e que os estudos ambientais sejam dirigidos para os impactos potencialmente significativos. Os termos de referência, preparados antes da realização do EIA, deveriam orientar os estudos de base para que estes coletem os dados necessários para a análise dos impactos relevantes e ajudem a definir as medidas de gestão que assegurem efetiva proteção ambiental, caso o projeto venha a ser aprovado.

Estudo preliminar para determinação do escopo

É sempre recomendado documentar as atividades realizadas para determinar o escopo de um EIA. Bregman e Mackenthun (1992), escrevendo sobre a prática americana, recomendam preparar um *preliminary environmental analysis* antes do *scoping meeting* exigido pela regulamentação americana. Esse breve documento condensaria informações sobre a localização do projeto, as características das alternativas, as características ambientais importantes da área e as questões significativas.

Em Portugal, onde o *scoping* é facultativo, o interessado prepara uma "Proposta de Definição de Âmbito" contendo uma breve descrição do projeto e do ambiente afetado. No Quadro 5.6 mostra-se um exemplo de um desses relatórios, que, na prática, é raro, menos por ser voluntário e mais por acabar resultando – ao contrário do pretendido – em EIAs mais extensos, uma vez que a consulta a órgãos governamentais intervenientes tende a incluir tópicos. Fenômeno semelhante é relatado por Snell e Cowell (2006) no Reino Unido. O projeto exemplificado é a construção de uma central térmica a carvão em região litorânea, ao lado de uma usina já existente e utilizando a mesma infraestrutura de recebimento de combustível.

Na África do Sul, onde a preparação de um estudo preliminar para a fase de *scoping* (*scoping report*) é obrigatória (Fig. 3.4), esse relatório deve incluir um Plano de Estudos para o EIA. No Quadro 5.7 mostra-se a estrutura de um relatório desse tipo preparado para um projeto de parque eólico. Contém uma descrição do projeto pretendido, uma discussão preliminar de alternativas, um diagnóstico ambiental preparado principalmente com base em dados secundários e uma análise preliminar de impactos. Um EIA é preparado na sequência, com foco nos impactos considerados significativos. O plano de estudo para o EIA descreve os levantamentos primários necessários (Cap. 8) e define as alternativas que serão analisadas e os métodos de avaliação da importância dos impactos (Cap. 10).

Quadro 5.6 Estrutura do Relatório de Determinação do Escopo de um projeto de usina termelétrica a carvão em Portugal

Seção	Nº de páginas
Capítulo 1 Introdução	2
Capítulo 2 Definição e descrição do projecto	15
Capítulo 3 Descrição de alternativas do projecto	2
Capítulo 4 Descritores ambientais significativos (classificados em muito importantes, importantes e pouco importantes)	2
Capítulo 5 Metodologia de caracterização do ambiente afectado: definição da área de estudo, metodologias para análise; pormenorização das metodologias de análise	23
Capítulo 6 Planejamento do EIA: proposta de estrutura para o EIA; apresentação dos resultados; equipa e especialidades técnicas	4

Fonte: Procesl, 2004.

5.6 A FORMULAÇÃO DE ALTERNATIVAS: EVITAR E REDUZIR IMPACTOS ADVERSOS

Na década de 1970 estavam sendo construídas as primeiras linhas de metrô na cidade de São Paulo. Uma das principais estações foi projetada para a Praça da República, no centro da cidade. Com o projeto já bem avançado, veio a público que a construção implicaria a demolição de um edifício, o colégio Caetano de Campos, que no passado havia sido um dos mais importantes estabelecimentos públicos de ensino da Capital, ocupando o mesmo edifício da antiga Escola Normal, um dos importantes prédios desenhados pelo célebre engenheiro e arquiteto Ramos de Azevedo (Lemos, 1993). Segundo os engenheiros projetistas, a derru-

Quadro 5.7 Estrutura do Relatório de Determinação do Escopo de um projeto de parque eólico na África do Sul

Seção	Nº de páginas
Seções iniciais contendo Objetivos, Resumo, Sumário, Terminologia, Síntese do envolvimento público, Convite para comentários	25
Capítulo 1 Introdução: síntese do projeto, objetivos e justificativas do projeto, objetivos da fase de *scoping*, equipe técnica	14
Capítulo 2 Síntese do projeto: análise previabilidade, alternativas tecnológicas, alternativas de projeto, alternativa de não realização do projeto, funcionamento de turbinas eólicas, fase de construção, fase de operação, fase de desativação	16
Capítulo 3 Fase de *scoping*: objetivos, visão geral, contexto legal, premissas e limitações do processo de AIA	16
Capítulo 4 Descrição do ambiente afetado (complementado por apêndices)	23
Capítulo 5 Questões associadas ao projeto: potenciais impactos das fases de construção e operação, possíveis impactos da linha de transmissão proposta, possíveis impactos cumulativos	45
Capítulo 6 Conclusões	7
Capítulo 7 Plano de estudo para avaliação de impacto ambiental	13
Capítulo 8 Referências	9
Apêndices	

Fonte: Savannah Environmental, 2011.

bada desse edifício era "a única alternativa" para a construção de uma estação moderna e funcional, nos moldes requeridos por uma metrópole.

A proposta suscitou uma reação de cidadãos e de órgãos governamentais envolvidos na proteção do patrimônio histórico, e teve repercussão na imprensa. Por fim, a ideia foi abandonada, outras alternativas surgiram, a estação foi construída e segue funcionando. "Em 1975, a gestão do prefeito Olavo Setúbal decidiu derrubar o prédio histórico de 1894, por onde passaram alunos como Mário de Andrade, Cecília Meireles e Sérgio Buarque de Holanda, para dar lugar a uma megaestação de metrô." Ex-alunos entraram na Justiça para impedir a demolição, "conseguiram apoio dos jornais e da população [...] e o movimento antidemolição cresceu. 'Foi a primeira reação popular contra uma decisão do regime militar desde 1969', contabiliza [o líder do movimento]" (Sérgio Dávila, "Muito além dos Jardins", *Folha de S.Paulo*, 21 de dezembro de 2003, p. C1). O exemplo mostra que a ideia de "única alternativa" não se sustenta. Sempre há alternativa para se atingir um determinado objetivo, e um conjunto de alternativas "razoáveis" deve ser examinado durante o processo de AIA. A busca e a comparação de alternativas é um dos pilares da AIA, que tem como uma de suas funções "incitar os proponentes a conceber projetos ambientalmente menos agressivos e não simplesmente julgar se os impactos de cada projeto são aceitáveis ou não" (Sánchez, 1993a, p. 21).

Fosse diferente, faria pouco sentido despender tempo e recursos na preparação de EIAs para um resultado muito pobre: sim ou não ao projeto.

> Um ponto forte da AIA é facilitar um questionamento criativo dos projetos tradicionais e estimular a formulação de alternativas que sequer seriam consideradas se o projeto não tivesse que passar por um teste de viabilidade ambiental e de aceitação social.

Ortolano (1997) observou que práticas muito arraigadas podem ser mudadas em decorrência do processo de AIA (conforme seus estudos sobre o *U.S. Army Corps of Engineers*, citados na seção 3.1), e um dos caminhos de mudança é a abertura de espírito para a consideração de alternativas. Exemplos de alternativas apresentadas em EIAs são mostrados no Quadro 5.8.

Ross (2000) cita um interessante caso que se passou durante as audiências públicas de um projeto de uma indústria de celulose em Alberta, Canadá, no qual a comissão de avaliação recomendou que o projeto não fosse aprovado até que algumas questões fossem mais bem elucidadas, especialmente as emissões de compostos organoclorados no rio Athabasca. Após a divulgação do relatório da comissão, a empresa

> subitamente descobriu uma nova e melhor tecnologia de branqueamento, que reduziria as emissões de compostos organoclorados para um quinto da quantidade inicial. Durante as audiências, nós tínhamos perguntado para a empresa se tal alternativa não existiria, o que ela negou, mas, milagrosamente, encontrou tal alternativa duas semanas depois de concluído o relatório (p. 97).

Benson (2003) vê uma "fraqueza inerente" à avaliação de impactos de projetos, justamente por abordar somente projetos e por ser "controlada pelo proponente", de maneira que, quando chega o momento de preparar um EIA, alternativas de localização já foram rejeitadas, assim como desenhos ou projetos alternativos. Ademais, Benson aponta, com razão, que a alternativa de não realizar o projeto raramente faz parte da agenda do proponente.

Ao invés de uma "fraqueza", uma reflexão sobre os avanços e os desafios da AIA no Banco Mundial pondera que a capacidade de aportar "melhorias ao projeto, considerando alternativas de investimento sob uma perspectiva ambiental, é o lado proativo da AIA, se comparado com a tarefa mais defensiva de reduzir os impactos de um projeto já fechado" (World Bank, 1995a, p. 4), mas reconhece, com base na experiência de dezenas de projetos submetidos ao Banco, que essa tarefa é "muito mais difícil do que simplesmente concentrar os esforços em evitar ou minimizar impactos negativos de um projeto dado". Steinemann (2001) observa que há mais trabalhos técnicos e acadêmicos sobre a análise e a comparação de alternativas que sobre como desenvolver boas alternativas, para posterior análise, comparação e escolha. A autora examinou 62 EIAs americanos, com o intuito de analisar o processo de formulação de alternativas, e constatou diversos problemas, entre os quais:

* a definição estreita do "problema" a ser resolvido com a ação proposta restringe as possíveis "soluções";
* o "problema" pode ser "construído" para justificar a "solução";
* as alternativas dependem da autonomia e das atribuições da agência governamental proponente;
* as agências tendem a favorecer alternativas já empregadas no passado;
* alternativas podem ser intencionalmente desconsideradas;
* alternativas não estruturais (isto é, que não envolvem obras, mas soluções como ordenamento territorial, gestão da demanda ou as chamadas soluções baseadas na natureza) não são seriamente consideradas;

DETERMINAÇÃO DO ESCOPO DO ESTUDO E FORMULAÇÃO DE ALTERNATIVAS 129

Quadro 5.8 Exemplos de alternativas apresentadas em EIAs

(1) Desativação de um tanque flutuante de armazenamento de petróleo bruto no Mar do Norte

Objetivo do projeto: remoção e disposição final da estrutura oceânica denominada Brent Spar, uma boia cilíndrica de 140 m de altura, 29 m de diâmetro e peso de 15.500 t, dotada de heliponto e alojamentos, e contendo resíduos perigosos, incluindo fontes radioativas naturais de baixa atividade.

Alternativas consideradas: (1) desmantelamento em terra firme; (2) desmantelamento no mar; (3) afundamento no local; (4) reboque e afundamento em águas profundas; (5) recuperação e reutilização; (6) manutenção contínua e permanência no local.

Alternativas estudadas em detalhe: (1) desmantelamento em terra firme; (4) reboque e afundamento em águas profundas.

Alternativa selecionada: (4), devido à menor probabilidade e menor severidade dos impactos ambientais, menor risco de liberações acidentais de resíduos, menor risco para os trabalhadores e outros.

(2) Descontaminação do canal de Lachine, Montreal, Canadá

Objetivo do projeto: remediação de sedimentos contaminados presentes no fundo do canal, construído no séc. XIX para vencer rápidos do rio São Lourenço e não mais utilizado para navegação comercial, mas somente atividades recreativas; o perfil industrial dos terrenos às margens do canal está sendo alterado para residencial; o projeto visa melhorar a qualidade ambiental da zona.

Alternativas consideradas: (1) dragagem e aterro em solo; (2) contenção *in situ* no fundo do canal; (3) dragagem e encapsulamento na margem; (4) estabilização subaquática com reagentes químicos e solidificação com cimento; (5) dragagem, separação granulométrica e extração físico-química.

Alternativa selecionada: (3), por ficar restrita à área administrada pelo responsável pelo projeto (Parks Canada – a área é declarada de interesse histórico nacional), por se tratar de uma técnica comprovada e garantir uma solução de longo prazo.

(3) Dragagem do canal de Piaçaguera, Santos, São Paulo

Objetivo do projeto: dragagem de manutenção do canal de acesso ao terminal portuário de uma usina siderúrgica; parte dos sedimentos é contaminada.

Alternativas consideradas: (1) não dragagem do canal; (2) métodos de dragagem: (2.1) dragagem hidráulica; (2.2) dragagem mecânica; (2.3) dragagem hidromecânica; (2.4) dragagem pneumática; (3) disposição dos sedimentos dragados: (3.1) disposição no oceano; (3.2) disposição em cavas subaquáticas recobertas com material de proteção; (3.3) disposição em áreas confinadas, diques em terra ou na zona entre marés; (3.4) disposição em aterros industriais; (3.5) tratamento ou processamento industrial.

Alternativas selecionadas: (3.2) ou (3.3), para estudos de detalhamento.

(4) Expansão do reservatório de Buckhorn, Carolina do Norte, EUA

Objetivo do projeto: aumentar a oferta de água para a cidade.

Alternativas consideradas: (1) a (8) diferentes combinações de barragens; (9) abastecimento por fontes de água subterrânea; (10) uso de água de drenagem de áreas de mineração; (11) transposição de água de outra bacia hidrográfica; (12) dragagem dos reservatórios atuais para aumentar a capacidade de armazenamento; (13) não implantação do empreendimento.

Alternativa selecionada: duas alternativas foram estudadas em detalhe.

Fontes: *(1) The University of Aberdeen (1995); (2) Tecsult/Roche (1993); (3) CPEA (2005a); (4) U.S. Army Corps of Engineers (1995).*

* a seleção de alternativas pode ser arbitrária e não incluir fatores ambientais;
* o envolvimento do público ocorre demasiado tarde para influenciar a formulação de alternativas.

CINCO

Vários desses problemas podem ser detectados em projetos públicos que parecem não resolver nenhum problema real, mas criar outros, o que já foi chamado de "a arte dos grandes projetos inúteis" (Devalpo, 2012). São projetos polêmicos que suscitam acalorados debates públicos, como o conhecido como "transposição de águas da bacia do rio São Francisco", que padece da maioria dos problemas detectados por Steinemann.

Com a intenção de "assegurar a oferta de água para uma população e uma região que sofrem com a escassez e a irregularidade das chuvas" (Ecology Brasil/Agrar/JP Meio Ambiente, 2004, p. 9), projetou-se transferir uma parte da vazão do rio São Francisco para outras bacias hidrográficas da região do semiárido nordestino, através de uma sucessão de canais e estações de bombeamento. A iniciativa suscitou ásperos debates e resultou em posições aparentemente inconciliáveis, divididas entre aqueles que defendem o projeto argumentando seus benefícios esperados (irrigação e valorização de terras) e aqueles que, ademais de apontar os impactos adversos (redução da vazão do rio, redução da geração de energia elétrica nas usinas existentes a jusante, entre outros), questionam seus próprios objetivos, indicando que projetos similares conduziram à concentração fundiária e expulsão de pequenos agricultores, tornando, por fim, mais vulneráveis aqueles que se pretendia beneficiar.

Duas décadas antes do estudo de Steinemann, Shrader-Frechette (1982) já havia chamado a atenção para uma abordagem reducionista e um escopo limitado das avaliações de impacto, que teria como uma de suas questões mais importantes não "escolher entre uma tecnologia poluidora A ou B como meio de atingir um objetivo C, mas o de escolher C ou um outro objetivo". Contudo, "parece duvidoso que as legislações nacionais [...] tenham pretendido abarcar um escopo tão amplo. Tal tipo de questão depende de decisões propriamente políticas cujo fórum não é o processo de avaliação de impactos" (Sánchez, 1993a, p. 18).

Não se pode deixar de notar, porém, que as objeções do público muitas vezes questionam a própria justificativa ou necessidade do projeto apresentado, motivo pelo qual a NEPA estabelece que os objetivos e justificativas (*purpose and need*) do projeto sejam apresentados no início do EIA. Olivry (1986) estudou casos agudos de desentendimento entre o público e os proponentes governamentais de projetos hídricos na França: enquanto proponentes estavam dispostos a discutir apenas projetos individuais (barragens), o público questionava o conjunto de projetos e os objetivos de utilização dos recursos hídricos, impossibilitando o diálogo e a negociação.

Se questões desse calibre não forem resolvidas na etapa de *scoping*, então os projetos controversos simplesmente adiarão o debate para etapas posteriores do processo de AIA, ou o transferirão para os tribunais. Assim, incluir nos termos de referência alguma orientação quanto às alternativas a serem tratadas no EIA é, na maior parte dos casos, uma estratégia melhor que deixar que alternativas "apareçam" no EIA.

A NEPA desde o início tocou neste ponto fulcral: os estudos têm, obrigatoriamente, que apresentar alternativas, embora, como apontado por Steinemann (2001), seja a própria agência interessada quem define os objetivos e as justificativas da ação proposta. No Brasil, o EIA deve "contemplar todas as alternativas tecnológicas e de localização de projeto, confrontando-as com a hipótese de não execução do projeto" (Resolução Conama 1/86, art. 5º, I). Segundo o regulamento da NEPA, o EIA deve:

> a) rigorosamente explorar e objetivamente avaliar todas as alternativas razoáveis e, para as alternativas que forem eliminadas do estudo detalhado, brevemente discutir as razões de sua eliminação;

b) devotar tratamento substantivo a cada alternativa [...];
c) incluir alternativas razoáveis fora da jurisdição da agência principal;
d) incluir a alternativa de não realizar nenhuma ação;
e) identificar a alternativa preferida [...];
f) incluir medidas mitigadoras apropriadas [...]. (CEQ *Regulations*, § 1.502.14; 29 de novembro de 1978).

Diferente localização, diferentes tecnologias e a "alternativa zero" (a não realização do projeto) podem definir vastos campos de alternativas a explorar. McCold e Saulsbury (1998) defendem que, se para projetos novos a "alternativa zero" significa, claramente, não executar o projeto, para atividades existentes (e que podem ser sujeitas ao processo de AIA em razão de uma proposta de ampliação ou da renovação de uma licença) a "alternativa zero" tem dois significados: (a) a continuidade nas condições atuais; e (b) a descontinuidade ou suspensão das atividades. Os autores argumentam que ambas deveriam ser estudadas. Um EIA de uma rodovia deveria considerar a alternativa ferroviária? O EIA de uma usina hidrelétrica deveria considerar uma termelétrica ou um parque de turbinas eólicas? O alcance das alternativas pode ser tamanho que inviabilize um EIA, pelo nível de generalização necessário ou pela indefinição quanto à localização. Campos muito amplos de alternativas são mais bem explorados em avaliações ambientais estratégicas, enquanto EIAs de projetos têm mais condições de considerar *alternativas de projeto*. Assim, para uma barragem, é razoável estudar alternativas de localização do eixo do barramento e de altura da barragem (influenciando a área de inundação) e, para um gasoduto ou uma linha de transmissão de energia elétrica, alternativas de traçado, enquanto para um aterro de resíduos urbanos pode ser razoável estudar a alternativa de incineração, sendo que ambas podem ser acopladas a iniciativas de coleta seletiva, reciclagem e compostagem. O limite do "razoável", como o sentido de impacto "significativo", pode dar margem a muita discussão. Para desenvolver e considerar alternativas não convencionais (Quadro 5.9), é essencial que a etapa de definição do escopo seja conduzida seriamente, não se limitando a dar diretrizes para o EIA.

Quadro 5.9   Alternativas para reduzir os danos econômicos e sociais de inundações

O aumento da frequência de eventos extremos, como chuvas de grande intensidade, é uma das consequências das mudanças climáticas particularmente preocupante em áreas urbanas, pois as inundações não apenas causam perdas materiais, como também colocam em risco vidas humanas (Fig. 7.18). Para mitigar os efeitos de grandes chuvas, a principal medida é a retenção das águas de escoamento superficial e sua liberação gradual. Para tal, há duas filosofias: infraestrutura verde ou cinza. Esta consiste na construção de estruturas de engenharia, como reservatórios subterrâneos, uma solução monofuncional que, por sua vez, tem impactos negativos na paisagem urbana e na saúde pública, por facilitar a proliferação de vetores de doenças. A outra filosofia é a infraestrutura verde, composta por feições naturais ou seminaturais que, devidamente manejadas, proveem serviços à sociedade. Infraestrutura verde é multifuncional e, além da regulação da recarga hídrica e dos fluxos de água, provê outros serviços ecossistêmicos, como recreação, e favorece a biodiversidade.
A infraestrutura verde pode incluir jardins de chuva, telhados verdes, margens de córregos (por exemplo, protegidas como parques lineares), várzeas e mesmo áreas construídas dotadas de pavimentos e calçadas permeáveis. Para a infraestrutura verde, adotam-se as chamadas soluções baseadas na natureza, que promovem simultaneamente o bem-estar humano e benefícios para a biodiversidade.
Embora a escolha entre infraestrutura cinza ou verde – ou algum grau de combinação entre elas – já deva ser feita quando da elaboração de planos de drenagem urbana (e, portanto, com ajuda de avaliação ambiental estratégica), alternativas de menor impacto adverso e que contribuam mais para a sustentabilidade devem ser consideradas para a formulação de projetos e avaliação de seus impactos.

Fuggle et al. (1992) considera que três questões devam ser consideradas para a identificação e seleção de alternativas a serem estudadas em um EIA:
* Como as alternativas deveriam ser identificadas?
* Qual é a faixa razoável de alternativas que deveria ser considerada?
* Em qual nível de detalhe deve cada alternativa ser explorada?

É conveniente responder a essas perguntas antes de iniciar o EIA, sob risco de atrasos ou de questionamentos, inclusive judiciais. No caso da barragem de Piraju, citada anteriormente neste capítulo, a insatisfatória definição de alternativas levou à sucessiva retirada de dois EIAs, incapazes de demonstrar a viabilidade ambiental do projeto. Somente o terceiro estudo, que tratou de uma alternativa mais favorável sob o ponto de vista ambiental (Fig. 5.10), resultou na aprovação do projeto, conforme a cronologia apresentada nos Quadros 5.10 e 5.11.

Por fim, há de se destacar que os pontos de vista pessimistas acerca da formulação de alternativas expressos por autores como Benson (2003) e Shrader-Frechette (1982) não encontram eco em muitos autores diretamente envolvidos na prática da AIA, como Tomlinson (2003) e Garis (2003), para quem projetistas e proponentes têm aprendido, por experiência própria, que a falta de soluções concretas de proteção ambiental e de medidas para evitar impactos socialmente inaceitáveis muitas vezes impede a realização de projetos, *e que não há alternativa exceto a de formular uma alternativa de menor impacto*. Não são poucas as empresas que, ao depararem com grandes dificuldades na aprovação de seus projetos, tiveram que alterar substancialmente seu modo de atuar (Ortolano, 1997; Sánchez, 1993a).

5.7 Síntese e problemática

A preparação de um EIA não pode prescindir de um planejamento que inclua a determinação do que é relevante e que, portanto, deve ser analisado em profundidade. A qualidade

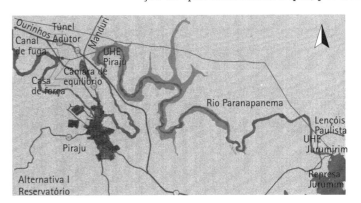

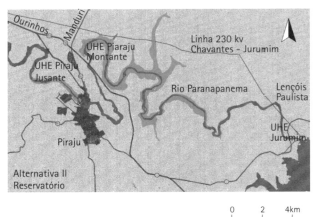

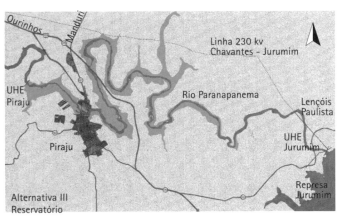

Fig. 5.10 *Alternativas de localização da barragem Piraju, rio Paranapanema, São Paulo. Na alternativa 1, a água retida na barragem situada a montante da cidade (leste) seria conduzida por tubulação até a casa de força, localizada a jusante da cidade. A alternativa 2 inclui a construção de outra barragem a jusante, enquanto na alternativa 3, a barragem de jusante seria maior, inundando parte da cidade*
Fonte: CNEC, 1996.

Quadro 5.10 Estudos de alternativas para a UHE Piraju

Objetivo do projeto

Construção de uma usina hidrelétrica no rio Paranapanema, nas proximidades da cidade de Piraju; barragem de 37 m de altura e 650 m de comprimento; reservatório de 1.357 ha, potência instalada de 71,4 MW.

Contexto do projeto

No momento da apresentação do último projeto (1996), o rio já tinha sete barragens construídas e duas em construção; a potência instalada na bacia era de 530 MW e a inventariada remanescente de 162,6 MW; a bacia do rio Paranapanema tem 106.530 km^2; o projeto UHE Piraju se insere em um plano de aproveitamento hidrelétrico da bacia que estabelece uma divisão ideal de quedas, situando-se entre duas barragens já existentes; em 1925 foi construída uma pequena central hidrelétrica (denominada Paranapanema) junto à cidade.

Cronologia dos estudos e dos debates

Década de 1960: Estudos sobre o potencial hidrelétrico definem três locais para futuras barragens em um trecho de 140 km do rio Paranapanema.

Ano de 1966: Estudo de viabilidade do aproveitamento de Piraju.

Fevereiro de 1991: Apresentação de um EIA contendo três alternativas locacionais; a alternativa escolhida (alternativa 1) previa uma barragem a montante da cidade de Piraju, o desvio das águas do reservatório através de um túnel adutor até a casa de força, a 17 km a jusante do rio, ocasionando uma grande redução da vazão na altura da cidade, fato que causaria uma mudança dramática na paisagem urbana, uma vez que desapareceria a cascata artificial de uma antiga usina, considerada patrimônio cultural de interesse turístico e ambiental, e ocorreria deterioração da qualidade das águas, pois o esgoto da cidade era lançado, nesse trecho, sem nenhum tratamento.

Abril de 1991: Ato público realizado em Piraju, reunindo cerca de 6 mil pessoas: "Usina sim, alternativa 1, não".

Maio de 1992: Departamento de Avaliação de Impacto Ambiental (Daia) comunica a necessidade de reformulação do EIA.

Julho de 1992: A empresa comunica que passou a preferir uma alternativa (alternativa 2) que não implicava a construção do túnel de desvio (casa de força ao lado da barragem), de forma que não haveria alteração da vazão do rio, mas pretendia construir uma pequena barragem a jusante da cidade.

Dezembro de 1994: Conselho Estadual do Meio Ambiente (Consema) aprova novos procedimentos de AIA no Estado (Resolução 42/1994).

Janeiro de 1995: Apresentação de novo EIA.

Fevereiro de 1995: Daia solicita reelaboração do novo estudo, entre outros motivos, porque não eram analisados os impactos a jusante do empreendimento nem os impactos da construção da nova barragem de jusante; ademais, a precariedade do diagnóstico ambiental comprometia a avaliação dos impactos.

Abril de 1995: Empresa apresenta Plano de Trabalho para elaborar um novo EIA.

Outubro de 1995: Daia emite termos de referência para o novo EIA.

Janeiro de 1997: Apresentação do terceiro EIA, com escolha da alternativa 2 modificada (somente a construção da barragem de montante, com casa de força junto ao corpo da barragem); a reforma da usina existente e a barragem de jusante são considerados projetos independentes; uma alternativa 3, anteriormente estudada, também é descartada.

Fevereiro de 1998: Parecer do Daia favorável ao licenciamento do empreendimento.

Março de 1998: Deliberação de Câmara Técnica do Consema favorável ao empreendimento.

Maio de 1998: Ministério Público Federal questiona a competência estadual para licenciar.

Maio de 1998: Deliberação do plenário do Consema favorável ao empreendimento e emissão de licença prévia.

Dezembro de 1999: Emissão de licença de instalação.

Junho de 2002: Requerimento de licença de operação.

Agosto de 2002: Enchimento do reservatório.

Fontes: Carvalho, Almeida e Bastos (1998); CNEC (1996); Ronza (1997).

Quadro 5.11 Comparação de alternativas para a UHE Piraju[a]

Característica	Alternativa 1	Alternativa 2	Alternativa 3
Número de barragens	1	3	1
Potência (MW)	150	146[b]	160
Área de inundação (ha)	1.357[c]	1.357[c]	2.030[c]
Localização em relação à barragem existente	Montante	Montante + ampliação da usina existente + jusante	Jusante + desativação da usina existente
Túnel de desvio	Sim	Não	Não
Casa de força	17 km abaixo	Ao lado da barragem	Ao lado da barragem
Vazão mínima à altura da cidade (m³/s)	10	Sem alteração	Sem alteração
Inundação de zona urbana	Não	Não	Sim (~400 edifícios)

Notas: (a) o projeto construído é ligeiramente diferente da alternativa escolhida, com potência de 80 MW e área inundada um pouco menor; (b) barragem de montante no mesmo local que a alternativa 1 (70 MW), melhoria da usina existente (46 MW), barragem de jusante (30 MW); (c) 403 ha correspondem ao espelho d'água do rio.

Fonte: CNEC, 1996.

dos EIAs – e, por conseguinte, a qualidade da decisão que será tomada – depende de um planejamento criterioso e de termos de referência cuidadosamente preparados, preferencialmente com o envolvimento das partes interessadas.

A definição do escopo estabelece o objetivo a ser atingido. Conhecendo-o, o coordenador do estudo e sua equipe podem preparar seu mapa de navegação, definindo os caminhos a serem percorridos. Vale aqui a transposição de uma afirmativa de Kuhn (1970, p. 15) acerca da função dos paradigmas para nortear a pesquisa científica:

> Na ausência de um paradigma ou de algum candidato a paradigma, todos os fatos pertinentes ao desenvolvimento de uma dada ciência parecem ser igualmente relevantes. Em consequência, a coleta de dados é uma atividade quase aleatória [...]. Ademais, na ausência de uma razão para buscar alguma forma particular de informação [...], a coleta é usualmente restrita à riqueza de dados ao alcance da mão.

O *scoping* significa estabelecer hipóteses, e sem elas não há como ordenar a realização de estudos ambientais. Situa-se provavelmente nessa tarefa uma das maiores dificuldades de lograr um trabalho integrado e multidisciplinar. Como lembra Godard (1992, p. 342), "para muitos cientistas, ambiente não é senão uma denominação nova para um velho objeto de estudo [...] e o estudo do ambiente simplesmente se confunde com o estudo dos objetos [...] das ciências naturais". Em AIA, não se trata nem de investigar a natureza nem a sociedade (a AIA não tem o propósito de produzir conhecimento, embora frequentemente o faça), mas de estabelecer relações, usando métodos e critérios científicos. A definição do escopo de um estudo ambiental formula problemas que devem ser respondidos no desenvolver dos estudos e, como se sabe, um problema bem formulado já traz metade da solução.

É nessa etapa que deve ser definida a gama de alternativas a ser tratada no EIA. Se a determinação das alternativas for deixada à escolha do empreendedor, a tendência é que somente alternativas convencionais sejam consideradas.

ETAPAS DO PLANEJAMENTO E DA ELABORAÇÃO DE UM ESTUDO DE IMPACTO AMBIENTAL

6

[1] O termo "estudos ambientais" foi introduzido formalmente pela Resolução Conama nº 237/97, mas já era usado há tempos por profissionais do setor.

[2] Neste livro, "empreendimento", "projeto" e "projeto de engenharia" são empregados de maneira intercambiável. A rigor, o "projeto" é um desejo ou intenção de realizar algo, um "projeto de engenharia" é um conjunto de documentos (plantas, memoriais etc.) que descreve um projeto e um "empreendimento" seria o projeto já concretizado. Estudos ambientais realizados em etapas de planejamento que antecedem a concepção de projetos de engenharia (planos, programas) são enquadrados na categoria de avaliação ambiental estratégica.

O estudo de impacto ambiental é o documento mais importante do processo de avaliação de impacto ambiental. É com base nele que serão tomadas as principais decisões quanto à aceitabilidade de um projeto, à necessidade de medidas mitigadoras e ao tipo e alcance dessas medidas.

Há outros tipos de *estudos ambientais*[1], de denominações variadas, como plano de controle ambiental (PCA), relatório de controle ambiental (RCA) e relatório ambiental preliminar (RAP). Vários países utilizam diferentes tipos de estudos ambientais, requerendo maior ou menor grau de detalhe na descrição do ambiente afetado ou na análise dos impactos, como o *environmental assessment* americano e a *declaração de impacto ambiental* chilena (Quadro 4.4), versões reduzidas ou simplificadas do EIA clássico.

Esses estudos baseiam-se no formato e nos princípios do EIA, que será aqui apresentado. Essa *metodologia básica para planejamento e elaboração de um estudo de impacto ambiental* pode, portanto, com adaptações, ser utilizada para qualquer estudo ambiental.

6.1 DUAS PERSPECTIVAS CONTRADITÓRIAS NA REALIZAÇÃO DE UM ESTUDO DE IMPACTO AMBIENTAL

Tipicamente, um EIA é feito para uma determinada proposta de empreendimento de interesse econômico ou social, que requer a realização de intervenções físicas no ambiente (obras). Projetos de aproveitamento de recursos vivos, como manejo florestal ou pesqueiro, ou ainda projetos de aquicultura, silvicultura ou agropecuária, também podem ser enquadrados nessa categoria, posto que demandam ações ou interferências no meio, que, por sua vez, causam impactos ambientais[2].

Uma das finalidades da AIA é auxiliar na seleção da alternativa mais viável, em termos ambientais, para atingir os objetivos do projeto. Por exemplo, a AIA pode ser empregada para selecionar o melhor traçado para uma rodovia ou a melhor opção de remediação de uma área contaminada. Embora a formulação de alternativas seja central em AIA (seção 5.6), as etapas descritas adiante não incluem a comparação de alternativas, pois esse modelo genérico pode ser aplicado a qualquer número de alternativas, inclusive aquela de não realizar projeto algum. Os impactos decorrentes de cada alternativa podem assim ser comparados a partir de uma base comum (seção 10.4), dada pelo EIA.

Há duas perspectivas bem diferentes para a elaboração de um EIA, que podem ser chamadas de abordagem exaustiva e abordagem dirigida. A *abordagem exaustiva* busca um conhecimento quase enciclopédico do meio e supõe que, quanto mais se disponha de informação, melhor será a avaliação. Resultam longos e detalhados estudos, nos quais a descrição das condições atuais – o diagnóstico ambiental – ocupa a quase totalidade do espaço.

Tal visão é exemplificada pelo que jocosamente é chamado de "abordagem do taxonomista ocupado", que consiste em tentar estabelecer listas completas de espécies de flora e fauna da área de estudo, o que consome a maior parte dos recursos e do tempo disponíveis para o EIA e desdenha o estudo das relações funcionais entre os componentes do ecossistema. Isso não significa que inventários de fauna e flora sejam desnecessários, mas que a função de tais levantamentos precisa ser estabelecida claramente *antes* do início de cada estudo – e em muitos casos eles podem simplesmente não ter utilidade. Outro exemplo é o das descrições extensas da geologia regional, sem que daí se tire qualquer informação útil para analisar os impactos do empreendimento. O mesmo vale para extensas compilações de dados sociais e econômicos extraídos de bases oficiais, apresentados mas não utilizados.

A seguinte passagem extraída de um EIA ilustra a abordagem exaustiva: "A finalidade principal [dos trabalhos realizados] foi a de reunir todos os dados existentes, bem como de efetuar trabalhos de campo, interagindo com os demais estudos".

Ora, não há nenhuma razão para reunir "todos" os dados existentes sobre um determinado assunto; o que interessa é reunir os dados *necessários* para analisar os impactos do projeto, que, na maioria das vezes, não existem e devem ser levantados. Quanto aos trabalhos de campo, tampouco podem ser a "finalidade" dos estudos – trabalhos de campo frequentemente são um *meio* de coletar previamente dados não existentes e necessários para a análise dos impactos. Mais adiante, pode-se ler no mesmo capítulo desse mesmo EIA: "Foram relacionadas todas as publicações de interesse, visando a uma avaliação dos estudos existentes, lacunas de informações e proposições para novos estudos".

Essa passagem mostra que faltou direção e coordenação ao EIA. Propor novos estudos só excepcionalmente pode ser objetivo de um EIA, que deveria ser organizado de maneira a coletar os dados necessários e preencher as lacunas de informação relevantes para analisar os impactos; se houver informação importante, mas não disponível, ela deve ser obtida.

Contrapõe-se a essa visão a *abordagem dirigida*, que pressupõe que só faz sentido levantar dados que serão efetivamente utilizados na análise dos impactos, ou seja, serão úteis para a tomada de decisões. O objetivo é o entendimento das relações entre o empreendimento e o meio e não a mera compilação de informações, nem mesmo o entendimento da dinâmica ambiental em si. Afinal, a AIA não busca ampliar as fronteiras do conhecimento científico (embora muitas vezes contribua para isso); a AIA utiliza conhecimento e métodos científicos para auxiliar na solução de questões práticas: planejamento do projeto e tomada de decisões.

Assim, dado um projeto, como se começa o estudo de impacto ambiental?

Em uma abordagem exaustiva, o estudo começaria pela compilação de dados existentes acerca da região onde se pretende implantar o empreendimento. Já sob uma perspectiva dirigida, a primeira atividade em um EIA é a identificação dos prováveis impactos ambientais, uma identificação preliminar que permite um entendimento inicial e provisório das possíveis consequências do empreendimento. Corresponde à formulação de *hipóteses* sobre a resposta do meio às solicitações que serão impostas pelo empreendimento.

> Na abordagem exaustiva, como não há orientação prévia, é difícil discernir quais dados são relevantes, o que resulta em vastas compilações de dados secundários, seguidas de levantamentos básicos de campo sem objetivo claro e que podem deixar de coletar o que realmente importa.

Depois da identificação preliminar, faz-se uma classificação ou hierarquização dos impactos e somente então pode-se passar ao estudo das condições do meio ambiente, mas ainda assim mediante a preparação prévia de um plano de estudos.

Para formular hipóteses, é preciso dispor de um mínimo de conhecimento da região onde se pretende implantar o projeto e entender o próprio projeto. Suponha-se o projeto de construção de uma barragem: se a área a ser inundada é usada como pasto, os impactos serão muito diferentes daqueles que adviriam se a área tiver cobertura de vegetação nativa. É evidente, então, a necessidade de dispor de um conhecimento mínimo do ambiente que poderá sofrer os impactos do projeto.

Tal atividade pode ser denominada de *reconhecimento*, que é feito por meio de uma visita de campo, da visualização de imagens aéreas, de uma rápida revisão bibliográfica, da consulta aos órgãos públicos que detêm informações setoriais (como estatísticas socioeconômicas, classificações de uso da terra etc.) e, se possível, por meio de conversas informais com moradores ou lideranças locais. O Quadro 6.1 sintetiza as fontes de informação geralmente empregadas para o reconhecimento inicial do sítio e de seu entorno.

Quadro 6.1 Fontes de informação para o reconhecimento ambiental inicial da área e de seu entorno

Mapas topográficos oficiais (escalas 1:100.000 a 1:10.000)

Imagens aéreas e bases de dados geográficos

Plantas e memoriais descritivos do projeto

Estudos ambientais anteriores

Breve pesquisa bibliográfica

Bases de dados socioeconômicos[1]

Bases de dados ambientais[2]

Conversas com moradores e com lideranças locais

Conversas com prefeitos e funcionários municipais

[1] *No Brasil, esses dados podem ser obtidos no Instituto Brasileiro de Geografia e Estatística (IBGE) e em entidades estaduais.*

[2] *Exemplos: limites de unidades de conservação, cobertura da terra e qualidade das águas.*

Tão importante quanto o reconhecimento do meio ambiente é o entendimento do projeto e de suas alternativas. As atividades de preparação do terreno, o processo construtivo, a forma de operação, os insumos e as matérias-primas consumidos, os tipos de resíduos e a mão de obra empregada são informações fundamentais para se planejar um EIA. Usualmente esses dados estão disponíveis junto ao empreendedor, mesmo que o projeto não esteja detalhado, e podem ser obtidos por meio de entrevistas com os responsáveis pelo empreendimento e consulta a documentos técnicos, como plantas e memoriais descritivos. Mesmo quando o projeto técnico é desenvolvido em paralelo aos estudos ambientais – a situação ideal – deve-se partir do entendimento do projeto. Para certos tipos de empreendimentos, a empresa projetista ou o proponente também dispõem de informações ambientais necessárias ao projeto e que podem ser aproveitadas nessa etapa de reconhecimento. Por exemplo, para um projeto de barragem certamente estarão disponíveis dados hidrológicos.

Assim, com poucas horas de trabalho, é possível planejar os estudos a serem executados. Quase sempre o próprio contexto comercial obriga a tal exercício: é usual que as empresas e demais entidades que precisam realizar um EIA convidem duas ou três empresas de consultoria para apresentar propostas técnicas e comerciais. Como tais propostas envolvem uma descrição do trabalho a ser realizado e uma estimativa das horas técnicas necessárias (base para cálculo do preço), um nível mínimo de conhecimento do projeto proposto e do ambiente possivelmente afetado é imprescindível.

6.2 Principais atividades na elaboração de um estudo de impacto ambiental

Na perspectiva dirigida, um EIA é planejado e executado segundo uma sequência lógica de etapas, cada uma dependente dos resultados da anterior. Sua concatenação é extremamente importante, pois a maneira de iniciar e conduzir um estudo ambiental afetará a qualidade do resultado final. São sete as atividades básicas na preparação de um EIA (Fig. 6.1), às quais podem ser acrescentadas atividades preparatórias ou complementares, como o estudo da legislação aplicável e dos planos e programas governamentais incidentes sobre a área do empreendimento.

O termo "plano de trabalho" usado na Fig. 6.1 é equivalente a "proposta de trabalho", "proposta técnica", "plano de execução" ou outros termos usados para descrever um plano de atividades. Todo EIA deve ser devidamente planejado antes de sua execução (como, aliás, qualquer trabalho técnico, projeto de engenharia ou projeto de pesquisa científica), e o resultado deve ser consolidado em algum documento ou plano. O plano de trabalho descreve a estratégia de execução do estudo e os métodos que nele serão empregados. Mesmo nas jurisdições que não adotam a prática de preparação prévia de termos de referência, esse procedimento é necessário, no mínimo, para que a equipe encarregada da preparação do EIA possa estimar seus custos ou preparar suas propostas técnica e comercial. Portanto, independentemente de requisitos legais, o bom planejamento de um EIA implica a preparação de um plano de trabalho. O Quadro 6.2 mostra como se pode estruturar um plano de trabalho para um EIA. A seguir, cada etapa da sequência de planejamento e execução é apresentada de forma resumida. Cada uma será tratada em detalhe nos capítulos subsequentes.

Atividades preparatórias

Além do reconhecimento ambiental preliminar, é imprescindível caracterizar o projeto proposto e suas alternativas. No caso geral, a equipe consultora é contratada para realizar um estudo ambiental para um dado projeto, que já pode estar razoavelmente detalhado (por exemplo, na forma de um projeto básico) ou ainda se encontrar em fase conceitual. A projetista já pode ter estudado um certo número de alternativas, tendo eventualmente descartado algumas.

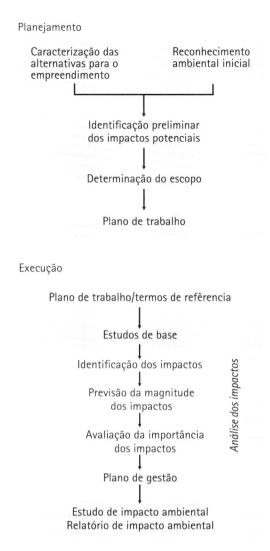

Fig. 6.1 *Principais etapas no planejamento e execução de um estudo de impacto ambiental*

O conhecimento e a caracterização do projeto e suas alternativas devem, idealmente, permitir disseminar informação consistente e homogênea para todos os membros da equipe multidisciplinar, de modo que cada um possa compreender o projeto a ser analisado. Caso a equipe não tenha familiaridade com o tipo de empreendimento, pode-se realizar uma visita a um empreendimento similar e discutir com seus gerentes.

Alguns membros da equipe deverão se debruçar sobre os documentos de projeto (plantas, memoriais descritivos, memórias de cálculo etc.) para alcançar uma compreensão detalhada das atividades e processos a serem realizados em cada etapa do ciclo de vida do empreendimento – da implantação à desativação.

Além do reconhecimento ambiental preliminar e da caracterização do projeto e de suas alternativas, é conveniente, ainda como atividade preparatória, realizar uma análise da compatibilidade do projeto proposto com a legislação ambiental. As principais leis e regulamentos nacionais e estaduais normalmente já devem ser de conhecimento da equipe, mas

Quadro 6.2   Conteúdo indicativo de um plano de trabalho para realização de um estudo de impacto ambiental

1 – Breve descrição do empreendimento

2 – Breve descrição das alternativas que serão avaliadas

3 – Localização

4 – Delimitação da área de estudo

5 – Características ambientais básicas da área

6 – Impactos prováveis

7 – Questões relevantes e prováveis impactos significativos

8 – Estrutura proposta para o EIA e conteúdo de cada capítulo e seção

9 – Metodologia de levantamentos e tratamento de dados

10 – Procedimentos de análise dos impactos

11 – Formas de apresentação dos resultados (mapas, quadros etc.)

12 – Estratégias de participação e engajamento

pode ser necessário coletar legislação específica sobre o tipo de projeto e observar se existe legislação municipal. Uma tarefa básica é verificar se o empreendimento proposto é compatível com a legislação municipal de uso do solo. Os órgãos ambientais brasileiros normalmente pedem uma declaração ou certidão que ateste essa compatibilidade, sem a qual a análise do projeto não prossegue.

Caso haja impedimentos legais absolutos, naturalmente não há porque continuar com o EIA. Na verdade, essa análise já deve ser feita antecipadamente, em algum tipo de estudo preliminar de viabilidade ambiental (como alguma avaliação interna à empresa proponente ou um Estudo de Viabilidade Técnica, Econômica e Ambiental – EVTEA). Impedimentos absolutos podem ocorrer em situações de restrições impostas por zoneamento, entre outros, mas as leis não são imutáveis, e forças políticas e econômicas podem alterar leis e tornar compatíveis com os requisitos legais empreendimentos que antes eram inviáveis. Isso não é raro nos casos de empreendimentos considerados como de "utilidade pública", e já houve casos em que até unidades de conservação de proteção integral foram alteradas para dar lugar a esse tipo de empreendimento, embora a legalidade de tais ações seja questionada.

Contudo, na maioria das vezes, a legislação apenas impõe restrições parciais, que devem ser conhecidas para assegurar um bom planejamento do projeto. Por exemplo, a legislação florestal brasileira designa "áreas de preservação permanente" o entorno de nascentes, as margens de rios, as vertentes de grande declividade e algumas outras situações. Nesses casos, deve-se fazer um levantamento de todas as restrições, cartografá-las e buscar respeitá-las durante o planejamento do projeto, o que requer que as equipes ambiental e de projeto interajam.

Certos tipos de projeto podem respeitar integralmente (ou quase) as áreas de preservação permanente, como as linhas de transmissão de energia elétrica, cujas torres podem ser localizadas fora dessas áreas e cujo traçado também pode, em larga medida, evitar corte de vegetação nativa. Já uma barragem é necessariamente construída interrompendo um rio e, portanto, é inevitável que inunde áreas de preservação permanente.

Identificação preliminar dos impactos prováveis

A identificação dos impactos ambientais nessa fase preliminar consiste na preparação de uma lista das prováveis alterações decorrentes do empreendimento, sem que haja preocupação com a classificação dos impactos segundo seu grau de importância, mas descartando os impactos irrelevantes[3]. Normalmente, parte-se de uma descrição do projeto e de suas alternativas, da leitura dos documentos disponíveis (tais como estudos de viabilidade econômica, estudos de alternativas, projetos ou anteprojetos de engenharia) e de um reconhecimento do local proposto para o empreendimento.

No reconhecimento é possível identificar as mais evidentes características ambientais que poderão ser afetadas pelo projeto; por exemplo, pode-se verificar a existência de diferentes tipos de vegetação, as formas de uso do solo e as atividades antrópicas realizadas no entorno, vias de acesso, características físicas do meio, como relevo, solos e rede hidrográfica, entre outras.

Documentação cartográfica e imagens aéreas são muito úteis nessa fase, pois possibilitam uma visão de conjunto do local do projeto e seu entorno. As demais atividades preparatórias também podem fornecer vários elementos úteis para a identificação preliminar de impactos.

A análise dos impactos do empreendimento sempre será feita com base no estudo das interações possíveis entre as ações ou atividades que compõem o empreendimento e os componentes ou processos do meio ambiente, ou seja, de *relações plausíveis de causa e efeito* (Cap. 1). Nessa etapa inicial, as interações podem ser identificadas a partir de:

* analogia com casos similares;
* experiência e opinião de especialistas (incluindo a equipe ambiental);
* dedução, ou seja, confrontar as principais atividades que compõem o empreendimento com os processos ambientais atuantes no local, inferindo consequências lógicas;
* indução, ou seja, generalizar a partir de fatos ou fenômenos observados[4].

Na prática, caso os profissionais envolvidos não tenham familiaridade com o tipo de empreendimento que será analisado, pode-se utilizar listas de verificação e outras listagens de impactos existentes na literatura técnica. Um especialista no tipo de empreendimento proposto será capaz, ao lado de uma pessoa experiente em análise de impactos ambientais, de identificar um grande número de impactos prováveis. O mesmo ocorrerá se for consultado um cientista que detenha conhecimento especializado sobre o tipo de ambiente onde se pretende implantar o projeto; por exemplo, para um projeto de marina em zona de manguezais, um especialista nesse tipo de ecossistema poderá rapidamente preparar uma lista de vários impactos ambientais potenciais, que posteriormente serão validados, ou não, na sequência dos estudos.

Determinação do escopo

Dois empreendimentos idênticos localizados em ambientes diferentes resultarão em diferentes impactos. Da mesma forma, em determinado local, projetos distintos ocasionam impactos diferentes.

Por outro lado, sabe-se que os impactos e os riscos ambientais não são percebidos da mesma forma por pessoas ou grupos sociais diferentes. Por exemplo, o sentimento de perda ocasionado pela inundação de um cemitério indígena, ou de qualquer outro sítio sagrado de uma comunidade, dificilmente poderá ser apreendido em sua plenitude por pessoas que não façam parte daquele grupo.

Assim, por razões seja de ordem científica, seja de ordem social, alguns impactos deverão ser considerados como mais importantes que outros e, portanto, receber mais atenção no EIA. Além disso, por razões de ordem prática, é impossível estudar detalhadamente todas as interações entre o projeto e o ambiente. Isso equivaleria a uma abordagem exaustiva, que acaba forçosamente resultando num estudo superficial.

> É mais útil e eficaz analisar com profundidade algumas questões relevantes que descrever com igual superficialidade dezenas de impactos ambientais abordados genericamente.

---

[3] *Como se trata de uma noção que envolve apreciável porção de subjetividade, sua aplicação prática requer bom senso. O contexto social, político e legal em que se realiza um estudo ambiental é determinante na definição do que é relevante. Impactos sobre certos recursos podem ser vistos como muito importantes em um lugar, enquanto sequer são reconhecidos em outros, ao passo que há diversas questões universalmente valorizadas (conforme Caps. 4 e 5). As preocupações que representam valores locais devem ser identificadas.*

[4] *Em AIA, a indução, forma de argumentação que vai do particular para o geral, frequentemente faz parte do discurso engajado – a favor ou contra um empreendimento –, enquanto a dedução é o método que guia os procedimentos analíticos da equipe multidisciplinar que realiza o EIA e da equipe de analistas dos órgãos governamentais. Mas não se deve contrapor os métodos; ambos contribuem para o conhecimento, que é um dos pilares da avaliação de impacto ambiental.*

Ademais, a experiência tem mostrado que, quando um determinado projeto é submetido a discussão pública no processo de AIA, somente umas poucas questões críticas atraem a atenção dos interessados (Cap. 3).

Para estabelecer o escopo de um EIA, procede-se primeiro à identificação das questões relevantes, com emprego de abordagens como:

* analogia com casos similares;
* experiência e opinião de especialistas;
* consulta ao público;
* identificação de componentes ambientais sob proteção legal.

Como visto no Cap. 5, a definição do escopo é tanto uma etapa do processo de AIA como uma atividade de planejamento de um estudo ambiental. Mesmo que não exista uma formalização dessa etapa (obrigatória em diversas jurisdições), é impossível conceber um estudo ambiental que não contenha alguma forma de seleção das questões principais – muitas vezes isso se faz de maneira implícita, mas nesse caso os critérios de seleção não são conhecidos do público e o controle social é mais difícil.

Estudos de base

Os estudos de base têm uma posição central na sequência de etapas de um EIA. Eles devem ser organizados de maneira a fornecer as informações necessárias às fases seguintes, ou seja, a previsão dos impactos, a avaliação de sua importância e a elaboração de um plano de gestão ambiental; essas informações, por sua vez, são definidas em função das duas etapas anteriores, a identificação preliminar dos impactos potenciais e a seleção das questões mais relevantes.

A realização dos estudos de base é certamente a atividade mais cara e mais demorada da AIA, e por isso deve ser planejada cuidadosamente. Depois de definir o tipo de informação necessária, o plano de trabalho deve estabelecer as escalas temporal e espacial dos estudos e seus métodos, a necessidade de análises laboratoriais e os procedimentos ou métodos de tratamento e interpretação dos dados. Em particular, deve-se definir se serão necessários dados primários ou secundários. Estes são dados preexistentes, publicados ou armazenados em instituições públicas, organismos de pesquisa ou pelo próprio proponente do projeto. Dados primários são aqueles levantados especialmente para o EIA, o que demanda trabalhos de campo e, consequentemente, maior esforço, custo e tempo. A importância de se adotar uma abordagem dirigida transparece aqui. Caso contrário, a equipe multidisciplinar estará arriscada a levantar uma quantidade imensa de dados secundários disponíveis, mas absolutamente inúteis ou, pior ainda, inúmeros dados primários que posteriormente não serão utilizados para a análise dos impactos decorrentes do empreendimento.

Uma questão importante aqui é a definição prévia da *área de estudo*, ou seja, a área geográfica onde serão realizados os estudos de base, área que será objeto de coleta de dados primários ou secundários. É comum se confundir a área de estudo com a *área de influência*. Certas regulamentações sobre EIAs, como a brasileira e a chilena, requerem que a equipe determine a área de influência do empreendimento analisado. Esta não é conhecida no planejamento dos estudos, mas somente depois de analisados os impactos (e varia conforme os impactos afetem o ambiente físico, biótico ou antrópico). Pode ser definida como a *área cuja qualidade ambiental sofrerá modificações direta ou indiretamente decorrentes do empreendimento.* Por sua vez, a área de estudo é simplesmente aquela em que serão coletadas informações a fim de caracterizar e descrever o ambiente potencialmente afetado pelo projeto. O resultado dos estudos de base forma um capítulo do EIA que recebe denominações como *diagnóstico ambiental* (no Brasil), *linha de base* (Chile e outros países), *características do ambiente receptor* (Uruguai) e *descrição do sistema ambiental* (México).

Identificação e previsão dos impactos

Análise dos impactos é um termo que descreve uma sequência de atividades. A conclusão dos estudos de base, ao fornecer uma descrição da situação ambiental na área de estudo, possibilita que a identificação preliminar dos impactos – feita no início do planejamento dos estudos – seja revista à luz de um conhecimento que a equipe multidisciplinar não possuía naquele momento. Trata-se, portanto, não de uma nova identificação, mas de uma revisão, atualização ou correção da lista preliminar de impactos, enriquecida com as novas informações geradas ou compiladas pelos estudos de base.

Como a AIA objetiva antecipar as consequências futuras de decisões tomadas no presente, a previsão dos impactos é uma tarefa fundamental. Previsão deve ser entendida como uma hipótese fundamentada e justificada, se possível quantitativa, sobre o comportamento futuro de alguns parâmetros, denominados *indicadores ambientais*, representativos da qualidade ambiental. Previsão de impactos é a estimativa fundamentada da intensidade, duração e área de influência de um impacto ambiental.

Infelizmente, é comum a confusão entre identificação e previsão dos impactos. A identificação é apenas uma enumeração das prováveis consequências futuras de uma ação. Também deve ser justificada e fundamentada, mas, ao contrário da previsão de impactos, não resulta da aplicação sistemática e dirigida de métodos e técnicas próprios de cada uma das disciplinas científicas conhecidas pelos membros de uma equipe multidisciplinar de preparação de um EIA, mas de procedimentos dedutivos e indutivos de formulação de hipóteses (que, claro, não prescindem de tais conhecimentos).

Na prática da AIA, a previsão dos impactos demanda um entendimento detalhado dos processos físicos e ecológicos e das interações sociais e, por isso, somente pode ser feita depois de concluídos os estudos de base, que fornecerão os elementos necessários para que as previsões sejam devidamente fundamentadas.

Uma das formas de realizar previsões de impacto é utilizar modelos matemáticos, que representam o comportamento de indicadores ambientais em função de variáveis de entrada. Assim, por exemplo, a concentração de poluentes no ar pode ser prevista a partir de informações sobre as emissões de um processo industrial e sobre as condições atmosféricas que governam a dispersão dos poluentes emitidos. A concentração de poluentes pode ser representada por um indicador ambiental – por exemplo, a concentração de partículas inaláveis no nível do solo.

No entanto, nem todos os processos ambientais, e ainda menos os sociais, podem ser modelados matematicamente, de forma que outras técnicas devem ser empregadas para a previsão de impactos, entre as quais se encontram ensaios de laboratório e de campo, extrapolação, construção de cenários e a opinião de profissionais, baseada em analogia com casos similares ou em seu conhecimento do meio. Todas as técnicas de previsão, inclusive os modelos matemáticos, têm seus limites e produzem resultados com certa margem de incerteza. Isso é inerente à AIA e deve ser levado em conta na elaboração do EIA, durante sua análise e nas decisões que são tomadas em decorrência.

Avaliação dos impactos

Enquanto a previsão dos impactos informa sobre a magnitude ou intensidade das modificações ambientais, a avaliação discorre sobre sua importância, significância ou relevância (esses termos são sinônimos). É importante diferenciar os dois conceitos, já que a avaliação da importância tem subjetividade maior que a previsão dos impactos.

Por exemplo, previsões de impacto em um EIA poderiam vir na forma de enunciados como:

* "Devido aos despejos de efluentes, após tratamento, a concentração de zinco nas águas do corpo d'água receptor deverá atingir 0,4 mg/ℓ nas piores condições de diluição, ou seja, com vazão mínima num período consecutivo de 7 dias e período de retorno de 10 anos ($Q_{7,10}$)."

* "Como o empreendimento implicará a drenagem completa da área úmida conhecida localmente como Brejo do Matão, a espécie *Brejus brasiliensis*, recentemente descrita, considerada endêmica da região e da qual outras populações não são conhecidas, correrá risco de desaparecer."

Que interpretação dar a esses enunciados? O que significam 0,4 mg/ℓ de zinco num rio e a destruição do hábitat de uma espécie? No primeiro caso, a interpretação – ou avaliação de importância – deveria discutir o significado da concentração de metal prevista para o pior caso: Durante quantos dias do ano ocorreria a concentração máxima? Representa um risco para a saúde de uma comunidade indígena situada a jusante e que utiliza a água do rio? O metal poderá se acumular nos tecidos de determinadas espécies de peixes? Esses peixes fazem parte da dieta alimentar da comunidade? Observe-se que os padrões legais nem sempre são suficientes para avaliar a importância de um impacto.

No segundo caso, a destruição do hábitat de uma espécie cuja distribuição geográfica é restrita ao local afetado significará alto risco de extinção, mesmo que ela possa ser introduzida em hábitat semelhante ou reproduzida em cativeiro, hipóteses cujas chances de sucesso são desconhecidas. Face ao declínio geral da biodiversidade em escala global, tal impacto deveria ser avaliado como muito significativo. Na verdade, seria tão importante a ponto de impedir a aprovação do projeto.

Embora existam alguns elementos balizadores da discussão sobre a importância de um impacto ambiental, como padrões de concentração de poluentes e a importância social atribuída a determinado componente do ecossistema, avaliação de significância implica fundamentalmente um juízo de valor e, portanto, extrapola o âmbito de competência do empreendedor ou da equipe técnica que elabora o EIA; essa é uma das razões que fazem com que as regulamentações sobre AIA incluam mecanismos formais de consulta pública e que o licenciamento ambiental seja um ato discricionário (seção 3.2).

É evidente que a equipe do EIA estará bem posicionada para emitir seus próprios julgamentos de valor, uma vez que, em princípio, conhece melhor que ninguém os possíveis impactos do projeto. Na verdade, deve fazê-lo avaliando a importância dos impactos que identificou e previu, mas para isso é necessário que descreva com clareza os critérios de atribuição de importância, de modo que o EIA possa ser exposto ao escrutínio público e a opiniões contrastantes, se necessário.

Plano de gestão

Alguns impactos negativos poderão ser aceitáveis se houver medidas capazes de reduzi-los, mas o melhor resultado da AIA é evitar impactos adversos. Conhecidas como medidas mitigadoras, as ações que visam evitar, atenuar, corrigir ou compensar os efeitos negativos do empreendimento devem ser descritas no EIA. Embora etimologicamente mitigação tenha o sentido de atenuação, é também um termo descritivo de um conjunto de medidas que inclui alterações de projeto visando evitar impactos, ações para reduzir ou corrigir esses impactos e ações para compensar aqueles que não puderem ser evitados ou suficientemente reduzidos, nessa ordem de preferência, conhecida como hierarquia de mitigação (Fig. 6.2). Ademais, medidas para realçar os impactos benéficos também se incluem nos planos de gestão.

O *plano de gestão ambiental é o conjunto de medidas de ordem técnica e gerencial necessárias, em qualquer fase do período de vida do empreendimento, para evitar, atenuar ou compensar os impactos adversos e realçar ou acentuar os impactos benéficos.* Trata-se de um plano a ser aplicado (e detalhado, adaptado ou aperfeiçoado) após a aprovação do projeto, sendo necessário um compromisso do empreendedor com seu cumprimento. Sua implementação e fiscalização correspondem à fase de acompanhamento do processo de AIA.

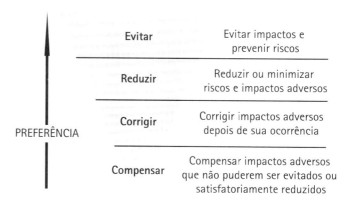

Fig. 6.2 *Preferência no controle de impactos ambientais*

Algumas medidas mitigadoras já podem estar embutidas no projeto técnico, como sistemas de abatimento de emissões; nesse caso, compete também à equipe que elabora o EIA uma análise da eficácia dessas medidas nas futuras condições operacionais do empreendimento, podendo-se propor medidas ou controles adicionais.

Outro componente dos planos de gestão ambiental de um EIA são medidas compensatórias, que visam contrabalançar a perda de componentes importantes do ecossistema, do ambiente construído, do patrimônio cultural ou, ainda, de relações sociais. Um caso típico de compensação ocorre quando uma porção de vegetação nativa tem de ser suprimida, perda que poderia ser contrabalanceada mediante a proteção de uma área maior que aquela que será perdida, ou mediante a restauração de uma área degradada, ou ambas.

Medidas de valorização ou realce dos impactos positivos são muitas vezes necessárias para que estes se concretizem em benefício da região. Porém, determinados empreendimentos requerem mão de obra especializada nem sempre disponível localmente, necessitando atrair trabalhadores de fora e, portanto, não criando empregos na região que acolhe o projeto. Um programa de formação de mão de obra e de qualificação de fornecedores locais de bens e serviços pode contribuir para tornar realidade os impactos benéficos.

> A hierarquia de mitigação é uma noção central em avaliação de impactos: a prioridade é a prevenção, ou seja, evitar impactos adversos.

Outro componente essencial dos planos de gestão é o plano de monitoramento e acompanhamento. Esse plano deve ser coerente com as demais atividades do EIA. Por exemplo, os indicadores ambientais e as estações de monitoramento deveriam, idealmente, ser os mesmos empregados nos estudos de base, o que permitiria a comparação de seu comportamento antes e depois da implantação e operação do empreendimento. Pelo menos quatro objetivos podem ser atribuídos ao monitoramento dos impactos de um projeto submetido ao processo de AIA:

* verificar os impactos reais do projeto;
* compará-los com as previsões;
* alertar para a necessidade de agir caso os impactos ultrapassem certos limites;

※ avaliar a capacidade de o EIA fazer previsões válidas e formular recomendações para a melhoria de futuros EIAs de projetos similares ou localizados na mesma região.

O monitoramento ambiental do projeto não deve ser confundido com o monitoramento da qualidade ambiental ou do estado do meio ambiente, normalmente executado por instituições públicas. Trata-se de um automonitoramento concebido em função dos impactos previstos e que deve ser capaz de captar as mudanças induzidas pelo empreendimento e distingui-las de eventuais mudanças naturais ou induzidas por outras fontes.

Em suma, o plano de gestão ambiental é a ligação entre os estudos prévios e os procedimentos de gestão ambiental que a empresa adotará caso o empreendimento seja aprovado.

6.3 CUSTOS DO ESTUDO E DO PROCESSO DE AVALIAÇÃO DE IMPACTO AMBIENTAL

Estimar antecipadamente os custos de elaboração do EIA e das demais tarefas associadas ao processo de AIA é uma demanda frequente da parte dos proponentes de projetos públicos ou privados. Infelizmente, há poucos estudos sobre o assunto, seja porque as empresas mantêm sigilo sobre seus custos, seja porque os itens de custo podem nem mesmo ser apropriados contabilmente pelas empresas: muitas vezes não há registros de despesas especificamente imputáveis ao processo de AIA.

Em termos da divisão clássica entre custos de investimento e custos de operação, os custos do processo de AIA são classificados na categoria de custos de investimento ou de capital. Tais custos recaem basicamente sobre o investidor, mas parte dele é assumida pelo governo, principalmente para a etapa de análise do EIA, caso não haja cobrança. Para o proponente, os principais itens a considerar são (i) o custo de elaboração do EIA e estudos complementares e subsequentes e (ii) o custo de organização da consulta pública. Em algumas jurisdições, o governo pode cobrar taxas ou um ressarcimento de suas despesas de análise do EIA. Como se verá abaixo, esses custos situam-se, na maioria dos casos, abaixo de 1% do valor do investimento, e frequentemente abaixo de 0,5%.

Esses são os principais custos diretos da avaliação de impactos, mas muitas empresas e empreendedores governamentais não computam os custos indiretos que advêm seja de estudos mal planejados ou mal conduzidos, seja de estratégias de comunicação inadequadas, ou ainda, os custos resultantes da visão (míope) de entender o EIA como mera exigência legal e não como instrumento de planejamento. Todas essas situações podem levar a atrasos de projeto, cujos custos para as empresas podem ser maiores que os de uma boa avaliação de impacto, feita com a devida interação com as atividades de preparação do projeto. Nos casos em que a avaliação de impacto é iniciada somente depois que o projeto técnico está concluído, os custos indiretos tendem a aumentar.

Outros custos diretos são aqueles da implementação das condicionantes resultantes da avaliação de impactos. Naturalmente, o investidor terá interesse em saber em que patamares se situarão os custos de mitigação, uma vez que comporão os custos totais do projeto e devem ser levados em conta na avaliação de sua viabilidade econômica. Ainda que, do ponto de vista da autoridade governamental, os custos de mitigação não interessem (em geral eles não são informados nos EIAs nem nos estudos complementares e subsequentes), estimativas são necessárias ao proponente do projeto, uma vez que podem influenciar sua rentabilidade. Da mesma forma, conhecer os custos de mitigação é relevante para os agentes financeiros envolvidos.

A implementação dos programas ambientais também envolve custos de gestão. As atividades da etapa de acompanhamento (Cap. 18) cujos custos precisam ser computados podem incluir supervisão, auditoria e monitoramento ambiental.

As informações publicamente disponíveis sugerem que o custo de preparação de um EIA, em geral, situa-se na faixa entre 0,1% e 1,0% do custo de investimento (Hollick, 1986; World Bank, 1991). Os custos de consulta pública, segundo levantamento feito pelo Banco Mundial para alguns projetos financiados por essa entidade (World Bank, 1999), giraram em torno de 0,0025% do valor dos investimentos, enquanto, em números absolutos, variaram entre US$ 25 mil e US$ 1,5 milhão.

Um estudo feito para a Comissão Europeia sobre custos e benefícios da AIA[5] avaliou 18 casos de EIAs feitos para diferentes tipos de projetos em quatro países da União Europeia. Suas principais conclusões em relação aos custos são:

* O custo de elaboração do EIA corresponde a uma parcela entre 60% e 90% do custo total do processo de AIA.
* O custo do EIA não excede 0,5% do valor do investimento (custos de capital do projeto) em 60% dos casos examinados.
* Custos acima de 1% correspondem a casos de exceção, em geral associados a "projetos particularmente controvertidos em ambientes sensíveis", ou a casos nos quais "a boa prática da AIA não foi seguida".
* A faixa de variação dos custos da AIA em relação ao valor do investimento em cada projeto foi de 0,01% a 2,56%, com a média situando-se em 0,5%.
* Em termos percentuais, os custos são maiores para os projetos que implicam menores custos de capital.

[5] *EIA in Europe: a Study on Costs and Benefits.*

Um estudo mais recente (GHK, 2010) em suporte ao processo de revisão da Diretiva europeia sobre AIA avança o percentual médio de 1% a título de "custos do empreendedor", variando entre 0,1% e 2,5%. Uma publicação da Organização das Nações Unidas para Agricultura e Alimentação também afirma que o percentual é inversamente proporcional ao investimento total, situando-se entre 0,1% e 0,3% para projetos acima de US$ 100 milhões e entre 0,2% e 0,5% para projetos abaixo desse valor, mas podendo atingir de 1% a 3% para pequenos projetos (Dougherty; Hall, 1995).

Na África do Sul, um levantamento feito com 107 companhias que negociavam ações na bolsa de valores de Joanesburgo constatou que 25% delas informaram gastar com o processo de AIA menos de 1% do valor do investimento em novos projetos, ao passo que 13% das empresas reportaram gastos entre 2% e 4%; 60% das empresas não haviam contabilizado essas despesas (Rossouw et al., 2003). Também na África do Sul, um estudo de Retief e Chabalala (2009) analisou sistematicamente os custos dos estudos ambientais apresentados em 138 casos de licenciamento entre 2000 e 2006; para os dois EIAs completos, o custo variou entre 0,23% e 3,6% enquanto para os 136 estudos simplificados, a faixa de variação foi de 0,01% a 8%, com a maioria se situando entre 0,04% e 3%. Os custos de participação pública estão embutidos nos custos diretos totais e foram em média de 13%.

Dados esparsos de projetos no Brasil sugerem que os custos do processo de AIA têm aumentado à medida que os órgãos governamentais tornam-se mais preparados e exigentes. Na década de 1990, projetos de grande porte podiam ter EIAs que custavam desde irrisórios 0,02% do valor do investimento até módicos 0,1%. Na ausência de termos de referência suficientemente detalhados para a preparação de um EIA, os orçamentos apresentados pelos consultores podiam variar bastante. Em um caso de um grande projeto na Amazônia, um empreendedor recebeu propostas cujo preço variava de 1 a 7.

Sabe-se também que os custos de preparação dos estudos variam de acordo com o tipo de projeto. Aqueles que requerem estudos mais extensos e detalhados costumam ser os projetos de mineração, seguidos de projetos de barragens. Projetos de exploração e produção *offshore* de petróleo e gás estão entre aqueles para os quais os EIAs tendem a ser mais baratos, haja vista a quantidade de dados de base disponíveis.

Sobre custos de acompanhamento há menos estudos, mas alguns casos no Brasil permitem conhecer sua ordem de grandeza. O estudo de Sánchez e Gallardo (2005) sobre a fase de acompanhamento da construção da pista descendente da rodovia dos Imigrantes, em São Paulo, entre 1998 e 2002, computou custos fornecidos pelo empreendedor e estimou os custos dos órgãos governamentais, chegando a um total de 1,14% do valor do investimento, cabendo 1,03% ao empreendedor e 0,11% ao governo. Nesse caso, a etapa de acompanhamento acabou absorvendo alguns custos que normalmente seriam atribuíveis à elaboração do EIA, que precedeu de dez anos o início da construção e teve que ser atualizado para fins de obtenção da licença de instalação. Os itens de custo propriamente relativos ao acompanhamento incluem supervisão e gestão ambiental da parte do empreendedor e do consórcio construtor, além de monitoramento ambiental e serviços de consultoria para tratamento, interpretação dos dados de monitoramento e preparação de relatórios de andamento. A esses custos somam-se a implementação de medidas mitigadoras e a compensação ambiental, que ascendeu a cerca de 4% do valor do investimento devido ao fato de a rodovia atravessar um parque estadual.

O Tribunal de Contas da União (TCU, 2011) compilou custos da fase de acompanhamento para um projeto de duplicação de uma rodovia e outro de construção de uma nova ferrovia. Os custos dos serviços de supervisão e monitoramento ambiental, assumidos pelo empreendedor, representaram 1,43% para a rodovia e 0,1% para a ferrovia. Essa variação grande é somente em parte explicada pelo fato de o empreendedor da rodovia ser um órgão governamental e pelo projeto ter sofrido inúmeros atrasos em decorrência de restrições orçamentárias e outros fatores alheios à gestão ambiental, ao passo que a ferrovia era um projeto privado. Por outro lado, o custo dos programas de monitoramento dessas duas obras foi quase idêntico, respectivamente de 0,14% e 0,16% do valor do investimento, mas chegaram a 0,6% no caso Imigrantes, variação que possivelmente se deve a diferentes critérios de contabilização.

Já os percentuais adotados em editais do Banco Interamericano de Desenvolvimento para projetos rodoviários no Brasil são da ordem de 0,75% para os custos de supervisão ambiental, comparáveis, portanto, aos custos apurados pelo TCU e no caso Imigrantes. É interessante comparar os custos de supervisão ambiental àqueles de fiscalização de obra (ou seja, a verificação da conformidade dos serviços executados às especificações do projeto e dos contratos): nos mesmos editais a fiscalização de obra custa dez vezes mais que a supervisão ambiental.

Um ensaio de consolidação desses dados é apresentado no Quadro 6.3, onde os valores apresentados derivam das diferentes fontes citadas nesta seção.

6.4 Síntese

O bom entendimento dos objetivos da AIA, assim como de suas possibilidades e limites, é essencial para que se possa obter o máximo de sua aplicação. Um dos pontos centrais de um bom EIA é dirigir as atividades para questões previamente definidas como importantes. O estudo será estruturado em torno dessas questões mais relevantes, que orientarão as atividades de coleta de dados e de análise dos impactos e a proposição de medidas de

Quadro 6.3 Principais custos diretos do processo de avaliação de impacto ambiental

	Item de custo	Faixa de variação (% do investimento)
Fase de avaliação prévia	Elaboração do EIA, estudos complementares, planos de gestão ambiental e outros estudos	0,1 a 2,5
	Realização de consulta pública	< 0,2
	Taxas de análise e outros pagamentos à administração pública	Variável
	Acompanhamento técnico, gerencial e legal durante o planejamento, elaboração e análise dos estudos	~0,1
Fase de implantação e operação	Supervisão ambiental das atividades de construção e implantação	0,2 a 1,5
	Monitoramento e preparação de relatórios	0,1 a 0,6
	Implementação de medidas mitigadoras, compensatórias e demais programas ambientais	Variável
	Gestão ambiental da operação	Variável (porém baixo)

gestão. A análise dos impactos é composta de três atividades distintas: identificação, previsão e avaliação, definidas da seguinte forma:

* *Identificação de impactos* é a descrição das consequências esperadas de um determinado empreendimento e dos mecanismos pelos quais se dão as relações de causa e efeito, a partir das ações modificadoras do meio ambiente que compõem tal empreendimento.
* *Previsão de impactos* significa fazer hipóteses, técnica e cientificamente fundamentadas, sobre a intensidade dos impactos ambientais, sua duração e área de influência.
* *Avaliação de (significância de) impactos* é a interpretação da importância de um impacto, sempre referida ao contexto socioambiental do projeto.

IDENTIFICAÇÃO DE IMPACTOS

7

Avaliação de Impacto Ambiental: conceitos e métodos

A base para estruturar e organizar um estudo de impacto ambiental é a identificação preliminar dos prováveis impactos. Ao enunciá-los, pode-se orientar as etapas seguintes do planejamento e da preparação do EIA, ou seja, a seleção das questões relevantes, os estudos de base, a análise dos impactos e a proposição de medidas de gestão ambiental. Aparentemente, o resultado do trabalho de identificação nada mais é que uma lista de impactos possíveis, mas, na verdade, a identificação dos prováveis impactos permite que a equipe multidisciplinar organize, de modo racional e partilhado entre seus membros, o entendimento acerca das relações entre as várias atividades do projeto e os componentes e processos ambientais que podem ser alterados.

Identificar prováveis impactos não é uma tarefa difícil, mas deve ser executada com discernimento e de maneira sistemática e cuidadosa, de modo a cobrir todos os possíveis impactos do projeto, mesmo se for sabido de antemão que alguns serão pouco significativos e, portanto, não receberão igual atenção no EIA.

O entendimento das atividades e operações que compõem o projeto, e de suas alternativas, ao lado do reconhecimento das características básicas do ambiente que poderá ser afetado são os pontos de partida para a identificação preliminar dos impactos (Fig. 6.1). Como se pode observar nessa figura, após a conclusão do diagnóstico ambiental, há nova identificação de impactos, na verdade, uma revisão ou confirmação dos impactos preliminarmente identificados no planejamento do EIA. Os conceitos e as ferramentas apresentados neste capítulo são empregados em ambas as modalidades de identificação de impactos.

7.1 FORMULANDO HIPÓTESES

Identificar impactos prováveis equivale a formular hipóteses sobre as modificações ambientais direta ou indiretamente causadas pelo projeto em análise. Analogia com situações similares, experiência dos membros da equipe multidisciplinar ou de consultores externos e emprego conjunto do raciocínio dedutivo e indutivo são alguns métodos empregados para a identificação preliminar dos impactos.

O conhecimento acumulado por profissionais e pesquisadores de todo o mundo, assim como a experiência anterior da equipe multidisciplinar que elabora o EIA, forma a base de conhecimento para uma boa identificação de impactos. Estudos de casos individuais e estudos de síntese sobre os impactos socioambientais de um determinado setor de atividade econômica são dois tipos de fontes que podem ser consultadas no início dos trabalhos. Os efeitos ambientais observados em empreendimentos semelhantes fornecem uma primeira pista para identificar os impactos de um novo projeto. Assim, pesquisa bibliográfica e consulta a trabalhos similares são prováveis primeiros passos de uma equipe encarregada de planejar um estudo ambiental.

Estudos de síntese não existem quando projetos baseados em novas tecnologias são avaliados, mas o conhecimento vai se acumulando rapidamente e se torna disponível para avaliar novos projetos. Quando as primeiras turbinas eólicas foram instaladas, na década de 1980, ou quando a técnica de fraturamento hidráulico para produção de gás natural contido em rochas argilosas (conhecido como "gás de xisto") passou a ser empregada, seus respectivos impactos ambientais e a eficácia das medidas de mitigação eram pouco conhecidas – e ainda o são, no caso dos sempre polêmicos projetos de gás de xisto.

Há de se ter cuidado ao consultar estudos ambientais feitos para empreendimentos similares. Dada a quantidade de EIAs ruins, se não houver, de fonte segura, o indicativo de que se trata de um bom estudo, ao usá-lo pode-se simplesmente propagar erros e más práticas.

CAPÍTULO

Não se pode esquecer que os órgãos governamentais competentes frequentemente demandam complementações aos estudos ambientais, que nem sempre estão facilmente acessíveis ao público. No Brasil, o documento que efetivamente serve para fundamentar a decisão de licenciamento pode ser bastante diferente do EIA original.

A confiança que se pode ter em documentos obtidos mediante busca na internet depende da credibilidade da fonte. Sítios governamentais contêm documentos e estudos oficiais que podem ser bastante úteis, exceto quando o governo é o proponente do projeto. Sítios de empresas, de associações empresariais e de ONGs podem trazer informação fidedigna e balanceada, mas muitas vezes refletem somente seus interesses. Organizações internacionais usualmente são fontes bastante confiáveis, ao passo que artigos publicados em periódicos científicos com arbitragem (*peer reviewed*) geralmente são de alta credibilidade.

Em certos países (como Canadá, Holanda e Austrália), as agências governamentais publicam relatórios contendo os resultados de análises de EIAs ou as conclusões de comissões de consulta pública. O acervo de relatórios constitui importante repositório de conhecimento, assim como guias técnicos publicados por agências de AIA (Sánchez; Morrison-Saunders, 2011; Sánchez; André, 2013). Alguns pareceres técnicos de análise de EIAs preparados por órgãos ambientais brasileiros também podem ser encontrados. Também os bancos de desenvolvimento facilitam ao público diversos documentos relativos ao processo de análise dos projetos submetidos para financiamento. Esses podem servir como fonte para auxiliar a identificação de impactos, e também para informação sobre técnicas de previsão de impactos e medidas de gestão ambiental.

Muito do conhecimento acumulado sobre impactos ambientais encontra-se também sistematizado em manuais e publicações especializadas ou em estudos sobre o estado da arte da análise dos impactos em um determinado setor ou tipo de atividade. Este é o caso das barragens. Não somente existem milhares de estudos e publicações sobre efeitos ambientais de barragens, como um esforço multi-institucional de síntese foi empreendido por ONGs e bancos de desenvolvimento, com o apoio de alguns governos, com a constituição da *Comissão Mundial de Barragens*, que promoveu uma ampla discussão mundial sobre benefícios, custos, impactos e riscos das barragens e coletou vasto material analítico, tornando-o disponível (WCD, 2000). Alguns exemplos de constatações da Comissão que podem auxiliar a realização de EIAs são:

* Raramente os EIAs são claros quanto à repartição social dos impactos, mesmo que muitos empreendimentos afetem de maneira mais significativa alguns grupos sociais em comparação a outros.
* Os pobres, outros grupos vulneráveis e as gerações futuras têm mais chance de arcar com uma parte desproporcional dos custos sociais e ambientais das grandes barragens sem que recebam uma parcela proporcional dos benefícios econômicos.
* Entre as comunidades afetadas, as disparidades de gênero aumentaram, com mulheres arcando com uma parte desproporcional dos custos sociais e sendo frequentemente discriminadas negativamente na partilha dos benefícios.
* Comunidades indígenas e minorias étnicas vulneráveis padeceram de índices maiores de deslocamento involuntário e sofreram maiores impactos sobre seus meios de vida, cultura e valores espirituais.

Uma iniciativa similar abordou a indústria mineral (IIED/WBCSD, 2002), traçando um amplo panorama de seus impactos e de sua contribuição para o desenvolvimento socioeconômico sob a perspectiva, nem sempre concordante, de vários grupos de interessados.

Há, portanto, ampla disponibilidade de informação e conhecimento a respeito das consequências socioambientais de muitas atividades humanas, mas esse conhecimento acumulado só se torna produtivo à medida que for efetivamente apropriado pelos membros da equipe multidisciplinar que realiza o estudo ambiental.

> Conhecimento não pode ser confundido com informação. Há cada vez mais informação disponível, mas é o conhecimento que permite discernir a informação relevante da irrelevante e possibilita um questionamento crítico da informação, que pode ser errada, enganosa, deliberadamente manipulada ou descontextualizada.

Deve-se ressaltar o papel do coordenador dos estudos, que precisa ser realmente um *profissional* da avaliação de impacto ambiental. Enquanto dos especialistas que compõem a equipe e dos consultores externos espera-se atualização e competência para tratar dos temas que lhes cabem (além de habilidades comunicativas), ao coordenador ou à equipe de coordenação cabe um olhar crítico, abrangente e inclusivo para produzir um estudo adequado.

A indispensável visita de campo para reconhecer o local do empreendimento e seu entorno pode ser completada por uma rápida consulta a fontes cartográficas e bibliográficas para o analista formar rapidamente uma ideia do contexto ambiental em que está inserido o projeto.

Se os impactos ambientais resultam da interação entre o projeto e o meio ambiente, para identificar corretamente os impactos é preciso, então, ter um bom entendimento do projeto, das obras e demais atividades necessárias para sua implantação e das operações que serão realizadas durante seu funcionamento, assim como das atividades relacionadas à desativação, ao final de sua vida útil. Muitas vezes, uma visita a um empreendimento similar é um excelente meio de compreender o projeto proposto, principalmente se os membros da equipe do EIA não têm familiaridade com o tipo de empreendimento a ser analisado. Nessas visitas pode-se visualizar muitos impactos que possivelmente ocorrerão no caso em estudo e também conhecer operações semelhantes àquelas que serão realizadas no local do novo projeto.

Enfim, há vários caminhos para formular hipóteses sobre os prováveis impactos do projeto, mas, após uma investigação inicial, que pode ser muito abrangente, é preciso começar a sistematizar essas hipóteses, sistematizando a descrição do projeto e a caracterização preliminar dos componentes ambientais que poderão ser afetados.

7.2 IDENTIFICAÇÃO DAS CAUSAS: AÇÕES OU ATIVIDADES HUMANAS

Os impactos ambientais decorrem de uma *ação* ou de um conjunto de *ações* ou *atividades* humanas realizadas em um certo local. Um EIA pressupõe que tais ações sejam planejadas, sendo usualmente descritas em documentos, como projetos de engenharia, memoriais descritivos, plantas etc. Dessa premissa, decorre a impossibilidade (ou incoerência) de aplicar a AIA para a análise de ações não planejadas, como um garimpo, o lançamento clandestino de resíduos, a construção individual de residências em áreas rurais ou em periferias urbanas. A equipe encarregada da preparação do estudo ambiental deve ter conhecimento de todos os estudos técnicos relevantes que tenham sido produzidos para a preparação de um projeto, inclusive para alternativas que tenham sido descartadas.

Deve-se, aqui, ter clareza acerca dos conceitos discutidos no Cap. 1. As ações ou atividades são as causas, enquanto os impactos são as consequências sofridas (ou potencialmente sofridas) pelos receptores ambientais (os recursos ambientais, os ecossistemas, os seres humanos, a paisagem, o ambiente construído – conforme os vários termos e conceitos ali discutidos). Os mecanismos que ligam uma causa a uma consequência são os aspectos ou os processos ambientais (seções 1.7 e 1.8).

Para identificar os impactos ambientais, deve-se conhecer bem suas causas – as atividades do projeto a ser analisado. Por isso, é usual que, como um passo para a identificação dos impactos, seja elaborada uma lista das atividades que compõem o empreendimento. Tal lista deve ser a mais detalhada possível, de maneira a mapear todas as possíveis causas de alterações ambientais. No apêndice on-line são mostradas listas de atividades para vários tipos de empreendimentos.

> Não se pode confundir causa com consequência. Uma ação ou atividade sempre requer recursos – humanos, financeiros e materiais – para ser executada.

É importante buscar o melhor entendimento possível do projeto, que será o fundamento de uma boa identificação dos impactos. A participação, na equipe, de um técnico especializado no tipo de projeto analisado é essencial, mas também é necessário que os demais membros da equipe compreendam bem as ações tecnológicas que compõem o empreendimento. Cada uma dessas ações poderá ocasionar um ou mais impactos ambientais.

Embora a "divisão" do empreendimento em diversas atividades seja justificável como procedimento analítico, não se pode perder de vista sua totalidade. Determinados impactos (que poderiam ser chamados de sistêmicos) decorrem não de uma ação isolada, mas do conjunto de ações que compõem o projeto. Por essa razão, não se pode deixar de identificar os impactos associados a esse conjunto, em vez de considerar somente os impactos associados a uma ou outra ação tecnológica individualizada.

Todas as etapas do ciclo de vida de um empreendimento devem ser levadas em conta, pois impactos significativos podem ocorrer em todas elas. Não há uma forma única para dividir o ciclo de vida de um empreendimento em períodos – deve-se considerar as características próprias de cada tipo de projeto. A periodização deve ser a mais apropriada para descrever com suficiente detalhe cada projeto. Para uma barragem, é conveniente discriminar uma etapa de enchimento do reservatório, pois impactos importantes ocorrem especificamente nesse momento. Já para uma mina, não se pode esquecer da etapa de desativação e fechamento, quando ocorrem impactos socioeconômicos como o desemprego e a redução da arrecadação tributária municipal (Sánchez; Silva-Sánchez; Neri, 2013), e deve-se preparar medidas de gestão voltadas para atenuar os impactos remanescentes e programas de recuperação de áreas degradadas. De qualquer forma, as etapas básicas geralmente consideradas são planejamento, implantação e operação, assim como, para vários tipos de projetos, desativação e fechamento. O entendimento de cada uma dessas etapas é:

* *Planejamento*: corresponde à execução de estudos técnicos e econômicos e pode incluir atividades de investigação ou levantamento de campo, como serviços de topografia, cadastramento de moradores e sondagens geológicas ou geotécnicas, atividades que podem causar impactos físicos e bióticos, mas os mais importantes costumam ser sociais. A forma de contato, ou de chegada ao território, pode afetar a confiança futura da comunidade no empreendedor e seus sucessores.
* *Implantação*: compreende todas as atividades necessárias para a construção de instalações ou de preparação para o início do funcionamento, como a execução de plantios florestais em um projeto de silvicultura. A instalação de canteiros de obras,

o recrutamento de mão de obra, a desmobilização do pessoal empregado na construção e a desmontagem do canteiro são algumas atividades dessa fase. Pode incluir a realização de testes em projetos industriais antes da posta em marcha definitiva (operação). Para certos empreendimentos, como rodovias, portos e outros projetos de infraestrutura, essa etapa pode acarretar os impactos mais importantes, inclusive aqueles relacionados ao deslocamento de populações humanas. Para conveniência na identificação de impactos, a fase de implantação pode ser subdividida.

❋ *Operação*: corresponde ao funcionamento do empreendimento, sendo normalmente a etapa mais longa. Durante a operação, os empreendimentos são modificados ou ampliados; as matérias-primas de processos industriais podem mudar e o uso do solo no entorno pode ser alterado substancialmente; incidentes e acidentes podem ocorrer. Tudo isso requer uma gestão adaptativa, pois é impossível que o EIA preveja detalhadamente todos os cenários da vida futura de um empreendimento. Em casos de modificações ou ampliações importantes, um novo EIA pode ser necessário. Para muitos empreendimentos, como indústrias, usinas termelétricas e aterros de resíduos, a etapa de operação causa os impactos mais significativos.

❋ *Desativação*: corresponde à preparação para o fechamento das instalações ou a paralisação das atividades[1]. A desativação requer planejamento específico com suficiente antecedência. O plano de desativação ou o plano de recuperação de áreas degradadas são parte do plano de gestão, mas deverão ser revistos e atualizados com periodicidade.

❋ *Fechamento*: é a cessação definitiva das atividades. Impactos residuais (permanentes) podem ocorrer e devem ser devidamente identificados no EIA. Após o fechamento de um empreendimento, um novo projeto pode ser proposto para o mesmo local, e, caso este tenha potencial de causar impactos adversos significativos, deverá ser objeto de um novo estudo ambiental, como um aterro de resíduos projetado para ocupar a cava de uma pedreira.

O tipo de informação necessária para lograr um bom entendimento do projeto é diferente para cada etapa de seu ciclo de vida. A AIA deve, necessariamente, abordar o projeto "do berço ao túmulo" (usando o jargão da avaliação do ciclo de vida de produtos). Outras ferramentas de planejamento e gestão ambiental abordam única ou essencialmente a etapa de operação, como o licenciamento ambiental convencional de atividades poluidoras e os sistemas de gestão ambiental.

Para a etapa de operação, é fundamental conhecer o processo de funcionamento, o consumo de matérias-primas, energia, água e outros insumos, as emissões e a geração de resíduos. Já para avaliar os impactos da fase de implantação, é preciso conhecer os métodos construtivos, a necessidade de mão de obra e os critérios de recrutamento, as vias de acesso, a necessidade de instalar sistemas auxiliares, como linhas de transmissão de eletricidade ou sistemas de captação e armazenagem de água, entre várias outras informações sobre o projeto (Figs. 7.1 a 7.8).

Em todo EIA, um capítulo deve ser dedicado à descrição do empreendimento, que deve ser clara, precisa, completa, mas ao mesmo tempo compreensível. Em geral é acompanhada de desenhos, diagramas e fluxogramas.

---

[1] *Não há concordância quanto ao uso de termos como desativação, fechamento ou pós-fechamento. No Brasil também é usada a palavra "descomissionamento", adaptada do inglês* decommissioning. *Em português, o termo que equivale a* decommissioning *é desativação, com o sentido de preparação para o fechamento, tratando-se de duas etapas diferentes no ciclo de vida de um empreendimento.*

Um teste simples de coerência de um EIA consiste em verificar se as listas de atividades apresentadas em matrizes de impacto refletem a descrição do empreendimento apresentada no capítulo correspondente.

Na literatura técnica pode-se encontrar listas de atividades ou descrições de uma série de tipos de empreendimentos preparadas especificamente com o propósito de facilitar a identificação de impactos ambientais. A título de exemplo, Fornasari Filho et al. (1992) descrevem com detalhe as principais "ações tecnológicas" de quinze tipos de projetos de engenharia, incluindo barragens, canais, aterros de resíduos, projetos de irrigação e projetos urbanísticos; Fernández-Vítora (2000) apresenta listas de "ações impactantes" para dezoito diferentes tipos de atividades, incluindo plantio florestal, planos de ordenamento territorial e projetos de irrigação; e Carroll e Turpin (2009) apresentam listas de atividades, impactos e medidas mitigadoras para vários tipos de projetos relativos a extração mineral, energia, água e saneamento, transporte, habitação e parcelamento do solo.

A subdivisão de um empreendimento pode resultar em dezenas ou mesmo centenas de atividades. Canter (1996, p. 97) reporta um levantamento feito para o Exército americano, segundo o qual foram inventariadas cerca de 2 mil "atividades básicas" em nove diferentes "áreas funcionais". Por exemplo, na área funcional de construção civil, algumas atividades são supressão de vegetação, preenchimento de fundações, limpeza de formas de concreto e instalação de isolamento termoacústico.

Com que grau de detalhe devem ser descritas as atividades de um projeto? Quais atividades podem ser agrupadas em categorias afins para que a descrição não apresente centenas de pequenas tarefas e procedimentos? Não há resposta única a essas questões. A descrição do empreendimento deve ser tal que permita sua perfeita compreensão pelos analistas e também pelos futuros leitores do EIA, nem demasiado detalhada, mas tampouco demasiado agregada.

Uma dificuldade prática decorre da frequente situação de nem mesmo o empreendedor ou o projetista serem, muitas vezes, capazes de descrever satisfatoriamente o projeto, porque este ainda não foi suficientemente definido quando se iniciam os estudos ambientais.

Em outras situações de planejamento e gestão ambiental também se deve levantar as atividades que podem causar impactos ambientais – como no planejamento de um sistema de gestão ambiental ou de programas de prevenção à poluição e de produção mais limpa –, mas nesses casos o exercício é mais simples, pois o objeto de estudo é um empreendimento real, não um projeto.

7.3 Descrição das consequências: aspectos e impactos ambientais

Os impactos são normalmente descritos por meio de *enunciados sintéticos*, como os seguintes exemplos de impactos usualmente encontrados na construção de barragens:

* perda de hábitats;
* proliferação de vetores;
* perda de cavernas;
* desaparecimento de locais de encontro da comunidade local;
* perda de produção agrícola;
* aumento da demanda de bens e serviços.

Além de *concisos*, os enunciados deveriam ser suficientemente precisos para evitar ambiguidades na sua interpretação; idealmente deveriam:

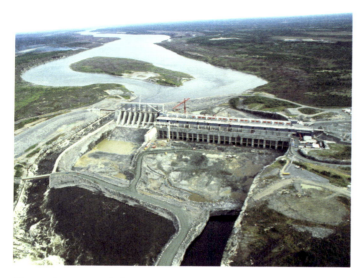

Fig. 7.1 *Construção da barragem La Grande 1, Quebec, Canadá. Abertura de um canal de desvio e construção de uma ensecadeira são algumas atividades causadoras de impactos ambientais durante a fase de implantação*

Fig. 7.2 *Construção de uma linha de transmissão de energia elétrica em área urbana. O estudo dos métodos e processos construtivos é uma das principais tarefas para a identificação dos impactos ambientais. Nesta foto, está em execução a instalação dos cabos e dos isoladores*

Fig. 7.3 *Escavação em mina de carvão com o emprego de uma dragline, atividade que tem aspectos ambientais evidentes, como a modificação do relevo, a emissão de poeiras e ruídos e o consumo de combustíveis fósseis. Mina de carvão Duhva, África do Sul*

Fig. 7.4 *Parque eólico nas proximidades da cidade de Tarazona, região de Aragão, Espanha, tipo de empreendimento que, embora produza "energia limpa", causa ruído, impactos sobre a paisagem, a avifauna e morcegos*

IDENTIFICAÇÃO DE IMPACTOS   159

Fig. 7.5 *Navio cargueiro deixa eclusa do canal do Panamá. O projeto de expansão, cerca de um século após a conclusão do primeiro projeto, prevê a construção de novas eclusas para dar passagem a navios de maior porte. A operação do canal atual é fonte inestimável de informação e conhecimento para identificar e avaliar os impactos da expansão. O consumo de água doce e a intrusão de água salgada no grande lago central (Gatún) foram questões centrais nos estudos do projeto de expansão*

Fig. 7.6 *Construção de canal do projeto de transposição de águas da bacia do rio São Francisco, no Nordeste do Brasil. O canal é escavado no solo e revestido de concreto, e um dos impactos evidentes é a barreira à circulação da fauna*

Fig. 7.7 *Construção de barragem no rio das Antas, Rio Grande do Sul, antes do desvio do rio para possibilitar a implantação da barragem propriamente dita. Nota-se a construção de uma estrutura de concreto (vertedouro)*

Fig. 7.8 *Em empreendimentos industriais, a fase de operação pode causar impactos mais significativos que a construção, como nesta indústria de fertilizantes. No caso de emissões atmosféricas, é preciso conhecer detalhes do processo que será implantado, como os insumos a serem processados e os combustíveis a serem utilizados*

* ser sintéticos;
* ser autoexplicativos;
* descrever o sentido das alterações (perda de..., destruição de..., redução de..., aumento de..., risco de...).

Entretanto, tais características dos enunciados que descrevem os impactos identificados nem sempre são vistas nos EIAs, sendo frequente encontrar enunciados dúbios ou de difícil compreensão, às vezes vagos, como "impactos sobre a fauna" ou "impactos sobre o solo". Enunciados precisos possibilitam comunicação mais eficaz não apenas com os leitores do EIA, mas também entre os próprios membros da equipe multidisciplinar. No Quadro 7.1 há exemplos de enunciados de impactos. Observando os dois grupos de enunciados no caso da rodovia, nota-se que os impactos sobre a fauna são apresentados de maneira mais agregada que os impactos urbanos: afugentamento, atropelamento e perda de indivíduos devido à caça. Para os impactos urbanos, o sentido da alteração é indicado: indução da ocupação (ou seja, aumento), aumento e ruptura; apenas um impacto é descrito como "alteração", provavelmente porque se anteveja que alguns imóveis serão valorizados (em decorrência da maior facilidade de acesso propiciada pela rodovia) ao passo que outros poderão ser desvalorizados (por exemplo, os que forem seccionados pelo empreendimento), cabendo, portanto, o uso do termo neutro "alteração".

No caso da usina de álcool há outro estilo de enunciados, pois os impactos são apresentados com indicação de suas causas. O sentido da alteração é também indicado, com exceção do último da lista, onde a "alteração" é claramente uma degradação. Já no caso do porto, o EIA descreve impactos com maior nível detalhe e desagregação. Em todos os casos, o EIA descreve cada impacto com ajuda de textos, quadros ou figuras, apresentando também uma síntese, mas no caso do terminal marítimo de cargas, cada enunciado de impacto é acompanhado de uma explanação, antes de ser discutido com detalhe no texto. São, portanto, formas diferentes de apresentar os impactos.

O nível de agregação com que são apresentados os impactos é matéria para reflexão. Na etapa de identificação preliminar certamente não é possível descrever cada impacto com detalhe. Já no EIA, após a conclusão dos estudos de base e definição do projeto, é possível detalhar cada impacto, como no seguinte exemplo de impactos sobre o patrimônio arqueológico, feito para o EIA da usina hidrelétrica de Piraju:
* destruição de acampamentos e aldeias pré-coloniais;
* destruição de oficinas líticas pré-coloniais;
* soterramento de vestígios arqueológicos;
* submersão de sítios arqueológicos;
* erosão e dispersão de vestígios arqueológicos;
* descaracterização do entorno dos sítios arqueológicos.

Esse conjunto de enunciados transmite uma informação muito mais precisa do que simplesmente "impactos sobre o patrimônio arqueológico", mesmo que o leitor não tenha formação nessa disciplina científica.

Claro que tal detalhamento somente é possível em etapas mais avançadas da preparação do EIA, quando já tenha sido concluído o diagnóstico ambiental. Na identificação preliminar dos impactos, que é feita para o planejamento do estudo, em geral não se sabe se há sítios arqueológicos na área de estudo. Por isso trata-se, nessa fase dos trabalhos, da *identificação preliminar*, conforme Fig. 6.1. Somente depois de feitos os estudos de base, esses impactos podem ser confirmados (em muitos casos somente se pode reduzir

Quadro 7.1   Exemplos de enunciados de impactos

Caso 1: projeto de uma rodovia[1]

1. "Impactos potenciais na estrutura urbana"
   - Indução à ocupação de terrenos vagos e áreas não urbanizadas
   - Alterações nos valores imobiliários
   - Aumento do grau de atratividade para usos residenciais
   - Ruptura da malha urbana

2. "Impactos potenciais na fauna"
   - Afugentamento de fauna, aumento dos riscos de atropelamento e da pressão de caça
   - Alteração local do número e da composição das comunidades animais como decorrência da redução e fragmentação de hábitats

Caso 2: usina de etanol[2]

- Intensificação da ocorrência de processos erosivos, de compactação do solo e assoreamento de corpos d'água em função da ampliação dos plantios de cana-de-açúcar
- Melhoria da conservação dos solos da Área de Influência Indireta
- Poluição do solo e recursos hídricos pela aplicação de defensivos agrícolas, fertilizantes e corretivos químicos
- Poluição dos recursos hídricos devida ao aporte de cargas poluidoras de origem industrial
- Contaminação do solo por resíduos sólidos decorrentes da operação industrial
- Alteração da qualidade do ar decorrente da queima do bagaço

Caso 3: terminal portuário[3]

Impacto	Descrição
Criação de novos hábitats com a disponibilização de substrato para a colonização de organismos incrustadores	A implantação das pontes de acesso, píeres de atracação e estacas de sustentação poderão se tornar áreas para incrustação e criação de novos nichos, possibilitando [...]
Perda de hábitat	Com a dragagem haverá a desestruturação mecânica dos substratos não consolidados, hábitats de espécies bentônicas
Alteração da composição, diversidade e abundância de espécies e das dinâmicas tróficas locais	Os principais responsáveis são a dragagem e a disposição do material dragado e a instalação das estruturas sob a água. Outro fator potencial de alteração da composição das espécies é a degradação da qualidade da água
Redução do estoque de contaminantes no ambiente estuarino	Retirada de material em função da dragagem para a abertura de bacia, píeres e canal [...]
Aumento da concentração de sólidos totais em suspensão na coluna d'água	Alteração da qualidade da água devida à ressuspensão de sedimentos no momento da dragagem
Alteração da qualidade da água e sedimento por derramamentos de óleos e graxas	Lançamentos acidentais de pequenas quantidades de óleo pelas embarcações, durante as dragagens
Alteração no padrão de circulação das águas no Largo de Santa Rita	Gerada, principalmente, pela alteração da batimetria, resultante do processo de dragagem e, em menor escala, pela instalação das estruturas submersas

Fontes: (1) FESPSP, 2004; (2) Arcadis-Tetraplan, 2008; (3) CPEA, 2010.

a margem de incerteza sobre os impactos previstos). Depois, na etapa de análise dos impactos, a identificação preliminar é revista, com eventual acréscimo de novos impactos ou descarte de impactos sobre os quais não foram coletadas evidências suficientes de que possam ocorrer, ou que sejam claramente irrelevantes.

A identificação de impactos faz-se, portanto, por aproximações sucessivas, e os enunciados (hipóteses) podem ser revistos pela equipe a cada vez que houver uma nova evidência sobre a natureza de cada impacto ou nova informação sobre o diagnóstico ambiental. Assim, vai-se refinando a identificação ao mesmo tempo que se avança no diagnóstico ambiental e mesmo na própria análise dos impactos. Os enunciados podem se tornar mais precisos e se desdobrar em enunciados de detalhe (como no exemplo acima sobre os impactos arqueológicos). Interagindo com a comunidade para captar o conhecimento local (seção 8.4) – mesmo por meio de conversas informais –, pode-se detectar novos impactos antes insuspeitos (se serão ou não significativos será motivo de análise posterior).

Nesse processo, vão surgindo peculiaridades locais que poderiam não ter ficado evidentes durante a identificação preliminar. Por exemplo, em uma região carbonífera no sul da França, em que, após mais de um século de mineração subterrânea, uma mina seria fechada, a empresa estatal detentora das concessões apresentou um projeto de prolongamento da vida útil que previa a lavra a céu aberto de camadas superficiais de carvão. O uso do solo e a economia da zona haviam sido largamente determinados pela história recente, e a paisagem apresentava um mosaico de vilas operárias, pequenas propriedades agrícolas e instalações industriais que seriam afetadas pela alternativa escolhida. Alguns dos impactos socioeconômicos identificados no EIA (Houillères..., 1982) foram:

* manutenção de empregos industriais;
* interrupção de caminhos rurais;
* interrupção de canalizações de suprimento de água;
* ocupação de propriedades agrícolas;
* deslocamento forçado de pessoas;
* impacto visual;
* modificação do microclima.

Este último impacto decorre do efeito de sombra devido à formação de pilha de estéreis (rochas que não contêm carvão), com consequências para a agricultura, já que, na latitude de 44°, a baixa altura do sol sobre o horizonte durante os meses de inverno reduz a insolação dos terrenos agrícolas, que passariam a ficar situados na sombra da pilha. Neste caso, o EIA concluiu que culturas situadas a menos de 70 m da borda da pilha poderiam ter perda de rendimento devido à sombra, pela menor temperatura e maior ocorrência de geadas decorrentes (um exemplo de previsão da magnitude de um impacto e de determinação de sua área de influência).

O exemplo ilustra que, ao se identificarem os impactos prováveis de um projeto, é preciso ir além de um pensamento convencional e de maneira alguma se limitar a compilar listas de tipos genéricos de impactos existentes na literatura ou em outros estudos, que podem não refletir a importância que local ou regionalmente se atribui a determinados componentes do ambiente. A perspectiva local é fator a ser levado em conta na identificação de impactos, a exemplo da paisagem, que, nos estudos de impacto franceses e de outros países europeus, usualmente tem lugar de destaque (Figs. 7.9 e 7.10).

A descrição de impactos biofísicos e antrópicos de uma atividade realizada em ambiente marinho é ilustrada pela relação de impactos de um projeto de produção de petróleo e gás no campo de Albacora Leste, situado ao largo do Estado do Rio de Janeiro, em profundidades que variam de 800 m a 2.000 m (Quadro 7.2). Nesse caso, os enunciados indicam a principal causa de cada impacto, podendo-se notar que certas atividades ocasionam mais de um impacto, como o "lançamento ao mar da água produzida".

Para identificar os impactos, as relações de causa e consequência podem ou não ser descritas com a explicitação dos mecanismos ou processos que as unem. Enquanto alguns analistas ambientais preferem descrever uma relação como atividade-aspecto-impacto ambiental, em muitos estudos ambientais é usada somente a categoria de impacto ambiental. Porém, para avaliar um novo empreendimento de uma empresa que já disponha de um sistema de gestão ambiental, é útil seguir um procedimento que permita, já desde a preparação do EIA, identificar aspectos e impactos ambientais. Assim, o EIA poderá também ter utilidade no planejamento do sistema de gestão ambiental (SGA) do novo empreendimento, uma vez que a etapa inicial – a identificação dos aspectos e impactos – já terá sido feita. (E, da mesma forma, os planos de gestão propostos no EIA poderão ser compatíveis com os programas de gestão, objetivos e metas estabelecidos em decorrência do SGA.)

7.4 Ferramentas

Induzir e/ou deduzir quais serão as consequências de uma determinada ação é uma das primeiras tarefas do analista ambiental. Há diversos tipos de ferramentas utilizáveis para auxiliar a equipe na tarefa de identificar impactos. Desenvolvidos para facilitar o trabalho dos analistas, não se trata de "pacotes" acabados, mas de métodos de trabalho cuja aplicação demanda: (i) razoável domínio dos conceitos subjacentes; (ii) compreensão detalhada do projeto analisado; e (iii) bom entendimento da dinâmica socioambiental do local ou região potencialmente afetada. Dito de outra forma, para uma boa identificação de impactos é necessário que haja colaboração entre os membros de uma equipe multidisciplinar que inclua cientistas naturais e sociais, assim como engenheiros ou outros técnicos que conheçam o tipo de projeto analisado.

Fig. 7.9 *Na cidade costeira de Luanco, Astúrias, Espanha, a regularidade e o padrão repetitivo de um empreendimento habitacional moderno contrasta com o patrimônio histórico e a arquitetura vernacular dominante no local (foto seguinte), um exemplo de impacto visual significativo*

Fig. 7.10 *Centro histórico de Luanco, com seu pequeno porto pesqueiro, casas com balcões e igreja do século XVIII*

Listas de verificação

Listas de verificação (*checklists*) são instrumentos práticos e fáceis de usar. Há diferentes tipos de listas. Algumas arrolam os impactos mais comuns associados a certos tipos de projetos. Por exemplo, as *Diretrizes de Meio Ambiente*, *Saúde* e *Segurança* do Banco Mundial apresentam os principais impactos de vários tipos de empreendimentos.

Avaliação de Impacto Ambiental: conceitos e métodos

Quadro 7.2 Impactos ambientais de um projeto de produção de petróleo e gás na plataforma continental

Impactos sobre o meio físico-biótico

Alteração dos níveis de turbidez da água, em decorrência da instalação do sistema submarino da atividade de produção

Morte dos organismos bentônicos, em decorrência da instalação do sistema submarino da atividade de produção

Introdução de espécies exóticas via água de lastro, em decorrência do comissionamento da UEP FPSO P-50

Alteração da biota marinha, sob influência da presença física do sistema de produção

Alteração da biota marinha, a partir da desativação da atividade de produção

Alteração dos níveis de nutrientes e de turbidez na coluna d'água, em decorrência do lançamento ao mar dos efluentes gerados na FPSO P-50

Alteração da biota marinha, em decorrência do lançamento ao mar dos efluentes gerados na FPSO P-50

Alteração da qualidade da água, em decorrência do lançamento ao mar da água produzida

Alteração da biota marinha, em decorrência do lançamento ao mar da água produzida (morte de organismos planctônicos)

Alteração da qualidade do ar, em decorrência da emissão de poluentes gasosos

Impactos sobre o meio socioeconômico

Geração de conflitos entre atividades, decorrente da criação da zona de segurança no entorno do FPSO

Geração de empregos, por meio da demanda de mão de obra

Geração de tributos e incremento das economias local, estadual e nacional, em decorrência da atividade de instalação do sistema de produção

Aumento da demanda sobre a atividade de comércio e serviços, em decorrência da atividade de instalação do sistema de produção

Pressão sobre os tráfegos marítimo, aéreo e rodoviário, decorrente das atividades de produção de óleo e gás

Pressão sobre a infraestrutura portuária, de transportes rodoviário e marítimo, com aumento da demanda da indústria naval e dinamização do setor aéreo decorrentes das atividades de produção de óleo e gás

Aumento da produção de hidrocarbonetos decorrente das atividades de produção de óleo e gás

Geração de *royalties* e dinamização da economia decorrentes das atividades de produção de óleo e gás

Aumento do conhecimento técnico-científico e fortalecimento da indústria petrolífera decorrente das atividades de produção de óleo e gás

Geração de expectativas decorrentes das atividades de produção de óleo e gás

Pressão sobre a infraestrutura de disposição final de resíduos sólidos e oleosos

Fonte: Habtec, 2002.

Outras listas indicam os componentes ambientais potencialmente afetados por determinados tipos de projetos, como as indicadas por Fernández-Vítora (2000). Um exemplo de lista detalhada de componentes ambientais é apresentado no Quadro 7.3, preparada quando da introdução da AIA na África do Sul (DEA, 1992) e que traz nada menos que 328 itens ou características que podem ser afetadas por um projeto ou que podem representar alguma forma de restrição a ele. O elevado número explica-se por se tratar de uma lista genérica, não voltada para uma determinada categoria de projetos. Naturalmente, as características listadas foram selecionadas levando em consideração o perfil social e ambiental do País. Para o quadro, foram selecionados alguns itens relativos a características socioeconômicas, ao uso do solo e aos ecossistemas.

Identificação de impactos

Quadro 7.3 Extrato de lista de verificação de características ambientais

O projeto proposto poderia ter um impacto significativo ou poderia sofrer alguma restrição em relação a alguns dos itens seguintes?

6. Características socioeconômicas do público afetado

6.2 Situação econômica e empregatícia dos grupos sociais afetados

Base econômica da área

Distribuição de renda

Indústria local

Taxa e escala de crescimento do emprego

Fuga de mão de obra dos empregos atuais

Atração de mão de obra de outros locais

Permanência de pessoas de fora após o término das obras

Oportunidades de trabalho para recém-egressos de escolas

Tendências de desemprego de curto e longo prazo

6.3 Bem-estar

Incidência de crime, abuso de drogas ou violência

Número de pessoas sem-teto

Adequação dos serviços públicos

Adequação de serviços sociais como creches e abrigos para crianças de rua

Qualidade de vida

4. Uso atual e potencial do solo e características da paisagem

4.1 Considerações gerais aplicáveis a todos os projetos

Compatibilidade de usos do solo na área

Qualidade estética da paisagem

Sentido de lugar

Preservação de vistas cênicas e feições valorizadas

Revitalização de áreas degradadas

Necessidade de zonas-tampão para processos naturais como erosão costeira, movimento de dunas e mudanças em canais fluviais etc.

3. Características ecológicas do local e entorno

3.3 Comunidades naturais e seminaturais

Importância local, regional ou nacional das comunidades naturais (por exemplo, econômica, científica, conservacionista, educativa)

Funcionamento ecológico de comunidades naturais devido à destruição física do hábitat, redução do tamanho da comunidade, qualidade do fluxo da água subterrânea, presença ou introdução de espécies exóticas invasoras, barreiras ao movimento ou migração de animais etc.

Fonte: DEA (1992).

No apêndice on-line são mostradas listas de aspectos e impactos ambientais de alguns tipos de projetos.

Canter (1996, p. 87) comenta que listas de verificação eram amplamente utilizadas nos Estados Unidos nos primeiros anos da prática da AIA, quando vários órgãos governamentais publicaram tais listas. Embora amplamente disponíveis na literatura técnica ou em guias divulgados por órgãos ambientais, poucas vezes pode-se utilizar uma lista de verificação sem adaptações, seja devido às características do projeto, seja por causa de condições do meio ambiente que não estão adequadamente descritas nas listas preexistentes. Todas as listas são genéricas, descrevem impactos por categorias de projeto e não projetos individuais. São úteis para uma primeira aproximação à identificação dos impactos de um projeto, principalmente se a equipe não tiver experiência prévia com aquele tipo de projeto. Porém, os impactos não são correlacionados às suas causas e, tanto para uma correta análise dos impactos como para comunicar aos leitores do EIA os resultados dessa análise, a apresentação de uma simples lista não satisfaz.

Matrizes

Talvez o tipo de ferramenta mais comum para identificação dos impactos seja a matriz. Apesar de o nome sugerir um operador matemático, as matrizes de identificação de impactos somente têm esse nome por sua forma, pois são compostas de duas listas, dispostas em linhas e colunas. Em uma delas são elencadas as atividades do projeto e na outra são apresentados os componentes do sistema ambiental, ou processos ambientais. O objetivo é identificar as interações possíveis entre as atividades do projeto e os componentes do ambiente.

Uma das primeiras ferramentas no formato de matriz proposta para AIA data de 1971 e resulta do trabalho de Leopold et al. (1971), do Serviço Geológico dos Estados Unidos. Nesse esforço pioneiro de sistematizar a análise dos impactos, os autores prepararam uma lista de cem ações humanas que podem causar impactos ambientais, e outra de 88 componentes ambientais que podem ser afetados por ações humanas. São, portanto, 8.800 interações possíveis. Para cada empreendimento, os analistas deviam selecionar as ações que se aplicavam ao caso em estudo, ou criar eles mesmos sua própria lista de ações e aplicar o mesmo procedimento para os componentes ambientais. Leopold e seus colaboradores aplicaram seu método a uma mina de fosfato (Fig. 7.11), selecionando nove ações e treze componentes ambientais. Das 117 interações possíveis, consideraram que somente quarenta eram pertinentes ao projeto que analisaram.

Depois de selecionadas as ações e os componentes ambientais pertinentes, o analista deve identificar todas as interações possíveis, marcando a célula correspondente. De acordo com a proposta original, a matriz de Leopold também se presta a outras finalidades além da identificação dos impactos: os números inseridos em cada célula correspondem a uma pontuação de magnitude e importância da interação, em uma escala arbitrária de 1 a 10 (se a magnitude for zero não há interação e a célula não é marcada). A magnitude é apontada no canto superior esquerdo da célula, ao passo que a importância é apontada no canto inferior direito.

Os autores explicam que seu procedimento emprega uma "matriz que é suficientemente geral para ser usada como uma lista de verificação de referência ou como uma recordação do amplo espectro de ações e impactos ambientais que podem estar relacionados às ações propostas". A matriz também teria uma função de comunicação, pois serviria como "um resumo do texto da avaliação ambiental" e possibilitaria que "os vários leitores dos estudos de impacto determinem rapidamente quais são os impactos considerados significativos e sua importância relativa" (Leopold et al., 1971, p. 1).

Uma das críticas à matriz de Leopold e similares é que representam o meio ambiente como um conjunto de compartimentos que não se inter-relacionam. Por exemplo, uma determinada ação pode causar impactos sobre os componentes "avifauna", "mastofauna" e "características físico-químicas das águas superficiais", mas os mecanismos

	Sítios industriais e edifícios II B.b.	Estradas e pontes II B.d.	Linhas de transmissão II B.h.	Detonação e perfuração II C.a.	Escavações de superfície II C.b.	Processamento de minério II D.f	Transporte por caminhões II G.c	Disposição de rejeitos II H.c.	Vazamentos II J.b.
A.2.d. Qualidade da água					2/2	1/1		2/2	1/4
A.3.a. Qualidade da atmosfera						2/3			
A.4.b. Erosão		2/2			1/1			2/2	
A.4.c. Sedimentação		2/2			2/2			2/2	
B.1.b. Arbustos					1/1				
B.1.c. Gramíneas					1/1				
B.1.f. Plantas aquáticas					2/2			2/3	1/4
B.2.c. Peixes					2/2			2/2	1/4
C.2.e. *Camping* e caminhadas					2/4				
C.3.a. Vistas cênicas e paisagem	2/3	2/1	2/3		2/3		2/1	3/3	
C.3.b. Qualidade do ambiente selvagem	4/4	4/4	2/2	1/1	3/3	2/5	2/5	3/5	
C.3.h. Espécies raras e importantes		2/5		5/10	2/4	5/10	5/10		
C.4.b. Saúde e segurança							3/3		

Fig. 7.11 *Extrato da matriz de Leopold*
Fonte: Leopold et al. (1971).

como se manifestam os impactos não são descritos. Ademais, a interação entre uma ação e um componente ambiental não caracteriza propriamente um impacto (o efeito sobre o receptor).

Há inúmeras variações da matriz de Leopold, que pouca relação têm com a original, exceto a forma de apresentação e organização em linhas e colunas. É importante destacar que somente a matriz da Fig. 7.11 é "matriz de Leopold". As demais, inclusive as descritas a seguir, são outras matrizes. Uma matriz que correlaciona ações de um determinado tipo de empreendimento (linhas de transmissão e subestações de energia elétrica) com "elementos do meio" é apresentada na Fig. 7.12. O empreendimento é descrito em quinze atividades, do planejamento à desativação. Uma diferença em relação à matriz de Leopold é que aqui se tem um único tipo de empreendimento, então é natural que a matriz o descreva de maneira mais detalhada. Já os componentes do ambiente são agrupados em três categorias: meio natural, meio humano e paisagem. Observam-se três outras diferenças importantes em relação à divisão do ambiente empregada por Leopold e seus colaboradores. Em primeiro lugar, há aqui alguns processos do meio físico (seção 1.8), como o escoamento de águas superficiais e a dinâmica de infiltração de águas pluviais, em vez de o ambiente ser descrito exclusivamente em compartimentos, como fazem Leopold e sua equipe. Em segundo lugar, para a descrição do ambiente humano, essa matriz emprega o conceito de espaço geográfico, categorizando-o segundo a forma predominante de uso. Finalmente, uma integração entre os meios natural e humano é buscada por intermédio do conceito de paisagem (ver Fig. 1.2 para comparação e contextualização desses termos).

Na matriz da Fig. 7.13, diferentemente das anteriores, apresenta-se um projeto real de extração de bauxita em pequena escala, em uma zona rural. A matriz aponta as interações entre as atividades do projeto e alguns processos e componentes ambientais selecionados por sua importância no local pretendido para sua implantação. Assim, essa matriz auxilia a identificação dos impactos – por exemplo, pode-se observar que a ação "serviços de melhoria nas estradas vicinais" interfere com vários processos ou

Fontes de impactos

Legenda: Impacto potencial (células sombreadas)

Componentes do meio				Projeto													Pós-construção	Operação	
				Pré-construção				Construção										Operação e manutenção	
				Topografia e mapeamento	Aquisição de direitos	Transporte e circulação	Preparação dos acessos	Supressão da vegetação	Transporte e circulação	Exploração de pedreiras/areieiras	Escavação e terraplenagem	Construção e obras conexas	Gestão de poluentes e resíduos	Desmobilização	Ordenamento e recuperação	Presença, funcionamento e manutenção	Manutenção da faixa de domínio	Desativação e demolição
Meio natural	Solo		Qualidade dos solos															
			Vertente de equilíbrio															
	Água		Qualidade das águas superficiais															
			Perfil dos corpos d'água															
			Qualidade das águas subterrâneas															
			Escoamento nos rios															
			Escoamento superficial e infiltração															
	Ar		Qualidade do ar															
			Ambiente sonoro															
	Flora/fauna		Espécies															
			Hábitats															
Meio humano			Espaço urbano e periurbano															
			Espaço de lazer e turismo															
			Espaço agrícola															
			Espaço florestal															
			Espaço patrimonial															
			Infraestrutura															
Paisagem			Campo visual															
			Elemento particular da paisagem															

Fig. 7.12 *Matriz de identificação de impactos potenciais para projetos de linhas de transmissão e subestações de energia elétrica*
Fonte: Hydro-Québec (1990, p. 307).

componentes ambientais, entre eles os ecossistemas aquáticos, porque, no local estudado, os serviços de terraplenagem, alargamento, construção de bueiros etc. aumentarão a carga de sedimentos enviada aos riachos, o que, por sua vez, deverá causar assoreamento, com consequências para comunidades bentônicas e efeitos secundários sobre demais componentes da biota aquática. Como a matriz em si não explica tudo isso, a identificação dos impactos deverá ser feita por meio de enunciados apropriados.

Outra variação é mostrada na Fig. 7.14, na qual cada interação é classificada segundo dois critérios: a natureza do impacto (benéfico ou adverso) e uma apreciação subjetiva da probabilidade de ocorrência. Esse é um problema comum enfrentado na identificação dos impactos: alguns são certos, mas há incerteza sobre muitos impactos, que poderão ou não ocorrer. Na fase de identificação preliminar, é conveniente apontar o maior número possível de im-

IDENTIFICAÇÃO DE IMPACTOS

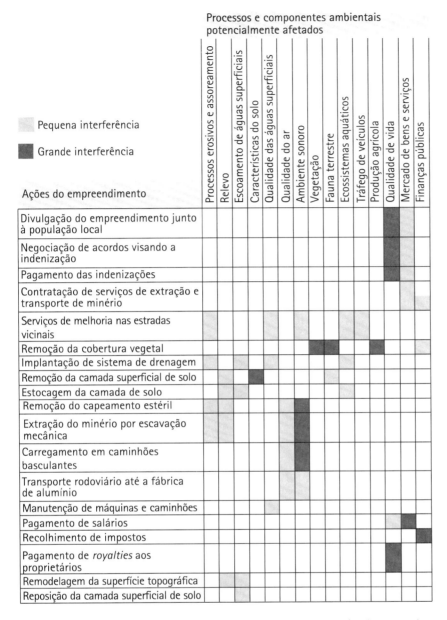

Fig. 7.13 Matriz de identificação de impactos ambientais. Pequena mineração de bauxita Fonte: Prominer, 2001b.

pactos, inclusive aqueles de baixa probabilidade de ocorrência. Se os impactos são mantidos na matriz final, sua importância deve ser avaliada como os demais.

Uma solução para transformar as interações indicadas nessas matrizes em enunciados de impactos é mostrada na Fig. 7.15, acrescentando uma coluna com a descrição de cada impacto resultante de uma interação. Assim, ao invés de a matriz somente indicar, entre outros, que os serviços de terraplenagem interagem ou têm um impacto sobre as águas superficiais, também informa que o impacto é a indução de processos erosivos e assoreamento de drenagem. Note-se que o mesmo impacto pode ter causas distintas ou ocorrer em mais de uma fase do projeto e, portanto, aparecer várias vezes.

Um tipo diferente de matriz é organizado de modo a mostrar diretamente as relações entre as causas (ações) e as consequências (impactos), e não as relações entre ações e componentes ambientais. Assim, a matriz é estruturada como uma lista de ações e uma lista dos impactos, podendo-se então apontar quais os impactos causados por cada ação. Essa abordagem pressupõe um entendimento prévio, anterior, sobre as interações projeto ×

Natureza do impacto
P (positivo) N (negativo)

Possibilidade de ocorrência
C (certa) - Pr (provável) - In (incerta)

Atividades da fase de implantação	Físico: Clima/qualidade do ar/ruído	Físico: Geologia/recursos minerais	Físico: Recursos hídricos	Biótico: Ecossistema terrestre/restinga	Biótico: Ecossistema manguezal e de transição	Biótico: Ecossistema aquático	Socioeconômico: Uso e ocupação do solo	Socioeconômico: Patrimônio arqueológico	Socioeconômico: Patrimônio paisagístico	Socioeconômico: Pesca artesanal e esportiva	Socioeconômico: Condições de vida da população	Socioeconômico: Economia local	Socioeconômico: Porto de Santos
Recrutamento de mão de obra											P	P	
											C	C	
Implantação e operação do canteiro de obras e instalações provisórias			N	N	N	N/P		N				P	
			Pr	C	Pr	Pr		Pr				Pr	
Desmatamento e limpeza do terreno	N		N	N	N	N		N	N	N			
	Pr		Pr	C	C	Pr		In	C	Pr			
Utilização de áreas de empréstimo/jazidas minerais	N	P	N				N		N				
	Pr	C	In				In		In				
Bota-fora do material de limpeza do terreno e do entulho das obras	N	N	N				N		N				
	Pr	In	In				In		In				
Implantação de diques periféricos	N		N		N								
	Pr		Pr		Pr								
Execução de dragagem na área entre o canal e o cais			N			N							
			Pr			Pr							
Execução do aterro hidráulico			N			N							
			Pr			Pr							
Bota-fora do material de dragagem não aproveitável			N			N							P
			Pr			Pr							C
Implantação das obras civis (cais, pavim. armazéns, tancagem)	N						P					P	
	Pr						C					Pr	
Dispensa de mão de obra da construção civil											N	N	
											C	C	

Fig. 7.14 *Extrato de "matriz de interação de impactos", fase de implantação de um terminal portuário*
Fonte: Equipe Umah, 2000. (Nota: foram extraídas apenas as atividades pertinentes à fase de implantação e listados apenas os respectivos componentes ambientais potencialmente afetados.)

ambiente. Um EIA pode empregar os dois tipos de matriz: primeiro uma matriz ações × componentes/processos ambientais para identificar as interações entre o projeto e o ambiente, e depois uma matriz ações × impactos para mostrar as relações de causa e efeito. Na Fig. 7.16 mostra-se um exemplo deste último tipo. As colunas indicam os nove impactos sobre o meio biótico identificados e a matriz mostra a correlação com as atividades do projeto, aqui denominadas "fatores geradores".

Outro tipo de matriz correlaciona atividades, aspectos e impactos. É dividida em dois campos (Fig. 7.17): à esquerda indicam-se as interações entre atividades e aspectos ambientais, à direita são indicadas as interações entre os aspectos e os impactos ambientais. Esse tipo de matriz é particularmente útil para novos empreendimentos de empresas que já disponham de um sistema de gestão ambiental, uma vez que permite, já durante a preparação do EIA, que sejam identificados aspectos e impactos ambientais, tarefa obrigatória para a implantação de um SGA segundo o modelo ISO 14.001. Dessa forma, os objetivos, as metas ambientais e os programas de gestão já podem ser preparados para tratar dos aspectos e impactos ambientais significativos, possibilitando que a matriz seja aplicada como ferramenta integradora entre a AIA e o SGA.

Componentes ambientais \ Descrição do impacto	Geração de empregos e renda	Indução de assentamentos irregulares	Interferência nos serv. públ. urbanos	Dinamização da economia local	Aumento da arrecadação de impostos	Alteração nos níveis de ruído	Alteração da qualidade da água	Alteração no tráfego nas rodovias	Alteração da qualidade do ar	Geração de resíduos	Indução de proc. erosivos e assoream.	Alteração no escoamento superficial	Perda de vegetação	Perturbação da fauna	Interferência sobre patrim. arqueológico	Alteração nas condições de circulação	Alteração nos níveis de ruído	Alteração da qualidade da água	Alteração no escoamento superficial	Indução de proc. erosivos e assoream.	Interceptação tempor. de aquíferos	Sobrecarga sobre estruturas	Desativação atividades econômicas
Patr. histórico e cultural																							
Patrimônio arqueológico															−								
Finanças públicas					+																		
Emprego e renda	+			+																			−
Atividades econômicas				+																			−
Infraestrutura			−					−								−							
Uso e ocup. do solo		−																					
Organ. sociocultural																							
Condições de vida	+	−		+																			−
Dinâmica populacional		−																					−
Áreas protegidas																							
Fauna						−							−	−			−						
Cobertura vegetal													−										
Paisagem													−										
Águas superficiais							−			−	−	−						−	−	−			
Aquíferos																					−		
Solos											−	−								−		−	
Ruídos e vibrações						−											−						
Qualidade do ar									−														

Ações do empreendimento (Fase de implantação): Mobilização de mão de obra · Limpeza de terreno e implantação de canteiros; serviços de terraplenagem, escavações e substituições de solo · Interdição de acessos · Adequação e ampliação do pátio ferroviário; implantação de sistema de recebimento e estocagem e instalações auxiliares · Desmobilização

Fig. 7.15 *Extrato de "Matriz de Identificação de Impactos". Implantação de transportador de correia de longa distância. As células hachuradas indicam impactos negativos, e as células com o símbolo +, impactos positivos*

Fonte: CPEA, 2005b. (Nota: contém pequenas adaptações.)

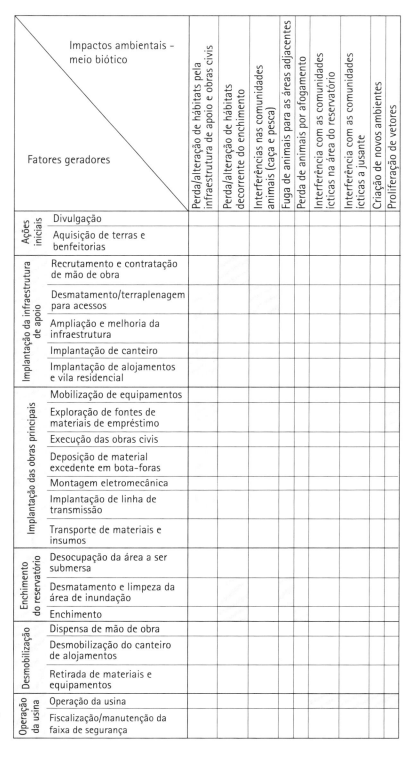

Fig. 7.16 Extrato de "matriz de identificação de impactos no meio biótico"
Fonte: modificado de CNEC, 1996.

A relação entre atividades-aspectos e impactos também pode ser registrada em planilhas (Quadro 7.4), às quais se podem agregar colunas de medidas mitigadoras e programas de gestão. Nessa forma de representação, as planilhas são extensas, ocupando diversas páginas, e há repetição de aspectos e de impactos.

IDENTIFICAÇÃO DE IMPACTOS

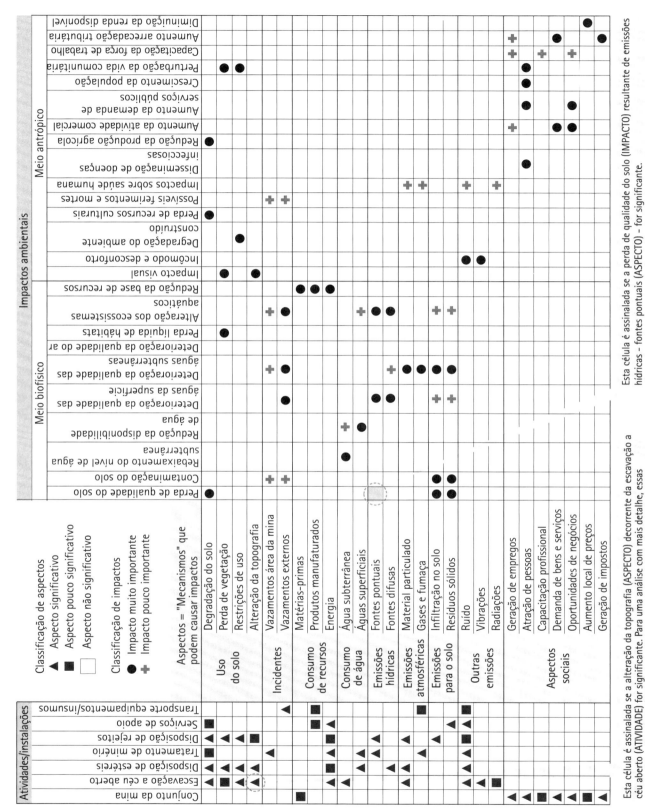

Fig. 7.17 Matriz de identificação de aspectos e impactos ambientais
Fonte: Sánchez e Hacking (2002).

Quadro 7.4 Planilha de atividades-aspectos-impactos

Atividade	Aspecto	Impacto
Supressão de vegetação	Contato com animais silvestres	Aumento do risco de acidentes
	Alteração do escoamento superficial	Perda de solo por erosão hídrica
		Assoreamento de corpos hídricos
		Deterioração da qualidade da água
		Deterioração dos hábitats aquáticos
	Perda de cobertura vegetal	Aumento da fragmentação da paisagem
		Perda de indivíduos da fauna
		Impacto visual
	Geração de resíduos vegetais	Aumento do risco de acidentes[1]

[1] Os impactos associados a esse aspecto dependem das medidas de gestão.
Fonte: modificado de Ibama (2019).

Diagramas de interação

Outro método para identificar impactos é utilizar o raciocínio lógico-dedutivo, por meio do qual, a partir de uma ação, inferem-se seus possíveis impactos ambientais. Perdicoúlis e Glasson (2009) apontam algumas limitações do uso de matrizes e de texto para explicar as relações de causa e efeito em um EIA. O "esforço, tempo e atenção" que precisam ser dedicados para redigir um texto que explique rigorosamente as relações de causalidade costumam estar ausentes das condições concretas em que trabalham as equipes que produzem EIAs, o que frequentemente resulta em textos deficientes (Cap. 14), "difíceis de escrever e difíceis de ler". Matrizes sintetizam o que se deseja registrar e comunicar, facilitando a verificação de terceira parte, mas têm limitações, em especial a divisão do ambiente em compartimentos estanques e dificuldades de representação de impactos cumulativos.

Diagramas causais podem ajudar a superar algumas dessas deficiências, embora tenham outras limitações. Esquemas chamados diagramas ou redes de interação, que indicam as relações sequenciais de causa e efeito (cadeias de impacto) a partir de uma ação impactante, são representados nas Figs. 7.18 e 7.19. Na primeira, observam-se consequências da urbanização sobre o processo de escoamento de águas superficiais (Fig. 1.12). A urbanização também causa outras modificações ambientais, sobre o microclima, a fauna e outros processos e componentes ambientais, de modo que outras relações poderiam ser acrescentadas. Na Fig. 7.19 veem-se os efeitos, para o sistema

Fig. 7.18 *Diagrama de interação indicando as consequências do processo de urbanização sobre os processos de escoamento das águas superficiais*

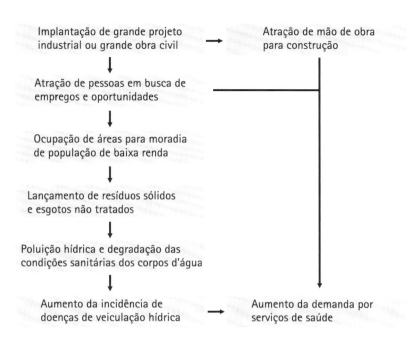

Fig. 7.19 *Diagrama de interação mostrando as consequências sociais da implantação de um grande projeto*

público de saúde, da implantação de um grande projeto que atraia mão de obra e induza fluxos migratórios. O aumento da população local e a ocupação desordenada de áreas sem saneamento básico acarretam impactos negativos para a saúde pública e aumentam a demanda por serviços de saúde. A Fig. 7.20 é um diagrama causal descritivo que usa a sintaxe proposta por A. Perdicoúlis, em que cada impacto é representado por um elemento e as modificações sobre esse elemento.

As três figuras representam situações simples, enquanto um projeto real teria várias ações originando impactos ambientais, de forma que os diagramas podem ser extremamente complexos e de difícil compreensão. Uma vantagem, contudo, é que permitem um bom entendimento das relações entre as ações e os impactos, diretos e indiretos, enquanto as matrizes dividem o meio ambiente em compartimentos estanques, dificultando o

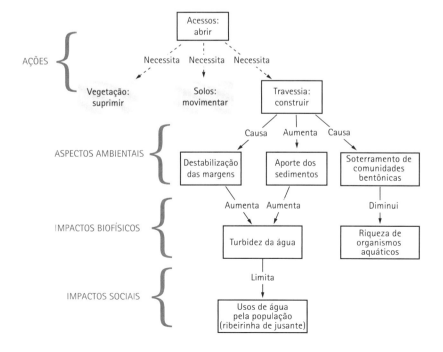

Fig. 7.20 *Diagrama causal descritivo indicando aspectos e impactos ambientais decorrentes da atividade de construção de travessias de córregos*

entendimento das relações entre as partes. Os diagramas de interação também possibilitam evidenciar impactos indiretos de segunda e terceira ordem, e assim sucessivamente, sem limite.

Os exemplos mostram situações lineares, relativamente simples e que podem ser delimitadas espacialmente. Quando se trata de processos sociais e mesmo de muitos processos ecológicos, as redes de interação podem acarretar uma simplificação exagerada das interações. Um exemplo de diagrama de interação extraído de um EIA é mostrado na Fig. 7.21.

As relações de causa e efeito podem ir dos impactos físicos aos bióticos, destes aos culturais e aos impactos sobre a saúde, como mostrado pela síntese de Ortolano e May (2004, p. 104) sobre os principais impactos da barragem Grand Coulee, construída nos anos de 1930 no rio Columbia, Estado de Washington, EUA. A barragem de 107 m de altura representou um obstáculo intransponível para a migração de salmões, base da alimentação de diversos povos indígenas a montante:

> Em retrospectiva, os impactos sociais e culturais da eliminação dos salmões a montante [da barragem] foram devastadores. Bloqueando a subida para desova, o projeto severamente rompeu o modo de vida dos povos indígenas da bacia superior do Columbia. Importantes cerimônias rituais em torno do salmão foram eliminadas, parte da linguagem e dos utensílios associados à pesca desapareceram e a dieta dos indígenas mudou significativamente. Para [algumas das tribos] o salmão provavelmente contribuía com 40 a 50% da dieta diária [...]. Mudando a dieta para alimentos de alto teor de

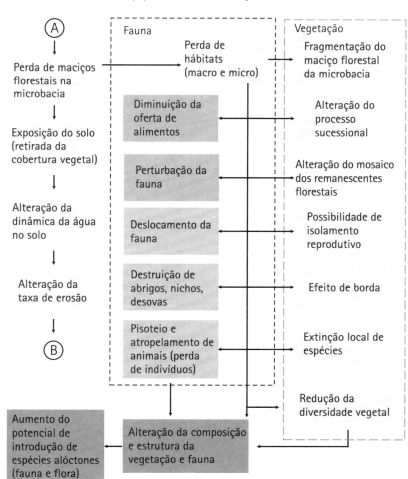

Fig. 7.21 *Diagrama de interação de impactos potenciais derivados da supressão de vegetação em uma mina de calcário*
Fonte: MKR/E.labore, 2003.

IDENTIFICAÇÃO DE IMPACTOS

gorduras, açúcares e sal, a incidência de doenças cardíacas, diabetes e outras doenças relacionadas à alimentação aumentaram significativamente nas reservas indígenas.

A literatura sobre AIA é pródiga em métodos, técnicas e ferramentas para as três tarefas da análise de impactos (identificação, previsão e avaliação). Como indicado por Glasson, Therivel e Chadwick (1999, p. 109), muitos métodos foram desenvolvidos por ou para agências governamentais americanas, como o Serviço Florestal (*Forest Service*), o Serviço de Pesca e Vida Selvagem (*Fish and Wildlife Service*), o Serviço de Parques Nacionais (*National Parks Service*) ou o Departamento de Gestão de Terras Públicas (*Bureau of Land Management*), que lidam com grandes quantidades de projetos[2]. Os três tipos de ferramentas expostos nesta seção não esgotam a caixa de ferramentas do analista de impactos ambientais.

Muitas vezes, a identificação de impactos pode ser aprimorada se houver participação direta da comunidade afetada. Becker et al. (2004), ao analisar comparativamente os resultados de um enfoque "técnico" e os de um enfoque participativo em um EIA americano, observaram que um espectro maior de impactos pôde ser obtido pela combinação de ambos. O enfoque técnico é basicamente dedutivo, ao passo que, por meio do envolvimento da comunidade, foi possível induzir uma série de impactos que não foram identificados pelo enfoque técnico. Os autores propugnam uma combinação desses dois enfoques, de modo a aproveitar os pontos fortes de cada um. Por exemplo, a abordagem participativa tende a identificar com maior precisão os impactos locais, principalmente os sociais; em contraponto, uma abordagem técnica facilita a agregação dos impactos e a identificação de impactos regionais. Para uma identificação preliminar de impactos sociais, um enfoque técnico-dedutivo similar àquele empregado para os impactos físico-bióticos pode ser suficiente. Para uma análise aprofundada, porém, técnicas participativas certamente enriquecem os resultados.

7.5 COERÊNCIA E INTEGRAÇÃO

Um dos desafios da prática da AIA é lograr uma integração dos procedimentos analíticos usados para investigar os efeitos das interações entre as ações humanas e os processos naturais e sociais. Métodos desenvolvidos no âmbito de uma disciplina podem ser eficazes para fornecer explicações plausíveis dentro de seu campo de investigação, mas nem sempre se consegue estabelecer a necessária comunicação com outros campos do conhecimento.

Coerência é necessária em todo planejamento baseado em ciência. Assim, as medidas mitigadoras devem ser coerentes com os resultados da classificação de significância dos impactos, o enfoque dado ao diagnóstico ambiental deve ser coerente com os resultados da seleção das questões relevantes, do mesmo modo que os esforços de previsão de impactos devem ser coerentes com a importância dos impactos (Duarte; Sánchez, 2020). Um EIA coerente começa com identificação sistemática e rigorosa dos impactos. Coerência demanda esforço integrador, mas uma análise integrada só é possível se o trabalho for executado de maneira coerente.

Integração tem diversos sentidos em planejamento ambiental, um dos mais comuns sendo a integração dos diversos componentes do diagnóstico ambiental, no sentido de fornecer alguma forma de quadro sinóptico ou "integrado" da situação, do estado ou da qualidade do ambiente. A identificação de impactos também tem a ganhar com a integração de conhecimento, originando interpretações que ultrapassem assertivas simples como "impactos sobre a fauna".

Um caminho de integração foi proposto por Slootweg, Vanclay e Van Schooten (2001), utilizando o conceito de "funções da natureza" no atendimento às necessidades da so-

---

[2] O total de terras públicas geridas pelo governo americano atinge cerca de 2,4 milhões de km². Tamanha extensão territorial faz dessas agências governamentais as gestoras de territórios maiores que o da maioria dos países. Somente o Serviço Florestal prepara anualmente cerca de 20 mil EIAs e estudos ambientais simplificados (Ryan; Brody; Lunde, 2011).

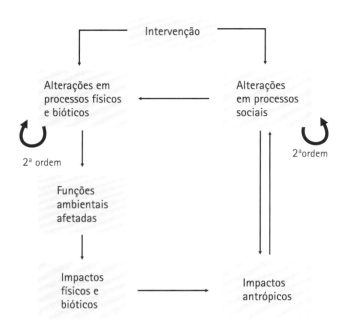

Fig. 7.22 *Relação entre processos e impactos físico-bióticos e sociais*
Fonte: Slootweg, Vanclay e Van Schooten (2001).

ciedade. Para esses autores, há duas categorias de impactos: os biofísicos e os antrópicos. Impactos biofísicos podem ser entendidos como alterações (em qualidade ou quantidade) nos bens e serviços fornecidos pela natureza, ou uma mudança que afeta as funções da natureza como provedora da sociedade. Já os impactos antrópicos podem resultar seja de alterações induzidas em processos sociais, seja, indiretamente, dos impactos biofísicos (Fig. 7.22): "os impactos biofísicos podem ser expressos em termos de mudanças nos produtos e serviços fornecidos pelo meio ambiente e, por consequência, terão impactos sobre o valor dessas funções para a sociedade humana" (p. 24). Desse modo, a identificação de impactos pode ser precedida da identificação das funções ambientais afetadas, o que já dá uma medida da relevância de tais impactos.

O conceito de funções da natureza é equivalente ao termo atualmente mais usado *serviços ecossistêmicos* (ou serviços dos ecossistemas), entendido como os benefícios que a sociedade obtém dos ecossistemas, naturais ou modificados. Slootweg (2005) lembra que a chamada "abordagem ecossistêmica" (*ecosystem approach*) é um dos pilares da Convenção da Diversidade Biológica e que as *Diretrizes Voluntárias para Avaliação de Impacto Ambiental Inclusivas da Biodiversidade* recomendam o emprego do conceito de serviços ecossistêmicos. Esses serviços são sustentados pela biodiversidade, de forma que seu fornecimento depende da integridade dos ecossistemas e da conservação da biodiversidade. A versão de 2012 dos Padrões de Desempenho da IFC passou a dar destaque aos serviços ecossistêmicos, que eram mencionados de maneira secundária na versão de 2006, e hoje vários EIAs que precisam atender aos requisitos da IFC incluem impactos sobre serviços ecossistêmicos.

De acordo com o Padrão de Desempenho 6, é preciso identificar os serviços ecossistêmicos que podem ser afetados por um projeto e, entre eles, determinar os serviços prioritários ou mais importantes. A priorização deve ser feita mediante consulta às comunidades afetadas. Há orientação prática disponível (Landsberg et al., 2013) e experiência acumulada (Treweek; Landsberg, 2018), inclusive quanto à aplicação retrospectiva a um EIA elaborado de modo convencional (Rosa; Sánchez, 2016), mostrando a possível contribuição dessa abordagem integradora.

Cada serviço ecossistêmico tem uma área de fornecimento diferente e, para cada serviço, há uma maneira diferente de as comunidades se beneficiarem. Os serviços de provisão geralmente são de proximidade, mas os benefícios dos serviços de regulação podem ser de escala regional. Nos dois casos, não é preciso que os beneficiários vivam nos ecossistemas ou próximos a eles, pois podem se deslocar para acessar os serviços. Sendo assim, é preciso entender a relação espacial do fluxo de fornecimento dos serviços para definir a área de estudo.

Comparando a abordagem convencional com a ecossistêmica, o diagnóstico ambiental deve ser estruturado diferentemente, caracterizando tanto os ecossistemas quanto seus beneficiários, com mapeamento em escala de detalhe dos usos que fazem as comunidades locais dos recursos ambientais, como caminho para identificar serviços ecossistêmicos prioritários. Por outro lado, embora essa abordagem permita que os impactos sobre a comunidade possam ser identificados com maior detalhe e desagregação do que é usual em EIAs, nem todos os impactos sociais podem ser captados por essa metodologia.

7.6 Síntese

Para uma apropriada identificação de impactos ambientais, é necessário entender (i) o projeto proposto e suas alternativas e (ii) as principais características do ambiente afetado. Para identificação *preliminar* de impactos, para fins de planejamento do EIA, não é necessário dispor de um conhecimento detalhado do ambiente. Na verdade, são os impactos que podem advir das atividades de planejamento, implantação, funcionamento ou desativação do projeto analisado que nortearão o estudo, ao indicar que tipo de informação sobre o ambiente afetado será necessária para prever a magnitude dos impactos, avaliar sua importância e propor medidas de gestão para evitar, reduzir, corrigir ou compensar os impactos adversos e maximizar os benéficos.

Listas de verificação, matrizes e redes de interação são ferramentas comuns para auxiliar a identificação de impactos e a comunicação dos resultados. Cada ferramenta tem suas vantagens e limitações, e matrizes, de diferentes estruturas, predominam.

Uma abordagem ordenada e sistemática das relações de causa e consequência, e dos mecanismos que as conectam, auxilia a identificação de todos os impactos relevantes. O esquema fundamental para identificação de impactos ambientais está resumido na Fig. 7.23.

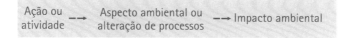

Fig. 7.23 *Esquema básico das relações entre causa e consequência para identificação de impactos ambientais*

ESTUDOS DE BASE E DIAGNÓSTICO AMBIENTAL

8

Os estudos de base ocupam uma posição central na preparação de um estudo de impacto ambiental, ao permitirem a obtenção e a organização das informações necessárias à identificação e à previsão dos impactos, à sua posterior avaliação e à elaboração do plano de gestão ambiental. Por sua vez, o tipo e a qualidade das informações obtidas por meio dos estudos de base são determinados em função das duas etapas anteriores, a identificação preliminar dos impactos e sua hierarquização (seleção das questões relevantes).

Dessa forma, os estudos de base funcionam como um pivô no processo de elaboração de um EIA, e em torno deles gira a organização dos trabalhos de campo e de gabinete, assim como a estruturação do próprio documento. Os estudos de base têm como resultado o diagnóstico ambiental, capítulo obrigatório de todo EIA, que recebe diferentes denominações em distintos países.

São funções dos estudos de base em um EIA:

* fornecer informações necessárias para a análise dos impactos;
* contribuir para a definição de programas de gestão ambiental;
* estabelecer uma base de dados para futuro monitoramento, em caso de implementação do projeto.

8.1 FUNDAMENTOS

Estudos de base são definidos como *levantamentos acerca de componentes e processos do meio ambiente que podem ser afetados pela proposta em análise.*

> Os estudos de base não são qualquer acumulação de informações disponíveis, devem ter foco em componentes e processos ambientais que possam ser afetados pelo projeto. Logo, trata-se de coletar e organizar informação selecionada e focada.

Beanlands (1988) correlaciona os estudos de base com o monitoramento ambiental, pois descrevem as condições ambientais existentes em um dado momento (o atual) em determinado local (a área de estudo), e mudanças subsequentes podem ser detectadas mediante monitoramento. Nessa acepção, os estudos de base fornecem uma referência pré-operacional para o monitoramento e deveriam ser organizados de tal maneira que permitissem uma comparação entre a situação pré-projeto e aquela que poderia ser encontrada após sua implantação, possibilitando comparação multitemporal.

Beanlands define estudos de base como "descrições estatisticamente válidas de componentes ambientais selecionados, feitas antes da implantação do projeto" (p. 41). Tal definição vai além do conceito formulado no início desta seção, acrescentando que não apenas a descrição da situação pré-projeto deve ser feita de modo a possibilitar comparação com a situação futura, como também precisa ser validada estatisticamente e, portanto, deveria ser rigorosamente quantitativa. Beanlands e Duinker (1983, p. 29) lamentam que poucos EIAs estabeleçam de maneira quantitativa a natural variabilidade espacial e temporal de parâmetros descritivos do diagnóstico, de modo que a comparação com a situação pós-projeto tenha validade estatística.

Na prática, é raro que um EIA atinja esse nível de sofisticação, mas a diretriz de que a descrição da situação atual deveria tornar possível uma comparação com a situação depois da implantação do empreendimento é coerente com o conceito de impacto ambiental da Fig. 1.6. Mas, principalmente, os estudos de base devem possibilitar que se façam previsões cientificamente fundamentadas sobre a provável situação futura.

Os estudos de base também devem ser realizados de forma a mostrar a dinâmica ambiental da área afetada, apresentando uma caracterização dos principais processos atuantes na área de estudo, não se limitando a uma descrição estática do ambiente afetado. Dito de outra forma, os estudos de base devem indicar as tendências das condições ambientais na área de estudo, descrevendo-a com a ajuda de indicadores apropriados.

Os resultados dos estudos de base compõem a descrição e a análise da situação da área de estudo, feitas por meio de levantamentos de componentes e processos do meio ambiente e de suas interações. Resulta o *diagnóstico* ambiental, um retrato da situação pré-projeto, ao qual virá se contrapor um *prognóstico* ambiental, ou seja, uma projeção da provável situação futura do ambiente afetado, caso o projeto seja implementado, e sem ele. O prognóstico resulta da etapa seguinte de preparação do EIA, a análise dos impactos, e, dentro desta, principalmente da atividade de previsão de impactos.

8.2 O conhecimento do meio afetado

Os estudos de base fornecem informações para confirmar a identificação preliminar e para prever a magnitude dos impactos. Pode-se afirmar que, quanto mais se conhece sobre um ambiente, maior é a capacidade de prever impactos e, portanto, de gerenciar o projeto de modo a reduzir os impactos negativos. A relação entre o potencial de impacto[1] e o grau de conhecimento do ambiente é mostrada na Fig. 8.1. Quando se conhece pouco, deve-se aplicar o Princípio da Precaução[2], assumindo-se que é grande o potencial de impactos significativos, uma vez que se desconhecem os processos ambientais, a presença de componentes ambientais relevantes (seção 5.5) e sua vulnerabilidade ou resiliência. Por exemplo, considere-se um projeto em uma região com possibilidade de ocorrência de cavernas (região cárstica). A única maneira de saber se cavernas poderão ser afetadas é verificando se elas ocorrem. Em um primeiro momento, portanto, quando o conhecimento é baixo (não se sabe se realmente existem cavernas no local), é necessário admitir que o potencial de impactos é elevado, ou seja, o empreendimento pode causar impactos significativos ao patrimônio espeleológico. Somente depois de realizar um levantamento pode-se reduzir a incerteza.

O mesmo raciocínio é válido para outros componentes (por exemplo, espécies raras, ecossistemas de particular interesse, como os manguezais, sítios de importância cultural, pontos de encontro da comunidade local) e processos ambientais (por exemplo, a dragagem de um canal de acesso a um novo porto poderá afetar os padrões de circulação em um estuário e ter consequências sobre a fauna?).

Se o empreendedor quer reduzir os custos ou o tempo de preparação do EIA economizando no diagnóstico, com intenção de obter mais rapidamente sua licença, muitas vezes a consequência é assumir um alto potencial de impactos significativos e, portanto, maior necessidade de mitigação (e seus respectivos custos).

Outro aspecto ilustrado na Fig. 8.1 é que, quando se sabe pouco das condições ambientais de um local, qualquer aquisição de conhecimento já representa um grande avanço no sentido de possibilitar entender melhor os impactos do projeto. No entanto, a partir de um certo ponto, é preciso grande esforço de

[1] *O potencial de impacto é a relação entre a solicitação ou pressão imposta por um projeto e a vulnerabilidade do ambiente afetado, conforme Cap. 4, especialmente Fig. 4.2.*

[2] *Amplamente utilizado em política ambiental e em tratados internacionais, foi pioneiramente introduzido na legislação da Alemanha na década de 1970. Em síntese: "Quando uma atividade representa ameaça à saúde humana ou ao ambiente, medidas de precaução deveriam ser tomadas mesmo se algumas relações de causa e efeito não são plenamente compreendidas em termos científicos. Nesse contexto, cabe ao proponente da atividade, e não ao público, o ônus da prova" (Hanson, 2018).*

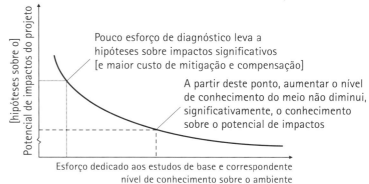

Fig. 8.1 *Representação esquemática da relação entre o nível de conhecimento do ambiente e o potencial de impacto ambiental*

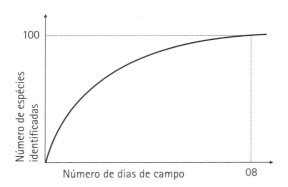

Fig. 8.2 *Curva hipotética do esforço amostral no levantamento de avifauna. Os números indicados na figura não representam, necessariamente, valores típicos de algum ecossistema.*
A figura indica esforço amostral contínuo, não levando em conta campanhas realizadas em diferentes épocas do ano, prática que corresponde às recomendações dos especialistas

investigação para lograr avanços relativamente pequenos de conhecimento e seria interessante poder identificar o momento a partir do qual compensa pouco continuar investindo em aquisição de dados e processamento de informações. Um exemplo é dado na Fig. 8.2, que representa uma curva hipotética de esforço amostral na identificação de avifauna. Levantamentos de aves são relativamente comuns em estudos ambientais, porque esse grupo faunístico é um bom indicador do estado de conservação dos hábitats e porque as espécies são de identificação relativamente fácil, ao contrário de outros grupos. A partir de um certo momento, o esforço adicional de levantamento (representado pelo número de dias de campo de um especialista) não produz aumento significativo de informação (o número de espécies identificadas), uma vez que o ornitólogo passa a ver mais exemplares das mesmas espécies, mas poucas novas espécies, ou nenhuma. Isso ocorre porque o número de espécies de aves em um dado local é finito, sendo teoricamente possível identificar todas. Esse fato é exemplificado por um levantamento de avifauna realizado durante quatro anos no Parque Estadual de Intervales, São Paulo, na região da Serra do Mar, onde Vielliard e Silva (2001) identificaram 338 espécies, em 22 campanhas de dois a quatro dias de duração, espaçadas de dois a três meses. A primeira campanha identificou cerca de cem espécies, número que já dobrou na segunda, mas cada campanha adicional representou um pequeno incremento em relação à anterior.

8.3 Planejamento dos estudos

Muitos estudos ambientais são executados sem que se dê a devida atenção à definição clara e precisa de seu escopo (Ross; Morrison-Saunders; Marshall, 2006). O exemplo do EIA da hidrovia (seção 5.1), no qual os impactos sobre o turismo não puderam ser avaliados por falta de dados primários, ilustra os problemas decorrentes da deficiência ou da falta de planejamento adequado dos estudos e da inobservância de um princípio básico.

> Para um bom diagnóstico ambiental, é preciso seguir o princípio de realizar os levantamentos *necessários*, e não o de fazer uma compilação de dados *disponíveis*.

É importante que os estudos de base sejam planejados previamente – e, de preferência, que as orientações para sua realização sejam incorporadas aos termos de referência. Como serão utilizados métodos e técnicas de várias disciplinas, cabe uma abordagem semelhante àquela empregada em projetos de pesquisa científica, com definição prévia dos objetivos do trabalho, metodologia e especificação dos resultados esperados, para cada levantamento. Como afirma Beanlands (1993b, p. 63), é preciso dispor de uma estratégia de estudo, um plano para "coordenar os vários programas de coleta de dados e exercícios de modelagem".

O planejamento dos estudos de base deve responder a quatro perguntas:

1) Quais as informações necessárias e para qual finalidade serão utilizadas?
2) Como serão coletadas essas informações?
3) Onde serão coletadas?
4) Durante quanto tempo, com qual frequência e em que épocas do ano serão coletadas?

Somente depois de respondidas essas perguntas é que se pode iniciar os levantamentos. Caso contrário, há grande chance de obter resultados insatisfatórios, e talvez o trabalho tenha de ser refeito ou complementado. Consequências certas de um diagnóstico ambiental insuficiente são o atraso na aprovação do empreendimento, com necessidade de complementação, e o maior risco de contestações judiciais.

Definição das informações que devem ser levantadas

Face à exigência de multidisciplinaridade e à vasta gama de impactos possíveis da maioria dos projetos para os quais são feitos EIAs, há risco de que sejam coletadas vastas quantidades de informação irrelevante – não utilizada para previsão e avaliação dos impactos ou para o plano de gestão, e que tampouco permite uma comparação da situação *ex ante* com aquela *ex post*. Basta consultar uma amostra de EIAs e fazer um teste de coerência para encontrar informações apresentadas no diagnóstico e não utilizadas. A compreensão imperfeita das funções e dos papéis da AIA resulta em uma tendência para se apresentar informações *disponíveis* em detrimento das *necessárias* para a análise dos impactos e, consequentemente, para a tomada de decisões.

Eccleston (2000, p. 176) comenta que nos EUA "não é incomum encontrar um EIA que apresente uma extensa discussão de recursos ambientais, mesmo daqueles que claramente não têm potencial para serem afetados", apesar das diretrizes explícitas sobre determinação do escopo dos estudos – segundo o regulamento de 1978 do CEQ, os EIAs devem "descrever sucintamente o ambiente da área a ser afetada" e "as descrições não devem ser mais longas que o necessário para compreender os efeitos das alternativas".

A definição do alcance dos estudos ocorre na preparação dos termos de referência (seção 5.4), mas estes nem sempre são suficientemente precisos e detalhados, e podem necessitar de revisão ou ajuste para elaboração dos estudos. Por outro lado, quando as empresas consultoras preparam propostas técnicas e comerciais para realizar estudos ambientais, devem fazer uma estimativa razoável do custo dos serviços, de modo que precisam definir seu escopo com pequena margem de erro.

Uma vez iniciado o EIA, ainda é possível fazer correções e ajustes, embora mudanças substanciais devam ser justificadas perante o cliente e aprovadas pelos agentes governamentais. Canter (1996, p. 117) recomenda que a equipe do EIA deixe explícitas as razões para inclusão ou exclusão de componentes ambientais nos estudos de base, sugerindo que se apliquem critérios como:

* *scoping*: componente selecionado para os estudos de base por resultar do processo de seleção das questões relevantes ou constar dos termos de referência;
* trabalhos de campo: componente incluído por ter sido verificado ou constatado durante os trabalhos de campo;
* julgamento profissional: componente incluído em razão da apreciação da equipe multidisciplinar ou excluído por não ser afetado pelo empreendimento.

Fig. 8.3 *Representação esquemática do universo de dados primários e secundários*

A relação entre dados e informações existentes e aquelas necessárias para um EIA é representada esquematicamente na Fig. 8.3. De um vasto conjunto de dados e informações existentes, apenas uma parte é útil para avaliar os impactos. Esse subconjunto é denominado de dados secundários. Por outro lado, os dados que devem ser levantados para uma satisfatória avaliação de impactos são os dados primários. Tipicamente em um EIA haverá uma mescla de dados primários e secundários.

Métodos de coleta e análise

Decisões tomadas no planejamento dos estudos de base influenciarão seus estudos. O plano de trabalho para os estudos de base deveria, na medida do possível, descrever as metodologias que serão utilizadas para a coleta das informações.

Devem-se levantar dados primários ou secundários? Dados secundários são aqueles preexistentes, disponíveis em fontes públicas ou privadas, como bibliografia, cartografia, relatórios não publicados, bancos de dados de órgãos públicos, de organizações não governamentais, e dados já obtidos pelo próprio empreendedor. Dados primários são aqueles inéditos, levantados com a finalidade específica do EIA. Um erro estratégico é escolher usar dados secundários para uma situação que requer levantamentos de campo. Em qualquer EIA deve-se usar tanto dados secundários como primários. Por exemplo, dados sobre a demografia e a saúde são geralmente disponíveis em escala municipal, mas a análise de impactos de um projeto normalmente requer escala mais detalhada. Cabe ao especialista que utilizará os dados tomar a decisão sobre o tipo de dados que necessita e a escala.

Devem-se realizar inventários ou pode-se proceder por amostragem? A resposta dependerá do tipo de dado e de sua relevância para a análise dos impactos. Por exemplo, nos estudos relativos a uma barragem, a população humana que ocupa a área de inundação deverá ser objeto de levantamento censitário detalhado, enquanto para os levantamentos de vegetação normalmente vai-se proceder por amostragem – não se vai medir e identificar todas as árvores, mas realizar estudos em áreas reduzidas, segundo determinados critérios de amostragem conhecidos dos especialistas e que poderão ser extrapolados para a totalidade da área, com uma margem de erro definida antecipadamente. Nesse campo, embora se utilize o termo "inventário florestal", na verdade esses levantamentos são feitos por amostragem!

Devem-se coletar séries temporais ou podem-se realizar amostragens únicas? Novamente, a estratégia dependerá da variável estudada e de seu comportamento ao longo do tempo. Por exemplo, a qualidade da água de um rio, que, em geral, tem variação sazonal, deveria ser objeto de estudo durante um certo período, usualmente um ciclo hidrológico, mas a cobertura vegetal não tem essa variabilidade e muitas vezes pode ser estudada em uma única campanha de campo. No entanto, mesmo para o levantamento da vegetação podem ser necessárias diversas campanhas, pois as espécies florescem em diferentes épocas do ano e, às vezes, a identificação só é possível por intermédio das flores. O mesmo vale para levantamentos faunísticos.

A limitação do tempo dos estudos para atender aos interesses do empreendedor em obter sua aprovação o mais rápido possível nem sempre conduz aos resultados esperados (em termos de rapidez na obtenção da licença), e também pode ter repercussões futuras.

Um exemplo hipotético de monitoramento da qualidade das águas superficiais é mostrado na Fig. 8.4, sugerindo que uma estratégia de amostragem que não leve em conta a sazonalidade pode levar a conclusões errôneas. Caso tenha sido coletada somente uma amostra de água para diagnóstico e a amostragem tenha sido feita no dia T1, e supondo que haja monitoramento contínuo ou frequente após a implantação do empreendimento, e tomando a média do indicador ou o percentual de tempo abaixo de determinado valor para o período pós-implantação, o analista chegará a uma conclusão errônea sobre o impacto do empreendimento: terá impressão de que o impacto foi muito maior do que realmente é. Inversamente, se a amostragem foi realizada no dia T2, a conclusão será a de que praticamente não houve impacto.

Devem-se efetuar amostragens contínuas ou discretas? Para certos parâmetros ambientais pode ser necessário efetuar medições contínuas ou a intervalos de tempo muito curtos, enquanto para outros são suficientes algumas amostras coletadas com semanas ou meses de intervalo. Como regra geral, na maioria dos EIAs não são necessárias amostragens contínuas, procedimento mais empregado no monitoramento operacional (por exemplo, emissões de poluentes atmosféricos em chaminés).

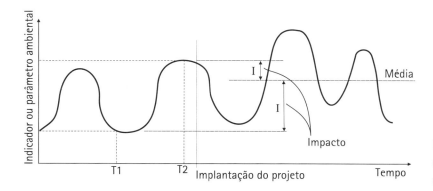

Fig. 8.4 *Representação esquemática da variação de um indicador hipotético de qualidade de água*

Área de estudo

É fundamental estabelecer de antemão a área de estudo, ou seja, a delimitação do local que será objeto dos diferentes levantamentos, primários ou secundários. A área poderá variar em função do tema a ser estudado.

Uma delimitação mínima (e insuficiente) corresponde à própria área a ser ocupada pelo empreendimento, usualmente chamada de área diretamente afetada, a pegada do projeto, na qual pode ocorrer perda de vegetação, impermeabilização do solo e outras modificações importantes. Por exemplo, no caso de uma usina hidrelétrica, essa área compreende a área do reservatório e uma faixa no entorno, a área do barramento, da casa de força, da subestação elétrica, o canteiro de obras, as áreas ocupadas por acampamentos, vilas residenciais e instalações administrativas e de apoio (oficinas, pátios, estacionamentos), assim como os locais de extração de materiais de empréstimo e as áreas de reassentamento da população. Vias de acesso e instalações associadas, como linhas de transmissão, também devem ser incluídas.

No entanto, os impactos de um empreendimento nunca ficam restritos à sua própria área de implantação e a área de estudo pode ser significativamente maior que a área diretamente afetada. Para muitos empreendimentos, a bacia hidrográfica é uma unidade de análise adequada no que se refere a vários impactos sobre o meio físico. Já em relação aos impactos sociais e econômicos, unidades políticas como municípios ou conjuntos de municípios costumam ser recortes territoriais adequados, uma vez que vários desses impactos se manifestam nesse nível, como o aumento da arrecadação tributária ou o aumento da demanda de serviços públicos.

Não se deve confundir área de estudo com área de influência. Este termo designa a área geográfica que pode ser afetada, direta ou indiretamente, pelo empreendimento. Portanto, a área de influência somente poderá ser conhecida depois de concluídos os estudos.

Por exemplo, para saber qual a área de influência de uma usina termelétrica quanto à alteração da qualidade do ar, deve-se primeiro coletar informações sobre as taxas de emissão de poluentes atmosféricos (tarefa normalmente executada na fase de caracterização do projeto) e sobre as condições atmosféricas e de relevo da área (tarefa realizada na fase de estudos de base), a fim de conhecer as possíveis concentrações futuras de poluentes (conclusão que somente pode ser obtida na etapa de previsão dos impactos) e sua distribuição espacial, que determinará a área de influência. De modo semelhante, a área de influência de uma plataforma marítima de petróleo somente será conhecida após uma modelagem que leve em conta ventos e correntes marítimas, a qual depende de dados oceanográficos coletados ou compilados durante os estudos de base, para que se possa determinar a área que poderá ser afetada por um derramamento.

A área de estudo pode ser maior que a área de influência.

Por exemplo, em geral os impactos diretos sobre o patrimônio arqueológico ficam restritos à área diretamente afetada ou suas imediações. No entanto, para realizar levantamentos de potencial arqueológico de uma área, os arqueólogos necessitam estudar áreas maiores, para entender como os grupos humanos no passado utilizavam os recursos do território que ocupavam.

A área de estudo pode ser menor que a área de influência.

Um projeto que afete uma área de nidificação ou de alimentação de aves migratórias, que anualmente circulam entre os hemisférios norte e sul, não realizará levantamentos de campo nos dois hemisférios, mas utilizará dados secundários sobre a biologia das espécies em questão e fará levantamentos de campo na área do projeto e imediações, porém a área de influência é hemisférica. Da mesma forma, um projeto que afete uma praia onde desovam tartarugas marinhas poderá ter influência em vasta área oceânica.

Duração dos estudos

Determinar o tempo necessário é da maior relevância para o planejamento dos estudos. A duração pode ser determinada por necessidades intrínsecas de certos procedimentos de amostragem ou de levantamento censitário, cuja escolha, por sua vez, depende do grau de detalhamento desejado. Porém, o que pode ser determinante para estabelecer a duração total dos estudos são características sazonais próprias a certos fenômenos que devem ser estudados.

Em tal situação, alguns empreendedores estabelecem, por conta própria, uma base de dados pré-operacionais e os colocam à disposição da equipe encarregada de preparar os estudos ambientais. Nada impede que dados que necessitem de séries temporais longas para serem convenientemente analisados sejam coletados bem antes de ser iniciado o EIA, como nos estudos da qualidade da água e de fauna.

8.4 Conteúdos e abordagens dos estudos de base

Os estudos ambientais são normalmente realizados por equipes multidisciplinares, ou seja, compostas de especialistas em diversas áreas do conhecimento. Embora o ambiente seja uma totalidade, nosso conhecimento é fragmentado. As ciências naturais avançaram justamente por meio do recorte e seleção de objetos de estudo destacados do ambiente. Em que pesem esforços de integração entre disciplinas, o conhecimento continua avançando graças à especialização.

Ao se preparar um EIA, não se pode fugir da especialização do conhecimento, mesmo que também se busque síntese e integração. Assim, as descrições e análises das características do ambiente afetado por um projeto podem ser organizadas segundo diferentes perspectivas.

No Brasil, é padrão a divisão do ambiente em três grandes compartimentos para fins de diagnóstico ambiental: os meios físico, biótico e antrópico. Basicamente, a filosofia por trás dessa divisão coloca no compartimento "meio físico" tudo o que diz respeito ao ambiente inanimado, e no "meio biótico", tudo o que se refere aos seres vivos, excluídos os humanos, que são tratados no "meio antrópico". O "meio antrópico" no Brasil é frequentemente, mas de modo pouco apropriado, também denominado de "meio socioeconômico", termo que deixa de fora a dimensão cultural das atividades humanas. Uma expressão alternativa para "meio antrópico" é "ambiente humano". A divisão do ambiente em três meios é artificial, como qualquer outra que se faça, mas essa não é a única maneira de compartimentar o ambiente para fins de descrição e análise. Em outros países, são usados critérios diferentes, como a inclusão da categoria "paisagem", que integra componentes bióticos, como a vegetação, e antrópicos, como as formas de uso do solo e a infraestrutura. Outras vezes, agrupa-se em "meio biofísico" tudo o que diz respeito ao ambiente natural, com todo o restante apresentado em uma seção sobre "ambiente humano". Muitos dos termos apresentados na Fig. 1.2 servem como estrutura para fins de diagnóstico ambiental. Exemplos de estrutura do diagnóstico ambiental em alguns EIAs são mostrados no Quadro 8.1; é interessante notar os exemplos nos quais a estrutura geral não abarca um capítulo separado para o diagnóstico e outro para a análise dos impactos, mas apresenta uma sequência de tópicos na qual cada componente ambiental selecionado é primeiro descrito e, em seguida, tem seus impactos avaliados.

Qualquer divisão do ambiente para fins de análise ou descrição será sempre arbitrária e não pode ser empregada de modo rígido. A descrição da qualidade das águas superficiais, por exemplo, pode ser feita por meio de parâmetros físicos e químicos (turbidez, pH, oxigênio dissolvido, demanda bioquímica de oxigênio etc.) e, ao mesmo tempo, com parâmetros biológicos (presença de microrganismos, diversidade de algas, composição das comunidades planctônicas etc.). Logo, como há elementos do meio físico e do meio biótico, onde enquadrar essa parte do diagnóstico? Uma alternativa seria a divisão da área de estudo em um mosaico de ambientes (como ambientes urbanos, rurais, seminaturais, aquáticos etc.) e enquadrar a descrição da qualidade da água nesta última categoria.

Outro exemplo é a descrição das formas de uso do solo, essencial para apreender-se o contexto em que se insere a proposta analisada. Para fins de descrição estrita das modalidades de uso e ocupação pela sociedade, a legenda de um mapa de uso do solo poderá apresentar classes como "área urbana", "culturas temporárias", "pastagens", "cul-

190 Avaliação de Impacto Ambiental: conceitos e métodos

Quadro 8.1 Exemplos de estruturas de diagnóstico ambiental em EIAs*

Usina Hidrelétrica Eastmain 1, Quebec, Canadá

Parte 3: Descrição do meio

Capítulo 1: Zona de estudo

Capítulo 2: Meio físico
1. Geografia física geral
2. Geomorfologia
3. Clima
4. Hidrologia e regime térmico
5. Qualidade da água

Capítulo 3: Meio biológico
1. Vegetação
2. Ictiofauna
3. Avifauna
4. Grande fauna[1]
5. Pequena fauna[1]
6. Mercúrio no meio natural[2]

Capítulo 4: Meio humano
1. Histórico da ocupação do território
2. Perfil socioeconômico
3. Utilização do território
4. Paisagem
5. Arqueologia

Mina de Ferro Marandoo e Ferrovia Central Pilbara, Austrália Ocidental, Austrália

Parte 3: O ambiente[3]

Capítulo 5: Ambiente regional

Capítulo 6: Parque Nacional Karijini

Capítulo 7: Clima e tempo

Capítulo 8: Água

Capítulo 9: Unidades territoriais

Capítulo 10: Fauna

Capítulo 11: Flora e vegetação

Capítulo 12: Ambiente social e participação pública

Capítulo 13: Avaliação de impacto social[4]

Central fotovoltaica de Alcoutim, Portugal

Parte 5: Características da situação de referência

5.1 Metodologia utilizada

5.2 Clima

5.3 Geomorfologia, geologia, geotecnia e hidrogeologia

5.4 Recursos hídricos superficiais

5.5 Solos e usos dos solos

5.6 Ordenamento do território

5.7 Ecologia

5.8 Qualidade do ar

5.9 Gestão de resíduos

5.10 Ambiente sonoro

5.11 Patrimônio arqueológico, arquitetônico e etnográfico

5.12 Socioeconomia

5.13 Paisagem

Memorial World Trade Center, Nova York, Estados Unidos [5,6]

Capítulo 3: Uso do solo e política pública

Capítulo 4: Desenho urbano e recursos visuais

Capítulo 5: Recursos históricos

Capítulo 6: Espaço aberto

Capítulo 7: Sombras

Capítulo 8: Equipamentos comunitários

Capítulo 9: Condições socioeconômicas

Capítulo 10: Caráter do bairro

Capítulo 11: Materiais perigosos

Capítulo 12: Infraestrutura

Capítulo 13A: Tráfego e estacionamento

Capítulo 13B: Transportes públicos e pedestres

Capítulo 14: Qualidade do ar

Capítulo 15: Ruído

Capítulo 16: Zona costeira

Capítulo 17: Áreas úmidas[7]

Capítulo 18: Recursos naturais

Capítulo 19: Campos eletromagnéticos

As referências completas se encontram na Lista de Estudos Ambientais Citados.

[1] *Refere-se a espécies selecionadas de mamíferos, de importância ecológica e cultural.*

[2] *Esse item justifica-se pelo aumento da concentração do metal na água, após inundação, conforme seção 10.4.*

[3] *Essa é a terceira seção do EIA, e inclui o diagnóstico ambiental e a análise dos impactos; as outras seções são: (1) o cenário regional, (2) a proposta e (4) gestão e compromissos.*

[4] *Trata-se do único capítulo em que a avaliação é separada do diagnóstico.*

[5] *Apresentado como "um projeto de reconstrução extraordinária para lembrar, reconstruir e renovar o que foi perdido em 11 de setembro de 2001".*

[6] *O diagnóstico é apresentado com a análise dos impactos para cada tópico selecionado; medidas mitigadoras são apresentadas em capítulo próprio.*

[7] *Esse tópico atende a um requisito legal específico da legislação federal americana.*

turas permanentes" e "vegetação nativa". Todavia, esta última classe pode ser expandida para incluir os diferentes tipos de vegetação nativa que podem ser encontrados na área de estudo, de modo que, ademais de um mapa das formas de uso do espaço, tem-se também um mapa das formações vegetais identificadas. Tal mapa deveria ser apresentado na seção correspondente ao meio biótico ou ao meio antrópico?

Há, inegavelmente, certa dose de arbitrariedade em qualquer compartimentação do ambiente. A maneira de fazê-lo reflete escolhas da equipe multidisciplinar consultora, orientações dos termos de referência, requisitos legais ou preferências da equipe do órgão ambiental regulador. Mais importante, no fim das contas, é o conteúdo do diagnóstico ambiental e não a maneira como está estruturado, embora uma boa estruturação facilite sua leitura e compreensão.

O conteúdo do diagnóstico ambiental de cada EIA deve ser moldado sob medida. Todavia, há traços gerais comuns a muitos EIAs, que serão tratados a seguir, de acordo com a compartimentação predominante no Brasil de meio físico, biótico e antrópico. Antes, apresentam-se considerações sobre cartografia, ferramenta essencial para o planejamento dos estudos, para os trabalhos de campo, para as análises posteriores e também para a apresentação dos resultados.

Cartografia

Mapas são essenciais para a representação da maioria das informações produzidas ou compiladas pelos estudos de base. Ao planejar um EIA, é necessário saber de antemão qual é a disponibilidade de bases cartográficas e de outros meios de visualização e representação espacial, como fotografias aéreas e imagens de satélite. O ideal é poder decidir qual a escala dos mapas a serem apresentados no EIA durante seu planejamento.

A melhor escala dependerá do tipo de projeto analisado. Projetos lineares como dutos e linhas de transmissão poderão requerer escalas pequenas (por exemplo 1:100.000 ou 1:200.000) se tiverem dezenas ou centenas de quilômetros de extensão ou várias folhas articuladas como um atlas. Naturalmente, detalhes podem ser representados em escalas maiores. Projetos pontuais, como aterros de resíduos e empreendimentos urbanísticos, normalmente teriam o diagnóstico ambiental apresentado em escalas como 1:10.000 ou 1:5.000.

Apesar de ser crescente a disponibilidade de arquivos vetoriais (*shapefile*) em bases de dados públicos, contendo rios, rodovias e diversas outras informações, um problema prático é que nem sempre se dispõe de bases cartográficas[3] oficiais nas escalas requeridas. Muitos países fazem seus levantamentos básicos em escala 1:50.000 ou 1:25.000, mas países de grandes dimensões podem dispor de mapas nessa escala somente em parte do território. Mapas em escala 1:25.000 ou 1:10.000 são comuns na Europa, mas restritos a poucas regiões no Brasil. Para projetos de médio ou grande porte, podem-se produzir mapas topográficos especialmente para o projeto. Mapeamentos a baixo custo estão mais acessíveis com o uso de drones, de utilização cada vez mais frequente em AIA.

Normalmente, em um EIA são usadas diferentes escalas de análise e apresentação. Em uma escala regional (a partir de 1:100.000) pode-se contextualizar o projeto, situando-o em relação a assentamentos humanos, recursos hídricos e unidades de conservação. Em uma escala local (1:10.000 a 1:25.000) situam-se os principais recursos ambientais potencialmente afetados, como recursos hídricos, fragmentos de vegetação nativa, sítios de interesse natural ou cultural e cobertura da terra. Já em uma escala de detalhe (1:1.000 a 1:5.000) são representados a implantação do empreendimento sobre o terreno natural, movimentações de solo e rocha necessárias e limites da área de intervenção. Deve-se notar que o grau de

[3] *Mapas planialtimétricos (ou seja, que representam o terreno em duas dimensões com indicação das altitudes por meio de curvas de nível) sobre os quais serão representadas as informações do diagnóstico ambiental, por exemplo, um mapa de cobertura da terra ou um mapa geológico.*

detalhe decresce com a redução da escala de mapeamento – em um mapa 1:10.000, 1 mm no mapa corresponde a 10 m no terreno, de modo que nenhuma feição menor que 10 m pode ser adequadamente representada em um mapa impresso nessa escala, considerando que se empregam linhas de 0,5 mm a 1 mm de espessura.

A mudança de escala pode afetar: (i) o número de feições mapeadas, (ii) a medida de comprimentos e áreas e (iii) a posição das feições no mapa, interferindo, dessa forma, na identificação e na previsão de impactos. João (2002) mostrou que as conclusões de um EIA podem depender da escala de trabalho adotada, constatando diferenças entre os impactos estimados a partir de um mapa em escala 1:10.000 e um mapa em escala 1:25.000, em um projeto de contorno rodoviário de uma cidade do sul da Inglaterra, entre outros itens, para o número de residências situadas em uma faixa de 200 m de cada lado do alinhamento e que poderiam ser afetadas pela deterioração da qualidade do ar.

As fotografias aéreas não substituem os mapas porque sempre têm distorções maiores em suas bordas. Já imagens de satélite, por serem tomadas em altitude muito superior à dos aviões que realizam os levantamentos aerofotogramétricos, têm distorção muito baixa e podem ser usadas como base planimétrica (ou seja, sem altimetria), desde que georreferenciadas. Georreferenciamento é o nome que se dá ao procedimento de amarração de pontos conhecidos e perfeitamente identificáveis na foto ou imagem a um sistema de coordenadas, de acordo com uma determinada projeção que representa a forma tridimensional aproximadamente elíptica da Terra (figura geométrica chamada de elipsoide) sobre uma superfície bidimensional (plana). Os fornecedores de imagens aéreas oferecem a opção de entregá-la georreferenciada.

Além de servirem de base para mapeamentos temáticos, os documentos cartográficos preexistentes são fonte de informação secundária da maior relevância, assim como fotografias aéreas e imagens de satélite. Algumas regiões dispõem de fotografias aéreas há mais de sessenta anos, formando séries históricas que podem servir para reconstituir seu histórico de ocupação, para um diagnóstico retrospectivo (seção 11.3). Já imagens recentes são utilizadas para mapeamento de vegetação, da cobertura da terra, para identificação de feições geomorfológicas de interesse, como cavernas, e têm vários outros usos em estudos ambientais.

Imagens de satélite de alta resolução espacial (abaixo de 1 m) converteram-se em alternativa econômica e comparável às fotografias aéreas, com a vantagem da facilidade do georreferenciamento e de poderem ser adquiridas tanto como composições coloridas (a mistura de cores equivalente à visível a olho nu) como por bandas espectrais, ou canais RGB (red, green, blue). Determinadas feições são mais realçadas em certas cores (por exemplo, a vegetação ou a presença de água), ampliando as possibilidades de interpretação e uso. Ademais, programas de computador permitem manipular (processar) as imagens para salientar determinado tipo de feição. Também há a possibilidade de tomar imagens em diferentes épocas do ano, para destacar aspectos de sazonalidade. Em determinadas regiões, contudo, pode ser difícil obter imagens sem nuvens.

Um exemplo de mapa de uso de solo feito a partir de imagens aéreas é mostrado na Fig. 8.5. As classes de uso do solo escolhidas devem sempre ser apropriadas ao que se deseja mostrar ou analisar. Nesse caso, foi importante mostrar onde se localizam fragmentos remanescentes de vegetação nativa – Cerrado, nessa região do Brasil Central – e seus principais tipos (três foram mapeados), assim como as principais formas de uso rural, para as quais foram adotadas quatro classes. O mapa também traz uma informação adicional que, embora não diretamente ligada ao uso atual do solo, representa uma restrição legal para todo novo projeto pretendido para o local: a delimitação das áreas de preservação permanente.

Assim, embora não haja regra universal, é importante que, durante o planejamento dos estudos de base, a escala de realização de levantamentos e a escala de representação sejam pensadas com cuidado. Embora erros e deficiências possam ser, direta ou indiretamente, atribuíveis a escalas inapropriadas, não se pode descartar, como lembra Monmonier (1996), que há várias maneiras de "mentir com mapas".

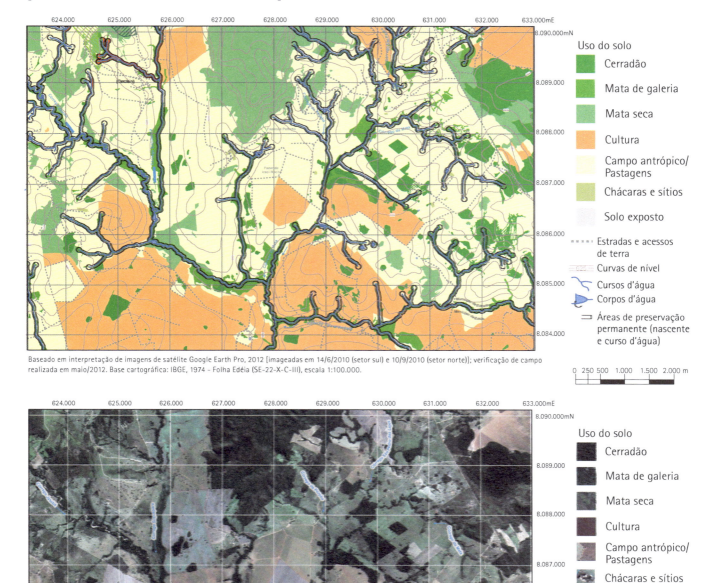

Fig. 8.5 *Mapa de uso do solo e respectiva fotografia aérea. Escala original 1:20.000*
Fonte: Prominer, 2012. Reproduzido com autorização.

Meio físico

Para muitos projetos de engenharia, o meio físico é um suporte – aqui empregado tanto no sentido de fundação como no de lugar – ou um recurso a explotar. Por isso, muitas informações sobre o meio físico podem ser obtidas em documentos de projeto (vazão de rios, propriedades mecânicas de solos, por exemplo), mas nem sempre essas informações são suficientes, ou mesmo necessárias para estudos ambientais. Por outro lado, a especialização profissional e o avanço da ciência levaram a uma tendência de realizar estudos nos quais predominam descrições setoriais em vez de análises integradas. Clima, qualidade do ar, qualidade das águas superficiais, hidrologia das águas superficiais, águas subterrâneas, contaminação dos solos, solos sob o ponto de vista agronômico, solos sob o ponto de vista da engenharia e outras tantas especializações existem para o estudo dos recursos do meio físico.

Por essa razão, os estudos sobre o meio físico podem (mas não deveriam) ser muito compartimentados, com seções descritivas estruturadas em torno de disciplinas ou áreas do conhecimento – Geologia, Geomorfologia, Pedologia, Hidrologia, Hidrogeologia, Meteorologia e outras –, porém, com pouca ou nenhuma integração. Nesses casos, não é rara a apresentação de mapas temáticos de escalas diferentes e com recortes territoriais variados.

Ademais, os estudos do meio físico podem facilmente perder-se em detalhes irrelevantes. Mesmo quando é claro que determinado tema (por exemplo, Geologia) deva ser tratado nos estudos de base, pode haver uma multiplicidade de enfoques possíveis e nem todos são de interesse para os estudos ambientais. No exemplo da Geologia, o tema pode ser apresentado como uma descrição da história geológica da região, das estruturas geológicas existentes na área de estudo, das rochas presentes e seus minerais constituintes, entre outras abordagens possíveis. Porém, cabe ao coordenador dos estudos ambientais dizer ao especialista que tipo de informação necessita e para qual finalidade será utilizada. Estando claros os objetivos, estabelece-se qual o enfoque mais adequado e quais os métodos para atingir os objetivos desejados. Segundo Santos (2004, p. 73), "no Brasil, apesar de se reconhecer que o sucesso de um planejamento depende dos temas escolhidos [para diagnóstico], é muito raro encontrar justificativas sobre sua seleção, e do conteúdo de cada um deles. A prática mostra que é comum essa decisão se basear na disponibilidade de dados de entrada".

Vários temas tratados nos estudos do meio físico são cartografáveis. As cartas apresentam informação de síntese (de levantamentos de campo, de interpretação de imagens e de estudos anteriores) e são meio de comunicação com os usuários e leitores dos estudos ambientais. Exemplos de cartas temáticas que podem ser usadas em estudos ambientais são apresentados no Quadro 8.2.

[4] *"A Cartografia Geotécnica constitui a representação gráfica do levantamento, avaliação e análise dos atributos do meio físico [...]" (Gandolfi, 1999, p. 117).*

Existem diferentes métodos e ferramentas que buscam promover a integração de informações temáticas, a exemplo de cartas geotécnicas[4] e de cartas de suscetibilidade à erosão, entre outras. Nesses casos, dados como geologia, declividade e tipos de solos são combinados para fornecer algum atributo ou alguma propriedade do terreno, como vulnerabilidade a escorregamentos de solo e outros movimentos de massa ou aptidão para determinados usos, como agricultura. Essas ferramentas não são de uso exclusivo em AIA, que utiliza métodos e instrumentos de diversas disciplinas e procura integrá-los para a análise dos impactos. A cartografia geotécnica foi inicialmente empregada para obras civis, mas gradualmente teve seu uso expandido para o planejamento territorial e ambiental.

Essas cartas têm a função de interpretar informações do meio físico para que determinados usuários possam melhor fundamentar suas decisões ou análises. Exemplos de uso em estudos ambientais são o traçado de um duto, a fim de evitar as porções do terreno

ESTUDOS DE BASE E DIAGNÓSTICO AMBIENTAL 195

Quadro 8.2 Cartas temáticas empregadas para diagnósticos ambientais[1]

Carta das condições climáticas e hidrológicas

Parâmetros climáticos: pluviometria, insolação, evaporação, temperatura, direção dos ventos.

Parâmetros hidrológicos: hidrografia, açudes e canais, divisores de águas, vazões, qualidade das águas, áreas sujeitas à inundação.

Carta de solos

Classificação dos solos: classificação pedológica, potencial, fatores limitantes do uso.

Carta geológica

Formações superficiais: granulometria, espessura da formação, grau de consolidação.

Substrato rochoso: classificação litológica, nomenclatura estratigráfica, geocronologia.

Elementos estruturais: orientação, mergulho e tipologia do acamamento, foliações, juntas, falhas, eixos de dobras, caracterização de discordâncias, lineamentos, zonas de cisalhamento e outras estruturas.

Recursos minerais: ocorrências, jazidas e minas, classificação dos depósitos minerais.

Carta geomorfológica

Formas do relevo: formas estruturais, erosivas, de modelado fluvial, litorâneo, cársticas, de modelado antrópico, processos erosivos.

Carta hidrogeológica

Caracterização dos aquíferos: litologias e classificações quanto à porosidade, profundidade e produtividade, direção de fluxo das águas subterrâneas, localização dos pontos de captação, identificação de zonas de recarga, qualidade das águas.

Carta geotécnica

Solos: textura, espessura de material inconsolidado, parâmetros físicos.

Maciços rochosos: origem, grau de alteração, fraturamento, permeabilidade, descontinuidades.

Carta de cobertura vegetal

Vegetação natural: tipo e classificação das formações vegetais.

Culturas: áreas cultivadas, reflorestadas, abandonadas, pastagens.

Carta de uso e cobertura da terra

Áreas urbanas: delimitação, tipo de uso urbano, densidade de ocupação, equipamentos.

Usos industriais: instalações industriais, mineração, aterros de resíduos.

Áreas rurais: culturas permanentes e temporárias, plantios florestais, pastagem.

Infraestrutura: rodovias, linhas de transmissão, barragens e açudes.

[1] *O conteúdo é ilustrativo e não esgota os temas que podem ser apresentados em forma de cartas.*
Fonte: modificado de CPRM (1991).

com maior suscetibilidade a escorregamentos, e o planejamento de um loteamento, para considerar a suscetibilidade à erosão e o risco de escorregamentos. Pode-se ver na Fig. 8.6 um extrato de carta geotécnica preparada para o projeto de um duto de etanol, com sua legenda. Note-se que os exemplos deliberadamente sugerem o emprego dessas ferramentas para planejar o projeto sob o ponto de vista ambiental (ou seja, influenciar decisões de projeto), e não apenas como parte da descrição do ambiente afetado.

Outro campo de aplicação de estudos do meio físico é a contaminação de aquíferos subterrâneos. Como explica Hirata (1993, p. 49), a vulnerabilidade de um aquífero "é uma função primária de: (1) acessibilidade hidráulica de contaminantes à sua zona saturada; (2) capacidade de atenuação (filtração, diluição, sorção, degradação, precipitação etc.) dos estratos

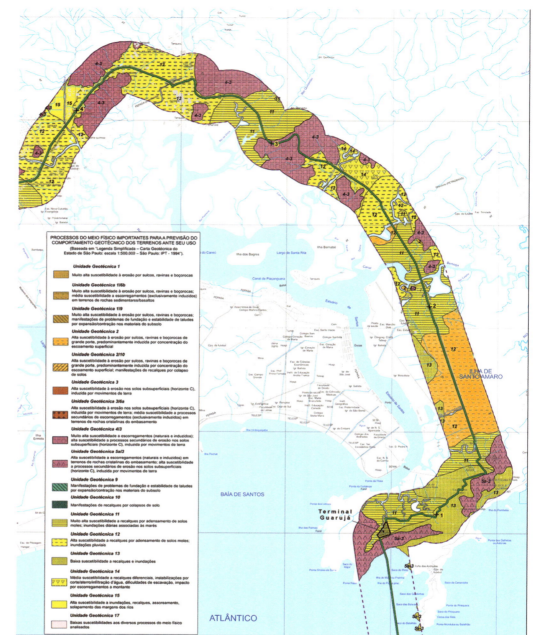

Fig. 8.6 *Trecho de carta geotécnica de um duto de etanol e sua respectiva legenda. Para cada unidade geotécnica mapeada, são indicados os "processos do meio físico importantes para a previsão do comportamento geotécnico dos terrenos ante seu uso". Note-se que a área de estudo foi arbitrada como uma faixa de 2 km de largura*
Fonte: MKR, 2010. Reproduzido com autorização.

sotopostos à zona saturada". Empreendimentos que possam afetar a qualidade das águas subterrâneas deveriam, preferencialmente, localizar-se em áreas de baixa vulnerabilidade.

Um exemplo de estudo de vulnerabilidade de aquíferos pode ser visto na Fig. 8.7, que mostra o mapeamento realizado para o EIA de uma fábrica de celulose de fibra curta branqueada e de papel de impressão, no Mato Grosso do Sul. Foi utilizado, em escala local, o mesmo procedimento empregado na confecção do mapa de vulnerabilidade dos aquíferos do Estado de São Paulo (IG/Cetesb/DAEE, 1997), que leva em conta três fatores: (1) tipo de aquífero (confinado, livre etc.); (2) litologia da zona não saturada (acima da água subterrânea) e (3) profundidade do nível de água subterrânea, combinando-os por meio de um sistema de pontuação.

ESTUDOS DE BASE E DIAGNÓSTICO AMBIENTAL

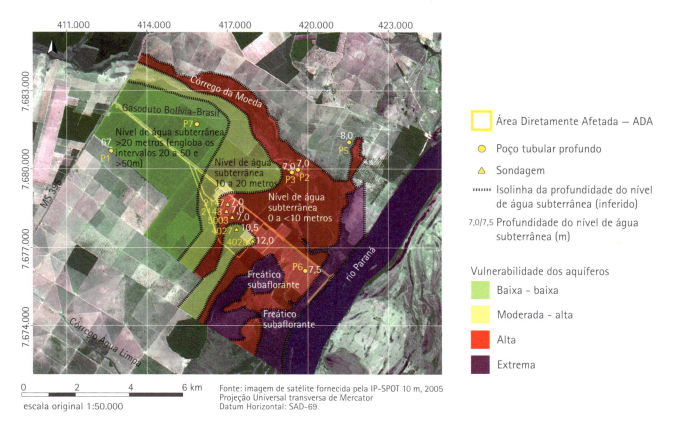

Fig. 8.7 *Mapa de vulnerabilidade de aquíferos de uma área considerada para implantação de uma fábrica de papel e celulose. A linha amarela delimita o empreendimento; o desenho indica os poços profundos existentes e a localização das sondagens que possibilitaram a confecção de um mapa de profundidade do aquífero, o qual, combinado com o mapa geológico, fundamentou o estudo de vulnerabilidade*
Fonte: ERM Brasil, 2005. Reproduzido com autorização.

A presença de áreas contaminadas ou suspeitas de contaminação também deve ser apontada no diagnóstico ambiental, e é informação relevante para o projeto e obras de construção.

A qualidade das águas é um dos temas mais frequentes nos diagnósticos ambientais, haja vista que muitas ações antrópicas podem afetar águas superficiais. Há critérios e normas técnicas para coleta e preservação de amostras de água, assim como procedimentos padronizados para análise química e bacteriológica. Há de se observar e garantir, contudo, requisitos de qualidade dos serviços. Nas situações em que a qualidade da água possa ser um problema crítico, devem ser tomadas precauções como duplicatas de amostras e a escolha de laboratórios certificados. É evidente que amostragens pontuais pouco informam sobre o estado das águas, que variam com fatores como chuvas e estações do ano (Fig. 8.4).

Para empreendimentos que possam afetar a quantidade de água disponível, são necessários estudos hidrológicos, os quais se baseiam em redes de estações pluviométricas e fluviométricas operadas por órgãos governamentais. Séries históricas de dados de chuva e vazão são trabalhados estatisticamente para fornecer informação sobre vazões máxima, média e mínima e altura da lâmina d'água em rios, e sobre intensidade pluviométrica (quantidade de chuva em um certo período de tempo, por exemplo, em uma hora) para diferentes períodos de retorno (ou seja, a expectativa de que o evento possa ocorrer em intervalos de 10, 25, 50 ou mais anos). Neste caso, o diagnóstico baseia-se quase que exclusivamente em dados secundários, mas estes devem ser trabalhados de modo a atender às necessidades da análise de impactos. Por exemplo, caso se deseje conhecer a vazão mínima de um rio que vá receber efluentes para estimar sua diluição, então os estudos hidrológicos normalmente fornecem a vazão mínima em sete dias consecutivos para um período de retorno de dez anos ($Q_{7,10}$) – novamente vale o princípio geral para o planejamento do EIA: se o uso desse parâmetro for acordado previamente e estiver incluso nos termos de referência, tanto a elaboração como a análise técnica do estudo serão facilitadas e a atenção do analista poderá concentrar-se em análise e interpretação, em vez de buscar deficiências.

Mudanças climáticas têm influenciado e influenciarão cada vez mais os padrões de precipitação. Estudos hidrológicos baseados em dados históricos precisam ter sua validade verificada.

Estudos sobre águas subterrâneas podem tratar de qualidade da água e/ou dos níveis de água e fluxos subterrâneos. A compilação de dados secundários consiste na consulta a cadastros de poços profundos e mapas geológicos. O cadastramento é uma obrigação legal de todos os que perfuram poços ou utilizam água subterrânea, mas, no Brasil, o cadastro é reconhecidamente incompleto. No campo, buscam-se levantar todas as nascentes e os usos de água subterrânea, principalmente cacimbas que sirvam áreas rurais ou urbanas. Dependendo do projeto, pode ser necessário perfurar poços para monitoramento da qualidade e do nível da água ou para a realização de ensaios de vazão. Se o projeto tiver o potencial de afetar a qualidade das águas, então o monitoramento deverá estender-se pelo maior período possível (mesmo após a conclusão do EIA), pois é de interesse do proponente formar uma boa base de dados sobre a situação pré-projeto. A locação dos poços depende de um estudo geológico que indique quais são os aquíferos presentes na área de estudo e qual a direção do fluxo, casos em que pode ser produzido um mapa potenciométrico, que mostra as linhas prováveis de fluxo. Da mesma forma que para as águas superficiais, a rede de monitoramento deverá ter, pelo menos, um ponto situado a montante da futura fonte de impacto.

Estudos sobre a qualidade do ar geralmente envolvem a compilação de informação secundária proveniente de estações de amostragem existentes na área de estudo (situadas, com mais frequência, em áreas urbanas ou em grandes indústrias) e a compilação de dados climatológicos provenientes de estações meteorológicas. Para certos tipos de empreendimentos também se faz a coleta de dados primários, com a instalação de amostradores, medindo-se a quantidade de partículas em suspensão, que estão entre os poluentes mais comuns emitidos por grande variedade de fontes. A dificuldade de ordem prática é dispor de um período suficientemente longo de amostragem e, como é raro dispor de vários meses para realizar o diagnóstico, uma estratégia é escolher os meses mais secos, quando há maior quantidade de partículas no ar. O equipamento mais usado é o amostrador de grandes volumes (Hi-vol), capaz de medir as partículas totais em suspensão (PTS), ou seja, de qualquer tamanho, mas o parâmetro de maior interesse é conhecido como PM_{10}, partículas menores que 10 µm, inaláveis pelos seres humanos, cuja concentração é medida por equipamento específico. Existem também estações completas, que medem diversos parâmetros de qualidade do ar e meteorológicos, mas são usadas mais para monitoramento do que para diagnóstico. Como ocorre com todo procedimento de medição, é preciso calibrar o equipamento e dispor de um operador capacitado.

No que se refere a ruídos, a maioria dos EIAs deveria incluir o diagnóstico da situação pré-projeto, uma vez que quase todas as atividades causadoras de impactos ambientais significativos são fontes de ruído, se não durante o funcionamento, pelo menos na etapa de implantação. Deve-se atentar para o uso de decibelímetros devidamente calibrados, para as diferenças entre o ruído diurno e o noturno e para a identificação das principais fontes preexistentes. A apresentação da informação em mapa (Fig. 9.4) é muito útil, pois facilita a compreensão por parte do usuário e dos leitores do EIA.

Eventualmente, o diagnóstico ambiental deve incluir informação sobre radiações ionizantes. Trata-se de um campo especializado e que tem regras próprias, estabelecidas, no plano internacional, pela Agência Internacional de Energia Nuclear, um organismo do sistema das Nações Unidas. No Brasil, a regulamentação e as diretrizes para estudos e licenciamento são estabelecidas pela Comissão Nacional de Energia Nuclear. Existe um procedimento específico de licenciamento conduzido por esse órgão governamental.

Ferramentas cada vez mais usadas para integração são os sistemas de informação geográfica (SIGs), programas de computador que permitem a guarda, manipulação, análise e exibição de dados espacialmente referenciados, e são a base da cartografia digital. Por exemplo, os SIGs permitem que se faça rapidamente a sobreposição de mapas temáticos. Todavia, como todo sistema de tratamento de dados, a qualidade dos resultados depende da qualidade dos dados de entrada. Levantamentos incompletos ou inconsistentes não podem levar a boas análises, e o usuário de um EIA não pode se deixar impressionar por mapas coloridos antes de analisar seu conteúdo e os métodos de elaboração.

Meio biótico

Os estudos relacionados aos aspectos biológicos raramente podem prescindir de trabalhos de campo. Para um estudo de médio a grande porte, pode ser necessária uma equipe de mais de uma dezena de pessoas. Os levantamentos de vegetação muitas vezes são feitos por uma ou duas pessoas, além de auxiliares de campo, mas os levantamentos de fauna demandam especialistas nos vários grupos zoológicos, usualmente ornitólogos (aves), mastozoológos (mamíferos), herpetólogos (répteis e anfíbios) e ictiólogos (peixes), além de, eventualmente, entomólogos (insetos) e outros especialistas.

Normalmente, os estudos começam por trabalhos de gabinete, identificando e selecionando dados secundários de possível interesse. Há cada vez mais informação disponível, inclusive on-line, sobre ecossistemas, cobertura da terra, formações vegetais e comunidades faunísticas associadas. Estudos de gabinete permitem formar uma imagem sobre o que pode ser encontrado em campo – em condições que, na maioria das vezes, encontram-se antropizadas em diversos graus (Fig. 8.8) – e, assim, planejar com detalhe os trabalhos no terreno. Ainda que possam estar desatualizadas, informações secundárias são úteis para que se forme um quadro sobre quais eram as condições ecológicas da região antes que tivessem se acumulado as perturbações que formam o cenário presente.

Há diversos guias para estudos ligados à biodiversidade em AIA que têm aplicação internacional. Por exemplo, Gullison et al. (2015) tratam especificamente dos estudos de base e de seu planejamento, na fase de definição do escopo, e incluem diretrizes para a importante tarefa de gestão de dados e informação. O Padrão de Desempenho 6 da IFC e o Padrão Ambiental e Social 6 do Banco Mundial, juntamente com as respectivas Notas de Orientação, fornecem informação sobre os conceitos e requisitos atuais.

Morris e Emberton (2001, p. 260) classificam os estudos biológicos de campo feitos para EIAs segundo três graus de aprofundamento. Os estudos "fase I" devem obter e apresentar

Fig. 8.8 *Mosaico paisagístico composto de fragmentos de vegetação nativa e áreas antropizadas na região do Pontal do Paranapanema, oeste do Estado de São Paulo. Destacam-se a área de tonalidade verde correspondente ao Parque Estadual do Morro do Diabo e o reservatório da barragem de Rosana, em meio a áreas com predominância de uso agrícola*
Fonte: São Paulo [Estado], Secretaria do Meio Ambiente (1998). Carta-Imagem de Satélite. Planta 01, Zoneamento Ecológico-Econômico do Pontal do Paranapanema. Escala original 1:250.000, projeção UTM, imagens Landsat TM-5 tomadas entre julho e dezembro de 1997, composição colorida 5R, 4G, 3B.

informação sobre hábitats, sendo que todo e qualquer estudo deveria incluí-los (Figs. 8.9 a 8.11). Os estudos "fase II" são levantamentos mais detalhados de espécies, hábitats e comunidades em uma área designada (área de estudo); a maioria dos EIAs requer esse tipo de estudo. Já os estudos "fase III" incluem amostragens intensivas para obtenção de dados quantitativos sobre populações ou comunidades, situação mais rara em um EIA.

Byron (2000, p. 39) sustenta que, sem dados sobre abundância de espécies, é "extremamente difícil avaliar a significância dos prováveis impactos sobre as populações" e propõe que, como requisito mínimo, os estudos de base deveriam "mapear todos os hábitats da área provável a ser afetada", incluindo uma avaliação da qualidade de cada hábitat, e realizar "levantamentos de campo mais detalhados" a respeito da abundância e distribuição de espécies-chave selecionadas. A autora sugere que a seleção das espécies que serão estudadas com maior detalhe não seja feita pela equipe que elabora o EIA, mas resulte de uma consulta a entidades governamentais e não governamentais, e que sejam incluídas nos termos de referência. As espécies selecionadas costumam estar em uma ou mais das seguintes categorias (Byron, 2000, p. 42):

> (1) Espécies ameaçadas. São aquelas que constam de alguma lista oficial, em qualquer categoria de ameaça, ou que sabidamente estejam em avaliação para possível inclusão nessas listas.
> (2) Espécies endêmicas. São aquelas que só ocorrem em determinado ambiente.
> (3) Espécies características de cada hábitat. São aquelas "usualmente associadas a um determinado hábitat"; não são necessariamente raras e avaliar sua situação (população e distribuição) pode ajudar a medir o estado de conservação de seu hábitat.
> (4) Espécies suscetíveis à fragmentação de hábitats. Predadores situados no topo da cadeia alimentar, vários pequenos mamíferos, espécies mutualistas, como polinizadores e simbiontes, e outras.

Existem vários métodos para classificação de unidades de paisagem e mapeamento de hábitats e avaliação de seu estado de conservação, como o "mapeamento de biótopos" e o "procedimento de avaliação de hábitats" do Serviço de Pesca e Vida Selvagem

Figs. 8.9 a 8.11 *Diferentes ambientes em uma mesma área de estudo na Amazônia. Na primeira foto, floresta ombrófila densa; na segunda, campinarana, formação vegetal de baixo porte sobre solos arenosos; na terceira, pasto antrópico sobre antiga área de floresta. Nesses casos, porte e fisionomia de cada formação são visivelmente distintos, mas em outros casos a diferenciação entre formações vegetais pode necessitar de levantamentos florísticos e de outros procedimentos*

dos Estados Unidos (USFWS). O procedimento mais básico é identificar e mapear as formações vegetais, descrevendo sua fitofisionomia e associando-as a características de relevo.

Um desses métodos é o mapeamento de biótopos, desenvolvido na Alemanha, um procedimento de classificação e cartografia de unidades de paisagem ou zonas homogêneas. Um aspecto integrador dessa metodologia deriva do reconhecimento de que ambientes antropizados, e até altamente antropizados, como áreas urbanas densas, também desempenham funções ecológicas e ambientais que não podem ser desconsideradas (Fig. 8.12). Para assegurar consistência e reprodutibilidade nos mapeamentos, assim como para permitir comparações, Bedê et al. (1997) propõem que se adotem sempre as mesmas categorias de biótopos na legenda das cartas. Recomendam também que, em áreas rurais, o mapeamento seja executado em escala 1:10.000 e apresentado em 1:25.000. Os biótopos podem ser areais, lineares (cursos d´água, rodovias[5], avenidas) ou pontuais (aqueles que têm forma e dimensão que não são passíveis de representação na escala adotada, porém são dignos de registro devido à sua importância, a exemplo de paredões rochosos com comunidades florísticas particulares – Fig. 8.13).

O *Habitat Evaluation Procedure* (Quadro 8.3) foi desenvolvido para uso em AIA, ao passo que o mapeamento de biótopos é utilizado em planejamento ambiental de um modo geral. Como toda simplificação da realidade, o método do USFWS pode ser criticado por diversos pontos fracos, entre eles, a orientação estreita para algumas espécies, a desconsideração da diversidade biológica e a desconsideração de características de estrutura e função dos ecossistemas (Ortolano, 1984).

Simensen, Halvorsen e Erikstad (2018) identificaram 44 "abordagens contemporâneas" de caracterização da paisagem. Contudo,

[5] *A vegetação que margeia as rodovias pode compor hábitats importantes quando o entorno é deficiente em outros hábitats (Dawson, 2002, p. 188).*

Fig. 8.12 *O ambiente urbano tem biótopos variados, como se observa em Hong Kong, com sua zona costeira, distrito comercial denso e morros florestados ao fundo*

Fig. 8.13 *Um biótopo pontual, um afloramento calcário com vegetação esclerófila. Vale do rio Peruaçu, Minas Gerais*

para muitos planejadores e botânicos, o mapeamento não é uma tarefa suficiente [...]. Seu produto não expressa a dinâmica nem a heterogeneidade dos ecossistemas naturais. É necessário, no mínimo, complementá-lo com levantamentos de campo que discriminem a composição florística, a estrutura e a heterogeneidade interna [...], a distribuição de espécies [...]. (Santos, 2004, p. 92).

Uma técnica bastante empregada é o estudo fitossociológico, um levantamento amostral estatístico no qual, ademais de se identificar cada espécie arbórea (inventário florístico), também se estudam as relações quantitativas entre os táxons (espécies, gêneros e famílias) e a estrutura horizontal e vertical da comunidade vegetal, por meio de índices como frequência, densidade, dominância e valor de importância. A frequência indica se determinada espécie é bem distribuída nos locais amostrados; densidade é o número de indivíduos de determinada espécie por unidade de área; a dominância representa a área basal dos indivíduos arbóreos de uma mesma espécie em relação à área amostrada; o índice de valor de importância de uma espécie é a somatória dos três parâmetros anteriores e indica a importância ecológica da es-

ESTUDOS DE BASE E DIAGNÓSTICO AMBIENTAL   203

Quadro 8.3   Um método para avaliar o estado de conservação de hábitats

O procedimento de avaliação de hábitats (*Habitat Evaluation Procedure* – HEP) é amplamente usado em EIAs nos Estados Unidos (Canter, 1996, p. 400) para fins de diagnóstico ambiental e de análise de impactos. Desenvolvido pelo *U.S. Fish and Wildlife Service* (USFWS) nos anos 1970, e oficializado em 1980, o método avalia o estado de conservação de ambientes para fins de suporte à fauna silvestre, com a ajuda de indicadores. Seu objetivo é "implementar um procedimento padronizado para avaliar os impactos de projetos sobre hábitats terrestres e aquáticos continentais". A qualidade do hábitat para espécies selecionadas é obtida por meio de um "índice de adequabilidade do hábitat", em uma escala de 0 a 1, que indica a capacidade de componentes essenciais daquele ambiente de atender aos requisitos vitais de espécies selecionadas.

O índice é multiplicado pela área de cada hábitat, para obter "unidades de hábitats". Os três passos iniciais são: (i) definição da área de estudo, (ii) determinação dos tipos de hábitats existentes nessa área e (iii) seleção de espécies de interesse (espécies indicadoras). Deve-se levantar a área disponível para cada espécie indicadora, ou seja, aquela que provê condições de abrigo, alimentação e reprodução. Os índices de adequabilidade são calculados segundo "modelos" desenvolvidos para o HEP – para um certo número de espécies, o USFWS desenvolveu fichas descritivas acompanhadas de gráficos e funções matemáticas que guiam o usuário na determinação dos índices. Por exemplo, para uma ave que necessita de uma floresta de coníferas como abrigo durante o inverno, o modelo usa variáveis como a porcentagem de cobertura do solo proporcionada pelas copas das árvores, o estágio sucessional do fragmento florestal e a porcentagem da superfície do solo coberta por detritos orgânicos maiores de três polegadas.

Nota-se que o procedimento requer conhecimento detalhado da biologia de cada espécie indicadora, para que possam ser montados os "modelos", tarefa consideravelmente mais difícil em ecossistemas tropicais.

A partir da caracterização da situação pré-projeto, os impactos são avaliados projetando-se a situação futura de cada hábitat na área de estudo. Se uma área será perdida por causa do projeto (destruição ou fragmentação do hábitat), as futuras unidades de hábitats serão menores do que seriam se o projeto não fosse implantado, tirando-se daí um indicador do impacto ambiental. Se o projeto alterar as características do hábitat sem modificar sua área (por exemplo, o corte seletivo de espécies arbóreas), o índice de adequabilidade decairá, o que também pode ser usado como indicador de impacto. Alternativas também podem ser comparadas com base no mesmo critério.

Fontes: Canter (1996); USFWS (1980); USFWS Service Manual, 870, FW1.

pécie. Esse levantamento enquadra-se na categoria "fase II" de Morris e Emberton. Podem ser usadas diferentes estratégias de amostragem, como parcelas, quadrantes e perfis retilíneos (*transects*). Caso exista alguma classificação oficial de vegetação, como ocorre para a Mata Atlântica, é conveniente (ou mesmo necessário) que o levantamento conclua em que classe se enquadra cada fragmento de vegetação.

A representação em mapas permite que se analise não somente os elementos presentes em determinada área de estudo (hábitats, classes de vegetação), mas também que sejam estudadas as conexões entre eles. A ecologia da paisagem desenvolveu ferramentas que permitem extrair de mapas índices numéricos de composição e diversidade espacial da paisagem, assim como de fragmentação, isolamento e conectividade (Metzger, 2006).

O Padrão de Desempenho 6 da IFC requer a identificação dos tipos de hábitats que possam ser direta ou indiretamente afetados pelo projeto (Quadro 4.2) e atenção à presença de hábitats críticos, de alto valor para conservação, onde qualquer intervenção direta deve ser preferencialmente evitada. O mapeamento de hábitats também pode servir para delimitar ecossistemas cujos serviços poderão ser negativamente afetados pelo projeto.

Os levantamentos de fauna costumam visar a elaboração de uma lista de espécies para cada grupo faunístico selecionado, às vezes também para estimar abundância. Os métodos de levantamento incluem avistamento direto (Fig. 8.14), de uso frequente em estudos de avifauna, e métodos indiretos, como vocalização, identificação de vestígios, captura e armadilhas fotográficas (Quadro 8.4). Várias campanhas podem ser necessárias para cobrir a variação sazonal. Sempre há interesse em identificar espécies ameaçadas, raras ou endêmicas (exclusivas de um determinado local ou ambiente). Uma falha frequente, mas que pode ser evitada em um trabalho cuidadoso, é deixar de registrar em que tipo de hábitat foi vista cada espécie (ou foram encontrados indícios de sua presença) e a localização desses pontos. Outro cuidado a se tomar é informar o método usado para identificar cada espécie. No Quadro 8.4 pode-se ver um extrato de uma lista de mamíferos levantada para um EIA, na qual se apontam informações que facilitam a rastreabilidade dos dados e informam sobre o grau de confiança nos dados de cada espécie; uma informação obtida apenas por entrevista com moradores locais é uma evidência fraca da presença de uma espécie.

Levantamentos quantitativos de fauna, como censos populacionais, não são frequentes, pois requerem grande esforço de campo, mas podem ser necessários em determinadas situações, como a ocorrência de hábitats críticos.

Levantamentos quantitativos ou semiquantitativos são feitos regularmente para o estudo de ecossistemas aquáticos, particularmente para bentos e plâncton[6]. Neste caso, são feitas coletas em diferentes pontos de rios e lagos ou em ambiente marinho, as espécies ou os grupos são identificados e, em seguida, conta-se o número de indivíduos de cada espécie ou táxon, o que permite empregar índices de diversidade. Em condições de ausência de poluição, as comunidades bentônicas caracterizam-se por uma alta diversidade – ou seja, pela presença de grande número de espécies (Fig. 1.7) – e pequeno número de indivíduos de cada espécie. A poluição e outras formas de degradação dos ambientes aquáticos reduzem a complexidade do ecossistema, eliminando as espécies mais sensíveis. Os índices de diversidade permitem comparar as condições ecológicas de diferentes trechos de um rio e também fazer comparações multitemporais.

A identificação de uma espécie ameaçada pode ter diferentes implicações para o projeto. Em um extremo, caso se trate de uma espécie de ampla distribuição (isto é, que ocorre em uma grande área geográfica) e de baixo grau de ameaça (por exemplo, "provavelmente ameaçada")[7], as consequências para o projeto podem ser mínimas, e medidas como restauração de hábitats, proteção de hábitats remanescentes na mesma região ou estabelecimento de corredores ecológicos, verdadeiras "pontes" unindo fragmentos de vegetação nativa, podem ser suficientes. Já uma espécie endêmica de ocorrência restrita, que pode mesmo coincidir com a área diretamente afetada, pode tornar inviável um projeto, ou encarecê-lo sobremaneira.

Nectophrynoides asperginis é um pequeno sapo que só existia na garganta do rio Kihansi, Tanzânia, vivendo em condições muito específicas de temperatura e umidade, somente

---

[6] Plâncton é um termo usado para designar os organismos aquáticos animais ou vegetais, geralmente microscópicos, que vivem na zona superficial iluminada e flutuam passivamente ou nadam fracamente. Bentos designa o conjunto de seres que geralmente vivem no fundo de corpos d'água e têm baixa mobilidade (Magliocca, 1987).

[7] As categorias adotadas pela legislação brasileira, assim como as leis e os regulamentos de muitos países, baseiam-se nos trabalhos da União Internacional de Conservação da Natureza (IUCN), uma organização intergovernamental que publica a "Lista Vermelha das Espécies Ameaçadas" e desenvolveu uma classificação do grau de ameaça às espécies de fauna e flora. As categorias empregadas pela IUCN são: extinta, extinta na natureza, criticamente em perigo, em perigo, vulnerável e de risco mais baixo, às quais se acrescentam as categorias "dados deficientes" e "não avaliada".

Fig. 8.14 *Tamanduá-bandeira* (Myrmecophaga tridactyla), *mamífero classificado como vulnerável, avistado diretamente em uma área de estudo*

Quadro 8.4 Extrato de uma lista de mamíferos apresentada em um EIA

Nome científico	Nome popular	Amostragem	Áreas de ocorrência	Ameaça
DIDELPHIMORPHIA				
Didelphidae				
Didelphis albiventris	Gambá, saruê	(C; E)	CP, SO, MA	
Didelphis aurita	Gambá, mucura	(C; E)	CP, SO, MA	
XENARTHRA				
Dasypodidae				
Dasypus sp.	Tatu-galinha	(E; V)	CP, SO, MA, MS, CR	
Euphractus sexcintus	Tatu-peba	(A; V)	CP, SO, MA	
	Tatu-peludo			
PRIMATES				
Cebidae				
Callicebus personatus	Sauá, guigó	(A; E; VO)	CP, SO, MA, MS, CR	A-VU
CARNIVORA				
Canidae				
Chrysocyon brachyurus	Lobo-guará	(VF)	MA	A-VU
Cerdocyon thous	Cachorro-do-mato	(VP; E)	CP, SO, MA, MS, CR	
Pseudalopex vetulus	Raposa-do-campo	(E)	CP	A-EP
Cervidae				
Mazama americana	Veado-mateiro	(E; VP)	CP	

Nota: foram selecionadas apenas algumas espécies, para fins de ilustração.

Amostragem: indica o modo de registro da espécie na área de estudo:

(A) = Avistamento, (C) = Captura, (VP) = Vestígios-pegadas, (VF) = Vestígios-fezes, (VO) = Vocalização, (V) = Visualização, (CT) = Camera trap, (E) = Entrevista.

Áreas de ocorrência: código dos locais onde foram encontradas evidências de cada espécie.

Ameaça: classificação de acordo com o Decreto Estadual (São Paulo) nffl 42.838, de 4 de fevereiro de 1998:

A-EP = "Em Perigo": espécies que apresentam riscos de extinção em futuro próximo devido a grandes alterações ambientais, significativa redução populacional ou grande diminuição da área de distribuição, considerando-se um intervalo pequeno de tempo (dez anos ou três gerações).

A-VU = "Vulnerável": espécies que apresentam um alto risco de extinção a médio prazo devido a grandes alterações ambientais preocupantes, redução populacional ou diminuição da área de distribuição, considerando-se um intervalo pequeno de tempo (dez anos ou três gerações).

PA = "Provavelmente Ameaçada": táxons presumivelmente ameaçados de extinção, sendo os dados disponíveis insuficientes para se chegar a uma conclusão.

Fonte: Prominer, 2002.

onde chegam as gotículas de água dispersas pela queda de um rio em uma série de cachoeiras ao longo de 700 m de desnível. Um projeto hidrelétrico reduziu sensivelmente a vazão do rio, reduzindo também as chances de sobrevivência do sapo, cuja existência somente foi descoberta em 1996, depois de iniciadas as obras da barragem, concluídas em 1999. Aspersão artificial foi tentada como medida mitigadora, assim como a criação em cativeiro e a busca de outros sítios com condições ecológicas similares onde a espécie pudesse ser introduzida, mas a sobrevivência do sapo era incerta (Pritchard, 2000). Hoje é classificado pela IUCN como "extinto na natureza".

O caso ilustra a importância de levantamentos detalhados, mesmo exaustivos, quando se encontram hábitats raros, ou em áreas pouco conhecidas sob o ponto de vista biológico. É também um alerta para o risco de a equipe do EIA "esquecer" uma espécie importante, como parece ter sido o caso da *Dyckia distachia*, uma bromélia endêmica das corredeiras do rio Pelotas "também ignorada pelo EIA" da usina hidrelétrica de Barra Grande (Prochnow, 2005).

Meio antrópico: sociedade

É acerca do meio antrópico que costuma haver maior abundância de dados secundários. Censos e levantamentos sociais e econômicos de âmbito nacional, como aqueles realizados no Brasil pelo Instituto Brasileiro de Geografia e Estatística (IBGE) e por organismos estaduais, proveem informação sobre demografia, ocupação, renda, escolaridade e outros indicadores, por município ou por recortes territoriais menores, como os setores censitários. Dados sobre saúde pública estão disponíveis no sistema denominado de DataSUS.

Talvez por essa razão os diagnósticos do meio antrópico não raramente apresentam extensas compilações de dados secundários não utilizados. A abundância (relativa) de dados preexistentes pode mascarar a visão dos dados necessários. Dados censitários ou outros são úteis para contextualizar a região e o local do projeto, mas nem sempre trazem informação em escala local, que quase sempre é necessária para a análise dos impactos.

Enquanto os estudos atinentes ao meio biótico têm certa padronização, empregando métodos semelhantes para cada grupo faunístico ou para o estudo de vegetação, o objetivo e os métodos do diagnóstico do meio antrópico dependerão, em larga medida, dos impactos previamente identificados. Para projetos que impliquem deslocamento de populações humanas, é essencial que se disponha de um perfil detalhado de todos os afetados, obtido mediante levantamento censitário, que forneça dados essenciais para desenhar os programas de reassentamento. Quando não há deslocamento involuntário, muitas vezes os levantamentos são amostrais e têm como objetivo conhecer o perfil da população afetada. Questionários e entrevistas são métodos muito usados nesses casos.

> Uma questão fundamental dos diagnósticos do meio antrópico é que as pessoas são ao mesmo tempo *objeto* de estudo e *sujeitos* capazes de agir. Os impactos sociais requerem uma abordagem distinta daquela dada aos impactos biofísicos, pois sua avaliação lida com pessoas que falam por si próprias. Dessa forma, têm mais acurácia os diagnósticos participativos. Evidentemente, é indispensável a atuação de profissionais da área de ciências sociais, devendo ser descartadas compilações de dados feitas por não especialistas.

O uso dos recursos naturais e dos serviços fornecidos pelos ecossistemas à população local é uma questão relevante a ser levantada durante os estudos de base. Se o projeto afetar esses recursos ou serviços, de maneira direta ou indireta, causará um impacto significativo (Fig. 8.15). Um levantamento, por meio de entrevistas, questionários ou outros meios, das tipologias de uso dos recursos (por exemplo, usos da água, usos de recursos faunísticos para alimentação, coleta de plantas medicinais, entre outros) é muitas vezes feito em EIAs. A análise de serviços ecossistêmicos (*ecosystem services review*) (Landsberg et al., 2013) é uma abordagem inovadora que permite integrar o diagnóstico biofísico e o antrópico, embora não aborde a totalidade dos temas pertinentes à avaliação de impactos sociais (Rosa; Sánchez, 2016).

Krawetz (1991) recomenda elaborar-se um "perfil de acesso a recursos", mas não apenas os naturais. A autora entende que é necessário conhecer como as populações afetadas podem dispor de recursos como terra, capital, educação e treinamento; o perfil é obtido por meio de entrevistas com homens e mulheres.

Fig. 8.15 *Rio Tapajós, na altura de Alter do Chão, Pará. O rio e seus recursos são usados para diversas finalidades pela população, entre as quais pesca, navegação e lazer*

A definição da escala de trabalho é crucial para a correta identificação dos impactos sociais. Dados socioeconômicos agregados para municípios ou regiões podem não apenas ser pouco úteis, como podem mascarar diferenças entre comunidades ou grupos sociais visíveis apenas em escala detalhada. Ademais, os grupos afetados negativamente por um projeto muitas vezes não são os mesmos grupos que recebem os benefícios.

A avaliação de impacto social teve desenvolvimento paralelo à AIA, seja porque muitos EIAs tratam tais impactos de maneira deficiente (Burdge; Vanclay, 1995), seja porque em algumas jurisdições não há requisito legal explícito para incorporação dos impactos sociais aos EIAs. Nos primeiros anos de prática, alguns autores (Boothroyd, 1982) viam duas "escolas" de avaliação de impacto social, que poderiam ser rotuladas de "tecnocrática" e "participativa". Na primeira, os analistas seriam inteiramente externos às comunidades afetadas, estas meros objetos de análise, abordados com o mesmo distanciamento que qualquer componente biofísico. Para a segunda escola os impactos sociais somente podem ser apreendidos a partir dos pontos de vista das populações afetadas, o que demanda pesquisa participativa e um certo engajamento do analista junto à comunidade. Burdge (2004) coloca o debate nos seguintes termos: uma avaliação de impacto social participativa ou analítica?

Há iniciativas com o intuito de unificar as abordagens, como o método de "avaliação dos valores dos cidadãos" desenvolvido na Holanda a partir de 1995 (Quadro 8.5), que permite conhecer em detalhes os pontos de vista das pessoas sobre o lugar em que vivem, trabalham ou usam. O método, aplicado em quatro etapas, pode ser integrado ao planejamento e à preparação de estudos ambientais – e aqui reside seu principal interesse, uma vez que pode influenciar o desenho e a escolha de alternativas. A primeira etapa é um estudo preparatório que pode ser integrado ao planejamento de um EIA. A segunda etapa corresponde a um levantamento de campo por meio de entrevistas e produz um perfil preliminar, que é aprofundado na última etapa. Nesta, o ordenamento por importância dos valores dos cidadãos transforma-se em critérios para avaliar a importância dos impactos e comparar alternativas.

Becker et al. (2004) relatam a aplicação paralela de uma abordagem "técnica" e outra "participativa" para análise de uma proposta de remoção de barragens no noroeste dos EUA, a saber, o "relatório de análise social" e o "fórum comunitário interativo". Cada procedimento foi aplicado independentemente por equipes diferentes. Embora o proponente do projeto, o *U.S. Army Corps of Engineers*, tivesse contratado uma empresa de consultoria para preparar um relatório social, foi pressionado por diferentes atores e contratou também uma universidade para realizar uma avaliação participativa. Os autores concluem que, idealmente, os dois enfoques deveriam ser combinados, haja vista sua complementaridade, constatada nesse estudo, pois, "separadamente, eles resultam em uma visão mais limitada dos impactos sociais que aquela que pode ser obtida usando ambos" (p. 184).

Quadro 8.5   Avaliação dos valores dos cidadãos – *Citizen Values Assessment*

O método de avaliação dos valores dos cidadãos (AVC) (*Citizen Values Assessment*) foi criado e desenvolvido pelo ministério holandês de Transporte, Obras Públicas e Gestão das Águas (*Rijkswaterstaat*). Em sete anos de uso, já havia sido aplicado a mais de duas dezenas de projetos públicos. O método baseia-se no pressuposto de que alterações ambientais têm um significado particular para as pessoas afetadas, que pode diferir da interpretação dos profissionais envolvidos na avaliação ambiental e social. Assim, a AVC visa "incorporar ao EIA a importância que as pessoas dão aos atributos ambientais", a partir de um nível individual de análise. São realizadas entrevistas detalhadas, posteriormente validadas por um levantamento quantitativo de uma amostra representativa da população. O trabalho é realizado em quatro etapas.

Etapa 1 – Estudo preparatório

Inclui definição do problema, delimitação da área de estudo e dos grupos de cidadãos potencialmente afetados ou interessados. Para essa finalidade podem ser realizadas entrevistas breves com lideranças ou representantes de grupos de interesse. A etapa é concluída com a preparação de um plano de trabalho, no qual são definidos os grupos a serem entrevistados e os critérios para escolha individual.

Etapa 2 – Identificação de valores importantes

É o coração da AVC. Os dados são coletados por meio de entrevistas semiestruturadas (entrevistas abertas) segundo um roteiro predefinido. Os entrevistados discutem os temas e respondem com suas próprias palavras. As entrevistas são gravadas, duram cerca de uma hora e devem ser conduzidas por profissionais experientes. A informação assim coletada é organizada segundo as menções aos elementos ambientais e seus respectivos significados, que em seguida são classificados e ordenados segundo técnicas de análise qualitativa. O resultado é um perfil preliminar que identifica as ligações das pessoas com a área afetada pelo projeto e apresenta uma lista de valores significativos atribuídos ao ambiente. Alguns exemplos de valores ambientais são "ambiente tranquilo", "facilidade de acesso", "existência e acessibilidade de áreas de lazer". O relatório dessa etapa, que já representa uma contribuição para o diagnóstico ambiental, é enviado a todos os entrevistados (pelo menos seu resumo), ou discutido em uma reunião com representantes da comunidade.

Etapa 3 – Construção de um perfil de valores dos cidadãos

Um levantamento quantitativo, usualmente feito por meio de questionários enviados pelo correio a uma amostra aleatória da população afetada, serve para validar o perfil preliminar e determinar a importância relativa de cada um dos valores, classificando-os em uma escala. Quando há diferentes alternativas para um projeto, são usadas amostras diferentes e, se necessário, questionários diferentes. O produto desta etapa, o perfil dos valores dos cidadãos, inclui uma lista de valores ordenada segundo sua importância para as pessoas da comunidade.

Etapa 4 – Determinação dos impactos das alternativas de projeto

Os valores obtidos na etapa anterior são transformados em critérios de avaliação das alternativas (quanto maior o valor atribuído a um elemento do ambiente, mais importante será o impacto sobre esse elemento; assim, se o valor essencial é "ambiente tranquilo", alternativas que aumentem o ruído ou o volume de tráfego terão alto impacto). Recomendações para mitigação podem resultar dessa fase. "O passo crucial [...] é como o perfil de valores dos cidadãos é transformado em critérios de avaliação. Isso envolve escolha e julgamento profissional acerca da informação disponível. Transparência e justificativas são essenciais. Não deve haver nenhuma dúvida sobre como os critérios foram operacionalizados".

Fonte: Stolp et al. (2002).

A identificação de comunidades ou grupos vulneráveis deve ser uma preocupação nos diagnósticos sociais, e é um dos principais requisitos dos Padrões de Desempenho da IFC e dos Padrões Ambientais e Sociais do Banco Mundial, pois grupos vulneráveis podem ser afetados de maneira mais forte pelos impactos de um projeto, que usualmente se distribuem de maneira desigual (Vanclay, 2015). Tipicamente, indivíduos e grupos mais pobres tendem a ser deslocados por projetos que resultam em aumento do custo de vida local, ao passo que, mudando-se para outros locais, podem estar mais expostos a crimes e violência e mais distantes dos serviços públicos. Impactos sociais também são diferenciados segundo o gênero, sendo muitas vezes as mulheres as mais afetadas, e segundo faixas etárias, com especial preocupação com crianças, adolescentes e idosos.

> Além de diferenciar os impactos segundo localidades e segundo grupos sociais, é preciso diferenciá-los segundo afetem diferentemente mulheres, idosos ou crianças.

Meio antrópico: saúde

A avaliação de impactos sobre a saúde humana vem se consolidando como outra especialização da avaliação de impactos. Promovida pela Organização Mundial da Saúde (OMS), essa forma de avaliação tem origens não somente na AIA, mas também nos campos da saúde ambiental e do estudo dos determinantes de saúde (Harris-Roxas et al., 2012). Sua prática, como a de avaliação de impacto social, nem sempre decorre de alguma obrigatoriedade legal, mas o Padrão de Desempenho 4 – Saúde e Segurança da Comunidade da IFC estabelece claramente a necessidade de consideração dos impactos sobre a saúde nas decisões sobre projetos. Algumas associações empresariais publicaram guias sobre o assunto (ICMM, 2010; IPIECA, 2011).

Certas implicações de projetos de desenvolvimento sobre a saúde são recorrentes e bem conhecidas, como o aumento da incidência de doenças infecciosas (inclusive as sexualmente transmissíveis) em regiões sujeitas a fluxos migratórios estimulados por grandes projetos, o aumento da incidência de doenças respiratórias associadas a emissões atmosféricas, o aumento da população de vetores em reservatórios de barragens, como mosquitos transmissores de malária (Fearnside, 1999) e arbovírus (De Paula et al., 2012). Essa situação é enquadrada pela Resolução Conama 286/2001, que determina a necessidade de realização de estudos epidemiológicos para empreendimentos "cujas atividades potencializem os fatores de risco para a ocorrência de casos de malária". Outras relações entre qualidade do ambiente e saúde podem ser menos evidentes, mas nem por isso menos importantes. Assim, Pardini et al. (2010) identificaram uma relação entre fragmentação da Mata Atlântica e o aumento das populações de espécies generalistas de fauna, em particular roedores transmissores de hantavírus.

A saúde é definida pela OMS como um estado de completo bem-estar físico, mental e social, e não apenas a ausência de doença ou enfermidade. Nessa perspectiva, um projeto submetido ao processo de AIA poderá estar na origem de vários impactos sobre a saúde humana. Para integrar a consideração dos impactos à saúde humana à AIA, os diagnósticos deveriam levantar dados, principalmente primários, cujos métodos de coleta, em larga medida, se aproximam daqueles utilizados para estudo dos impactos sociais, como entrevistas e discussões focadas, questionários, levantamentos de conhecimento, atitudes, crenças e práticas, avaliação de necessidades de saúde, levantamentos de alimentação e nutrição (IPIECA, 2011).

Birley (2011, p. 135) recomenda começar o diagnóstico coletando uma lista de "preocupações de saúde", a qual deve ser criticamente examinada, considerando: (i) objetividade (se há uma associação plausível com o projeto); (ii) probabilidade; (iii) força e certeza da evidência; (iv) percepção do risco. Segundo esse autor, a coleta de dados secundários deve ser seguida de uma análise de lacunas, que guiará a coleta de dados primários, na medida do necessário, alertando também para que sejam tomados os devidos cuidados de natureza ética relativos à coleta de dados pessoais de saúde, que necessita consentimento prévio de cada pessoa.

Assim como os demais impactos sociais, os impactos sobre a saúde costumam ter distribuição desigual, afetando em maior grau indivíduos e grupos mais vulneráveis. Por isso o diagnóstico deve ser capaz de diferenciar os grupos potencialmente afetados.

Efeitos cumulativos – resultantes da exposição a diferentes agentes químicos, físicos e biológicos – podem também ser ponto de preocupação, assim como os efeitos de longo prazo, resultantes de longos períodos de exposição a fatores de risco. Um exemplo desta última categoria são os possíveis efeitos sobre a saúde humana indicados por Colborn et al. (2011), decorrentes da exposição – por via respiratória ou ingestão de água subterrânea – aos diferentes produtos químicos usados na técnica de fraturamento hidráulico empregada na produção do chamado gás de xisto.

Meio antrópico: cultura e patrimônio cultural

A palavra "cultura" reflete uma noção vasta (seção 1.2). Há diversos recortes possíveis para o estudo da cultura, como cultura popular, cultura de massa e cultura erudita. Um recorte útil para estudos socioambientais é o conceito de patrimônio cultural, que também é muito abrangente, mas tem funcionalidade, ou seja, pode ser aplicado na tomada de decisões.

A seleção dos bens culturais a serem incluídos nos estudos de base deve ter sido tratada na etapa de *scoping*. Tanto os bens tangíveis como os intangíveis (Fig. 1.2) podem ser abordados, embora grande parte dos EIAs não mencione o patrimônio imaterial. Um caso em que essa modalidade foi considerada no diagnóstico é o segundo EIA do projeto Aproveitamento Hidrelétrico Santa Isabel, no rio Araguaia, que avaliou como de alta importância as "interferências em manifestações culturais", destacando-se uma romaria a um sítio geológico conhecido como Casa de Pedra, onde anualmente é realizada uma Festa do Divino Espírito Santo. Embora esse sítio não fosse diretamente afetado pela barragem, as comunidades de onde partem os peregrinos e os caminhos a pé que percorrem seriam inundados (Gimenes, 2012). Segundo o EIA, reassentamentos e "dissolução das comunidades locais" afetariam "os grupos e as redes sociais que participam das atividades e manifestações culturais".

A consideração da cultura imaterial nos estudos ambientais pode ser norteada pela identificação dos lugares de produção e consumo de cultura popular, como pontos de encontro da comunidade. Lamontagne (1994) recomenda que o registro das práticas culturais inclua, entre outros, a caracterização do patrimônio, das pessoas portadoras de saberes tradicionais e do espaço físico e social de cada prática, ao passo que o Iphan (2000) orienta a identificação dos seguintes bens culturais: celebrações (Fig. 1.3), edificações (Fig. 8.16), formas de expressão, lugares, ofícios e modos de fazer (Fig. 11.4).

Sítios de rara beleza natural ou de interesse científico são bens culturais cuja importância deve ser registrada no EIA. Muitos países dispõem de inventários de sítios de interesse natural ou de importância científica, mas a inexistência de tal registro não exime a equipe multidisciplinar de fazer uma investigação, particularmente na área que sofrerá intervenção direta do projeto. De acordo com a Convenção de Paris, considera-se patrimônio natural:

> [...] os monumentos naturais constituídos por formações físicas, biológicas, geológicas e fisiográficas, assim como as zonas que constituem hábitat de espécies animais ou vegetais ameaçadas e os lugares ou áreas naturais estritamente delimitadas e que tenham um valor universal excepcional do ponto de vista da ciência, da conservação ou da beleza natural.

Parte do patrimônio natural é o patrimônio geológico, "formações rochosas, estruturas, acumulações sedimentares, formas, paisagens, jazidas minerais ou paleontológicas ou coleções de objetos geológicos de valor científico, cultural, educativo e/ou de interesse paisagístico ou recreativo" (ITGE, s.d. p. 6). No Brasil, há poucas iniciativas de identificar sítios de interesse geológico (Fig. 8.17), mas há requisitos legais para proteção do patrimônio paleontológico e espeleológico. Em alguns países, o EIA deve apontar a existência de sítios geológicos e os possíveis danos que um empreendimento possa causar a feições geológicas, paleontológicas ou fisiográficas, a exemplo do Reino Unido (Stapleton; Masters-Williams; Hodson, 2018). Os estudos devem registrar a eventual ocorrência de locais de interesse devido à presença de minerais, fósseis ou sequências estratigráficas, aos quais se acrescentam os locais de interesse ou patrimônio mineiro.

Os bens históricos e arquitetônicos tendem a ser amplamente valorizados, mas levantamentos dessa categoria patrimonial não devem ficar restritos a monumentos ou bens reconhecidos oficialmente. É também preciso estar atento ao patrimônio industrial, categoria insuficientemente reconhecida no País, mas de importância bem firmada em vários países.

Um campo específico dentro dos estudos sobre patrimônio cultural é a arqueologia, comparativamente bem desenvolvida, devido à legislação específica de muitos países. A Arqueologia ocupa-se do estudo do passado e tem como principal fonte de informação a cultura material, os artefatos produzidos ou usados pelos grupos humanos que ocuparam determinada área. Caldarelli (1999, p. 347) define recursos arqueológicos como "qualquer evidência material de atividades humanas passadas". A ocorrência desses artefatos define um sítio arqueológico, que pode ser afetado por qualquer empreendimento que envolva movimentação de solo ou construção.

O patrimônio arqueológico é protegido pela Constituição Federal brasileira, mas desde a promulgação da Lei Federal nº 3.924, de 1961, sobre monumentos arqueológicos e pré-históricos, existe tutela legal específica. Para realizar qualquer tipo de estudo arqueológico que implique intervenção no terreno é necessário que um especialista solicite uma autorização ao Iphan. Os levantamentos arqueológicos também devem ser submetidos ao Iphan, para análise e aprovação, ao passo que escavações também necessitam autorização específica.

Via de regra, a existência de sítios arqueológicos não impede a realização de um projeto, apenas coloca certas condições, como a necessidade de estudo de arqueologia preventiva e o salvamento dos sítios antes de sua destruição ou descaracterização. A barragem de Três Gargantas, na China, afetou cerca de 1.300 sítios arqueológicos (Banta, 2010).

Para diagnóstico, os estudos arqueológicos têm como objetivo principal mapear o potencial da área de estudo e identificar eventuais sítios que possam ser afetados pelo projeto. Em uma segunda etapa, os estudos podem ser aprofundados por intermédio de escavação de sítios, que constitui um dos programas de gestão da fase de implantação do

Fig. 8.16 *Capela de Ivaporunduva, às margens do rio Ribeira de Iguape, no sul do Estado de São Paulo, erguida em uma comunidade quilombola e situada em local considerado para construção de uma usina hidrelétrica*

Fig. 8.17 *Elemento notável do patrimônio geológico e espeleológico, o Poço Encantado (Itaetê, Bahia) é uma caverna calcária onde há um impressionante lago de cerca de 30 m de profundidade e águas muito cristalinas. Durante um período muito curto do ano, no inverno, o sol incide pela abertura lateral e penetra obliquamente no lago*

empreendimento. Como nos demais levantamentos que compõem os estudos de base, os estudos arqueológicos começam por compilações de informação existente em arquivos, museus e publicações.

Para projetos que abranjam grandes áreas, como hidrelétricas, aplica-se o levantamento amostral, ao passo que para obras de pequeno porte aplica-se o levantamento "total" (Caldarelli, 1999). Uma estratégia de amostragem é percorrer a área de estudo em linhas paralelas (*transects*)[8] de espaçamento regular. Outra estratégia é investigar as áreas mais prováveis de ocupação, relacionadas às características geomorfológicas da área de estudo, como a presença de rios, abrigos e elevações topográficas, fazendo amostragem estratificada por compartimentos ambientais. Essas estratégias não são excludentes. Os levantamentos podem ser feitos de forma sistemática – "caminhamentos com vistoria de superfície, que podem ou não estar associadas ao emprego de técnicas de subsuperfície (sondagens, tradagens, raspagens) distribuídas regularmente sobre as linhas de caminhamento" – ou oportunística, que inclui levantamento de informação oral junto aos moradores locais sobre prováveis ocorrências, vistoria de pontos de exposição de solo por fatores de ordem antrópica (cortes de estradas, áreas aradas) ou natural (barrancos de rio), e visita a locais de maior potencial de ocorrência de sítios (paredões rochosos, abrigos, terraços) (Caldarelli; Santos, 2000, p. 62). Souza (1996) defende que a melhor estratégia a ser empregada em levantamentos arqueológicos é a combinação entre métodos oportunísticos e sistemáticos.

A prospecção de cavernas também utiliza métodos sistemáticos que envolvem caminhamento em campo em linhas ou em visitas a polígonos identificados por meio do estudo

[8] O verbo significa "cortar transversalmente". Houaiss e Avery não registram substantivo equivalente em português.

Fig. 8.18 *Pintura rupestre em paredões areníticos de Monte Alegre, Pará*

Fig. 8.19 *Pintura rupestre em paredões calcários do Vale do Rio Peruaçu, Minas Gerais*

de imagens aéreas. Pode-se estabelecer parâmetros de esforço amostral, por exemplo, em valores de quilômetros de caminhamento por unidade de área (Callux; Lobo, 2016). Identificada uma caverna ou outra feição de interesse, parte-se para exploração e mapeamento. Muitas vezes, cavernas ou abrigos sob rocha também são sítios arqueológicos.

Para o arqueólogo, todo artefato tem significado e é de interesse para o estudo da sociedade que o produziu. Por outro lado, certas manifestações das culturas passadas apresentam interesse maior para a sociedade contemporânea, como é o caso de monumentos ou de arte rupestre (Figs. 8.18 e 8.19), cuja beleza plástica pode atrair a atenção tanto do leigo quanto do especialista. Naturalmente, a existência de sítios contendo pinturas rupestres deve ser assinalada nos estudos ambientais.

King (1998) coordenou um estudo para o CEQ a respeito do componente antrópico nos EIAs americanos. Ademais de observar uma partição entre "estudos socioeconômicos" e "recursos culturais", o autor constatou que neste último tema os levantamentos arqueológicos são dominantes a ponto de seu artigo intitular-se "Como os arqueólogos roubaram a cultura". Tal situação deve-se à existência de requisitos legais explícitos com relação ao patrimônio histórico.

Outros bens culturais devem ser levantados, mas compete ao especialista decidir o que é relevante, tendo como referência os impactos do projeto. O que é relevante, nesse contexto, quase sempre vai além do espetacular e do que tem reconhecimento oficial. Relevante é o que tem significado para a comunidade ou uma função que pode ser perdida ou afetada caso o empreendimento seja implantado. Um exemplo recorrente é dado pelos cemitérios (Fig. 8.20) e outros sítios sagrados.

Identificados bens culturais, sua importância deve ser avaliada e pode ser necessário alterar o projeto para proteger determinados sítios.

Comunidades indígenas

Estudos específicos devem ser desenvolvidos quando um projeto pode afetar povos indígenas, mesmo que sua implantação seja fora de uma terra indígena. Como geralmente se trata de comunidades que vivem em estreita ligação com a terra e seus recursos, é preciso caracterizar os modos e os meios de vida, assim como o uso de recursos naturais. A abordagem de serviços ecossistêmicos é apropriada para esse fim, mas não é empregada no Brasil. A mobilização do conhecimento ecológico tradicional e estudos de etnobotânica e outras especialidades são ou podem ser empregados.

A cultura e a própria identidade dos povos indígenas estão diretamente ligadas à terra, de modo que os estudos obrigatoriamente incluem cultura e patrimônio cultural, inclusive imaterial, indissociável dos modos de vida. Em alguns casos, o território ou parte dele pode ter significado espiritual (Fig. 1.1), configurando zonas a serem protegidas.

O diagnóstico deve sempre ser participativo e realizado em conjunto com a comunidade, portanto em um contexto apropriado para uso do conhecimento tradicional. No Brasil, há uma parte específica do EIA denominada de Estudo do Componente Indígena, cuja elaboração deve seguir termos de referência também específicos.

O Padrão de Desempenho 7 da IFC e o Padrão Ambiental e Social 7 do Banco Mundial tratam de povos indígenas e requerem a aplicação da hierarquia de mitigação, com preferência para medidas que evitem impactos adversos. O enquadramento de determinada comunidade como indígena segue o princípio da autodeterminação e não requer o reconhecimento oficial de um território demarcado, uma vez que muitas comunidades indígenas vivem nas proximidades ou em estreito contato com outras comunidades (Fig. 8.21).

Serviços ecossistêmicos

Este tema transversal não se enquadra na divisão entre meio físico, biótico e antrópico, mas adota perspectiva integradora. O diagnóstico de serviços ecossistêmicos agrupa informação sobre os ecossistemas (portanto, biótopo e biocenose) e sobre as comunidades que se beneficiam dos serviços por eles fornecidos. O diagnóstico dos serviços ecossistêmicos é sempre focado, e aborda apenas os serviços prioritários. A priorização deve ser feita na etapa de determinação do escopo, seguindo critérios bem definidos, por exemplo os de Landsberg et al. (2013).

Os serviços ecossistêmicos são classificados em três grupos: (i) de provisão, como fornecimento de água doce, madeira, fibras, alimentos, biomassa; (ii) de regulação, como

Fig. 8.20 *Cemitério de Santa Isabel, em Mucugê, cidade da Chapada Diamantina, Bahia, tombado em 1980 pelo Instituto do Patrimônio Histórico e Artístico Nacional*

Fig. 8.21 *Comunidade da etnia Rama, um dos três grupos indígenas na localidade de Bluefields, que pratica pesca e agricultura de subsistência e ocupa pequena ilha na costa caribenha da Nicarágua*

regulação da recarga hídrica e fluxos de água, regulação da qualidade do ar, regulação do clima, controle de erosão, polinização e regulação de doenças; e (iii) culturais, como provimento de recreação, educação e valores éticos e espirituais. Algumas classificações abarcam também serviços de suporte, como produção primária e ciclagem de nutrientes, mas estes são processos dos ecossistemas que permitem a provisão de serviços, resultando em benefícios que, por sua vez, têm valor para a sociedade (Potschin; Haines-Young, 2016).

O diagnóstico requer coleta de dados primários para identificar e caracterizar os beneficiários de cada serviço. Uma linha de corte é recomendada por razões de ordem prática: limitar os beneficiários à escala local ou regional (ainda que "local" e "regional" sejam conceitos flexíveis). Se o beneficiário de certos serviços é a sociedade global (por exemplo, o serviço de regulação do clima), a proporção desse serviço fornecida por ecossistemas na escala de projeto em geral é apenas uma ínfima fração do benefício global. Por outro lado, se uma comunidade se beneficia do suprimento de água doce regulado por uma floresta, e essa floresta é suprimida, perderá a totalidade do benefício, e esse serviço deve ser classificado como prioritário.

É necessário que as equipes do meio antrópico e biofísico determinem juntas os dados a serem coletados e a forma de análise. O objetivo do diagnóstico é estabelecer o *status* de fornecimento dos serviços ecossistêmicos potencialmente impactados e explicar como as relações entre os ecossistemas e as comunidades locais serão afetadas pelo projeto. Trabalho de campo e coleta de dados primários são essenciais para mapear essas relações. Por exemplo, o projeto pode não impactar o fornecimento do serviço diretamente, mas pode impedir o acesso das comunidades ao ecossistema que o fornece. O foco do diagnóstico socioeconômico deve ser as comunidades locais, para caracterizar os beneficiários para cada serviço ecossistêmico potencialmente impactado. Portanto, dados agregados em escala de município não são suficientes. Idealmente, o diagnóstico apresentaria informações de maneira integrada por ecossistema impactado. Para o diagnóstico biofísico, espera-se um mapeamento e descrição de ecossistemas, a identificação e, quando possível, a mensuração do potencial de suprimento dos serviços.

Conhecimento ecológico local e tradicional

A partir de meados dos anos 1980 e de modo crescente desde então, uma corrente defende que os estudos sobre o meio ambiente e seus recursos não são completos se não tiverem meios de levar em conta o conhecimento que populações tradicionais têm de seu ambiente, o conhecimento ecológico tradicional. Dependentes de uma maneira direta e imediata dos serviços ecossistêmicos, todas as sociedades tradicionais desenvolveram estratégias de conhecimento do potencial e dos limites de seus territórios. Diagnósticos ambientais elaborados unicamente com base no conhecimento científico formal podem passar ao largo de questões relevantes não somente para as próprias comunidades, mas também sob a perspectiva do próprio conhecimento acadêmico.

Nakashima (1990) estudou o conhecimento do meio de que dispunham comunidades Inuit residentes na baía de Hudson, no momento em que se planejavam perfurações de petróleo, constatando uma compreensão muito mais detalhada e sofisticada da parte dos nativos do que o limitado conhecimento científico disponível sobre a ecologia daquela porção do ambiente ártico, em particular sobre o comportamento e as populações de uma espécie de pato muito vulnerável à poluição decorrente de um vazamento de petróleo. Stevenson (1996) nota a presença crescente de requisitos de incorporação de conhecimento tradicional em termos de referência de EIAs canadenses.

Já a noção de conhecimento local é mais ampla que a de conhecimento tradicional e sua incorporação à preparação de um EIA é relativamente simples. Para Herrera (1981), o conhecimento de qualquer grupo social é um misto de "tradicional" e "moderno", no sentido cronológico e resultante da necessidade de contínua adaptação a condições ecológicas e socioeconômicas cambiantes. Tradicional ou não, o conhecimento local é sempre oral e fundamentado na experiência prática (Ericksen; Woodley, 2005, p. 90), o que o diferencia do conhecimento adquirido por meio de educação formal. O conhecimento local pode ser de grande utilidade em AIA (seção 5.5), mas, para que seja efetivamente utilizado, é preciso superar certas barreiras, a começar pela barreira cultural dos próprios técnicos envolvidos na preparação dos EIAs e na formulação dos termos de referência, que, de modo geral, tendem a desdenhar o conhecimento local. Baines et al. (2003) defendem o ponto de vista de que a população local, se receber informação relevante, pode contribuir para "pensar sobre os impactos potenciais" (p. 27) de projetos sobre suas atividades e interesses, referindo-se à sua experiência como consultores na Nova Zelândia. Entre as dificuldades de incorporar o conhecimento local, destaca-se a necessidade de "tradução" desse conhecimento em conceitos manejáveis, o tempo que pode ser necessário e a própria disposição da comunidade a colaborar, o que requer um processo de engajamento (seção 16.6).

8.5 Planejamento dos estudos de base na definição do escopo

Neste capítulo, procurou-se mostrar a importância do cuidadoso planejamento dos estudos de base. Como forma de garantir a coerência dos levantamentos, uma síntese como a do Quadro 8.6 pode ajudar. Nele se indicam, para cada questão relevante, os estudos necessários, os resultados esperados de cada estudo, como serão utilizados, os limites da área de estudos (individualizada para cada levantamento) e o tempo que se estima ser necessário e suficiente para obtenção e análise dos dados.

> Duas situações deveriam ser evitadas ao realizar um EIA: (1) levantar dados e informações inúteis e (2) deixar de levantar dados e informações importantes.

Um aspecto-chave é descrever *como* serão utilizados dados e informações, ou seja, a finalidade dos levantamentos, por exemplo, fazer modelagem, avaliar determinadas características de componentes ambientais que serão afetados ou perdidos, estabelecer uma base que permita comparações futuras etc. É importante lembrar que, se a equipe envolvida não souber como vai utilizar os resultados, não há motivo para realizar esse levantamento, assim como não há razão para incluir determinado conteúdo nos termos de referência se não houver clareza de sua utilidade.

8.6 Descrição e análise

Diagnóstico ambiental não é apenas uma descrição de componentes ambientais ou sociais de uma área previamente delimitada para fins de estudos. Como enfatiza a definição de diagnóstico ambiental, trata-se de "descrição e análise". Infelizmente, muitos EIAs apresentam diagnósticos mais descritivos do que analíticos. Parece haver pouco tempo para um trabalho conjunto da equipe (ou seja, multidisciplinar), de reflexão e síntese sobre o estado e as tendências do meio ambiente.

ESTUDOS DE BASE E DIAGNÓSTICO AMBIENTAL

Quadro 8.6 Planejamento de alguns levantamentos necessários em um EIA de um projeto hipotético de construção de uma rodovia

Questão relevante	Estudos necessários	Resultados esperados	Utilização dos resultados	Área de estudo	Duração dos estudos
A qual nível de ruído estarão expostos os moradores do bairro Arrozal?	Mapeamento do nível de pressão sonora diurno e noturno na situação atual	Estabelecimento da linha de base pré-projeto	1. Comparação com os níveis de pressão sonora a serem monitorados durante as fases de construção e de operação 2. Alimentar a modelagem de previsão de ruídos	Perímetro atual do bairro Arrozal acrescido de um anel de 500 m	Duas campanhas, com duração de uma semana cada, sendo uma durante o período de colheita de cana-de-açúcar e outra fora desse período
Cavernas podem ser afetadas devido às obras de terraplenagem?	Estudos geológico-geomorfológicos	Identificação de áreas favoráveis à ocorrência de cavernas	Seleção de alvos para prospecção de campo	Faixa de 500 m de cada lado do eixo da rodovia no trecho A-B	Cerca de um mês
	Entrevistas com moradores e caminhamento nas áreas favoráveis	Identificação de possíveis cavidades	Cadastramento de todas as cavidades	Áreas favoráveis identificadas	Cerca de dois meses
	Mapeamento de cavernas	Localização, dimensões, características físicas de cada caverna	1. Determinar se a cavidade pode ser afetada 2. Determinar seu grau de relevância, caso possa ser afetada	Cavernas identificadas	Cerca de dois meses
Águas pluviais do canteiro de obras e da futura pista escoarão para os corpos d'água que fluem para cavernas?	Caracterização hidrogeológica e mapeamento da drenagem superficial	Identificação das linhas de fluxo	Informar o projetista a fim de evitar o lançamento de águas pluviais provenientes da pista em drenagens a montante de cavernas	Áreas favoráveis identificadas em resposta à questão anterior	Cerca de um mês
O empreendimento poderá restringir o acesso à água para as comunidades situadas a jusante – devido à diminuição de quantidade ou à deterioração da qualidade – durante a etapa de construção?	Mapeamento das propriedades rurais, usos atuais da água, fontes de suprimento e pontos de captação	1. Relação de usuários atuais da água, sua localização, principais usos, fontes de suprimento e pontos de captação 2. Identificação de fontes alternativas de suprimento	Preparação de plano de contingência em caso de alteração excessiva da turbidez durante as obras ou de mau funcionamento do sistema de tratamento de esgotos do canteiro de obras	1. Calha do rio da Água até sua foz no rio do Sertão 2. Calha do rio Manso até sua foz no rio do Sertão	Cerca de um mês

OITO

Idealmente, o diagnóstico deveria analisar as principais forças que contribuem para a degradação ambiental na área de estudo (a pressão), fazer uma síntese da situação atual do ambiente nessa área (o estado) e analisar as iniciativas em curso para reduzir ou reverter a degradação (a resposta). O modelo pressão-estado-resposta é muito empregado para o diagnóstico de vários problemas ambientais e para a análise de políticas públicas ambientais (a resposta) (Neri; Dupin; Sánchez, 2016). Esse desafio, mais uma vez, requer discernir o significativo do irrelevante, estratégia que sempre abre flancos para críticas.

Esboçar uma síntese da situação atual também possibilita fazer alguma projeção. Pode-se estabelecer, em primeira aproximação, qual seria o cenário tendencial, isto é, qual será a provável situação futura da área de estudo sem a proposta em análise. Cenário, em planejamento estratégico, é "um conjunto formado pela descrição de uma situação futura e do percurso coerente que parte da situação atual para lá chegar" (Godet, 1983a, p. 115), e "cenário tendencial é aquele que corresponde ao percurso mais provável [...], considerando as tendências inscritas em uma situação de origem" (Godet, 1983b, p. 111). A previsão dos impactos possibilitaria, então, vislumbrar uma provável situação futura com o projeto, de modo que, pela comparação dos cenários com e sem projeto, ter-se-ia uma noção dos impactos ambientais.

Essa abordagem é coerente com o conceito de impacto ambiental (Fig. 1.6), mas há muitas dificuldades práticas, além das teóricas, de aplicá-la ao conjunto de impactos de um projeto. Não obstante, para alguns impactos significativos, pode ser desejável trabalhar nessa linha. Por exemplo, para um projeto que afete diretamente remanescentes de vegetação nativa, pode-se fazer projeções da situação futura sem o projeto extrapolando-se tendências do passado (seção 11.3). O problema é que tais projeções podem ser controversas, principalmente para a escala local. Na discussão de um projeto de parque temático no litoral sul do Estado de São Paulo, proposto para uma área com remanescentes de Mata Atlântica, os argumentos, simplificadamente, eram: (1) mantidas as tendências atuais, a vegetação será paulatinamente degradada devido a ocupações da área por populações de baixa renda, impulsionadas por interesses econômicos e políticos; o projeto poderá frear a expansão, garantindo a preservação perene de uma área apreciável (por meio de condicionantes da licença ambiental, como a obrigação de manter uma reserva particular do patrimônio natural); e (2) o proprietário da gleba em que seria implantado o empreendimento (que não era o proponente do projeto) tem obrigação legal de zelar pela integridade dos remanescentes florestais, e o poder público tem obrigação de fiscalizar o cumprimento da lei. Nesse debate, não houve consenso sobre o cenário tendencial.

PREVISÃO DE IMPACTOS

9

Espera-se que as mudanças nos sistemas naturais e sociais decorrentes de um projeto de desenvolvimento sejam devidamente descritas em um EIA, que apresente um prognóstico fundamentado em hipóteses plausíveis e previsões confiáveis.

A previsão é um dos passos da *análise dos impactos*. Ela prové uma descrição fundamentada e, tanto quanto possível e aplicável, quantificada, dos impactos identificados no passo anterior, identificação esta que, por sua vez, se baseou no *diagnóstico ambiental*, que também fornece dados para a previsão, cujos resultados serão utilizados para avaliar a importância dos impactos (o terceiro passo da análise dos impactos), delineando medidas para evitar, atenuar ou compensar os impactos adversos. Entendida dessa forma – conectada às demais atividades essenciais à elaboração de um EIA –, percebe-se que a previsão não é a finalidade desses estudos, mas um elo de uma cadeia em que cada passo tem sua função, depende do precedente e fornece informações para o subsequente (Fig. 9.1).

Fig. 9.1 *Encadeamento entre o diagnóstico ambiental e as medidas mitigadoras, mediante o prognóstico ambiental*

Assim, as funções da previsão de impactos são:
* estimar a magnitude dos impactos ambientais;
* fornecer informação essencial para avaliar a importância dos impactos;
* prognosticar a situação futura do ambiente com o projeto em análise;
* comparar e selecionar alternativas;
* fornecer subsídios para a definição de medidas mitigadoras.

Para Beanlands e Duinker (1983),

> As previsões de impacto deveriam ser testáveis, isto é, deveriam ser isentas de ambiguidades e apresentadas como hipóteses que possam ser testadas, mediante um plano apropriado de estudo. Assim, uma análise preditiva deveria se esforçar em incluir detalhes quantificados da magnitude dos impactos, duração e distribuição espacial.

Portanto, a previsão deveria fornecer informação sobre:
1. a intensidade do impacto;
2. sua duração ou distribuição temporal;
3. sua distribuição espacial ou área de influência.

9.1 PLANEJAR A PREVISÃO DE IMPACTOS

Definir um roteiro de trabalho para prever impactos faz parte do planejamento de um EIA. Nem todos os impactos são passíveis de previsão quantitativa, e nem todos são significativos para que se despenda tempo e dinheiro tentando quantificá-los, mas todos devem ser satisfatoriamente descritos e qualificados no EIA.

A previsão de impactos envolve, basicamente, cinco passos:
i. *Escolha de indicadores*: equivale a decidir o que prever, selecionando os indicadores para o prognóstico, levando em conta não somente a "previsibilidade", mas também a capacidade e o custo de monitorar esses parâmetros, caso o projeto siga adiante (isto é, na fase de acompanhamento, após a decisão).
ii. *Determinar como fazer a previsão*, tarefa subdividida em:
* definir materiais e métodos de trabalho (por exemplo, uso de modelos);

PREVISÃO DE IMPACTOS

* justificar as razões da escolha (por exemplo, por ser um método aprovado pelo órgão regulador, como determinado modelo de dispersão de poluentes atmosféricos, ou um método clássico e de emprego universal, como os usados para modelagens hidrológicas).
iii. *Calibração e validação do método*: procedimento necessário quando se emprega um modelo desenvolvido para determinada situação, cuja validade para um uso diferente precisa ser analisada; os resultados que podem ser obtidos dependem de certas hipóteses (em geral simplificadoras) e de certos pressupostos (em geral conservadores, isto é, a favor da segurança); tais hipóteses e pressupostos devem ser explicitados para que os usuários (o leitor do EIA, o proponente do projeto, o analista técnico, os responsáveis pela tomada de decisões) compreendam os limites das previsões.
iv. *Aplicação do método e obtenção dos resultados*: este passo significa, finalmente, "fazer as previsões".
v. *Análise e interpretação*: dados brutos são de pouca utilidade para a tomada de decisões, e é função do analista interpretar os resultados dentro do contexto da avaliação de impacto em curso; nessa interpretação pode ser pertinente discutir as incertezas das previsões e a sensibilidade dos resultados, ou seja: quais seriam os resultados se outras hipóteses e pressupostos plausíveis fossem adotados?

Como nas demais tarefas na preparação de um EIA, pode ser necessário discutir com o órgão ambiental e com as partes interessadas quais abordagens serão utilizadas na previsão de impactos, se há necessidade de fornecer previsões quantitativas, quais indicadores são mais apropriados e, se houver uso de modelos matemáticos, quais são aceitáveis. De comum acordo, algumas dessas definições podem ser incluídas nos termos de referência.

9.2 Indicadores de impactos

O estado futuro do ambiente pode ser descrito por meio de indicadores, úteis em várias partes do EIA: no diagnóstico, na previsão de impactos e no monitoramento.

Há inúmeras definições de indicadores ambientais, como as seguintes:
* "um parâmetro que fornece uma medida da magnitude do impacto ambiental" (Munn, 1975);
* "medida de um fenômeno ambientalmente relevante usada para descrever ou avaliar condições ou mudanças ambientais ou para estabelecer objetivos ambientais" (Heink; Kowarik, 2010).

Indicadores fornecem uma interpretação de dados ambientais para que seu significado possa ser apreendido mais rapidamente, simplificando informação sobre processos complexos a fim de melhorar a comunicação. O conceito é de amplo uso em várias disciplinas, mas ambíguo (Heink; Kowarik, 2010). Um parâmetro de qualidade de água pode ser um indicador, assim como a presença, em determinado local, de uma espécie intolerante à poluição é indicativa da ocorrência de boas condições ambientais. Assim, se estiver presente uma espécie aquática que somente sobrevive em ótimas condições ambientais (por exemplo, alto teor de oxigênio dissolvido), pode-se concluir pelas boas condições do ambiente aquático. Um exemplo de indicadores em meio aquático foi mostrado na Fig. 1.7.

No campo da qualidade do ar, indicadores são utilizados para avaliar as condições sanitárias de uma região ou local. Por exemplo, a concentração de partículas finas em suspensão no ar – um parâmetro medido por meio de métodos padronizados – fornece informação sobre os riscos à saúde que incorreria uma pessoa diariamente exposta ao poluente, uma vez que existe uma correlação entre a presença de partículas finas ou inaláveis (abaixo de 10 micrômetros) e ultrafinas (abaixo de 2,5 µm) e a prevalência de doenças respiratórias.

Porém, como em geral se encontram diferentes poluentes em um mesmo local, interessa saber seu possível efeito combinado ou sinérgico e também buscar informação agregada e sinóptica sobre qualidade do ar. Neste caso, adotam-se índices que combinam diferentes parâmetros ou indicadores. Muitas vezes, o público é informado sobre o estado do meio ambiente por meio de tais índices agregados (como índices de qualidade do ar ou da água). No Estado de São Paulo, o Índice de Qualidade do Ar agrega sete parâmetros: CO, SO_2, NO_2, O_3, poeira total em suspensão, poeira inalável e fumaça. Já o Índice de Qualidade das Águas agrega nove parâmetros: coliformes fecais, pH, DBO, OD, N total, fosfato total, turbidez, resíduo total e temperatura.

Assim, os indicadores ambientais são parâmetros representativos de processos ambientais ou do estado do meio ambiente (ou seja, sua situação em um dado momento e local). A norma ISO 14.031:2015 – Avaliação do Desempenho Ambiental recomenda três tipos de indicadores: (i) indicadores de desempenho de gestão, (ii) indicadores de desempenho operacional e (iii) indicadores de condições ambientais. No primeiro grupo, enquadram-se os indicadores que proveem informações sobre a administração de uma empresa ou organização. No segundo, sobre emissões poluentes, consumo de recursos e outros dados de processo ou de resultados. Já no terceiro grupo encontram-se os indicadores de qualidade do meio ambiente.

Alguns indicadores e índices sobre o estado do meio ambiente são usualmente coletados por organismos governamentais e podem ser aproveitados nos EIAs, principalmente para fins de diagnóstico, desde que sejam claramente associados a um local ou uma região. Há grande quantidade de indicadores que podem ser utilizados em AIA. Selecionar os mais adequados é tarefa importante para o analista, de modo a dotar o indicador de um significado.

Dado o universo amplo de parâmetros com potencial de uso como indicadores em AIA, Cloquell-Ballester et al. (2006) entendem ser necessário um procedimento de validação, sem o qual a utilidade e a credibilidade dos indicadores poderiam ser prejudicadas. Alguns indicadores de uso amplamente difundido (como os empregados em publicações governamentais) não necessitam de validação, mas não há motivo para limitar-se a esse tipo de indicador. No Quadro 9.1 mostram-se exemplos de indicadores usados em um EIA para descrever a magnitude de aspectos ambientais. Indicadores podem ser absolutos (por exemplo, número de caminhões por dia) ou relativos a algum nível preexistente (por exemplo, percentual de incremento).

9.3 Métodos de previsão de impactos

Existe uma grande variedade de ferramentas e procedimentos utilizáveis para a previsão de impactos ambientais. Diversas disciplinas científicas desenvolvem métodos para antecipar as variações dos fenômenos que estudam e que podem ser empregados em AIA. Quatros categorias de métodos preditivos utilizados nos EIAs são comentados a seguir. Não existe um método intrinsecamente melhor que os demais. O melhor método é aquele mais adaptado ao problema que se pretende resolver, dentro de seu contexto – por exemplo, um sofisticado modelo matemático que necessite de um grande volume de dados, cuja obtenção é difícil, demorada e cara, será inapropriado se uma aproxima-

Quadro 9.1 Exemplos de indicadores de magnitude de aspectos ambientais

Aspecto ambiental	Indicador	Estimativa
Alteração da topografia local	Volume de material removido	1.380.000 m³
Suspensão do uso de áreas de cultura e de pastagem	Área afetada	372.500 m²
	Número de propriedades rurais afetadas	23 propriedades
Reinserção dos terrenos minerados no meio rural	Área afetada	372.500 m²
Extração de recursos naturais não renováveis	Quantidade de minério extraída	1.976.000 t
Consumo de água	Volume diário consumido	100 m³/dia
Consumo de recursos não renováveis (óleos e combustíveis)	Volume mensal consumido	1.900 ℓ/mês de diesel 25 ℓ/mês de lubrificantes
Geração de efluentes líquidos	Vazão efluente	0 m³/dia
Carreamento de partículas sólidas	Volume de partículas por unidade de tempo	~0 t/ano
Emissão de material particulado	Quantidade emitida por km de estrada	3 kg/km
Vazamento de óleos e combustíveis	Volume anual	~0 ℓ/ano
Geração de resíduos sólidos	Quantidade gerada	150 kg/ano
Geração de efluentes líquidos	Quantidade gerada	300 ℓ/ano
Emissão de ruídos	Nível máximo de pressão sonora	71 dB(A) a 10 m da operação
Aumento do tráfego de caminhões	Número adicional de veículos	36 veículos/dia (terra) 10 veículos/dia (asfalto)
Aumento da demanda de bens e serviços	Dispêndio na aquisição de bens/serviços	R$ 60.000/mês
Aumento da massa monetária em circulação local	Valor pago aos proprietários rurais em decorrência de *royalties*	R$ 790.400 (total)
Geração de impostos	Volume anual recolhido CFEM[1] Volume anual recolhido ICMS[2] % de aumento da receita local (ICMS)	R$ 4.050/ano CFEM, R$ 50.300/ano ICMS 41,9%
Redução das atividades comerciais após o fechamento	Valor do minério + *royalties*	~R$ 400.000/ano

Notas: [1] *CFEM – Contribuição Financeira sobre Exploração Mineral, uma taxa específica que incide sobre a mineração.*
[2] *ICMS – Imposto de Circulação de Mercadorias e Serviços, uma espécie de imposto de valor agregado.*
Fonte: Prominer, 2002.

ção grosseira baseada em experiência prévia ou em analogia sugerir que determinado impacto será de pequena magnitude e importância. Como nas demais etapas da preparação de um EIA, os meios empregados devem ser proporcionais ao problema.

Modelos matemáticos

Modelos são representações simplificadas da realidade. Busca-se uma aproximação do entendimento de um fenômeno por meio da seleção de alguns aspectos mais relevantes, negligenciando, necessariamente, outros aspectos tidos como menos importantes para a análise. Modelos podem ser analógicos (como uma representação em escala reduzida de um estuário), conceituais (descrição qualitativa dos componentes e das relações de um sistema), ou matemáticos, que são representações formalizadas mediante um conjunto de equações que descrevem um determinado fenômeno da natureza. Diversos processos ambientais podem ser modelados dessa forma, principalmente fenômenos físicos e, crescentemente, processos ecológicos.

Vários modelos foram desenvolvidos com o objetivo específico de auxiliar o planejamento e a gestão ambiental, como os modelos de dispersão de poluentes atmosféricos, que correlacionam emissões de uma chaminé ou de outro tipo de fonte, como uma via de tráfego não pavimentada, com fatores meteorológicos, como intensidade e direção de ventos, e insolação, prevendo as concentrações desses poluentes em vários pontos situados a diferentes distâncias do local de emissão.

Modelos matemáticos têm sido muito usados em AIA para estudo de qualidade do ar, dispersão de poluentes em águas subterrâneas ou superficiais, propagação de ruídos, entre outros. No caso de poluentes atmosféricos, inicialmente são estimadas ou calculadas as emissões das futuras fontes: tais emissões podem ser obtidas por meio de cálculos de balanço de massa do processo industrial ou estimadas a partir de médias estatísticas compiladas em referências bibliográficas específicas, os chamados fatores de emissão[1]. Em seguida, a dispersão atmosférica dos poluentes é simulada com a ajuda de equações previamente validadas que descrevem o comportamento da pluma de poluição sob diferentes condições meteorológicas, considerando intensidade dos ventos e estabilidade da atmosfera, e, dessa forma, são capazes de prever, para diferentes pontos de coordenadas conhecidas, as futuras concentrações de poluentes. O modelo propriamente dito é esse conjunto de equações. Fundamentos dos modelos gaussianos de dispersão de poluentes na atmosfera, amplamente utilizados, são mostrados no Quadro 9.2.

[1] Os fatores de emissão compilados e periodicamente revistos pela Agência de Proteção Ambiental dos Estados Unidos são referência internacional.

Uma vantagem do uso de modelos matemáticos é possibilitar a simulação de diferentes cenários, incluindo a pior situação possível. Pode também apresentar os resultados sob diferentes formatos: por exemplo, o número de dias por ano em que a qualidade do ar ultrapassará certo valor, ou a concentração de determinado poluente que deverá ser ultrapassada durante 5% do tempo.

Um exemplo de modelagem preditiva da qualidade do ar é mostrado no Quadro 9.3, que sintetiza o procedimento empregado no EIA de uma rodovia de seis faixas de rolamento projetada para fazer parte do contorno da cidade de São Paulo, denominada Rodoanel. Nesse caso, a futura qualidade do ar na área de influência da rodovia foi estimada com a ajuda de um modelo gaussiano, que, por sua vez, usa informação sobre o tráfego de veículos na rodovia (as fontes de emissão). Como não é possível fazer uma contagem do fluxo de veículos, posto que a via não existia à época de elaboração do EIA, o volume de tráfego foi estimado com a ajuda de outro modelo matemático, usado para previsões de trânsito. Uma das maiores dificuldades da modelagem preditiva em rodovias é "calibrar o modelo de dispersão por meio de um melhor conhecimento dos fatores médios de emissão da frota que efetivamente trafega" (Branco et al., 2003). Em outras palavras, qualquer modelagem requer que se adotem certos parâmetros (no caso, as emissões), o que introduz outra fonte de incerteza, além daquela inerente ao modelo.

Outro exemplo de previsão da qualidade do ar fundada em modelagem matemática é mostrado na Fig. 9.2. A previsão é apresentada na forma de isolinhas superpostas a um

Quadro 9.2   Modelos gaussianos de dispersão atmosférica

Durante as décadas de 1960 e 1970, o transporte e a dispersão de poluentes no ar começaram a ser estudados para compreender os processos envolvidos, destacando-se os trabalhos de Pasquill e de Gifford. A dispersão de emissões atmosféricas a partir de uma fonte fixa (chaminé de altura efetiva h) pode ser descrita pela equação abaixo, que mostra as concentrações X do poluente esperadas no ponto de coordenadas x, y, z, medidas a partir da fonte. O modelo é chamado gaussiano (ou estatístico) porque admite que a concentração máxima se encontre no centro de uma pluma de dispersão de seção elíptica, decaindo segundo uma curva de Gauss (a conhecida curva em forma de sino) do centro para as bordas da pluma. Esta se desloca para jusante segundo a direção do vento e conforme os poluentes vão sendo diluídos, e sua concentração decresce com a distância da fonte emissora. A distribuição da concentração no interior da pluma depende da velocidade do vento μ e das condições de estabilidade da atmosfera, representadas pelos coeficientes de dispersão σ_y (lateral) e σ_z (vertical), parâmetros quantitativos que representam condições qualitativas atmosféricas. Esses coeficientes dependem do chamado grau de estabilidade atmosférica, dado por uma combinação entre a velocidade do vento e a insolação ou a cobertura de nuvens, de acordo com classificação proposta por Pasquill em 1971: A – extremamente instável; B – moderadamente instável; C – levemente instável; D – neutra; E – levemente estável; F – moderadamente estável. À maior instabilidade corresponde a maior capacidade de dispersão de poluentes. A transformação dessas condições nos coeficientes de dispersão é feita por gráficos. A equação a seguir expressa a distribuição da concentração de poluentes (Seinfeld, 1978, p. 298):

$$X(x,y,z) = \frac{Q}{2\pi\sigma_y\sigma_z\mu} \exp\left[-\frac{1}{2}\left(\frac{y}{\sigma_y}\right)^2\right] \cdot \left\{\exp\left[-\frac{1}{2}\left(\frac{z-h}{\sigma_z}\right)^2\right] + \exp\left[-\frac{1}{2}\left(\frac{z-h}{\sigma_z}\right)^2\right]\right\}$$

Essa equação aplica-se a poluentes inertes, liberados a taxas constantes Q sobre terrenos planos. Condições mais complexas requerem ajustes e, consequentemente, modelos mais sofisticados. Correções são necessárias quando o terreno não é plano, caso em que há maior turbulência atmosférica e, portanto, maior dispersão vertical, e o respectivo coeficiente de dispersão vertical deve assumir outros valores para dar conta dessas características. O mesmo ocorre quando a fonte é situada em um vale, caso em que a dispersão lateral pode ser restringida. Há modelos para fontes lineares (rodovias) e para emissões difusas e fugitivas de áreas abertas.

Quanto mais complexa a situação, maior o possível erro dos resultados, haja vista que a complexidade da realidade é traduzida no modelo por simplificações ainda maiores. Na aplicação dos modelos, contudo, costuma-se selecionar as situações menos favoráveis em termos de dispersão, o que tende a dar resultados conservadores. Hoje existem modelos mais sofisticados que os gaussianos, que permitem, entre outras operações, computar o perfil vertical de temperatura e velocidade de vento acima da fonte (Walker et al., 2018), mas os modelos gaussianos ainda são bem empregados em EIAs.

mapa de uso do solo, o que lhe confere grande efeito comunicativo. Trata-se de um projeto de construção de uma nova indústria de fundição de alumínio primário em uma zona industrial e portuária na África do Sul, onde já funcionava outra unidade da mesma empresa. São representadas as concentrações previstas de fluoretos, um dos principais poluentes nesse tipo de empreendimento. O projeto prevê a emissão total de 351 toneladas anuais

Quadro 9.3 Modelagem da qualidade do ar em um projeto de rodovia

A previsão dos impactos sobre a qualidade do ar de uma rodovia pode ser exemplificada com o EIA do trecho sul do Rodoanel Metropolitano de São Paulo, uma autopista que contorna a conurbação. Como em outras previsões, há duas etapas, a estimativa das emissões e a modelagem da dispersão. Resumidamente, o procedimento utilizado foi:

1. Estimativa do número de veículos que compõem a frota registrada nos municípios da Região Metropolitana de São Paulo, de acordo com o ano de fabricação e o combustível utilizado, para os anos 2005, 2010 e 2020. Foram utilizados dados disponíveis no Departamento Estadual de Trânsito e na Associação Nacional de Fabricantes de Veículos Automotores.

2. Estimativa da quilometragem média anual percorrida pelos veículos, segundo a idade da frota circulante (admite-se que veículos mais novos circulem mais), usando dados da agência de controle de poluição ambiental Cetesb e da *United States Environmental Protection Agency* (USEPA)[1].

3. Estimativa dos fatores de deterioração, que são multiplicadores usados para calcular as emissões (veículos com maior quilometragem acumulada emitem mais poluentes), para os anos 2005, 2010 e 2020. Por exemplo, o fator de deterioração encontrado para emissões de CO em veículos com dez anos de uso é 2,33, enquanto para veículos com um ano de uso esse fator é de 1,19. Os fatores foram calculados com base em fórmulas da USEPA.

4. Escolha de fatores de emissão (FE) para veículos novos. Os FE indicam as emissões poluentes de um veículo automotor em g/km. Para calcular as emissões esperadas de um veículo, multiplica-se seu FE pela distância percorrida, corrigindo-se o resultado pelo fator de deterioração. Os FE permitem simplificar os cálculos das emissões totais de cada veículo, que dependem, entre outros, da velocidade desenvolvida, da inclinação da pista, da carga do veículo e do modo de conduzir, dependendo também do combustível utilizado. Como a gasolina brasileira tem 22% de álcool e parte da frota é movida com esse combustível, não se pode empregar FE disponíveis em fontes estrangeiras: a Cetesb[2] estabelece FE válidos para o Brasil. Foram usados fatores diferentes de acordo com a idade da frota, pois a regulamentação estabelece metas de redução de emissões para veículos novos, segundo o ano de fabricação[3]. Além das emissões de gases de escapamento e de evaporação de combustíveis, foram também estimadas as emissões de material particulado devido aos pneus (ressuspensão de partículas da pista devido à passagem de veículos). Finalmente, foram incorporadas correções devidas à velocidade média dos veículos, que, por se tratar de uma via expressa, é maior que a velocidade média adotada para a estimativa dos FE, que é de 31,5 km/h.

5. A estimativa do volume previsto de tráfego foi feita por outro modelo matemático, e a modelagem da qualidade do ar adotou os mesmos valores usados para o projeto rodoviário.

6. Cálculo das taxas de emissão (em g/dia, a quantidade total de cada poluente emitida em 24 h) para cada segmento de rodovia (o volume de tráfego muda), por meio da multiplicação do volume de tráfego diário pelo comprimento de cada segmento e pelo fator de emissão, corrigido pela velocidade e pela deterioração, tudo ponderado pelo tipo de veículo (leve a álcool, leve a gasolina, pesado a diesel), para os anos 2005, 2010 e 2020.

7. Seleção de dados meteorológicos para uso no modelo de dispersão. Foram utilizados dados coletados no aeroporto de Congonhas (situado a aproximadamente 20 km do empreendimento) nos anos de 1999 e 2000, com informação de hora em hora.

8. Cálculo das concentrações futuras com emprego do modelo *Industrial Source Complex Short Term* 3 – ISCST 3 desenvolvido pela USEPA, adequado para fontes lineares (e também para outros tipos de fontes). O programa combina os dados horários (8.760 horas ao ano) de velocidade do vento, classe de estabilidade atmosférica, temperatura do ar e altura da camada de mistura que resultem na concentração máxima do poluente no nível do solo, ou seja, a pior situação possível resultante dos dados disponíveis. A concentração resultante pode ser expressa em média de 1 h, de 8 h, de 24 h ou anual.

Quadro 9.3 (continuação)

9. Apresentação dos resultados em tabelas que indicam as maiores concentrações esperadas para cada poluente (NO$_x$, CO, HC, SO$_2$, MP), os pontos em que ocorrem e mapas de pequena escala com curvas de isoconcentração. Foram também apresentadas previsões de concentração em sete pontos de interesse.

10. Algumas conclusões são (i) redução das emissões totais de poluentes na região metropolitana, decorrente do aumento da velocidade média da frota; (ii) acréscimo de emissões ao longo do traçado, em relação à situação pré-projeto; (iii) a modelagem de dispersão indica concentrações máximas para 2010, decrescendo em 2020, sem ultrapassagem dos padrões de qualidade estabelecidos pela legislação; e (iv) as concentrações máximas localizam-se ao longo do canteiro central da rodovia, caindo cerca de 60% a uma distância de 1 km.

---

[1] *USEPA, United States Environmental Protection Agency, Compilation of Air Pollutant Emission Factors – AP 42 – Appendix H – Highway Mobile Source Emission Factor Table, 1995.*
[2] *Cetesb, Relatório de Qualidade do Ar no Estado de São Paulo 2003.*
[3] *O Programa de Controle de Emissões de Veículos Automotores (Proconve) foi estabelecido por resolução do Conama de 1986.*
Fonte: FESPSP, 2004.

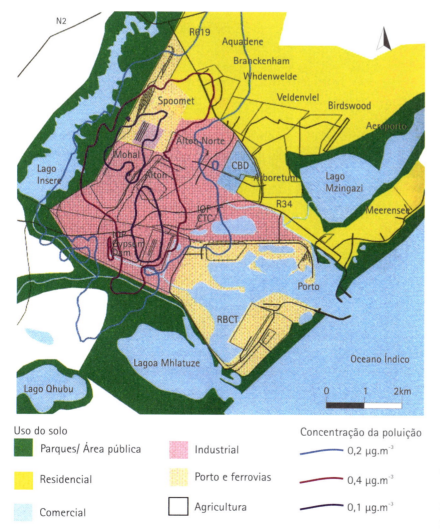

Fig. 9.2 Previsão da qualidade do ar no entorno de uma fábrica de alumínio – médias anuais de concentração de fluoreto
Fonte: The Pelican Joint Venture, 1992. Reproduzido com autorização.

de fluoreto, considerando as emissões da indústria existente e as do projeto em análise; o modelo também computou as emissões de uma indústria de fertilizantes existente na mesma zona industrial. As médias anuais de concentração de fluoreto são representadas na Fig. 9.2, logo não correspondem à situação mais crítica, que também foi simulada. A isolinha de 0,4 $\mu g/m^3$ representa a diretriz adotada para proteção da vegetação, haja vista que acima desse valor pode ocorrer amarelamento das bordas das folhas de algumas espécies sensíveis. A isolinha de 1,0 $\mu g/m^3$ foi adotada como diretriz para áreas industriais e comerciais, nas quais danos à vegetação não são tidos como relevantes. Segundo os resultados da modelagem, para a alternativa de localização F, indicada com essa letra na Fig. 9.2, cerca de 20% da área industrial apresentaria concentrações médias acima desse valor. O padrão ambiental para proteção da saúde humana, segundo o estudo, é de 26 $\mu g/m^3$.

A propagação de ruídos é outro campo no qual se dispõe de conhecimento suficiente aplicável em previsão quantitativa de impactos ambientais. Conhecendo-se os níveis de pressão sonora emitidos pelo conjunto de fontes que compõem o empreendimento, relações matemáticas (desde equações simples até funções complexas) permitem que se estude a atenuação dada pela distância, pela existência de barreiras físicas ou por terrenos de diferentes rugosidades (gramados, superfícies asfaltadas etc.). Alguns fundamentos da propagação de ruídos são mostrados no Quadro 9.4.

Nas Figs. 9.3 a 9.5 observa-se uma previsão de impactos sonoros feita para um empreendimento mineroindustrial. Foi realizada uma simulação da futura situação na área do empreendimento e em seu entorno, considerando a composição de todas as fontes previstas pelo projeto. Esse exemplo também mostra que a previsão quantitativa de impactos não pode prescindir do projeto de engenharia, no mínimo o projeto básico. No caso, é necessário conhecer a relação dos equipamentos emissores de ruído e sua localização dentro da área do empreendimento.

Os resultados do mapeamento de ruído feito para o diagnóstico ambiental da área de estudo são mostrados na Fig. 9.3, notando-se que as zonas mais ruidosas se encontram na vizinhança da via existente, enquanto os bairros residenciais gozam de bom ambiente sonoro. Partindo de resultados de medição obtidos em 31 pontos distribuídos na área de estudo – distribuição não aleatória, mas escolhida em função das fontes atuais e futuras e das características físicas do terreno e do uso do solo –, o autor dispôs os pontos em um mapa-base e utilizou um *software* de interpolação de dados para delimitar as isolinhas.

Por sua vez, nas Figs. 9.4 e 9.5 vê-se a simulação da futura situação com o empreendimento como novo foco de emissão. Conhecidos os ruídos de cada fonte e sua distribuição espacial, Schrage (2005) calculou o ruído futuro em cada ponto receptor, considerando fatores que influenciam a propagação das ondas sonoras, como presença de barreiras, e fatores de atenuação dependentes da frequência do ruído. Na Fig. 9.4 observa-se a previsão para a alternativa de mina subterrânea, estudada em um EIA, e na Fig. 9.5, para a alternativa de mina a céu aberto, na qual a distribuição de ruídos é bem diferente. Neste último caso, a simulação considerou a presença de uma barreira física situada entre a área industrial e o bairro situado a sudeste (zona de coloração verde ao norte da estrada), uma medida mitigadora incorporada ao projeto (uma pilha de terra resultante de terraplenagem). Esse exemplo também ilustra o papel da AIA no planejamento do projeto (seção 3.1). Se não houvesse preocupação com a mitigação de impactos, a pilha não seria projetada. Dentro dessas condições, a etapa de análise dos impactos considera o projeto já com as medidas mitigadoras previstas, o que corresponde ao projeto que o empreendedor tenciona submeter para aprovação (medidas mitigadoras adicionais podem resultar do EIA ou de outros componentes do processo de AIA).

Quadro 9.4   Conceitos fundamentais sobre propagação de ruído

A pressão sonora é definida como a diferença entre a pressão total quando da passagem da onda sonora e a pressão atmosférica normal ou de referência (P_0). O ouvido humano é sensível a pressões acústicas acima de 2.10^{-5} Pa (Pascal), já que 20 Pa correspondem ao limiar de dano. Como os sons audíveis atingem uma faixa de variação de 10^6 Pa, utiliza-se uma escala logarítmica, o decibel, para medir o NPS – nível de pressão sonora – L:

$L = 10 \cdot \log \dfrac{P^2}{P_0^2}$ em que a pressão de referência é $P_0 = 2.10^{-5}$ Pa, por convenção internacional.

Essa expressão também pode ser escrita como: $L = 20 \cdot \log (P/P_0)$, e representa o nível de pressão sonora em decibéis (dB).

Os níveis de ruído variam continuamente. A variação pode ser representada com a ajuda de um gráfico da porcentagem do tempo em que o NPS se situa em determinados intervalos. Tal procedimento permite que se determine L_X, o NPS que é excedido durante x% do tempo. Valores de L_{10}, L_{50} e L_{90} são interpretados como *NPS de pico, mediano e de fundo*, respectivamente. Assim, L_{90} é o nível de pressão sonora atingido ou ultrapassado durante 90% do tempo.

Outro conceito utilizado é o nível sonoro equivalente L_{eq}, o NPS constante que tem a mesma energia acústica durante um mesmo período de tempo T. O nível sonoro equivalente é calculado através de uma fórmula baseada no princípio de igual energia:

$$L_{eq} = 10 \cdot \log \dfrac{1}{100} \Sigma t_i \cdot 10^{L_i/10} \quad \text{ou} \quad L_{eq} = 10 \cdot \log \dfrac{1}{T} \int_0^{T} 10^{L/10} \cdot dt$$

em que: t_i = intervalo de tempo para o qual o nível sonoro permanece dentro dos limites da classe i (expresso em porcentagem do período de tempo), L_i = nível de pressão sonora correspondente ao ponto médio da classe.

O L_{eq} é o nível de energia que teria um ruído contínuo estável de mesma duração. Os decibelímetros modernos já fazem a integração e podem fornecer valores de L_{eq} para diferentes períodos de tempo como um minuto, uma hora ou um dia, e permitem, assim, um monitoramento contínuo dos níveis de ruído. As medições de pressão sonora recebem um fator de correção para melhor representar a percepção do ouvido humano, que varia de acordo com a faixa de frequência do ruído. A escala de ponderação "A" é a mais usada. Representam-se essas medidas com o símbolo dB(A).

A intensidade sonora diminui com o quadrado da distância. Todavia, a propagação das ondas sonoras é muito mais complexa do que a simples atenuação devido à distância. Condições topográficas e atmosféricas (vento, temperatura e umidade do ar) afetam bastante a propagação do som. Além disso, o próprio ar absorve parte da energia, principalmente em altas frequências. Além da atenuação pela distância, a natureza do terreno entre a fonte e o receptor pode ter um efeito sobre o NPS medido no receptor; uma superfície dura e reflexiva como concreto ou asfalto pode ocasionar um ligeiro aumento no NPS, enquanto uma superfície rugosa como a grama tem efeito absorvente, assim como vegetação arbustiva e arbórea. Sem levar em conta esses fatores, e considerando somente a atenuação pela distância, utiliza-se a seguinte fórmula para estimá-la a partir de uma fonte pontual:

$L_2 = L_1 - 20 \cdot \log (d_2/d_1)$, em que: $d_1 = 2$ m (ruído na fonte) e L_1 = nível de ruído na fonte.

Já o ruído resultante de diversas fontes simultâneas pode ser calculado com a seguinte fórmula:

$L_n = 10 \cdot \log \Sigma 10^{(L_i/10)}$, em que: L_i = nível de ruído da fonte i.

Modelos matemáticos para previsão de níveis de ruído utilizam expressões mais sofisticadas que essas e aplicam diferentes fatores de correção para levar em conta as características físicas da área e a frequência do ruído, uma vez que a atenuação é maior nas altas frequências.

230 | Avaliação de Impacto Ambiental: conceitos e métodos

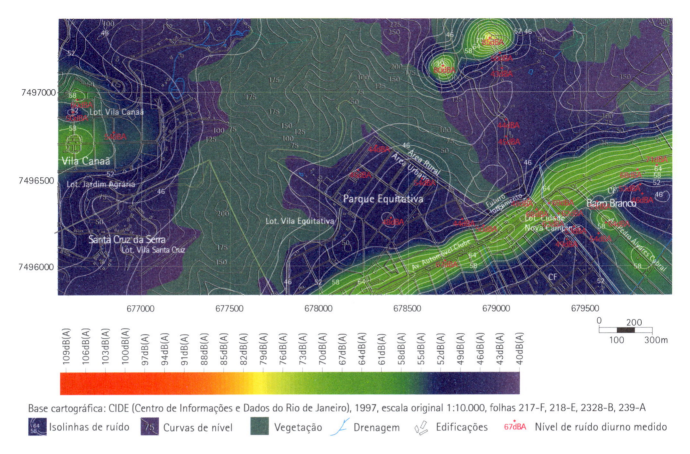

Fig. 9.3 *Mapa da provável distribuição do ruído diurno atual em um local considerado para a implantação de uma mina*
Fonte: Schrage (2005).

Entre as vantagens da representação em mapa mediante curvas de isorruído estão a rápida localização de pontos de interesse e a facilidade de comunicação com o usuário do EIA. A justaposição do diagnóstico com a previsão, por sua vez, possibilita a imediata visualização das principais mudanças. Assim como outros modelos matemáticos, também aqui é possível simular alternativas de situações futuras (por exemplo, com outros equipamentos, com ou sem barreira antirruído, ou com aumento de tráfego na rodovia), bem como em diferentes horizontes temporais, simulando mudanças durante a operação do empreendimento.

Os exemplos dados até agora apresentam duas características desejáveis da previsão de impactos: a intensidade do impacto e sua distribuição espacial. Mas, e a distribuição temporal? Um exemplo é apresentado no Quadro 9.5, extraído do EIA de um projeto de construção de uma ferrovia de alta velocidade. Esse estudo identificou todas as fontes de emissão de ruído durante a fase de construção e calculou os níveis de pressão sonora resultantes do funcionamento simultâneo de várias fontes. Como as obras em cada local são temporárias, a alteração do ambiente sonoro é um impacto temporário e as fontes vão "migrando" conforme avança a frente de obra. Tratando-se de construção em meio urbano, esse impacto é significativo porque é grande a população afetada, e informação é apresentada no EIA com indicação do nível máximo de pressão sonora para cada semana de obra, em cada um dos locais de interesse.

Esse exemplo mostra a dimensão temporal de curto prazo, durante a construção. Os impactos de longa duração também precisam ser considerados, como no caso de barragens,

PREVISÃO DE IMPACTOS

231

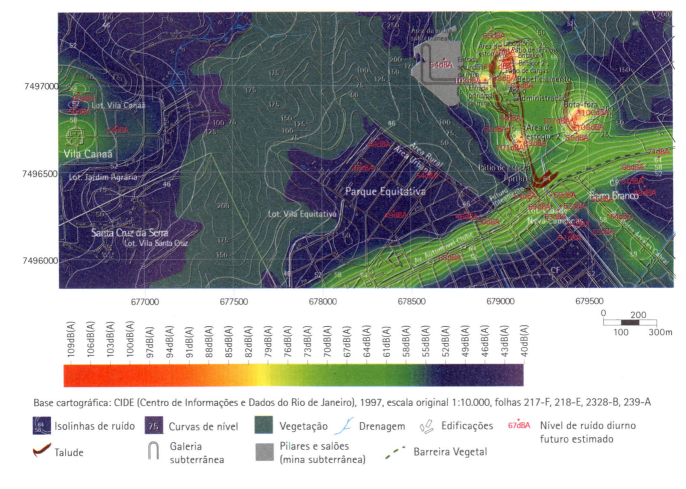

Fig. 9.4 *Mapa da provável distribuição dos níveis de ruído diurno após a implantação de uma mina subterrânea*
Fonte: Schrage (2005).

em que uma das principais questões são os efeitos hidrológicos, haja vista que sua própria função é regular o regime hídrico. Assim, prever as variações de vazão de um rio é um dos tópicos usuais para o EIA. No caso da barragem de Nangbéto (Fig. 9.6), no rio Mono, Togo, cujo fechamento de comportas ocorreu em julho de 1987, Rossi e Antoine (1990) identificaram e previram os seguintes efeitos hidrológicos e sedimentológicos:

* redução do aporte de sedimentos a jusante;
* mudanças do traçado do rio a jusante da barragem (perda de meandros);
* erosão das margens a jusante;
* redução da salinidade do sistema lagunar da foz do rio, afetando cerca de 100 mil pessoas que vivem da pesca (transformação de lagunas reguladas pela maré em lagos de água doce);
* elevação de 0,40 m do nível médio do lago Togo.

Os estudos previram as mudanças do regime fortemente sazonal do rio Mono – caracterizado por vazão muito baixa de dezembro a abril, e por um período de águas altas de maio a novembro, com pico em setembro; a barragem regulariza o fluxo, multiplicando por dez a vazão de estiagem e reduzindo cerca de 30% a vazão média de setembro, e suas implicações para a hidroquímica das águas do sistema lagunar.

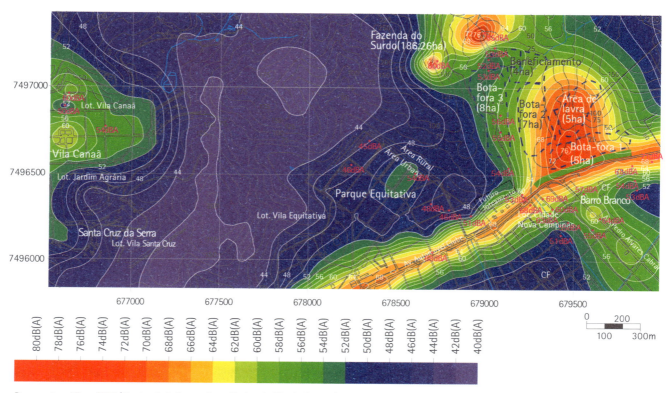

Base cartográfica: CIDE (Centro de Informações e Dados do Rio de Janeiro), 1997, escala original 1:10.000, folhas 217-F, 218-E, 2328-B, 239-A

Fig. 9.5 *Mapa da provável distribuição dos níveis de ruído diurno após a implantação de uma mina a céu aberto*
Fonte: Laboratório de Controle Ambiental, Higiene e Segurança na Mineração (2004).

Quadro 9.5 Distribuição temporal do ruído de construção [dB(A)]

Ano	2013						2014							
Mês	jul	ago	set	out	nov	dez	jan	fev	mar	abr	mai	jun	jul	ago
Semana de obra	28	29	30	31	32	33	34	35	36	37	38	39	40	41
Zona 2														
Local 1	0	0	54	54	54	54	54	58	58	0	0	0	0	0
Local 2	0	0	0	0	58	58	58	58	58	58	0	0	0	0
Local n	0	0	0	0	0	0	65	65	65	65	65	65	65	0
Ultrapassagem	-	-	-	-	-	-	-	-	-	-	-	-	-	-

Fonte: Aecom Environment, 2009.

Outro tipo de efeito hidrológico é observado em áreas urbanas impermeabilizadas (Fig. 7.18). Para projetos urbanísticos, pode ser necessário prever o impacto da expansão das áreas impermeáveis sobre as vazões de pico dos rios (Fig. 1.12), como exemplificado no Quadro 9.6.

Em qualquer campo de aplicação, a modelagem precisa da participação de um especialista. Existem muitos modelos disponíveis, inclusive *softwares* gratuitos, mas a escolha do modelo mais adequado, a obtenção dos dados para alimentá-lo e principalmente a interpretação dos resultados raramente podem prescindir de um especialista.

Antes de optar pelo uso de um modelo na preparação de um EIA, deve-se ter em mente que modelos sempre requerem dados – confiáveis e de qualidade –, o que se traduz em custo e necessidade de pessoal capacitado, mas não necessariamente resulta em informa-

Fig. 9.6 *Vista parcial da barragem e do reservatório de Nangbéto, Togo, que, como todas as barragens, afeta o regime hídrico do rio, ao regular a vazão para garantir produção de eletricidade, reduzindo a variação sazonal, com impactos a jusante*

ção adequada para a tomada de decisões. Em geral é necessário conhecer a variabilidade natural dos parâmetros de entrada (Quadro 9.6). Em certas circunstâncias, a falta de séries históricas de dados locais pode ser contornada: (i) com dados de períodos curtos de tempo; (ii) com dados de outro local, assumidos como válidos para o ponto de interesse; e (iii) por simulação, que introduz outra fonte de incerteza. Os riscos e os benefícios dessas extrapolações devem ser estimados em cada caso.

Quadro 9.6 Modelagem hidrológica em um projeto urbanístico

Na avaliação dos impactos de um projeto de urbanização de uma gleba de 1.010 ha na Região Metropolitana de São Paulo, uma questão relevante era sua contribuição para o agravamento do problema das enchentes urbanas. Uma modelagem hidrológica mostrou que a vazão de pico (ou seja, após chuvas intensas) aumentaria 17% na foz do rio que drena a gleba.

Para se chegar a essa previsão, foi usado o *software* HEC-HMS, do Centro de Engenharia Hidrológica do *U.S. Army Corps of Engineers*, que possibilita a escolha entre vários métodos de cálculo para modelar a relação entre precipitação e vazão. No caso, foi escolhido o método do hidrograma sintético, recomendado pelo Serviço de Conservação de Solos dos Estados Unidos.

Os principais dados de entrada do modelo são as precipitações e as condições geomorfológicas da bacia hidrográfica estudada, que deve ser dividida em sub-bacias, cada uma com suas características de cobertura do solo, comprimento do talvegue e outras.

É preciso, portanto, conhecer ou estimar a intensidade pluviométrica (mm/h), para diferentes períodos de retorno. Não havendo dados para o local do projeto (situação mais comum), foram buscados dados de postos pluviométricos da região e analisada a pertinência da extrapolação (julgamento profissional). Para fundamentar essa comparação, os dados de precipitações totais anuais (não usados nos cálculos, porém mais comuns que os de chuvas intensas) da estação mais próxima foram comparados com os dados de precipitações totais para as estações que dispunham de dados de intensidade pluviométrica: constatando-se a equivalência dos totais de precipitação, admitiu-se a equivalência das chuvas intensas. Os demais dados de entrada foram obtidos de cartas topográficas em escala 1:10.000. A área de estudo abrange toda a bacia do ribeirão Botujuru (2.145 ha), subdividida em onze sub-bacias.

Quadro 9.6 (continuação)

Para calcular a vazão de pico, entre outros procedimentos, é preciso (1) estimar a distribuição da chuva ao longo do tempo (por exemplo, durante os primeiros 20% do período de 2 horas, chove 10% do total, durante os 20% seguintes, 30%, e assim sucessivamente); (2) estimar a vazão em cada sub-bacia, sendo preciso, para isso, adotar coeficientes que representem a rugosidade das calhas fluviais, as velocidades de fluxo da água e o percentual de escoamento superficial; (3) estabelecer um cenário que represente a provável situação futura.

A situação futura da área é aquela com a plena implementação do loteamento, dada pela paulatina substituição da cobertura atual da terra pelas construções e arruamentos. Como descrição do projeto, foi considerado o plano urbanístico, que indica os percentuais de ocupação de cada lote, as áreas ocupadas pelo sistema viário, as áreas verdes comuns etc. Assim, para cada sub-bacia foi feita uma ponderação de áreas, de acordo com o tipo de ocupação programado, chegando-se a um coeficiente de escoamento superficial para cada sub-bacia. Entretanto, como a área de estudo é maior que a área do projeto, é preciso assumir hipóteses sobre as mudanças de uso de solo fora da área do empreendimento: como o objetivo do estudo é conhecer a influência do empreendimento, admitiu-se que não haveria mudança nas demais áreas.

O passo seguinte foi a realização de simulações, com duração de chuva variando entre 30 minutos e 4 horas, obtendo-se a vazão de pico de cada sub-bacia e em pontos de interesse na calha do ribeirão Botujuru, para a situação atual e para a situação futura. Comparando-se as duas situações, obteve-se que, na foz do Botojuru, a vazão de pico passaria dos atuais 93,1 m³/s para 108,7 m³/s, um aumento de 17%. Note-se que a vazão de pico sob condições atuais não foi medida e é apenas estimada pelos mesmos métodos usados para estimar a vazão futura. Por fim, medidas mitigadoras puderam ser propostas (Fig. 9.1). Como o projeto não prevê urbanização da planície de inundação do córrego (o que já havia sido considerado no cálculo da vazão de pico), o EIA propôs que os bueiros a serem instalados transversalmente sob duas ruas projetadas fossem dimensionados de forma tal a amortizar o pico de cheia, ou seja, reter parte da água a montante, inundando a várzea no interior da gleba ao invés de transferir a vazão para jusante.

Fonte: CPEA, 2011.

Comparação e extrapolação

Outra maneira de fazer previsões de impactos é por comparação com situações semelhantes e extrapolação para o caso analisado, levando em conta semelhanças e diferenças entre ambas as situações.

Podem ser feitas extrapolações: (i) de escala, como no uso de ensaios em laboratório (por exemplo, potencial de geração de drenagem ácida, seção 9.4) ou escala-piloto (por exemplo, caracterização de efluentes industriais) como substituto (*proxy*) de condições futuras de operação em escala industrial; (ii) temporais, projetando para o futuro uma tendência observada no passado; e (iii) por presumida similaridade, ou seja, supondo analogia entre uma condição existente e a possível situação decorrente da implantação do empreendimento, por meio do uso de multiplicadores ou da realização de ensaios *in situ* em um local para extrapolar os resultados para outro local (por exemplo, vibrações em uma pedreira).

Extrapolações a partir de situações análogas têm múltiplas aplicações para prever impactos. Certas extrapolações podem ser muito confiáveis. Por exemplo, na análise de um novo projeto industrial, estimativas de geração de resíduos, de número de empregos diretos e indiretos, de volume de compras nos mercados local e regional, entre outras, podem ser feitas a partir de empreendimentos similares, especialmente da mesma empresa, quando se pode razoavelmente assumir que seus procedimentos de gestão serão similares. Diversos indicadores do Quadro 9.1 foram obtidos pelo emprego desse procedimento, para estimar quantitativamente aspectos ambientais.

Procedimento semelhante pode ser usado para estimar aspectos ambientais a partir de dados de projeto, como no Quadro 9.7, que mostra o uso de multiplicadores para fazer projeções de aspectos ambientais de um loteamento residencial.

Comparação com casos semelhantes e extrapolação é também um método que muitas vezes é usado pelo público ou por ONGs para criticar projetos ou para apresentar argumentos contrários. Com base em experiência pessoal ou observação e análise de casos semelhantes, impactos podem ser identificados e previstos, com conclusões que podem diferir das projeções governamentais ou dos proponentes.

Um tipo muito usado de multiplicador são os fatores de emissão (Quadro 9.2). Além de servirem como variável de entrada para modelagens, também são usados para previsões por extrapolação. Um exemplo é o balanço de carbono de um parque eólico da Escócia (Quadro 9.8). As emissões da construção contabilizam as perdas de carbono armazenado nas turfeiras onde foi construído o parque, assim como as emissões embutidas na fabricação das torres, turbinas e demais componentes. Por outro lado, a etapa de operação

Quadro 9.7 Exemplos de projeção de magnitude de aspectos ambientais por extrapolação

Aspecto ambiental	Multiplicador	Dados de projeto	Estimativas de demanda	Estimativa
Consumo de água	300 ℓ/hab.dia para moradores 150 ℓ/hab.dia para empregados residentes 75 ℓ/hab.dia para empregados não residentes	505 lotes para residências unifamiliares 65 lotes para comércio e serviços locais	2.525 residentes (5 habitantes/lote) 865 empregados domésticos População flutuante de 500 pessoas	792 m³/dia 9,17 ℓ/s
Produção de efluentes domésticos	80% do consumo de água	Idem	Idem	634 m³/dia 7,34 ℓ/s
Geração de resíduos sólidos	1,5 kg/hab.dia	Idem	Idem	5.835 kg/dia

Fonte: elaborado a partir de dados apresentados em JGP, 2003.

Quadro 9.8 Balanço de carbono de um parque eólico

Fonte de emissão/captura de gases de efeito estufa	Emissões (t $CO_{2\,eq}$)[1]
Construção	
Fabricação, montagem e desmontagem das turbinas	5.044
Restauração de áreas de empréstimo	44
Back-up	4.586
Redução do potencial de fixação de carbono	534
Perda de matéria orgânica do solo	10.120
Lixiviação de oxigênio dissolvido	17
Desativação e demolição[2]	135
Emissões totais	20.211
Emissões evitadas por substituição de fontes fósseis	11.007/ano

[1]Toneladas equivalentes de dióxido de carbono é uma unidade agregada de emissões de gases de efeito estufa, que pondera gases como metano e óxidos de nitrogênio, que têm potencial de aquecimento global maior que o CO2.

[2]As emissões da fase de operação são mínimas e não foram consideradas.

Fonte: Wilson e Minas (2018).

"economiza" anualmente 11 mil toneladas de gases de efeito estufa, resultando num balanço positivo, em 25 anos de vida útil, de 255 mil t $CO_{2\,eq}$.

Uma forma de previsão de impactos de longo prazo usa extrapolação por *projeção futura de tendências do passado*, como na modelagem espacial do uso e cobertura da terra. Com base em mapas de anos anteriores, são estudadas as mudanças ocorridas no passado e feitas projeções de perda de vegetação ou outras transições. Chen et al. (2015), que estudaram retrospectivamente o desmatamento e a degradação da floresta no entorno do reservatório de Tucuruí, detectaram perda média anual de cerca de 600 km^2 na região depois da construção da barragem.

Esse método vem sendo utilizado na modelagem dos impactos indiretos da abertura, melhoria e pavimentação de rodovias na Amazônia, as quais, ao proporcionar acesso a novas áreas para expansão da fronteira agrícola, induzem desmatamento, fragmentação e degradação da floresta.

No final dos anos 1990, um programa do governo federal brasileiro denominado "Avança Brasil" pretendia implantar vários projetos de infraestrutura, que incluíam diversas rodovias. Pesquisadores de um conjunto de instituições previram o aumento das taxas de desmatamento atribuíveis aos novos projetos por meio de extrapolação a partir do observado em rodovias existentes. Laurance et al. (2001) usaram o seguinte procedimento:

* sobreposição da rede de rodovias amazônicas existentes em 1995 a imagens do satélite Landsat de 1992; as principais rodovias, como Belém-Brasília e Cuiabá--Porto Velho (BR-364), haviam sido construídas entre 15 e 25 anos antes;
* delimitação de cinco "zonas de degradação", a distâncias de 0 a 10, 11 a 25, 26 a 50, 51 a 75 e 76 a 100 km de cada lado das rodovias;
* estimativa da perda de floresta primária em cada uma dessas zonas, usando a imagem (outras formas de vegetação não foram consideradas);
* a degradação das florestas foi dividida em quatro classes: alta, moderada, baixa e sem alteração;
* montagem de dois cenários futuros, "otimista" e "não otimista"; neste, uma hipótese é que rodovias pavimentadas criam uma faixa de 50 km de largura de floresta altamente degradada de cada lado, contra uma faixa de 25 km no cenário otimista, enquanto rodovias não pavimentadas criam uma faixa de 25 km de largura no cenário "não otimista" e de 10 km no "otimista"; procedimento semelhante foi usado para outras obras de infraestrutura incluídas no programa (dutos, linhas de transmissão, hidrovias e hidrelétricas); os cenários foram montados com base na análise do impacto das rodovias já existentes, que constatou que a rede de estradas vicinais, não planejada, chegava a mais de 200 km de distância de rodovias pavimentadas;
* organização dos dados em um sistema de informações geográficas contendo oito camadas (*layers*): (i) cobertura florestal atual e rede hidrográfica (imagem); (ii) rodovias atuais; (iii) rodovias planejadas; (iv) outra infraestrutura existente; (v) infraestrutura planejada; (vi) vulnerabilidade florestal ao fogo (três classes de vulnerabilidade); (vii) atividade de extração florestal e mineral; (viii) unidades de conservação;
* previsão de desmatamento futuro para cada cenário, considerando a influência dos novos projetos;
* previsão da situação futura para cada cenário sem a presença dos novos projetos.

Assim, o método consistiu essencialmente em (1) modelar o desmatamento passado associado às rodovias; (2) montar dois cenários de situação futura (Fig. 1.6); (3) montar um banco de dados georreferenciado; e (4) extrapolar as tendências do passado.

Essa técnica tem sido bastante usada para medir e projetar não apenas o desmatamento, mas também a fragmentação de florestas em áreas de influência de rodovias e outros empreendimentos (Siqueira-Gay; Sánchez, 2020).

A crescente conscientização acerca dos impactos ambientais e socioeconômicos dos grandes hipermercados suburbanos nos Estados Unidos fornece um exemplo de uso da previsão de impactos por parte de ONGs e pesquisadores no contexto de debates públicos sobre o desenvolvimento local e o ambiente urbano. Esse tipo de estabelecimento comercial é contestado por promover o espraiamento urbano, estimular o uso do automóvel, destruir o pequeno comércio local e pagar baixos salários, entre outras críticas.

Um estudo retrospectivo constatou uma baixa do nível de emprego entre 2% e 4% e uma redução de 3,5% na renda média dos assalariados em cada condado dos Estados Unidos, onde a rede Wal-Mart abriu uma loja. Isso se deve ao fato de a empresa pagar salários mais baixos que a média do setor varejista, o que leva a uma redução da renda média das comunidades onde se implanta, uma vez que a abertura de um novo hipermercado leva ao fechamento de outros estabelecimentos comerciais (Neumark; Zhang; Cicarella, 2005). Outros dados, também dos Estados Unidos, indicam que o efeito multiplicador de um grande estabelecimento comercial sobre a economia local é na verdade um efeito redutor: enquanto, na média americana, o comércio local faz 53% de suas compras no âmbito estadual, essa rede despende apenas 14%. Por esses motivos, a opinião pública às vezes mostra-se contrária à abertura de novas lojas da rede, como ocorreu em Inglewood, um subúrbio de Los Angeles, Califórnia, onde um plebiscito reprovou a abertura de uma nova loja, e na própria Los Angeles, onde uma lei municipal de 2004 condiciona a instalação de hipermercados a uma análise de impacto econômico (Wood, 2004). Outros plebiscitos já haviam impedido a instalação de lojas da rede durante os anos 1990 (Esteves, 2006).

Dados oriundos de estudos retrospectivos também são usados para prever os impactos de novos projetos. Usando dados de produtividade do trabalho (volume de vendas por empregado), que no caso do Wal-Mart é 51% superior ao índice dos pequenos negócios, economistas da Universidade de Chicago (Mehta; Baiman; Persky, 2004) analisaram o provável impacto sobre o comércio local da abertura de um novo hipermercado nessa cidade e previram que, para 250 empregos que seriam criados com a nova loja, seriam perdidos 318 empregos diretos existentes e 11 indiretos.

Da mesma forma que o uso de modelagem para previsão de impactos requer cuidados, também a extrapolação a partir de casos análogos, seja ela usada pelo proponente do projeto e seus consultores ou por opositores e seus consultores, demanda atenção e consideração cuidadosa das semelhanças e distinções entre o problema em análise e os análogos que servirão de fonte para extrapolação.

Simulações e modelos análogos (físicos, digitais)

Certos impactos ambientais podem ser simulados em computador, como o impacto visual de uma rodovia, uma linha de transmissão de energia elétrica ou uma mina. Faz-se um modelo digital do terreno (uma representação em três dimensões) e simula-se a vista que um observador hipotético teria se o empreendimento fosse implantado, podendo-se também determinar o campo de influência visual de uma futura obra. Além de identificar as "bacias visuais", técnicas de computação gráfica e de realidade virtual permitem analisar alternativas de traçado de estruturas lineares (como linhas de transmissão) e simular barreiras visuais.

Os mapas temáticos frequentemente preparados durante os estudos de base têm uma série de aplicações na análise dos impactos, servindo, por exemplo, como ferramentas para quantificar impactos sobre o uso do solo ou sobre vegetação: tendo-se mapeado os tipos de vegetação existentes na área de influência de um empreendimento, pode-se calcular as áreas afetadas para cada alternativa de projeto. No exemplo hipotético do Quadro 9.9, a alternativa B tem menor impacto sobre as formações vegetais de maior valor ecológico, a floresta primária e a secundária em estágio avançado de regeneração. Morris e Emberton (2001, p. 274) sugerem que se o diagnóstico ambiental abrangeu o levantamento de populações de determinadas espécies de fauna ou de flora (densidades), então é também possível estimar perdas diretas de indivíduos dessas espécies em razão das áreas afetadas.

Modelos em escala reduzida podem também ser empregados para simular certos impactos. Por exemplo, pode-se construir modelos físicos de uma zona litorânea para estudar os processos erosivos decorrentes de intervenções como dragagem ou construção de um quebra-mar, ou ainda a construção de uma barragem em um rio, que reterá os sedimentos que alimentam um estuário. Na atualidade, tais modelos são usados em conjunto com modelos digitais.

É ainda possível realizar certos experimentos em verdadeira grandeza para análise de impactos. Assim, um grande amplificador e uma caixa acústica podem emitir ruídos simulando as condições operacionais de uma indústria e, utilizando-se um decibelímetro, pode-se verificar os níveis de pressão sonora reais resultantes em diferentes pontos das imediações. Diferentemente da modelagem preditiva, tem-se, aqui, um método de simulação analógico.

De maneira similar, o impacto visual de uma estrutura pode ser simulado inflando-se um grande balão e erguendo-o até a altura de um edifício ou de uma chaminé de uma futura fábrica, de modo a possibilitar a identificação dos locais de onde tal objeto seria visível.

Quadro 9.9   Área de vegetação afetada por um projeto hipotético

Tipo de formação	Área afetada (hectares)		
	Alternativa A	Alternativa B	Alternativa C
Floresta primária	25,2	15,4	44,0
Floresta secundária em estágio avançado	18,4	14,2	25,4
Floresta secundária em estágio médio	42,9	55,2	-
Pasto	260,0	325,0	223,0
Cultura temporária	95,0	31,7	149,1

Opinião de especialistas

Este método pouco formalizado de previsão baseia-se na capacidade de certos especialistas emitirem estimativas sobre a probabilidade de ocorrência, a extensão espacial e temporal, e mesmo a magnitude de determinados impactos ambientais. As opiniões são expressas com base na experiência e conhecimento e podem, eventualmente, ser formalizadas com a ajuda de um sistema-especialista, um programa de computador que sistematiza o conhecimento em um determinado ramo do saber e permite, supostamente, a reprodutibilidade dos resultados.

Previsão de impactos

Modelos conceituais, ou seja, aqueles que não empregam parâmetros mensuráveis, mas explicam determinada situação a partir de sua descrição e contextualização, podem ser utilizados por especialistas de algumas disciplinas para auxiliar na previsão de impactos. Por exemplo, em arqueologia, modelos preditivos desse tipo têm sido usados para identificar o potencial de existência de recursos arqueológicos em uma dada área, com base no conhecimento prévio de dados arqueológicos e não arqueológicos (Kipnis, 1996).

Outra técnica utilizada em alguns estudos de impacto é a de reunir um grupo de *experts* para opinar sobre o problema. Evidentemente, a escolha dos especialistas é o fator crítico para o uso dessa abordagem e requer não somente um profundo conhecimento dos processos biofísicos ou sociais envolvidos, mas também um bom conhecimento do tipo de ambiente afetado, além de um adequado entendimento dos objetivos de um EIA. Infelizmente, este último requisito não é comumente encontrado.

Nesta, assim como nas demais situações de previsão de impactos, o papel do coordenador dos estudos é fundamental, no sentido de formular perguntas precisas e comunicar claramente ao especialista os objetivos do estudo. Qualquer que seja o método utilizado para obter as opiniões dos especialistas, as razões que fundamentam a opinião de cada um e as hipóteses assumidas devem ser clara e detalhadamente descritas.

É comum encontrar nos EIAs diferentes tipos de previsões, que podem ser agrupadas em quatro classes: (i) previsões formais; (ii) previsões baseadas na experiência de profissionais; (iii) extrapolações a partir de casos conhecidos; e ... (iv) puras suposições, estas infelizmente demasiado comuns. As previsões formais, usualmente derivadas de modelos matemáticos, não são necessariamente melhores que as previsões feitas por outros métodos. Esses modelos devem ser validados e calibrados para as condições locais e costumam requerer grande quantidade de informação para produzir resultados confiáveis. Se a calibração não for feita adequadamente e se os dados de entrada não forem de qualidade, os resultados serão pobres. Como se diz no jargão da modelagem, *garbage in, garbage out*, ou seja, se entra lixo, sai lixo. As extrapolações, evidentemente, devem ser cuidadosas, às vezes quase todas as condições parecem semelhantes, mas uma pequena diferença pode significar a inaplicabilidade dos resultados de um lugar em outro.

> Especulações devem, naturalmente, ser evitadas, mas às vezes aparecem "disfarçadas" em opiniões de *experts*: pode-se identificá-las porque nesses casos raramente as afirmações são justificadas, simplesmente "surgem" no meio do EIA sem conexão com o restante do texto.

Todas as previsões têm certa margem de incerteza. O ideal seria que as previsões quantitativas viessem acompanhadas de uma estimativa da margem de erro, o que muitas vezes é possível quando se emprega modelagem. Um problema é que muitos usuários dos EIAs não estão preparados para compreender a noção de incerteza e não estão familiarizados com conceitos probabilísticos (seção 12.7).

9.4 Incertezas e erros de previsão

Durante anos, a literatura sobre AIA deu grande importância à previsão, que chegou a ser vista como a principal função de um EIA. Porém, estudos retrospectivos realizados em diversos países, muitas vezes chamados de auditoria de EIAs ou auditoria de AIA (expressão hoje em desuso), buscaram comparar as previsões com os impactos reais, constatados por monitoramento. De um modo geral, esses estudos chegaram a conclusões parecidas:

240 Avaliação de Impacto Ambiental: conceitos e métodos

* muitas previsões não são passíveis de verificação por serem formuladas em termos vagos;
* muitas previsões não são passíveis de verificação devido a monitoramento insuficiente;
* os projetos efetivamente implantados não correspondem exatamente àqueles descritos no EIA, de modo que muitos de seus impactos tampouco poderiam ser idênticos àqueles previstos.

Os dois primeiros pontos acima indicam impossibilidade de lograr o objetivo de comparar o observado com o previsto, seja porque não se sabe exatamente o que foi previsto (o primeiro caso), seja porque não há observações adequadas para permitir a comparação desejada (o segundo caso). As duas situações refletem deficiências na condução do processo de AIA: no primeiro caso, deficiências do EIA (e de sua análise técnica) e no segundo, deficiências na etapa pós-aprovação.

Já o terceiro ponto reflete uma situação comum, as mudanças de projeto. Ainda que as legislações em geral requeiram que mudanças importantes sejam comunicadas ao órgão regulador, raramente ensejam um novo EIA. Quando esses estudos são preparados, quase sempre o projeto técnico ainda não foi definido em detalhe (felizmente, pois em caso contrário dificilmente o processo de AIA poderia contribuir para o planejamento do projeto); muitas vezes, os detalhes somente são definidos quando começa a implantação, e eles podem influenciar os impactos reais.

Em sua revisão sobre o estado da arte da AIA no Canadá, Beanlands e Duinker (1983, p. 56) constataram que menos de metade dos EIAs traziam "previsões reconhecíveis". Entre os estudos retrospectivos, pode-se citar o de Bisset (1984b), feito para quatro projetos na Grã-Bretanha, cujos EIAs traziam, em conjunto, nada menos que 791 previsões. Destas, apenas 77 puderam ser verificadas ("auditadas"), das quais o estudo constatou que 55 estavam "provavelmente corretas".

Um dos estudos mais detalhados é o de Buckley (1991a, 1991b), feito na Austrália. Foram analisadas 181 previsões selecionadas que o autor considerou verificáveis após analisar centenas de EIAs. A maioria das previsões era ligada à emissão de poluentes ou à sua concentração ambiente. Os dados de monitoramento indicaram que os impactos reais foram menos severos para 131 previsões (72%), e mais severos para 50 previsões (28%). O autor também concluiu que os estudos continham poucas previsões testáveis, e que eles muitas vezes se limitavam a identificar questões.

Culhane (1985) estudou uma amostra de 29 EIAs feitos nos Estados Unidos, contendo 1.105 previsões. Destas, cerca de 24% eram quantitativas, 11% eram previsões de que não haveria impacto (o que não deixa de ser uma previsão quantitativa) e 65% previsões não quantificadas; mas as previsões eram muitas vezes "confusamente vagas" (p. 374).

Culhane et al. (1987) analisaram as previsões de uma amostra de 146 EIAs dos EUA, escolhidos por sorteio de um universo de 10.475, e chegaram a conclusões relativamente positivas. Entre as principais, destacam-se:
* a maioria das previsões indica a direção correta do impacto (isto é, se o EIA previu deterioração da qualidade da água, o monitoramento constatou deterioração, independente da magnitude estar ou não correta);
* somente três impactos não foram "explicitamente antecipados" (p. 229), enquanto cinco outros foram tão subestimados que não podem ser considerados como "apropriadamente antecipados";
* poucas previsões foram "claramente erradas" ou "demonstravelmente inconsistentes", se bem que em diversos casos isso se deva a previsões demasiadamente vagas (p. 253).

CAPÍTULO

Esses estudos trataram, principalmente, de previsões quantitativas. O monitoramento ou, ocasionalmente, a simples observação, pode constatar impactos não previstos no EIA, que vão requerer medidas mitigadoras que também não puderam ser apresentadas nem inseridas nas condicionantes da licença ambiental. A rigor, seria mais correto, nesses casos, falar de impactos não identificados em vez de impactos não previstos, mas este último termo é mais usado. Naturalmente, um impacto não identificado (não descrito) não pode ser previsto (ter informada sua magnitude) nem avaliado (ter discutida sua significância).

É mais grave a falta de identificação de um impacto significativo do que a incorreta previsão de sua magnitude, uma vez que um impacto não identificado não será avaliado e não receberá mitigação.

No Brasil, Prado Filho e Souza (2004) analisaram uma amostra de oito EIAs de projetos de mineração em Minas Gerais, nos quais foram identificados 256 impactos. Os autores constataram que a "previsão" de impactos "se fez quase que exclusivamente de maneira qualitativa, exceto para alguns impactos como a ocupação de áreas por barragens de rejeitos, as áreas a serem desmatadas nos domínios dos empreendimentos [...]" (p. 86), e alguns outros diretamente relacionados às características dos projetos.

Os EIAs podem não apontar impactos triviais ou pouco significativos, mas é grave deixar de identificar impactos significativos. Isso pode ocorrer por dois motivos principais: (i) deficiências de organização ou de coordenação do EIA e (ii) insuficiência de conhecimento acerca dos processos ambientais ou acerca das interações entre o projeto e o meio.

Um exemplo do primeiro tipo é a geração de drenagem ácida de rocha observada durante a construção da usina hidrelétrica de Irapé, no vale do rio Jequitinhonha, Minas Gerais (2002-2006). Drenagem ácida é um problema ambiental que ocorre quando se escava, se brita ou se mói rochas que contenham sulfetos – dos quais o mais comum é o sulfeto de ferro, FeS_2 ou pirita. Expostos ao contato com água e ar, os sulfetos se oxidam, e as águas meteóricas que entram em contato se tornam ácidas, podendo apresentar pH da ordem de 2 a 2,5 (Fig. 9.7). Esse fenômeno é comum em minas, ocorrendo também em obras de construção civil, e pode ser previsto. A previsão é feita a partir de coleta de dados de campo (amostras de rocha) e ensaios de laboratório (colunas monitoradas que simulam a ação da água sobre fragmentos de

Fig. 9.7 *Pilha de rocha geradora de ácido, devido à presença de sulfetos. Mina de urânio de Caldas, Minas Gerais, um dos vários locais onde o impacto não foi previsto quando da preparação do projeto*

rocha) realizados durante meses, tempo compatível com um EIA bem planejado. O EIA do projeto, realizado em 1993, não identificou tal impacto, que tampouco foi apontado durante a fase de análise técnica. O problema somente foi detectado durante as obras, ensejando o estudo do processo gerador de ácido e a busca de medidas corretivas depois de iniciada a construção, o que sempre acarreta custos maiores que os incorridos se um programa de prevenção fosse implementado.

Outro exemplo de impacto não identificado e não previsto por deficiência do EIA ocorreu durante a construção da pista descendente da rodovia dos Imigrantes (1999-2002). Trata-se da deterioração da qualidade das águas superficiais devido à drenagem dos túneis em construção. O único impacto previsto havia sido a alteração da qualidade das águas devido à presença de partículas sólidas; consequentemente, a mitigação foi instalar bacias de decantação para retenção de sedimentos, limpas periodicamente. Entretanto, o grande volume de água que percolou pelo maciço rochoso, ao entrar em contato com o concreto usado para revestir os túneis, dissolveu os carbonatos do cimento, tornando alcalina a água de drenagem, para a qual a simples decantação não faz efeito. Ao ser lançada nos córregos, a drenagem dos túneis ocasionou a precipitação de uma crosta carbonática sobre os blocos rochosos do leito. Em diversos túneis rodoviários, esse problema não havia sido constatado, mas aqui ensejou uma ação judicial e o embargo da obra durante um dia, até que o empreendedor e o consórcio construtor se comprometeram em usar uma solução mitigadora, a construção expedita de estações de tratamento de efluentes, para onde eram conduzidas todas as águas de drenagem dos túneis; os lodos resultantes foram transportados para os depósitos de material excedente da obra (Sánchez; Gallardo, 2005).

Um exemplo de falta de previsão de impacto devido à insuficiência de conhecimento é ilustrado por alguns reservatórios hidrelétricos construídos no norte do Canadá e na Escandinávia, onde se verificou um incremento nos níveis de mercúrio presentes em peixes da ordem de cinco a seis vezes em relação aos níveis pré-enchimento (Tremblay; Lucotte; Hillaire-Marcel, 1993, p. 45). Mercúrio contido nas rochas da bacia hidrográfica ou transportado por via aérea a partir de fontes industriais ou naturais fica armazenado na forma metálica (Hg_0) em solos e sedimentos (Fig. 9.8), porém é transformado em complexos organometálicos pela ação de bactérias (Verdon et al., 1992, p. 68), sendo o metilmercúrio (CH_3Hg^+) o mais comum deles. Nessa forma orgânica, o mercúrio fica disponível para os seres vivos, acumulando-se na cadeia alimentar – os peixes carnívoros

Fig. 9.8 *Vista da região da baía James nas proximidades da barragem La Grande 2, com grande quantidade de lagos naturais, turfeiras e grande acúmulo de matéria orgânica biodegradável*

tendem a concentrar maiores quantidades do metal. O consumo humano de peixes contaminados significa, portanto, riscos à saúde. Descobriu-se que a taxa de metilação do mercúrio aumenta com a presença de matéria orgânica facilmente biodegradável, o que ocorre nos reservatórios setentrionais que inundam áreas com abundância de diversos tipos de matéria orgânica (Tremblay et al., 1993, p. 10-14). Assim, sem aumentar o aporte de mercúrio, a inundação desses terrenos acelera o processo de metilação do metal (processo que também ocorre em ambientes naturais, como lagos e rios), ao submeter grandes quantidades de matéria orgânica à ação intensa de bactérias, tornando o metal disponível para os peixes, que se transformam em fator de risco para a saúde humana. São afetados o próprio reservatório e o rio a jusante. Trata-se de um exemplo da interferência antrópica em processos ambientais (seção 1.8), causando impactos.

Por meio de programas de monitoramento ambiental, descobriu-se que nos reservatórios do norte do Quebec o processo regredia conforme os estoques de mercúrio diminuíam (Verdon et al., 1991). Na Fig. 9.9 mostram-se dados agregados do monitoramento de mercúrio em duas espécies de peixe, uma delas com concentrações sistematicamente acima da norma canadense para consumo humano, de 0,5 mg/kg. Os dados mostram um rápido acréscimo do conteúdo em mercúrio após o fechamento das comportas, em 1978, e que os peixes de menor tamanho (mais jovens) mostram redução progressiva de mercúrio, indicando desaceleração do processo de metilação. Verdon et al. (1991) estudaram vários reservatórios situados no escudo canadense e avaliaram que pode demorar entre vinte e trinta anos para a concentração de mercúrio em peixes retornar aos níveis precedentes ao enchimento dos reservatórios. Entretanto, uma ampla revisão bibliográfica preparada durante os estudos ambientais de outro grande projeto hidrelétrico na região sustenta que os dados da literatura são inconclusivos acerca da duração do fenômeno, podendo variar entre cinco e 150 anos (Tremblay et al., 1993, p. 49).

Tanto a modelagem como a extrapolação podem resultar em erros de previsão por motivos intrínsecos (isto é, não relacionados às diferenças entre o projeto analisado no EIA e aquele efetivamente implantado). Extrapolação de evidências empíricas foi usada para prever impactos sobre a qualidade das águas do projeto de ampliação de uma mina de fluorita, denominada Montroc, na França. Como o monitoramento da água do corpo receptor nunca detectara níveis de flúor acima do permitido, o EIA da ampliação da mina assumiu que o mesmo sucederia posteriormente, argumentando que "desde a abertura da mina o descarte de águas superficiais na represa de Rassisse não causou nenhum problema particular; a ampliação da cava não modificará em nada o estado atual", para reafirmar, adiante, que "as águas de drenagem manterão a mesma qualidade que aquelas atualmente bombeadas" e confirmar que uma medida mitigadora proposta (uma canaleta perimetral para interceptar as águas de escoamento superficial) "implica que não haverá nenhuma alteração da qualidade das águas que chegam ao reservatório" situado a jusante, usado para abastecimento público (BRGM, 1981).

Declaradamente, a extrapolação fundamentou essas previsões (mudança nula). No entanto, depois de ampliada a mina, o monitoramento detectou elevados

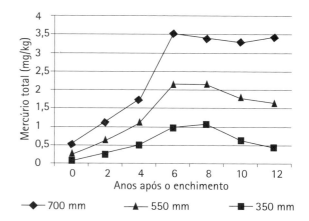

Fig. 9.9 *Evolução temporal dos teores de mercúrio nos tecidos de lúcio (Esox lucius) (grand brochet, northern pike) após enchimento do reservatório La Grande 2, Quebec, Canadá, de acordo com três classes de tamanho dos peixes*
Fonte: Comité de la Baie James sur le Mercure (1992). Reproduzido com autorização.

níveis de metais na água do rio e do reservatório (Sánchez, 1993b, p. 262). Em seis anos, as concentrações de flúor das águas de descarte subiram de valores abaixo de 1 mg/ℓ para valores da ordem de 30 mg/ℓ, enquanto as águas da represa apresentavam concentrações de flúor superiores ao padrão de 1,7 mg/ℓ. Ademais, ferro, cobre e manganês dos efluentes tinham concentrações de uma a duas ordens de grandeza acima da permitida. Ocorre que a geologia das duas minas não era similar; havia sulfetos nos estéreis da nova mina, que lentamente foram acidificando as águas de drenagem e mobilizando flúor e outros metais que, como se sabe, são mais solúveis em águas ácidas. A solução foi construir uma estação de tratamento de águas ácidas.

Neste exemplo, um diagnóstico ambiental insuficiente (deveriam ter sido caracterizadas a geologia e a mineralogia das rochas a serem escavadas), ele mesmo derivado da falta de *scoping* (a qualidade das águas não foi considerada um problema, o EIA dedica espaço bem maior aos impactos sobre a paisagem), resultou em erros de previsão de impactos, que, por sua vez, redundaram na necessidade de medidas mitigadoras adicionais, não programadas, e cujo custo, por conseguinte, não foi levado em conta na análise de viabilidade econômica do projeto. Fica novamente exemplificada a inter-relação entre as etapas do planejamento e da execução de um EIA (Fig. 6.1) – deficiências em uma etapa repercutem sobre as demais – e a importância do monitoramento, exemplificada também no caso Imigrantes.

"*Todos os modelos são errados, mas alguns são úteis*" (Box; Draper, 1987). Previsões de impacto, mesmo incertas, contribuem para a definição dos programas de gestão e para a análise de alternativas. É inegável que conhecer a magnitude dos impactos ambientais auxilia na interpretação de importância, mas a previsão de impactos é um meio, não uma finalidade do EIA, cujo objetivo não é prever impactos, mas analisar a viabilidade de um projeto e mitigar os impactos adversos.

> Dificuldades de prever impactos e incertezas de previsão são inerentes à avaliação de impacto ambiental. Daí a importância das medidas de gestão e da fase de acompanhamento, que devem ser capazes de detectar impactos não previstos e alertar para a necessidade de medidas corretivas.

Mas se toda previsão de impactos é, em maior ou menor grau, incerta, como comunicar a incerteza aos tomadores de decisão e aos leitores do EIA (Cap. 14)? Particularmente, quando se utilizam modelos matemáticos, o leitor não técnico pode ter a (falsa) impressão de que as previsões apresentadas no EIA são perfeitamente críveis, quando podem não passar de uma possibilidade dentre tantas. Os Quadros 9.3 e 9.6 mostram que hipóteses têm que ser assumidas quando se fazem previsões e que os resultados poderiam ser diferentes se outras hipóteses fossem admitidas.

Um estudo de Tennøy, Kværner e Gjerstad (2006) analisou previsões de impacto sobre tráfego, água subterrânea e qualidade do ar de 22 EIAs na Noruega, constatando que, embora as incertezas preditivas fossem mencionadas (em diferentes graus) na maioria dos estudos especializados, em apenas 40% dos EIAs as incertezas eram reconhecidas e, portanto, comunicadas ao público e aos tomadores de decisão. Os autores concluíram que: (i) as previsões aparentam ser mais seguras do que realmente são e (ii) os métodos de previsão não são transparentes. Assim, fica prejudicada a função do EIA de "propiciar um melhor entendimento das consequências de uma decisão" (p. 55). A solução, segundo os autores, seria comunicar as incertezas e dar mais transparência às previsões, deixando-as claras nos EIAs.

9.5 Síntese

Por meio da previsão de impactos, procura-se descrever a provável situação futura do ambiente afetado pelo projeto. Uma previsão ideal de impactos: (i) estima a intensidade de cada impacto, mediante o uso de indicadores apropriados; (ii) mostra a distribuição espacial de cada impacto, estabelecendo sua área de influência e a variação da intensidade do impacto dentro dessa área; (iii) determina a duração e a distribuição espacial de cada impacto; e (iv) informa claramente as hipóteses adotadas para cada previsão e as incertezas associadas. Outras qualidades podem ser acrescentadas – como apresentar com clareza a distribuição social dos impactos.

O grau de sofisticação das previsões deve ser planejado de acordo com as necessidades, desde a fase de *scoping*. Previsão de impactos é um meio, não uma finalidade. Uma adequada previsão de impactos não é necessariamente a mais sofisticada, detalhada ou acurada. Suas funções devem ser entendidas como integradas às demais tarefas de preparação de um EIA. Assim, estimar a magnitude dos impactos e determinar sua provável distribuição temporal, espacial e social auxiliam na interpretação da importância (a tarefa seguinte na análise de impactos) e na formulação de medidas de gestão (tarefa subsequente).

Embora as modelagens tenham uso cada vez mais difundido – e possam contribuir para melhorar as previsões –, é importante estar atento às premissas utilizadas, hipóteses assumidas e qualidade dos dados utilizados, variáveis das quais dependem os resultados. Previsões são sempre incertas, característica que deveria ser reconhecida tanto pelos técnicos que elaboram os EIAs quanto pelos que os analisam.

Já a área de influência – conceito tão mal compreendido – somente pode ser determinada como conclusão da previsão de impactos. É somente depois da previsão que se pode tirar alguma conclusão sobre a área de influência do projeto. Se ela é a área geográfica na qual são detectáveis os impactos de um projeto, então não poderá ser estabelecida de antemão (antes de se iniciarem os estudos), exceto como hipótese a ser verificada. Assim, uma modelagem da qualidade do ar ou da propagação de ruídos poderá predizer até onde poderão ser detectados os efeitos do projeto. Mas, tratando-se de uma previsão, somente poderá ser confirmada mediante um plano adequado de monitoramento, que estabelecerá sua real área de influência, desde que possa discernir as modificações causadas pelo projeto daquelas que têm outras causas.

Se cada impacto é detectável em uma certa área, então um mesmo projeto terá distintas áreas de influência, e a área de influência total corresponderá à soma das áreas de influência parciais. Entretanto, isso nada diz sobre a importância dos impactos. Uma fábrica de cimento tem impacto sobre o clima global, pois emite CO_2, mas seus impactos locais podem ser mais significativos. A extensão da área de influência não é necessariamente um indicativo da importância do impacto ambiental.

AVALIAÇÃO DA IMPORTÂNCIA DOS IMPACTOS

10

A etapa de avaliação da importância dos impactos é uma das mais difíceis de qualquer EIA, pois atribuir significância a uma alteração ambiental depende não só de um trabalho técnico, mas também de juízo de valor e, portanto, de subjetividade. Na opinião de Beanlands e Duinker (1983, p. 43),

> a questão da significância das perturbações antropogênicas no ambiente natural constitui o próprio coração da AIA. De qualquer ponto de vista – técnico conceitual ou filosófico –, o foco da avaliação de impacto em algum momento converge para um julgamento da significância dos impactos previstos.

As funções desta etapa na preparação de um EIA são:
* interpretar o significado dos impactos ambientais identificados;
* facilitar a comparação de alternativas;
* determinar a necessidade de medidas adicionais para evitar, reduzir ou compensar os impactos adversos e valorizar os impactos benéficos;
* determinar a necessidade de modificações de projeto (ou desenvolvimento de novas alternativas), caso os impactos adversos não sejam aceitáveis.

Avaliar os impactos é uma forma de classificá-los, de separar os importantes. Parte desse exercício já foi feita na etapa de *scoping*. O raciocínio, os procedimentos e as ferramentas podem ser similares àqueles já empregados. Todavia, esta nova etapa de avaliação apoia-se no diagnóstico ambiental e na previsão dos impactos. Há, assim, mais informação para avaliar a importância.

Porém, isso não elimina a subjetividade inerente a todo juízo de valor: uma das funções do EIA é justamente a de permitir que tal juízo – ou seja, a avaliação – seja fundamentado em estudos técnicos detalhados. Não fosse por isso, não seria necessário realizar o estudo, opiniões, as mais variadas, poderiam ser emitidas por qualquer interessado, e as decisões sobre projetos de investimento voltariam a ser tomadas com base em critérios exclusivamente técnicos e econômicos, senão políticos. Indubitavelmente, é um paradigma racionalista que fundamenta a AIA, mas a inevitável subjetividade na avaliação deve ser compreendida.

Erlich e Ross (2015) distinguem subjetividade de arbitrariedade. A avaliação de significância é subjetiva, mas não pode ser arbitrária, isto é, resultar do arbítrio ou mesmo do capricho de alguém. A avaliação deve ser fundamentada em evidências, que por sua vez são coletadas por meio do processo de AIA e documentadas no EIA.

Uma avaliação inadequada ou mal fundamentada tem implicações práticas. Quando impactos significativos são subvalorizados, isto é, sua importância é diminuída, a equipe multidisciplinar pode ser acusada de favorecer indevidamente o empreendedor, podendo dificultar a aprovação do projeto ou dilatar prazos de análise, e EIAs podem ser acusados de fraudulentos e levar à perda de credibilidade do empreendedor (Wood, 2008). Por outro lado, quando impactos insignificantes são sobrevalorizados, isto é, avaliados como significativos, segue-se a adoção de medidas mitigadoras desnecessárias e mais custosas.

10.1 CRITÉRIOS DE IMPORTÂNCIA

Todo EIA deveria explicitar os critérios de atribuição de importância que adota. O ponto de partida para a avaliação é o conceito de que um impacto será tanto mais significativo quanto mais importante ou vulnerável o recurso ambiental ou cultural afetado e quanto maior a pressão sobre esse recurso (Fig. 4.2). Na Fig. 10.1 representa-se a significância como resultado da combinação entre a magnitude de um impacto e a importância do componente ou recurso afetado. A combinação pode ser feita de diferentes formas, conforme será visto neste capítulo. É importante mencionar que a informação necessária para avaliar a importância deve ser fornecida em outros capítulos do EIA: a importância do componente deve ser fundamentada no diagnóstico ambiental, ao passo que a magnitude deve resultar da previsão de impactos (Duarte; Sánchez, 2020).

Em primeira aproximação, seriam significativos todos os impactos que afetem recursos ambientais ou culturais considerados importantes. Assim, impactos que afetem hábitats críticos (Quadro 4.2) ou recursos que gozem de proteção legal (seção 5.5) seriam significativos. Mas qualquer nível de perturbação justificaria essa avaliação? Se um componente ambiental de grande importância for fracamente afetado (impacto "pequeno") por um período limitado de tempo, o impacto será significativo? Por isso, é preciso combinar a importância do recurso com a magnitude do impacto.

Também seria considerado significativo um impacto que exceda os padrões legais ou diretrizes normativas, como no caso de uma indústria que emita poluentes atmosféricos em concentrações e quantidades tais que a qualidade do ar em sua área de influência ultrapasse os padrões estabelecidos para proteção da saúde humana. Esse critério pode ser utilizado com relativa facilidade, mas é limitado, pois não há padrões para todos os impactos e as previsões de impacto sempre têm incertezas (seção 9.4). Praticamente só há padrões para poluentes, mas inúmeros impactos ambientais guardam pouca ou nenhuma relação com a emissão de poluentes (Cap. 1).

A literatura traz diversas sugestões para a escolha de atributos e critérios de avaliação da significância dos impactos. Por exemplo, Erickson (1994) sugere os seguintes:

* magnitude (estimativa qualitativa ou quantitativa da intensidade do impacto);
* duração (período de tempo que o impacto, se ocorrer, deverá durar);
* reversibilidade (natural ou por intermédio da ação humana);

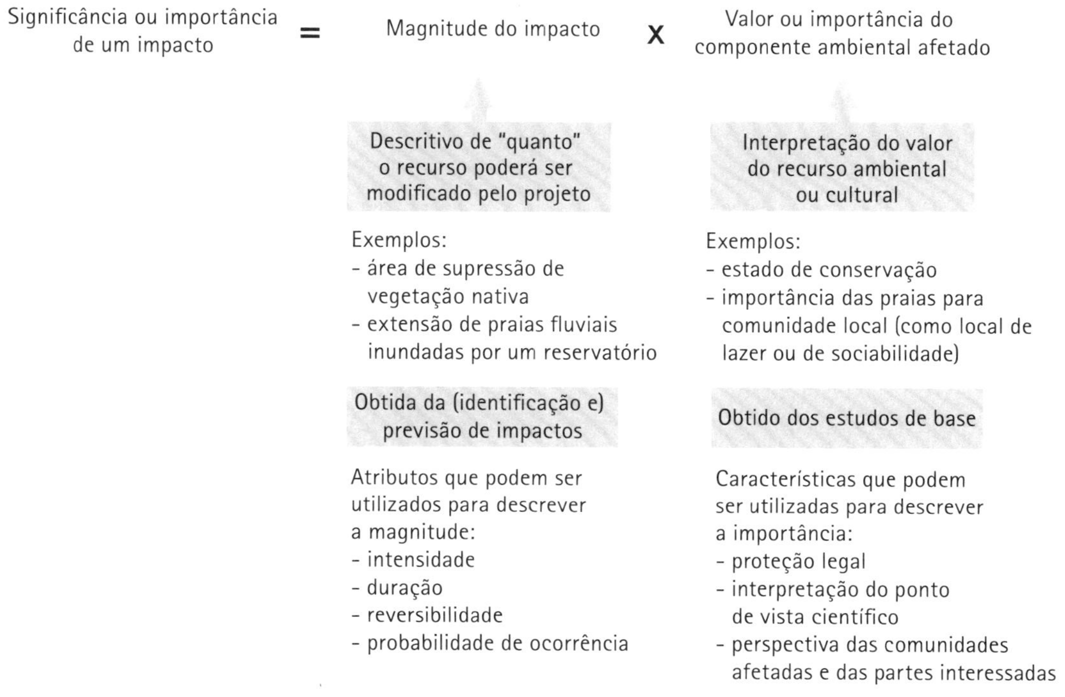

Significância ou importância de um impacto **=** Magnitude do impacto **X** Valor ou importância do componente ambiental afetado

Descritivo de "quanto" o recurso poderá ser modificado pelo projeto

Interpretação do valor do recurso ambiental ou cultural

Exemplos:
- área de supressão de vegetação nativa
- extensão de praias fluviais inundadas por um reservatório

Exemplos:
- estado de conservação
- importância das praias para comunidade local (como local de lazer ou de sociabilidade)

Obtida da (identificação e) previsão de impactos

Obtido dos estudos de base

Atributos que podem ser utilizados para descrever a magnitude:
- intensidade
- duração
- reversibilidade
- probabilidade de ocorrência

Características que podem ser utilizadas para descrever a importância:
- proteção legal
- interpretação do ponto de vista científico
- perspectiva das comunidades afetadas e das partes interessadas

Fig. 10.1 *Significância como resultado da combinação entre magnitude do impacto e importância do componente ambiental*

250 Avaliação de Impacto Ambiental: conceitos e métodos

* probabilidade de ocorrência do impacto;
* existência de requisitos legais relativos ao componente afetado;
* distribuição social dos riscos e benefícios (de que maneira o empreendimento impõe uma repartição desigual dos riscos e benefícios).

Esse autor adiciona uma questão ao que foi considerado até agora: como avaliar a significância de impactos cuja ocorrência não é certa? Por exemplo, em um aterro sanitário, a alteração do ambiente sonoro é de ocorrência certa, mas a contaminação das águas subterrâneas não, pois depende da eficácia dos sistemas de proteção (camadas impermeáveis na base das células). Os impactos sobre os quais se tem certeza seriam mais significativos que os impactos incertos ou de baixa probabilidade?

Um exemplo de classificação do valor dos componentes ambientais usados pela *Hydro-Québec*, uma empresa canadense de geração, transmissão e distribuição de energia elétrica, como parte do procedimento para avaliar os impactos de uma nova usina hidrelétrica, é mostrado no Quadro 10.1. O valor do componente é classificado qualitativamente, segundo critérios estabelecidos caso a caso. Escala e justificativas só têm validade para este EIA e de nenhuma maneira podem ser generalizadas para outros ambientes. Note-se que os critérios de atribuição de valor empregados são fortemente antropocêntricos e enraizados principalmente nos valores de uso de componentes relevantes do ambiente.

No Quadro 10.2 resume-se o procedimento de avaliação da importância de impactos visuais empregado no EIA de uma linha ferroviária de alta velocidade em Hong Kong, para um trecho subterrâneo de 26 km. São conjugadas as características do meio, dadas pela sensibilidade do receptor, com a magnitude das mudanças, resultando em quatro categorias de significância. Enquanto o Quadro 10.1 apresenta o valor de cada componen-

Quadro 10.1 Valor relativo dos componentes ambientais empregado na avaliação dos impactos de uma barragem[1]

Componente	Valor	Justificativa
Vegetação terrestre	Pequeno	A vegetação terrestre da área de estudo é comum no Quebec e não tem valor comercial
Turfeiras	Médio	As turfeiras ocupam 4,4% da área de estudo; as turfeiras inundadas têm bom potencial para abrigo de fauna
Ictiofauna	Grande	Os rios e lagos da zona de estudo apresentam hábitats aquáticos de qualidade para várias espécies de peixes; os Cri[2] utilizam algumas espécies para fins alimentares
Avifauna aquática	Grande	A área de estudo é utilizada por aves para nidificação e repouso em época de migrações; constituem fonte de alimentos para os Cri; seu interesse ultrapassa as fronteiras do Quebec
Avifauna terrestre	Pequeno	As aves da área de estudo são comuns no Quebec e representativas do meio-Norte; as aves florestais não constituem fonte de alimentação para os Cri
Lazer e turismo	Médio	O uso atual é limitado e a área de estudo não apresenta atrativos particulares que possam contribuir para um aumento significativo do turismo; todavia, há potencial de desenvolvimento que pode favorecer a economia local
Arqueologia	Grande	Apesar de os sítios serem relativamente raros, este elemento é importante para a história das populações locais

Notas:

[1] O quadro é parcial e não transcreve todos os componentes usados no EIA.

[2] Grupo indígena.

Fonte: Hydro-Québec, 1991.

CAPÍTULO

te do ambiente, o Quadro 10.2 trata de um único componente, a qualidade paisagística. Uma vez definido o critério, ele é adotado para cada recurso paisagístico identificado no diagnóstico ambiental.

As regulamentações sobre AIA podem conter orientação para avaliar a importância de impactos, por exemplo:

> (i) o grau pelo qual o projeto pode afetar a saúde ou a segurança pública;
>
> (ii) características particulares do local, como proximidade a recursos históricos ou culturais, parques, áreas de importância agrícola, áreas úmidas, rios de beleza cênica ou áreas ecologicamente críticas;

Quadro 10.2 Combinação entre a solicitação imposta pelo projeto e a importância do ambiente para determinar a significância de impactos

Sequência de passos empregada para avaliar a importância dos impactos visuais no trecho subterrâneo de Hong Kong de uma ligação ferroviária de alta velocidade no sul da China:

1. Diagnóstico dos recursos paisagísticos e das áreas de importância paisagística.

2. Avaliação do grau de sensibilidade à mudança dos recursos paisagísticos e das áreas de importância paisagística, considerando qualidade, raridade, requisitos legais e capacidade de assimilar mudanças, seguida de classificação segundo a escala:
   - alta: apresenta características distintivas e é sensível a mudanças pequenas;
   - média: paisagem de valor moderado e que apresenta tolerância a mudanças;
   - baixa: paisagem de baixo valor.

3. Identificação das fontes de impactos paisagísticos (os elementos do projeto que podem gerar impactos paisagísticos).

4. Estimativa da magnitude dos impactos paisagísticos, considerando área afetada, compatibilidade do projeto com a área circundante, duração e reversibilidade, seguida de classificação segundo a escala:
   - grande: o recurso sofrerá grande mudança;
   - intermediária: o recurso sofrerá mudança moderada;
   - pequena: as mudanças serão leves ou dificilmente perceptíveis;
   - desprezível: o recurso não sofrerá mudança detectável.

5. Identificação de medidas mitigadoras.

6. Avaliação da significância dos impactos paisagísticos antes e depois das medidas mitigadoras, segundo uma escala em quatro níveis (nula, leve, moderada, importante) e de acordo com a regra abaixo:

Significância dos impactos paisagísticos

		Sensibilidade do receptor		
		Baixa	Média	Alta
Magnitude do impacto	Grande	Moderada	Moderada/importante	Importante
	Intermediária	Leve/moderada	Moderada	Moderada/importante
	Pequena	Leve	Leve/moderada	Moderada
	Desprezível	Nula	Nula	Nula

Impactos importantes são definidos como deterioração ou melhoria significativa na qualidade visual existente. Impactos de significância moderada são caracterizados por deterioração ou melhoria perceptível, impactos de leve significância são aqueles onde a deterioração ou melhoria da qualidade visual é muito pouco perceptível, impactos de significância nula são aqueles em que não há mudança detectável.

Fonte: Aecom Environment, 2009.

(iii) o grau pelo qual os efeitos sobre a qualidade do ambiente humano possam ser altamente polêmicos;

(iv) o grau pelo qual os possíveis efeitos sobre o ambiente humano são altamente incertos ou envolvem riscos únicos ou desconhecidos;

(v) o grau pelo qual a ação pode estabelecer um precedente para ações futuras com efeitos significativos ou representa uma decisão em princípio acerca de uma consideração futura;

(vi) se a ação está relacionada a outras ações cujos impactos são individualmente insignificantes, mas cumulativamente significativos;

(vii) o grau pelo qual a ação pode afetar, de forma adversa, distritos, sítios, estradas, rodovias ou objetos tombados ou passíveis de tombamento ou pode causar perda ou destruição de recursos científicos, culturais ou históricos significativos;

(viii) o grau pelo qual a ação pode afetar de forma adversa uma espécie ameaçada ou seu hábitat;

(ix) se a ação ameaça violar uma lei federal, estadual ou municipal ou outros requisitos de proteção do meio ambiente.

(CEQ Regulations, §1508.27, 1978).

A regulamentação geral estabelecida pelo Conselho de Qualidade Ambiental dos Estados Unidos foi detalhada pelas agências setoriais. O Departamento de Transportes, por exemplo, estabelece a seguinte recomendação para avaliar a importância dos impactos de uma rodovia sobre áreas úmidas:

> Para avaliar o impacto de um projeto proposto sobre as áreas úmidas (*wetlands*), os seguintes tópicos deveriam ser abordados: (1) a importância da(s) área(s) úmida(s) impactada(s) e (2) a severidade desse impacto. Simplesmente arrolar a área ocupada por diversas alternativas não fornece informação suficiente para determinar o grau de impacto sobre o ecossistema da(s) área(s) úmida(s). A análise deveria ser suficientemente detalhada para possibilitar um entendimento desses dois elementos.
>
> Ao avaliar a importância da(s) área(s) úmida(s), a análise deveria considerar fatores como: (1) suas funções primárias (por exemplo, controle de inundações, hábitat de vida selvagem, recarga de aquíferos etc.), (2) a importância relativa dessas funções em relação ao total da(s) área(s) úmida(s) e (3) outros fatores que poderiam contribuir para a importância dessa(s) área(s) úmida(s), como seu caráter único (*uniqueness*).
>
> Ao avaliar o impacto sobre a(s) área(s) úmida(s), a análise deveria mostrar os efeitos do projeto sobre a estabilidade e a qualidade da(s) área(s) úmida(s). Essa análise deveria considerar os efeitos a curto e longo prazo e a importância de qualquer perda como: (1) capacidade de controle de inundações, (2) potencial de ancoragem de embarcações nas margens, (3) capacidade de diluição da poluição da água e (4) hábitat de peixes e de vida selvagem. (U.S. Department of Transportation, Federal Highway Administration. *Technical Advisory*: Guidance for preparing and processing environmental and section 4(f) documents. T 6640.8A, 1987).

A Resolução Conama 1/86 é muitas vezes utilizada de modo equivocado para avaliar a importância de impactos.

Segundo a Resolução, o EIA deve considerar impactos benéficos ou adversos; diretos ou indiretos; imediatos, a médio ou longo prazo; temporários ou permanentes; reversíveis ou irreversíveis; além de considerar as propriedades cumulativas ou sinérgicas dos impactos e a distribuição dos ônus e benefícios sociais decorrentes do empreendimento. Apenas alguns desses atributos são úteis para avaliar a importância dos impactos, notadamente a duração, a temporalidade e a reversibilidade.

Porém, a magnitude do impacto e a importância do componente afetado, que são as características essenciais para avaliar impactos, não constam dessa relação, pois ela não tem função de orientar a avaliação da significância, mas de determinar que impactos indiretos, de longo prazo e temporários não podem ser excluídos do EIA.

> Para avaliar significância, é preciso considerar: (1) a importância do componente afetado, em seu contexto, e (2) a magnitude ou severidade do impacto.

A regulamentação brasileira tampouco fornece uma orientação acerca do entendimento que deva ser dado a esses atributos. Uma interpretação de seu significado pode ser a seguinte:

* *Expressão*: este atributo descreve o caráter positivo ou negativo (benéfico ou adverso) de cada impacto.
* *Origem*: trata-se da causa ou fonte do impacto, direto ou indireto; impactos diretos são aqueles que decorrem das atividades ou ações realizadas pelo empreendedor, por empresas por ele contratadas, ou que por eles possam ser controladas; impactos indiretos podem ter duas origens: (i) decorrem de um impacto direto (impactos de segunda ou terceira ordem) ou (ii) decorrem de ações de terceiros facilitadas pela presença do empreendimento; os impactos indiretos são mais difusos que os diretos e se manifestam em áreas geográficas maiores (onde os processos naturais ou sociais ou os recursos afetados indiretamente pelo empreendimento também sofrem influência de outros fatores). Os impactos causados por ações de terceiros, sobre os quais o empreendedor não tem controle nem influência, são às vezes chamados de impactos induzidos.
* *Duração*: impactos temporários são aqueles que só se manifestam durante uma ou mais fases do projeto e que cessam na sua desativação; são impactos que cessam quando acaba a ação que os causou, como a degradação da qualidade do ar devido à emissão de poluentes atmosféricos. Impactos permanentes representam uma alteração definitiva de um componente ambiental ou, para efeitos práticos, uma alteração que tem duração indefinida, como a degradação da qualidade do solo causada por impermeabilização devido à construção de um estacionamento; são impactos que permanecem depois que cessa a ação que os causou.
* *Escala temporal*: impactos imediatos são aqueles que ocorrem simultaneamente à ação que os gera; impactos a médio ou longo prazo são os que ocorrem com uma certa defasagem em relação à ação que os gera; uma escala arbitrária poderia definir prazo médio, como da ordem de meses, e o longo, da ordem de anos.
* *Reversibilidade*: esta característica é representada pela capacidade do sistema (ambiente afetado) de retornar ao seu estado anterior caso: (i) cesse a solicitação externa, ou (ii) seja implantada uma ação corretiva. A reversibilidade depende de aspectos práticos; por exemplo, a alteração da topografia causada por uma grande obra de engenharia civil ou mineração é praticamente irreversível, pois, mesmo se tecnicamente exequível, é na maioria dos casos inviável economicamente recompor a conformação topográfica original; a extinção de uma espécie é um impacto irreversível.
* *Cumulatividade e sinergismo*: referem-se, respectivamente, à possibilidade de os impactos se somarem ou se multiplicarem; impactos cumulativos são aqueles que

se acumulam no tempo ou no espaço, e resultam de uma combinação de efeitos decorrentes de uma ou diversas ações.

Algumas dessas características são ilustradas na Fig. 10.2, na qual a qualidade ambiental é representada no eixo vertical e o tempo, no eixo horizontal, como na Fig. 1.6. A linha contínua decrescente representa a provável evolução da qualidade ambiental da área independentemente do projeto, representada como uma reta para simplificar o desenho. Os impactos imediatos são perceptíveis assim que tem início uma fase do projeto (por exemplo, a construção) – um exemplo é a alteração do ambiente sonoro, que também é um impacto temporário, pois cessa ao final do empreendimento. Os impactos reversíveis são paulatinamente corrigidos por meio de medidas de recuperação ambiental, ao passo que os irreversíveis não são passíveis de recuperação. Os impactos permanentes perduram quando cessa a ação que os causou – por exemplo, a alteração da paisagem em razão da movimentação de solo –, mas podem ser reversíveis, isto é, medidas corretivas podem fazer cessar esse impacto – no caso, a restauração da paisagem (na medida em que for possível).

Impactos cumulativos podem ser aditivos ou sinérgicos. Exemplos de impactos aditivos são aumento do tráfego em vias públicas quando há vários projetos em implantação ou em operação servidos pelas mesmas vias e perda de vegetação nativa ocasionada pela implantação de diversos empreendimentos na mesma região. Impactos sinérgicos resultam da combinação de impactos. Por exemplo, a redução da riqueza de espécies de fauna pode resultar da combinação de impactos como perda de floresta, fragmentação de floresta, degradação de floresta (pelo corte seletivo de árvores de valor comercial), morte de animais por atropelamento ou caça.

Nem todos esses atributos têm utilidade para avaliar a importância de um impacto. O caráter benéfico ou adverso de um impacto não deve influenciar tal avaliação, pois ambos podem ser de grande ou pequena significância. O mesmo se passa com os impactos diretos ou indiretos. Para certos empreendimentos, os impactos indiretos podem ser tão ou mais importantes que os diretos. Por exemplo, a construção de uma rodovia periurbana causa inúmeros impactos diretos, como degradação da qualidade das águas superficiais e perda ou fragmentação de hábitats ao longo do traçado; no entanto, ao facilitar o acesso à região servida pela rodovia e propiciar adensamento populacional, os impactos indiretos poderão ser mais importantes que os diretos, com maior degradação das águas superficiais e mais perda de vegetação. Como afirma Erickson (1994, p. 12), o propósito de distinguir entre tipos de impactos não é declarar que um impacto é direto

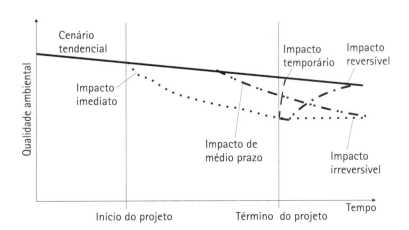

Fig. 10.2 *Tipos de impactos ambientais em relação à escala temporal*
Fonte: modificado de Fernández-Vítora (2000).

e outro indireto, mas organizar a análise de maneira tal que assegure que serão examinados todos os efeitos possíveis das ações humanas propostas nos ambientes biofísico e social, altamente complexos e dinamicamente interconectados.

> Tanto a expressão (impacto adverso/benéfico) quanto a origem (impacto direto/indireto) devem ser considerados na identificação dos impactos, mas não são atributos para avaliação de importância.

A escala espacial pode, em raros casos, ser mais um atributo utilizado na classificação do grau de importância dos impactos. Assim, os impactos de escala regional poderão, em certos casos, ser considerados mais importantes que aqueles que se manifestam apenas localmente, mas um critério como este deve ser muito bem fundamentado, pois frequentemente os impactos locais são intensos (de grande magnitude), ao passo que os impactos regionais são difusos e de baixa magnitude. A escala deverá ser definida caso a caso, para cada empreendimento analisado, como, por exemplo:

* *Escala espacial*: (i) impactos locais são aqueles cuja abrangência se restrinja aos limites das áreas do empreendimento; (ii) impacto linear é aquele que se manifesta ao longo das vias de transporte de insumos ou de produtos; (iii) abrangência municipal é usada para os impactos cuja área de influência esteja relacionada aos limites administrativos municipais; (iv) escala regional é empregada para os impactos cuja área de influência ultrapasse as duas categorias anteriores; e (v) escala global para os impactos que potencialmente afetem todo o planeta.

Mais importante que a abrangência espacial, contudo, é a *distribuição espacial* dos impactos, uma vez que comunidades situadas em diferentes localizações podem ser afetadas em graus distintos. Algumas podem ser beneficiadas e outras prejudicadas, como na situação clássica de escolha de um local para a instalação de um aterro ou de um incinerador de resíduos que sempre suscita oposição local. Não raras vezes, desigualdades na distribuição espacial de impactos se sobrepõem a desigualdades sociais. Por esse motivo, um decreto do governo dos Estados Unidos de 11 de fevereiro de 1994 determina que as agências federais, ao avaliar os impactos de suas ações, devem "identificar e dar tratamento a impactos desproporcionalmente adversos sobre o ambiente ou a saúde humana de populações minoritárias ou de baixa renda" (*Executive Order* 12898). A identificação dos grupos vulneráveis deve ter sido feita no diagnóstico ambiental.

É também preciso considerar que nem todos os impactos identificados em um EIA são de ocorrência certa, de forma que a probabilidade de ocorrência pode ser usada como mais um atributo para a avaliação:

* *Probabilidade de ocorrência*: refere-se ao grau de incerteza acerca da ocorrência de um impacto; os impactos podem ser classificados, por exemplo, de acordo com a seguinte escala qualitativa: (i) certa, quando não há incerteza sobre a ocorrência do impacto; (ii) alta, quando, baseado em casos similares e na observação de projetos semelhantes, estima-se que é muito provável que o impacto ocorra; (iii) média, quando é pouco provável que se manifeste o impacto, mas sua ocorrência não pode ser descartada; (iv) baixa, quando é muito pouco provável a ocorrência do impacto em questão, mas, mesmo assim, essa possibilidade não pode ser desprezada. Naturalmente, outras escalas podem ser usadas.

256 Avaliação de Impacto Ambiental: conceitos e métodos

A lógica subjacente é de que impactos de baixa probabilidade poderiam ser julgados como menos importantes que os de alta probabilidade, mas tal raciocínio só faz sentido se a probabilidade de ocorrência for associada à magnitude do impacto, que é o conceito de risco ambiental (Cap. 12). É necessário, então, verificar como os diversos atributos descritivos dos impactos podem ser combinados para satisfazer os critérios de importância. Embora raramente a probabilidade possa ser quantificada ou apresentada como a esperança matemática de ocorrência de determinado evento, há que se evitar um julgamento subjetivo não justificado. É oportuna aqui uma menção a Galves e Hachich (2000, p. 98):

> A interpretação subjetivista ou bayesiana representa uma alternativa ao enfoque frequencialista, para o qual a probabilidade é um conceito físico, baseado na frequência relativa de ocorrência de um evento em um número limitado de tentativas. A interpretação subjetivista considera a probabilidade como um meio de se quantificar o estado de conhecimento de um indivíduo a respeito de um evento ainda não observado.

Antes de prosseguir, é conveniente esclarecer a terminologia empregada neste capítulo:

* Atributo de um impacto (ou de um aspecto) ambiental é uma característica ou propriedade desse impacto e pode ser usado para descrevê-lo ou qualificá-lo, como sua expressão, origem e duração, entre outros. O termo tem origem latina, significando: "aquilo que é próprio de um ser"; "característica, qualitativa ou quantitativa, que identifica um membro de um conjunto observado" (A.B.H. Ferreira, *Novo Dicionário Aurélio da Língua Portuguesa*, 1986), ou ainda "o que é próprio e peculiar a alguém ou a alguma coisa" (A. Houaiss e M.S. Villar, *Dicionário Houaiss da Língua Portuguesa*, 2001).

* Critério de avaliação é uma regra ou um conjunto de regras para avaliar a importância de um impacto. A palavra tem origem no grego *kritérion*, "aquilo que serve de base para comparação, julgamento ou apreciação" (*Novo Dicionário Aurélio da Língua Portuguesa, 1986*).

10.2 AVALIAÇÃO DE IMPORTÂNCIA NA PRÁTICA

Ao preparar um EIA, a equipe multidisciplinar depara-se com o duplo desafio de executar uma avaliação coerente e justificada e ao mesmo tempo demonstrar para os leitores do EIA como foi conduzida a avaliação. Nesta seção, serão vistas as formas mais usuais de determinar a importância de impactos.

Combinação de atributos

Uma forma simples de classificar impactos consiste em (i) escolher os atributos que serão utilizados, (ii) estabelecer uma escala para cada um deles e (iii) combiná-los mediante um conjunto de regras lógicas (o critério de avaliação). No exemplo do Quadro 10.2, a significância é avaliada mediante a combinação da magnitude do impacto com a sensibilidade do receptor desse impacto (a paisagem urbana). Para cada atributo foi utilizada uma escala qualitativa. A combinação da magnitude com a sensibilidade resulta na classificação da significância, também descrita por meio de uma escala qualitativa.

Na Fig. 10.3, a magnitude é classificada em uma escala qualitativa de três níveis, assim como a importância do componente ambiental. A magnitude, às vezes denominada severidade, pode, por sua vez, ser descrita como resultado da combinação de atributos como intensidade, duração, probabilidade de ocorrência e reversibilidade, os mais úteis para

CAPÍTULO

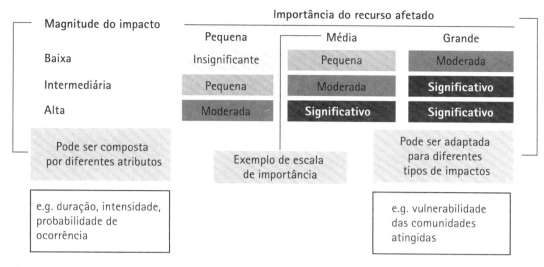

Fig. 10.3 *Classificação de significância dada pela combinação de magnitude de impacto e importância do componente ambiental*

descrevê-la. Observe-se que a origem (impacto direto ou indireto) e a expressão (impacto positivo ou negativo) não são usadas para descrever a magnitude.

A escolha das escalas é importante para assegurar coerência e inteligibilidade da avaliação. É possível utilizar escalas numéricas ao invés de discursivas, mas ambas são qualitativas e o importante é que estabeleçam com clareza o *diferencial semântico* (de significado) entre cada nível.

As escalas do Quadro 10.2 e da Fig. 10.3 são *ordinais*, isto é, distinguem o grau ou intensidade de um atributo e sua hierarquia, mas não são *intervalares*, ou seja, as classes não estão distribuídas em intervalos regulares e referidas a uma origem ou zero. Muito menos são escalas *proporcionais*, nas quais acréscimos em atributos correspondem a acréscimos proporcionais em valores de escala (Pereira, 2001). Por exemplo, um impacto regional não representa o dobro da magnitude de um impacto local. Às escalas ordinais não se aplicam operações aritméticas.

Uma vez escolhidas, as escalas para avaliação devem ser aplicadas sistematicamente a cada impacto. Essa tarefa deve ser cuidadosa e considerar em qual nível de resolução espacial (escala) será feita a avaliação. Por exemplo, o impacto "alteração do ambiente sonoro", cuja distribuição espacial é mostrada na Fig. 9.5, não tem a mesma magnitude para todos os receptores, logo não deveria ter a mesma significância. Antunes, Santos e Jordão (2001) alertam que "impactos locais podem ser completamente absorvidos por impactos de maior abrangência e serem negligenciados na avaliação" (p. 515). Em outras palavras, atribuir baixa importância a um impacto "local" ou "pontual" pode levar a conclusões errôneas sobre sua significância.

Um exemplo de avaliação de alta resolução espacial (ou seja, escala detalhada) é mostrado no Quadro 10.3 para os impactos paisagísticos da mesma ferrovia subterrânea mencionada no Quadro 10.2. Em um trecho de 26 km, o EIA desse projeto identificou 138 locais cujo aspecto paisagístico poderia ser afetado por estruturas do empreendimento, como edifícios de ventilação, saídas de emergência, oficinas de manutenção e outras. A magnitude dos impactos é justificada para cada local, em seguida a significância é avaliada também para cada local.

258 Avaliação de Impacto Ambiental: conceitos e métodos

No planejamento de sistemas de gestão ambiental, em que também é necessário avaliar a importância dos impactos, são usados atributos como severidade, probabilidade de ocorrência e duração. Block (1999) apresenta nove atributos que podem ser usados nessa tarefa:

* severidade (que equivale à magnitude);
* probabilidade de um aspecto ambiental resultar em um impacto mensurável;
* frequência (número de vezes que um impacto pode ocorrer por unidade de tempo);
* abrangência espacial;
* possibilidade de controlar os aspectos ambientais;

Quadro 10.3 Análise dos impactos sobre recursos paisagísticos em escala local

Nffl e localização	Recursos paisagísticos	Fontes de impactos		Descrição dos impactos	Magnitude dos impactos	
		Construção	Operação		Construção	Operação
LR 1.11	Área construída	Edifício de ventilação, pilha de material de construção	Operação da ferrovia	Aproximadamente 4,3 ha contendo 110 indivíduos arbóreos serão permanentemente ocupados. As espécies arbóreas são [...] todas comuns e nenhum espécime é de porte ou valor excepcional; 16% dos indivíduos serão mantidos, 3% transplantados e 81% cortados [...]	Grande	Grande
LR 2.3	Vegetação densa seminatural de aspecto florestal	Edifício de ventilação	Operação da ferrovia	Aproximadamente 0,75 ha de bosque e 2 ha de vegetação seminatural de encosta serão afetados permanentemente, cerca de 225 árvores [...]	Grande	Grande
LR 3.2	Pomar/área agrícola	Saída de emergência, estação de resgate e canteiro de obras	Operação da saída de emergência e estação de resgate	Aproximadamente 13,16 ha de área agrícola e 10,45 ha de pomares serão afetados permanentemente; das 1.010 árvores mapeadas, 37% serão mantidas, 3% transplantadas e 60% removidas [...]	Grande	Grande
LCA 6.8	Área recreativa urbana	Edifício de ventilação	Nenhum	Aproximadamente 1 ha de espaço aberto do parque Nam Cheong será temporariamente afetado pelas obras	Médio	Desprezível

Fonte: Aecom Environment, 2009.

Avaliação da importância dos impactos

* enquadramento legal;
* necessidade de informar sobre a ocorrência de impactos;
* preocupação das partes interessadas;
* duração do impacto.

Para cada atributo, a autora sugere a utilização de uma escala com cinco níveis, do mais ao menos intenso, sempre usando numerais de 5 a 1, respectivamente, como mostrado no Quadro 10.4. Como exemplo de aplicação de uma variação desse procedimento, os atributos e suas respectivas escalas adotados por uma empresa do setor petroquímico são mostrados no Quadro 10.5. Para avaliar a importância de um impacto, três atributos principais são usados: (a) a existência de um requisito legal; (b) a demanda ou manifestação de interesse do público ("partes interessadas", no jargão dos SGAs) e (c) a severidade e a probabilidade de ocorrência (ou frequência), que são combinados de acordo com uma "matriz de risco". A classificação final é feita em apenas duas categorias – significativo ou não significativo. Para enquadrar um impacto como significativo, basta aplicar qualquer um dos três critérios citados anteriormente (combinação de atributos por regras lógicas). Esse exemplo mostra como utilizar, de maneira rápida e simples, alguns dos atributos mais citados na literatura.

Ponderação de atributos

Boa parte da literatura inicial sobre AIA (anos de 1970 e início de 1980) ocupou-se de conceber e testar métodos para ponderar atributos em uma avaliação da importância dos impactos. Essa literatura deu origem a várias compilações, das quais se pode citar Bisset (1984a), Shoppley e Fuggle (1984) e Thompson (1990), entre outras.

Ponderar atributos é arbitrar entre diferentes alternativas de alocar pesos a cada um e, em seguida, combiná-los segundo uma função matemática predeterminada. Assim, a principal diferença entre a combinação e a ponderação de atributos é que, nesta última, os atributos são ordenados segundo sua importância para a avaliação, com os atributos mais importantes recebendo maiores pesos.

Métodos simples de ponderação são muito usados no planejamento de sistemas de gestão ambiental. Nesse caso, depois de identificar todos os aspectos e impactos ambientais, é preciso classificá-los de acordo com sua significância, seja em grupos de importância semelhante, seja em uma lista ordinal. Os aspectos e impactos mais significativos deverão ser tratados prioritariamente. Como o problema é muito parecido à etapa de avaliação de impactos de um EIA, as soluções também se assemelham.

Quadro 10.4 Exemplo de escala para o atributo "enquadramento legal"

Nível	Características
5	Regulamentado mediante lei ou qualquer outro diploma legal.
4	Considerado para futura regulamentação, por exemplo, mediante projeto de lei ou em estudo por uma agência governamental.
3	Política empresarial: apesar de não existir exigência legal, o tema é tratado na política ambiental da empresa, em algum código de prática que a empresa subscreva.
2	Prática empresarial: conduta usualmente adotada pela empresa ou por outras, embora não codificada.
1	Não há regulamento ou diretriz sobre o assunto.

Fonte: Block (1999, p. 25).

Quadro 10.5 Um critério para combinar magnitude e probabilidade de ocorrência dos impactos

Severidade (ou magnitude) do impacto

Severidade	Critério	Pontuação
Sem efeito	Nenhum efeito ambiental identificável	0
Baixa	Impacto de magnitude desprezível/Restrito ao local de ocorrência/Totalmente reversível com ações imediatas/Consequências financeiras desprezíveis	1
Média	Impacto de magnitude considerável/Contaminação/Reclamação única/Uma violação de critério legal/Reversível com ações mitigadoras	2
Localizada	Descarga limitada de substâncias de toxicidade conhecida/Repetida violação de padrões legais/Efeitos observados além dos limites da empresa	3
Alta	Impacto de grande magnitude/grande extensão/Necessidade de grandes ações mitigadoras para reverter a contaminação ambiental/Violação continuada de padrões legais	4
Muito alta	Impacto de grande magnitude/Grande extensão com consequências irreversíveis, mesmo com ações mitigadoras/Grande perda econômica para a empresa/Violação alta e constante dos padrões legais	5

Frequência ou probabilidade de ocorrência

Frequência	Critério	Pontuação
Muito baixa	Muito improvável/Não há registro no mundo	A
Baixa	Improvável/Ocorreu em indústria similar	B
Média	Provável de ocorrer/Ocorreu pelo menos uma vez na empresa ($f < 1$ vez/ano)	C
Alta	Muito provável/Ocorre mais de uma vez/ano na empresa (1 vez/ano $< f < 1$ vez/semestre)	D
Muito alta	Esperado que ocorra/Ocorre na empresa mais de uma vez por semestre ($f > 1$ vez/semestre)	E

Matriz de risco

Severidade	Frequência				
	A	B	C	D	E
0					
1					
2					
3					
4					
5					

Nota: *a área hachurada indica potencial de impacto significativo.*

Fonte: *adaptado de Shell International (2000) e Polibrasil.*

Tal raciocínio permite múltiplas variações. O resultado pode ser dado pela soma dos valores de cada atributo. Pode-se também decidir que um atributo, como "exigência legal", é mais importante que os demais, dando-lhe peso 2, enquanto os outros têm peso 1; nesse caso, a "nota" final refletirá a maior importância desse atributo. A escala de Block para o atributo "enquadramento legal" é um exemplo de escala de um atributo (Quadro 10.4).

Um arranjo de ponderação é mostrado no Quadro 10.6. Cada atributo é descrito por meio de uma escala numérica (uma para cada atributo). Cada um deles tem um peso, de modo que a significância de cada impacto é resultante da soma ponderada (multiplicação do valor numérico de cada atributo por seu peso). Nesse caso, a importância é diretamente dada pelo valor numérico. Em seguida, é necessário estabelecer uma escala para interpretação (qualitativa) da significância. No exemplo hipotético, os extremos são 12 e 60; desejando-se estabelecer três níveis de importância, a gama de 12 a 60 pode ser dividida em intervalos iguais, isto é: entre 12 e 28, o impacto é pouco importante; entre 29 e 44 é de média importância; e de 45 a 60, o impacto é avaliado como de grande importância. Neste exemplo, os atributos intensidade, reversibilidade e probabilidade compõem a magnitude do impacto, ao passo que a importância do componente afetado é representada pelo enquadramento legal.

O resultado da ponderação de atributos não é uma "medida" do impacto, no sentido físico de uma grandeza que serve de padrão para avaliar outras do mesmo gênero, mas uma apreciação qualitativa da importância do impacto.

É importante agora considerar como são estabelecidos os pesos, e quem os estabelece. Há diferentes procedimentos para atribuir pesos. Um muito simples é denominado "atribuição direta", segundo o qual o avaliador ou o grupo de avaliadores aloca pesos segundo justificativa própria fundamentada. Outro método muito utilizado é a comparação paritária ou par a par, na qual cada par de critérios é comparado entre si para, primeiro, determinar qual é o mais importante e, em seguida, quanto é mais importante. Um método de comparação par a par muito conhecido é a análise hierárquica de processos (AHP). Por esse método, as preferências dos avaliadores são ordenadas por meio de julgamentos subjetivos

Quadro 10.6 Exemplo de ponderação de atributos

Impacto	Intensidade	Reversibilidade	Probabilidade de ocorrência	Enquadramento legal	Significância (soma ponderada)
Impacto 1	3 * 5	1 * 5	3 * 2	5 * 3	41
Impacto 2	4 * 5	2 * 5	1 * 2	4 * 3	44
Impacto 3	2 * 5	2 * 5	1 * 2	2 * 3	28
Impacto 4	3 * 5	1 * 5	5 * 2	0 * 3	33

Pesos:
- intensidade = 5
- reversibilidade = 5
- probabilidade de ocorrência = 2
- enquadramento legal = 3

Escala de valores dos atributos:
- pequena = 1; média = 2; grande = 3; muito grande = 4
- reversível = 1; irreversível = 2
- muito baixa = 1; baixa = 2; alta = 3; certa = 5
- não há = 0; política da empresa = 2; projeto de norma legal = 4; norma legal = 5

Escala de significância: pequena = 12 a 28; média = 29 a 44; grande = 45 a 60.

para estabelecer uma escala de importância relativa de fatores a serem considerados na tomada de decisão. Dessa forma, múltiplos critérios podem ser combinados.

Em suma, há vários métodos de ponderação, que têm em comum o fato de usarem escalas numéricas para fazer apreciações qualitativas. Isso pode transmitir ao leitor desavisado a ideia de uma precisão matemática dos métodos de avaliação, ou levar o próprio analista a manipulações aritméticas indevidas, pois desprovidas de sentido físico. Vale lembrar, no entanto, que essas deficiências não desqualificam o emprego de métodos de ponderação, apenas expõem seus limites.

Análise multicritério

A análise por critérios múltiplos (ou multicritério ou, ainda, multicritérios; aqui abreviada AMC) é um nome genérico dado a diversos instrumentos de apoio ao processo decisório por meio de procedimentos de agregação das preferências dos tomadores de decisão. Ferramentas desse tipo começaram a consolidar-se no final dos anos 1960, sem relação com a AIA.

A AMC aplica-se quando: (i) há múltiplos aspectos a serem levados em conta em uma decisão; (ii) há diversos atores envolvidos ou interessados; (iii) há objetivos divergentes, de acordo com os valores dos atores. Esses "atores" são os indivíduos ou grupos de indivíduos que direta ou indiretamente influenciam a decisão – o termo vem do francês *acteurs*. A AMC diferencia-se, obviamente, de uma análise monocritério, na qual apenas um critério de decisão é usado, por exemplo, a taxa interna de retorno de um investimento.

Sinteticamente, a aplicação da AMC tem duas etapas principais: a estruturação de um problema de decisão e a avaliação. A primeira corresponde à definição da forma mais exata possível do problema a ser tratado. No caso de AIA, pode ser a escolha entre alternativas de projeto, por exemplo, ou entre alternativas de mitigação.

O caráter pouco formal e muitas vezes primário da etapa de hierarquização e avaliação de impactos de muitos EIAs (Ross; Morrison-Saunders; Marshall, 2006) levou vários pesquisadores a aplicar ou adaptar as ferramentas da análise multicritérios a essa tarefa da elaboração de um EIA, que hoje encontra várias aplicações.

O formalismo matemático de certos métodos multicritérios pode ser uma das causas que limitam sua aplicação à análise dos impactos. A avaliação da importância dos impactos é uma das partes da preparação de um EIA, no qual é mais necessário o trabalho conjunto e integrado da equipe multidisciplinar; a formalização matemática pode ser um empecilho a essa integração, possivelmente mais fácil quando a avaliação é qualitativa e cada profissional pode utilizar os conceitos que lhes são familiares.

No entanto, algumas ferramentas simples da análise multicritério podem ser empregadas na avaliação da importância. A comparação paritária é uma delas: comparando-se atributos dois a dois, pergunta-se qual é o mais importante, procedendo-se dessa forma com todos os atributos considerados. A comparação paritária é uma técnica simples para hierarquizar as preferências dos tomadores de decisão (ou, no caso, da equipe que prepara o EIA). Pode-se somente perguntar, como acima, se "o atributo A é mais importante que o atributo B?", ou "quanto o atributo A é mais importante que o atributo B?", estabelecendo, com as respostas a esta última pergunta, os respectivos pesos de cada atributo, para definir critérios como os do Quadro 10.6.

Uma aplicação de métodos multicritérios em AIA é a escolha entre alternativas, que será exemplificada na seção 10.4 por uma interessante abordagem usada na Holanda para comparar alternativas de um projeto rodoviário.

10.3 Outras formas de determinar a importância

Os procedimentos de agregação e de análise multicritério não são a única forma de avaliar a importância dos impactos. Lawrence (2007a, 2007b, 2007c) classifica as abordagens ou enfoques para atribuição de importância aos impactos em três tipos: técnica, argumentativa e colaborativa.

Na abordagem técnica, apresentada na seção anterior, a classificação por graus de importância é feita por um procedimento analítico:

* a questão é dividida em seus elementos constitutivos;
* estes são considerados individualmente (características ou atributos);
* e, em seguida, agregados por meio de algum procedimento racional.

Na abordagem colaborativa, julgamentos de valor sobre o que é importante ou significativo resultam da interação entre as partes, de modo que o público é envolvido na tarefa de determinar o que é ou não aceitável ou importante. Nesse enfoque, a análise técnica não é desprezada, mas atua apenas como apoio ao processo coletivo, que, para ser implementado, pode requerer atuação de uma terceira parte (facilitador, mediador). Decisões conjuntas sobre o que é importante não são "restritas a categorias artificiais de componentes e impactos ambientais" (Lawrence, 2007a, p. 737).

> Como considerar a perspectiva das comunidades afetadas sobre o que é um impacto significativo? A abordagem colaborativa pode contribuir.

Os procedimentos de trabalho colaborativo podem envolver um grupo reduzido de representantes de partes interessadas que participam intensa e continuamente com o proponente do projeto e seu consultor, e um círculo exterior que participa por meio de técnicas de consulta. Na perspectiva colaborativa, fica claro que determinar a importância dos impactos não é um fim, mas um meio para discutir a aceitabilidade do projeto, a necessidade e a extensão da mitigação. Entretanto, para fazer sentido, o envolvimento do público não pode se dar somente na tarefa de determinar a significância, mas desde a fase de determinação do escopo.

As técnicas de envolvimento público apresentadas na seção 16.6 aplicam-se a várias tarefas de preparação de um EIA, incluindo a determinação da significância. O exemplo do Quadro 10.1 resulta de anos de trabalho colaborativo (e de conflitos) entre o empreendedor e comunidades indígenas. Entretanto, há inúmeras variações de formas de trabalho que poderiam ser enquadradas como colaborativas, e a predisposição a colaborar pode ser muito variável não somente no plano interindividual como também no cultural. A realização de oficinas de trabalho reunindo representantes de diversos grupos de interesse requer envolvimento intenso, tempo e recursos. Já pesquisas de opinião e levantamentos diretos com amostras representativas da população potencialmente afetada por um projeto, ainda que não propriamente colaborativas, podem captar pontos de vista relevantes para avaliar a importância dos impactos. Reuniões de *scoping*, mesmo que realizadas muito antes e com outra finalidade, também podem fornecer elementos úteis para que a avaliação da importância dos impactos não reflita somente os pontos de vista de equipe técnica. Finalmente, documentos resultantes de processos participativos não relacionados à avaliação de impactos, como planos diretores, zoneamentos etc., também podem auxiliar para esse fim.

Na abordagem argumentativa, a atribuição de importância é feita por meio de argumentação arrazoada. Justificativas são apresentadas e fundamentadas em exposição de motivos, podendo-se lançar mão de ferramentas como diagramas e matrizes e integrar conhecimento técnico e social ou elementos das abordagens técnica e colaborativa.

Um exemplo de argumentação é mostrado no seguinte extrato de um EIA de um parque eólico:

> [...] as taxas de mortalidade associadas às colisões com turbinas eólicas são geralmente baixas [ref. 134]. Um estudo relata taxas de mortalidade variando de 0,00 a 4,33 aves/turbina/ano para 25 parques eólicos localizados nos Estados Unidos [ref. 163]. No Canadá [...] as taxas de mortalidade observadas em diferentes parques se situam entre 0,15 e 1,95 [refs. ...] [...].
> Avaliação: [...] a zona não representa um corredor migratório nem área de repouso [...] a intensidade do impacto potencial é estimada como fraca [...] A importância do impacto residual é julgada como pequena para a maioria das espécies de aves [...] média para espécies sensíveis. (RES Canada, 2014).

Fig. 10.4 *Construção da hidrelétrica Foz Tua, no rio de mesmo nome, afluente do Douro, em Portugal*

Outro exemplo vem do EIA da UHE Foz Tua, em Portugal (Fig. 10.4), no qual o impacto "inutilização do recurso solo por destruição e ocultação na área de edificações" é avaliado como de baixa importância "porque a unidade solo afectada é de qualidade marginal, com frequência e extensão baixas relativamente à sua ocorrência regional, para além de a área sujeita a impacte ter expressão reduzida em valores absolutos" (EDP/ Profico Ambiente, 2008). Ou seja, argumenta-se que a magnitude é baixa ("frequência e extensão baixas relativamente à sua ocorrência regional" e "a área sujeita a impacte ter expressão reduzida em valores absolutos") e a importância do recurso afetado também é baixa ("a unidade solo afectada é de qualidade marginal"). Dessa forma, a relação básica da Fig. 10.1 é aplicada de modo textual e argumentativo.

Se bem conduzida, uma abordagem argumentativa pode superar algumas deficiências dos outros enfoques, uma vez que o enfoque técnico enfatiza a análise técnica ao custo das perspectivas e do conhecimento do público, e o enfoque colaborativo iguala preocupação do público com significância de impactos, ao custo de outras perspectivas e fontes de conhecimento. Já por meio da argumentação racional, seria possível construir consensos e justificativas para fundamentar decisões.

Cada um desses três enfoques tem suas vantagens e inconvenientes e há várias maneiras de considerá-los. A seguinte crítica, resultante da análise de um conjunto de 80 EIAs no Brasil, sugere algumas características desejáveis para a avaliação da importância dos impactos:

> Em várias situações, não há como saber por que meios a equipe multidisciplinar obteve a valoração final dos impactos, ou seja, sua significância ambiental. Também ocorre que não se apresenta a justificativa para o uso de determinados métodos de atribuição de pesos aos impactos, pondo em dúvida os resultados obtidos. É comum não serem consideradas as avaliações dos próprios sujeitos sociais afetados [...]. (MPF, 2004).

AVALIAÇÃO DA IMPORTÂNCIA DOS IMPACTOS

As características desejáveis de um procedimento de classificação da importância dos impactos são: transparência, reprodutibilidade e representatividade.

A crítica do MPF aos meios pelos quais a equipe chega à avaliação indica falta de transparência, ao passo que a falta de justificativa para atribuição de pesos denota ausência de reprodutibilidade dos procedimentos. Finalmente, a menção à falta de representatividade é explícita na última frase.

A transparência facilita a comunicação e está relacionada à explanação clara dos critérios adotados: os motivos que levaram a classificar um impacto como significativo ou não devem estar claros. Transparência é o oposto da opacidade. O leitor poderá ou não concordar com os critérios adotados, mas precisará fundamentar sua crítica, num processo de "uso público da razão" (conforme seção 16.2).

Reprodutibilidade significa que, se outra equipe adotar os mesmos critérios de classificação da importância dos impactos, deverá chegar a resultados semelhantes àqueles apresentados no EIA. Representatividade, por fim, é a propriedade dos critérios de avaliação de refletir valores e pontos de vista de diferentes partes interessadas.

Se cada um dos enfoques de Lawrence (2007a) for examinado à luz dessas três características, vai-se perceber que nenhum as atende plenamente:

* o enfoque técnico pode ter transparência e ser reprodutível, mas dificilmente terá representatividade (em geral, representa somente a perspectiva e a opinião da equipe que elabora o EIA);
* o enfoque colaborativo pode ter representatividade – e vantagens adicionais de contribuir para a solução de conflitos e criar uma instância que também serve a outras etapas do processo de AIA –, porém é pouco reprodutível – se as pessoas ou grupos envolvidos forem outros, os resultados podem ser bem diferentes – e pode ter baixa transparência;
* o enfoque argumentativo pode ser razoavelmente transparente – mas também pode ser difícil identificar inconsistências –, tende a ser pouco reprodutível e pode estar em qualquer extremidade do espectro de representatividade, haja vista que os argumentos podem ser usados seletivamente para apoiar ou criticar um projeto e defender posições; em contrapartida, se bem utilizado, pode suprir as desvantagens dos outros dois enfoques.

Uma apreciação sobre o atendimento de cada enfoque a cada um dos três requisitos é sintetizada no Quadro 10.7. Note-se que o grau de atendimento sugerido pressupõe o uso de boa prática profissional na avaliação da importância dos impactos.

10.4 ANÁLISE E COMPARAÇÃO DE ALTERNATIVAS

Na preparação de um EIA – assim como na aplicação de outras ferramentas de AIA, como a avaliação do ciclo de vida de um produto ou a identificação de efeitos e impactos ambientais para um sistema de gestão ambiental –, o analista se depara com a necessidade de comparar, classificar ou hierarquizar impactos de características muito diferentes. Por exemplo, uma opção de traçado de um trecho de rodovia pode implicar a supressão de 128 ha de certo tipo de vegetação, enquanto outra opção evitaria a supressão, mas acarretaria a demolição de 18 casas e o seccionamento de dez propriedades rurais. Com base nessas informações, como é possível escolher a alternativa de menor impacto?

Quadro 10.7 Grau de atendimento aos requisitos de avaliação da significância de impactos

Requisito	Enfoque		
	Técnico	Colaborativo	Argumentativo
Transparência	+++	+	+
Reprodutibilidade	+++++	+	++
Representatividade	+	+++++	+++

+   muito baixa possibilidade de atendimento ao requisito
++   baixa possibilidade de atendimento ao requisito
+++   razoável possibilidade de atendimento ao requisito
++++   grande possibilidade de atendimento ao requisito
+++++   plena possibilidade de atendimento ao requisito

Como os casos reais são muito mais complexos e envolvem mais variáveis que a situação hipotética acima, pode-se perceber as dificuldades dessa etapa na preparação de um EIA. Em tal estudo, sempre há, no mínimo, duas alternativas em análise: realizar ou não o projeto proposto. A essa configuração básica podem-se juntar diferentes situações, como variantes de localização de partes do empreendimento ou de sua totalidade, ou alternativas tecnológicas. Como o problema é comum a todo processo decisório, podem-se aplicar ou adaptar ferramentas desenvolvidas em outros contextos decisórios. Nesta seção será visto um exemplo de análise por critérios múltiplos e outro de uso de sistema de informação geográfica como ferramenta para ponderar atributos.

Análise multicritérios na seleção de alternativas

Para comparar seis alternativas de um projeto rodoviário na Holanda, Stolp et al. (2002) usaram quatro diferentes "perspectivas": a "humana", a "dos cidadãos", a "ecológica" e a "técnico-econômica". A perspectiva humana foi desenvolvida a partir de documentos governamentais que estabelecem políticas de qualidade de vida. A perspectiva dos cidadãos foi construída com a técnica de avaliação dos valores dos cidadãos (Quadro 8.5). As perspectivas ecológica e técnico-econômica foram baseadas no trabalho da equipe do EIA. Um procedimento multicritério simples foi desenvolvido para comparar as alternativas sob essas quatro perspectivas. Quatro temas e dez subtemas tratados no EIA receberam pesos segundo cada perspectiva (Quadro 10.8); a soma dos pesos de cada subtema é sempre igual a 1. Nota-se que, enquanto os cidadãos valorizam elementos como "proteção contra ruído", "ecologia" e "fluidez do tráfego", a equipe do EIA valoriza as categorias "água e solo", "ecologia" e "paisagem". Já sob a perspectiva técnico-econômica, as categorias mais importantes são "impactos sobre a atividade econômica" e "fluidez de tráfego".

Foram estudadas três alternativas, cada uma com duas variantes, ou seja, detalhes de projeto que podem modificar seus impactos, e denominadas "máx" e "mín":

* A1: ampliação e melhoria da autoestrada existente;
* A2: ampliação e melhoria da autoestrada existente com a construção de uma nova via;
* A3: nova autoestrada, segundo novo traçado.

Para cada variante, os pesos foram multiplicados pelo valor atribuído a cada impacto, dentro de uma escala predeterminada, resultando nos escores totais que podem ser vistos no Quadro 10.9. Para atribuir um valor a cada impacto, 17 impactos foram ordenados se-

Quadro 10.8 Distribuição de pesos para quatro perspectivas de análise de alternativas de um projeto rodoviário na Holanda

Tema	Subtema	Perspectiva humana	Perspectiva dos cidadãos	Perspectiva ecológica	Perspectiva econômica
Tráfego	Fluidez	0,05	0,15	0,05	0,25
	Segurança	0,15	0,01	0,05	0,15
Desenvolvimento urbano	Impactos locais e regionais	0,15	0,11	0,15	0,14
Economia	Impactos diretos e indiretos	0,10	0,15	0,10	0,40
	Qualidade do ar	0,13	0,10	0,10	0,01
	Água e solo	0,05	0,01	0,15	0,01
Meio ambiente	Ecologia	0,05	0,22	0,15	0,01
	Segurança externa	0,13	0,01	0,05	0,01
	Qualidade da paisagem	0,05	0,01	0,15	0,01
	Ruído e vibração	0,14	0,23	0,05	0,01
Total		1,00	1,00	1,00	1,00

Fonte: Stolp et al. (2002).

Quadro 10.9 Resultados de análise multicritérios de alternativas de um projeto rodoviário na Holanda

Variante	Perspectiva humana	Perspectiva dos cidadãos	Perspectiva ecológica	Perspectiva econômica
A1 máx	+0,03	+0,14	+0,03	+0,29
A1 mín	+0,08 (melhor)	+0,19 (melhor)	+0,05 (melhor)	+0,24
A2 máx	−0,11 (pior)	−0,09 (pior)	−0,26	+0,23 (pior)
A2 mín	−0,04	+0,05	−0,19	+0,38
A3 máx	−0,01	−0,02	−0,35 (pior)	+0,49 (melhor)
A3 mín	+0,01	−0,08	−0,27	+0,48

Fonte: Stolp et al. (2002).

gundo sua importância entre 1 e 17; para cada uma das seis alternativas, esses impactos receberam uma nota variando entre –2 e +2, nota esta que foi multiplicada por seu número de ordem, resultando em um escore total para cada alternativa, dado pela soma do produto de cada nota pelo número de ordem. O resultado mostra que a melhor alternativa sob o ponto de vista técnico-econômico não é a melhor sob o ponto de vista ecológico, que, por sua vez, coincide com os pontos de vista humano e dos cidadãos. A alternativa preferida por esses últimos está longe da melhor sob a perspectiva técnico-econômica, mas ainda é positiva sob a perspectiva econômica.

Na comparação de 17 alternativas de disposição de sedimentos a serem dragados do canal de acesso ao terminal portuário de uma usina siderúrgica no estuário de Santos, Estado de São Paulo, foi montado um esquema de pontuação que levou em conta fatores ambientais, operacionais e econômicos (Quadro 10.10). Segundo o EIA (CPEA, 2005a, p. 34),

268 Avaliação de Impacto Ambiental: conceitos e métodos

devido às muitas possibilidades e variáveis inerentes a cada parâmetro ou alternativa, as pontuações foram estabelecidas segundo faixas de variação, as quais aumentam exponencialmente para representar, de forma ponderada, o peso ou a importância do grau atribuído ao parâmetro analisado. Sua distribuição foi estabelecida a partir de progressões geométricas de razão (q) = 2; 2,5; 5; 10; 25; 50 ou 100, para diferenciar de forma mais enfática e significativa a importância do parâmetro.

Quadro 10.10 Comparação de alternativas para disposição de sedimentos dragados

Alternativa	Pontuação total (Σ_{alt})	Fator de relação (R = $\Sigma_{alt}/\Sigma_{alt.mín}$)	Índice de desempenho (I_D = 1/R)
1. Disposição de sedimentos não contaminados em área oceânica	152	1,00	1,00
2. Dique do Canal C	153	1,01	0,99
3. Dique do Furadinho	190	1,25	0,80
4. Cava confinada no Largo do Casqueiro	195	1,28	0,78
5. Cava confinada no Largo do Cubatão	203	1,34	0,75
6. Cava confinada no Largo do Canéu	244	1,61	0,62
7. Cava submersa no Canal de Piaçaguera	255	1,68	0,60
8. Incineração	754	4,96	0,20
9. Coprocessamento em fornos de cimento	827	5,44	0,18
10. Incorporação dos sedimentos em processo industrial	951	6,26	0,16
11. Cavas criadas pela mineração	1.138	7,49	0,13
12. Aterros industriais classe 1	1.238	8,14	0,123
13. Encapsulamento	1.240	8,16	0,122
14. Tratamento químico	1.313	8,64	0,116
15. Biorremediação	1.313	8,64	0,116
16. Reúso do material dragado	1.338	8,80	0,114

Fonte: CPEA, 2005a.

Foram escolhidos parâmetros relativos aos impactos sobre os meios físico, biótico, "socioeconômico e do patrimônio arqueológico e paisagístico", classificados quanto à duração, reversibilidade, magnitude, relevância/significância e abrangência, conforme os seguintes graus e pontuações:

❊ duração: temporário = 1; permanente = 25
❊ reversibilidade: reversível = 1; irreversível = 50
❊ magnitude: pequena = 1; média = 25; grande = 50
❊ relevância/significância: baixa = 1; média = 50; alta = 100
❊ abrangência: interna à empresa = 1; externa à empresa = 25

Foram também escolhidos parâmetros operacionais e econômicos com a seguinte pontuação:

CAPÍTULO

* negociações com terceiros: necessárias = 1; não necessárias = 50
* interferência com navegação: baixa = 1; média = 10; grande = 25
* custos: baixos = 1; médios = 5; altos = 10
* tecnologia: disponível = 1; indisponível = 100
* capacitação: plena = 1; parcial = 50; nula = 100
* reaplicação futura: possível = 1; parcial = 10; impossível = 25

Definido esse critério, cada alternativa recebeu uma nota, dada pela soma dos pontos correspondentes (denominada Σ_{alt}). As pontuações finais foram ordenadas de forma crescente, da alternativa mais favorável para a menos favorável. Em seguida, foi calculado um fator de relação (R) para cada alternativa, dado pela razão entre a pontuação total de cada uma delas ($\Sigma_{alt.}$) e a pontuação da alternativa mais favorável ($\Sigma_{alt.\ mín}$), que é a disposição oceânica de sedimentos não contaminados. Por fim, esse fator foi transformado em um índice de desempenho (Id), dado pela relação 1/R, que representa uma proporcionalidade entre as alternativas. A pontuação obtida para uma das alternativas, a disposição em cava submersa, é mostrada no Quadro 10.11.

Note que esquemas de análises por critérios múltiplos similares ao empregado neste último caso são mais comuns que o trabalho desenvolvido por Stolp et al. (2002), que apresenta uma discussão mais sofisticada e que reconhece os conflitos inerentes a toda atribuição de valor, ao passo que a análise por critérios múltiplos "tradicional" pressupõe ou tenta formar um consenso – o critério de avaliação – que na sociedade só existe raramente.

Sistemas de informação geográfica na análise de alternativas

Um sistema de informação geográfica (SIG) auxilia a análise da distribuição espacial dos impactos. Entretanto, seu emprego pode trazer embutidos critérios arbitrários de importância. O mesmo exemplo simples citado no início desta seção, das opções de traçado rodoviário que podem afetar uma área de vegetação nativa ou um bairro rural, pode ser usado novamente: na escolha do traçado que menor interferência causa nos atributos ambientais escolhidos, é preciso dar um peso a cada um desses atributos (o próprio uso de pesos idênticos já é um critério que deveria ser explícito), mas diferentes grupos de interesse podem atribuir pesos diferentes a um mesmo atributo.

Na seleção de traçados de projetos lineares é comum a elaboração de mapas temáticos (como vegetação, declividade do terreno, hidrografia e outros), seguida por sua superposição, com o intuito de determinar o melhor traçado sob o ponto de vista ambiental. A cada tema pode ser atribuído um peso. Por exemplo, a distância de nascentes e de cursos d'água pode ser escalonada em duas ou três zonas na qual pode ser dividido um mapa temático de hidrografia – assim, distâncias inferiores a 50 m poderão ter peso 1; distâncias entre 50 m e 100 m, peso 2; e distâncias maiores, peso 3. Os diversos atributos são depois combinados. Assim, o traçado ideal de um gasoduto poderia ser aquele mais distante dos cursos d'água e das zonas urbanas, ao mesmo tempo que evite fragmentos de vegetação nativa e zonas de alta suscetibilidade à erosão, ou que cruze o menor número possível de cursos d'água. Raramente haverá coincidência total ("unanimidade") na aplicação dos critérios para seleção da rota e, por isso, é necessário arbitrar pesos para atender a diferentes interesses.

Como pode haver discordância na alocação dos pesos, é conveniente que estes sejam clara e explicitamente expostos no EIA (transparência). A discordância pode dar-se entre a equipe do EIA e a equipe de análise técnica, ou com terceiros, como ONGs, situação que ocorreu na discussão pública de um projeto de duto de derivados de petróleo de São Paulo a

Quadro 10.11 Pontuação para a alternativa "cava submersa no canal de Piaçaguera"

Parâmetros		Escavação				Transporte				Disposição				Total
		Duração	Reversibilidade	Magnitude	Relevância	Duração	Reversibilidade	Magnitude	Relevância	Duração	Reversibilidade	Magnitude	Relevância	
Meio físico	Hidrologia e dinâmica superficial	-	-	-	-	-	-	-	-	1	1	1	1	4
	Hidrodinâmica	1	1	1	1	1	1	1	1	1	1	1	1	12
	Geotécnica	1	1	1	1	-	-	-	-	-	-	-	-	4
	Aquíferos	-	-	-	-	-	-	-	-	1	1	1	1	4
	Corpos d'água	1	1	25	1	-	-	-	-	1	1	25	50	105
	Atmosfera	1	1	1	1	1	1	1	1	1	1	1	1	12
Meio biótico	Avifauna	1	1	1	1	-	-	-	-	1	1	1	1	8
	Fauna aquática	1	1	1	1	-	-	-	-	1	1	25	1	32
	Flora	-	-	-	-	-	-	-	-	-	-	-	-	-
Socioeconomia	Pesca	-	-	-	-	-	-	-	-	-	-	-	-	-
	Saúde pública	-	-	-	-	-	-	-	-	-	-	-	-	-
	Vias públicas	-	-	-	-	-	-	-	-	-	-	-	-	-
	Negociações							1						1
Patrimônio arqueológico e paisagístico		-	-	-	-	-	-	-	-	-	-	-	-	-
Abrangência								1						1
Navegação				10				1				25		36
Custos				5				5				10		20
Tecnologia				1				1				1		3
Capacitação				1				1				1		3
Reaplicação				10				10						20
Total														225

Fonte: CPEA, 2005a.

Brasília. Para avaliação ambiental do projeto, foram feitas cartas temáticas e uma divisão da área de estudo em células quadradas de 2,5 km de lado, na qual foram identificados os componentes ambientais mais relevantes (Ibrahim et al., 1995). Foram selecionados onze temas, cada um recebendo um peso entre 0 e 10. Para cada tema, foram definidas classes que designam características ambientais que poderiam ser afetadas pelo empreendimento, às quais também se atribuíram pesos entre 0 e 10, o mais alto representando maior fragilidade do ambiente diante do projeto. Cada célula (2,5 km de lado) apresentava uma única classe para cada tema, que é uma escala pouco detalhada de análise[1]. Em seguida, foi estimado o "grau de incompatibilidade" de cada quadrícula para receber o empreendimento

Avaliação da importância dos impactos

proposto, dado pela somatória da multiplicação dos pesos de cada tema pelo peso de cada classe, em cada quadrícula. Dessa forma, obtém-se o melhor traçado possível, que é dado pela sequência de quadrículas com o menor grau de incompatibilidade.

Como se pode observar, os resultados da aplicação desse procedimento dependem: (i) da escala (o tamanho da quadrícula); (ii) da acurácia das informações temáticas de cada quadrícula; (iii) da escolha dos temas e das classes; (iv) dos pesos atribuídos a cada tema e a cada classe; (v) dos critérios de combinação dos atributos. Mudando-se cada um desses cinco itens, os resultados podem ser diferentes.

Souza (2000) refez o trabalho do EIA do duto em um pequeno trecho, utilizando um SIG e modificando o tamanho das quadrículas, obtendo um traçado diferente do originalmente proposto. O autor também questionou o local selecionado para uma base de distribuição de combustíveis (uma das "saídas" do duto ao longo de seu percurso), mostrando que a alternativa escolhida não levou em conta a incompatibilidade da área e teve o efeito de induzir o traçado do duto sobre quadrículas de baixa compatibilidade; ao contrário, "a definição prematura da [localização da] base implicou, nesse caso, um traçado que se desvia das células ou *pixels* que representam menos impactos ambientais, favorecendo interesses do empreendedor que já era proprietário da área em questão, em detrimento da definição do melhor traçado ambiental" (p. 84).

Esse caso aconteceu entre 1991 e 1994, quando o Departamento de Avaliação de Impacto Ambiental emitiu um parecer favorável, recomendando ao Consema a aprovação do traçado proposto. Entretanto, uma ONG questionou o traçado escolhido e a localização dessa base de distribuição (em Ribeirão Preto) e convenceu os conselheiros do Consema a determinar que o empreendedor (Petrobras) apresentasse uma complementação "no que diz respeito ao traçado dos dutos, à localização da base de armazenamento e distribuição". "A partir de então, segundo depoimentos, a empresa deixou de tentar influenciar a escolha do traçado e a localização das bases, retirando, inclusive, as restrições técnicas que antes impunha, e passando a decisão quase que inteiramente para a consultora" (Ibrahim et al., 1995, p. 40).

Warner e Diab (2002) utilizaram um SIG para escolher o melhor traçado para uma linha de transmissão na África do Sul. Foram selecionados oito temas, os quais tiveram sua importância relativa determinada por meio de comparações de pares, respondendo a perguntas como: quanto mais importante é um tema (como recursos culturais) que outro? (por exemplo, uso do solo), um procedimento "subjetivo, porém quantificado de modo transparente, tornando-o disponível para debate e possível modificação" (p. 42). Cada tema é dividido em fatores (ou subtemas) e cada um recebe, também, um peso. Cada fator é, então, multiplicado por seu peso e os resultados são somados para dar a "adequabilidade" de cada quadrícula em que é dividida a área de estudo. Naturalmente é preciso dispor de mapas em escala adequada (neste caso, 1:10.000), de imagens aéreas (neste caso, fotos) e de dados de campo, compilados ou produzidos durante os estudos de base.

Como no caso do duto, o estudo de Warner e Diab (2002) também foi feito após a conclusão do EIA e chegou a conclusões diferentes, pois usou critérios de avaliação distintos. Uma vantagem do uso do SIG, apontada pelos autores, é a possibilidade de simular diversos cenários e variar os pesos, simulando a valoração que diferentes interessados podem dar aos atributos considerados (temas e subtemas). Uma vez ultrapassada a etapa inicial de montar as bases de dados georreferenciadas e preparar os mapas para os vários temas, o SIG permite simulações rápidas.

[1] Como discutido na seção 8.4, João (2002) mostrou que a escala adotada afeta os resultados da análise dos impactos, pois uma unidade de terreno com 625 ha (2,5 km × 2,5 km) pode ter diferentes classes de uso do solo, de distâncias a cursos d'água e demais atributos.

Comparação qualitativa

O reconhecimento da inevitável subjetividade na comparação de alternativas e de que a classificação da importância dos impactos depende de uma escala de valores pode favorecer o uso de procedimentos mais simples e exclusivamente qualitativos. André et al. (2003, p. 273) argumentam que a simples apresentação da informação na forma de um quadro comparativo facilita uma tomada de decisões e a escolha entre as alternativas; diante de um quadro sinóptico, cada um avalia a situação utilizando seus próprios critérios ou seus próprios pesos, como em qualquer decisão pessoal.

Uma comparação entre o estado de conservação de duas microbacias hidrográficas situadas na zona de ocorrência de cerrados no interior do Estado de São Paulo foi feita para selecionar a localização de uma usina de beneficiamento de areia industrial, proposta para ser construída junto a uma nova mina (Quadro 10.12). Dois locais foram pré-selecionados pelo critério de proximidade da futura mina, mas cada um estava situado nas cabeceiras de diferentes microbacias hidrográficas. Para fins de comparação, e como uma das questões era o risco de degradação da qualidade das águas, foram desenvolvidos índices para descrever o estado de conservação de cada microbacia, pressupondo que a melhor localização deveria corresponder àquela que estivesse mais alterada em decorrência do histórico agrícola de uso do solo. Com o emprego de mapas em escala 1:10.000 e de fotografias aéreas, os índices foram calculados para cada microbacia e tabulados, para efeitos de comparação. No Quadro 10.12 observa-se que a bacia do córrego Bocaina se encontra em estado de conservação ligeiramente melhor, sendo recomendada a instalação da usina na outra bacia. Note que esses índices representam as características naturais e os tipos de intervenção mais característicos dessa área de estudo, podendo não ser os mais apropriados para um trabalho semelhante em outro local.

Quadro 10.12 Índices do estado de conservação dos hábitats de duas microbacias

Atributos	Microbacia	
	Bocaina	Sem nome
Relação entre área de mata ciliar e área total da bacia	4,64%	4,23%
Relação entre área de mata ciliar e comprimento do talvegue	9,74 ha/km	6,33 ha/km
Relação entre área de vegetação nativa e área total da bacia	12,1%	18,0%
Número de barramentos por km linear de talvegue	0,9	1,6
Área inundada por barramentos por km linear de talvegue	0,075 ha/km	0,862 ha/km
Área inundada por barramentos por metro linear de talvegue	0,75 m²/m	8,625 m²/m
Área inundada por barramentos em relação à área total da bacia	0,04%	0,58%
Margens protegidas por vegetação nativa em relação ao comprimento do talvegue	84%	50%

Fonte: Prominer, 2001a.

10.5 SÍNTESE

É importante que o EIA indique com clareza quais são os impactos significativos do projeto e justifique essa conclusão. Entretanto, não há fórmula universal para realizar essa tarefa. A conjugação entre a importância do recurso ambiental ou cultural afetado e a magnitude do impacto é a principal diretriz para atribuir significância aos impactos.

A magnitude ou severidade, por sua vez, pode ser caracterizada como uma combinação de intensidade, duração, reversibilidade e probabilidade de ocorrência do impacto, combinados por meio de regras lógicas ou ponderados.

A avaliação da importância dos impactos é mais detalhada quando abrange sua distribuição espacial e social. Impactos ambientais raramente têm distribuição homogênea e são mais significativos em determinados locais ou afetam determinados grupos populacionais de forma mais significativa.

O diagnóstico ambiental acurado e a descrição suficientemente detalhada do projeto, seguidos de identificação e previsão da magnitude dos impactos, são requisitos de uma adequada avaliação da importância dos impactos. Por sua vez, a avaliação informa a etapa posterior de definição das medidas mitigadoras. As atividades de preparação de um EIA devem ser concatenadas. Assim, não adianta dispor de um procedimento sofisticado de interpretação da importância dos impactos se as demais tarefas não forem conduzidas satisfatoriamente.

Idealmente, a determinação da importância deveria ser transparente, representativa e reprodutível. Embora não seja possível atender simultaneamente e de maneira plena a essas características desejáveis, de forma alguma pode a classificação da importância ser leviana e muito menos denotar viés – favorável ou desfavorável – ao projeto analisado. A preocupação de comunicar claramente as conclusões da avaliação deve ser permanente.

IMPACTOS CUMULATIVOS

11

Impactos cumulativos ou acumulativos são aqueles que se acumulam no tempo ou no espaço, como resultado da adição ou da combinação de impactos decorrentes de uma ou de diversas ações humanas. Impactos insignificantes podem resultar em degradação ambiental significativa se concentrados espacialmente ou se ocorrerem simultaneamente.

Assim, se esgotos de uma residência forem lançados *in natura* em um córrego, suas consequências podem não ser mensuráveis, mas, se muitas residências lançarem esgotos, a qualidade das águas será sensivelmente degradada. O corte de vegetação ripária em uma pequena propriedade rural pode não ter efeitos mensuráveis sobre o ecossistema aquático, porém, se for eliminada de toda a bacia hidrográfica, haverá efeitos deletérios. Pequenos empreendimentos turísticos, como pousadas e restaurantes, e pequenas obras de infraestrutura urbana individualmente podem ter impacto pouco relevante, mas, somados e concentrados em uma área, modificam paisagens, qualidade das águas e a cultura local, como ilustrado pelas Figs. 5.8 e 11.1, de locais hoje profundamente modificados pela expansão "não planejada e espontânea" (Wong, 1998) do turismo no sudeste asiático, a ponto de serem fechados a visitantes para evitar danos ainda maiores aos ambientes terrestres e marinhos (Coca, 2019).

Tradicionalmente, a AIA não se ocupa de impactos de baixa significância nem de ações que, individualmente, tenham baixo potencial de causar impactos significativos, que devem ser tratadas por outros instrumentos de planejamento e gestão ambiental, como o zoneamento de uso do solo, o licenciamento convencional e a obrigatoriedade de atendimento a normas e padrões (Cap. 4, em particular, Fig. 4.9).

Nos Estados Unidos, a Lei da Água Limpa (*Clean Water Act*) requer explicitamente que a *Environmental Protection Agency* considere os impactos cumulativos quando analisa pedidos individuais de descarga de materiais dragados ou de execução de aterros em ambientes aquáticos ou áreas úmidas (Leibowitz et al., 1992). Para exemplificar o problema de que muitas pequenas ações, que individualmente têm impacto desprezível, podem, juntas, causar impactos significativos, considere-se o dado apresentado por Abbruzzese e Leibowitz (1997, p. 458): uma única agência federal, o Corpo de Engenheiros do Exército, recebe nada menos que 62 mil solicitações anuais para intervenções físicas em ambientes aquáticos.

Grandes projetos também causam impactos cumulativos. Na bacia do rio São Francisco, diversos projetos de irrigação, de captação de água, e hidrelétricos (que causam perdas por evaporação), assim como mudanças de cobertura da terra, vêm contribuindo para reduzir o aporte de sedimentos e as vazões mínima, média e máxima do rio, causando o recuo da linha de costa, visível na foz (Fig. 11.2), e a intrusão da cunha salina (entrada de água do mar durante a maré alta) a locais cada vez mais distantes, afetando o cultivo de arroz (Diniz et al., 2019).

Em uma bacia de 638.323 km², vários projetos de significativo impacto sobre a disponibilidade de recursos hídricos são licenciados por órgãos ambientais diferentes, não apenas sem coordenação, mas ao longo de décadas, e sem considerar impactos cumulativos e suas causas, em particular mudanças de uso da terra (em parte causadas pelos próprios empreendimentos licenciados) e mudanças climáticas.

Fig. 11.1 *Ao Phang-Nga, Tailândia, região com grande concentração de empreendimentos turísticos que, juntos, causam impactos cumulativos relevantes*

Se a avaliação individual dos impactos de um projeto desconsiderar totalmente outros projetos na mesma região, então a decisão de investimento, financiamento ou licenciamento será tomada sem informação e análise completas. Essa situação é exemplificada pela bacia do rio Cupari, um afluente do rio Tapajós para o qual estão planejadas 28 pequenas centrais hidrelétricas (PCHs) e uma usina hidrelétrica (Athayde et al., 2019). Em uma bacia de 7.200 km² sem nenhum barramento (Fig. 11.3), a construção de todas as centrais, ainda que ao longo de anos, poderia modificar totalmente as condições hidrobiológicas (Kibler; Tullos, 2013) e causar perda de conectividade (Couto; Olden, 2018). Conectividade é uma característica importante para a integridade dos ecossistemas aquáticos e terrestres e essencial para a ictiofauna, por sua vez um dos principais recursos das comunidades ribeirinhas locais (Fig. 11.4).

Fig. 11.2 *O antigo farol na foz do rio São Francisco ficava a 1,5 km do litoral, mas a retenção de sedimentos nas barragens e a redução da vazão modificaram a morfologia litorânea, fazendo o mar avançar*

11.1 BASE CONCEITUAL

Para que o conceito de impacto cumulativo possa ser empregado em decisões sobre projetos ou decisões de planejamento, é necessária uma definição operacional. Uma das primeiras foi dada pelo regulamento da NEPA:

> [...] o impacto que resulta do impacto incremental da ação [em análise] quando acrescida de outras ações passadas e presentes e de ações futuras razoavelmente previsíveis, independentemente de qual agência (Federal ou não) ou pessoa execute tais ações. Impactos cumulativos podem resultar de ações individualmente pequenas, mas coletivamente significativas que ocorrem em um período de tempo [Seção 1508.7].

Outra definição de natureza prática é a do guia de avaliação de impactos cumulativos da IFC:

> [...] aqueles que resultam de efeitos sucessivos, incrementais e/ou combinados de uma ação, projeto ou atividade quando somada a outras existentes, planejadas e/ou razoavelmente antecipadas (IFC, 2013).

Essas definições enfocam a multiplicidade de causas (ações humanas distribuídas no tempo e no espaço) de acumulação de impactos. Outra definição é a do Conselho Canadense de Ministros do Meio Ambiente (entidade que reúne os titulares da pasta de meio ambiente de cada província e território e o ministro federal), que dá destaque às interações entre essas causas e os processos ambientais:

> Uma mudança no ambiente causada por interações múltiplas entre atividades humanas e processos naturais que se acumulam no espaço e no tempo (CCME, 2014).

Essa definição é consistente com o conceito de impacto ambiental como o resultado das alterações antrópicas de processos ambientais (seção 1.6). Há outras definições na literatura acadêmica, porém Duinker et al. (2013, p. 42) argumentam que "porque im-

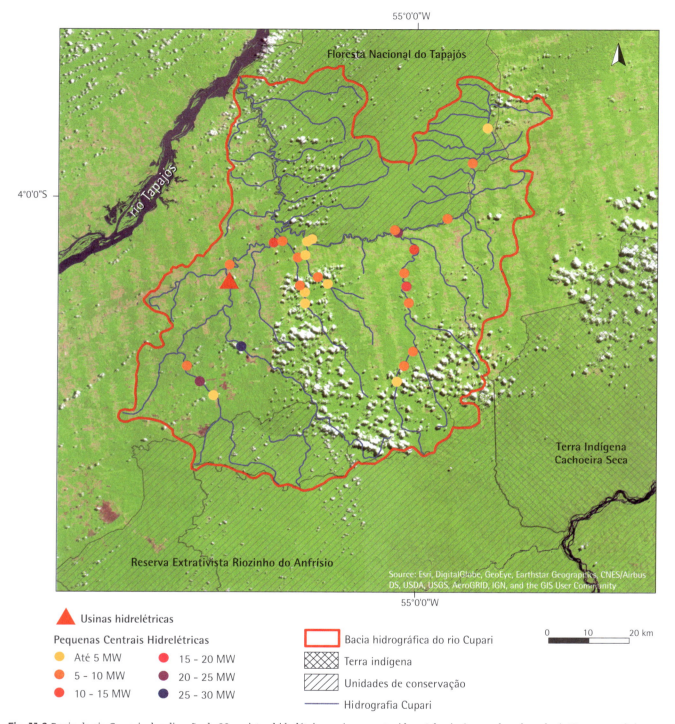

Fig. 11.3 Bacia do rio Cupari e localização de 29 projetos hidrelétricos e áreas protegidas. A bacia é cruzada pela rodovia Transamazônica, cuja abertura induziu a ocupação da área nos anos de 1980, no padrão de desmatamento conhecido como "espinha de peixe". Composição de imagens Sentinel II de julho e agosto de 2019

pactos cumulativos são complexos, como concordaria a maioria dos pesquisadores e profissionais, definições curtas, ainda que consensuais, seriam insuficientes para guiar a aplicação prática".

Um ponto consensual é que, para avaliar impactos cumulativos, é necessário considerar os impactos do projeto ou do conjunto de projetos em análise juntamente com: (i) os impactos de outros empreendimentos em operação ou em construção, (ii) os impactos acumulados de ações passadas (as ações podem ter cessado, mas os impactos perduram), e (iii) os impactos de projetos que poderão vir a ser desenvolvidos no futuro (Fig. 11.5).

A avaliação de impactos cumulativos (AIC) difere da AIA de projetos quanto ao escopo e quanto aos métodos. A AIC tem escopo menos abrangente, avaliando apenas os impactos sobre um número limitado de componentes ambientais, por exemplo, a qualidade do ar, a disponibilidade hídrica e o hábitat de determinada espécie ou grupo de espécies. O conceito de *valued component* é fundamental em AIC.

Não há um termo consolidado em língua portuguesa para *valued component*, embora às vezes se use "componente ambiental relevante" (seção 5.5). Originalmente descrito por Beanlands e Duinker (1983) como componentes valorizados do ecossistema (*valued ecosystem components*), abreviado regularmente como VEC, o acrônimo é amplamente utilizado na literatura, mas o termo "ecossistema" tem sido preterido, de modo a acomodar componentes sociais que também podem sofrer impactos cumulativos. Por exemplo, IFC (2013) utiliza *valued component*. Algumas definições de "componente valorizado" são:

> Uma parte do meio ambiente que é considerada importante pelo proponente, órgão público ou cientistas envolvidos no processo de avaliação. Importância deve ser determinada com base em valores culturais ou interesse científico (Hegmann et al., 1999).

> Atributos ambientais e sociais considerados importantes para avaliar riscos [e impactos] [...] são os derradeiros receptores de impactos (IFC, 2013).

Em português, pode-se utilizar o termo *componente ambiental ou social selecionado* (CASS) como equivalente de *valued component*, uma vez que é preciso selecionar os componentes ambientais e sociais que farão parte da AIC. Designar tais componentes por "relevantes" ou "valorizados" pode trazer problemas de comunicação (Cap. 14), por dar margem à interpretação, equivocada, de que os demais componentes não seriam importantes. Os componentes não incluídos em uma AIC podem ser altamente relevantes, apenas não são considerados como receptores de impactos cumulativos. Os componentes podem ser recursos ambientais ou culturais, ecossistemas, espécies de particular interesse, comunidades ou outros.

Em termos de métodos, portanto, a AIC procurar analisar os efeitos totais sobre um conjunto selecionado de componentes ambientais e sociais, diferentemente da avaliação convencional de impactos, que avalia como o projeto contribui, individualmente, para alterar a condição dos componentes ambientais. Enquanto a avaliação convencional parte das atividades a serem realizadas e identifica os impactos (Cap. 7), na AIC parte-se da seleção de componentes para em seguida identificar as ações que os influenciam (Fig. 11.6).

Fig. 11.4 *A pesca e a preparação artesanal de farinha de mandioca são atividades essenciais para as populações amazônicas, como nesta comunidade tradicional da Floresta Nacional do Tapajós*

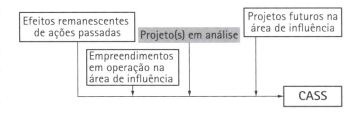

Fig. 11.5 *Ações humanas de diferentes origens afetam o componente ambiental ou social selecionado (CASS)*

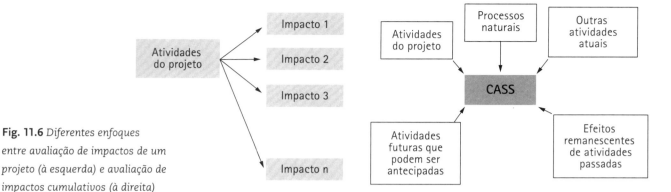

Fig. 11.6 *Diferentes enfoques entre avaliação de impactos de um projeto (à esquerda) e avaliação de impactos cumulativos (à direita)*

Alguns autores, inclusive, recomendam que sejam considerados processos naturais que podem afetar o componente selecionado, como fogo ou secas prolongadas. Em ambos os casos, a avaliação deve resultar em propostas de mitigação.

Costuma-se distinguir entre dois tipos principais de impactos cumulativos, os aditivos e os sinérgicos, em função de diferentes processos de acumulação. Nos impactos aditivos, diferentes fontes da mesma natureza causam o mesmo tipo de impacto sobre o mesmo receptor. Por exemplo, os alunos de uma escola podem ser expostos a várias fontes externas de ruído distribuídas no espaço e no tempo, como uma rodovia, uma indústria e uma obra de construção. Os efeitos sobre o receptor se somam. Já os processos acumulativos sinérgicos resultam em um efeito composto sobre o componente. Por exemplo, uma população de tartarugas marinhas pode ser afetada pela perda de locais de desova em uma praia, devido à ocupação da orla, e pode também estar exposta à poluição luminosa de um terminal portuário, que perturba a movimentação das fêmeas em direção à praia e desorienta os filhotes após a eclosão dos ovos, e também ao tráfego de embarcações no terminal portuário, que pode causar outras perturbações. O efeito composto sobre a população de tartarugas decorre de múltiplas fontes e interações. Poluentes do ar podem se combinar, produzindo efeitos sinérgicos sobre a saúde humana, como óxidos de nitrogênio (emitidos por combustão) e compostos orgânicos voláteis (como solventes de tintas e compostos da gasolina): cada gás, se inalado, é prejudicial à saúde, mas, juntos, contribuem para a formação do ozônio, outro poluente que, ao ser inalado, é oxidante e prejudicial à saúde.

Os dois tipos de efeitos cumulativos podem decorrer de atividades integrantes de um mesmo projeto (cumulatividade intraprojeto) ou de projetos distintos (cumulatividade interprojetos) (Broderick; Durning; Sánchez, 2018). Essa distinção é importante para evitar que o fracionamento de projetos, às vezes usado para fins de licenciamento, seja desconsiderado ao avaliar os impactos cumulativos.

Impactos aditivos são de mesma natureza: diferentes fontes provocam o mesmo impacto, cuja resultante será de maior intensidade, duração ou extensão espacial (Fig. 11.7). Quando dois impactos se combinam de maneira sinérgica, ou seja, em associação simultânea, um terceiro impacto pode se manifestar. Diagramas causais descritivos (Fig. 7.20) são úteis para representar processos aditivos e sinérgicos, como exemplificado na Fig. 11.8, onde os impactos "redução da densidade e distribuição de populações de fauna terrestre" e "redução da riqueza de espécies de fauna em fragmentos florestais" são o resultado final da interação de outros impactos decorrentes das atividades realizadas em áreas de plantio de cana-de-açúcar.

> Impactos cumulativos são os efeitos totais sobre um recurso ambiental, ecossistema ou comunidade, independentemente da origem das ações causadoras.

IMPACTOS CUMULATIVOS   281

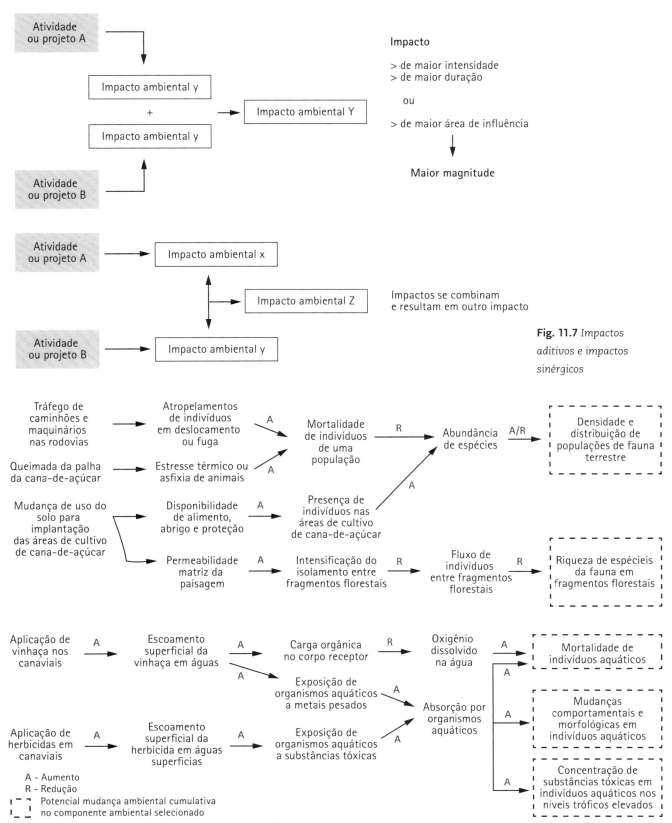

Fig. 11.7 *Impactos aditivos e impactos sinérgicos*

Fig. 11.8 *Diagrama de causalidade para o componente "fauna terrestre" (acima) e "organismos aquáticos" (abaixo) em áreas de cultivo de cana-de-açúcar para produção de etanol*

Fonte: Dibo (2018).

11.2 Exemplos

Alguns exemplos de AIC são apresentados nesta seção para ilustrar a diversidade de abordagens metodológicas e diferentes escopos: a avaliação ambiental regional feita pelo Banco Mundial para a região sul da Mongólia (Walton, 2010), a avaliação de impactos cumulativos feita para a região dos Apalaches, EUA, pela organização não governamental *The Nature Conservancy* (Evans; Kiesecker, 2014), o estudo ambiental regional feito para a região das dunas de areia da província canadense de Saskatchewan (Government of Saskatchewan, 2007), a AIC de parques eólicos preparada pela IFC em uma região da Jordânia (IFC, 2017) e a avaliação de impactos cumulativos feita em Congonhas, Minas Gerais (Neri; Dupin; Sánchez, 2016).

O estudo de Walton (2010) abrangeu uma área de 350.000 km² com população de 153.000 habitantes, a região de Gobi meridional, onde grandes projetos de mineração estão se instalando. Esse estudo procurou avaliar dois cenários, denominados "cenário-base" e "cenário alto". No primeiro, foram consideradas duas minas de carvão, uma usina termelétrica, uma mina de cobre e ouro e melhorias em rodovias existentes. No segundo, além desses empreendimentos, foi considerada a possível instalação de outras minas, outra usina térmica e a construção de uma ferrovia para escoamento de minério. Entre as principais características da área, destacam-se clima árido, déficit hídrico, a existência de reservas de águas subterrâneas fósseis, espécies ameaçadas de fauna e populações humanas que seguem modos de vida tradicionais baseados na criação de animais.

A partir de uma descrição das principais características dos projetos e de uma breve caracterização ambiental regional, o estudo identificou os principais impactos, apresentou estimativas de magnitude, avaliou sua significância e propôs medidas de gestão. Entre os impactos significativos do conjunto de empreendimentos, destacam-se a degradação da qualidade do ar decorrente das emissões de material particulado, o efeito barreira para a fauna silvestre criado pela infraestrutura de transporte de minério, a redução da disponibilidade hídrica, a exaustão dos aquíferos e diversas formas de poluição decorrentes da atração de imigrantes.

O estudo de Evans e Kiesecker (2014) também desenvolveu dois cenários de possível desenvolvimento de projetos de extração de gás em folhelhos (também conhecido como gás de xisto) e de geração eólica em uma região de cerca de 171.000 km² no Nordeste dos Estados Unidos. Nesse caso, há potencial de implantação de milhares de novos empreendimentos relativamente pequenos que, somados, podem causar impactos significativos em escala regional. Dessa forma, os autores adotaram certas premissas para fazer previsões sobre os possíveis cenários futuros, concluindo que a expansão dessas duas atividades resultaria em aumento da impermeabilização das bacias hidrográficas, com consequente degradação da qualidade das águas superficiais, e em perda de áreas de florestas. O estudo também concluiu que cerca de um terço da expansão prevista ocorreria nas bacias hidrográficas mais preservadas. Usando bases de dados geoespaciais (ou seja, mapas digitais da rede hidrográfica, cobertura da terra, unidades geológicas etc.), os autores quantificaram esses impactos em cada cenário.

Na província canadense de Saskatchewan, um estudo ambiental regional foi realizado em uma área de pradarias utilizada predominantemente para pastagem e sujeita à expansão de atividades de exploração e produção de gás convencional, incluindo a construção de vias de acesso e de dutos de escoamento. A área de estudo tem dois recortes. O maior, denominado "área de estudo", tem cerca de 10.000 km² e 6.700 habitantes, sendo caracterizado pela presença de comunidades indígenas; nessa área, demarcada por limites municipais, foram realizados estudos sociais e econômicos. Dentro dessa área de estudo foi aninhada uma "área de exame", menor, de 1.942 km², delimitada por critérios biofísicos (áreas de dunas de areia e pradarias), onde foram feitos levantamentos mais detalhados; essa área tem como principais valores ambientais os atributos de biodiversidade e é considerada como apresentando alta integridade ecológica (Government of Saskatchewan, 2007). Um diagnóstico analisou as mudanças ocorridas ao longo do tempo em alguns componentes ambientais selecionados nas categorias capital natural humano e econômico.

Três cenários futuros foram considerados e seus impactos previstos tendo em vista um horizonte temporal de quinze anos. Dois cenários assumem incremento da produção pecuária e aumento das atividades de produção de gás, considerando reservas provadas e prováveis. O terceiro cenário considera essas categorias de reservas de gás acrescidas de recursos geológicos possíveis (ou seja, um aumento das reservas). Dois níveis de restrição de acesso a áreas de importância biológica foram considerados. São feitas recomendações para proteção de áreas de importância para a biodiversidade e analisados os impactos econômicos da restrição de atividades nessas áreas.

Nesses três casos, uma abordagem comum é a montagem de cenários de desenvolvimento futuro, sendo avaliados os impactos em cada cenário.

Diversos projetos de geração de eletricidade foram propostos para a região de Tafila, Jordânia, uma importante rota de aves migratórias classificada como área importante para aves (*important bird area* – IBA). Depois do primeiro parque eólico, inaugurado em 2015, cinco outros foram propostos para a região. A AIC, realizada em 15 meses, teve a participação de todas as empresas interessadas, que forneceram dados sobre os projetos e a área de estudo, de cerca de 350 km². De um conjunto de dez componentes ambientais ou sociais considerados, foram selecionados três (CASS): aves, morcegos e "hábitats e outras espécies". Durante a determinação do escopo, foram encontrados problemas de lacunas de dados e inconsistência de métodos de levantamentos de aves, o que levou à realização de levantamentos de campo durante uma estação. Onze espécies de aves foram selecionadas para estudos detalhados e o risco de mortalidade por colisão foi calculado usando dados populacionais. O reconhecimento de incertezas e limitações é parte integral dessa AIC. Foram feitas recomendações para os EIAs e planos de gestão ambiental dos próximos projetos, assim como monitoramento de cada CASS.

Em uma área de estudo de 493 km², Neri, Dupin e Sánchez (2016) analisaram os impactos cumulativos de empreendimentos minerossiderúrgicos na região de Congonhas, Minas Gerais, que recebeu importante afluxo de investimentos recentes no setor. Usando uma abordagem pressão-estado-resposta, foram reunidas informações sobre dez projetos e empreendimentos em operação, com base em estudos apresentados para licenciamento ambiental. Foram selecionados seis componentes ambientais ou sociais, a saber: qualidade do ar, recursos hídricos, formações vegetais nativas, uso do solo, vias públicas e patrimônio natural e cultural. De maneira a tornar possível a agregação de informações acerca de diferentes empreendimentos e oriundas de fontes distintas, foi preestabelecido um conjunto de possíveis indicadores de pressão, de estado e de resposta. A compilação e a análise dos indicadores possibilitaram que fosse feito um ensaio do cenário futuro (2030), o que levou às seguintes conclusões:

a] Os impactos ambientais diretos e indiretos do conjunto de empreendimentos e projetos analisados devem resultar em piora dos indicadores de qualidade do ar e da água e em aumento da degradação do patrimônio natural e cultural, ao passo que os impactos cumulativos sobre uso do solo e formações vegetais nativas podem ser contrabalançados por ações de compensação florestal e o aumento do tráfego nas vias públicas pode ser acomodado mediante ações de melhoria da malha viária.

b] A prática atual do licenciamento ambiental não leva em conta os impactos cumulativos dos projetos colocalizados: impactos cumulativos não são avaliados nem são propostos programas de mitigação ou de acompanhamento.

As conclusões do estudo remetem às recomendações para incorporação da AIC ao licenciamento ambiental, estabelecimento de programas conjuntos de monitoramento ambiental e sugestões para tratar de outros temas relevantes relativos aos empreendimentos minerossiderúrgicos na região.

Um ponto em comum entre esses cinco estudos é avaliar grupos de projetos ou "potenciais" de implantação de projetos cujos impactos, tomados em conjunto, são significativos. Por conseguinte, para informar adequadamente o público e os tomadores de decisão sobre as consequências ambientais e sociais futuras, tanto a escala quanto o foco de análise devem ser diferentes daqueles usualmente adotados em estudos de impacto ambiental de projetos individuais.

Avaliar impactos cumulativos não é o mesmo que indicar, em um EIA, se determinado impacto tem "propriedades cumulativas ou sinérgicas", como é prática comum no Brasil.

A avaliação ambiental integrada feita no Brasil para conjuntos de projetos hidrelétricos em uma determinada bacia hidrográfica é uma AIC. O primeiro desses estudos foi feito após atuação do Ministério Público, para o rio Uruguai, que já contava várias barragens, mas onde novos projetos eram considerados. Diversas outras avaliações desse tipo foram depois feitas em outras bacias para auxiliar o planejamento de expansão do setor elétrico.

11.3 MÉTODOS

Os exemplos da seção anterior mostram a pluralidade metodológica da AIC. A publicação de diretrizes para aplicação prática contribuiu para disseminar a AIC. O guia do Conselho de Qualidade Ambiental dos Estados Unidos (CEQ, 1997) foi pioneiro, seguido pelas diretrizes publicadas pela Agência Canadense de Avaliação Ambiental (Hegmann et al., 1999). Ambos continuam sendo importantes referências e recomendam uma sequência similar de passos. Por sua vez, a IFC desenvolveu um guia para AIC visando orientar a preparação de estudos de impacto ambiental e social que atendam ao requisito do Padrão de Desempenho 1 (§8), limitado aos "impactos geralmente reconhecidos como importantes com base em preocupações científicas e/ou preocupações das comunidades afetadas" (IFC, 2013).

Além desses guias, aplicáveis a diferentes tipos de projetos, foram também publicados documentos de orientação destinados a tipos específicos de atividades, como projetos de mineração de carvão na Austrália (Franks; Brereton; Moran, 2010), projetos hidroelétricos na Turquia (World Bank, 2012) e parques eólicos em ambientes marinhos (*offshore*) no Reino Unido (RUK, 2013). Artigos (Canter; Ross, 2010), capítulos de livros (Canter, 1999; Broderick; Durning; Sánchez, 2018) e um livro dedicado ao tema (Canter, 2015) também recomendam passos sequenciais semelhantes para realizar a AIC, como se verá a seguir. Note-se que a metodologia de avaliação ambiental integrada de bacias hidrográficas geralmente empregada no Brasil (Tucci; Mendes, 2006) utiliza outra abordagem, e começa por um diagnóstico.

Definição do escopo

Uma AIC pode ser requerida como parte de um EIA, portanto de um único projeto, ou para grupos de projetos colocalizados. Pode-se estabelecer diferentes escopos para a AIC, para responder perguntas distintas:

> I – Como os impactos de um único projeto se acumulam sobre determinados receptores (VECs/CASS)?
>
> II – Como os impactos de um grupo de projetos localizados em determinada região se acumulam sobre determinados receptores (CASS)?
>
> III – Como os impactos de diversas ações antrópicas (reguladas ou não) se acumulam sobre determinados receptores (CASS) em uma dada região?

No primeiro escopo, trata-se de incorporar a AIC ao EIA, considerando não apenas o projeto em análise, mas também outros, existentes ou planejados, assim como os efeitos remanescentes de ações passadas. Essa é a prática requerida pela legislação nos Estados Unidos e Canadá. O mínimo a ser feito dentro desse escopo é considerar os impactos de todas as atividades e instalações do projeto, evitando-se o fracionamento.

O fracionamento do projeto para fins de avaliação de impacto e licenciamento ambiental é uma prática adotada em muitos países (Enríquez-de-Salamanca, 2016). Por exemplo, uma rodovia é dividida em lotes para escapar da obrigatoriedade de um EIA, um terminal portuário é construído em etapas ao longo do tempo, sendo cada uma avaliada separadamente, e um parque eólico é construído com um pequeno número de aerogeradores de forma a ser aprovado mais rapidamente, sendo que outro parque já está planejado pelo mesmo empreendedor para o terreno vizinho. Uma forma comum de fracionamento é a divisão em fases ou etapas, cada uma avaliada separadamente – muitos projetos podem ser divididos dessa forma.

Nem sempre o fracionamento decorre de uma estratégia do empreendedor para burlar a legislação. As autorizações ou licenças para diferentes partes de um projeto podem depender de autoridades ou jurisdições diferentes – por exemplo, uma usina hidrelétrica licenciada pelo governo federal e a linha de transmissão pelo governo estadual. Um mesmo empreendimento, por outro lado, pode conter instalações de responsabilidade de diferentes proponentes, como uma indústria que depende do suprimento de gás e de eletricidade de empresas distintas.

Por esses motivos, o Padrão de Desempenho 1 da IFC determina que os riscos e impactos a serem considerados na avaliação devem incluir aqueles causados "pelo projeto e pelas atividades e instalações do cliente diretamente possuídas, operadas ou gerenciadas (inclusive por empresas contratadas) e que façam parte do projeto", assim como os "impactos de desenvolvimentos não planejados, mas previsíveis, causados pelo projeto que possam ocorrer posteriormente ou em um local diferente" e as "instalações associadas, [...] que não teriam sido construídas ou ampliadas se o projeto não existisse e sem as quais o projeto não seria viável" (§ 8).

> O escopo mínimo para avaliar impactos cumulativos é analisar conjuntamente os impactos de todas as instalações de um projeto – inclusive aquelas operadas por terceiros e as que serão implantadas no futuro –, de outras atividades posteriores previsíveis e de todas as instalações associadas.

Além do mínimo (não fracionar o projeto e incluir instalações associadas), dentro desse escopo, considerar os impactos cumulativos de um projeto implica *avaliar a contribuição do projeto para o estado futuro do CASS e se algum limiar poderá ser ultrapassado.* Nesse contexto, a AIC pode ser apresentada como um capítulo separado do EIA ou integrada à análise dos impactos sobre cada componente.

Para o segundo e o terceiro escopo, às vezes se usa o termo de avaliação de impactos cumulativos de base regional, englobando projetos e empreendimentos de proponentes distintos. Nesses casos, é preciso identificar e selecionar aqueles que farão parte da avaliação. Executar essa tarefa requer critérios para inclusão e exclusão, principalmente em relação aos projetos futuros. A tipologia da Fig. 11.9 indica como classificar os projetos segundo a probabilidade de execução.

Outra tarefa essencial na AIC é a seleção dos componentes ambientais e sociais, para a qual em geral os guias recomendam uma análise ampla do contexto ambiental regional, com base em dados secundários e informação geográfica, e a consulta pública ou, no mínimo, a consulta a partes interessadas. Embora não haja como estabelecer uma regra para o número de componentes a serem incluídos, a experiência prática sugere de cinco a doze. RUK (2013) recomenda que a AIC deve "ter foco em impactos-chave e receptores sensíveis".

Fig. 11.9 *Tipologia para seleção de outros projetos em avaliação de impacto cumulativo*
Fonte: World Bank (2012).

Estudos de base

Os estudos de base em uma AIC devem ser centrados somente nesses componentes e podem requerer dados primários, embora nem sempre. De preferência, devem-se usar indicadores apropriados para descrever o estado atual de cada componente e, na medida do possível, seu estado em alguma data de referência no passado (Fig. 11.10), para a qual estejam disponíveis dados confiáveis. Uma projeção da situação futura sem o projeto, dentro do limite temporal definido para o estudo, deveria ser baseada em hipóteses sólidas e acompanhadas de algum qualificativo do grau de incerteza. Essa projeção, conhecida como cenário contrafactual, é equivalente ao prognóstico "sem o projeto" de um EIA (Fig. 1.6). IFC (2013, p. 45) alerta que

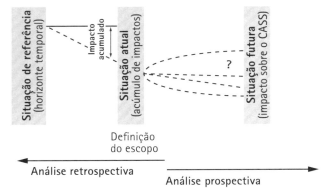

Fig. 11.10 *O diagnóstico dos componentes ambientais e sociais selecionados*
Fonte: modificado de Noble (2015).

o impacto de um projeto não é avaliado como a diferença entre a condição futura esperada do CASS e aquela de uma linha de base do passado [mas] como a diferença entre a condição futura estimada do CASS no contexto das pressões impostas por todas as outras fontes (projetos e processos naturais) e a condição estimada do CASS com o(s) projeto(s) sendo avaliado(s).

Em um EIA, os estudos de base constituem um diagnóstico da situação atual, que normalmente é usado como referência para avaliar os impactos do projeto. Para avaliar impactos cumulativos, é preciso recuar no tempo para considerar o grau de alteração dos componentes selecionados. McCold e Saulsbury (1996, p. 767) argumentam que

> usar o ambiente atual como linha de base não é apropriado para a avaliação de impactos cumulativos, porque os efeitos das ações passadas e presentes são vistos como parte das condições existentes e não como fatores que contribuíram para impactos cumulativos.

Identificação e previsão

Diferentemente de um EIA, no qual a identificação de impactos parte das atividades, na AIC a identificação parte dos receptores de impactos (CASS), para traçar as cadeias causais (Fig. 11.6) até as principais fontes. No exemplo do Quadro 11.1, para um determinado CASS, são registradas as fontes e os impactos cumulativos.

A previsão de certos impactos cumulativos pode ser feita mediante modelagem. No estudo de IFC (2017), para prever mortalidade de aves, foi usado um modelo de risco de colisão, tema que tem grande desenvolvimento (New et al., 2015). Para qualidade do ar, o estudo de Neri, Dupin e Sánchez (2016) usou estudo preexistente de modelagem de dispersão, que considerou múltiplas fontes de emissão na área de estudo. Para cada componente, há métodos mais apropriados. Modelagem espacial é usada para diversos impactos, como a perda aditiva de hábitats, a exemplo do estudo de Evans e Kiesecker (2014).

Em vários casos, é útil construir cenários que descrevam situações futuras plausíveis. Muito usados em planejamento, cenários são configurações de imagens de futuro condicionadas e fundamentadas em conjuntos coerentes de hipóteses sobre os prováveis comportamentos das variáveis determinantes do objeto de planejamento (Godet, 1983a). Porter (1996) define cenário como uma visão internamente consistente da realidade futura, baseada em um conjunto de suposições plausíveis sobre as incertezas importantes que podem influenciar o objeto. Cenários devem ser estruturalmente diferentes, seu propósito não é produzir previsões precisas, mas considerar a variedade de futuros possíveis.

> Cenário é definido como uma situação futura plausível, fundamentada em hipóteses coerentes e explícitas.

Uma maneira simples de preparar cenários em AIC é agrupar projetos e empreendimentos selecionados. Segundo Alcamo (2001), a análise de cenários em planejamento ambiental pode contribuir para:
* lidar com grande quantidade de informação e diferentes fontes de conhecimento, apresentando os pontos principais de maneira sintética e integrada;
* utilizar informação quantitativa e qualitativa;
* facilitar a comunicação dos resultados de uma avaliação a um público amplo e diversificado, utilizando narrativas compreensíveis que possam ajudar os tomadores de decisão e o público a visualizar diferentes questões ambientais em uma ampla escala de tempo e espaço.

288 Avaliação de Impacto Ambiental: conceitos e métodos

Quadro 11.1 Exemplo hipotético de registro de identificação de impactos cumulativos

Componente ambiental selecionado	Influência de ações passadas	Influência de ações presentes	Influência de ações futuras		Impactos cumulativos
			Cenário I	Cenário II	
Peixes autóctones [Nota: espécies ou grupos taxonômicos de interesse podem ser designadas como CASS, ao invés do componente genérico "peixes autóctones"]	Construção da barragem da Pedra Alta (1995): ao regularizar a vazão do rio do Peixe, eliminou os pulsos de cheia que inundavam os locais de reprodução do peixe K Drenagem da várzea do Veiga (anos 1980): o programa governamental "Várzea Produtiva", de estímulo à produção de arroz, resultou na drenagem de 430 ha de várzeas a jusante da barragem	Plantio de soja: erosão acelerada nas áreas de plantio aumenta carga de sedimentos em um importante afluente do rio do Peixe e causa assoreamento Garimpo de ouro: carga de sedimentos estimada em 200 m³/dia	A construção das barragens D e F, respectivamente no rio Ariranha e no rio da Lontra, afluentes do rio do Peixe, interromperá o fluxo migratório nesses trechos de fluxo livre Obras de dragagem e suavização de curvas no trecho de jusante para aumentar a capacidade de navegação e o período de utilização da hidrovia aumentarão a velocidade de fluxo Derrocamento em locais de ocorrência de pedrais, para aumentar o calado	Construção da barragem E no rio da Lontra, a jusante da barragem F, reduzirá ainda mais a conectividade do sistema fluvial Construção da barragem G no rio da Onça causará retenção da carga de sedimentos do rio, com provável erosão das margens entre a barragem e a foz do rio da Onça	Perda de locais de reprodução e desova de peixes autóctones Redução da população de espécies autóctones, já evidente mediante comparação entre registros históricos e os resultados das campanhas de monitoramento de 2016 e 2019, deverá se agravar com a implantação das ações futuras, em particular para o peixe K e o peixe M, importantes para as comunidades indígenas

Cenários podem ser quantitativos ou qualitativos. Estes descrevem futuros possíveis por meio de palavras ou símbolos visuais, em detrimento de estimativas numéricas, e podem ser apresentados em forma de diagramas ou textos narrativos, os chamados *storylines*. Uma vantagem de cenários qualitativos é poder representar pontos de vista de diferentes especialistas ao mesmo tempo. Uma história bem escrita pode ser uma forma compreensível e eficaz de comunicação de informações relativas ao futuro, em comparação com números e gráficos, que podem ser de difícil entendimento por parte do público, incluindo-se os tomadores de decisão na esfera política. Porém, a análise qualitativa em geral não supre todas as necessidades de informação para a tomada de decisões.

Cenários quantitativos descrevem situações futuras por meio de estimativas de um conjunto de variáveis de interesse (por exemplo, mudanças de cobertura da terra ou demanda de recursos hídricos). Sua utilidade é limitada se não forem tornados explícitos os pressupostos em que se baseiam os resultados de modelos. Entretanto, apesar de os modelos não serem facilmente entendidos por não especialistas, seus pressupostos são muitas vezes mais claros que as suposições dos cenários qualitativos, que podem não ser explícitas. Para melhorar sua aceitação, ao invés de serem definidos exclusivamente pela equipe de analistas, os cenários podem ser desenvolvidos mediante interação com as partes interessadas (Duinker et al., 2013).

No Quadro 11.2 é mostrado um exemplo de quadro-síntese do prognóstico quali-quantitativo de uma AIC feita em uma região de mineração na qual um grande projeto havia

Quadro 11.2 Síntese da situação atual e futura dos componentes ambientais selecionados em uma avaliação de impactos cumulativos

Componente	Subcomponente	Situação atual					Cenário I					Cenário II				
		1	2	3	4	5	1	2	3	4	5	1	2	3	4	5
Formações vegetais nativas	Formações florestais			▮					√						√	
	Campos rupestres		▮							√√√						√√√
Patrimônio cultural e natural	Patrimônio arqueológico	▮					√√					√√				
	Patrimônio histórico			▮					√					√		
	Patrimônio imaterial		▮						√						√	
	Cavernas								√√						√√	
	Paisagens								√						√	
Recursos hídricos	Águas superficiais		▮						√√						√	
	Águas subterrâneas	▮							√					√		
Ictiofauna	Espécies endêmicas					▮					√√					√√

	Estado de conservação	Grau de confiança no prognóstico
▮ (verde)	1 – Bom estado de conservação do componente	√ baixo grau de confiança no prognóstico da situação futura
▮ (amarelo)	3 – Degradação documentada ou prognosticada	√√ médio grau de confiança no prognóstico da situação futura
▮ (vermelho)	5 – Estado avançado de degradação documentado ou prognosticado	√√√ alto grau de confiança no prognóstico da situação futura

Classificações intermediárias (2 e 4) são usadas para melhor enquadrar a avaliação da situação atual ou futura do componente

Justificativa resumida para enquadramento de cada subcomponente:

Formações vegetais nativas:

Formações florestais: Situação atual: fragmentação das formações florestais, efeito de borda, redução da diversidade de espécies, degradação intensa da vegetação ciliar devido a supressão e pisoteio de gado / Cenário I: considerando a implementação eficaz de estratégias regionais de compensação / Cenário II: considerando o sucesso da compensação.

Campos rupestres: Situação atual: ambiente alterado, mas com poucas áreas suprimidas, uma vez que são pouco propícias para agricultura e criação de animais; alteração devido a coleta de espécimes vegetais, invasão de gado / Cenário I: perda de até 38% / Cenário II: perda superior a 80% dos campos rupestres ferruginosos. A possibilidade de restauração ecológica desses ambientes não é conhecida.

Quadro 11.2 (continuação)

Patrimônio cultural e natural:

Patrimônio arqueológico: Situação atual: vem sendo estudado mediante planos e programas aprovados pelos órgãos competentes, incluindo resgate, registro, publicação de resultados e educação patrimonial / Prognóstico: para ambos os cenários, descoberta e resgate de novos sítios.

Patrimônio histórico: Situação atual: parte do patrimônio arquitetônico degradado devido a ações insuficientes de conservação, alguns bens restaurados devido à ação conjunta da comunidade, órgãos públicos e empresas / Degradação observada do patrimônio histórico e ações recentes de restauração de alguns bens culturais.

Patrimônio imaterial: Situação atual: região ainda mantém celebrações tradicionais / Prognóstico: para ambos os cenários, progressiva migração de populações rurais para áreas urbanas, acelerada pela implantação dos projetos, porém enquadrada por processos mais gerais ocorrendo em todo o País, crescente registro museológico e documental do patrimônio imaterial.

Cavernas e paisagens: Situação atual: baixo grau de alteração até a implantação do projeto recente / Prognóstico: cavernas suprimidas devido ao avanço da mineração, com perda proporcional às áreas de lavra, portanto maior para o Cenário II, conservação de cavidades testemunho e aumento do conhecimento sobre o patrimônio espeleológico, perfil da serra já alterado, demais áreas de mineração passarão por modificação similar.

Recursos hídricos:

Águas superficiais: Situação atual: diminuição de vazão do rio devido à captação para o projeto recente, aumento da carga de sedimentos dos córregos durante a implantação do projeto recente / Prognóstico: aumento da degradação devido à maior carga de sedimentos (principalmente durante etapas de implantação e ampliação dos novos projetos), ao incremento da carga orgânica oriunda de esgotos e à redução da vazão devido à captação para os novos projetos.

Águas subterrâneas: Situação atual: baixa captação, as áreas de recarga estão situadas nas porções de maior altitude, onde há menor interferência antrópica; não há fontes significativas de poluição / Prognóstico: redução da recarga do aquífero devido às cavas de mineração e redução de vazão, perda ou reposicionamento de nascentes devido ao rebaixamento do nível da água subterrânea.

Ictiofauna:

Espécies endêmicas: Situação atual: mau estado de conservação das matas ciliares, assoreamento dos corpos d'água, introdução de espécies exóticas / Prognóstico: alto grau de incerteza sobre situação futura, que depende do sucesso das medidas de recuperação, que por sua vez pode ser afetada por inúmeros fatores que não estão sob controle das empresas de mineração e sobre os quais elas têm pouca influência. As causas da degradação são difusas e incluem a degradação da vegetação ciliar e a presença de espécies exóticas.

---

sido recentemente instalado e outros projetos eram esperados. Foram selecionados seis componentes, por sua vez subdivididos em doze subcomponentes (nem todos mostrados no quadro). Dois cenários foram considerados, com diferentes agrupamentos de projetos futuros. Previsão quantitativa foi feita para perda de vegetação. Um grau de confiança foi associado ao prognóstico. *Storylines* foram preparadas para cada subcomponente. Note-se que o quadro não informa sobre a significância ou a aceitabilidade dos impactos.

Nessa AIC também foi estimada qualitativamente a contribuição dos projetos considerados para os impactos sobre os CASS relativamente a outros fatores de pressão (Quadro 11.3). Esta é uma recomendação de Hegmann et al. (1999): "deve-se mostrar quanto da mudança prevista pode ser atribuída ao projeto analisado quando comparado com outras ações na área de estudo", alertando também que apresentar a magnitude como um percentual da área de estudo raramente faz sentido.

Quadro 11.3 Estimativa da contribuição relativa de projetos de mineração e de outras fontes para a situação futura dos componentes ambientais e sociais selecionados

Componente	Subcomponente	Cenário I - Influência direta dos projetos	Cenário I - Influência indireta dos projetos	Cenário I - Influência de outras fontes ou processos	Cenário II - Influência direta dos projetos	Cenário II - Influência indireta dos projetos	Cenário II - Influência de outras fontes ou processos
Formações vegetais nativas	Formações florestais	--	-/+	--	--	-/+	--
	Campos rupestres	--	++	--	--	++	--
Patrimônio cultural e natural	Patrimônio arqueológico	-/+	-/+	-/+	-/+	-/+	-/+
	Patrimônio histórico	-/+	-/+	-/+	-/+	-/+	-/+
	Patrimônio imaterial	--	--	-/+	--	--	-/+
	Cavernas	--	--	-/+	--	--	-/+
	Paisagens	--	--	--	--	--	-
Recursos hídricos	Águas superficiais	--	--	--	--	--	--
	Águas subterrâneas	--	--	--	--	--	--
Ictiofauna	Espécies endêmicas	--	--	--	--	--	--
Comunidades	Comunidades rurais	--	--	-/+	--	--	-/+
	Comunidades urbanas	-/+	-/+	-/+	-/+	-/+	-/+

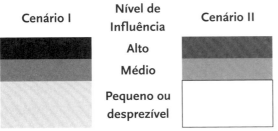

Nível de Influência: Alto / Médio / Pequeno ou desprezível. Cenário I / Cenário II.

Notas: (1) A influência pode ser positiva (++) ou negativa (--). Em certos casos, pode ter conotação tanto negativa como positiva (-/+), como é o caso do patrimônio arqueológico que, destruído para implantação ou operação dos empreendimentos, resulta em aumento do conhecimento sobre as civilizações do passado. (2) O caráter positivo ou negativo é o mesmo para ambos os cenários, podendo variar a intensidade.

Formações vegetais nativas:

Formações florestais: Perdas diretas e indiretas relacionadas à supressão. Possíveis ganhos devido aos programas de compensação.

Campos rupestres: Perdas diretas relacionadas à supressão. Indiretamente os projetos podem contribuir para maior conhecimento desses ambientes e para desenvolver técnicas de restauração.

Patrimônio cultural e natural:

Patrimônio arqueológico: Perda de sítios e ganhos de conhecimento e educação patrimonial.

Patrimônio histórico: Pressão sobre bens culturais devido ao crescimento das áreas urbanas. Maior acesso a recursos financeiros para restauração e conservação.

Quadro 11.3 (continuação)

Patrimônio cultural e natural:

Patrimônio imaterial: Processos de mudança acelerados pelo aumento do número de forasteiros. Perda de pontos de encontro e produção de cultura popular nas comunidades rurais.

Cavernas: Mineração é diretamente responsável pela supressão de cavernas, que também podem ser afetadas negativamente por outras fontes, como o incremento do turismo. Programas compensatórios podem favorecer a conservação de sítios naturais que, sem eles, teriam menor grau de proteção.

Paisagens: Mineração é diretamente responsável pela alteração do perfil das serras, que também podem ser afetadas em pequena proporção por outras fontes.

Recursos hídricos:

Águas superficiais: A captação de água para atender às necessidades dos projetos é a principal pressão. Outras fontes contribuem com aumento da carga poluidora.

Águas subterrâneas: Influência principalmente devido ao rebaixamento do nível da água subterrânea devido à abertura das cavas e bombeamento.

Ictiofauna:

Espécies endêmicas: Principal influência sobre o hábitat decorre de assoreamento e perda de vegetação ciliar. Um dos projetos afeta área prioritária para conservação. Dispersão de espécies exóticas é ameaça importante.

Comunidades:

Comunidades rurais: São afetadas direta e indiretamente pelos empreendimentos, devido à proximidade e deslocamento involuntário e mudanças nas relações sociais.

Comunidades urbanas: Crescimento populacional e de áreas urbanas, com distribuição desigual dos benefícios e dos ônus. Maior oferta e demanda de serviços públicos e privados.

Avaliação de significância

Determinar a significância de impactos cumulativos é matéria complexa. Mesmo que a contribuição do projeto para a degradação de um CASS seja pequena, o efeito cumulativo pode ser significativo, em especial se foi ultrapassado algum limiar. Um limiar é um ponto de inflexão além do qual o componente ambiental sofre mudança irreversível de sua condição ou estado, por exemplo, o percentual da área de hábitat que precisa ser mantido para assegurar a viabilidade das populações. Os limiares podem corresponder à variabilidade natural do componente selecionado, como a variação plurianual de vazão de um rio. Um limiar de fácil aplicação são os padrões de qualidade ambiental, estabelecidos para proteção da saúde humana, mas limiares ecológicos e sociais podem ser difíceis de estabelecer.

Na falta de base científica ou normativa para definir limiares, pode-se arbitrar limites aceitáveis de mudança mediante combinação de conhecimento científico e consulta a partes interessadas. Dessa forma, para cada CASS seria estabelecido um referencial para avaliar significância e julgar a aceitabilidade dos projetos.

Uma opção é avaliar a significância por meio de um enfoque argumentativo fundamentado em informação coletada nos estudos de base e que discuta o efeito do projeto em termos de integridade, sustentabilidade ou viabilidade de cada CASS, como no exemplo do Quadro 11.4, que mostra uma síntese da avaliação. A uma descrição sucinta da condição de cada componente (com as devidas referências às seções do EIA em que são expostas com detalhe), segue-se uma classificação da resiliência do componente às pressões dos projetos avaliados, com emprego de escala qualitativa. Em seguida, são sumarizadas as pressões sobre o componente e é avaliada a significância dos impactos sobre esse componente.

Classificar cada CASS em classes qualitativas de vulnerabilidade ou resiliência face às pressões de diversas fontes acumuladas sobre o componente é equivalente a considerar o par magnitude/importância na avaliação de qualquer impacto (Fig. 10.3).

"Não se avaliam os impactos cumulativos de um projeto em comparação com os impactos de outros projetos, mas 'além' dos impactos de outros projetos e outras ações humanas, porque é o efeito final sobre o CASS que importa" (Blackey et al., 2017).

Quadro 11.4 Extrato da avaliação de significância de impactos cumulativos de uma mina de ouro

CASS	Condição do CASS	Resiliência	Indicadores para avaliar a condição	Fontes de impactos cumulativos	Impacto sobre a sustentabilidade ou viabilidade do CASS
Mamíferos e aves	Doze espécies de pequenos mamíferos foram identificadas na área do projeto entre 2008 e 2015 e quatro espécies de grande porte, incluindo o urso-pardo (*Ursus arctos*), espécie gatilho da determinação de hábitat crítico.	Baixa. Por definição, estas espécies necessitam de acesso continuado a grandes áreas de hábitat pouco perturbado.	• Número de ursos e lobos que usam a área do projeto. • Presença contínua do abutre-do-egito (*Neophron percnopterus*) e do falcão-sacre (*Falco cherrug*).	O desenvolvimento do projeto reduzirá a área disponível para algumas espécies para travessia, alimentação e repouso, em particular o urso-pardo. Estruturas lineares como vias de acesso, transportadores de correia e dutos podem afetar a movimentação de algumas espécies.	De moderado a grande.
Mamíferos e aves	Descrição detalhada da linha de base de todos os mamíferos é apresentada na seção 4.10. Entre 102 e 138 espécies de aves foram registradas em levantamentos conduzidos na primavera de 2013 e de 2014, com 85 espécies mostrando evidência de reprodução. Descrição detalhada da linha de base sobre as aves é apresentada na seção 4.10.	A necessidade de ações para reduzir a fragmentação é apontada como prioritária pela IUCN e no Plano de Ação de Biodiversidade para o Cáucaso.	• Evidência de reprodução do urso-pardo e do abutre-do-egito.	Passagens de fauna foram projetadas, mas sua eficácia é incerta. Considerando a elevada altitude da área, algumas espécies residentes são sujeitas aos impactos das mudanças climáticas, que reduzirão a área de hábitat, como para *P. porphyrantha*. O incremento populacional devido ao projeto pode aumentar a pressão sobre estas espécies devido à expansão urbana e de áreas agrícolas e possível aumento da caça. A criação do parque nacional Jermuk deve ter impacto positivo sobre o CASS.	De moderado a grande.

Quadro 11.4 (continuação)

CASS	Condição do CASS	Resiliência	Indicadores para avaliar a condição	Fontes de impactos cumulativos	Impacto sobre a sustentabilidade ou viabilidade do CASS
Água subterrânea	Nascentes perenes são alimentadas por água subterrânea do aquífero regional e aquecidas por fontes geotérmicas profundas não relacionadas com a hidrologia da área do projeto nem conectadas com os aquíferos da área do projeto (conforme seção 6.9). Águas das nascentes são usadas para banhos hidrotermais e para engarrafamento.	Alta. Embora a origem das águas termais não seja conhecida, é improvável que possa ser afetada por qualquer um dos projetos descritos neste estudo.	• Vazão das nascentes. • Assinatura química da água das nascentes.	A água subterrânea de Jermuk é famosa por suas propriedades medicinais e é um elemento--chave da estratégia de desenvolvimento turístico da cidade. As indústrias de engarrafamento são importantes. O projeto não terá impacto direto sobre as águas subterrâneas (seção 6.10). Entretanto, o crescimento urbano e do turismo aumentará a geração de resíduos, o que, por sua vez, pode afetar negativamente as águas subterrâneas.	De mínimo a pequeno, mas apenas se planos de gestão de resíduos e de esgotos não forem implementados adequadamente como parte da estratégia de desenvolvimento turístico.

Fonte: adaptado e resumido dos quadros 7.3 e 7.4 de Lydian, 2016.

Mitigação e monitoramento

Impactos cumulativos resultam de ações de múltiplas partes, de modo que as ações gerenciais também devem envolver várias partes e requerem coordenação, usual-mente em nível governamental. Pode ser necessário partilhar responsabilidades no monitoramento e gestão de impactos cumulativos, como planejamento estratégico regional, monitoramento regional multipartite e combinação de recursos de várias empresas e órgãos governamentais.

Franks, Brereton e Moran (2010) propõem uma escala de níveis de cooperação para gestão de impactos cumulativos quando é necessário o envolvimento de vários partici-pantes. O nível básico é o da troca de informação, que muitas vezes já é um empecilho para a própria AIC. Neri, Dupin e Sánchez (2016) constataram que a informação pública sobre empreendimentos existentes e projetos propostos pode ser muito deficiente como base para AIC e o acesso a informação privada pode ser ainda mais difícil.

Um nível melhor de cooperação é o compartilhamento ou a soma de recursos e esfor-ços para apoiar iniciativas e programas, em contraposição a cada empresa implementar seus próprios programas, às vezes de forma sobreposta (TCU, 2011). A coordenação das respostas aos impactos cumulativos é o nível subsequente, no qual os programas de gestão, inclusive os de monitoramento, são implementados de forma coordenada. Neri, Dupin e Sánchez (2016) constataram que empreendimentos vizinhos, do mesmo tipo, monitoram os mesmos cursos d'água. A "gestão coletiva de dados", o nível seguinte na escala, requer que se construam relações de confiança entre as partes interessadas.

O último estágio seria a "gestão proativa da localização e das datas de implantação de projetos", que somente se pode vislumbrar depois que os estágios anteriores tenham sido adotados com sucesso.

Ao considerar múltiplas fontes de pressão sobre um componente (Fig. 11.5), a mitigação de impactos cumulativos pode ser feita mediante redução das pressões oriundas de alguma outra ação ou atividade, existente ou planejada, e não apenas do projeto em análise. Esse mecanismo é utilizado em várias iniciativas de gestão ambiental, como nos mecanismos de mercado de emissões de poluentes atmosféricos, empregados nos Estados Unidos desde os anos de 1980, nos quais é estabelecido um limite para o total de emissões em determinada bacia aérea, de modo que a entrada de nova fonte somente será possível se houver redução das emissões de uma fonte existente. Tal redução pode muitas vezes ser obtida mediante modernização do processo produtivo. Esses mecanismos, conhecidos como "limite e comercie" (termo não usado em português, equivalente a *cap and trade*), são hoje aplicados no campo das políticas de combate às mudanças climáticas. O uso desses mecanismos requer definir quanto de degradação "cabe" em determinada região (ou no planeta, no caso de gases de efeito estufa), ou seja, quais são os limites aceitáveis de mudança. As compensações por perda de biodiversidade (seção 13.3) também se baseiam em raciocínio semelhante: certa área de vegetação pode ser suprimida se uma área equivalente ou maior for restaurada ou protegida.

Em uma avaliação de impactos cumulativos, as atividades da fase de definição do escopo são conduzidas em paralelo e levam à construção de cenários que, por sua vez, alimentam a análise de impactos. O diagnóstico tem sempre foco nos componentes ambientais e sociais selecionados e deve abranger todo o horizonte temporal definido para o estudo. Os impactos sobre cada componente são analisados para cada cenário e a mitigação deve ser proposta para cada cenário. O acompanhamento requer atuação coordenada entre vários agentes.

Uma sequência de passos para a AIC, sintetizando esta seção, é mostrada na Fig. 11.11. Variações desse esquema podem ser necessárias para cada aplicação, adaptando-o a condições particulares

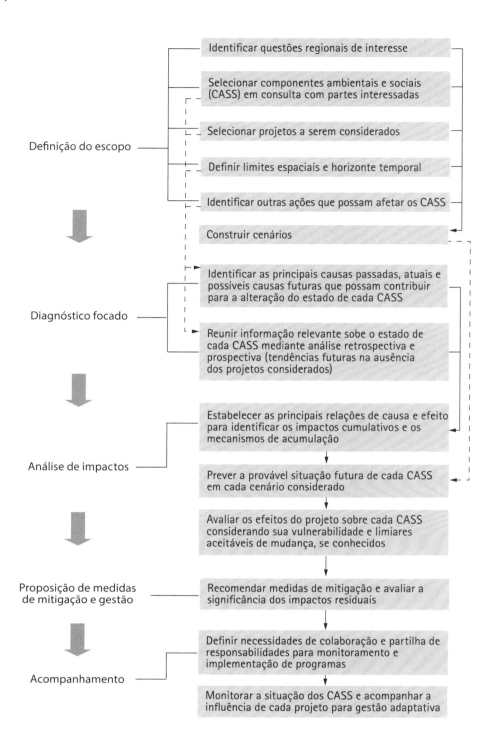

Fig. 11.11 *Etapas e atividades de uma avaliação de impactos cumulativos*
Fontes: modificado de Canter e Ross (2010); CEQ (1997); Hegmann et al. (1999); IFC (2013); Neri, Dupin e Sánchez (2016).

CONSIDERANDO RISCOS EM AVALIAÇÃO DE IMPACTO AMBIENTAL

12

Certos impactos negativos identificados em um estudo ambiental somente ocorrerão em caso de funcionamento anormal do empreendimento. Durante a operação de um duto de petróleo, por exemplo, não se espera que o produto vaze e atinja os cursos d'água, mas, se o duto se romper, o petróleo poderá contaminar o solo e os recursos hídricos superficiais e subterrâneos, cabendo identificar o aspecto ambiental "risco de vazamento de petróleo". De modo análogo, se a barreira impermeável instalada na base de um aterro de resíduos falhar, a água subterrânea poderá ser poluída, mas, se funcionar adequadamente, não se esperam problemas de contaminação.

Perguntas do tipo "o que aconteceria se..." são frequentes ao se analisar a viabilidade ambiental de um projeto, pois as consequências do mau funcionamento podem ser mais significativas do que os impactos de seu funcionamento normal. São situações que tipificam *risco ambiental*.

12.1 RISCOS AMBIENTAIS

Podem ser muito graves as consequências ambientais e humanas de eventos como explosão em uma indústria química, vazamento de petróleo em um oleoduto ou a ruptura de uma barragem. O risco ligado a tais *acidentes tecnológicos* é, legitimamente, uma preocupação a ser levada em conta na análise dos impactos ambientais desses empreendimentos.

No dia 10 de julho de 1976, em uma indústria química situada na localidade de Seveso, norte da Itália, rompeu-se uma válvula de um vaso de pressão contendo solventes organoclorados. Uma nuvem de gases tóxicos elevou-se a 50 m de altura e foi dispersa pelos ventos, espalhando dioxinas (um grupo de compostos químicos aromáticos policlorados muito tóxicos) em uma zona de 1.430 ha e obrigando a evacuação dos moradores (Alloway; Ayres, 1993).

Outros riscos são menos evidentes, como a emissão de efluentes líquidos contendo metais pesados ou determinados compostos orgânicos, na medida em que esses poluentes se acumulam em compartimentos do meio físico (como sedimentos ou água subterrânea) e na biota, afetando também a saúde humana. É o caso do tristemente célebre desastre de Minamata, assim denominado quando foi identificada, a partir do final dos anos 1950, a relação de causa e efeito entre as emissões de mercúrio nos efluentes de uma indústria química e uma doença degenerativa do sistema nervoso central que atacou uma comunidade de pescadores na baía de Minamata, Japão.

Lançados diretamente na pequena e bem abrigada baía, os efluentes continham mercúrio, usado como catalisador no processo de produção de cloreto de vinila, matéria-prima para a fabricação de cloreto de polivinila, o PVC. Por intermédio de mecanismos hoje bem estudados, mas virtualmente desconhecidos na época, o mercúrio metálico transforma-se em metilmercúrio, composto absorvido pelos organismos que armazenam e concentram o metal. As características geomorfológicas da baía de Minamata tornam muito baixa a dispersão de poluentes (Ellis, 1989), favorecendo sua absorção por moluscos, crustáceos e peixes, importantes fontes alimentares da comunidade de pescadores. Até 1975, 899 pessoas foram oficialmente reconhecidas como afetadas pela doença de Minamata. Uma decisão judicial de 1973 condenou a empresa a pagar o equivalente a US$ 35 milhões em indenizações às famílias de 112 vítimas.

Também a emissão contínua de poluentes do ar representa situações reconhecidas de risco à saúde. Por exemplo, a incineração de resíduos sólidos emite poluentes atmosféricos, mesmo com a utilização de sistemas de controle e abatimento das emissões. Alguns desses poluentes são particularmente perigosos, como o já mencionado grupo de substâncias químicas conhecido como dioxinas e furanos, reconhecidos como carcinogênicos (substâncias que têm o potencial de causar câncer). Dessa forma, a população que vive nas imediações de incineradores ou de outras fontes de poluição do ar está exposta ao risco de contrair doenças do aparelho respiratório, ou mesmo câncer, devido à poluição do ar. Trata-se, como no caso do mercúrio, de riscos *crônicos*, ao contrário daqueles decorrentes do mau funcionamento de um sistema tecnológico, que são riscos *agudos*.

Além da saúde humana, outros organismos também sofrem os efeitos de acidentes tecnológicos, como mostram as conhecidas imagens de aves cobertas de óleo depois de vazamentos de hidrocarbonetos. Além dos efeitos mais visíveis, também representam *riscos ecológicos* a presença de poluentes em águas ou sedimentos, que podem se acumular nos seres vivos.

Para dois tipos de riscos – agudos e crônicos –, há duas famílias de análise de risco, uma voltada para a análise de situações agudas, como os acidentes industriais ampliados, e outra para situações crônicas, como a exposição da população a agentes físicos (como o ruído) ou químicos (como substâncias químicas presentes em águas subterrâneas utilizadas para abastecimento doméstico). Kolluru (1993, p. 327) prefere dividir a análise de risco em três classes: (1) análise de segurança (avaliação de risco probabilística e quantitativa), (2) avaliação de riscos à saúde, (3) avaliação de risco ecológico. Embora o conceito subjacente de risco seja o mesmo, as características de cada situação são diferentes e levaram ao desenvolvimento de diferentes ferramentas.

Riscos tecnológicos incluem os riscos de acidentes (explosões, vazamentos etc.) e os riscos à saúde (humana ou dos ecossistemas) causados por diferentes ações antrópicas, como a utilização ou liberação de substâncias químicas, de radiações ionizantes e de organismos patogênicos ou dos geneticamente modificados. As atividades de risco são chamadas de perigosas e incluem, entre aquelas capazes de causar dano ambiental, muitas atividades industriais, o transporte e o armazenamento de produtos químicos, o lançamento de poluentes ou a manipulação genética. Essas situações podem acarretar danos materiais, danos aos ecossistemas ou danos à saúde do homem – e não raro ocorrem os três tipos de danos.

Ao avaliar os impactos de um projeto, muitas vezes os riscos agudos chamam mais a atenção, principalmente quando componentes ambientais relevantes são vulneráveis aos efeitos de acidentes (Fig. 12.1). Entretanto, riscos crônicos podem ser mais significativos que os agudos, como no exemplo do incinerador, em que a fonte de preocupação são os possíveis efeitos à saúde humana da exposição prolongada a poluentes do ar. Por sua vez, os estudos ambientais também podem tratar das modificações de processos ambientais que aumentem riscos, como a execução de cortes em uma rodovia, que pode aumentar riscos de escorregamentos, ou a canalização de um rio, que aumenta os riscos de inundação (Fig. 1.12).

> A plena consideração de riscos em um EIA é mais ampla do que a análise de riscos de acidentes ou de riscos à saúde humana ou ecológicos decorrentes da exposição a poluentes. A segurança e a saúde da comunidade fazem parte integral das avaliações de impactos e riscos.

As instituições financeiras requerem uma abordagem ampla de riscos. Por exemplo, o Padrão Ambiental e Social 1 do Banco Mundial requer que, conforme necessário, sejam considerados riscos associados a situações tão variadas como uso de pesticidas, "riscos que os impactos do projeto recaiam de forma desproporcional sobre indivíduos ou grupos

Fig. 12.1 *Arquipélago de Abrolhos, no litoral sul da Bahia, parte do Parque Nacional Marinho de Abrolhos. Atividades de exploração e produção de petróleo, mesmo se realizadas a dezenas de quilômetros, podem afetar bancos de corais e outros componentes do ecossistema*

Fig. 12.2 *Trânsito intenso de veículos em rodovia estadual não pavimentada durante a implantação de projeto de mineração aumenta o risco de acidentes e expõe a população lindeira a poluentes do ar*

[...] vulneráveis" e riscos para o patrimônio cultural (§28), ao passo que o Padrão 4 – Saúde e segurança da comunidade requer que se considerem, entre outros, os riscos para as comunidades decorrentes do tráfego de veículos em vias públicas (§10) (Fig. 12.2). O Padrão de Desempenho 4 da IFC também alerta que "os impactos diretos de um projeto sobre serviços ecossistêmicos prioritários podem resultar em riscos à saúde e segurança das comunidades" (§8), exemplificando com a perda de áreas naturais protetoras – como manguezais, áreas úmidas e florestas de encostas – que protegem comunidades contra ressacas, inundações e escorregamentos.

O reconhecimento de uma situação de risco depende de inúmeros fatores, inclusive o tipo de risco. No âmbito dos riscos tecnológicos, é mais fácil reconhecer um risco agudo do que um risco crônico, pois, no primeiro caso, há facilidade em se estabelecer uma relação entre causa e efeito, o que não ocorre na maioria das situações de risco crônico. Ademais, o efeito é imediato, enquanto o risco crônico, como o nome diz, é de longo prazo. O vazamento de petróleo de um duto ou um navio traz efeitos imediatos e visíveis, ao passo que a liberação contínua de pequenas quantidades de poluentes pode não só trazer efeitos a longo prazo, mas também tornar incerta a conexão entre causa e efeito. Em tal situação, o *reconhecimento* das situações de risco é mais difícil. No Quadro 12.1 são mostrados os principais tipos de riscos cuja consideração pode ser necessária em um EIA.

Quadro 12.1 Riscos ambientais e sociais que podem ser considerados em um estudo de impacto ambiental

Tipo	Exemplos
Acidentes tecnológicos	- Manuseio, armazenamento e transporte de produtos perigosos
	- Ruptura total ou parcial de estruturas, como barragens, dutos
Acidentes de trânsito em vias públicas	- Aumento da circulação de caminhões e outros veículos
Exposição crônica a substâncias perigosas	- Poluentes do ar, solos contaminados, águas subterrâneas e superficiais, consumo de pescado
Perda de proteção contra eventos climáticos e geológicos	- Manguezais, áreas úmidas, florestas, áreas permeáveis
Exposição a doenças transmissíveis	- Influxo de trabalhadores, represamento de água, modificação do regime hídrico, poluição da água

12.2 Um longo histórico de acidentes tecnológicos

Em certos tipos de empreendimentos, um acidente pode causar impactos muito mais graves que aqueles decorrentes de sua operação normal. Há um longo histórico de acidentes industriais de grandes consequências, assim como desastres devidos a rupturas de barragens (Quadros 12.2 e 12.3). Trata-se de acidentes catastróficos, pela magnitude de seus efeitos, aos quais se deve acrescentar milhares de acidentes de menores proporções e consequências, como os frequentes vazamentos de combustíveis e produtos químicos.

Lagadec (1981), um dos primeiros a estudar em profundidade a multiplicação dos acidentes tecnológicos, menciona a "descoberta do risco tecnológico maior", surpreendentemente tardia, e cita como marco dos estudos de perigos um levantamento feito em 1978 (depois, portanto, do acidente de Flixborough, Quadro 12.2) na zona de Canvey Island, no estuário do rio Tâmisa, que concentrava diversas instalações de armazenamento e processamento de produtos químicos e de hidrocarbonetos.

Um importante grupo de pessoas expostas aos riscos são os trabalhadores das instalações perigosas. São também aquelas diretamente envolvidas com a prevenção de riscos. Por isso, a Organização Internacional do Trabalho negociou um documento sobre a Prevenção de Acidentes Industriais Ampliados (Convenção 74), que conceitua acidente tecnológico ampliado:

> Todo acontecimento repentino, como uma emissão, um incêndio ou uma explosão de grande magnitude, no curso de uma atividade dentro de uma instalação exposta aos riscos de acidentes ampliados, em que estão implicadas uma ou várias substâncias perigosas e que exponha os trabalhadores, a população ou o meio ambiente a um perigo grave, imediato ou retardado. (Convenção OIT 174, 1993).

Quadro 12.2 Alguns acidentes industriais de grandes consequências

Data	Local	Evento	Consequências
1º de junho de 1974	Flixborough, UK	Explosão de uma nuvem de 40 t a 50 t de ciclohexano em uma indústria química	28 mortos, 89 feridos, 2.450 casas afetadas em deciclohexano 50 km[1]
10 de julho de 1976	Seveso, Itália	Vazamento de tetraclorodibenzodioxina	736 pessoas evacuadas, 190 intoxicadas[2]
16 de março de 1978	Costa da Bretanha, França	Vazamento do petroleiro Amoco-Cadiz (223.000 t)	30 mil aves mortas e 230 mil peixes e outros organismos[3]
28 de março de 1979	Pensilvânia, EUA	Ameaça de fuga de radioatividade em Three Mile Island	250 mil pessoas evacuadas num raio de 8 km[4]
10 de novembro de 1979	Mississauga, Canadá	Descarrilamento de dois vagões seguido de explosões	240 mil pessoas evacuadas[5]
25 de fevereiro de 1984	Cubatão, Brasil	Vazamento de gasolina de um duto, seguido de incêndio	93 mortos, 4 mil feridos[6]
19 de novembro de 1984	Cidade do México, México	Explosão de gás natural	452 mortos, 4.258 feridos, 31 mil evacuados[7]
2 de dezembro de 1984	Bhopal, India	Vazamento de isocianato de metila	1.762 mortos, 60 mil pessoas intoxicadas[8]

302   Avaliação de Impacto Ambiental: conceitos e métodos

Quadro 12.2   (continuação)

Data	Local	Evento	Consequências
Janeiro de 1985	Cubatão, Brasil	Vazamento de duto de amônia	6 mil pessoas evacuadas, 65 hospitalizadas[9]
26 de abril de 1986	Tchernobil, Ucrânia	Vazamento de radioatividade	32 mortos, 135 mil evacuados 220 mil realocados permanentemente[10]
6 de julho de 1988	Basileia, Suíça	Vazamento de agrotóxicos	Contaminação do rio Reno[11]
24 de março de 1989	Alasca, EUA	Vazamento do petroleiro Exxon-Valdez	1.000 km de costa poluída, mais de 35 mil aves mortas[12]
11 de julho de 1997	Hamilton, Canadá	Incêndio em fábrica de plásticos	650 pessoas evacuadas[13]
20 de abril de 2010	Golfo do México, EUA	Explosão na plataforma de petróleo *Deepwater Horizon*	11 mortos, 17 feridos, danos à fauna, flora, pesca e turismo[14]

[1]*Indústria química Nypro Ltda. Fonte: Lagadec (1981).*

[2]*Usina química Icmesa (Hoffman-La Roche), uma válvula de segurança funciona e deixa escapar uma nuvem de gás; o problema não é percebido imediatamente, mas, nos dias que se seguem, animais morrem e crianças devem ser levadas às pressas para hospitais; a zona é interditada até outubro, quando os moradores a invadem e retomam suas casas (Lagadec, 1981); a fábrica foi desmantelada dois anos depois, danos estimados em US\$ 150 milhões.*
Fonte: Crump (1993).

[3]*250 km de costa poluída; em 1988 um juiz federal americano decide por uma indenização de US\$ 85 milhões, mas noventa municípios franceses pedem US\$ 750 milhões e apelam da sentença.*
Fonte: Crump (1993).

[4]*Dois reatores de 900 MW cada, bombas de refrigeração falharam e o reator parou automaticamente, mas os dutos de refrigeração de emergência foram bloqueados.*

[5]*Os vagões continham produtos químicos desconhecidos; o vazamento causou quatro explosões sequenciais (Lagadec, 1981).*

[6]*Cerca de 700.000 ℓ. Fonte: Cetesb, www.cetesb.sp.gov.br, acesso em 24 de setembro de 2006.*

[7]*Fonte: Bowonder, Kasperson e Kasperson (1985).*

[8]*Usina química Union Carbide; dados segundo Bowonder, Kasperson e Kasperson (1985); número de mortos e feridos é muito difícil de avaliar, pois muitos corpos foram cremados e várias pessoas morreram depois de abandonar a área; outras fontes estimam o número de mortos em 3.150 e o de afetados em 500 mil. Um acordo judicial fixou a indenização em US\$ 470 milhões (Crump, 1993), mas a maior parte das famílias recebeu indenização equivalente a apenas 750 euros (Le Monde Diplomatique, dezembro 2004, p. 18).*

[9]*Ruptura devida a uma inundação que se seguiu a fortes chuvas, liberando cerca de 40 t de gás. Fonte: Dean (1997).*

[10]*The Lancet, v. 395, n. 10229, p. 1012, 28 de março de 2020; a nuvem radioativa atingiu toda a Europa.*

[11]*Usina Sandoz; devido a um incêndio, 30 t de fungicidas e pesticidas vazaram de um armazém que guardava mais de trinta tipos de produtos químicos; as equipes de limpeza descobriram produtos que não constavam da lista fornecida pela Sandoz, descobrindo-se então que na véspera a vizinha Ciba-Geigy também tinha tido um acidente (Crump, 1993).*

[12]*Vazamento de 40 mil t de um carregamento de 200 mil t devido a um erro de pilotagem; custo de remediação acima de US\$ 2 bilhões (Crump, 1993).*

[13]*Incêndio levou quatro dias para ser apagado; uma inversão térmica dificultou a dispersão dos poluentes.*
Fonte: Environmental Science & Engineering, setembro de 1997, p. 74-75.

[14]*Vazamento de gás seguido de explosão e vazamento durante 87 dias, afetando 149.000 km², com impactos persistentes sobre a biota marinha. Fontes: McClain, Nunally e Benfield (2019), Berenshtein et al. (2020).*

CAPÍTULO

CONSIDERANDO RISCOS EM AVALIAÇÃO DE IMPACTO AMBIENTAL

Quadro 12.3 Alguns acidentes de grandes consequências em barragens

Data	Barragem	Características	Evento	Consequências
27 de abril de 1895	Bouzey, Epinal, França	Alvenaria H = 27 m / L = 525 m	Ruptura e liberação de 7 Mm³ água	85 mortos, danos a vilas, ferrovias, canais e fazendas[1]
12 de março de 1928	St. Francis, Califórnia, EUA	Concreto H = 60 m construída entre 1926 e 1928	Falha nas ombreiras da barragem	460 mortos, dez pontes e mais de 1.200 casas destruídas[2]
2 de dezembro de 1959	Malpasset, Fréjus, Var, França	Arco de concreto H = 66 m / L = 223 m	Primeiro enchimento Problemas na fundação da barragem	433 mortos, 350 casas destruídas, ponte e rodovia danificadas, onda de cheia de 20 m de altura[3]
1º de outubro de 1963	Vajont, Itália	Arco de concreto H = 276 m / V = 120 Mm³	Ruptura de talude rochoso (270 Mm³), que deslizou sobre o reservatório e formou uma onda que galgou a crista	1.925 mortos, cidade de Longarone destruída[4,5] A ruptura seguiu-se a evento similar ocorrido em 4 de novembro de 1960
7 de agosto de 1975	Banqiao e Shimantan Henan, China	Rio Huai (afluente do Yangtsé)	Ruptura de duas barragens principais e 62 outras após chuvas com período de retorno de 2 mil anos	240 mil mortos, cerca de 2 milhões de pessoas desabrigadas[6]
5 de junho de 1976	Teton Dam Idaho, EUA	Terra H = 93 m / L = 910 m	Ruptura do maciço após percolação durante primeiro enchimento	Onda de cheia de 22 m de altura, 14 mortos, danos de US$ 400 M a US$ 1 bilhão[7]
19 de julho de 1985	Stava e Tesero, Trento, Itália	Duas barragens de rejeitos de mina de fluorita	Falha da fundação, erros de projeto e de operação	268 mortos, liberação de 180.000 m³ [8]
14 de maio de 2003	Silver Lake Dam, Tourist Park Dam, Marquette, Michigan, EUA	Terra H = 10 m / L = 500 m	Erosão do extravasor de emergência, seguida de ruptura e liberação de cerca de 900 mil m³ de sedimentos	Evacuação de 1.872 pessoas, danos de US$ 100 milhões, fechamento de duas minas e dispensa de 1.100 trabalhadores durante semanas[2,9]
5 de novembro de 2015	Mariana, Minas Gerais (Fig. 12.3)	Barragem de rejeitos de mineração de ferro	Ruptura seguida de transporte de 39 Mm³ de rejeitos de mineração de ferro (partículas finas)	19 mortos, 670 km de rio, estuário e área oceânica afetados, suspensão da captação de água e danos ambientais[10]

Fontes: [1]Smith (1995); [2]Spragens e Mayfield (2005); [3]Goutal (1999); [4]Muller-Salzburg (1987); [5]Panizzo et al. (2005); [6]McCully (1995); [7]Watts et al. (2002); [8]www.tailings.com; [9]FERC (2004); [10]Sánchez et al. (2018).

Há uma preocupação, justificada, com os acidentes tecnológicos ampliados (*major technological accidents*), especialmente quanto à proteção de vidas humanas. No entanto, muitos acidentes menores, incidentes ou quase acidentes ocorrem com maior frequência,

Fig. 12.3 *Local da antiga barragem de rejeitos de mineração do Fundão, em Mariana, Minas Gerais. As linhas amarelas indicam a localização aproximada dos taludes da barragem*

e seus efeitos cumulativos sobre o ambiente podem ser significativos – basta pensar em uma sucessão de vazamentos de petróleo em um estuário ou em uma sequência de liberações acidentais de efluentes de uma indústria de celulose.

No Estado de São Paulo, um sistema de atendimento a acidentes ambientais funciona desde 1978 e atende anualmente centenas de ocorrências. Em 41 anos, registrou 11.714 atendimentos, dos quais 46% correspondem a transporte rodoviário, seguido de transporte aquaviário (10%). Vazamentos de combustíveis em postos de abastecimento, que correspondiam a 10% dos casos registrados até 2005, na média do período atingem 7%, proporção similar à dos casos atendidos que ocorreram em indústrias (Cetesb, s.d.).

> A ocorrência de acidentes e disfunções em sistemas tecnológicos não representa situação meramente fortuita ou ocasional, mas é parte dos cenários usuais de funcionamento de indústrias, sistemas de transporte e inúmeras outras atividades, ainda que se trate de situações anômalas.

Dessa forma, esse tipo de situação deve ser objeto de programas específicos de gerenciamento, incluindo aspectos preventivos e corretivos. Na medida em que acidentes tecnológicos podem resultar em impactos ambientais significativos, esses impactos devem ser identificados e analisados no processo de AIA.

12.3 Definições

Em análise de risco, costuma-se diferenciar os conceitos de *perigo* e *risco*. Perigo é definido como uma situação ou condição que tem potencial de acarretar consequências indesejáveis. O perigo é uma característica intrínseca a uma substância (natural ou sintética), uma instalação ou um artefato – uma refinaria de petróleo, por exemplo. A definição da regulamentação da União Europeia (conhecida como Diretiva Seveso) é:

> Propriedade intrínseca de uma substância perigosa ou de uma situação física de poder provocar danos à saúde humana ou ao ambiente. (Diretiva 2012/18/EU, de 4 de julho de 2012).

Entre as fontes de risco, há preocupação especial com as *substâncias químicas perigosas*, definidas pela Convenção 174 da OIT como "toda substância ou mistura que, em razão de suas propriedades químicas, físicas ou toxicológicas, seja só ou em combinação com outras, represente um perigo". Há classificações internacionais de periculosidade de substâncias químicas e cada uma tem um código, conhecido como "número ONU", que a identifica. O uso de códigos evita que substâncias sejam confundidas devido a semelhanças de nomenclatura ou durante o transporte internacional.

Risco, por sua vez, é conceituado como a contextualização de uma situação de perigo, ou seja, a possibilidade de a materialização do perigo ou de um evento indesejado ocorrer. Uma substância perigosa não identificada e armazenada em recipientes mal vedados representa um risco maior do que a mesma substância devidamente identificada e manuseada por pessoas que conhecem sua periculosidade e os procedimentos seguros de manuseio. Assim, risco, como definido pela *Society for Risk Analysis*, é o potencial de ocorrência de resultados adversos indesejados para a saúde ou vida humana, para o ambiente ou para bens materiais. Risco pode ser definido de modo mais formal como o produto da probabilidade de ocorrência de um determinado evento pela magnitude das consequências, ou

$$R = P \times C$$

Utilizando-se essa expressão, é possível fazer estimativas quantitativas de riscos, comparar situações de risco e opções de gerenciamento de risco.

Por exemplo, os impactos da ruptura de uma barragem dependem de sua localização e do potencial de danos. Uma barragem situada acima de uma área densamente habitada terá efeitos graves caso se rompa, enquanto uma barragem localizada em região de baixa densidade populacional terá efeitos de menor magnitude, no que se refere a perdas de vidas humanas e danos materiais. Poderá, todavia, ter consequências ecológicas importantes. O risco depende, pois, da magnitude das consequências; o mesmo raciocínio pode ser aplicado a duas instalações industriais idênticas, porém situadas em locais diferentes.

A avaliação de riscos é uma atividade correlata à AIA, mas ambas se desenvolveram "em contextos separados, por comunidades profissionais e disciplinares diferentes" (Andrews, 1988, p. 85). A avaliação de riscos tecnológicos é usualmente realizada em quatro etapas:

* identificação dos perigos;
* análise das consequências e estimativa dos riscos;
* avaliação dos riscos;
* gerenciamento dos riscos.

A identificação dos perigos corresponde ao mapeamento de todas as possíveis falhas em uma instalação e equivale à caracterização do empreendimento em um EIA. Para analisar as consequências, é preciso conhecer a área que pode ser afetada caso ocorram as falhas, por exemplo, a área de inundação em caso de ruptura de uma barragem. Para estimar risco é preciso atribuir probabilidades a cada evento de falha e estimar a magnitude de seus efeitos, por exemplo, número de pessoas afetadas. A avaliação do risco é a aplicação de um juízo de valor para discutir a importância dos riscos e suas consequências sociais, econômicas e ambientais. Já o gerenciamento dos riscos engloba o conjunto de atividades de identificação, estimação, comunicação e avaliação de riscos, associado à avaliação de alternativas de mitigação, para reduzir a probabilidade de falhas e/ou a magnitude das consequências.

12.4 Estudos de análise de riscos

Em um estudo de risco, além de identificar os perigos e estimar o risco (ou seja, estimar as probabilidades de ocorrência de um evento e a magnitude das consequências), deve-se propor medidas de gerenciamento. Estas dividem-se em medidas preventivas (visando reduzir as probabilidades de ocorrência e, por conseguinte, reduzir os riscos) e ações de emergência (medidas a serem tomadas no caso de ocorrência de acidentes).

O estudo de risco pode ser integrado ao EIA ou ser conduzido como avaliação separada. Esta última forma é usada no Estado de São Paulo, onde cabe à Cetesb exigir e aprovar

[1] A Cetesb sistematiza os procedimentos de análise de risco desde os anos 1990. Os procedimentos foram oficializados em agosto de 2003 e atualizados em dezembro de 2011 (norma P4.261). Esse documento será aqui referido como Cetesb (2011).

estudos de análise de risco (EARs), para determinados tipos de empreendimentos[1]. No México, os dois assuntos são tratados de forma integrada, a ponto de o regulamento ser chamado "Regulamento da Lei de Proteção do Ambiente do Estado de México em matéria de Impacto e Risco Ambiental", e os estudos são apresentados em uma de duas modalidades: "manifestação de impacto ambiental" (denominação local do EIA), que inclui risco ou não inclui risco, e uma classificação feita já no início do trâmite administrativo de licenciamento. O Padrão de Desempenho 1 da IFC e o Padrão Ambiental e Social 1 do Banco Mundial chamam-se justamente Avaliação e Gestão de Riscos e Impactos Ambientais e Sociais, indicando o tratamento conjunto das duas categorias.

No Estado de São Paulo, são exigidos estudos de análise de risco (EARs) para o licenciamento (instalação ou ampliação) de certas indústrias ou outras atividades perigosas, e são obrigatórios para sistemas de dutos de transporte de petróleo e seus derivados, armazenamento de gases e outras substâncias químicas e plataformas de petróleo ou gás. Os critérios de classificação das instalações perigosas e a consequente exigência de estudos especializados sobre risco baseiam-se no perigo de uma instalação para a comunidade e o meio ambiente circunvizinho, característica que, por sua vez, depende diretamente dos tipos de substâncias químicas manipuladas, das quantidades envolvidas e da vulnerabilidade do local. Na Fig. 12.4 mostram-se os critérios para exigência de estudos de risco. Dessa forma, a *triagem* de empreendimentos para realização de EARs baseia-se unicamente na possibilidade de ocorrência de acidentes ambientais em determinadas instalações industriais (fontes de poluição). A avaliação de risco ainda não se estendeu, institucionalmente, a outras atividades que causem impactos ambientais significativos.

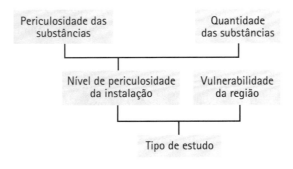

Fig. 12.4 *Critérios para exigência de estudos de análise de risco*

Há dois tipos de estudos de riscos em São Paulo: os EARs e os programas de gerenciamento de riscos (PGRs), que, por sua vez, podem ser de dois tipos. O PGR I é empregado para empreendimentos de médio e grande porte, ao passo que o PGR II é exigido para empreendimentos de pequeno porte. Basicamente, o EAR é um estudo mais complexo e detalhado que o PGR e pode incluir a análise quantitativa de riscos. Os critérios para exigência de um EAR baseiam-se no tipo e na quantidade de substâncias perigosas armazenadas e na distância entre as instalações industriais e a população do entorno. Ademais, a regulamentação paulista prevê que será exigido um EAR em todos os casos de licenciamento ambiental de dutos externos a instalações industriais destinados ao transporte de petróleo ou derivados, gases ou outras substâncias químicas, assim como para plataformas de exploração de petróleo ou gás. Não são exigidas avaliações de risco para outros tipos de empreendimento.

Os EARs têm conteúdo específico e devem descrever as instalações analisadas, identificar os perigos, quantificar riscos e propor medidas de gestão para reduzi-los, assim como incluir um plano de ação para situações de emergência. Os principais itens de um tal estudo são (Cetesb, 2011):

* *Caracterização do empreendimento e seu entorno*. Apresenta-se uma descrição das instalações e atividades, e algumas características importantes do local, como características climáticas e meteorológicas, uso do solo no entorno do empreendimento, presença de concentrações populacionais e localização de bens a proteger (recursos hídricos, fragmentos florestais etc.).

* *Identificação dos perigos e consolidação de hipóteses acidentais*. Por meio de procedimentos sistematizados, busca-se identificar possíveis sequências de eventos que poderão resultar na liberação acidental de substâncias ou em outro efeito negativo. Em função, entre outros, da severidade dos danos possíveis, preparam-se "cenários", ou seja, situações plausíveis de acidentes. Há várias técnicas disponíveis para a identificação dos perigos, como a análise preliminar de perigos (APP), a análise de perigos e operabilidade (Hazop) e a análise de modos de falhas e efeitos (AMFE). É preciso uma descrição detalhada do projeto (Fig. 12.5).
* *Estimativa dos efeitos físicos e avaliação de vulnerabilidade*. Trata-se de uma previsão das consequências ambientais, caso se concretizem os cenários considerados para análise. Há modelos matemáticos que simulam os efeitos de acidentes, como a propagação de uma nuvem de gás, a explosão de gás inflamável etc. As atividades nesta fase envolvem a estimativa de quantidades liberadas, o estudo do comportamento da substância imediatamente após a liberação (espalhamento de líquido, volatilização de líquido, dispersão a jato, expansão adiabática de gás pressurizado, explosão de nuvem de gás ou vapor etc.) e a simulação da dispersão no meio. É preciso conhecer as condições meteorológicas.

Fig. 12.5 *Usina de etanol no interior de São Paulo. Para uma análise quantitativa de riscos é preciso dispor de uma descrição detalhada da instalação*

* *Estimativa de frequências*. Trata-se da quantificação das frequências de ocorrência dos cenários acidentais identificados, com base em dados históricos ou na opinião de especialistas, com ajuda de técnicas como análise de árvore de eventos.
* *Estimativa e avaliação de riscos*. Consiste na estimativa quantitativa, em termos probabilísticos, do risco ao qual estão expostas as pessoas na área de influência da instalação.
* *Redução do risco*. Consiste na formulação de medidas para evitar a ocorrência de acidentes ou reduzir seus efeitos. Inclui-se também em um plano de gerenciamento de riscos (PGR) a descrição das medidas a serem tomadas em caso de ocorrência de acidentes, o Plano de Ação de Emergência (PAE). O PGR deve descrever todos os procedimentos propostos e os recursos necessários, concentrando-se nos aspectos críticos identificados anteriormente e dando prioridade aos cenários acidentais mais importantes.

Muitas vezes a preparação de um estudo completo de análise de risco pode ser substituída pela preparação de um plano de gerenciamento de riscos. Com isso, evitam-se as atividades complexas e detalhadas de estimativa das frequências e de simulação dos efeitos físicos, concentrando os esforços na formulação de medidas para reduzir os riscos e na preparação de um PAE. Esse plano de gerenciamento de riscos pode facilmente ser incorporado a um EIA ou a algum documento subsequente no processo de licenciamento ambiental.

Um PGR apresentado para fins de licenciamento é muito semelhante a um plano de gerenciamento de risco usado internamente por algumas empresas e contém, entre outras, as seguintes informações:

* *Informações de segurança do processo*: podem conter (i) listas de todas as substâncias químicas manuseadas ou produzidas e suas características; (ii) tecnologia de processo, na forma de fluxogramas e balanços de massas e descrição das condições normais de operação; (iii) equipamentos de processo, tubulações e instrumentação e sistemas de segurança; e (iv) procedimentos adotados na instalação.
* *Revisão dos riscos do processo*: trata-se de uma atualização que deve levar em conta mudanças ocorridas nas instalações.
* *Gerenciamento de modificações*: são procedimentos gerenciais para planejar, analisar e comunicar modificações que tenham sido feitas nas instalações industriais.
* *Manutenção e garantia da integridade de sistemas críticos*: o PGR deve descrever os procedimentos de manutenção de equipamentos considerados críticos para a segurança do sistema e formas de garantir sua integridade, como testes e inspeções.
* *Procedimentos operacionais*: descrição das atribuições, responsabilidades e tarefas para todas as situações operacionais, incluindo partidas, paradas de rotina e de emergência e operações normais.
* *Capacitação de recursos humanos*: descrição dos programas de treinamento.
* *Investigação de incidentes*: descrição dos procedimentos de investigação, análise e documentação.
* *Plano de ação de emergência*: o PAE é uma espécie de documento-síntese da análise de risco, devendo descrever as instalações, os cenários acidentais, as atribuições e as responsabilidades dos envolvidos, um fluxograma de acionamento, as ações de resposta às situações identificadas nos cenários acidentais, os recursos humanos e materiais, os programas de treinamento e divulgação e documentos anexos como plantas, listas de equipamentos etc.
* *Auditorias*: auditorias devem ser realizadas para verificar a conformidade dos procedimentos e as ações constantes do PGR.

Esse modelo de plano é calcado na experiência e nos problemas da indústria química, mas variações ou adaptações têm sido empregadas em outros setores industriais, como mineração, transportes e geração de energia elétrica. A canadense BC *Hydro* realizou estudos quantitativos de riscos para barragens na década de 1990 (Salmon; Hartford, 1995), aplicando uma análise probabilística tipo árvore de evento. Desde o final dos anos 1970, porém, haviam sido desenvolvidos os primeiros estudos de riscos em barragens nos EUA, impulsionados pela ruptura de uma barragem no Estado da Georgia (Spragens; Mayfield, 2005).

Vários países dispõem de leis de segurança de barragens, com requisitos de realização de inspeções técnicas ou auditorias de terceira parte (no Brasil, Lei Federal nº 12.334, de 20 de setembro de 2010), e desde 2001 o Banco Mundial tem uma política de segurança de barragens, com requisitos como auditoria de terceira parte. Tais requisitos agora fazem parte do Padrão Ambiental e Social 1.

12.5 Ferramentas para análise de riscos

A análise de riscos ambientais teve grande desenvolvimento inicial com a indústria nuclear. Acidentes com reatores e outras instalações nucleares são tipicamente de baixa probabilidade de ocorrência, porém de grandes consequências. Atividades essenciais de uma análise de risco tecnológico são apresentadas nesta seção.

Identificação de perigos

A identificação de perigos é o ponto de partida dos estudos de risco. Alguns estudos não vão além dessa fase, passando para a preparação de um plano de gerenciamento. Para identificar os perigos, é feita uma varredura da instalação analisada para identificação de eventos iniciadores de falhas operacionais. As ferramentas empregadas nessa etapa foram desenvolvidas para instalações em funcionamento, ou para as quais haja um projeto detalhado, sem o qual não é possível quantificar riscos. Para um EIA, quase sempre elaborado sem que haja projeto detalhado, uma solução é limitar-se a uma análise qualitativa preliminar, transferindo um estudo detalhado, caso necessário, para etapa posterior. No Brasil, essa etapa posterior é a da licença de instalação, após a conclusão e aprovação do EIA.

Há várias ferramentas de identificação de riscos. No contexto de riscos tecnológicos, destacam-se (Awazu, 1993):

* *Análise histórica de acidentes*: consiste no levantamento de acidentes ocorridos em instalações similares, consultando-se bancos de dados de acidentes ou referências bibliográficas específicas. Sua utilidade em um EIA é pequena, pois nada informa sobre os riscos do projeto em análise, exceto sobre os tipos de ocorrências que podem ter sido registradas em empreendimentos com alguma similaridade, mas usualmente situados em países que dispõem de bases de dados confiáveis.

* *Lista de verificação*: baseia-se na elaboração e aplicação de uma sequência lógica de questões para a avaliação das condições de segurança de uma instalação, por meio de suas condições físicas, dos equipamentos utilizados e das operações praticadas; listas de verificação aplicam-se às etapas de elaboração de projeto, de construção, de operação e durante as paradas para manutenção.

* *Método "E se...?"* (What if...?): trata-se da identificação de eventos indesejados feita por uma equipe de dois ou três especialistas experientes; "melhores resultados podem ser obtidos quando da sua aplicação em instalações existentes" (p. 3.200-3.211).

* *Análise preliminar de perigos* (Preliminary Hazard Analysis): técnica desenvolvida especificamente para aplicação nas etapas de planejamento de projetos, visando uma identificação precoce de situações indesejadas, o que possibilita adequação do projeto antes que recursos de grande monta tenham sido comprometidos; trata-se, portanto, de uma técnica de potencial emprego em EIAs, pois não exige o detalhamento da instalação analisada. Preparam-se planilhas (Quadros 12.4 e 12.5) nas quais, para cada perigo identificado, são levantadas suas possíveis causas, efeitos potenciais e medidas básicas de controle aplicáveis (preventivas ou corretivas). Além da identificação, os perigos são também avaliados com relação à frequência de ocorrência e grau de severidade de suas consequências. Essa ferramenta pode ser uma etapa inicial, complementada por outras ferramentas de análise, ou pode ser suficiente para fornecer aos tomadores de decisão e ao público uma visão hierarquizada dos principais riscos.

* *Estudo de riscos e operabilidade* (Hazard and Operability Study – *Hazop*): consiste no trabalho integrado de uma equipe de especialistas que realiza "um exame crítico sistemático [...] a fim de avaliar o potencial de riscos decorrentes da má operação ou mau funcionamento de itens individuais dos equipamentos e os efeitos na instalação", seguindo uma estrutura dada por determinadas palavras-guia (por exemplo, "mais pressão") que permitam identificar desvios ou afastamentos da normalidade. Segundo Awazu (1993, p. 3.200-3.215), "a melhor ocasião para

Quadro 12.4 Exemplo de planilha de avaliação preliminar de perigos

Análise Preliminar de Perigos (APP)								
Local:			Sistema:		Elaborado por:		Aprovado por:	
Referência:						Data:		Revisão:
Perigo	**Causa**	**Modo de detecção**	**Efeito**	**Categoria de frequência**	**Categoria de severidade**	**Categoria de risco**	**Observações**	**Código**
Eventos que podem ter consequências ambientais ou para a saúde ou segurança humanas	Falhas intrínsecas de equipamentos e erros humanos de manutenção ou operação	Instrumentação ou percepção humana	Comportamento de um produto liberado ou consequência imediata do evento	Classificação de acordo com categorias definidas previamente, como "muito provável", "provável", "ocasional" etc.	Classificação de acordo com categorias definidas previamente, como "catastrófico", "desprezível" etc.	Combinação de severidade e frequência, de acordo com critério predefinido	Informação complementar ou recomendações de ações preventivas	Código interno, número sequencial ou outro identificador
Exemplo: Armazenamento de enxofre a céu aberto								
Combustão	Combustão espontânea quando exposto à temperatura ambiente	Visual	Liberação de calor ou chama, formação de enxofre fundido	Raro	Pequena	Muito baixo	Inspeção periódica das pilhas; treinamento de operadores para extinção de focos	1
Exemplo: Armazenamento de ácido sulfúrico em área industrial								
Pequenos vazamentos (< 100 ℓ)	Furos ou rupturas na tubulação e tanques, vazamentos em válvulas ou conexões, devido a corrosão, desgaste, atrito ou falhas de vedação	Visual	Liberação para piso, canaletas, sistema de drenagem	Ocasional	Pequena	Baixo	Controle de concentração do ácido para reduzir potencial corrosivo; inspeção e manutenção preventiva	14
Grandes vazamentos (> 1.000 ℓ)	Idem	Instrumentação visual	Liberação para sistema de drenagem	Raro	Moderada	Baixo	Idem	15

Quadro 12.5 Extrato de planilha de avaliação preliminar de perigos (APP) de atividade de exploração de petróleo em águas profundas

Análise Preliminar de Perigos (APP)

Atividade: Perfuração Marítima no Bloco BM-J-1	Sistema: **Navio-Sonda NS-09 SC Lancer**

Cenário Acidental 1: Vazamento de Óleo e Gás:	

Sistema 1.1: Perfuração	**Hipótese acidental No. 1**

Subsistema 1.1.1: Segurança do Poço	Data: Fev/2008	Revisão: 00

Perigo	Causas	Modos de detecção	Consequências	Frequência	Severidade	Risco	Recomendações/medidas
Pequeno vazamento de óleo/gás devido à ocorrência de *blow out* (0 < PV < 8 m³)	1- Problemas operacionais no poço; 2- Falha de operação do BOP (*blow out preventer*) ou de outras partes do sistema de controle do poço; 3- Falha humana; 4- Peso de lama de perfuração insuficiente.	1- Por instrumentos (placa de orifício e manômetro); 2- Odor; 3- Visual.	1- Derramamento de óleo no mar; 2- Possibilidade de incêndio/ explosão	B	II	1	Efetuar inspeção periódica e manutenção preventiva do sistema de prevenção de *blow out*, segundo recomendação do *American Petroleum Institute*. Realizar treinamento para a tripulação em procedimentos para controle do poço e identificação de sinais de alerta e causas de *blow out*. Seguir programa de inspeção e manutenção dos equipamentos e linhas. Seguir programa de inspeção, manutenção e testes dos sistemas de segurança (sensores, alarmes e BOP). Seguir programa de treinamento e atualização dos operadores. Seguir programa de treinamento para as situações de emergência. Acionar o *Ship Oil Pollution Emergency Plan*. Acionar o Plano de Emergência Individual.

Atividade: Perfuração Marítima no Bloco BM-J-1	Sistema: **Plataforma: P-VI**

Cenário Acidental 1: Vazamento de Óleo e Gás:	

Sistema 1.1: Perfuração	**Hipótese acidental No. 3**

Perigo	Causas	Modos de detecção	Consequências	Frequência	Severidade	Risco	Recomendações/medidas
Grande vazamento de óleo/gás devido à ocorrência de *blow out*, no período de até 30 dias (200 < = GV < 1.290 m³)	Idem acima	Idem acima	Idem acima	B	IV	3	Idem acima

Notas: (1) As hipóteses acidentais foram classificadas neste estudo em pequenos, médios e grandes vazamentos de óleo ou derivados, utilizando o quantitativo de volumes de acordo com a Resolução Conama 398/2008.
(2) As classes de frequência utilizadas foram: (A) extremamente remota (F < 10⁻⁴), "conceitualmente possível, mas extremamente improvável de ocorrer durante a realização da atividade"; (B) remota (10⁻⁴ ≤ F < 10⁻³), "não esperado de acontecer durante a realização da atividade"; (C) improvável (10⁻³ ≤ F < 10⁻²), "pouco provável de ocorrer durante a realização da atividade"; (D) provável (10⁻² ≤ F < 10⁻¹), "esperado acontecer até uma vez durante a realização da atividade"; (E) frequente (F ≥ 10⁻¹), "esperado ocorrer várias vezes durante a realização da atividade".
(3) As classes de severidade utilizadas foram: (I) desprezível, (II) marginal, (III) crítica, (IV) catastrófica.
(4) As combinações de frequência e severidade em uma matriz de risco resultam nas seguintes classes de risco: (1) desprezível, (2) menor, (3) moderado, (4) sério, (5) crítico.
Fonte: BMA, 2008.

a realização de um Hazop é a fase em que o projeto se encontra razoavelmente consolidado. Nessa altura, o projeto já está bem definido, a ponto de permitir a formulação de respostas expressivas às perguntas do estudo. Além disso, neste ponto ainda é possível alterar o projeto sem grandes despesas".

* *Análise de tipos e efeitos de falhas* (Failure Modes and Effects Analysis – FMEA): consiste na identificação de falhas hipotéticas, anotadas em uma planilha, na qual cada falha é relacionada com seus respectivos efeitos. As falhas podem ter diversas causas, mas parte-se dos modos de falha – por exemplo, os modos de falha de uma válvula manual podem ser: falha para fechar, quando requisitada; falha para abrir, quando requisitada; emperrada; ajuste errado para mais ou para menos; ruptura no corpo da válvula (Awazu, 1993, p. 3.200-3.219). Em seguida, identificam-se os possíveis efeitos – se a falha da válvula ocasionar vazamento de um líquido inflamável, um efeito é incêndio. É uma técnica indutiva. Os resultados são também tipicamente apresentados em planilhas, como na análise preliminar de perigos, e também podem ser analisados qualitativamente quanto à frequência e severidade. É um método que também encontra aplicação em EIAs.

* *Análise de árvore de falhas* (Fault Tree Analysis): técnica dedutiva que parte da montagem de um diagrama com bifurcações sucessivas – por exemplo, um sistema de alimentação de água pode falhar por falta de água no reservatório ou por falha no sistema de bombeamento; este, por sua vez, pode falhar em cada uma das bombas. O método permite análise quantitativa, atribuindo-se probabilidades a cada evento, determinando-se a taxa de falha de cada componente do sistema. Pode-se também determinar caminhos críticos, sequências de eventos com maior probabilidade de levar ao evento indesejado (denominado evento topo, por situar-se no topo, ou tronco de uma árvore invertida, cujas bifurcações são as raízes). O método foi desenvolvido para as indústrias aeronáutica e aeroespacial.

* *Análise de árvore de eventos* (Event Tree Analysis): diagramas descrevem a sequência de eventos necessária para que ocorra um acidente; cada ramificação só permite duas possibilidades, sucesso ou falha, às quais se atribuem probabilidades que, somadas, sempre são iguais a zero e um. Parte-se da escolha de determinados eventos, que muitas vezes são identificados por meio de outras técnicas de análise de risco.

Análise das consequências e estimativa de riscos

Trata-se da parte quantitativa da avaliação de riscos, mas nem sempre se avança até esse ponto. A análise das consequências é uma simulação de acidentes que permite estimar a extensão e a magnitude das consequências, o que é feito por meio de modelos matemáticos específicos para determinado cenário acidental. Para cada hipótese acidental, deve-se usar procedimentos apropriados de cálculo; por exemplo, em se tratando da liberação de uma substância química, deve-se (Technica, 1988):

* conhecer a fase (líquida, gasosa ou uma mistura de líquido e gás);
* estimar a quantidade liberada;
* determinar o comportamento da substância após a liberação (vazamento de líquido pouco volátil, vazamento de líquido volátil, inflamável, expansivo etc.);
* verificar como se dá a dispersão (nuvem densa, subida de pluma) e se pode haver incêndio ou explosão;
* determinar os efeitos agudos e crônicos de liberações tóxicas.

Podem-se aplicar modelos de dispersão atmosférica desenvolvidos para a análise das consequências de acidentes que permitem calcular parâmetros como radiação térmica (no caso de incêndios), sobrepressão atmosférica (no caso de explosões) ou concentração de uma substância tóxica.

Como o risco é o produto da combinação entre probabilidade de ocorrência e magnitude das consequências, é preciso estimar essa magnitude. Ela pode ser medida em termos de perdas econômicas ou ecológicas, mas um parâmetro bastante usado para os riscos agudos é o número esperado de mortes. Para os riscos crônicos, considera-se o número de mortes em determinado período de tempo ou o número adicional de casos de câncer, para as substâncias causadoras de tumores. Mas os estudos de risco aplicados à AIA podem (e, muitas vezes, devem) identificar como receptores de risco os recursos ambientais e culturais.

As consequências da exposição de certos componentes ambientais a substâncias químicas liberadas acidentalmente podem ser determinantes em certas decisões de licenciamento, como ocorreu com um projeto de produção de petróleo em águas rasas no sul da Bahia (bacia da Camamu/Almada), localizado em área de importante biodiversidade marinha, contando diversas espécies ameaçadas de fauna e recifes de coral, além de extensas áreas de manguezal. O estudo dos riscos de vazamentos de óleo bruto constatou que, mesmo para os cenários de pequenos vazamentos (abaixo de 200 m^3), mais frequentes que vazamentos maiores, o "tempo de toque", ou seja, o período necessário para a mancha de óleo atingir a costa, seria inferior ao tempo de atendimento dos sistemas de respostas a emergências. No caso, o comportamento da substância após liberação é a dispersão na água. Sendo de baixa densidade, o óleo flutua e, por ação de ventos e correntes, é transportado sobre a superfície do mar, de modo que os estudos de dispersão utilizam dados do ambiente físico para estimar o tempo de deslocamento de diferentes quantidades de óleo vazado. Embora vazamentos grandes possam acarretar consequências de maior magnitude ou severidade (Quadro 12.5), dados provenientes de análises históricas de acidentes mostram que vazamentos pequenos são mais frequentes.

Avaliação de riscos

A avaliação de riscos, assim como a avaliação da importância de impactos, implica juízo de valor. O conceito de risco aceitável vem sendo debatido há décadas. Algumas pessoas são mais propensas a correr ou aceitar riscos, enquanto outras mostram aversão a riscos. Seria possível determinar uma média de aceitabilidade de risco? Para o ambiente, a dificuldade é maior, pois muitas vezes trata-se de riscos impostos e não voluntários, e a fonte de risco é a atividade exercida por um terceiro e não pelo próprio indivíduo.

Convenciona-se definir *risco social* como a quantidade anual de perda de vidas humanas associada a determinada atividade, dada pelo produto do número de mortes por acidente pelo número de acidentes por ano. A formulação de tal definição pode assustar, mas na verdade trabalha-se com cifras da ordem de 10^{-4} a 10^{-6}, ou seja, uma morte a cada 10 mil anos ou a cada milhão de anos, respectivamente, na verdade uma cifra muito menor que aquela aceitável em várias atividades corriqueiras, como viajar de automóvel. Também se define *risco individual* como a razão entre o risco social e o número de habitantes da zona em estudo.

O conceito de aceitabilidade foi desenvolvido como uma resposta prática para a tomada de decisões. Assim, por exemplo, Hong Kong estabelece que o risco individual máximo aceitável é 10^{-5}, ao passo que o risco social varia entre 10^{-3} e 10^{-6}, devendo ser mitigado de acordo com o conceito de "tão baixo quanto razoavelmente praticável" (ALARP – *As Low as Reasonable Practicable*) (HKEPD, 1997, p. 25).

Gestão de riscos

A proposição de medidas de prevenção de risco e de redução das consequências em caso de acidentes é a última etapa da cadeia de atividades de avaliação de risco, conforme será visto na seção 13.3. Muitas grandes empresas têm procurado não somente integrar seus programas de gestão de risco a outros programas ambientais, como também integrar a gestão de risco a seus sistemas de gestão ambiental, de qualidade e de saúde e segurança do trabalho, que adotam os mesmos princípios do chamado ciclo PDCA (seção 18.4) e são conhecidos como sistema de gestão integrada (SGI). Porém, garantir que as medidas de prevenção serão eficazes é o "X" da questão.

Uma perspectiva mais ampla é tratar todos os tipos de riscos em uma empresa de forma integrada. Riscos financeiros, de imagem, ambientais, de segurança, trabalhistas e tantas categorias quanto aplicáveis podem ser tratados segundo as recomendações da norma ISO 31.000 Gestão de Riscos – Princípios e Diretrizes, que define processo de gestão de riscos como "aplicação sistemática de políticas, procedimentos e práticas de gestão para as atividades de comunicação, consulta, estabelecimento de contexto, e na identificação, análise, avaliação, tratamento, monitoramento e análise crítica dos riscos".

Segundo essa norma, o objetivo da gestão de riscos é a proteção da própria empresa, como ficou claro com o acidente da *Deepwater Horizon* (Quadro 12.2). Um dos princípios dessa norma (3) deve ser destacado: a gestão de riscos é parte da tomada de decisões. Segundo Eccleston (2011, p. xix), "uma das revelações que resultaram das investigações do vazamento de óleo BP *Deepwater Horizon* foi que aqueles encarregados de tomar decisões não tinham equipado a plataforma com um segundo dispositivo de reserva que poderia cortar o fluxo de óleo de um poço em caso de falha do *blow out preventer*" (Quadro 12.5).

> Em toda avaliação de risco é preciso definir o receptor de risco. Risco ambiental é risco para o ambiente e risco empresarial é risco para a empresa. Nem sempre as avaliações coincidem.

O termo *risco social* tem diferentes sentidos. Pode significar risco para a sociedade, mas muitas empresas o utilizam para descrever o risco de que ações da sociedade civil afetem a empresa ou o empreendimento. Em cada uma dessas acepções, o receptor de risco é diferente. Para as instituições financeiras, ao avaliar o *risco socioambiental* abarca-se o risco do projeto para o ambiente e o risco do projeto para o financiador ou investidor, ao lado de riscos de crédito, financeiros e outros.

12.6 PREPARAÇÃO E ATENDIMENTO A EMERGÊNCIAS

Para boa parte dos empreendimentos sujeitos ao processo de AIA, não é necessário um grande detalhamento dos procedimentos de segurança e gerenciamento de riscos, haja vista que, via de regra, apresentam riscos substancialmente menores que o de indústrias químicas ou de instalações de transporte e armazenagem de petróleo ou derivados. Pode assim ser suficiente uma descrição dos procedimentos de prevenção de riscos e das ações previstas em caso de ocorrência de acidentes.

Tais ações podem ser descritas no Plano de Ação de Emergências (PAE), exigível em certos casos – por exemplo, no Estado de São Paulo é obrigatório para o licenciamento de empreendimentos sujeitos à apresentação de EAR ou PGR, e também para rodovias. Vale lembrar que a preparação para atendimento a emergências é item obrigatório de sistemas de gestão ambiental que sigam as diretrizes da norma NBR ISO 14.001:2015 e para as empresas que adotam o programa Atuação Responsável® da Associação Brasileira da Indústria Química (Abiquim), entre outros.

O programa Atuação Responsável® é a versão brasileira do programa internacional *Responsible Care*™, pelo qual, independentemente de obrigações legais, as empresas associadas se comprometem a cumprir uma série de requisitos de segurança e qualidade ambiental, normalizados em "códigos". O programa Atuação Responsável® é um modelo de gestão ambiental adaptado à indústria química.

Um PAE deve conter, entre outros itens (Cetesb, 2011):

> [...]
> (i) uma descrição dos cenários ou hipóteses acidentais consideradas;
> (ii) as ações de resposta às situações emergenciais compatíveis com os cenários acidentais considerados, incluindo os procedimentos de avaliação da situação, a atuação emergencial (combate a incêndios, isolamento, evacuação, contenção de vazamentos etc.) e ações de recuperação das áreas afetadas;
> (iii) a descrição dos recursos materiais e humanos disponíveis, e os programas de treinamento e capacitação.

A capacitação dos recursos humanos é um dos requisitos mais importantes para o sucesso dos planos de emergência e a obtenção de bons resultados dos demais elementos do plano de gestão ambiental. As situações que combinam baixa probabilidade com consequências de média ou alta magnitude podem representar dificuldades para difundir uma cultura de prevenção entre funcionários e dirigentes. A catastrófica ruptura de duas barragens de rejeitos em Minas Gerais, em Mariana (novembro de 2015) e Brumadinho (janeiro de 2019), é exemplo dessa combinação.

O gerenciamento de riscos ambientais precisa envolver a comunidade. Para esse fim, o Programa das Nações Unidas para o Meio Ambiente (PNUMA) desenvolveu o Programa APELL (*Awareness and Preparedness for Emergencies at Local Level*), "para reunir as pessoas a fim de possibilitar uma comunicação efetiva sobre riscos e respostas emergenciais" e (i) reduzir riscos; (ii) melhorar a eficácia de resposta a acidentes; (iii) permitir uma reação apropriada das pessoas comuns durante emergências (Unep, 2001).

A preparação e resposta a emergências é também um requisito do Padrão de Desempenho 1 da IFC, segundo o qual, a preparação inclui a identificação de áreas onde acidentes e situações de emergência possam ocorrer, de comunidades e indivíduos que possam ser afetados, assim como a definição de procedimentos de resposta a serem adotados, a designação de responsáveis, as formas de comunicação internas e externas e a programação de treinamentos. Pode também ser necessário, a exemplo do programa APELL, a colaboração com governos locais e as comunidades potencialmente afetadas.

12.7 Percepção de riscos

Uma das questões mais relevantes é a maneira como diferentes pessoas encaram e se comportam diante de situações de risco. Sabe-se que há pessoas mais e menos propensas a aceitar riscos, em qualquer área – por exemplo, a propensão a riscos econômicos em investimentos financeiros, riscos de vida praticando esportes radicais ou ainda riscos à saúde devido ao uso de tabaco.

O mesmo se passa diante dos riscos ambientais. Quando um empreendimento submetido ao processo de AIA passa pelas etapas de consulta pública, muitas das discussões se dão em torno da possibilidade de "algo dar errado", de que ocorram acidentes ou disfunções que causem impactos ambientais muito mais significativos do que aqueles que poderiam ocorrer em situação normal.

As ciências do comportamento têm se interessado pelo campo da *percepção de riscos*, que estuda como as pessoas encaram situações perigosas. Os especialistas dessa área têm chegado a algumas conclusões gerais que parecem ter validade em diferentes culturas. As seguintes características da percepção de riscos têm grande interesse para o campo da avaliação de impacto ambiental (Fischer, 1991; Kasperson et al., 1988; Renn, 1990a, 1990b):

✽ *Preferência intuitiva por raciocínio determinístico.* Ao contrário dos especialistas em risco, que veem as situações de risco como fenômenos probabilísticos, a maioria da população tem grande dificuldade em raciocinar em termos de probabilidade. Afirmações do tipo "os riscos de danos sérios à população de tartarugas marinhas devido à ruptura de uma tubulação de transporte de petróleo são da ordem de $2,5 \times 10^{-5}$" nada significam para a maioria das pessoas. A percepção de probabilidades é, em geral, muito influenciada (a) pela experiência pessoal (como a de já ter estado exposto a uma situação similar; sabe-se que quem já presenciou determinado tipo de acidente tende a vê-lo como mais provável), (b) por uma tendência, identificada através de estudos comportamentais, de evitar a chamada dissonância cognitiva (informações ou fatos que contradizem a percepção pessoal tendem a ser ignorados, enquanto a pessoa também busca informações que reforcem suas opiniões e convicções), e (c) pela disponibilidade da memória (eventos que vêm imediatamente à mente são percebidos como mais prováveis; assim, acidentes recentemente difundidos pela mídia são vistos como mais frequentes). Em outras palavras, a percepção da probabilidade é ajustada à informação disponível.

✽ *Maior importância atribuída às consequências possíveis de um evento do que à probabilidade de ocorrência.* Se considerarmos duas situações em que tecnicamente o risco seja idêntico, onde a primeira se refere a um evento de baixa probabilidade de ocorrência (por exemplo, 10^{-6}), mas grandes consequências (por exemplo, cem mortes), e a segunda a um de probabilidade mais elevada (10^{-4}), mas pequenas consequências (uma morte), a população considera a primeira situação como mais perigosa. O conceito social de risco não é o mesmo que o conceito técnico.

✽ *Distribuição social dos riscos e benefícios.* A população usualmente atribui grande importância a esta característica, sendo mais difícil aceitar uma situação de risco na qual os beneficiários não são os mesmos que a população exposta ao risco.

✽ *Circunstâncias qualitativas do risco.* Questões como familiaridade com a situação de perigo (riscos "novos" tendem a ser mais dificilmente aceitos), controle pessoal (riscos parecem ser mais aceitáveis se a própria pessoa controla – ou pensa que controla – a situação de perigo) e experiência individual interferem sobremaneira na percepção de riscos. O fato de o risco ser imposto por terceiros ou assumido voluntariamente pela pessoa também tem um peso muito grande em sua aceitação. Finalmente, a credibilidade das instituições de gerenciamento de risco tem também um grande peso na aceitabilidade social de uma situação de perigo – uma empresa ou instituição governamental que já demonstrou competência (ou incompetência) em lidar com situações concretas como acidentes ou incidentes terá sua credibilidade e confiança em futuros eventos julgada em termos dessa experiência prévia.

A repartição dos riscos e dos benefícios é um dos pontos centrais quando a instalação de um empreendimento perigoso está em discussão. Na maior parte dos casos, aqueles que se beneficiam com o empreendimento (empresários, acionistas, financiadores, fornecedores, empregados) não são aqueles que deverão suportar os riscos (principalmente a comunidade vizinha), estabelecendo-se, então, grande potencial de conflito.

Tais características (entre outras que interferem na percepção dos riscos) devem ser levadas em conta na análise e na discussão sobre os impactos ambientais de um empreendimento. Elas podem até determinar a aceitação ou não do projeto, de modo que o envolvimento público desde suas fases iniciais pode facilitar a comunicação e a eventual aceitação do empreendimento. No Brasil, a elaboração e a análise de estudos de análise de risco não envolvem nenhuma forma de consulta ou comunicação pública. O processo de AIA, por outro lado, representa uma oportunidade de participação pública na análise e decisão sobre instalações perigosas, e a possibilidade de estabelecimento de um canal formal de comunicação com as partes interessadas. Esses estudos são ferramentas de identificação e análise de riscos agudos, e não de riscos crônicos – considerações sobre essa categoria de riscos ambientais, em geral, estão ausentes do processo de AIA, embora possam fazer parte das preocupações do público. Como coloca Lagadec (2003, p. 7), há um "déficit intelectual" nas discussões sobre risco (tomadas em um sentido amplo, não somente risco ambiental): "nos anos 1970, as discussões sobre risco eram dominadas por uma equação, risco = probabilidade × gravidade das consequências. [...] Hoje nós somos obrigados a reconhecer a realidade intrínseca do risco: risco é, primeiro, uma brecha, uma descontinuidade".

Merad e Trump (2020) argumentam que, em 50 anos, a análise e o gerenciamento de riscos mudaram bastante, passando de uma abordagem de prevenção de riscos conhecidos em sistemas de alto risco para o emprego de análises probabilísticas, a incorporação das dimensões humana, organizacional e territorial em adição à dimensão técnica, e a mudança de um paradigma de redução de risco para um de governança de risco.

MITIGAÇÃO E PLANO DE GESTÃO AMBIENTAL

13

320 Avaliação de Impacto Ambiental: conceitos e métodos

Ao estudar detalhadamente um projeto e seus impactos, a equipe que elabora o estudo de impacto ambiental faz recomendações para evitar, reduzir, corrigir ou compensar impactos adversos e realçar os impactos benéficos, estabelecendo diretrizes de gestão ambiental.

Diferentemente dos sistemas de gestão ambiental (SGA) e de ferramentas correlatas – como a avaliação de desempenho ambiental –, o EIA não trabalha com situações concretas de impactos ou riscos, mas com situações potenciais. Ademais, em um EIA o plano de gestão ambiental é dirigido às três principais etapas do ciclo de vida de um empreendimento (implantação, operação e desativação), ao passo que os programas de gestão de um SGA costumam se limitar à etapa de operação. Com efeito, para muitos empreendimentos, os impactos da construção podem ser mais significativos que os impactos do funcionamento, como é o caso de rodovias, linhas de transmissão de energia elétrica e sistemas de abastecimento de água.

O desempenho ambiental, isto é, o *conjunto de resultados demonstráveis de proteção ambiental*[1], será mais satisfatório à medida que as próprias ações (atividades, produtos e serviços) do empreendimento forem planejadas para assegurar a proteção ambiental, que é uma das finalidades da AIA. Gestão ambiental, nesse contexto, pode ser conceituada como: *um conjunto de medidas de ordem técnica e gerencial que visa assegurar que o empreendimento seja implantado, operado e desativado em conformidade com a legislação ambiental e outros requisitos relevantes, a fim de minimizar os riscos ambientais e os impactos adversos e maximizar os efeitos benéficos.*

O foco clássico da AIA é evitar e minimizar as consequências negativas dos investimentos públicos e privados. O enfoque atual é mais amplo, reconhecendo que o processo de AIA possibilita uma análise, sob a perspectiva de múltiplos atores, da contribuição de um projeto para a recuperação da qualidade ambiental e para o desenvolvimento social e econômico da comunidade ou da região sob sua influência. Trata-se de analisar a contribuição do projeto para o desenvolvimento sustentável[2] e para atingir os objetivos de desenvolvimento sustentável (ODS) (Morrison-Saunders et al., 2020), perspectiva que norteia um novo enfoque chamado de avaliação de sustentabilidade (Gibson et al., 2005; Bond; Morrison-Saunders; Pope, 2012).

O plano de gestão ambiental (PGA) resultante da avaliação de impactos de um projeto é uma ferramenta importante para transformar um *potencial* em contribuição *efetiva* para o desenvolvimento sustentável. Um plano de gestão cuidadosamente elaborado, e satisfatoriamente implantado por uma equipe competente, pode fazer toda a diferença entre um projeto tradicional e um inovador, entre um projeto no qual se sobressaiam os impactos negativos e outro no qual se destaquem os impactos positivos.

Há três condições para realizar tal potencial. A primeira é a preparação cuidadosa do PGA, orientado para atenuar os impactos adversos significativos e para reduzir as lacunas de conhecimento e as incertezas sobre os impactos reais do projeto. A segunda condição é o envolvimento das partes interessadas na elaboração do plano, que conterá não apenas obrigações e compromissos do empreendedor, mas pode também requerer participação de parceiros, como órgãos de governos e organizações não governamentais. A terceira condição é a adequada implementação do plano, dentro de prazos compatíveis com o cronograma do empreendimento, o que, por sua vez, necessita recursos humanos, financeiros e organizacionais. A implementação deveria ser verificada com a ajuda de indicadores mensuráveis de andamento (o que foi feito) e de resultados (consecução dos objetivos pretendidos). Ferramentas de verificação incluem supervisão, auditoria e monitoramento ambiental, empregadas na etapa que se segue à aprovação do projeto, a etapa de acompanhamento.

---

[1] *A norma ISO 14.031:2013 define desempenho ambiental como "resultados mensuráveis da gestão de uma organização sobre seus aspectos ambientais".*

[2] *Desde o trabalho da Comissão Mundial de Meio Ambiente e Desenvolvimento, instituída pela ONU em 1983 e resumida no relatório Nosso Futuro Comum, desenvolvimento sustentável vem sendo conceituado como "aquele que atende às necessidades das gerações presentes sem comprometer a capacidade das gerações futuras atenderem às suas próprias necessidades" (WCED, 1987, p. 8).*

13.1 Plano de gestão

Em um EIA, *um plano de gestão ambiental é um conjunto de medidas propostas para prevenir, atenuar ou compensar impactos adversos e riscos ambientais e para valorizar os impactos positivos.*

Medidas mitigadoras afins podem ser agrupadas em programas e o conjunto de programas constitui o *plano de gestão ambiental* ou socioambiental, denominação usada internacionalmente. Cada programa deve ser individualmente descrito no próprio EIA ou em documentos posteriores, que recebem denominações diferentes em cada jurisdição – como o Projeto Básico Ambiental (PBA) ou o Plano de Controle Ambiental (PCA) no Brasil[3].

> Programas socioambientais podem ser implementados em diferentes contextos:
> (i) mitigação decorrente da AIA de um projeto e formalizada como condicionante do licenciamento ambiental ou para atendimento a requisitos de instituições financeiras;
> (ii) programas decorrentes da implementação de um SGA; (iii) ações voluntárias no âmbito de iniciativas de responsabilidade social corporativa ou de adesão a algum código de conduta empresarial; (iv) iniciativas negociadas com partes interessadas, como comunidades locais; (v) decisões ou acordos no âmbito de processos ou inquéritos judiciais, a exemplo de Termos de Ajustamento de Conduta.

Sinteticamente, programa é "um conjunto de recursos e atividades direcionados a um objetivo" (Schreier, 1994). Programa socioambiental é uma *iniciativa de uma organização com objetivos de proteção de recursos ambientais ou culturais, da qualidade de vida ou dos direitos de comunidades que podem ser ou são afetadas por projetos de desenvolvimento ou pelas atividades, produtos ou serviços dessa organização.*

Os programas podem ser organizados em um *sistema de gestão*. Diferentemente da gestão por programas, a gestão por sistemas articula-se em torno de um ciclo de planejamento, implementação e controle (conhecido como ciclo PDCA), em que a experiência adquirida é utilizada para promover melhorias gradativas e contínuas no sistema e que permite a integração das funções de gestão ambiental com as demais funções gerenciais de uma organização, no mesmo nível hierárquico. Caso o proponente tencione utilizar um SGA em conformidade com a norma ISO 14.001:2015, pode ser conveniente que já durante a preparação do EIA sejam identificados os aspectos e impactos ambientais e que sejam definidos, na elaboração do PGA, os objetivos e as metas ambientais, assim como programas de gestão (Sánchez; Hacking, 2002). Evidentemente, objetivos, metas e programas são sempre sujeitos a revisão, e, no caso de um projeto, estarão sujeitos a detalhamento, que poderá ser feito durante a preparação dos estudos necessários à obtenção da licença de instalação. Em Portugal, após a aprovação do EIA, o proponente deve preparar um "Relatório de Conformidade Ambiental do Projeto de Execução", que descreve o projeto detalhado e eventuais alterações em relação ao projeto descrito no EIA.

Parte de todo programa de gestão é o monitoramento, cujas finalidades são (i) constatar, com a ajuda de indicadores, se os impactos previstos ocorrem na prática, (ii) constatar se ocorrem impactos não previstos e (iii) verificar se o empreendimento atende a determinados critérios de desempenho, incluindo padrões legais, condicionantes ou quaisquer outros requisitos, como exigências de agentes financiadores e compromissos assumidos com partes interessadas.

---

[3] O PBA foi inicialmente definido como um estudo ambiental para empreendimentos do setor elétrico (usinas hidrelétricas, termelétricas e linhas de transmissão), introduzido pela Resolução Conama 6/87. É preparado como requisito para a solicitação da licença de instalação; portanto, depois da aprovação do EIA. O PCA foi introduzido pelas Resoluções Conama 9/90 e 10/90, como requisito para a solicitação de licença de instalação de empreendimentos de mineração, contendo "os projetos executivos de minimização dos impactos ambientais avaliados na fase de LP [licença prévia]" (Art. 5º de ambas as resoluções). Com o passar do tempo, esses acrônimos foram perdendo o significado inicial e passaram a designar documentos apresentados após a obtenção da licença prévia. O grau de detalhamento de um plano de gestão ambiental varia entre jurisdições.

13.2 Hierarquia de mitigação

Etimologicamente, mitigar significa abrandar ou atenuar. O atual uso do termo em AIA é mais amplo, abarcando desde a prevenção até a compensação. Exemplos de medidas clássicas de mitigação incluem abatimento da emissão de poluentes, barreiras antirruído e bacias de decantação em canteiros de obras.

A prevenção pode demandar modificações de projeto para evitar impactos adversos. Assim, enterrar parte de uma linha de transmissão para que não interfira com uma rota de migração de aves, aumentar o espaçamento entre os cabos de uma linha aérea para evitar que aves de grande envergadura sejam eletrocutadas, isolar um dos cabos de uma rede de distribuição ou aumentar a altura de torres de linhas de transmissão na travessia de áreas florestadas para reduzir o desmatamento são exemplos de alterações de projeto que evitam ou reduzem impactos.

Em 1997, uma ação movida pelo Ministério Público Federal responsabilizando uma empresa de transmissão de energia elétrica pela morte de tuiuiús (*Jabiru mycteria*), ave que pode atingir 2,2 m de envergadura (Fig. 13.1), na rodovia Transpantaneira, Mato Grosso, propiciou a adoção de medidas para evitar a morte de aves por eletrocussão ao colidirem com os condutores energizados da rede rural de distribuição de energia elétrica. Em um projeto-piloto, um dos cabos convencionais da rede de distribuição foi substituído por um cabo protegido, modificação que evitou a morte de tuiuiús e outras aves. Em seguida, a empresa de eletricidade desenvolveu um procedimento interno (integrante de seu sistema de gestão) para construção de redes de distribuição em áreas alagáveis do Pantanal, onde as cruzetas que suportam os cabos (fixadas no topo dos postes), ao invés de 2,5 m, passaram a ter 3,5 m, aumentando, dessa forma, o espaçamento entre os cabos (Cemat, 2011, p. 94).

Fig. 13.1 *Tuiuiú, ave símbolo do Pantanal*

Medidas para *evitar* a ocorrência de impactos são preferíveis às medidas de redução ou minimização de impactos. Medidas corretivas ou de recuperação do ambiente que virá a ser degradado, assim como de compensação de impactos inevitáveis, vêm na sequência, ou ordem de preferência de medidas mitigadoras (Fig. 6.2), também chamada de *hierarquia de mitigação*.

Evitar impactos adversos deve ser o primeiro objetivo, e necessita colaboração entre a equipe projetista e a ambiental. No exemplo esquemático da Fig. 13.2 há três traçados para um projeto linear (como um duto ou uma rodovia):

1. o traçado 1, direto, é o de menor custo e tem grande impacto sobre a biodiversidade, pois aumenta a fragmentação da paisagem;
2. o traçado 1 modificado pelo desvio 2 reduz os impactos, pois contorna o fragmento de vegetação de maior importância;
3. a combinação dos traçados 3 e 2 minimiza os impactos sobre a vegetação, pois contorna todos os fragmentos.

As áreas hachuradas da Fig. 13.2 também mostram possibilidades de compensação em caso de fragmentação pelo traçado 1. Evidentemente os casos reais serão sempre mais complexos que esse diagrama, pois os desvios não somente representam, via de

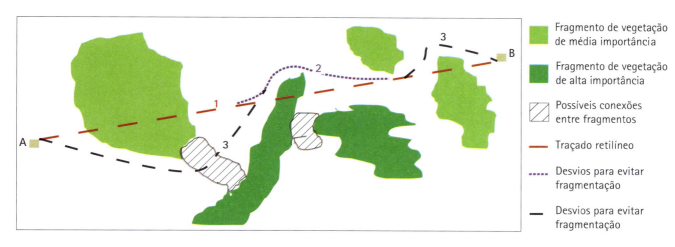

Fig. 13.2 *Diagrama esquemático de alternativas de traçado de um projeto linear. O traçado 1 é o mais barato, porém de maior impacto, e os traçados 2 e 3 reduzem a perda e fragmentação de vegetação*

regra, maiores custos, como também é preciso considerar sua viabilidade técnica e os demais impactos ambientais, como aqueles decorrentes de movimentação de solo e rocha ou interferência sobre o uso do solo, entre outros.

As alterações do projeto hidrelétrico de Piraju (seção 5.6) são um exemplo de adaptação de projeto às condições do meio para evitar impactos significativos. Outro exemplo de como a consideração de alternativas contribui para evitar e reduzir impactos é dado pelo projeto de construção da pista descendente da rodovia dos Imigrantes, em São Paulo (Figs. 13.3 e 13.4 e Quadro 13.1).

> Evitar impactos requer adaptar o projeto às condições do ambiente, ao invés de adaptar o ambiente às necessidades do projeto.

O projeto inicial de engenharia foi elaborado nos anos 1970, na construção da primeira pista (ascendente), mas não executado. Anos depois, a iniciativa foi retomada, o que motivou a preparação de um EIA – em 1986, aprovado em 1988 – e algumas modificações no projeto. No entanto, a estrada só viria a ser implantada mais de uma década depois, sob um novo modelo de concessões rodoviárias para empresas do setor privado. Na ocasião, o consórcio vencedor da licitação se responsabilizou pela obtenção da licença de instalação. O longo período transcorrido entre o projeto original e a assinatura do contrato de concessão levou o consórcio a rever e atualizar o projeto, à luz de técnicas construtivas mais modernas (Fig. 13.5), o que ensejou: (i) a modificação de parte do traçado devida, fundamentalmente, a considerações geotécnicas, e (ii) a redução do número de pilares necessários para os viadutos, com a consequente redução da necessidade de desmatamento e escavações.

Nova revisão para a preparação do projeto executivo resultou em mais uma modificação substancial, também com redução de impactos, decorrente da junção de dois túneis em um só e da eliminação de um viaduto. O melhor conhecimento das características geomecânicas do maciço rochoso levou a mudar o traçado do último túnel, inserindo-o mais profundamente no maciço. Tais mudanças acarretaram que a construção da pista descendente implicasse um desmatamento quarenta vezes menor que a construção da

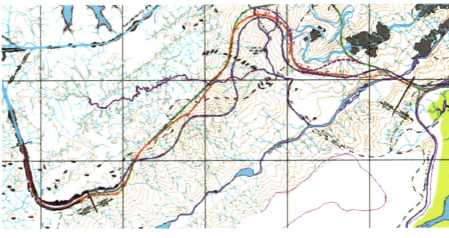

Fig. 13.3 *Alternativas de traçado para a pista descendente da rodovia dos Imigrantes, São Paulo*
Fonte: Gallardo (2004).

— Projeto original - 17 viadutos, 10 túneis
— Projeto revisto no EIA (1988) - 11 viadutos, 5 túneis
— Projeto revisto para LI (1999) - 7 viadutos, 4 túneis
— Projeto executivo - 6 viadutos, 3 túneis

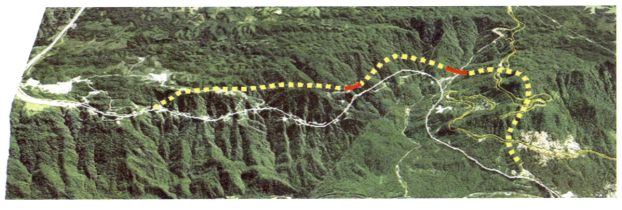

■ Vista ascendente anteriormente construída   ▪▪▪▪ Trechos em túnel da nova pista   ▬ Trechos a céu aberto da nova pista

Fig. 13.4 *Bloco-diagrama mostrando a implantação da pista descendente da rodovia dos Imigrantes*
Fonte: Gallardo (2004).

pista ascendente, três décadas antes (Sánchez; Gallardo, 2005, p. 186), com redução de 650 m da extensão dos viadutos e aumento de 2.661 m da extensão de túneis.

A *adequação do projeto* às condições do ambiente é um dos resultados esperados da AIA. Definir a AIA como um processo permite compreender que a prevenção é resultado da sequência e concatenação de etapas (Fig. 3.2) e da interação entre empreendedor, órgão ambiental e demais participantes. Impactos podem ser evitados ou reduzidos durante a preparação do projeto de engenharia, levando um projeto "redondo" para licenciamento. Outras vezes, é durante a elaboração do EIA ou mesmo durante sua análise (Cap. 15) que surgem oportunidades para mudanças de projeto que reduzam impactos. Um exemplo deste último caso é um estaleiro no sul de Alagoas, onde a análise do Ibama detectou várias oportunidades de reduzir os impactos com base na informação apresentada no EIA (Fig. 13.6).

O projeto original teria impactos significativos sobre manguezais, recifes de coral e praias, além de afetar uma comunidade de pescadores e necessitar dragagem de 3,5 milhões m³ para o canal de acesso. Durante a análise técnica, o Ibama constatou que os impactos foram subestimados no EIA e que uma localização alternativa, no mesmo município, requereria

Quadro 13.1 Características de diferentes versões do projeto de construção da pista descendente da rodovia dos Imigrantes

Tópico	Projeto original[1]	Estudo de impacto ambiental[2]	Licença de instalação[3]	Projeto executivo[4]
Traçado e obras de arte	17 viadutos 10 túneis	14 viadutos – 4.920 m 5 túneis – 5.570 m	10 viadutos – 4.417 m 4 túneis – 7.538 m	9 viadutos – 4.270 m 3 túneis – 8.231 m
Terraplenagem		3.850 m	3.855 m	4.623 m
Extensão total do trecho		14.340 m	15.810 m	17.124 m
Método construtivo dos viadutos	Vigas pré-moldadas	Vigas pré-moldadas com 63 pilares (somente zona serrana), dos quais 33 necessitariam novas vias de acesso	O espaçamento entre pilares passou de 45 m para 90 m devido à mudança do método construtivo para balanços sucessivos, reduzindo o número de pilares para 23, dos quais 11 necessitariam novas vias de acesso	Número total de pilares reduzido para 18, dos quais 9 necessitariam novas vias de acesso

[1] Elaborado na década de 1970 com o projeto da pista ascendente.
[2] Projeto descrito no EIA, elaborado entre 1986 e 1988.
[3] Projeto descrito nos documentos encaminhados à Secretaria do Meio Ambiente do Estado de São Paulo para solicitação de licença de instalação, em 1989.
[4] Projeto revisto pelo consórcio construtor.
Fonte: Gallardo e Sánchez (2004).

Fig. 13.5 *Construção de viaduto da pista descendente da rodovia dos Imigrantes, São Paulo, com reduzida interferência sobre a vegetação nativa*

volume de dragagem quatro vezes menor e reduziria a interferência sobre os recifes[4]. Tal alternativa seria não apenas de menor impacto, mas também de menor custo.

Em seguida, na ordem de preferência para o controle de impactos, vem a mitigação propriamente dita, a atenuação dos impactos. Algumas medidas mitigadoras podem fazer parte do próprio projeto de engenharia, dele sendo indissociáveis. Por exemplo, em fábricas de cimento, sistemas de captação de poeiras, como filtros de mangas ou eletrostáticos, são integrados, sendo inconcebível projetar uma fábrica moderna sem esses sistemas, que reduzem não somente os impactos ambientais decorrentes das emissões de poluentes atmosféricos, como também as perdas de matérias-primas. A mesma lógica se aplica a vários outros ramos industriais.

[4] *Parecer Técnico 50/2012 COPAH/CGTMO/DILIC/IBAMA, de 15 de junho de 2012.*

Fig. 13.6 *Vista do Pontal de Coruripe, Alagoas, local pretendido para a construção de um estaleiro. Em primeiro plano, à direita, vila de pescadores. A flecha da direita mostra o local pretendido, uma área de manguezais. A flecha da esquerda mostra a localização alternativa que reduziria os impactos do projeto*

[5]*Produção mais limpa significa a aplicação de tecnologias que resultem em menor geração de resíduos e de poluentes para uma mesma quantidade de produto, ou seja, produzir com mais ecoeficiência.*

Há, na atualidade, vários projetos que incorporam processos de reutilização de água, de minimização de resíduos e outros conceitos da *produção mais limpa*[5]. Nesse contexto, pode-se discutir até que ponto tais características de processos tecnológicos seriam medidas mitigadoras, mas tal discussão é pouco relevante, uma vez que o projeto avaliado é aquele que já incorpora essas medidas.

Da mesma forma, medidas de cumprimento compulsório, previstas em legislação ou regulamento, não devem ser apresentadas como medidas mitigadoras, já que são obrigatórias. O atendimento a tais exigências contribui para atenuar impactos adversos, mas o projeto não poderá ser executado sem sua observância, já que são requisitos legais.

Uma lista de medidas para prevenir, atenuar ou compensar os impactos adversos de projetos rodoviários é apresentada no apêndice on-line. Medidas de aplicação genérica, como essas, devem ser particularizadas para cada projeto. Assim, para o desenho de passagens de fauna, é preciso selecionar os locais mais propícios (aqueles com maior probabilidade de serem usados pelas espécies visadas) e estudar as dimensões mais apropriadas (seção transversal para o caso de passagens sob a pista, e necessidade de poços de iluminação se a passagem for muito longa). A experiência com passagens de fauna em um parque nacional no Canadá é sintetizada no Quadro 13.2 e ilustrada pelas Figs. 13.7 a 13.10.

Cada impacto significativo deve ter sua mitigação, mas é preciso considerar se as diferentes medidas a serem implementadas em um mesmo empreendimento são compatíveis entre si e se a própria mitigação não poderia ser fonte de outros impactos adversos. No caso de barreiras antirruído em rodovias, o objetivo de reduzir a exposição dos moradores e trabalhadores do entorno pode resultar em impacto visual, reduzir a insolação ou induzir o lançamento clandestino de lixo e entulho. Nesses casos, pode ser necessário considerar a permeabilidade visual como critério de projeto (Fig. 13.11). Exemplo de medida desenvolvida para resolver um problema singular é o sistema de iluminação da Ponte Vasco da Gama, de cerca de 13 km de extensão, sobre o estuário do rio Tejo, em Portugal (Fig. 13.12). O ambiente atravessado pela ponte é de importância para a fauna e um dos impactos significativos é descrito como "perturbação e aumento da tensão dos indivíduos da avifauna". Como mitigação, foi projetado um sistema de iluminação de baixa dispersão, visando reduzir a influência da poluição luminosa sobre uma zona de proteção especial para aves.

Uma questão fundamental é a eficácia das medidas mitigadoras. Funcionam? Atingem seus objetivos? Sem monitoramento e avaliação *ex post* não há como responder. O estudo da Comissão Mundial de Barragens constatou que muitas medidas mitigadoras simplesmente não atingem seus objetivos. Os esforços de "resgate" de fauna, tantas vezes veiculados pela mídia como exemplo de "responsabilidade ecológica", tiveram pouco "sucesso sustentável", assim como as escadas para peixes (Fig. 13.13), na medida em que "a tecnologia não foi especificamente ajustada às condições e às espécies locais" (WCD, 2000, p. 83). Esse estudo recomenda que, para uma boa mitigação, são necessários: (i) uma boa

MITIGAÇÃO E PLANO DE GESTÃO AMBIENTAL

Quadro 13.2 Passagens de fauna em rodovia no Parque Nacional Banff, Canadá

O Parque Nacional Banff tem suas origens em 1885 e tornou-se uma das mais importantes atrações turísticas do Canadá. Sua origem está associada à construção da Ferrovia Transcanadense, no final do século XIX, para interligar os dois oceanos. Para a transposição das Montanhas Rochosas, os engenheiros projetistas escolheram o vale do rio Bow, cujas margens formam um dos poucos locais de relevo suave em uma paisagem montanhosa. A existência da ferrovia e, novamente, o relevo favorável atraíram o traçado da Rodovia Transcanadense, nos anos de 1930.

O aumento do volume de tráfego e de acidentes levou o governo federal a programar, no final dos anos de 1970, a duplicação da rodovia, em etapas, no trecho do Parque. Nessa época já estava em vigor o processo federal de avaliação ambiental (seção 2.2) e sucessivos EIAs foram elaborados. O atropelamento de fauna foi uma das principais questões discutidas durante a consulta pública e as recomendações da comissão de avaliação incluíram a construção de passagens de fauna (FEARO, 1982):

> A Comissão recomenda que o projeto seja autorizado, sujeito às condições abaixo:
> 1. Passagens subterrâneas, do tipo proposto, ou passagens superiores sejam instaladas para permitir o movimento de animais sem interferir no tráfego rodoviário.
> 2. Os 13 km de rodovia sejam totalmente cercados para eliminar o movimento de ungulados.
> [...].

Nesse trecho foram construídas sete passagens subterrâneas de 16,5 m de largura e 4 m de altura, cujo "sucesso foi imediatamente evidente" ao reduzir em 95% a mortalidade de ungulados, como concluído após um ano de monitoramento. Mas a eficácia das passagens para outros grupos faunísticos foi questionada, pois lobos e ursos, entre outros, eram atropelados em quantidades preocupantes. Sem dispor de dados de monitoramento para contestar críticas de que as passagens subterrâneas seriam estreitas para os carnívoros, o Serviço de Parques concordou em construir novas passagens de 30 m de largura na etapa seguinte da duplicação, além de passagens menores a cada 2 km. Entretanto, o fator custo foi preponderante para o Serviço concordar com os defensores de passagens superiores (McGuire, 2011) e a primeira passagem superior de fauna da América do Norte entrou em operação em 1995 (Fig. 13.7), associada a um programa de monitoramento de longo prazo, que mostrou que certas espécies somente usam as passagens após um período de adaptação, que algumas (como alces, lobos e ursos-pardos) preferem as passagens superiores, que oferecem maior visibilidade, enquanto outras usam as inferiores (suçuaranas e ursos-negros). Em doze anos de monitoramento, o impressionante número de 185 mil travessias foi registrado.

A quarta etapa de duplicação da rodovia elevou para seis o total de passagens superiores, às quais foi acrescentada uma variedade de passagens subterrâneas e passagens de peixes nos trechos de rios perturbados pela construção da primeira pista, décadas antes. Diferentemente do ocorrido na duplicação do primeiro trecho, quando o monitoramento durou apenas um ano, desde a terceira etapa o monitoramento é contínuo e todas as passagens são monitoradas por câmeras fotográficas e de vídeo. Dessa forma, o trecho da Rodovia Transcanadense que cruza o Parque Nacional Banff transformou-se em "um dos mais intensamente mitigados e estudados trechos de rodovia no mundo" (Ford; Clevenger; Rettie, 2010).

Fontes: FEARO, 1982; Ford, Clevenger e Rettie (2010); McGuire (2011).

uma boa base de informação (diagnóstico); (ii) cooperação, desde o início da AIA, entre ecólogos, projetistas da barragem e população afetada; e (iii) monitoramento sistemático, acompanhado de análises sobre a eficácia das medidas mitigadoras que possam ser difundidas para aplicação em outros projetos. Esse campo evoluiu bastante desde o relatório da Comissão, e, assim como as passagens de fauna em rodovias, as passagens para peixes são muito mais conhecidas hoje e há ampla bibliografia. No caso da barragem de Itaipu, funciona, desde dezembro de 2002, um canal a céu aberto de cerca de 10 km

– incluindo 6,5 km de leito de um antigo córrego – e 120 m de desnível, projetado para que suas condições hidráulicas garantissem altura de lâmina d'água e vazão mínimas (11,4 m³/s) e velocidade máxima de fluxo (Jr.; Fernandez; Fiorini, 2004). Monitoramento é essencial não apenas para avaliar a eficácia de cada passagem, mas também no contexto da bacia hidrográfica (Lira et al., 2017).

É justamente o estudo sistemático dos erros e acertos de experiências passadas a melhor maneira de avançar no projeto e nas especificações de medidas mitigadoras eficazes. No setor das rodovias, além do exemplo de Banff, vários anos de pesquisas e aplicações permitem que, em países como França e Holanda, viadutos para fauna, ou "ecodutos", sejam implementados em todos os locais relevantes e que as faixas de domínio de várias autopistas sejam manejadas como corredores e não como barreiras ecológicas (Rijkswaterstaat, 1995; Setra, 1993). Evidentemente, trata-se, aqui, de impactos diretos. As questões suscitadas pelo efeito indutor à ocupação de áreas servidas pelas rodovias são de outra natureza. É o caso do efeito da pavimentação de rodovias amazônicas sobre as derrubadas de florestas ou do efeito do adensamento urbano em zonas de proteção aos mananciais.

Fig. 13.7 *Primeira passagem superior para fauna em rodovia que cruza o Parque Nacional Banff, Alberta, Canadá, cerca de dois anos após sua construção, notando-se que ainda não havia desenvolvimento arbóreo*

Fig. 13.8 *Vista do alto da primeira passagem superior, dezessete anos depois de sua construção, com vegetação de porte arbóreo em crescimento. Notar a berma, indicada pela elipse amarela, a cerca e a rodovia ao fundo. De quase 1 m de altura, a berma bloqueia o campo visual da maioria das espécies de mamíferos que usa a passagem, impedindo a vista da rodovia*

Fig. 13.9 *Cercas isolam toda a rodovia, evitando a travessia fora das passagens de fauna. Notar o detalhe da malha, mais fina na porção inferior, para reduzir a permeabilidade a pequenos mamíferos e répteis*

Fig. 13.10 *Passagens inferiores de diferentes formatos e dimensões foram instaladas a intervalos de cerca de 1,5 km; notar a cerca à esquerda*

Mitigação e plano de gestão ambiental

Fig. 13.11 *Barreira antirruído visualmente permeável em uma rodovia na França*

Fig. 13.12 *Iluminação da Ponte Vasco da Gama, Portugal, projetada para diminuir a dispersão de luz*

Fig. 13.13 *Primeira escada para peixes na barragem de Itaipu, Paraná, substituída por um longo canal a céu aberto*

Monitoramento contínuo de fauna é praticado na fase de operação de várias rodovias, ferrovias e outros tipos de projetos em diversos países. Muitos tipos de projetos já foram suficientemente estudados para que se possam prescrever as principais medidas de mitigação de impactos adversos, agrupadas sob a noção de *boas práticas ambientais* e termos correlatos. Essas boas práticas foram compiladas e são continuamente atualizadas por associações de empresas, associações profissionais ou organizações não governamentais – por exemplo, boas práticas ambientais de mineração em áreas cársticas (Sánchez; Lobo, 2016) e de recuperação ambiental em pedreiras (Neri; Sánchez, 2012) – e também por organizações internacionais.

Medidas mitigadoras precisam ser eficazes e não causar outros impactos adversos.

Não há necessidade de o EIA alongar-se sobre as medidas genéricas, mas sim em sua aplicação ao projeto analisado. Como toda prescrição genérica, recomendações de boas práticas precisam ser transformadas em medidas ajustadas para condições particulares. Se, para vários setores industriais, as tecnologias de produção guardam similaridades qualquer que seja a localização da fábrica, para obras de infraestrutura, minas, barragens e outros tipos de projetos cujas características estão diretamente ligadas às condições do terreno, é sempre necessário que os programas de mitigação sejam desenhados sob

Quadro 13.3 Exemplos de compensações ecológicas em jurisdições selecionadas

Jurisdição	Tipo e mecanismos de compensação	Base legal	Ref
Estados Unidos	Requer o balanço neutro entre perda e ganhos (*no net loss*) de áreas úmidas; encoraja o uso de bancos de compensação para viabilizar trocas; promove a criação e a recuperação de áreas úmidas naturais	*Clean Water Act*, seção 404, requer "mitigação compensatória para atividades autorizadas" em áreas úmidas e cursos d'água	(1)
Canadá	Projetos que afetem hábitats de recursos pesqueiros devem adotar o princípio de balanço neutro entre perda e ganho desses hábitats; a ordem de preferência é (1) "manter a capacidade produtiva do hábitat natural", (2) manter o mesmo nível de capacidade produtiva mediante substituição do hábitat afetado por outro em condições equivalentes (*like for like*), (3) compensação na forma de "produção artificial"	*Fisheries Act* de 1985, modificada em 29 de junho de 2012, sem alteração das provisões regulamentares de 1986 para proteção de hábitats; embora genericamente faça menção a "peixes", aplica-se ao conjunto de organismos aquáticos, incluindo plantas	(2)
União Europeia	Planos e projetos que afetem locais designados como "Sítios de importância comunitária" requerem medidas compensatórias para substituir o hábitat afetado; estas devem "assegurar a manutenção, em condição favorável, de um ou vários hábitats naturais"; um sítio não deveria ser afetado de maneira irreversível antes de a compensação ter sido implementada; a compensação pode se dar pela restauração ou melhoria de hábitat degradado comparável ou inscrição de uma nova área na rede Natura 2000	Diretiva Hábitats 92/43/CEE (art. 6) e Diretiva Aves 79/409/CEE estabelecem uma rede denominada Natura 2000, constituída por zonas especiais de conservação designadas por cada Estado-membro. Planos e projetos que possam afetar esses locais devem ser objeto de "avaliação apropriada" de seus impactos. Cada Estado-membro transpõe a Diretiva para sua legislação nacional	(3)
Austrália	Aplica-se a espécies ou comunidades ecológicas ameaçadas e outros ambientes protegidos. Pelo menos 90% dos recursos devem ser gastos em compensação direta consistente com as prioridades de conservação do recurso ambiental afetado, mediante criação ou melhoria de hábitats ou redução de ameaças ao recurso protegido. Medidas compensatórias indiretas incluem pesquisa científica. Para obter benefícios no mais curto período, admite-se a compensação antecipada	Lei de Proteção Ambiental e Conservação da Biodiversidade de 1999 (que regula a avaliação de impacto ambiental)	(4)
Brasil	Intervenções em Áreas de Preservação Permanente, tais como margens de rios, manguezais e áreas de alta declividade, somente podem ser autorizadas "nas hipóteses de utilidade pública, de interesse social ou de baixo impacto ambiental", cabendo recuperação ou recomposição da vegetação na mesma bacia hidrográfica	Lei Federal nº 12.651, de 25 de maio de 2012 (Código Florestal), resoluções do Conama e legislação estadual	
Brasil	No caso de supressão de vegetação de Mata Atlântica, quando for demonstrado que não há alternativas ao projeto que evitem o desmatamento, a compensação deve ser feita na forma de conservação de área equivalente (em área de domínio privado ou público) ou, na impossibilidade desta, de reposição florestal com espécies nativas	Lei Federal nº 11.428, de 22 de dezembro de 2006, e Decreto nº 6.660, de 21 de novembro de 2008	

Fontes:
(1) USEPA, Compensatory Mitigation for Losses of Aquatic Resources; *Final Rule, 10 de abril de 2008.*
(2) Canada, Department of Fisheries and Oceans, Policy for the Management of Fish Habitat, *7 de outubro de 1986.*
(3) European Commission, Managing Natura 2000 sites. The provisions of Article 6 of the 'Habitats' Directive 92/43/EEC. *Luxembourg, European Commission, 2000.*
(4) Australian Government, Environment Protection and Biodiversity Conservation Act 1999 Environmental Offsets Policy. *Canberra, Department of Sustainability, Environment, Water, Population and Communities, Public Affairs, 2012.*

MITIGAÇÃO E PLANO DE GESTÃO AMBIENTAL

medida. Em qualquer caso, os guias de boas práticas representam referências importantes. Na gestão ambiental de organizações, o levantamento das melhores práticas empregadas por empresas do setor, conhecido por *benchmarking* (balizamento), é tarefa usual.

13.3 MEDIDAS COMPENSATÓRIAS

Alguns impactos ambientais não podem ser evitados e, mesmo que reduzidos, podem ainda ser significativos. Nessas situações, são necessárias medidas para compensar todo impacto significativo remanescente, chamado de *impacto residual*. Um exemplo é o da perda de uma porção de vegetação nativa. O objetivo de minimizar a perda de hábitats deverá estar presente no EIA de um projeto que possa causar tal impacto. Assim, desviar um trecho de estrada, construir um túnel, reduzir a altura de uma barragem para diminuir a área de inundação do reservatório ou renunciar à extração de parte da reserva mineral de uma jazida para manter intactos hábitats críticos devem ser alternativas consideradas no planejamento desses projetos (seção 5.6). No entanto, poderão se apresentar situações em que nenhuma alternativa elimina completamente a necessidade de supressão – em certos casos pode ser aceitável a compensação. Mas como essa perda poderia ser compensada?

Não se trata de indenização monetária, como ocorre, por exemplo, quando um imóvel é desapropriado por razões de utilidade pública, mas de uma compensação "em espécie". Assim, a perda de *n* hectares de floresta, por exemplo, seria compensada pela ação combinada de: (i) recuperar ou restaurar vegetação de uma área degradada e (ii) conservar uma área equivalente ou maior (desde que passível de supressão).

Medidas compensatórias são empregadas em vários países, envolvendo, principalmente, impactos sobre biodiversidade (Quadro 13.3). O objetivo da compensação é evitar perda líquida de hábitats (*no net loss*), de modo que a compensação seja no mínimo equivalente às perdas.

Na Holanda, há longo histórico de compensação ecológica no planejamento de rodovias, requerida por lei de 1993 para situações de: (i) perda de hábitats, (ii) degradação de hábitats devido ao ruído, poluição luminosa ou das águas, e (iii) isolamento (fragmentação) de hábitats. A área degradada no entorno da rodovia devido ao efeito do ruído sobre as aves deve ser calculada no EIA e pode atingir até 1 km em áreas florestadas e ultrapassar 2 km em áreas abertas (Cuperus et al., 2001). A regra geral é a de substituição do hábitat afetado por outro em condições equivalentes (*like for like*) na base de um para um (1 ha de compensação para cada 1 ha afetado), o que, segundo o estudo de Cuperus et al. (2001), é insuficiente para cobrir todos os danos ecológicos, haja vista que os impactos devido à fragmentação de hábitats são raramente quantificados.

Nos Estados Unidos, há necessidade de autorização federal para lançamento de sólidos na água ou aterro de áreas úmidas (*wetlands*), aplicando-se a compensação caso não seja possível encontrar alternativas para evitar a perda. A compensação pode ser feita em outro local, de preferência na mesma bacia hidrográfica, por meio de ações de restauração de outras áreas úmidas. O empreendedor, público ou privado, promove primeiro a recuperação de uma certa área, que tem sua qualidade ambiental avaliada, o que lhe dá direito a créditos, depositados em um banco hipotético. Em seguida, ao obter a aprovação para seu projeto, créditos são debitados dessa conta. Empresas ou instituições que têm vários projetos podem adicionar e retirar créditos do seu banco conforme promovam iniciativas de recuperação de zonas alagadiças e implementem seus projetos. Bancos privados compram terrenos, promovem a restauração e, em seguida, vendem créditos a empreendedores que deles necessitam. Toda área recuperada nessa modalidade deve ter proteção legal que impeça sua ulterior degradação ou destruição, seja como propriedade privada, seja transferindo-a para algum ente governamental com atribuições de conservação ambiental (Weems; Canter, 1995).

Na Alemanha, a compensação é obrigatória pela Lei Federal de Conservação da Natureza de 1976, não se limitando a projetos submetidos à preparação de um EIA. Depois de exploradas as opções de evitar impactos adversos e de minimizá-los, são consideradas as possibilidades de compensação ditas de "recuperação ambiental" e de "substituição", que requerem uma "conexão direta espacial e funcional" com as funções e os componentes ambientais perdidos. Somente quando esgotadas essas possibilidades, a legislação permite compensação em outro local. Para facilitar essa última modalidade de compensação, a lei foi modificada em 2002, com a criação de *pools* ou bancos de compensação, pelos quais o empreendedor pode buscar no mercado as áreas oferecidas para compensação que atendam às necessidades do seu projeto. Isso, segundo Wende, Herberg e Herzberg (2005), resolveu um dos principais problemas, que era a dificuldade de encontrar terrenos aptos para os projetos de compensação. Mas, se a conexão espacial foi flexibilizada, a conexão funcional continua uma obrigação e "já não é possível argumentar que faltam locais para receber os projetos de compensação" (p. 104).

Uma iniciativa de âmbito internacional no campo da compensação ecológica, denominada *Business and Biodiversity Offsets Programme* (BBOP), publicou vários documentos de orientação definindo conceitos e apresentando recomendações práticas para projeto de medidas de compensação. A compensação pode almejar contrabalançar (*offset*) as perdas ou alcançar ganho líquido (balanço positivo entre ganhos e perdas) (BBOP, 2013). Também foram desenvolvidos princípios para a compensação, entre os quais se destacam:

* há limites para o que pode ser compensado, certas perdas devem obrigatoriamente ser evitadas;
* proporcionalidade entre a perda e a compensação visando, no mínimo, equilíbrio (*no net loss*) e, de preferência, ganhos superiores às perdas;
* equivalência entre os hábitats afetados e os compensados (*like for like*);
* permanência da área compensada, mediante proteção de sua integridade por um período indeterminado;
* adicionalidade, ou seja, quando a compensação se faz mediante proteção de uma área em bom estado de conservação, essa área protegida só pode ser considerada no cálculo se ainda não gozar de proteção legal.

No planejamento das compensações, também é preciso considerar preferência por medidas compensatórias que representem a reposição das funções ou dos componentes ambientais afetados (conexão funcional), assim como preferência por medidas que possam ser implementadas em área contígua à área afetada (Quadro 13.4) ou, alternativamente, na mesma bacia hidrográfica (conexão espacial). A compensação é, portanto, uma *substituição* de um bem que será perdido, alterado ou descaracterizado, por outro bem, entendido como equivalente. Ela não deve ser confundida com a indenização, que é um pagamento em espécie pela perda de um bem (juridicamente, os bens ambientais e culturais são tidos como *indisponíveis*).

No Brasil, uma modalidade diferente de compensação e conhecida como "compensação ambiental" está diretamente vinculada à AIA desde sua origem. Ao invés de uma compensação ecológica, trata-se de uma compensação em benefício de uma unidade de conservação. De dezembro de 1987, a Resolução Conama nº 10/87, revogada, previa que "o licenciamento de obras de grande porte" teria como pré-requisito a implantação de uma estação ecológica (uma categoria de área protegida), "preferencialmente junto à área do empreendimento".

MITIGAÇÃO E PLANO DE GESTÃO AMBIENTAL

Quadro 13.4 Compensação ecológica na usina hidrelétrica de Ingula, África do Sul

Ingula é uma usina reversível, dotada de dois reservatórios com capacidades de 22,4 milhões de m³ (superior) e 26,7 milhões de m³ (inferior) e casa de força subterrânea, com potência instalada total de 1.332 MW, aproveitando o desnível de uma escarpa basáltica de cerca de 400 m (Fig. 13.14). Quando a água flui por gravidade, é turbinada e a usina abastece a rede. Já em períodos de baixa demanda de eletricidade, a água é bombeada para o reservatório superior pela mesma tubulação. A capacidade de armazenamento de energia é da ordem de 21 GWh. O reservatório superior tem 255 ha em sua cota máxima e inundou áreas de importância para biodiversidade. Em particular, a área é hábitat de três espécies de aves criticamente ameaçadas, como *Sarothrura ayresi* (*white-winged flufftail*, ave migratória conhecida em português como frango-d'água-d'asa-branca). O reservatório inferior tem 235 ha e localiza-se em outra bacia hidrográfica, sendo o topo da escarpa o divisor de águas (Fig. 13.15). O licenciamento ambiental do projeto foi objeto de controvérsias devido à existência de uma área importante para aves, codificada IBA 43. O EIA foi preparado em 1999, apontando a presença de cerca de 2.500 ha de áreas úmidas, parte das quais seria inundada pelos reservatórios. Uma condicionante da licença foi a compensação, mediante a aquisição, restauração e conservação de 8.074 ha de áreas úmidas e de campinas.
A implementação da compensação acarretou o deslocamento involuntário de 19 famílias (Fig. 13.16). O acesso às áreas de compensação foi garantido aos antigos moradores, para pastagem, coleta de lenha e gramíneas, que são serviços ecossistêmicos de provisão oferecidos anteriormente e que foram mantidos. Outros usos da terra foram limitados. Em 15 de março de 2018 a área foi declarada reserva natural (*Ingula Nature Reserve*), um tipo de área protegida, englobando os dois reservatórios, parte da escarpa e a área úmida ao norte, na bacia do rio Vaal, conhecida como *Bedford Chatsworth Wetland*. Os serviços ecossistêmicos prestados por essa área úmida foram valorados em 6.650 rands/ha, equivalendo a 55 milhões de rands (cerca de US$ 5 milhões) para o total da área protegida.

Fontes: Eskom. Ingula Pumped Storage Scheme, Your Environment, 2012. The Ingula Partnership, Ingula Partnership for Conservation, brochura sem data.

O investimento nessa área deveria ser proporcional ao impacto causado e nunca inferior a 0,5% dos "custos totais previstos" para o empreendimento. Esse requisito foi incorporado à Lei do Sistema Nacional de Unidades de Conservação (art. 36 da Lei Federal nº 9.985, de 18 de abril de 2000), estipulando que a compensação deve beneficiar unidade de conservação de proteção integral (parques nacionais, estações ecológicas, reservas biológicas, monumentos naturais e refúgios da vida silvestre).

A lei também manteve o percentual mínimo de 0,5% "dos custos totais previstos para a implantação do empreendimento" a ser aplicado nessas unidades de conservação, cabendo ao órgão licenciador eventualmente estabelecer percentual maior, "de acordo com o grau de impacto ambiental causado". Durante alguns anos, não houve regra clara para estabelecer o montante a ser empregado na compensação, existindo casos de percentuais superiores, como na construção da pista descendente da rodovia dos Imigrantes, onde foi determinado o valor de 2% para aplicação no Parque Estadual da Serra do Mar, atravessado pela rodovia. Em 2008, no julgamento de uma ação judicial impetrada pela Confederação Nacional da Indústria, o Supremo Tribunal Federal invalidou o percentual mínimo e determinou que fosse fixado proporcionalmente ao impacto ambiental do projeto.

A natureza dessa compensação, contudo, é diferente da compensação ecológica, uma vez que não segue a hierarquia de mitigação e não requer demonstração de conexão funcional entre o impacto negativo e o resultado esperado da compensação, diferentemente da compensação por intervenção em áreas de preservação permanente ou por supressão de vegetação.

A perda inevitável de outros tipos de recursos também pode ser objeto de compensação, em especial no campo do patrimônio cultural, valendo igualmente o conceito de

334 | Avaliação de Impacto Ambiental: conceitos e métodos

Fig. 13.14 *Vista da escarpa com reservatório superior ao fundo, à esquerda*

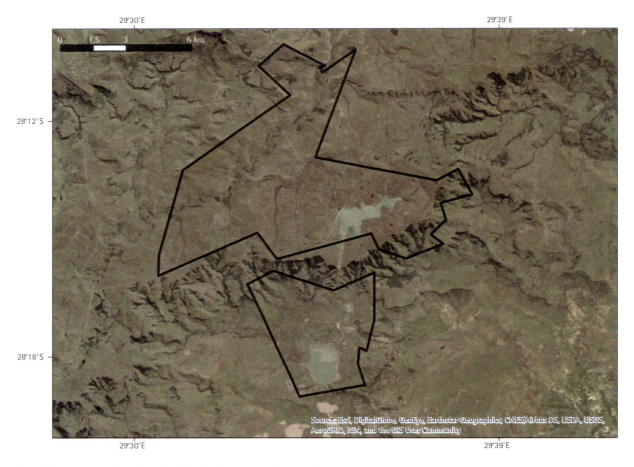

Fig. 13.15 *Reservatórios da usina hidrelétrica Ingula e limites da área de compensação, mostrados pelos polígonos em preto (imagem do satélite Worldview 2)*

Fig. 13.16 *Vista do topo da barragem de montante mostrando parte da reserva natural e construção próxima, que era usada pelos moradores*

hierarquia de mitigação. Uma prática bem estabelecida mundialmente é "trocar" a destruição de um sítio arqueológico pelo ganho de conhecimento decorrente de seu estudo (seção 13.6). Uma vez que a pesquisa arqueológica convencional sempre se caracterizou pela escavação de sítios, não há diferença fundamental entre a pesquisa de motivação acadêmica e aquela impulsionada pela iminência de perda de um sítio.

13.4 Reassentamento de populações humanas

Os estudos ambientais de empreendimentos que envolvam o deslocamento de pessoas devem dedicar atenção especial ao programa de reassentamento da população. No passado, os atingidos somente recebiam indenização pelo valor da propriedade e das benfeitorias afetadas, como ocorre nas desapropriações por utilidade pública. As pessoas que não tinham título de propriedade eram, muitas vezes, expulsas das terras que ocupavam, ou recebiam indenização insuficiente para que pudessem se restabelecer em outro local.

O número de pessoas involuntariamente deslocadas tem crescido e atinge a casa dos milhões a cada ano, em projetos agropecuários, de silvicultura, energia, mineração, transporte e turismo, entre outros. Um único projeto, a barragem de Três Gargantas, concluída em 2015 no rio Yangtzé, China, desalojou 1.130.000 pessoas (Wilmsen, 2016) e deslocou atividades econômicas em uma área de mais de 100 mil ha. Deslocamento involuntário também pode resultar da criação de áreas protegidas, inclusive de compensações por perda de biodiversidade. O reassentamento é uma forma de mitigar os efeitos negativos do deslocamento compulsório.

Da mesma forma que os impactos ecológicos eram negligenciados no planejamento de projetos, o deslocamento de pessoas era também tratado com descaso. Em muitas barragens construídas no Brasil, se uma família deslocada não podia comprovar a propriedade ou a posse da terra, era simplesmente despejada, sem que lhe fosse dada nenhuma compensação, exceto um pagamento, no mais das vezes irrisório, pelas benfeitorias de sua terra. Como esses projetos hidrelétricos eram geralmente feitos em regiões interioranas afastadas dos núcleos mais dinâmicos do País, a economia local também era fracamente monetizada, caracterizando-se pela produção agrícola de subsistência e pelas trocas comunitárias de produtos e serviços, reservando-se o uso do dinheiro somente para a aquisição de alguns produtos industrializados ou para o pagamento de certos serviços, como transporte. Assim, o pagamento de uma indenização muitas vezes redundava no gasto quase imediato do dinheiro, sem que este fosse reinvestido, seja por ser insuficiente para a aquisição de uma propriedade rural ou urbana, seja porque o dinheiro era usado na aquisição de bens de consumo. Um dos maiores deslocamentos involuntários foi o da barragem de Sobradinho, no rio São Francisco, construída entre 1974 e 1977, que afetou entre 65 mil (Augel, 1983) e 72 mil pessoas (Mendes; Germani, 2010), com graves problemas relacionados ao reassentamento.

Projetos recentes, tanto em áreas rurais quanto urbanas, ainda padecem de problemas primários no tratamento do deslocamento involuntário. Em meados dos anos de 1990, para execução do projeto viário denominado Água Espraiada e edifícios comerciais vizinhos, em São Paulo, centenas de famílias de baixa renda foram dispersas em bairros distantes, inclusive locais de ocupação não autorizada, como a área de proteção aos mananciais às margens da represa Guarapiranga (Fix, 2007).

Os programas de reassentamento vieram tentar suprir as deficiências dos esquemas tradicionais de desapropriação e deslocamento de grupos humanos (ou mesmo dos casos de mera expulsão). Data de 1980 a adoção, pelo Banco Mundial, de sua primeira política sobre reassentamento involuntário visando um tratamento sistemático da questão, levando em conta os impactos sobre as populações afetadas. C principal motivador da ação do Banco foi o "desastre" de Sobradinho, em que a população foi "resgatada" por caminhões do Exército, às pressas, sem aviso, e levada para áreas sem nenhuma preparação (Cernea, 2011).

Passou a ser fundamental o planejamento prévio do reassentamento, visando reproduzir, no novo local, condições similares ou melhores que aquelas do seu local de origem. A política do Banco Mundial não fazia mais do que refletir a inquietação e a resistência ativa de muitas comunidades atingidas por projetos que forçavam seu deslocamento. Em vários países surgiam movimentos de protesto aos deslocamentos forçados. No Brasil, a década de 1980 viu surgir o Movimento dos Atingidos por Barragens (MAB), e outros tipos de projetos também foram objeto de contestação por parte das populações afetadas.

Após aplicação da hierarquia de mitigação (evitar o deslocamento), a boa prática atual requer planejamento cuidadoso antes da transferência dessas populações, durante a mudança e durante alguns anos depois de efetivado o reassentamento. Um plano de reassentamento deve ser integrado ao plano de gestão ambiental e social, mas é particularmente complexo e deve ser concebido de maneira ampla como um "plano de acesso à terra e reassentamento" (Reddy; Smyth; Steyn, 2015) e, portanto, começar muito cedo durante a preparação do projeto e a avaliação de impactos. Além de prover condições adequadas de vida para as populações deslocadas, um projeto de reassentamento não deveria provocar impactos ambientais significativos ou afetar negativamente a comunidade anfitriã. Um Plano de Recuperação dos Meios de Subsistência poderá ser necessário mesmo quando o projeto não implicar deslocamento físico.

A forma de entrada no território – ou seja, de anunciar o projeto e se relacionar com a comunidade – tem grande influência sobre as etapas subsequentes e pode ser determinante no estabelecimento de conflitos de longa duração.

A IFC tem um padrão de desempenho específico (5. Aquisição de Terras e Reassentamento Involuntário), que se aplica não somente quando há desapropriação com base legal, mas também quando empresas privadas adquirem, a preços de mercado ou negociados, propriedades e direitos de uso para implantação de projetos. A nova Estrutura Ambiental e Social do Banco Mundial, de 2018, ampliou o escopo e intitulou seu padrão Aquisição de Terras, Restrições ao Uso da Terra e Reassentamento Involuntário, de modo que, mesmo que não haja compra ou desapropriação, pode haver impactos sociais e culturais significativos quando se restringe a passagem ou o acesso a áreas fornecedoras de recursos ou serviços ecossistêmicos. Também o Banco Interamericano de Desenvolvimento atualizou sua política de reassentamento em 2019, tendo como objetivo geral "melhorar os padrões de vida, a segurança, a capacidade produtiva e os níveis de renda" das pessoas afetadas.

As concepções de reassentamento evoluíram nas últimas décadas, quando um paradigma *social* substituiu paulatinamente o *econômico*. Neste, as pessoas deslocadas em decorrência de uma obra considerada de utilidade pública eram indenizadas monetariamente pelo valor da propriedade e benfeitorias. Já o enfoque social reconhece que a indenização é insuficiente para compensar os impactos sociais, que vão além da perda de uma propriedade, de um local de moradia ou de exercício de atividades comerciais ou de subsistência. Também as relações de vizinhança, de amizade e de parentesco são afetadas, assim como as referências culturais, as referências à memória e as relações sociais no seio de uma comunidade.

Por essa razão, o reassentamento deveria buscar recriar essas condições, reproduzindo, tanto quanto possível, no novo local, as relações preexistentes. Na verdade, a própria ideia de reassentamento resulta do paradigma social, já que, sob o paradigma econômico, não importa onde as pessoas deslocadas irão se reinstalar: a decisão é tomada individualmente. A comunidade pode dispersar-se e os laços entre seus membros podem ser rompidos.

Mais modernamente, um paradigma *cultural* se soma ao social. Não se trata somente de prover condições de infraestrutura e serviços – saneamento, arruamentos, iluminação pública, escolas, hospitais – na área de reassentamento, mas de preservar as formas de produção e consumo cultural próprias às comunidades afetadas. Assim, faz-se um inventário prévio da cultura material e imaterial e tenta-se criar, no reassentamento, condições para que elas continuem a existir. Um exemplo de aplicação desse enfoque é o reassentamento de comunidades indígenas afetadas por alguns projetos hidrelétricos no Canadá, onde se buscou, entre outras medidas, recriar os próprios arranjos espaciais das aldeias tradicionais (Fig. 13.17).

O projeto de reassentamento deve ser discutido e negociado com a comunidade afetada. Ao invés de ser reassentada passivamente, a comunidade precisa ser agente do processo de mudança, participando ativamente das decisões acerca da transferência e reinstalação. É frequente que os afetados por empreendimentos rodoviários ou urbanísticos em regiões metropolitanas sejam as populações carentes, que ocupam zonas de risco ou habitações insalubres. Nesse caso, o reassentamento pode significar uma mudança para melhor, desde que o processo seja bem conduzido, em respeito aos direitos humanos. Pode haver, por parte das populações afetadas, resistência às mudanças, devido à possível transferência para um local distante, ruptura de relações de vizinhança e outras razões, de modo que somente um processo participativo tem chances de ser bem aceito. Contam-se diversos casos de projetos bem-sucedidos conduzidos segundo essa óptica. Por exemplo, na Alemanha, desde o início da década de 1990 a mineração de carvão a céu aberto nas proximidades da cidade de Colônia vem obtendo o consentimento da população local, mesmo com vilarejos inteiros transferidos e, em alguns casos, reconstruídos; a paisagem também vem sendo radicalmente modificada, surgindo lagos, hoje utilizados para atividades recreativas, onde antes havia terras agrícolas e florestais.

No caso de populações rurais, o processo participativo é igualmente necessário, mas há outras questões a serem consideradas. O reassentamento deve fornecer condições que garantam que as pessoas continuem a viver da terra, de modo que a fertilidade dos solos, a disponibilidade hídrica, a infraestrutura para escoamento da produção e mesmo o acesso ao crédito e a serviços de extensão rural devem ser condições levadas em conta

Fig. 13.17 *Comunidade indígena (Cri) reassentada na região da baía James, Quebec, Canadá. O arranjo físico das construções foi discutido e negociado com os interessados e reproduz o padrão de assentamento de uma comunidade tradicional*

na formulação do projeto. O título de um relatório de análise de programas de reassentamento feito por uma ONG em Moçambique resume a questão: "O que é uma casa sem comida?" (HRW, 2013).

Em todos os casos, é preciso considerar os impactos sobre as comunidades anfitriãs, que poderão ser afetadas pelo influxo de reassentados e que devem receber, se necessário, benefícios equivalentes, para que não fiquem em posição de desvantagem.

Quando se prepara um EIA para um projeto que envolva o deslocamento involuntário de populações humanas, é necessário que o diagnóstico caracterize detalhadamente a população afetada. Os termos de referência deverão especificar o contexto e o escopo de levantamento dos dados, mas em todos os casos as informações apresentadas deverão ter sido obtidas mediante levantamento de campo (dados primários).

As modalidades de reassentamento poderão variar para diferentes grupos afetados por um projeto – por exemplo, em certos casos, a opção preferida pode ser o fornecimento de um lote, devidamente regularizado, acompanhado de uma cesta de materiais de construção e de assistência técnica; em outros, a opção pode ser a construção de moradias completas em locais com infraestrutura, que poderão ser imediatamente ocupadas pela população afetada. As modalidades serão diferentes segundo o projeto afete populações urbanas ou rurais e grupos que detenham ou não títulos de propriedade.

Durante a implementação do plano de reassentamento, é necessário prover assistência durante a relocação e durante um período de transição suficiente para a restauração do padrão de vida das populações afetadas, com atenção especial a grupos ou pessoas vulneráveis, entre outros requisitos.

13.5 MEDIDAS DE VALORIZAÇÃO DOS IMPACTOS BENÉFICOS

Os impactos positivos de um empreendimento são muitas vezes de natureza socioeconômica. A criação de empregos e a dinamização da economia local são frequentemente citados como impactos benéficos em muitos EIAs. No entanto, trata-se muito mais de um potencial do que de um impacto de ocorrência certa. Por exemplo, os empregos criados poderão requerer capacitação técnica não disponível entre a força de trabalho local e os postos de trabalho acabarão preenchidos por indivíduos de fora da comunidade que acolhe o empreendimento. Outra situação comum é a dificuldade de as empresas locais atuarem como fornecedoras de bens e serviços ao novo empreendimento, porque não têm capacidade técnica para tal (principalmente para bens e serviços de alto conteúdo tecnológico), capacidade gerencial para fornecer o bem ou serviço na qualidade requerida ou nos prazos necessários ou, ainda, capacidade financeira para investir no aumento de sua produção e atender à nova demanda.

Com isso, para tornar viável a concretização dos impactos benéficos, pode ser necessário o desenvolvimento de programas específicos, como de capacitação de mão de obra, capacitação gerencial, compras locais, fornecimento de crédito e de assistência técnica, aparelhando a comunidade para aproveitar o empreendimento como fator de desenvolvimento local. Tais programas devem ser descritos com nível de detalhe igual ao dos programas de mitigação de impactos negativos.

Mas a materialização dos benefícios socioeconômicos potenciais de projetos não é o único motivo para desenvolver com cuidado e implementar satisfatoriamente programas de valorização (na literatura internacional, *enhancement*). Transformar os "riscos de projeto em oportunidades de desenvolvimento" (Rowan; Streather, 2011) embute uma visão do processo de AIA como facilitador do diálogo (seção 16.6) e de identificação de interesses comuns. Esses autores, com base em sua experiência internacional de consultores sociais, arrolam quatro atividades para promover a incorporação de medidas de valorização de impactos em projetos sujeitos à AIA: (1) desde o início, identificar impactos positivos, os benefícios e os beneficiários; (2) realizar consulta pública genuína que auxilie no empoderamento dos beneficiários; (3) embutir programas de valorização no orçamento do projeto, garantindo recursos; (4) realizar monitoramento independente dos benefícios do projeto. O objetivo passaria a ser o de criar *novos* impactos positivos, fazendo com que os projetos se transformem em facilitadores do desenvolvimento sustentável, e não em novos empecilhos à sustentabilidade.

Outra vertente dos programas voltados a realçar os impactos benéficos mescla-se com a atuação das empresas na área de responsabilidade social, que usualmente envolve iniciativas de promoção de educação e saúde, de capacitação profissional ou de geração de emprego e renda. Ao invés de pensar nessas iniciativas somente depois que o projeto obtiver sua licença ambiental, é preciso considerar que a avaliação de impactos propicia o momento mais favorável para o desenho dos programas sociais, alguns dos quais podem ser concebidos como compensações para os grupos vulneráveis ou afetados pelo projeto, ao mesmo tempo que tenham caráter de valorização dos possíveis benefícios.

No Brasil, programas de educação ambiental ou a implantação de centros de educação e estudos ambientais (Fig. 13.18) são exemplos dessas iniciativas. Aproveitando a capacidade das empresas em alocar e alavancar recursos financeiros e humanos, ações voltadas para a conscientização acerca dos problemas ambientais, para a difusão de conhecimento e para iniciativas de reciclagem ou de plantio de mudas de espécies nativas estão entre as mais comuns.

Certas medidas compensatórias impostas quando do licenciamento ambiental podem também ter um caráter de realce dos impactos positivos. Assim, um programa de educação patrimonial surgido da necessidade de compensar impactos sobre o patrimônio arqueológico não é apenas uma compensação; serve também para divulgar à população local os múltiplos significados da História.

Em todos os níveis, às chances de sucesso de programas de valorização estão sempre ligadas a atenderem as necessidades ou interesses dos potenciais beneficiários. Por isso, se forem construídos de modo colaborativo, maiores as possibilidades de que atinjam seus objetivos.

Fig. 13.18 *Centro de educação ambiental construído voluntariamente pela empresa Alcoa em Poços de Caldas, Minas Gerais, no início dos anos 1990; foi o pioneiro de uma rede de centros similares*

13.6 Estudos complementares ou adicionais

O planejamento de um projeto de engenharia se faz em etapas de progressivo detalhamento, partindo-se de uma ideia, intenção ou conceito até chegar-se a um projeto executivo ou construtivo detalhado. Conforme aumenta o detalhamento, aumenta o custo de elaboração do projeto. Nas etapas sucessivas são avaliadas as viabilidades técnica, econômica e ambiental, cujas conclusões podem levar a modificações do projeto ou ideia original.

É natural que na AIA se proceda de maneira compatível, com sucessivo aprofundamento, conforme o projeto vá se mostrando viável. Como os empreendimentos sujeitos ao processo de AIA dependem da obtenção de uma licença ambiental, e o modelo adotado no Brasil tem três etapas sucessivas – licenças prévia, de instalação e de operação –, o EIA é exigível para a primeira delas, a licença prévia. Esta significa um acordo *em princípio* para a implantação do empreendimento, sem que haja obrigatoriedade de concessão da licença de instalação, que somente será emitida se forem cumpridas todas as condições estabelecidas na licença prévia. Nesse modelo, admite-se que o detalhamento do EIA seja compatível com o grau de detalhamento do próprio projeto.

Dessa forma, diante da perspectiva de aprovação, estudos adicionais poderão ser realizados em paralelo ao detalhamento do projeto e podem incluir:

* aprofundamento do conhecimento sobre componentes ambientais relevantes;
* detalhamento das medidas mitigadoras e programas;
* negociações com agentes públicos, comunidade e outros interessados acerca do alcance das medidas mitigadoras ou valorizadoras.

O risco desse modelo, contudo, é o de indevidamente transferir para o futuro estudos que devem ser feitos previamente. Por exemplo, não é aceitável que o EIA apresente um estudo espeleológico incompleto ou que levantamentos de fauna, em regiões onde haja poucos estudos confiáveis, sejam realizados em apenas uma campanha. Entretanto, uma vez estabelecida uma linha de base aceitável, certos estudos de detalhe ou de longa duração podem ser realizados depois de concluído o EIA.

Vários temas de levantamentos que compõem o diagnóstico ambiental podem ser objeto de detalhamento posterior, desde que: (1) não representem um adiamento de obtenção de informação que possa claramente influenciar uma decisão sobre o projeto (emissão da licença prévia); (2) sejam necessários para melhor definir os programas ambientais.

Para alguns estudos temáticos, há práticas bem estabelecidas, como no caso do patrimônio arqueológico. O número de sítios arqueológicos afetados por um empreendimento pode ser da ordem de dezenas. Ora, o estudo de cada um deles pode demandar anos e não faz sentido estudar todos com detalhe se houver incerteza acerca da construção do empreendimento, já que o impacto somente ocorrerá se o projeto for adiante. Assim, os levantamentos arqueológicos são feitos com progressivo grau de aprofundamento, podendo-se limitar, em alguns casos, a um simples levantamento do potencial arqueológico e identificação de possíveis sítios durante a preparação do EIA, seguido de trabalhos de prospecção e de escavação para salvamento ou resgate (Fig. 13.19) depois de concedida a licença prévia, mas antes de solicitar a licença de instalação. No caso de uma barragem, cujas obras poderão demorar anos, pode-se então fazer um estudo detalhado da área que será inundada depois de iniciada a construção, mas antes, evidentemente, do enchimento do reservatório.

Embora sejam aqui classificados na categoria de estudos complementares, os programas de salvamento arqueológico também podem ser entendidos como medidas compensatórias, uma vez que a perda física do recurso é compensada pela produção de conhecimento.

Fig. 13.19 *Escavação arqueológica prévia à abertura de uma estrada de acesso a uma mina, onde se evidenciam vestígios de mineração de ouro da época do Império Romano (século II da era atual), em Belmonte, Astúrias, Espanha*

13.7 Plano de monitoramento

As previsões de impacto em um EIA são hipóteses acerca da resposta do meio ambiente às solicitações do empreendimento. A validade dessas hipóteses somente poderá ser confirmada – ou desmentida – se o projeto for efetivamente implantado e seus impactos devidamente monitorados. De modo equivalente, a eficácia dos programas de gestão e sua capacidade de garantir o nível de proteção ambiental pretendido somente podem ser comprovadas mediante um programa adequado de monitoramento. Por essas razões, um plano de monitoramento é parte do EIA.

O plano de monitoramento deve ser compatível com os impactos previstos e com os estudos de base. Sempre que possível, deve-se procurar monitorar os mesmos parâmetros utilizados nos estudos de base, com métodos idênticos ou compatíveis. O monitoramento não se restringe a parâmetros ou indicadores físicos e biológicos, mas inclui indicadores de impactos sociais e econômicos; em geral esse monitoramento não emprega a mesma estrutura que o monitoramento biofísico, com estações de coleta e intervalos curtos, mas deve observar o mesmo rigor científico, dentro das especificidades das Ciências Sociais.

Entre os objetivos do monitoramento ambiental, pode-se destacar:

(i) verificar os impactos reais de um empreendimento;
(ii) detectar mudanças não previstas;
(iii) alertar para a necessidade de agir, caso os impactos ultrapassem certos limites;
(iv) avaliar a eficácia dos programas de gestão ambiental.

Caso o monitoramento detecte algum problema, como o não atendimento a uma condicionante, o empreendedor deve ser capaz de adotar medidas corretivas dentro de prazos razoáveis. Programas de monitoramento também podem ser desenhados para testar uma medida mitigadora e introduzir melhorias, comparar os impactos monitorados com os previstos no EIA e, a partir da análise dos resultados, formular recomendações para a melhoria dessas previsões em estudos futuros.

O monitoramento do projeto não deve ser confundido com o monitoramento geral de qualidade do meio ambiente, feito por órgãos governamentais; deve ser planejado em função dos impactos previstos, de modo que possa distinguir as mudanças induzidas pelo empreendimento daquelas ocasionadas por outras ações ou por causas naturais. Estudos adicionais podem levar a melhorias do plano de monitoramento feito para o EIA, como no caso dos estudos de biodiversidade em um extenso projeto de duto de gás de 408 km no Peru, que liga a vertente oriental da cordilheira dos Andes à costa, atravessando várias zonas ecológicas. Estudos complementares realizados em conjunto com a Smithsonian Institute, uma instituição de pesquisa dos Estados Unidos, resultaram num Plano de Ação de Biodiversidade, que selecionou os indicadores e desenvolveu protocolos detalhados de monitoramento com sólida base científica (e revisados por pares) para que dados e informação pudessem ser registrados e analisados de modo sistemático (Dallmeier et al., 2013).

Embora o monitoramento seja responsabilidade do empreendedor, cada vez mais os cidadãos, em especial de comunidades afetadas, têm se envolvido nessa tarefa, seja por convite, seja como resultado de engajamento durante a avaliação, seja de modo independente, sem relação com o empreendedor. Vários tópicos podem ser objeto de monitoramento comunitário, como a presença ou abundância de espécies de fauna (peixes são um grupo importante para essa modalidade) e a qualidade da água (parâmetros básicos podem ser medidos com equipamentos simples). Temas como "ciência cívica" (*citizen science*) e monitoramento comunitário (*community-based monitoring*) são agora de crescente aplicação prática e tópicos de pesquisa.

13.8 Medidas de capacitação e gestão

A existência de programas de gestão, ainda que bem estruturados, não garante seu sucesso. Se não forem aplicadas por uma equipe consciente e capacitada, as medidas podem simplesmente não dar certo. Porém, se profissionais qualificados são necessários, não são suficientes para atingir resultados, pois os programas devem ser institucionalizados, de forma a resistir à troca do pessoal envolvido.

Uma das principais falhas dos programas de mitigação de impactos é "dar mais atenção às medidas de ordem física do que a controles operacionais e gerenciais" (Marshall, 2001, p. 196). É bem conhecido que projetos excelentes podem ser mal implementados. Muitas vezes, o questionamento se dá justamente sobre a capacidade do proponente em implementar efetivamente as medidas necessárias. Essa questão não pode ser tratada superficialmente: a capacidade dos responsáveis pela implementação das medidas de gestão deveria ser demonstrada.

Tal demonstração de capacidade é mais fácil quando se trata de uma empresa ou organização que já opera ou já implantou empreendimentos similares e pôde demonstrar bom desempenho. Uma das principais barreiras à aceitação de um projeto pode ser um histórico ruim de desempenho ambiental do proponente. É o caso de certos órgãos públicos. Auditoria do Tribunal de Contas da União sobre a etapa de acompanhamento no âmbito do licenciamento ambiental federal, analisando dois projetos de infraestrutura de transportes, constatou que o Departamento Nacional de Infraestrutura de Transportes (DNIT) "não aprende" (institucionalmente) a partir de sua experiência e que deveria, para facilitar a aprendizagem organizacional, "preparar documento, quando da conclusão das obras, que avalie os resultados do gerenciamento ambiental dessas obras e faça recomendações para estudos ambientais e programas ambientais de outros empreendimentos, comparando os resultados esperados dos programas ambientais e aqueles efetivamente obtidos, com vistas a obter subsídios para futuros estudos de impacto ambiental de novos projetos" (TCU, 2011).

A gestão ambiental engloba três dimensões (Sánchez; Hacking, 2002): a preventiva, a corretiva e a gestão da capacidade, ou seja, da capacidade organizacional de gerir um empreendimento respeitando os requisitos aplicáveis. Essa dimensão envolve capacitação das pessoas, designação de responsabilidades, alocação de recursos e gestão do conhecimento, tarefas para as quais os sistemas de gestão (de qualidade, ambiental ou de saúde e segurança) são ferramentas úteis. Quando as organizações dispõem de sistemas de gestão para cada um desses componentes, sua fusão em um só resulta no chamado sistema de gestão integrada.

Medidas de capacitação e gestão são de cunho sistêmico e organizacional; têm função de preparar o pessoal da empresa e os contratados para desempenhar suas funções em consonância com os requisitos legais, e de maneira respeitosa ao meio ambiente e à comunidade local. Ações que podem ser desenvolvidas com esse fim incluem programas de capacitação ambiental das equipes de construção, de operação e dos gerentes de cada uma dessas fases, assim como a adoção de um SGA.

É importante que os futuros gerentes do empreendimento conheçam a fundo os programas de gestão idealizados durante a fase de planejamento e incorporados como condicionantes da licença ambiental. Estudos empíricos realizados no Brasil mostraram que os gestores ambientais de empreendimentos sujeitos à apresentação prévia de um EIA raramente levam em consideração as recomendações desses estudos (Prado Filho; Souza, 2004). Para prevenir e sanar tais deficiências, as pessoas encarregadas de implementar os programas de gestão devem ter bom conhecimento do histórico de planejamento e avaliação ambiental do projeto, para compreender as razões que levaram à definição dos programas. Dessa forma, a conscientização e a capacitação dos gerentes deveriam abordar o histórico do empreendimento, as atividades realizadas na preparação do EIA, e os debates e questionamentos que possam ter ocorrido durante a audiência pública. Já o programa voltado para o pessoal operacional deveria enfatizar as questões relativas às implicações ambientais de suas respectivas funções e procedimentos (Fig. 13.20).

Fig. 13.20 *Contaminação do solo decorrente da inexistência de programa de gestão ambiental. As causas de condutas desrespeitosas podem ser múltiplas, incluindo baixa capacitação do pessoal operacional e baixa conscientização dos gerentes*

Os programas podem ser integrados por meio de um SGA, tanto para a etapa de implantação do empreendimento como para a operação. Os padrões de desempenho da IFC insistem na importância da gestão. O Padrão de Desempenho 1 trata conjuntamente da avaliação prévia, das medidas de gestão e da preparação da empresa para implementar todos os requisitos dos padrões aplicáveis. Para tal, a empresa deve demonstrar que dispõe de um Sistema de Gestão Ambiental e Social (SGAS) compatível com os requisitos desse Padrão. Os elementos mínimos de um SGAS são:

> (i) política;
>
> (ii) identificação de riscos e impactos;
>
> (iii) programas de gestão;
>
> (iv) capacidade e competência organizacional;
>
> (v) preparação e resposta a emergências;
>
> (vi) engajamento das partes interessadas;
>
> (vii) monitoramento e análise.

Notam-se as semelhanças com outros sistemas de gestão, assim como a importância atribuída à capacidade e à competência organizacional, que devem ser demonstradas. Neste elemento, são requeridos "uma estrutura organizacional que defina funções, responsabilidade e autoridade para implantar o SGAS", o fornecimento, de maneira constante, de "suficiente apoio gerencial e recursos humanos e financeiros" e que os funcionários envolvidos tenham "o conhecimento, as aptidões e a experiência necessários para adotar as medidas e ações específicas exigidas pelo SGAS".

Trata-se, dessa forma, de facilitar uma transição suave entre estudo prévio e implementação, mesmo com mudanças de equipes.

13.9 Desenvolvendo um plano de gestão ambiental

O PGA costuma ser apresentado em um capítulo específico do EIA, no qual são descritas as medidas propostas, mas que deve apresentar de maneira não ambígua quais serão os *resultados esperados* de sua aplicação. O cronograma e a designação do responsável por cada ação são itens que não podem ser esquecidos. A atribuição de responsabilidades pode ser uma questão delicada se algumas medidas estiverem fora da jurisdição ou do alcance do proponente do projeto. No caso de projetos privados, algumas medidas necessitam de aprovação governamental, que nem sempre pode ser garantida no momento da apresentação do EIA. No caso de empreendedores públicos, a competência legal do proponente pode limitar o escopo das medidas de gestão, ou podem ser necessárias medidas fora desse campo e, portanto, com a participação de outras entidades.

É necessário que o EIA aponte ao menos um programa para cada impacto significativo.

Para que um programa de gestão tenha sucesso, há várias condições necessárias, entre as quais:

* *Clareza, precisão e detalhamento do programa*: os programas devem ser descritos de forma suficientemente clara, precisa e detalhada para que possam ser auditados, ou seja, verificados por uma terceira parte (que pode ser um agente de fiscalização do governo, um auditor do agente financiador, uma comissão representativa da comunidade e outras partes interessadas, ou qualquer outra parte externa).
* *Atribuição clara de responsabilidades e compromisso das partes*: nem todas as medidas serão de responsabilidade exclusiva do empreendedor; quando há envolvimento de terceiros, é importante discernir as respectivas responsabilidades.
* *Orçamento realista*: custos totais das medidas devem ser estimados e o cronograma de desembolsos deve ser preparado.

Mitigação e plano de gestão ambiental

Normalmente, a configuração inicial de um programa de gestão parte do proponente do projeto e de seu consultor ambiental. As medidas propostas costumam advir de duas fontes principais:

* Da experiência anterior com o tipo de empreendimento analisado, sendo comum encontrar medidas quase padronizadas, adotadas pela maioria dos empreendimentos dessa categoria, como, por exemplo, a remoção seletiva da camada de solo superficial para utilização em recuperação de áreas degradadas, comum em empreendimentos de mineração e obras civis de grande porte, como barragens e rodovias; e a manutenção de uma vazão mínima a jusante de barragens, conhecida como vazão ecológica. Medidas desse tipo são conhecidas como *boas práticas de gestão ambiental*.
* Da análise dos impactos realizada no EIA, da qual decorrerão medidas particulares para o empreendimento, como passagens para fauna silvestre em rodovias ou a implantação, em locais especificados, de barreiras antirruído.

O EIA deve conter evidências de eficácia das medidas mitigadoras propostas.

Os programas de gestão de um EIA são submetidos à apreciação dos órgãos governamentais e à consulta pública. Desse processo podem resultar outras medidas a serem adotadas que, entretanto, podem ser formuladas de maneira vaga ou imprecisa, dificultando sua implementação e fiscalização ou auditoria (Dias; Sánchez, 2001). Em tais casos, é conveniente que sejam "traduzidas" em obrigações claramente especificadas no PGA, sendo descritas com detalhe similar às demais.

Um PGA é composto por *programas* de gestão, que, por sua vez, agrupam *medidas* mitigadoras. Os elementos básicos de um programa de gestão socioambiental são indicados no Quadro 13.5, seguindo o conceito apresentado na Fig. 13.21.

Quadro 13.5 Síntese de um programa de gestão socioambiental

Tópico	O que deve ser apresentado	Exemplo
Título do programa	Título claro e não ambíguo	Programa de controle da supressão de vegetação nativa
Impacto(s) a que se relaciona	Enunciado de impacto idêntico ao utilizado em outras partes do texto e nas matrizes de impacto	Perda e fragmentação de remanescentes de vegetação nativa
Objetivo	Clara declaração de objetivos (ou seja, para que serve o programa)	Minimizar a supressão de vegetação nativa
Resultados esperados	Explicitação dos resultados esperados (ou seja, onde se quer chegar, ou as metas que se pretende atingir)	- Estrito atendimento aos requisitos legais - Ausência de autuações e de não conformidades
Descrição sucinta	Principais medidas mitigadoras que farão parte deste programa, de modo a atingir seus objetivos e resultados esperados (para implementação do programa, cada medida deve ser descrita em uma especificação técnica ou procedimento)	- Demarcação física das áreas de supressão - Remoção de epífitas e reintrodução em ambiente natural - Salvamento de plântulas e replantio em áreas de recuperação - Supervisão das operações de corte

Quadro 13.5 (continuação)

Tópico	O que deve ser apresentado	Exemplo
Indicadores de avaliação dos resultados	Relacionar um ou mais indicadores e suas respectivas unidades de medida, que permitam verificar se, ao término do programa, seus resultados terão sido atingidos *Importante*: trata-se de indicadores de "sucesso" do programa, não de indicadores de qualidade ambiental ou de progresso da implementação	- Total de área de vegetação suprimida em relação ao total autorizado - Número de autuações lavradas pelo regulador ou número de não conformidades registradas por supervisão ou auditoria
Procedimento de mensuração dos indicadores	Breve explanação sobre como poderão ser coletados os dados ou referência a alguma norma ou procedimento	Medição em campo, por métodos de topografia ou com uso de veículos aéreos não tripulados
Cronograma	O cronograma de implementação do programa deve ser apresentado em relação ao cronograma de construção (p.ex., "durante todo o período de construção" ou "deve ter início pelo menos dois meses antes do início da implantação do canteiro de obras") ou de operação	Todo o período de supressão (durante a etapa de construção)
Responsabilidades	Quem ou quais entidades devem ser responsáveis pela implementação do programa; em geral, a responsabilidade incumbe ao empreendedor, mas certos programas somente podem ser implantados de modo satisfatório mediante parcerias	1. Empreiteira 2. Supervisora ambiental

Fig. 13.21 *Conceito de um programa socioambiental*

A padronização do formato de apresentação e descrição dos programas é uma maneira simples e eficaz de aumentar seu valor para todas as partes interessadas e, principalmente, de facilitar o acompanhamento. É necessário que o EIA aponte ao menos um programa para cada impacto significativo.

COMUNICAÇÃO EM AVALIAÇÃO DE IMPACTO AMBIENTAL

14

Comunicação é um conceito amplo que tem múltiplas acepções, assemelhando-se, nesse aspecto, a saúde ou a meio ambiente. Um conceito contemporâneo é o de comunicação como troca de informação entre interlocutores, uma via de mão dupla, portanto. Neste capítulo, trata-se principalmente do estudo de impacto ambiental como veículo de informação e dos cuidados que se devem ter durante sua elaboração para que transmita informação de modo eficaz e não ambíguo.

O redator de um EIA tem à sua frente um problema inusitado. Não está escrevendo um relatório técnico que será lido somente por especialistas com formação e nível de conhecimento similar ao seu. Tampouco está preparando um texto jornalístico que possa ser lido e compreendido por qualquer pessoa medianamente educada. O EIA tem um pouco das duas características – e ainda outras dificuldades a serem enfrentadas por quem os redige.

O público leitor de um EIA é heterogêneo, podendo englobar desde a comunidade local até militantes altamente capacitados do ponto de vista técnico. Como cada pessoa interessada busca informações diferentes nos documentos produzidos durante o processo de AIA, a comunicação torna-se um problema complexo. Os estudos e os relatórios de impacto ambiental serão lidos pelos analistas do órgão licenciador, por ativistas de organizações da sociedade civil, por membros da comunidade local e, eventualmente, por outros tipos de leitores, como consultores ou assessores de diferentes partes interessadas, advogados, promotores de Justiça, políticos e jornalistas. Essa gama de leitores tem diferentes:

* interesses;
* capacidade de decodificação de informação;
* graus de envolvimento com o projeto proposto e com os lugares que poderão ser transformados pelo projeto (inclusive envolvimento emocional).

O EIA e, especialmente, o Rima devem ser facilitadores da discussão pública. Amplia-se, assim, o espectro de participantes implicados na discussão e com possibilidade de influenciar o processo decisório, aumentando sua transparência e ampliando o debate público sobre questões que antigamente (ou seja, antes da legislação sobre AIA) ficavam restritas a determinados círculos ou monopólios de interpretação (conforme seção 17.3).

Para os redatores do estudo, o problema da multiplicidade e diversidade dos leitores é difícil de ser enfrentado. Se estudos tecnicamente impecáveis resultarem em relatórios mal estruturados, de apresentação pífia e mal escritos, o leitor terá um trabalho árduo e penoso para decifrar as intenções do proponente e as conclusões da equipe de consultores. Diferentemente de um mau romance, cuja leitura pode ser interrompida sem maiores consequências, um analista ambiental não pode abandonar a leitura de um EIA, mas um estudo mal redigido pode ser um desafio à boa vontade desse leitor, que terá um papel fundamental na eventual aprovação do projeto. Como diz um consultor norte-americano, "um estudo de impacto ambiental ilegível é um risco ambiental" (Weiss, 1989).

Um estudo acerca dos EIAs e relatórios simplificados (*environmental assessments*, seção 3.6) produzidos pelo Serviço Florestal dos Estados Unidos encontrou que "em muitos casos estes documentos não são escritos com clareza, apresentam má organização e têm formato difícil de seguir" (Ryan; Brody; Lunde, 2011).

Muitos estudos de impacto ambiental contêm sérios erros de comunicação.

Mas o EIA e seu resumo não são os únicos meios de comunicação no processo de AIA. Cada etapa do processo tem suas necessidades de comunicação. Em sua retrospectiva de

25 anos de atividade, a Comissão Holandesa de Avaliação Ambiental, com base na experiência de análise de cerca de 2.600 EIAs, responde à pergunta "quando uma avaliação ambiental merece uma medalha?" apontando três qualidades: boa comunicação, alternativas realistas e avaliação de impactos com suficiente nível de detalhe (NCEA, 2012, p. 10). A mensagem da Comissão é clara:

> Participantes neste processo [decisório] precisam ser capazes de pensar construtivamente sobre as decisões a serem tomadas e o documento que emerge ao final do processo, o estudo de impacto ambiental, deve ser acessível. Isto requer mais que um formato atraente: a linguagem deve ser de fácil entendimento para o não especialista. A lei corretamente requer um resumo acessível ao público amplo, mas não é apenas o público que necessita este acesso: os políticos e altos funcionários também precisam de uma apresentação em linguagem clara das opções disponíveis e dos impactos ambientais que eles estarão autorizando. (NCEA, 2012, p. 11).

14.1 O INTERESSE DOS LEITORES

O tipo de informação que cada pessoa procura em um estudo ambiental e o grau de detalhe que lhe interessa variam muito. Alton e Underwood (2003, p. 141) apontam que "os profissionais da avaliação de impactos tradicionalmente têm escrito documentos para eles mesmos", ao invés de pensarem nas necessidades e interesses dos leitores dos estudos e relatórios. O analista ambiental é um profissional interessado em conhecer não só os resultados, mas também os métodos que permitiram que a equipe que elaborou os estudos chegasse às suas conclusões. Esse leitor também quer saber quais as técnicas utilizadas para análise dos dados e as justificativas para as conclusões apresentadas no estudo. Porém, há leitores com outros interesses.

> Os leitores de um estudo de impacto ambiental formam um grupo heterogêneo com diferentes interesses e necessidades de informação.

Muitos leitores dos estudos ambientais não são profissionais do ramo. Se o estudo e o relatório de impacto ambiental devem servir como base para uma discussão pública e para o "uso público da razão" (conforme seção 16.2) no processo decisório, então sua redação e apresentação devem buscar a redução do nível de ruído e interferência na comunicação. O ativista de uma organização não governamental poderá estar interessado em um único aspecto particular ou em como o empreendimento poderá afetar seus interesses – assim, a "Sociedade dos Amigos do Papagaio-de-cara-roxa" pode querer saber de que maneira o projeto proposto poderá afetar o hábitat ou as fontes de alimento dessa espécie. Da mesma forma, um grupo de interesse com outra perspectiva, como a associação comercial local, buscará informações sobre como seus negócios serão afetados pelo projeto. Já a comunidade local normalmente quer saber de que maneira o empreendimento poderá afetar seu modo de vida, quantos empregos serão criados ou se haverá transtornos na sua locomoção. Algumas pessoas têm interesse em saber se sua propriedade está situada nas proximidades da área de intervenção, ou se seu acesso será interrompido ou dificultado.

Page e Skinner (1994), consultores atuantes na Califórnia, classificam os leitores dos estudos ambientais em cinco grupos principais (Quadro 14.1), indicando seus respectivos pontos de vista. Trata-se, evidentemente, de uma divisão esquemática, pois, na prática,

Quadro 14.1 Características dos principais leitores dos estudos ambientais

	Grupo				
Ponto de vista	**Analista técnico**	**Grupos de interesse**	**Público**	**Administrador do processo**	**Tomador de decisões**
Perspectiva	Profissional	Social, pública	Pessoal, particular	Atendimento a procedimentos	Política
Base de conhecimento	Formação acadêmica e experiência profissional	Experiência profissional	Vida cotidiana, conhecimento empírico do local de moradia ou de trabalho	Leis, regulamentos, direito administrativo	Desejo de seus eleitores ou interesses de seus superiores
Objetivos	Verificar se as questões relativas à sua especialidade foram tratadas de modo adequado	Apoiar, contestar ou modificar o projeto	Apoiar ou contestar o projeto; modificar o projeto; preparar-se para a situação futura	Garantir o cumprimento da lei e dos procedimentos administrativos	Escolher entre alternativas
Necessidades de informação	Métodos, hipóteses assumidas, fundamentos das conclusões	Impactos sobre interesses específicos	Impactos sobre seus interesses pessoais e seu modo de vida	Alternativas consideradas, impactos mais significativos	Implicações de ordem política, social, econômica e ambiental
Interesse por detalhes	Muito alta	Alta a média	Pequena	Média	Baixa

Fonte: adaptado de Page e Skinner (1994).

as perspectivas, os interesses e os pontos de vista se sobrepõem e se mesclam de modo muito mais intricado que qualquer esquema teórico. No entanto, essa classificação é útil para identificar que tipo de informação os leitores vão buscar nos estudos e, portanto, para orientar os redatores na preparação dos relatórios.

O analista técnico é aquele cuja principal função é emitir um parecer sobre a qualidade e suficiência do EIA. Essa é tipicamente a atribuição dos técnicos do órgão ambiental e dos profissionais das entidades consultadas pelo órgão licenciador. Seu envolvimento com o processo de AIA e sua perspectiva de análise são profissionais, fundamentadas em sua formação acadêmica e sua experiência anterior. Esse analista pode ter lido dezenas de EIAs e mesmo ter participado da preparação de outros tantos, e pode também ter trabalhado na construção ou na operação de um empreendimento similar àquele que está analisando. Seu principal objetivo, ao ler os estudos, é verificar se os quesitos atinentes à sua especialidade foram satisfatoriamente atendidos; caso contrário, formulará exigências para apresentação de estudos complementares ou para esclarecimento de pontos dúbios. As informações buscadas por esse tipo de leitor referem-se aos métodos utilizados, às hipóteses que possam ter sido assumidas para realização dos levantamentos e para chegar às conclusões sobre o diagnóstico ambiental ou sobre a análise dos impactos, ou ainda aos bons fundamentos das conclusões (por exemplo, quanto à classificação dos impactos significativos, quanto à proposição de medidas mitigadoras e sua eficácia). Dentro do grupo de analistas, normalmente, encontra-se um especialista no tipo de projeto apresentado que buscará informações técnicas sobre o projeto e sobre as medidas mitigadoras, assim como justificativas para as escolhas apresentadas. Os analistas técnicos formam o grupo que provavelmente lerá o EIA com mais atenção. Para um bom entendimento, esse tipo de leitor não só aceita uma descrição detalhada como poderá ficar frustrado se as informações apresentadas forem superficiais.

Representantes de grupos de interesse, como organizações não governamentais, associações de moradores e associações comerciais, podem se preocupar em conhecer um estudo ambiental, sobretudo quando se trata de um projeto que possa afetar determinados bens ou interesses ou que modifique substancialmente o *status quo* de uma região ou de um local. Algumas associações podem dispor de quadros técnicos com *expertise* para análise de um estudo ambiental, enquanto outras podem solicitar apoio de universidades ou de voluntários, ou mesmo dispor de recursos para contratar consultores. A leitura de um estudo ambiental feita por representantes desses grupos é, muitas vezes, dirigida para partes do documento, como trechos do diagnóstico ambiental ou a descrição do projeto. As conclusões do estudo podem ser contestadas se não estiverem bem fundamentadas; medidas mitigadoras ou compensatórias podem ser vistas como insuficientes e pode haver demanda de novas medidas.

As informações buscadas por leitores desse grupo dizem respeito principalmente a seus interesses; há organizações com agendas voluntariamente restritas ou focadas – a proteção de determinado ambiente ou a promoção das atividades econômicas em um local –, mas há também organizações com missão ampla de proteção ambiental ou de defesa de interesses de amplas parcelas da sociedade. Um conhecimento prévio de quais são as principais partes interessadas (seção 16.6) pode alertar os redatores do EIA quanto a informações específicas que possam ser requeridas ou quanto à conveniência de apresentar análises mais aprofundadas a respeito de determinado impacto potencial do projeto analisado.

O público, aqui entendido como os cidadãos[1], busca, nos estudos ambientais, informações sobre como poderá ser afetado pelo projeto. Um vizinho da área de empreendimento terá interesse em saber se sua propriedade sofrerá alguma forma de impacto, se uma nascente poderá secar, se haverá caminhões passando diante de sua porta ou se sua residência estará sujeita a maior ruído. O conhecimento dos indivíduos sobre seu local de moradia ou de trabalho pode ser muito mais profundo do que o dos consultores que elaboraram o diagnóstico ambiental, embora não sistematizado em bases científicas (seção 8.4). Desse modo, informações apresentadas no EIA podem ser contestadas com base nesse conhecimento empírico, e isso pode influenciar os analistas do órgão ambiental. Muitas vezes, porém, as pessoas estão interessadas em se informar sobre as consequências de um projeto para tomar decisões sobre como agir para preparar-se ou adaptar-se à nova situação que será criada com o empreendimento e o EIA também terá essa função, principalmente se não houver outros veículos de comunicação para informar o público.

Administrador do processo é um termo que designa uma pessoa ou grupo de pessoas com atribuições que variam entre jurisdições, pois seu papel e suas funções dependem da lei e de regulamentos. No Brasil, corresponde essencialmente aos dirigentes dos órgãos licenciadores. O administrador não tem tempo de ler todo o EIA e se baseia no parecer de uma equipe técnica. Sua principal preocupação é assegurar que todos os requisitos legais sejam atendidos e que os procedimentos administrativos sejam rigorosamente cumpridos. Se não o forem, o administrador pode ser questionado, inclusive por via judicial. Cabe a ele a responsabilidade de levar aos tomadores de decisão um arrazoado sobre as vantagens e os riscos do projeto e de suas alternativas. O administrador pode ser contestado por grupos de interesse, se não obrigar o empreendedor a explorar com nível suficiente de

---

[1] *Público é entendido aqui, em um sentido restrito, como os cidadãos que possam se interessar por um empreendimento e seus impactos. No que se refere à consulta pública no processo de avaliação de impacto ambiental, o público é entendido como uma categoria extremamente ampla, que engloba todo e qualquer interessado: "Público é todo aquele que não é [o] empreendedor e que não participou da equipe multidisciplinar [que elaborou o estudo]" (Machado, 1993, p. 52).*

detalhe todas as alternativas razoáveis de localização e de mitigação. Ele também pode ser questionado por seus superiores hierárquicos, em geral políticos sujeitos a pressões provenientes de grupos de interesse, e deve prestar contas pelos mais variados problemas percebidos por esses grupos, como demora na análise, não se terem exigido estudos suficientemente detalhados, não se ter dado a devida atenção a determinado bem legalmente protegido, privilegiar "interesses de ambientalistas radicais" ao invés das "necessidades prementes de desenvolvimento social e econômico do País" etc., devendo administrar diversos outros pontos de vista conflitantes.

O tomador de decisão é também uma pessoa ou grupo de pessoas com perfil e atribuições diferentes segundo a jurisdição (seção 17.1). No Brasil, as decisões acerca da aprovação dos projetos submetidos ao processo de AIA cabem seja a um colegiado (um conselho de meio ambiente), seja a um órgão governamental com atribuições de licenciamento ambiental. Em outras jurisdições, a decisão pode ser tomada por um organismo setorial, como um Ministério, ou por um conselho de ministros. Em qualquer hipótese, a decisão se dá na esfera política e leva em conta não somente os impactos ambientais, mas considerações de ordem econômica, social e política. O tomador de decisões está interessado em conhecer as implicações de sua decisão, as consequências, sob todos esses pontos de vista, de aprovar ou não o projeto. Nas decisões colegiadas, cada representante defende os interesses de seu grupo e poderá ter de justificar seu voto junto a suas bases. Os representantes poderão ler partes do estudo ambiental, em busca de informações selecionadas (e nunca ou raramente o estudo inteiro), mas estão fundamentalmente interessados em conhecer os prós e os contras de cada alternativa, até mesmo da alternativa de não aprovar o projeto.

Por fim, há leitores ocasionais dos estudos ambientais, não referidos no Quadro 14.1, entre os quais se pode destacar pessoas encarregadas da fiscalização dos atos governamentais, os órgãos de controle externo; no Brasil, são os membros do Ministério Público, que podem iniciar ações judiciais, envolvendo, desta forma, juízes e peritos. Caso haja contestação de uma decisão já tomada ou em vias de ser tomada, o EIA pode ser detalhadamente revisto à procura de erros e incongruências.

14.2 Objetivos, conteúdos e veículos de comunicação

A comunicação em AIA visa transmitir informação técnica multidisciplinar a um público variado com interesses específicos distintos. O EIA e o Rima são documentos oficiais e têm importante função de comunicação, mas esta também se dá por outros meios, como folhetos informativos, vídeos, sites na internet e redes sociais, além de se dar de forma oral em reuniões e audiências públicas.

Toda comunicação pressupõe os seguintes componentes básicos:

1. um emissor: a equipe de avaliação de impacto ambiental;
2. os receptores: os vários leitores dos estudos ambientais;
3. um código: neste caso, principalmente a linguagem escrita;
4. um meio, canal ou veículo de comunicação: o EIA, o Rima e outros veículos;
5. a mensagem que se deseja transmitir.

Ademais, é preciso considerar o contexto ou o referente da comunicação. No processo de AIA, esse contexto é o do debate e processo decisório público fundamentado nos estudos ambientais. Diferentes públicos requerem diferentes estratégias, ações e veículos de comunicação.

Ao receber uma mensagem, o receptor a decodifica, segundo sua capacidade analítica, seu conhecimento, seu sistema de valores etc. Evidentemente, o receptor estará também recebendo outras mensagens, por outros meios, e algumas podem ser referir ao próprio projeto analisado no EIA. Essas mensagens podem ser oriundas de emissores que tenham uma determinada posição ou interesse sobre o projeto (por exemplo, opositores ou apoiadores) e podem ter o intuito expresso de influenciar a decodificação e a recepção da mensagem enviada pelo empreendedor.

Assim, o emissor não deve menosprezar a necessidade de sua mensagem dispor de qualidades como objetividade (ou seja, procurar reduzir a ambiguidade) e inteligibilidade (ou seja, que haja a compreensão, pelo receptor, da mensagem na extensão proposta pelo emissor). Excluem-se, obviamente, da discussão deste capítulo, os casos de deliberada manipulação, onde a intenção é justamente confundir o leitor.

O receptor decodifica e interpreta a mensagem segundo seu sistema de valores, seu conhecimento, sua capacidade analítica, sua predisposição a mudanças, entre outros fatores, e pode ser grande o peso da dissonância cognitiva, característica de muitas pessoas que as fazem ignorar argumentos ou fatos que contradigam sua percepção pessoal, crenças ou convicções. Como afirma Festinger (1957), o primeiro estudioso do tema: quando confrontada com a dissonância, "além de tentar reduzi-la, a pessoa ativamente evitará situações e informação que poderiam aumentá-la".

Um dos maiores desafios dos redatores de estudos ambientais é a transmissão de informação técnica e científica para um público amplo. Muitos especialistas da área de comunicação concordam que o conteúdo de ordem ambiental é dos mais difíceis de transmitir. Harrison (1992, p. 6) aponta quatro razões para distinguir comunicação ambiental de outras modalidades: a complexidade, a dimensão técnica, o impacto pessoal e os elementos de risco. Em termos de comunicação inserida no processo de avaliação de impacto ambiental, essas quatro características têm os seguintes aspectos relevantes:

* *Complexidade*: o conteúdo da mensagem não pode ser transmitido na forma de uma breve explanação; demanda conceitos e conhecimentos de ordem científica (multidisciplinar), de natureza jurídica e envolve também aspectos relativos a estratégias empresariais, a políticas de governo e à distribuição (desigual) dos benefícios e dos ônus decorrentes.

* *Dimensão técnica*: a equipe do proponente do projeto, assim como os consultores, têm um conhecimento técnico que supera em muito o dos vários segmentos do público interessado; o público tende a ver o projeto e suas consequências como uma totalidade (raciocínio integrador), ao passo que os técnicos tendem a ver e a explicar os projetos como um sistema composto de diversas partes articuladas (raciocínio analítico).

* *Impacto pessoal*: poucas formas de comunicação envolvem o público de modo tão pessoal – "as pessoas trazem suas mais radiantes esperanças e seus mais obscuros receios para a discussão, e frequentemente veem as questões ambientais como ameaças diretas às suas famílias e comunidades" (Harrison, 1992, p. 7); o tom decididamente emocional das declarações de muitas pessoas (a favor ou contra) contrasta com o rigor racionalista das previsões de impacto e com a formalidade administrativa (senão burocrática) do processo administrativo de análise e aprovação de empreendimentos.

* *Riscos*: nos casos de empreendimentos perigosos ou de consequências incertas, a comunicação é particularmente difícil, devido às diferentes modalidades de apreensão e percepção do risco (conforme seção 12.7).

No entanto, se a comunicação com o público requer atenção e dedicação, a preparação de documentos escritos, na forma de estudos ambientais, é "talvez a mais importante atividade no processo de avaliação de impacto ambiental" (Canter, 1996, p. 623), merecendo cuidado especial da equipe envolvida nos estudos.

Em várias jurisdições, regulamentos estabelecem diretrizes quanto ao conteúdo mínimo ou à estrutura de um estudo de impacto ambiental. Como as funções dos estudos ambientais são similares, diferentes jurisdições estabelecem conteúdos mínimos muito parecidos. A forma de apresentação, contudo, apresenta variações, como já visto no conteúdo do diagnóstico ambiental (Quadro 8.1). O Quadro 14.2 apresenta uma estrutura típica de um EIA.

Além de atender a esses requisitos legais, um EIA pode servir eficazmente como instrumento de comunicação se certos cuidados forem tomados na sua redação e apresentação. A notória dificuldade que experimentam engenheiros e outros técnicos em escrever de forma clara se repete na redação de um EIA. Idealmente, as empresas de consultoria deveriam contar com um consultor linguístico e estilístico em suas equipes. O fato de os relatórios serem escritos por diferentes profissionais dificulta ainda mais a tarefa de entregar um produto minimamente legível e compreensível, apresentado de forma padronizada, que exiba o uso consistente de termos e conceitos e evite jargão técnico muitas vezes desnecessário.

O planejamento e a organização de um EIA devem levar em conta as questões relevantes, mas há muitas maneiras de inseri-las. Alguns temas podem ser tratados em estudos especializados anexados ao estudo principal, desde que suas conclusões e principais considerações sejam efetivamente usadas para a análise do projeto, como no exemplo do Quadro 5.4, extraído de um EIA preparado para perfuração de petróleo em plataforma continental na Namíbia. Nesse caso, após a conclusão, a equipe do EIA encomendou vinte estudos especializados para tratar dos temas levantados pelo público; cada tema é tratado em um relatório independente, mas as conclusões são integradas em um relatório final. Tal relatório é suficientemente sintético para fornecer uma visão geral do projeto, seus impactos e medidas mitigadoras; aqueles que necessitam ou se interessam por informações e análises detalhadas são remetidos ao estudo especializado correspondente. Se um estudo detalhado e especializado faz parte de um EIA, então suas conclusões e recomendações devem ser incorporadas ao EIA e claramente explicadas ao leitor. Infelizmente, nem sempre é o que acontece. Alguns coordenadores parecem se contentar em anexar estudos, ao passo que órgãos ambientais ainda aceitam estudos fragmentados e pouco conclusivos.

A exigência de que um resumo não técnico seja parte ou acompanhe um EIA – comum em muitos países – tem por objetivo facilitar a comunicação com o público não especialista. Em Portugal, a lei define resumo não técnico como:

> documento que integra o EIA, de suporte à participação pública, que descreve, de forma coerente e sintética, numa linguagem e com uma apresentação acessível à generalidade do público, as informações constantes do respectivo EIA. (Decreto-Lei 69/2000, art. 2°, alínea q).

Trata-se, portanto, não apenas de linguagem, mas também de apresentação acessível, por exemplo mediante o uso de recursos gráficos. A regulamentação brasileira estabelece as seguintes diretrizes quanto à apresentação do Relatório de Impacto Ambiental:

> O Rima deve ser apresentado de forma objetiva e adequada à sua compreensão. As informações devem ser traduzidas em linguagem acessível, ilustradas por mapas, cartas, quadros e demais técnicas de comunicação visual, de modo que se possam

Quadro 14.2 Estrutura típica de um estudo de impacto ambiental

Sumário

Listas de quadros, figuras, fotos e anexos

Lista de siglas e abreviaturas

Resumo

Introdução

Apresentação do projeto e resumo de suas características principais

Informação sobre termos de referência ou diretrizes seguidas

Apresentação do estudo, estrutura e conteúdo dos capítulos

Informações gerais

Localização e acessos

Apresentação da empresa proponente

Objetivos e justificativas do empreendimento

Histórico do empreendimento e das etapas de planejamento

Análise da compatibilidade do empreendimento com a legislação incidente

Análise da compatibilidade do empreendimento com planos e programas governamentais

Descrição do empreendimento e suas alternativas

Alternativas consideradas

Critérios de seleção e justificativa de escolha

Atividades e componentes do empreendimento nas etapas de implantação, operação e desativação

Cronograma do projeto

Diagnóstico ambiental

Descrição da área de estudo

Diagnóstico organizado segundo características do projeto e do ambiente afetado [Nota: a segmentação em meio físico, biótico e antrópico não é empregada universalmente]

Análise dos impactos

Metodologia empregada

Identificação, previsão e avaliação dos impactos ambientais

Síntese do prognóstico ambiental

Plano de gestão ambiental

Medidas mitigadoras e programas ambientais

Plano de monitoramento

Referências

Equipe técnica

Glossário

Anexos:

Termos de referência do estudo

Mapas, plantas, figuras, fotos

Estudos específicos detalhados

Leis ou trechos de leis citados

Laudos de ensaios e análises

Listas de espécies

Memórias de cálculo e anteprojetos de medidas mitigadoras

Cópias de documentos (como certidões municipais, memorandos de entendimento, atas de reuniões, registros de audiências ou reuniões públicas etc.)

entender as vantagens e desvantagens do projeto, bem como todas as consequências ambientais de sua implementação. (Resolução Conama 1/86, art. 9º, parágrafo único).

A Resolução é clara em sua intenção de tornar o relatório inteligível não somente por especialistas, mas por qualquer interessado. Aqueles que preparam os estudos devem se preocupar com a eficácia da comunicação, empregando técnicas de comunicação visual e adotando "linguagem acessível", isto é, livre de jargões. Os autores devem preparar um relatório cuja forma seja "adequada à sua [do leitor] compreensão". Logo, é evidente a intenção de envolver o público interessado no processo decisório, o que somente poderá ser possível se os interessados estiverem suficientemente informados sobre o projeto e seus impactos.

Ora, comunicar de forma eficaz requer, sim, o uso de linguagem acessível e de técnicas de comunicação visual, mas, acima de tudo, necessita de clareza na escrita, correção na redação, um entendimento cristalino das finalidades dos estudos ambientais e uma noção dos interesses dos leitores. O texto deve ser "compreensível, porém rigoroso" (Eccleston, 2000).

Também a regulamentação da NEPA deixa claros os objetivos de efetiva comunicação que se espera dos documentos escritos:

> Os estudos de impacto ambiental devem ser escritos em linguagem simples e podem usar materiais iconográficos apropriados, de forma que os tomadores de decisão e o público possam entendê-los prontamente. As agências devem empregar redatores que escrevam em prosa clara, ou editores para escrever, fazer revisões ou editar os estudos, que deverão ser baseados em análise e dados provenientes das ciências naturais e sociais e das artes do planejamento ambiental. (Council of Environmental Quality, Regulations for Implementing NEPA, Section 1502.8).

Não poderia ser mais clara a desconfiança na capacidade comunicativa de técnicos, cientistas e demais especialistas. A regulamentação do Conselho de Qualidade Ambiental americano, publicada depois da análise dos primeiros anos de prática de AIA, é bem detalhada quanto ao formato do estudo de impacto ambiental e dá várias outras diretrizes a respeito de seu conteúdo, como, por exemplo:

> sobre o diagnóstico ambiental: Dados e análises devem ser proporcionais à importância dos impactos e o material menos importante deve ser resumido, consolidado ou simplesmente citado como referência. [...] Descrições verborrágicas do ambiente afetado não são em si mesmas um sinal da adequação de um estudo de impacto ambiental. (Idem, Section 1502.15).

> sobre o resumo: Todo estudo de impacto ambiental deve conter um resumo que o sintetize de modo adequado e exato. O resumo deve enfatizar as principais conclusões, as áreas onde haja controvérsias (incluindo questões levantadas [...] pelo público). [...] O resumo não deve normalmente exceder 15 páginas. (Idem, Section 1502.12).

Serão tais critérios de clareza cumpridos pela maioria dos estudos ambientais?

14.3 DEFICIÊNCIAS DE COMUNICAÇÃO COMUNS EM RELATÓRIOS TÉCNICOS

A dificuldade de boa parte dos engenheiros e cientistas em comunicar-se com um público leigo é bem conhecida (Barrass, 1979). No caso de estudos multidisciplinares, o "leigo"

COMUNICAÇÃO EM AVALIAÇÃO DE IMPACTO AMBIENTAL

pode ser outro engenheiro ou cientista que não domine as técnicas, os conceitos ou o jargão de um campo do conhecimento que não é o seu.

As principais deficiências dos estudos de impacto ambiental em termos de comunicação foram classificadas por Weiss (1989) em três grupos: (i) erros estratégicos, (ii) erros estruturais e (iii) erros táticos. Trata-se de erros que "minam a clareza e a credibilidade de muitos estudos de impacto ambiental" (p. 236).

Erros estratégicos ocorrem devido à parca compreensão – por parte dos integrantes da equipe multidisciplinar e da coordenação – das razões pelas quais são feitos os estudos ambientais e para quem se destinam. Muitos profissionais assumem – erroneamente – que os relatórios serão lidos apenas por especialistas, esquecendo-se dos demais grupos de leitores (Quadro 14.1); entre eles encontram-se aqueles favoráveis ao projeto, que "esperam que o EIA não apresente nenhuma previsão de impactos inevitáveis ou indique alternativas mais favoráveis", e o grupo a *priori* contra o projeto, "alerta a qualquer passagem na qual impactos negativos tenham sua importância menosprezada" (Weiss, 1989, p. 237). Mesmo quando o EIA atende formalmente ao conteúdo exigido, erros estratégicos podem marcar o estudo. Weiss identifica uma tendência comum de "escrever (divagar) a respeito do assunto", esquecendo que o EIA deve atender a objetivos de comunicação, pois, "quanto mais fascinado estiver um autor com o seu tema, maior o risco de o texto perder o foco e frustrar o leitor". Talvez a mais típica expressão dessa fascinação sejam as longas descrições de aspectos regionais que povoam muitos diagnósticos ambientais.

Poucos desenvolvem habilidades comunicativas, por meio da escrita, que lhes concedam trânsito e compreensão entre um leque amplo de leitores. Engenheiros e cientistas naturais parecem usar um dialeto próprio – ou mais que isso, um "tecnoleto monossêmico" (Serres, 1980). Especialistas nos mais variados tipos de modelagem se recusam a explicar em que se baseiam seus modelos – pior ainda, não os usam para explorar possibilidades ou verificar hipóteses, mas parecem acreditar neles e se esquecem de avisar que os resultados dependem das premissas adotadas. Mesmo cientistas sociais muitas vezes produzem textos sem sentido. Infelizmente, os profissionais de comunicação nem sempre ajudam: os especialistas acham que suas ideias ficam truncadas ou que os textos, editados e enxutos, são francamente errados.

Os EIAs e Rimas certamente não se destinam a se tornar *best-sellers*, mas é desconcertante quando o leitor desiste já na segunda página. É também curioso que coordenadores de estudos se espantem quando lhes fazem perguntas sobre assuntos que eles acreditam estar suficientemente explicados no EIA e que, na maioria das vezes, não estão ou o leitor não consegue encontrar a informação devido a indexação deficiente. Esses comentários podem parecer um indulto àqueles que têm a tarefa profissional de ler e comentar estudos ambientais – e realmente o são. Porém, os analistas e os críticos de um EIA também têm de se exprimir por escrito, e os resultados raramente são melhores.

Erros estratégicos não são raros. Um exemplo desse tipo de erro, provavelmente resultante de pouco cuidado na redação e revisão, é a seguinte passagem, extraída do capítulo relativo à análise dos impactos de um EIA:

> Outros pontos, como aumento do tráfego de caminhões, risco de acidentes de trânsito e atropelamentos, podem ser considerados irrelevantes, uma vez que será restrito a um aumento pouco significativo durante a fase de implantação, referente ao transporte dos equipamentos a serem instalados na área.

Afirmar que risco de atropelamento é irrelevante é, no mínimo, uma afirmação infeliz, que provavelmente não será compartilhada pelos cidadãos sujeitos a esse impacto. No limite, tal afirmação poderia levar a uma situação constrangedora se em uma audiência pública alguém pedisse ao empreendedor ou ao coordenador do estudo que confirmasse sua interpretação de que um atropelamento é irrelevante.

Erros estruturais referem-se à organização do relatório e à dificuldade do leitor de encontrar informações que lhe interessam, muitas vezes perdidas ou esparsas ao longo do texto. Weiss (1989, p. 238) critica os estudos montados como "colchas de retalhos" com a finalidade de atender aos itens de termos de referência e facilitar a revisão por parte de técnicos de agências governamentais ("o analista superficial poderá facilmente verificar que todos os itens requeridos foram contemplados"), porque a função de um estudo ambiental não é atender a uma lista de verificação, mas apresentar informação e análise relevantes para permitir uma discussão pública esclarecida do projeto e de seus impactos. Ainda segundo Weiss, muitos leitores não têm interesse em "refletir sobre a história do planeta antes de saber se o lençol local de água subterrânea será comprometido". Tudo isso leva a suspeitar que muitos estudos ambientais são *deliberadamente* estruturados e redigidos de modo a dificultar a leitura atenta e a ludibriar o leitor.

Ryan, Brody e Lunde (2011) analisaram 32 EIAs e estudos ambientais simplificados preparados entre 2007 e 2010 pelo Serviço Florestal dos EUA, aplicando critérios de legibilidade compilados da literatura e de guias de boas práticas. Os autores encontraram que os estudos analisados se enquadraram como de leitura "difícil" a "muito difícil", com duas recomendações de boa prática consistentemente ausentes: as sentenças eram longas demais e raramente havia transição entre parágrafos.

Ademais, também os resumos analisados por Ryan, Brody e Lunde (2011) – que deveriam facilitar a compreensão dos estudos – foram enquadrados como de leitura "difícil" ou "muito difícil". Usando uma escala que associa a complexidade de um texto ao número de anos de estudo do leitor, os autores constataram que a compreensão de alguns resumos requereria que o leitor estivesse "no início dos estudos de doutorado" (p. 196).

Perdicoúlis e Glasson (2012) estudaram um aspecto particular de comunicação nos EIAs: se as relações de causa e consequência que pressupõe a tarefa de identificação de impactos são apresentadas de maneira clara. Analisando dez EIAs dos Estados Unidos e da Grã-Bretanha, encontraram problemas na comunicação da causalidade em todos, sendo as principais falhas as lacunas de informação sobre uma ou mais das seguintes categorias: o componente ambiental em questão, a causa, a relação de causalidade, o impacto e a explanação da relação de causalidade. Este é um erro estrutural, uma vez que a identificação de impactos é conteúdo central em um EIA.

Um erro estrutural muito comum é apresentar quadros sintéticos, como matrizes de impacto, incoerentes ou inconsistentes com o texto correspondente: impactos que aparecem em matrizes e não estão descritos no texto, impactos que aparecem descritos com palavras diferentes em matrizes e em capítulos do EIA, impactos classificados como pouco importantes em uma parte do texto e como insignificantes em quadros etc.

Já os erros táticos são os erros de ortografia, pontuação, concordância etc., somados àqueles que resultam da dificuldade encontrada por muitas pessoas de passar para o papel ideias que, em sua mente, parecem muito claras. O resultado é que o leitor não compreende o que o escritor quis dizer, ao passo que este pensa que qualquer leitor entendeu perfeitamente não só o que foi escrito, como também o que pensou o autor da frase. Afirma Weiss (1989, p. 239): "Erros táticos acrescentam atrito à comunicação. Onde deveria haver uma simples transmissão de fatos e ideias do escritor para o leitor, há distrações, irritações, obstáculos".

A citação abaixo ilustra um erro tático na apresentação da justificativa de um empreendimento:

> [...] os rios constituintes da hidrovia [...] tem [sic] características associadas a [sic] geomorfologia apresentando em seu leito, trechos arenosos onde os depósitos de sedimentos, representados pelos bancos de areia, são as restrições à navegação e trechos rochosos nos quais as estruturas rochosas, representadas pelos pedrais e os chamados travessões, é que são limitantes.

O redator poderia ter escrito simplesmente que os rios apresentam obstáculos à navegação, como bancos de areia e trechos rochosos, conhecidos como pedrais e travessões. Esse erro poderia ser facilmente corrigido por meio da leitura atenta do próprio autor ou por um trabalho de revisão gramatical e estilística.

Entretanto, as deficiências de habilidade ou as limitações intelectuais dos redatores não são os únicos motivos que podem explicar que haja tantos EIAs de difícil compreensão. Ryan, Brody e Lunde (2011) ponderam que os EIAs "tornaram-se coleções volumosas de dados com o objetivo de resistir a apelações administrativas e a questionamentos judiciais", de maneira similar à apontada por Snell e Cowell (2006) para explicar o "inchamento" dos termos de referência de EIAs no Reino Unido: defender-se de ações judiciais. Ademais, muitos EIAs são extremamente longos porque precisam atender a termos de referência complexos ou prolixos, quando não ambíguos. Se, além disso, precisarem ser "à prova de ações judiciais", percebe-se que a tarefa dos redatores de um EIA é tudo, menos fácil.

14.4 Soluções simples para reduzir o ruído na comunicação escrita

Há inúmeros manuais de redação e outras obras de referência com recomendações para uma comunicação escrita eficaz. Se ao menos esses princípios básicos fossem seguidos, a legibilidade da maioria dos estudos ambientais já seria bastante ampliada. Alguns autores fornecem sugestões específicas para a preparação de relatórios ambientais, como Canter (1996), Dorney (1989) e Eccleston (2000).

Poucas empresas de consultoria preocupam-se em submeter a versão final do estudo ao crivo de um revisor gramatical e estilístico, e menos ainda buscam os serviços de profissionais da comunicação para auxiliar a planejar o estudo, a organizar sua estrutura e a fazer uma boa diagramação. Normalmente os prazos, mais do que os custos, são apontados como justificativas para tal lacuna, um argumento que certamente peca por desconsiderar que um relatório ilegível tardará mais para ser lido, ou pior, será devolvido.

O fato de os relatórios serem escritos a muitas mãos só dificulta a tarefa de torná-los coerentes e legíveis. Certamente cabe ao coordenador do estudo dar diretrizes claras aos especialistas quanto ao estilo e formato de suas contribuições, ainda que muitos deles acabem não seguindo as orientações. O coordenador poderá desempenhar um papel importante na homogeneização do texto, eliminando as incongruências mais evidentes e informações contraditórias. Contudo, todo cuidado é pouco para não alterar as informações factuais, as interpretações e as conclusões dos autores originais.

As deficiências do trabalho multidisciplinar transparecem facilmente em um EIA. A compartimentação excessiva do texto é um dos indicativos. O abuso de termos técnicos e de jargão é outro, e isso pode rapidamente desencorajar a leitura de seções inteiras do relatório. Um dos papéis do especialista em comunicação é auxiliar o coordenador como se fosse um tradutor, "lavando" o jargão sem "turvar" o significado (Dorney, 1989).

Quando estudos especializados são encomendados a consultores, os relatórios por eles produzidos raramente podem ser utilizados *ipsis litteris*. Podem conter uma descrição do empreendimento que já constará do capítulo do EIA, revisões de documentos e de bibliografia que já terão sido incluídas em outras seções, além de informação técnica detalhada e de apêndices como memórias de cálculo, laudos de ensaios etc. É função do coordenador dos estudos – possivelmente auxiliado por um editor –, extrair do texto preparado por esse consultor as partes que melhor se adaptem a cada seção da estrutura do EIA. Também pode haver interesse em manter a integridade desse relatório (motivado por precaução contra eventuais ações judiciais), situação em que ele poderá ser colocado como apêndice, cabendo ainda ao coordenador selecionar as informações e análises mais relevantes para serem inseridas em capítulos ou seções determinados do EIA.

Depurar o texto de excesso de informação detalhada facilita a vida do leitor. Anexar estudos detalhados é uma excelente maneira de não dispersar sua atenção. Assim, descrições de dados e resultados de modelagens, longos diagnósticos, listas de espécies de fauna e flora e muitas outras informações podem ser mais facilmente consultadas por quem realmente se interessa pelo detalhe. A maneira de apresentar o diagnóstico sobre fauna e flora é um bom exemplo. A maioria dos leitores não tem interesse em analisar quadros contendo a lista de dezenas de nomes científicos e seus respectivos hábitats, locais e épocas do ano em que foram avistados. Tudo isso pode ocupar várias páginas de apêndices, deixando para o texto principal as observações mais relevantes que resultaram desses levantamentos, como a presença de espécies ameaçadas ou o número total de espécies de cada grupo registrado durante os trabalhos de campo.

Eccleston (2000, p. 155) recomenda que se deveria "envidar todos os esforços para se evitar até mesmo uma aparência de parcialidade" no texto, chegando a sugerir que se empregue o condicional ao invés do futuro, para deixar claro que nenhuma decisão foi ainda tomada. Por outro lado, em muitos EIAs encontram-se recomendações dos consultores especializados mantidas na forma original, ou seja, como recomendação ou sugestão, sem deixar claro se foram efetivamente acatadas pelo empreendedor. Isso confunde o leitor e o analista. Para maior clareza, termos como *deve, deveria* ou *é importante que* (referindo-se a medidas de gestão ou à descrição do empreendimento, entre outros) devem ser evitados e substituídos por expressões afirmativas do tipo *será executado* ou *será construído caso o projeto venha a ser aprovado*.

Uma estratégia para atender às necessidades dos vários tipos de leitores é prover ferramentas que permitam a rápida localização de informações relevantes. Um sumário detalhado (e evidentemente paginado) é o mínimo que pode ser oferecido, mas índices remissivos também são de grande valia. Esses índices normalmente são colocados no final de cada volume e facilitam a localização de informações-chave.

Outras técnicas editoriais podem ser utilizadas como meios de reforço do texto, como o uso de caixas ("boxes") para destacar conclusões ou informação-chave ou o emprego de fontes maiores ou realçadas, e podem ajudar a leitura e contribuir para proporcionar maior conforto visual.

Quadros e tabelas são uma excelente maneira de transmitir informação sintética ao leitor. O espaço limitado leva o autor a se concentrar no essencial, e a necessidade de preencher todas as colunas favorece a própria escrita, incitando os autores a um exame sistemático das questões sintetizadas no quadro. Quadros de impactos e de medidas mitigadoras são bastante comuns em estudos ambientais e parte do texto poderia ser simplesmente substituída por tais quadros.

Mapas e plantas são outra forma de sintetizar informação. Em muitos estudos ambientais, por economia de tempo e de recursos, são aproveitados plantas e desenhos técnicos elaborados para outras finalidades (por exemplo, o projeto técnico ou a obtenção de autorizações governamentais), muitas vezes exibindo excesso de detalhes. Vários desses documentos não interessam ao analista ambiental e dificultam a compreensão dos aspectos essenciais do empreendimento. Tal reúso de desenhos deve ser evitado.

A preparação de mapas temáticos, como cartas geomorfológicas ou geológicas, pode ser exigência de termos de referência, mas muitas pessoas têm dificuldade de entendê-las. O mesmo vale para plantas do empreendimento, fluxogramas e desenhos técnicos. Como forma de facilitar a compreensão, muitas vezes é possível inserir fotos ou textos explicativos em mapas e plantas, sem prejudicar a transmissão de informação de cunho eminentemente técnico.

Ilustrar o texto com fotografias também auxilia na compreensão, desde que a quantidade de fotos não seja excessiva e que elas tenham legendas autoexplicativas. Fotografias podem ser facilmente acomodadas junto ao texto para não tomar muito espaço nem quebrar a sequência de leitura. Uma boa diagramação é essencial para que ilustrações e textos sejam complementares e não haja apresentação de um contra o outro – evidentemente as fotos e ilustrações devem sempre ser chamadas no texto, da mesma forma que quadros, tabelas e diagramas, e inseridas o mais próximo possível do ponto de chamada. Caso haja necessidade ou interesse de incluir um número elevado de fotos, como de levantamentos faunísticos ou florísticos, ou de comunidades ou propriedades rurais, o mais conveniente é selecionar poucas fotos representativas para o volume principal e incluir todo o conjunto como um anexo.

Feininger (1972, p. 11-12) relaciona os seguintes propósitos para a fotografia: informação, informação intencionada, pesquisa, documentação, entretenimento e autoexpressão. Seu emprego em relatórios técnicos está principalmente relacionado à informação ("seu propósito é educar as pessoas ou permitir-lhes tomar as decisões corretas") e à documentação ("a fotografia conserva conhecimentos e fatos de forma facilmente acessível"). A categoria "informação intencionada" de Feininger tem como propósito "vender um produto, um serviço, uma ideia" (p. 11); supõe-se que não deva ser esse o propósito de um EIA. Dessa forma, espera-se que as fotografias inclusas em um EIA informem e documentem, ou seja, informem os leitores sobre as características ambientais das áreas de estudo, completando e facilitando a compreensão do texto e dos mapas, e documentem determinadas tarefas executadas durante a preparação do EIA, como a coleta de amostras e a realização de entrevistas ou de reuniões públicas.

As legendas de fotos deveriam ser usadas como oportunidade de salientar as informações mais importantes, um convite ao leitor para ler também, atentamente, a foto, em vez de passar os olhos rapidamente por ela. Por exemplo, em vez de legendar "aspecto da área a ser inundada", a fotografia poderia ter uma legenda como "vista da área a ser inundada, tomada a partir da ponte sobre o rio do Peixe; notar em primeiro plano uma área de cultura temporária e, ao fundo, à direita, fragmento de vegetação em estágio médio de regeneração".

Nunca é demais lembrar que a qualidade das fotos é tão importante quanto a qualidade do texto – não se trata somente de resolução ou nitidez (instruções que podem ser facilmente fornecidas e seguidas para a tomada e a reprodução de fotos digitais), mas também, e principalmente, de enquadramento, foco nos elementos principais, contraste, iluminação e todos os demais elementos que fazem uma boa foto. Não se espera que as fotos de um EIA tenham qualidades artísticas memoráveis, mas "a foto é como a palavra: uma forma que imediatamente diz algo" (Barthes, 1986, p. 74), e há de se cuidar do que se diz em um relatório técnico.

Imagens aéreas verticais (aerofotogrametria ou imagens de satélite) ou oblíquas (tomadas de avião, helicóptero ou drone) podem agregar muita informação e facilitar o entendimento, além de poder substituir várias tomadas terrestres.

O excesso de fotografias pode ser tão prejudicial quanto o excesso de palavras. Intermináveis registros fotográficos de fauna, vegetação, afloramentos geológicos ou domicílios inventariados são de utilidade duvidosa e, nos casos de necessidade imperiosa (por exemplo, para atender a termos de referência), podem ser remetidos para apêndices.

Sintetizando as diversas recomendações, algumas regras práticas para a apresentação de estudos ambientais (ou de qualquer relatório técnico) são apresentadas a seguir:

Quanto à estrutura, um bom relatório deve:

* conter sumário paginado;
* conter resumo sintetizando o principal conteúdo;
* conter resumo por capítulo;
* evitar compartimentação excessiva do texto, ou seja, muitas subdivisões e numeração de seções que contenham mais de quatro algarismos; o Guia de Linguagem Simples do governo americano recomenda no máximo três algarismos para documentos governamentais destinados aos cidadãos (*Federal Plain Language Guidelines, March* 2011);
* adotar títulos e subtítulos apropriados;
* incluir índices analíticos, lista de siglas, lista de figuras, tabelas, apêndices e anexos;
* incluir glossário.

Quanto às referências e fontes de documentação, um bom relatório deve:

* citar de forma completa todas as referências bibliográficas utilizadas;
* citar de forma completa todos os relatórios internos e demais relatórios não publicados, incluindo título, autores, entidade ou setor que o realizou, ano e demais informações que permitam a localização do documento para consulta e verificação das informações apresentadas;
* citar sites da internet consultados, incluindo a data da consulta;
* citar entrevistas telefônicas, mencionando pessoa entrevistada e data;
* citar correspondências oficiais, informando data, número e órgão emissor.

Quanto ao estilo, um bom relatório deve:

* ser conciso sem ser lacônico;
* dar ao leitor informação suficiente para justificar sua conclusão;
* evitar jargão técnico e explicar os termos menos usuais;
* remeter toda informação muito técnica para apêndices devidamente identificados;
* colocar como apêndice estudos técnicos completos (como modelagens, levantamentos de espécies, sondagens de opinião etc.);
* utilizar palavras e conceitos coerentemente ao longo do texto;
* anunciar os objetivos de cada capítulo no seu início;
* de preferência, incluir um resumo do capítulo ao seu início;
* padronizar a apresentação de figuras, tabelas, ilustrações, capítulos, seções e subseções;
* numerar todas as figuras, tabelas e ilustrações, e sempre chamá-las no texto;
* inserir figuras, tabelas e ilustrações imediatamente após sua chamada no texto (na mesma página ou na página seguinte);

* informar sempre as unidades de medida utilizadas;
* definir sempre o significado de termos subjetivos antes de empregá-los (médio, grande, muito importante, relevante, insignificante etc.);
* evitar siglas e usá-las com parcimônia, sempre explicando seu significado quando do primeiro uso, além de descrevê-las em uma lista de abreviaturas no início do relatório;
* salientar em negrito ou itálico as informações e as conclusões mais importantes;
* cuidar da diagramação e da programação visual do documento.

Quanto às ilustrações, um bom relatório deve:
* incluir material iconográfico relevante (fotografias, desenhos), com legendas autoexplicativas, de forma que o leitor não precise ler todo o texto para entender a mensagem transmitida pela ilustração;
* limitar as imagens àquelas que apresentem informação relevante;
* incluir quadros e figuras sinópticas, explicando o significado de todos os símbolos e abreviações;
* incluir mapas e croquis, indicando sempre a escala, o norte e a fonte do mapa-base;
* anexar mapas e desenhos de formato maior que aquele do relatório, identificando sempre o relatório ao qual pertence;
* seguir as normas técnicas no que concerne à apresentação de desenhos técnicos.

Na Fig. 14.1 pode-se ver uma página de um EIA preparada com apoio de um profissional de comunicação visual, particularmente bem cuidado quanto à diagramação, na qual se podem observar diversos elementos que facilitam a leitura e a inteligibilidade do documento:
* título do EIA em todas as páginas;
* clara indicação das seções;
* número de capítulo e título resumidos;
* documentos produzidos por terceiros colocados em anexo;
* fotos numeradas, chamadas no texto e relacionadas nas páginas introdutórias;
* fotos com legendas autoexplicativas;
* chamadas para outras seções;
* margem para encadernação e impressão frente e verso;
* quadro com título claro;
* quadros numerados, chamados no texto e relacionados nas páginas introdutórias;
* proponente e consultor claramente identificados;
* número da página referida no sumário.

14.5 Mapas, plantas e desenhos

Plantas e mapas são essenciais para prover e sintetizar informação em qualquer estudo ambiental. Uma planta de localização, plantas contendo o arranjo físico (*layout*) do empreendimento e cartas temáticas estão (ou deveriam estar) presentes em todo estudo. A cartografia é uma arte muito antiga, mas ainda hoje muitas pessoas têm dificuldades em ler mapas, e muitos mapas são feitos por pessoas sem suficiente formação cartográfica.

Há alguns elementos imprescindíveis na apresentação de qualquer documento cartográfico (Fig. 14.2):
* escala gráfica;

Fig. 14.1 Extrato de uma página de um EIA na qual se indicam vários elementos de diagramação e apresentação
Fonte: Multigeo, 2004. Reproduzido com autorização.

* orientação (indicação do norte);
* coordenadas;
* indicação da fonte do mapa-base;
* indicação das fontes de dados;

COMUNICAÇÃO EM AVALIAÇÃO DE IMPACTO AMBIENTAL   365

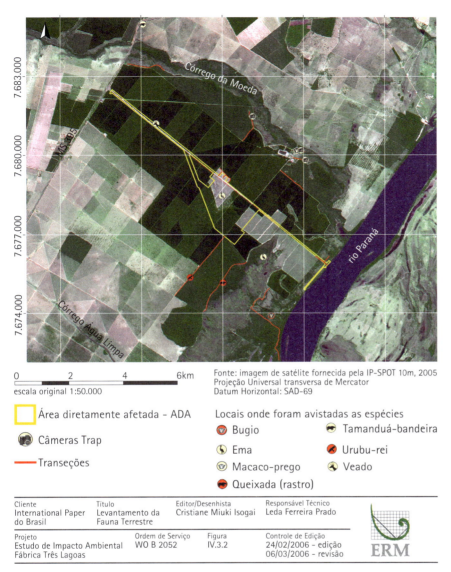

Fig. 14.2 *Exemplo de figura inserida em um EIA contendo os principais elementos de um mapa ou imagem*
Fonte: modificado de ERM Brasil, 2005. Reproduzido com autorização.

* legenda e convenções cartográficas[2];
* informação sobre autor(es) ou responsável(eis) técnico(s), empresa que elaborou o mapa, estudo ambiental ou projeto a que se refere, data;
* número ou outra indicação que permita menção inequívoca no texto.

Uma legenda completa e clara é da maior importância para a leitura do mapa. Como coloca Dreyer-Eimbcke (1992, p. 15): "Os mapas apresentam suas informações de modo sintético por meio de símbolos, à maneira de um sistema de sinalização. Um mapa só é inteligível para quem conhece essa linguagem visual, de modo que seja capaz de interpretar os códigos". Daí a necessidade da legenda, que "decodifica os símbolos, explicando seu sentido numa linguagem de uso corrente como é, por exemplo, a escrita". Um recorte de mapa geomorfológico com sua legenda é mostrado na Fig. 14.3. Pode-se ver (1) as convenções cartográficas, representando os elementos do mapa-base, como estradas, caminhos, curvas de nível, cursos d'água e edificações; e (2) as convenções relativas ao tema tratado no mapa, a dinâmica superficial do meio físico (nem todos os símbolos representados

[2] A legenda "compreende todas as notas informativas complementares que acompanham o mapa: título, escala, convenções, articulação, fontes consultadas etc.". As convenções são "explicações sobre o significado dos símbolos utilizados nos mapas e demais ilustrações que o acompanham" (Santos, 1989, p. 2).

aparecem no recorte). Os demais elementos essenciais, constantes do original (escala, orientação e outros), não são mostrados na figura.

Há convenções internacionais para a preparação e impressão de mapas topográficos e é sempre recomendado adotar as mesmas convenções que os mapas oficiais servidos de base. Para mapas temáticos, a escolha das cores é um dos elementos mais importantes para lograr uma leitura confortável (Figs. 8.5 e 14.3).

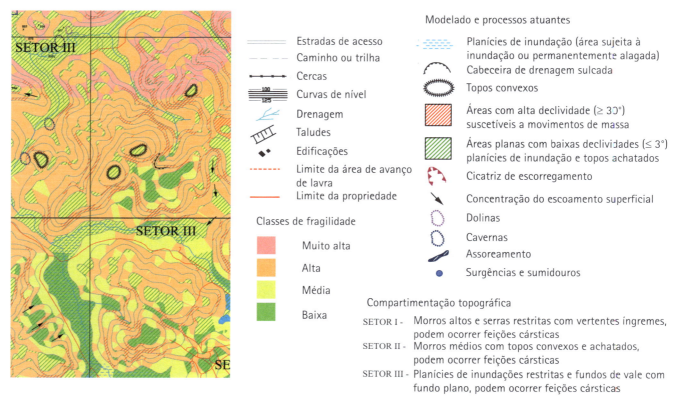

Fig. 14.3 *Recorte de mapa temático com destaque para sua legenda (escala original 1:10.000)*
Fonte: Prominer, 2010. Reproduzido com autorização.

14.6 Comunicação com o público

Os documentos voltados direta ou preferencialmente para o público, como os resumos não técnicos ou Rimas, requerem qualidades adicionais que não são fáceis de conciliar, uma vez que devem ser concisos, condensar informação técnica de maneira simplificada e, idealmente, deveriam ter programação visual atraente.

Nem todos os órgãos ambientais no Brasil analisam o conteúdo do Rima ou a veracidade da informação nele contida. O Ibama, porém, somente libera um EIA e seu Rima para consulta pública depois de examiná-lo e, se necessário, após correções. Em Portugal, o resumo não técnico é considerado parte do EIA e não um documento adicional. A Comissão de Avaliação de Impacto Ambiental da Holanda, por sua vez (seção 17.1), entende que "um bom resumo é importante para os administradores e para o público"; por isso o resumo é "um item-chave de todas as diretrizes de *scoping*" e é analisado com o mesmo rigor que o EIA, podendo também ser objeto de complementação (NCEA, 2002a, p. 10).

No Brasil, muitos Rimas são elaborados de forma burocrática, apenas para atender à exigência de apresentação de um documento assim denominado. É comum que sejam feitos de maneira apressada, cortando parágrafos ou seções inteiras do EIA. Esses Rimas não atendem ao objetivo de comunicação com o público. Há, contudo, exceções cada vez mais frequentes. Alguns proponentes preparam e imprimem centenas de exemplares de resumos dos Rimas, para promoverem uma verdadeira divulgação do projeto. Há resumos de poucas páginas com ilustrações abundantes, formato amigável (tamanho diferente de A4 usado em documentos técnicos), impressos em brochuras coloridas e, principalmente, linguagem clara.

O emprego, no EIA e no Rima, de técnicas de comunicação gráfica ajudam não somente a comunicação com o público, mas a própria leitura dos especialistas. O conforto visual facilita a leitura e a recepção da mensagem que se deseja transmitir. A eficácia da comunicação pode ser um fator determinante na aprovação de um projeto, mas muitos empreendedores e seus consultores menosprezam o risco de não serem satisfatoriamente compreendidos pela comunidade.

> A comunicação com o público durante a avaliação de impactos de um projeto não é uma campanha de relações públicas nem uma ação de marketing, mas o estabelecimento de um canal de comunicação de duplo sentido, tanto emissor como receptor de mensagens.

Os "programas de comunicação social" adotados por muitas empresas e às vezes exigidos pelo órgão licenciador raramente são vias de mão dupla, limitando-se a propagar a mensagem do empreendedor.

Os canais de recepção devem propiciar que as mensagens sejam decodificadas, analisadas e talvez transformadas em mudanças, ajustes ou correções de rota no projeto, ou ainda em medidas mitigadoras ou compensatórias que tornem o projeto aceitável ou que o façam contribuir genuinamente para o desenvolvimento local (Cap. 16, em especial seção 16.6).

Em síntese, é importante compreender que a redação de um EIA é não somente uma tarefa técnica, mas também de comunicação com leitores diversos.

ANÁLISE TÉCNICA DOS ESTUDOS AMBIENTAIS

15

[1]*Embora essa tarefa seja, às vezes, denominada revisão, por semelhança ao termo inglês* review, *a tradução não é adequada, uma vez que se trata de uma análise crítica e não de uma revisão à procura de erros ou com finalidade de melhorar o texto.*

Os estudos de impacto ambiental são preparados dentro de um contexto legal que estabelece requisitos a serem observados e procedimentos a serem cumpridos. No processo de AIA, a etapa de análise técnica[1] tem função de verificar a *conformidade* dos estudos apresentados com critérios preestabelecidos. Para aplicações a decisões de licenciamento ambiental, os critérios utilizados são a regulamentação em vigor na jurisdição em que foi apresentado o estudo e os termos de referência previamente formulados. Quando se trata de decisões de financiamento, o objetivo da análise é verificar a conformidade com os procedimentos e requisitos adotados pela instituição financeira (por exemplo, os Princípios do Equador). No âmbito interno às empresas, uma análise de terceira parte de um estudo ambiental poderá verificar sua conformidade com regras corporativas ou outros requisitos adotados voluntariamente pela empresa, além de examinar um estudo ambiental antes de sua apresentação ao órgão governamental ou ao agente financeiro.

Equilíbrio adequado entre descrição e análise, rigor metodológico e isenção são as três principais qualidades de todo estudo ambiental. Um estudo exaustivamente descritivo, sem interpretação dos dados e com parca utilização destes para a análise dos impactos, tem tão pouca utilidade quanto uma coleção de opiniões que não esteja solidamente ancorada em dados rigorosamente coletados ou compilados. Da mesma forma, um texto que "defenda" o projeto, apenas apontando suas vantagens e minimizando seus inconvenientes, é inútil como fundamento para tomada de decisões, embora possa – inadequadamente – ser utilizado como justificativa.

Uma definição simples do que seria um bom EIA é dada por Lee (2000a, p. 138): "é aquele que apresenta, de uma forma apropriada para os usuários, constatações e conclusões que cubram todas as tarefas da avaliação, empregando métodos apropriados de coleta de informação, análise e comunicação". Em outras palavras, um bom EIA é aquele que tem as qualidades de todos os bons relatórios técnicos. Portanto, forma e conteúdo deverão ser analisados.

15.1 FUNDAMENTOS

Em cada jurisdição, a regulamentação estabelece a quem compete analisar os estudos. No Brasil, essa atribuição é dos órgãos ambientais. Já no contexto de uso da AIA para fundamentar decisões de financiamento, tal análise é feita pela equipe interna de risco socioambiental das instituições financeiras, com ajuda de consultores externos. Há outros modelos, como o *interagency review*, usado nos Estados Unidos, ou as comissões independentes de avaliação, empregadas no Canadá e na Holanda.

No Canadá, essas comissões de avaliação são empregadas, no plano federal, desde que a AIA foi adotada, em 1973, sendo mantidas pela lei de 1992 e pelas reformas de 2012 e 2019. Para projetos complexos, uma comissão (*panel*) é nomeada com tarefas de definir termos de referência, promover consulta pública e analisar a conformidade do EIA. Na Holanda, os membros da Comissão de Avaliação de Impacto Ambiental, que têm mandato predeteminado e são inamovíveis, emitem uma opinião sobre todos os EIAs preparados no âmbito de sua competência (conforme seção 17.1).

Independentemente das modalidades e competências legalmente determinadas, os objetivos da análise técnica dos estudos ambientais são avaliar:

> (i) se requisitos mínimos estabelecidos pela regulamentação aplicável são atendidos;
> (ii) se o estudo tem qualidade técnica suficiente para subsidiar a tomada de decisões.

Em outras palavras, busca-se determinar se o estudo de impacto tem forma e conteúdo satisfatórios e adequados.

O nível mais elementar de análise é aquele que se preocupa com a forma dos estudos, ou seja, o denominador comum estabelecido pela regulamentação. No Brasil, o conteúdo mínimo do EIA é determinado pela Resolução Conama 1/86, mas os órgãos licenciadores podem ter seus próprios critérios (desde que estes não contradigam ou sejam menos restritivos que aqueles estabelecidos na norma federal). Evidentemente, um estudo que não atenda ao conteúdo mínimo não pode ser aceito e as decisões eventualmente tomadas com base em tal estudo (concessão de licença ambiental) podem ser questionadas juridicamente e consideradas nulas.

A apreciação do conteúdo deve ser feita com base em critérios preestabelecidos, por meio dos quais se avalia sua qualidade e adequação. O julgamento sobre a qualidade dos estudos normalmente é feito com base em uma comparação com o que seria esperado. De um modo geral, há duas bases para comparação: (i) os termos de referência e (ii) boas práticas recomendadas internacionalmente.

A comparação com os termos de referência provê um quadro sistemático para análise: basicamente, o analista vai comparar o conteúdo e a forma do EIA com o que se pede nos termos de referência. A desvantagem é não dar espaço para uma apreciação crítica dos próprios termos de referência. Se estes forem ruins ou insuficientes para determinar o âmbito e o escopo dos estudos ambientais, então sua análise também ficará prejudicada, pois serão contemplados os aspectos formais, mas não os substantivos. Pode ocorrer, inclusive, que os estudos ambientais sejam melhores que os termos de referência.

O critério de comparação com as boas práticas utiliza como referência o que há de melhor e mais consistente na atualidade em termos de estudos ambientais, no plano internacional, para o tipo de empreendimento em análise. A vantagem desse critério é dar maior ênfase ao conteúdo, aos aspectos substantivos dos estudos apresentados. O mesmo também pode ser utilizado quando o EIA foi feito na ausência de termos de referência (prática comum em muitos estados brasileiros). Por outro lado, uma dificuldade ao aplicar esse critério é a necessidade de o analista interpretar quais requisitos de boas práticas são aplicáveis a cada caso analisado.

As melhores práticas internacionais de AIA vêm sendo seguidamente invocadas e citadas neste livro. Consistem em recomendações emanadas de entidades de reconhecida credibilidade – como associações profissionais e organizações internacionais – e endossadas por convenções internacionais – como as Conferências das Partes da Convenção da Diversidade Biológica e da Convenção de Ramsar (ver apêndice *on-line*).

A análise técnica de um EIA não é de interesse exclusivo do órgão competente. Todos os interessados podem analisar os estudos e tentar influenciar o processo decisório, como:

* Empresas que contratam um EIA podem analisá-lo antes de submetê-lo à aprovação dos órgãos governamentais ou de agentes financeiros.
* Organizações da sociedade civil podem analisar os estudos para buscar um melhor entendimento do projeto e de suas consequências. No caso de posturas contrárias ao projeto, a análise pode apontar falhas e lacunas que podem ser apresentadas como argumentos no debate, para instruir queixas formais junto a instituições financeiras ou mesmo investigações e ações judiciais.
* Membros do Ministério Público, assistentes técnicos e peritos judiciais, no caso de disputas judiciais envolvendo atividades sujeitas ao processo de AIA.
* Agências setoriais reguladoras e outros órgãos governamentais interessados no empreendimento apresentado.

Avaliação de Impacto Ambiental: conceitos e métodos

* Agentes financiadores públicos ou privados, cuja política inclua a discussão da viabilidade ambiental dos empreendimentos que lhes são submetidos.
* Órgãos governamentais com atribuições específicas, que devem ser ouvidos no licenciamento de uma atividade.

Em todos os casos, a análise pode ser feita internamente ou por uma terceira parte contratada para esse fim. Em geral, espera-se que os órgãos ambientais responsáveis pelo licenciamento disponham de equipes multidisciplinares capacitadas para realizar a análise técnica. No entanto, mesmo os organismos mais bem aparelhados em pessoal técnico podem se deparar com projetos muito complexos ou com situações que fujam à experiência de sua equipe técnica, ocasiões em que devem lançar mão de consultores especializados para complementar a capacitação interna.

15.2 O PROBLEMA DA QUALIDADE DOS ESTUDOS AMBIENTAIS

Estudos retrospectivos que visam uma avaliação crítica de estudos ambientais e, principalmente, apontar suas deficiências foram publicados por pesquisadores de vários países. Uma linha de pesquisa aborda a capacidade preditiva dos EIAs (seção 9.4), mas tais estudos somente podem ser realizados para projetos que seguiram adiante e foram implantados. O trabalho clássico de Beanlands e Duinker (1983) não só apontou deficiências recorrentes em EIAs canadenses, como formulou diversas recomendações que hoje integram o conjunto de boas práticas de AIA.

Um resumo de estudos feitos em diversos países sobre a qualidade dos EIAs é apresentado no Quadro 15.1. O tema é recorrente na literatura e continua a preocupar. Nos estudos listados, as amostras foram escolhidas de maneira diferente e os métodos de análise também variaram. Parte das pesquisas procurou aplicar critérios homogêneos de análise a uma determinada amostra de EIAs, atribuindo notas a seções de cada EIA. Os procedimentos de análise desenvolvidos por Lee e Colley, sob encomenda da Comissão Europeia e o próprio Guia da Comissão, foram a base para vários estudos. Esses procedimentos serão apresentados na seção 15.3. Alguns estudos procuraram verificar se houve evolução ou melhoria ao longo do tempo, com resultados positivos nos casos alemão, britânico, português e brasileiro. No estudo grego, os autores encontraram que os EIAs de melhor qualidade eram os de projetos de maior porte. Nos casos sul-africanos, o exame dos EIAs mostrou que os capítulos de caráter descritivo obtiveram notas superiores aos capítulos mais analíticos, ao passo que o estudo do setor florestal britânico observou maioria de EIAs "muito ruins" ou "ruins", devido a *scoping* insatisfatório, inadequada identificação e avaliação da importância dos impactos. No estudo finlandês, um aspecto interessante é que as notas atribuídas pelos analistas do setor público foram mais baixas que as notas atribuídas por consultores que preparam EIAs (que analisaram EIAs feitos por terceiros).

A qualidade dos EIAs realizados no Brasil foi analisada em um certo número de estudos retrospectivos. Um dos primeiros foi o de Agra Filho (1993), que analisou vinte EIAs e Rimas preparados para projetos de diversos setores de atividade, em diferentes regiões do Brasil, durante os cinco primeiros anos de vigência da Resolução Conama 1/86. Uma de suas principais constatações diz respeito à pobre definição do escopo dos estudos, que desconsiderou aspectos fundamentais de referência, levando o autor a concluir que a ausência ou a debilidade de termos de referência é fator que compromete a qualidade dos estudos e todo o processo de AIA. O autor também constatou que (i) a consideração de alternativas foi negligenciada; (ii) as medidas mitigadoras propostas muitas vezes eram genéricas e não correspondiam às características do ambiente afe-

CAPÍTULO

ANÁLISE TÉCNICA DOS ESTUDOS AMBIENTAIS 373

Quadro 15.1 Síntese de estudos selecionados sobre a qualidade de EIAs

Autores	Amostra	Local	Período	Métodos
Lee e Brown (1992)	83 EIAs/vários setores	Reino Unido	1988-91	Procedimento de análise de Lee e Colley
Lee e Dancey (1993)	40 EIAs/vários setores	Irlanda	1988-92	Procedimento de análise de Lee e Colley
Glasson et al. (1997)	50 EIAs/vários setores	Reino Unido	1988-96	Comparação de pares de EIAs – por tipo de projeto, localização e outras características – em dois períodos
Bojórquez-Tapia e García (1998)	33 EIAs/vários setores	México	1989-94	Conjunto de critérios próprios resultando em uma nota para cada EIA
Wende (2002)	145 EIAs/vários setores	Alemanha	1990-97	Análise estatística de 11 variáveis
Cashmore, Christophilopoulos e Cobb (2002)	72 EIAs/vários setores	Tessalônica, Grécia	1990-99	Procedimento de análise de Lee e Colley
Gray e Edwards-Jones (2003)	89 EIAs/setor florestal	Reino Unido	1988-98	Procedimento de análise de Lee e Colley
Canelas et al. (2005)	46 EISs/vários setores	Espanha e Portugal	1998-2003	Guia de análise de EIAs da Comissão Europeia
Carrasco, Blank e Sills (2006)	46 EISs/rodovias	Estados Unidos	1980-99	Obtenção de um "índice de completude" para medir a quantidade de informação de um EIA
Pinho, Maia e Monterroso (2007)	13 EIAs/pequenos projetos hidrelétricos	Portugal	1990-2003	Conjunto de 12 critérios, 43 subcritérios, resultando em uma nota para cada documento
Sandham e Pretorius (2008)	28 EIAs/vários setores	África do Sul	Não especificado	Versão adaptada do procedimento de análise de Lee e Colley
Jalava et al. (2010)	15 EIAs/incineradores	Finlândia	Não especificado	Comparação de notas atribuídas por consultores e funcionários públicos, seguindo o Guia de análise de EIAs da Comissão Europeia
Kabir e Momtaz (2012)	30 EIAs/vários setores	Bangladesh	Não especificado	Procedimento de análise de Lee e Colley
Landim e Sánchez (2012)	9 EIAs/mineração	Brasil	1987-2010	Análise de conteúdo
Sandham et al. (2013)	26 EIAs/vários setores	África do Sul	1997-2008	Versão adaptada do procedimento de análise de Lee e Colley
Anifowose et al. (2016)	19 EIAs/petróleo e gás	Nigéria	1998-2008	Versão modificada do procedimento de análise de Lee e Colley

tado; (iii) os planos de monitoramento eram superficiais e não apontavam indicadores; (iv) há carência de procedimentos técnicos adequados para identificar e prever impactos; e (v) os procedimentos de interpretação do significado e importância dos impactos não permitem uma avaliação conclusiva.

Teixeira et al. (1994) revisitaram sete dos dez primeiros Rimas preparados para empreendimentos hidrelétricos no Brasil, entre 1986 e 1988[2]. À época, as grandes barragens eram fortemente questionadas devido à extensão e gravidade de seus impactos ecológicos e sociais e a um histórico de danos irreversíveis, como a inundação das Sete Quedas

[2] Os primeiros estudos de impacto eram relatados somente nos Rimas, inexistindo um volume denominado EIA, consoante uma interpretação textual da Resolução Conama 1/86.

do rio Paraná (Fig. 4.1), além do deslocamento involuntário de milhares de pessoas sem mitigação adequada (seção 13.4). Por tais razões, a empresa estatal Eletrobrás havia preparado um Manual de Estudos de Efeitos Ambientais de Sistemas Elétricos (Eletrobrás, 1986), cujo conteúdo coincide em parte com as exigências da Resolução Conama 1/86.

Nesse contexto, os estudos ambientais de projetos do setor elétrico provavelmente representavam, à época, o que havia de mais avançado no Brasil. Ainda assim, Teixeira e colaboradores encontraram inúmeras deficiências importantes, podendo-se destacar:

* omissões e previsões subestimadas de impactos;
* critérios de valoração de impactos "subjetivos e técnicos, em detrimento da percepção que as populações têm desses impactos sobre elas e as consequências sobre seu próprio universo" (p. 175);
* falta de menção a estudos de alternativas locacionais e tecnológicas;
* as populações humanas são tratadas como "facilmente deslocáveis e convenientemente adaptáveis a novas condições", merecendo "tratamento igual ao aplicado nos aspectos biológicos ou físicos dos espaços ocupados pelas hidrelétricas" (p. 176-177);
* desconsideração dos processos sociais em diagnósticos fortemente descritivos que enfatizam aspectos demográficos;
* imprecisão de critérios para definir a população atingida e a área afetada ou área de influência.

É interessante observar que essa análise, se comparada à de Monosowski (1994) sobre os estudos ambientais realizados para a hidrelétrica Tucuruí (Cap. 2), mostra que houve pouco ou nenhum avanço em relação à época que precedeu a exigência de preparação prévia de EIAs. A usina de Tucuruí, cuja construção teve início em 1976, começou a funcionar em 1984.

Assim, a fraca conexão entre as diferentes partes do EIA persistia como um problema. Na opinião de Moreira (1993), a prática dos primeiros anos de AIA no Brasil padecia de uma série de dificuldades. Entre os problemas atinentes à preparação dos EIAs, a autora comenta que

> [...] o que mais afeta os estudos são os problemas de coordenação técnica. As empresas de consultoria tendem a tratar a organização dos estudos de impacto como tratam os trabalhos com que estão mais familiarizadas. O coordenador limita-se a distribuir e cobrar as tarefas, controlar os gastos e os cronogramas e fornecer apoio aos profissionais das diferentes disciplinas, deixando a desejar a integração dos aspectos setoriais do meio ambiente, quase sempre interdependentes. O produto são relatórios formados de estudos setoriais justapostos que não conseguem representar as possíveis alterações a serem produzidas nos sistemas ambientais pela realização do projeto. As equipes encarregadas de um estudo de impacto ambiental precisam de coordenação e métodos apropriados [...] (p. 43).

Um certo desapontamento com os primeiros resultados das leis que tornaram obrigatória a AIA parece quase universal. Há, porém, de se discernir as críticas aos procedimentos, que não estariam atingindo os resultados esperados e deveriam ser aprimorados, das críticas aos próprios princípios e fundamentos da AIA, que tampouco faltaram. Como exemplo, pode-se citar a crítica radical de Fairfax (1978), para quem a NEPA foi "um desastre para o movimento ambientalista e para a busca de uma melhor qualidade ambiental", por desviar a atenção do "questionamento e redefinição de poderes e responsabilidades das agências governamentais para a análise de documentos".

Embora boa parte dos observadores saliente os avanços obtidos com a lei americana (Greenberg, 2012), nos primeiros anos de sua aplicação, diversos analistas sugeriram que os resultados alcançados estariam aquém do esperado, e entre as razões apontadas tinha grande destaque o entendimento de que a maioria dos EIAs seria de má qualidade, o que não permitiria que decisões adequadas fossem tomadas tendo esses estudos como base. Os críticos sugeriam que os estudos deveriam ser mais científicos, o que poderia ser alcançado por intermédio de uma revisão pelos pares, fazendo-os passar por um processo semelhante ao de uma publicação científica (Schlinder, 1976) ou submetendo à publicação as pesquisas que serviriam de base a esses estudos (Loftin, 1976). Na opinião de Auerbach et al. (1976), era preciso fortalecer a análise técnica feita pelos órgãos governamentais (controle administrativo) e o papel do público (controle social).

Os primeiros anos de aplicação da AIA no Canadá também resultaram em "um alto nível de frustração" dos principais envolvidos (Beanlands, 1993b). Na França, as críticas centraram-se mais nos procedimentos administrativos e no que era percebido por muitos como insuficiente independência dos serviços administrativos que analisam os estudos de impacto, enquanto o conteúdo propriamente dito dos estudos não foi objeto de discussões aprofundadas. Uma vertente que foi objeto de investigações empíricas sistemáticas em diversas pesquisas é a qualidade das previsões apresentadas nos EIAs, discutida na seção 9.4.

Os órgãos ambientais brasileiros, como a maioria de seus congêneres em outros países, não fazem uma análise ou uma classificação sistemática da qualidade dos estudos apresentados, de forma tal que seja possível alguma comparação ou aferição de sua qualidade (uma exceção é a Agência de Proteção Ambiental dos Estados Unidos, conforme será visto na próxima seção). Seria razoável pensar que a qualidade dos EIAs melhore ao longo do tempo, conforme tanto as equipes que os preparam como aquelas que os analisam ganhem mais experiência e possam, espera-se, aprender a partir de seus erros e acertos. Lee (2000a) reporta que dois levantamentos encomendados pela Comissão Europeia, respectivamente no início e no final da década de 1990, para analisar a qualidade de EIAs produzidos em oito países, concluíram que houve uma melhora na qualidade dos estudos. Ambos os levantamentos empregaram os mesmos critérios para avaliar suas amostras de EIAs. Na Holanda, a Comissão de Avaliação de Impacto Ambiental publica relatórios anuais de atividades, apresentando balanços e análises; cerca de 40% dos EIAs analisados apresentam algum tipo de deficiência que implica a requisição de informações complementares (NCEA, 2002b); entre as deficiências mais comuns encontram-se a falta de apresentação detalhada de alternativas e uma descrição incompleta dos impactos.

No Brasil ainda há poucos estudos sistemáticos sobre amostras de EIAs (em contraposição a críticas a EIAs individuais). Todavia, uma compilação ao mesmo tempo abrangente e detalhada das principais deficiências dos EIAs foi feita por uma equipe de analistas do Ministério Público Federal (MPF). Estudando uma amostra de oitenta EIAs de projetos submetidos a licenciamento federal ou que implicaram, por razões diversas, o envolvimento do MPF, os autores identificaram as falhas mais frequentes ou mais graves (MPF, 2004), resumidas no Quadro 15.2.

É extensa a lista dos problemas encontrados pelos analistas do MPF nos diagnósticos ambientais, problemas que envolvem desde questões de ordem metodológica até levantamentos incompletos. O diagnóstico ambiental é a parte mais facilmente criticável dos EIAs, haja vista que os inventários sempre podem ser mais detalhados e as análises mais aprofundadas. Há, portanto, de se estabelecer qual a extensão e o grau de detalhe dos estudos necessários para fundamentar a análise dos impactos e a proposição de medidas de gestão, de modo que a análise técnica do EIA tenha como referência esses requisitos mínimos.

Quadro 15.2 Deficiências em estudos de impacto ambiental no Brasil

Elemento do EIA	Principais deficiências
Estudo de alternativas	Ausência de proposição de alternativas
	Apresentação de alternativas reconhecidamente inferiores à selecionada no EIA
	Prevalência dos aspectos econômicos sobre os ambientais na escolha de alternativas
	Comparação de alternativas a partir de base de conhecimento diferenciada
Delimitação das áreas de influência[1]	Desconsideração da bacia hidrográfica
	Delimitação das áreas de influência sem alicerce nas características e vulnerabilidades dos ambientes naturais e nas realidades sociais regionais
Diagnóstico ambiental	Prazos insuficientes para a realização de pesquisas de campo
	Caracterização da área baseada, predominantemente, em dados secundários
	Ausência ou insuficiência de informações sobre a metodologia utilizada
	Proposição de execução de atividades de diagnóstico em etapas do licenciamento posteriores à Licença Prévia
	Falta de integração dos dados de estudos específicos
Diagnóstico ambiental – meios físico e biótico	Ausência de mapas temáticos
	Utilização de mapas em escala inadequada, desatualizados e/ou com ausência de informações
	Ausência de dados que abarquem um ano hidrológico, no mínimo
	Apresentação de informações inexatas, imprecisas ou contraditórias
	Deficiências na amostragem para o diagnóstico
	Caracterização incompleta de águas, sedimentos, solos, resíduos, ar etc.
	Desconsideração da interdependência entre precipitação e escoamento superficial e subterrâneo
	Superficialidade ou ausência de análise de eventos singulares em projetos envolvendo recursos hídricos
	Ausência ou insuficiência de dados quantitativos sobre a vegetação
	Ausência de dados sobre organismos de determinados grupos ou categorias
	Ausência de diagnóstico de sítios de reprodução (criadouros) e alimentação de animais
Diagnóstico ambiental – meio antrópico	Pesquisas insuficientes e metodologicamente ineficazes
	Conhecimento insatisfatório dos modos de vida de coletividades socioculturais singulares e suas redes intercomunitárias
	Ausência de estudos orientados pela ampla acepção do conceito de patrimônio cultural
	Não adoção de uma abordagem urbanística integrada em diagnósticos de áreas e populações urbanas afetadas
	Caracterizações socioeconômicas regionais genéricas, não articuladas às pesquisas diretas locais
Identificação, caracterização e análise dos impactos	Não identificação de determinados impactos (omissões em termos de impactos passíveis de previsão, impactos negativos indiretos sequer mencionados)
	Identificação parcial de impactos
	Identificação de impactos genéricos (por vezes são tantos os impactos agrupados sob um único título que sua importância e significado não podem ser estabelecidos satisfatoriamente)
	Identificação de impactos mutuamente excludentes
	Subutilização ou desconsideração de dados dos diagnósticos
	Omissão de dados e/ou de justificativas quanto à metodologia utilizada para atribuir pesos aos atributos dos impactos

Quadro 15.2 (continuação)

Elemento do EIA	Principais deficiências
Cumulatividade e sinergismo de impactos	Aspectos desconsiderados
Mitigação e compensação de impactos	Proposição de medidas que não são a solução para a mitigação do impacto
	Indicação de medidas mitigadoras pouco detalhadas
	Indicação de obrigações ou impedimentos, técnicos e legais, como propostas de medidas mitigadoras
	Ausência de avaliação da eficiência das medidas mitigadoras propostas
	Deslocamento compulsório de populações: propostas iniciais de compensações de perdas baseadas em diagnósticos inadequados
	Não incorporação de propostas dos grupos sociais afetados, na fase de formulação do EIA
Programa de monitoramento e acompanhamento ambiental	Erros conceituais na indicação de monitoramento
	Ausência de proposição de programa de monitoramento de impactos específicos
Rima	O Rima é um documento incompleto
	Emprego de linguagem inadequada à compreensão do público

[1] A rigor, áreas de estudo.
Fonte: MPF (2004).

É na etapa de preparação dos termos de referência que devem ser buscadas as causas das falhas mais comuns dos diagnósticos ambientais, pois é antes de ter início a preparação propriamente dita do EIA que devem ser definidos os levantamentos necessários, a extensão da área de estudo, os métodos empregados e vários outros parâmetros para orientar o estudo a ser feito.

Com termos de referência falhos, grande é a probabilidade de se encontrarem estudos ambientais insatisfatórios. Naturalmente, um EIA feito a partir de excelentes termos de referência também pode ser de má qualidade, concorrendo para isso outros fatores, como capacitação da equipe e os recursos disponíveis.

Também é preocupante a observação do trabalho do MPF de que há desconexão entre o diagnóstico ambiental, a análise de impactos e as propostas de mitigação, deficiência já apontada no caso de Tucuruí e ainda persistente. Um bom EIA não se faz somente com um bom diagnóstico, mas com um adequado equilíbrio entre diagnóstico, prognóstico e propostas eficazes de mitigação dos impactos adversos e valorização dos impactos benéficos.

Por outro lado – mas em outro plano, o do debate ético, e não sobre a qualidade do trabalho técnico – há os casos de acusações de fraudes, quando um estudo ambiental deliberadamente ocultaria informação relevante que, se "colocada sobre a mesa", poderia levar a uma decisão desfavorável ao projeto. Um dos casos de maior repercussão foi o EIA da usina hidrelétrica Barra Grande, no rio Pelotas, divisa entre Rio Grande do Sul e Santa Catarina. O estudo "não viu a floresta" (Prochnow, 2005), ou seja, não mencionou a existência de um fragmento de vegetação nativa (floresta de araucárias) de aproximadamente 300 ha na área de inundação do reservatório. A floresta com araucárias (Fig. 15.1) constitui uma fitofisionomia outrora abundante nos planaltos do sul do País, mas hoje reduzida a

Fig. 15.1 *Araucária (Araucaria angustifolia), espécie de conífera considerada ameaçada no Brasil, característica de formação florestal que ocupava vastas áreas do Sul do País*

cerca de 3% de sua área original. Portanto, é indubitavelmente um componente ambiental relevante (seção 5.5) cuja perda constitui impacto significativo. Ademais, o EIA tampouco mencionou a presença de uma espécie endêmica de bromélia que ocorre exclusivamente nas áreas de corredeiras do rio Pelotas. O caso foi à Justiça, mas o fato é que a decisão de licenciamento poderia ter sido diferente se o diagnóstico ambiental tivesse sido mais acurado e focado sobre questões relevantes.

Por fim, embora se tenha insistido nas deficiências dos estudos ambientais, grande número deles têm diversos méritos. Apontar as deficiências indica caminhos para saná-las, enquanto identificar os pontos fortes contribui para difundir as boas práticas.

15.3 Ferramentas para análise e avaliação dos estudos ambientais

Qualquer que seja a perspectiva de quem analisa um EIA (Quadro 14.1), há que se ter algum critério de leitura e análise. Para a equipe do órgão governamental que gerencia o processo de AIA, a análise técnica é a segunda tarefa mais importante, logo após a preparação dos termos de referência. A leitura crítica do EIA é a tarefa central, mas a análise costuma ser facilitada por outras atividades, como as imprescindíveis vistorias de campo, a eventual visita a empreendimentos similares, a consulta à bibliografia técnica e científica e a consulta a bases de informação e conhecimento da própria organização (por exemplo, pareceres anteriores, relatórios de monitoramento) – o que contribui para a coerência entre sucessivos pareceres (Sánchez; André, 2013). O trabalho de análise deve ser multidisciplinar e, naturalmente, deve levar em conta os resultados da consulta pública.

A existência de um conjunto de critérios ou de diretrizes preestabelecidos para orientar o trabalho do analista pode ser um facilitador, pois ajuda a reduzir a subjetividade da análise e pode levar a resultados mais consistentes e reprodutíveis (quando grupos diferentes de analistas podem chegar às mesmas conclusões). O manual da Unep (1996, p. 509) salienta, apropriadamente, que "a análise consistente e previsível dos EIAs é importante para o tomador de decisão, para o proponente e para o público", ao passo que "a qualidade dos EIAs pode ser melhorada quando o proponente conhece as expectativas da autoridade pública que gerencia o processo de AIA".

Ao analisar um EIA, é importante discernir entre deficiências críticas e deficiências menores.

A coerência dos critérios de análise dos órgãos governamentais é uma preocupação tanto dos empreendedores quanto de organizações da sociedade civil. Que o resultado da análise dependa da opinião (ou mesmo do humor!) do analista não contribui nem para a eficácia nem para a eficiência de um sistema de AIA, como foi apontado em 2009 por uma auditoria operacional do Tribunal de Contas da União acerca do licenciamento ambiental federal no Brasil (TCU, 2009). Desde então o órgão ambiental federal Ibama vem sistematizando procedimentos internos, a exemplo de outras agências ambientais que têm como diretriz oferecer ao público e aos empreendedores previsibilidade em suas conclusões, limitando a discricionariedade e variabilidade interindividual do trabalho de sua equipe de analistas (Sánchez; Morrison-Saunders, 2011), o que não significa, naturalmente, eliminar o julgamento profissional e a apreciação crítica durante a análise técnica.

Uma das formas de facilitar o trabalho dos analistas é preparar previamente listas de verificação contendo um rol dos principais elementos que devem estar presentes em um EIA e recomendações para sua avaliação. Pode-se usar listas para verificação apenas formal (para avaliar a aderência ao conteúdo previsto) e listas para guiar a análise do conteúdo e a avaliação de sua qualidade ou pertinência. Listas de verificação são ferramentas relativamente simples para analisar EIA, mas requerem experiência profissional para aplicação eficaz.

A elaboração prévia de uma lista de verificação deverá refletir os requisitos da legislação e da regulamentação em vigor na jurisdição em que se dá o processo de AIA, e também as prioridades do organismo competente. Desse modo, não se pode pensar em uma lista universal, mas em listas adaptadas a cada jurisdição. Por exemplo, em Hong Kong, o Departamento de Proteção Ambiental desenvolveu uma lista com 79 perguntas, distribuídas em dez seções, para auxiliar a análise de um EIA (HKEPD, 1996, 2011), parte da qual é reproduzida no Quadro 15.3.

Quadro 15.3 Extrato de uma lista de verificação do conteúdo de um EIA

2. Descrição do projeto

2.1 Os propósitos e objetivos do projeto são explicados?

2.13 Foram indicados os métodos para estimar as quantidades de resíduos e poluentes? Incertezas quanto às estimativas foram reconhecidas? Foram indicadas faixas de variação?

5. Descrição dos impactos

5.1 Os efeitos diretos e indiretos/secundários da construção, operação e, quando relevante, da desativação do projeto foram considerados (incluindo efeitos positivos e negativos)?

5.5 A investigação de cada tipo de impacto é apropriada para sua importância para a decisão, evitando informação desnecessária e se concentrando nas questões-chave?

5.9 Os impactos são descritos em termos da natureza e magnitude das mudanças e características do receptor afetado (localização, quantidade, valor, sensibilidade)?

6. Mitigação

6.2 Foram descritas as razões para escolher determinado tipo de mitigação? Outras opções disponíveis foram apresentadas?

6.8 Algum efeito ambiental adverso das medidas de mitigação foi investigado e descrito?

9. Dificuldades na compilação da informação?

9.2 Alguma dificuldade na coleta ou análise de dados necessários para prever impactos foi reconhecida ou explicada?

10. Resumo executivo

10.1 O resumo executivo contém pelo menos uma breve descrição do projeto e do ambiente, uma relação das principais medidas mitigadoras e uma descrição dos impactos ambientais remanescentes ou residuais?

Fonte: HKEPD (1996).

380 Avaliação de Impacto Ambiental: conceitos e métodos

Um grupo da Universidade de Manchester, na Inglaterra, desenvolveu um procedimento de análise baseado na avaliação do conteúdo de cada um dos principais componentes normalmente encontrados em um EIA. Conhecido como *Lee and Colley review package*, do nome dos principais autores (versão revisada em Lee et al., 1999), esse procedimento foi usado ou adaptado em inúmeros estudos sobre a qualidade de EIAs (seção 15.1). Para fins de análise, os estudos ambientais são divididos em quatro áreas: (i) descrição do projeto e do ambiente afetado; (ii) identificação e avaliação de impactos-chave; (iii) consideração de alternativas e medidas mitigadoras; e (iv) comunicação dos resultados. Cada área é subdividida em categorias, que por sua vez são subdivididas em subcategorias, estas com maior grau de detalhe. Por exemplo, a área "identificação e avaliação de impactos-chave" é composta pelas seguintes categorias: (a) identificação de impactos potenciais; (b) hierarquização dos impactos; (c) previsão da magnitude dos impactos; (d) avaliação da importância dos impactos. Já a área "comunicação dos resultados" inclui as categorias: (a) organização e apresentação do EIA; (b) acessibilidade do conteúdo para não especialistas; (c) impedimento de julgamentos tendenciosos; (d) apresentação das fontes de dados e métodos de análise utilizados; (e) presença de um resumo não técnico suficientemente abrangente.

O método de Lee e Colley também emprega critérios para atribuição de um conceito ou nota a cada subcategoria, categoria e área, e de uma nota geral ao EIA (Quadro 15.4). Pode-se adotar "C" como nota mínima para que o estudo seja julgado satisfatório e estipular, ademais, que cada capítulo também deva obter essa nota mínima. Caso contrário, o estudo deverá ser corrigido, no todo ou em parte.

Diretrizes para a análise de EIAs também foram publicadas pela Diretoria de Meio Ambiente da Comissão Europeia, acompanhadas de uma lista de verificação (European Commission, 1994, 2001b). Os conceitos para avaliação (notas) são mostrados no Quadro 15.5. Novamente, trata-se de uma escala usada para separar os estudos aceitáveis daqueles que devem ser recusados por não atingirem o nível exigível de qualidade.

A atribuição de uma nota para cada EIA, baseada no atendimento a critérios previamente definidos, é também feita pela *Environmental Protection Agency* (EPA), dos Estados Unidos (Quadro 15.6). Nesse procedimento, não há pontuação de cada componente do EIA, mas uma análise qualitativa global.

A EPA também avalia o projeto (ou ação) analisado no EIA. Pode haver um EIA muito bem feito para um projeto ruim ou que cause muitos impactos significativos. Inversa-

Quadro 15.4 Conceitos para avaliação de estudos de impacto ambiental

Nota	Critério
A	Tarefa bem executada, nenhuma tarefa importante incompleta.
B	Geralmente satisfatório e completo, comporta somente omissões menores e poucos pontos inadequados.
C	Satisfatório ou aceitável, apesar de omissões ou pontos inadequados.
D	Contém partes satisfatórias, mas o conjunto é considerado insatisfatório devido a omissões importantes ou pontos inadequados.
E	Insatisfatório, omissões ou pontos inadequados significativos.
F	Muito insatisfatório, tarefas importantes desempenhadas de modo inadequado ou deixadas de lado.
N/A	Critério não aplicável.

Fonte: Unep (1996, p. 528).

CAPÍTULO

Análise técnica dos estudos ambientais

Quadro 15.5 Conceitos para avaliação de estudos de impacto ambiental

Conceito	Critério
Completo	Toda informação relevante para o processo decisório foi apresentada; nenhuma informação adicional é requerida.
Aceitável	A informação apresentada não está completa, todavia, as omissões não devem impedir o prosseguimento do processo decisório.
Inadequado	A informação apresentada tem omissões significativas; é necessário apresentar informação adicional antes que o processo decisório possa prosseguir.

Fonte: European Commission (1994, p. 8).

Quadro 15.6 Conceitos para avaliação de estudos de impacto ambiental adotados pela USEPA

Conceito	Critério
1 (adequado)	O EIA apresenta adequadamente os impactos ambientais da alternativa preferida e das alternativas razoáveis para o projeto ou ação, não sendo necessárias novas coletas de dados ou outras análises; porém, o analista pode sugerir o acréscimo de informação ou de esclarecimentos.
2 (informação insuficiente)	O EIA não contém informação suficiente para uma avaliação completa dos impactos ambientais que deveriam ser evitados, de forma a proteger completamente o ambiente, ou o analista identificou novas alternativas razoáveis que estão dentro do espectro de alternativas analisadas no EIA e que poderiam reduzir os impactos ambientais da proposta.
3 (inadequado)	O EIA não avalia adequadamente os impactos ambientais potencialmente significativos da proposta, ou o analista identificou novas alternativas razoáveis que estão fora do espectro de alternativas analisadas no EIA, que poderiam ser analisadas a fim de reduzir os impactos ambientais potencialmente significativos. As necessidades de informação, dados, análises ou discussões são de tal magnitude que deveria haver uma nova consulta pública completa.

Fonte: USEPA (1984).

mente, uma equipe incompetente pode preparar um EIA de péssima qualidade para um projeto viável e de baixo impacto ambiental. É verdade que se a avaliação ambiental de um projeto conclui que ele é inviável ambientalmente, o EIA nem seria apresentado ou o projeto deveria ser modificado até que a avaliação concluísse sua viabilidade. Na prática, isso pode não acontecer porque alguns empreendedores são demasiado obtusos para aceitar que a avaliação ambiental possa interferir com "seu" projeto ou por acreditar que, mesmo ruim, o projeto possa ser aprovado, talvez pelos benefícios econômicos que possa gerar ou pelos empregos que criar ou mantiver. Por isso justifica-se a atitude da EPA de atribuir conceitos distintos ao EIA e ao projeto (Quadro 15.7).

O uso de listas de verificação, critérios de pontuação e outros procedimentos similares não somente orienta a tarefa de análise técnica, mas também pode estabelecer um método de comparação de EIAs para fins de pesquisa ou de avaliação do desempenho da AIA em uma determinada jurisdição, por exemplo procurando evidenciar alguma melhoria ao longo do tempo ou identificar setores da economia nos quais os EIAs são de melhor qualidade (Quadro 15.1).

382 Avaliação de Impacto Ambiental: conceitos e métodos

Quadro 15.7 Conceitos para avaliação da viabilidade das ações causadoras de impacto ambiental adotados pela USEPA

Conceito	Critério
LO (*lack of objections*) – sem objeções	A análise da EPA não identificou impactos ambientais potenciais que requeiram mudanças substantivas da proposta apresentada. A análise apontou as oportunidades para aplicação de medidas mitigadoras que podem ser implementadas com pequenas mudanças na proposta apresentada.
EC (*environmental concerns*) – preocupações de ordem ambiental	A análise da EPA identificou impactos ambientais que devem ser evitados para proteger completamente o ambiente. Medidas corretivas podem requerer mudanças na alternativa preferida ou a aplicação de medidas mitigadoras que reduzam o impacto ambiental.
EO (*environmental objections*) – objeções de ordem ambiental	A análise da EPA identificou impactos ambientais, objeções de ordem ambiental, projeções de ordem ambiental significativas que precisam ser evitados para uma proteção adequada do ambiente. Medidas corretivas podem requerer mudanças na alternativa preferida ou a consideração de alguma outra alternativa de projeto (incluindo a alternativa de não realizar o projeto ou uma nova alternativa).
EU (*environmentally unsatisfactory*) – ambientalmente insatisfatória	A análise da EPA identificou impactos ambientais adversos de magnitude suficiente para serem considerados como insatisfatórios do ponto de vista da saúde pública, do bem-estar ou da qualidade ambiental.

Fonte: USEPA (1984).

Bojórquez-Tapia e García (1998), tendo analisado EIAs de 33 projetos rodoviários aprovados no México, também verificaram que as avaliações são subjetivas e tendenciosas. Ademais, sua análise mostrou problemas de *scoping*, uma vez que os estudos não foram dirigidos para os prováveis conflitos ambientais gerados pelos projetos. Esses autores empregaram dois enfoques para analisar os EIAs: (i) conformidade com as diretrizes governamentais para a preparação de EIAs; e (ii) qualidade dos dados, análises e conclusões. Para tornar operacional uma abordagem segundo este último enfoque, os autores definiram de antemão um conjunto de critérios de avaliação e uma escala de pontos para cada critério; em seguida, a soma de pontos resultava na nota de cada EIA, expressa como porcentagem da nota máxima possível. Uma seleção e adaptação de alguns desses critérios empregados, escolhidos por seu potencial de aplicação a outras jurisdições, é mostrada no Quadro 15.8.

Outras formas de pontuação podem ser desenvolvidas para auxiliar na análise de estudos ambientais, mas é preciso ser muito cuidadoso no desenvolvimento e na aplicação de um enfoque de pontuação na análise de um EIA. Da mesma forma que na avaliação da importância dos impactos, o uso de uma escala de pontos pode dar aparência de objetividade ou de possibilidade de quantificação para uma atividade que é fundamentalmente qualitativa.

Também as instituições financeiras analisam os estudos de impacto ambiental e social quando consideram o financiamento de projetos. Como os projetos categorizados como de alto risco normalmente já passaram por avaliação segundo a legislação do país, geralmente a análise concentra-se em identificar diferenças – ou lacunas – em relação aos requisitos empregados pelo banco (processo conhecido como *gap analysis*). O que interessa é identificar e analisar possíveis discrepâncias em relação aos requisitos e que possam requerer comple-

Quadro 15.8 Critérios para avaliação da qualidade de estudos ambientais

Critério	Descrição	Pontos
Informação	Os dados necessários para identificação e análise dos impactos são formalmente apresentados e analisados (características técnicas do projeto e diagnóstico ambiental)	Não = 0 Sim, com omissões importantes = 1 Sim, porém insuficiente para análise = 2 Sim, porém de difícil compreensão = 3 Sim, pequenas correções necessárias = 4 Sim, apresentação exata e própria = 5
Documentação	As fontes de informação são claramente referidas	Não = 0 Sim = 1
Levantamentos	Para os levantamentos de dados primários e secundários são descritos a metodologia e os resultados, devidamente interpretados	Não = 0 Sim, porém de maneira vaga = 1 Sim, com exatidão e rigor = 2
Metodologia	Técnicas usadas para análise dos impactos são descritas e usadas de acordo com a descrição apresentada	Não = 0 Sim, porém não usadas = 1 Sim, porém usadas indiretamente = 2 Sim, usadas diretamente = 3
Coerência	Dados apresentados em capítulos anteriores são usados para a análise dos impactos	Não = 0 Sim, parcialmente = 1 Sim, integralmente = 2
Quantificação	Estimativas quantitativas de área afetada, atividades de projeto e indicadores de impactos quando aplicável	Não = 0 Sim, parcialmente = 1 Sim, claramente = 2
Consistência	Definição prévia e aplicação de critérios de avaliação da importância dos impactos	Não = 0 Sim, porém aplicação ilógica = 1 Sim, porém aplicação inconsistente = 2 Sim, aplicação consistente = 3
Objetividade	Análises e conclusões são imparciais e os impactos relevantes são destacados	Não = 0 Sim, mas há abundância de comentários tendenciosos = 1 Sim = 2
Especificidade	Medidas mitigadoras estão relacionadas aos impactos	Não = 0 Sim = 1
Auditabilidade	Medidas mitigadoras são formuladas de modo a permitir a verificação posterior de sua aplicação e eficiência	Não = 0 Sim, porém formulação imprecisa = 1 Sim, porém somente algumas medidas = 2 Sim, para todas as medidas = 3

Fonte: adaptado de Bojórquez-Tapia e García (1998); alguns termos e descritores desse quadro são muito próximos do original, porém alguns critérios foram renomeados e redefinidos.

mentação dos estudos, uma vez que requisitos como os Padrões de Desempenho da IFC são mais abrangentes que o que se requer na legislação da maioria dos países.

A análise criteriosa e balanceada de um EIA requer discernimento, rigor e competência técnica. Como exprime Wood (1994, p. 162), há diferentes maneiras de buscar a objetividade na análise, mas "não há substituto para profissionais qualificados".

15.4 OS COMENTÁRIOS DO PÚBLICO E AS CONCLUSÕES DA ANÁLISE TÉCNICA

Se há um procedimento de participação pública, então é preciso que haja maneiras de incluir os comentários e as opiniões do público na análise do EIA ou em algum documento de síntese, para que sejam também levados em conta no momento da tomada de decisão sobre a aprovação do projeto. Há diferentes maneiras de fazê-lo, dependendo de qual é a autoridade encarregada da análise técnica e de sua relação com o tomador de decisão.

No modelo de comissões independentes, adotado no procedimento federal do Canadá, os comissários recebem um parecer de análise feito por uma equipe técnica multidisciplinar e, em seguida, promovem uma consulta pública, ao final da qual formulam seu parecer conclusivo, incorporando o ponto de vista do empreendedor (expresso no EIA), o dos analistas (expresso no parecer técnico) e o do público (por meio da consulta pública). Na Holanda, os relatórios da Comissão de Avaliação de Impacto Ambiental enfocam o conteúdo dos EIAs e não a aceitabilidade da proposta (Wood, 1994), que é competência da autoridade setorial responsável. Os relatórios são publicados e deixam claras as recomendações feitas para os responsáveis pela decisão.

No modelo americano, a agência responsável (*lead agency*) prepara a minuta do EIA (*draft EIS*), submete o projeto à consulta pública, recolhe os comentários do público e das demais agências que possam ter competências na matéria (*interagency review*), e divulga o EIA corrigido e revisado (*final EIS*), documentando sua decisão em um registro (*record of decision*). Cabe, então, à agência principal considerar os comentários do público ao mesmo tempo que os pareceres técnicos.

No Brasil, nos Estados e municípios em que a decisão sobre licenciamento é tomada por um colegiado, este recebe um parecer técnico elaborado pelo serviço especializado do órgão ambiental. Tal parecer, fundamentalmente, analisa e avalia o EIA, mas deve levar em conta, nessa análise, os comentários e as recomendações de outros órgãos governamentais, assim como as manifestações do público, expressos em audiência ou enviados diretamente por escrito[3]. Cabe, portanto, aos analistas ambientais a tarefa de integração das opiniões técnicas e das opiniões dos cidadãos.

> [3]*Machado (2003, p. 238) observa: "Os comentários são escritos. Não têm forma prevista, podendo ser apresentados manuscritos ou datilografados; pode-se exigir recibo de sua entrega ao órgão público ambiental".*

Portanto, o parecer técnico sobre o EIA e sobre o projeto é um dos documentos mais relevantes do processo de AIA (Quadro 3.1). É essencialmente este o documento que irá subsidiar e fundamentar a decisão, mesmo quando não são os analistas que a tomam diretamente. Em princípio, os Rimas deveriam fornecer uma descrição concisa e ao mesmo tempo abrangente do projeto e de seus impactos, mas sabe-se que eles costumam ser pouco sintéticos e não raro são também pouco objetivos. Os EIAs, por seu lado, ademais de geralmente serem longos – o que os torna de difícil leitura para os tomadores de decisão –, podem ser rapidamente suplantados por relatórios de informações complementares que nem sempre são do conhecimento público. Por esse motivo, Wood (1994, p. 180) pondera que, quando há requisição de informações complementares, "a forma desse material adicional pode ser díspar e consistir de vários documentos diferentes", razão pela qual aponta que "uma vantagem dos EIAs revisados (*final EIS*) é que toda a informação está agregada em um único documento".

Assim, *também o parecer técnico deveria mostrar as mesmas qualidades de um bom EIA*, deixando claras, para os encarregados da tomada de decisões, quais as implicações em jogo. Unep (1996) aponta que a análise técnica deveria observar dois requisitos:

* identificar as deficiências dos EIAs;
* identificar os problemas cruciais e determinar quais são aqueles que podem influenciar diretamente a decisão, "claramente separando os defeitos cruciais das

deficiências menos importantes"; caso nenhuma omissão séria seja verificada, essa conclusão deve ser exposta, claramente.

O parecer de análise técnica de um EIA é um dos documentos mais importantes do processo de avaliação de impacto e deve ter as mesmas qualidades de um bom EIA.

Portanto, legibilidade, clareza e concisão são qualidades requeridas de um parecer técnico. Obviamente não se pode estabelecer um tamanho máximo ou mínimo para esse documento, pois o tamanho ideal dependerá da complexidade do projeto e da importância dos impactos mais relevantes. Não é incomum encontrar pareceres que são verdadeiros resumos do EIA, com longas transcrições e mesmo com a reprodução de sua estrutura, mas sem mapas, figuras e fotografias que possam facilitar a compreensão do projeto, o que obriga o leitor interessado, necessariamente, a consultar o EIA ou o Rima, se quiser realmente entender o projeto. Outro inconveniente das longas transcrições é que afirmações feitas pelo empreendedor ou seu consultor passam a ser assinadas pelos analistas do órgão governamental, nem sempre com as devidas verificações ou ressalvas. Muita descrição e pouca análise são o contrário do que se espera de um parecer conclusivo.

Bom senso deveria ser exercido também nessa tarefa (Ross; Morrison-Saunders; Marshall, 2006; Sánchez, 2006). Contudo, não se deve desconsiderar a possibilidade de um controle judicial (seção 17.5), ou seja, de questionamentos na Justiça sobre a decisão tomada, sendo importante, portanto, que as recomendações do parecer técnico estejam adequadamente fundamentadas e justificadas – mas isso não quer dizer que haja necessidade de fazer um longo resumo do EIA.

PARTICIPAÇÃO PÚBLICA

16

Uma das características mais marcantes do processo de avaliação de impacto ambiental é a importância que tem a participação do público. Tal importância decorre das questões que estão em jogo quando se trata de projetos que possam causar impactos significativos. Se as decisões quanto à exequibilidade técnica e viabilidade econômica de projetos privados são unicamente da esfera privada, o mesmo não ocorre com as decisões acerca da viabilidade ambiental, que são necessariamente públicas. Os empreendimentos com potencial de causar impactos ambientais significativos usualmente afetam, degradam ou consomem recursos ambientais de interesse da coletividade e que dizem respeito ao bem--estar de todos, inclusive das gerações futuras. Portanto, sua apropriação não pode ser decidida no âmbito privado e a participação pública é essencial para a tomada de decisão.

Informar, ouvir e deliberar (Cap. 17) são tarefas relacionadas à participação e estão diretamente relacionadas entre si. Para tomar decisões que considerem as opiniões e os pontos de vista do público, este deve ter oportunidade de se fazer ouvir de maneira significativa. Os cidadãos se manifestam em reação a uma proposta. É, portanto, necessário informar o público acerca das intenções do proponente e da natureza das decisões a serem tomadas.

Neste capítulo serão apresentados os fundamentos da participação pública no processo de AIA, as modalidades e os graus de envolvimento dos cidadãos, as técnicas de consulta mais usadas e alguns procedimentos regulamentares de consulta. O capítulo aborda: (i) questões atinentes ao envolvimento público no processo de licenciamento, no âmbito decisório governamental, com vistas a "aperfeiçoar a ação da Administração Pública [...] e medir [...] as consequências das suas decisões sobre a vida e a qualidade de vida de todos" (Mirra, 2011, p. 155) e (ii) o engajamento com as partes interessadas desenvolvido pelo proponente do projeto. A tarefa de informar o público foi abordada no Cap. 14, ao passo que a influência da participação pública sobre as decisões é tema do Cap. 17.

16.1 A AMPLIAÇÃO DA NOÇÃO DE DIREITOS HUMANOS

O direito a um ambiente sadio para as presentes e futuras gerações é hoje amplamente reconhecido, mas essa situação é recente e, claro, o reconhecimento em lei desse direito não implica automaticamente que seja efetivado.

Durante muito tempo, no Ocidente, somente eram reconhecidos direitos individuais, emanados do direito natural e validados à medida que os outros indivíduos os respeitavam. Os direitos sociais, de âmbito coletivo, firmaram-se somente no século XX, fruto de lutas sindicais e políticas, ainda direta e nitidamente vinculados a indivíduos determinados e a grupos detentores desses direitos, ou sujeitos de direito. A novidade, a partir dos anos 1960, é a emergência e a progressiva consolidação das gerações futuras e da própria natureza como novos sujeitos de direito, com a característica inédita de se constituírem em sujeitos para os quais não se pode exigir deveres (Silva-Sánchez, 2010). Nash (1989), ao fazer uma "história da ética ambiental" associa a ampliação da noção de direitos a uma "evolução da ética", que, originalmente circunscrita ao "direito natural" de um grupo limitado de seres humanos, expandiu-se para os "direitos da natureza".

Reconhecer impactos sobre as futuras gerações, fundamental para o desenvolvimento sustentável (WCED, 1987), é um dos propósitos da NEPA, que, no Art. 101, se refere a "atender aos requisitos sociais, econômicos e outros da presente e das futuras gerações de americanos". O que se encontra hoje em todos os discursos sobre sustentabilidade – os direitos das futuras gerações – já havia sido pioneiramente encampado pela AIA.

O direito das atuais gerações a um ambiente sadio passou a receber reconhecimento explícito em leis nacionais e em tratados internacionais a partir de meados do século

XX. O sujeito de direito não é mais o indivíduo na sua singularidade, mas a coletividade, a nação, os grupos étnicos e regionais; trata-se de direitos de "titularidade coletiva" (Silva-Sánchez, 2010). As declarações de Estocolmo e do Rio de Janeiro, emanadas de conferências intergovernamentais promovidas pela Organização das Nações Unidas, são marcos fundamentais na explicitação do direito a um ambiente sadio e ecologicamente equilibrado como um novo direito humano.

Para efetivar o direito dos cidadãos ao ambiente de qualidade, também o direito à participação nos processos decisórios tem sido reconhecido. A Declaração do Rio é um dos documentos internacionais que faz menção direta à participação pública. Seu princípio 10 estabelece que:

> O melhor modo de tratar as questões ambientais é com a participação de todos os cidadãos interessados, em vários níveis. No plano nacional, toda pessoa deverá ter acesso adequado à informação sobre o meio ambiente de que dispõem as autoridades públicas, incluída a informação sobre os materiais e as atividades que oferecem perigo em suas comunidades, assim como a oportunidade de participar dos processos de adoção de decisões. Os Estados deverão facilitar e fomentar a sensibilização e a participação do público, colocando a informação à disposição de todos. Deverá ser proporcionado acesso efetivo aos procedimentos judiciais e administrativos, entre os quais o ressarcimento desses danos e os recursos pertinentes.

Há dois tratados internacionais específicos sobre participação pública, a Convenção de Aarhus, cidade dinamarquesa onde foi firmada, em 25 de junho de 1998, e o Acordo de Escazú, cidade da Costa Rica, de 4 de março de 2018.

Ambas estão assentadas sobre três pilares: (i) acesso à informação; (ii) participação no processo decisório; (iii) acesso à Justiça, pois se considera que não pode haver participação genuína sem informação, nem garantia de resultados, sem que esteja assegurado o direito dos cidadãos de questionarem nos tribunais as decisões tomadas. Esses fundamentos são os mesmos do princípio 10 da Declaração do Rio. A Convenção de Aarhus[1], promovida pela Comissão Econômica das Nações Unidas para a Europa (Unece), em vigor desde 30 de outubro de 2001, é tida como um novo tipo de acordo ambiental, pois associa direitos ambientais e direitos humanos e, no fundo, trata de democracia, de transparência e de responsabilidade governamental, tendo o meio ambiente como ponto de partida. O Acordo de Escazú[2] foi também promovido por um órgão da ONU, a Comissão Econômica para a América Latina e Caribe (Cepal).

Ainda que, formalmente, a aplicação da Convenção e do Acordo se restrinjam aos respectivos países signatários, seus princípios são de alcance universal, de modo que constituem referências para análise das questões relativas à participação pública nos processos decisórios, pois contribuem para difundir internacionalmente princípios e práticas e fazer avançar o reconhecimento dos direitos ambientais e humanos.

O acesso à informação ambiental é abordado no Art. 4º da Convenção de Aarhus e no Art. 5º do Acordo de Escazú, que estabelecem que as autoridades governamentais devem colocar à disposição do público as informações que este solicitar e sem que seja necessário invocar um interesse particular. Tratando-se de um direito universal, não é preciso que o cidadão demonstre as razões de seu interesse ao demandar uma determinada informação de cunho ambiental. Evidentemente, deve haver exceções, em respeito à propriedade intelectual e à segurança pública, entre outros. No Brasil, a Lei Federal nº 10.650, de 16 de abril de 2003, dispõe sobre o direito à informação ambiental.

[1] Sua denominação oficial é Convenção sobre o Acesso à Informação Ambiental, a Participação do Público na Tomada de Decisões e o Acesso à Justiça em Assuntos Ambientais.

[2] Acordo Regional sobre Acesso à Informação, Participação Pública e Acesso à Justiça em Assuntos Ambientais na América Latina e no Caribe.

A participação do público nas decisões relativas a certas atividades é tema do Art. 6º da Convenção de Aarhus e do Art. 7º do Acordo de Escazú. É nesse ponto que eles se relacionam diretamente com a AIA, pois se aplicam quando se trata de autorizar atividades propostas "que possam ter um efeito importante sobre o meio ambiente", listadas no Anexo I da Convenção. Tal anexo é um rol de atividades que deveriam ser sujeitas à participação pública antes da tomada de decisões governamentais; logo, é equivalente a uma lista positiva de projetos submetidos ao processo de AIA.

Para conhecimento do público, o texto da Convenção determina que é necessário informar qual é a atividade proposta, quais os procedimentos informativos e decisórios previstos, quais são as possibilidades de participação, qual é a autoridade a quem as pessoas devem se dirigir para obter informações e para encaminhar observações ou perguntas, e quais os respectivos prazos. Adicionalmente, o Art. 6º estipula que o público pode consultar, de forma gratuita, todas as informações de interesse para a tomada de decisões, tendo como mínimo:

* descrição do local e das características físicas e técnicas da atividade proposta;
* descrição dos efeitos importantes da atividade proposta sobre o meio ambiente;
* descrição das medidas previstas para prevenir ou para reduzir esses efeitos, em particular as emissões;
* resumo não técnico dos itens precedentes;
* síntese das principais soluções e alternativas estudadas pelo proponente.

Evidentemente, não é coincidência que essa lista reflita o conteúdo mínimo de um EIA. O Art. 7º do Acordo de Escazú apresenta semelhante lista de informações a serem divulgadas.

O direito de acesso à Justiça, em prazos e custos razoáveis, é essencial para que se façam valer os outros dois, o direito à informação ambiental e o direito à participação no processo decisório. O Brasil é bastante avançado nessa área, haja vista que desde 1985 o acesso à Justiça para fins de proteção ambiental é assegurado aos cidadãos e às associações civis, sem que seja necessário demonstrar um interesse direto no tema ou que direitos individuais possam ser afetados. A Lei Federal nº 7.347, de 24 de julho de 1985, conhecida como Lei dos Interesses Difusos, possibilitou uma grande ampliação das possibilidades de efetiva aplicação da legislação ambiental, processo que se consolidou com a Constituição Federal de 1988 e a nova função do Ministério Público, ampliada para a proteção ambiental e o direito dos consumidores.

Entre juristas, há debate acerca de noções como interesse público, interesse coletivo, interesse social, interesse supraindividual e interesse difuso (ou direitos difusos). Mancuso (1997, p. 73) defende que "o interesse difuso concerne a um universo maior do que o interesse coletivo". Na mesma linha, Milaré (1990, p. 10) conceitua interesses difusos como "os comuns a um grupo indeterminado ou indeterminável de pessoas".

Adiante, neste capítulo, ao se estudarem procedimentos de participação pública adotados em algumas jurisdições, poder-se-á ver a aplicação prática dos princípios da Convenção de Aarhus e do Acordo de Escazú.

A convenção e o acordo têm também dispositivos relativos à participação do público na elaboração de propostas de normas administrativas visando a proteção ambiental, nas discussões de planos, programas e políticas, e sobre a coleta e difusão de informações sobre o estado do meio ambiente, que não serão tratados aqui.

16.2 Graus de participação pública

Para Webler e Renn (1995), a participação pública pode ser justificada com base em dois tipos de argumentos. Fundamentalmente, a participação se justificaria por motivos éticos e normativos, como um dos valores centrais da democracia; a participação seria necessária para fazer valer princípios como a equidade e a justiça. Porém, a participação também se justificaria por razões puramente funcionais – nas sociedades contemporâneas, a participação daria mais legitimidade às decisões, tornaria mais eficiente o processo decisório e facilitaria a implementação das decisões tomadas.

Dar legitimidade ao processo de tomada de decisão é desejável nas sociedades democráticas, em que o livre debate e a inclusão de novos temas na arena pública são valores fundamentais. Trata-se de uma ideia de democracia ampliada, como propõe Habermas, ou seja, a democracia vinculada a um processo societário de discussão e ao uso público da razão – não uma razão instrumental ou subjetiva, mas uma razão comunicativa.

> Habermas, em sua teoria da ação comunicativa, concebe um novo conceito de razão – a razão comunicativa – constituída socialmente no processo de interação dialógica entre os sujeitos de uma dada situação; uma razão intersubjetiva, portanto, tornada possível pelo *medium* linguístico. (Silva-Sánchez, 2003, p. 71).

Para o filósofo, a sociedade civil tem capacidade de dar ressonância a temas próprios dos domínios da vida privada dos cidadãos, transformando-os em questões de interesse público, tornando-se, assim, uma mediadora entre a vida privada e o sistema político.

> As estruturas comunicacionais da esfera pública estão muito ligadas aos domínios da vida privada, fazendo que a [...] a sociedade civil, possua uma sensibilidade maior para os novos problemas, conseguindo captá-los e identificá-los antes do centro da política. Pode-se comprovar isso através dos grandes temas surgidos nas últimas décadas – [...] pensemos nas ameaças ecológicas que colocam em risco o equilíbrio da natureza [...].

> Não é o aparelho de Estado [...] que toma a iniciativa de levantar esses problemas[3]. (Habermas, 1997).

[3] *O assunto será retomado, sob outra perspectiva, na seção 17.3.*

Quando se fala em consulta, participação ou envolvimento público no processo decisório em matéria ambiental, naturalmente surge a questão: de que tipo de participação se trata? Até onde iria o poder popular? O governo abdicaria de seu poder decisório em favor de um plebiscito ou de outra forma de decisão soberana?

Não se trata disso, ou pelo menos muito raramente se trata disso. Na maioria das vezes, a participação pública limita-se ao direito de ser informado e de exprimir seus pontos de vista, com a expectativa de que isso influencie a decisão a ser tomada pela autoridade competente. Os procedimentos de participação pública visam, basicamente, colocar alguma ordem nas discussões e estabelecer canais formais de expressão da vontade dos cidadãos. Um diagrama esquemático das diversas formas de manifestação de opinião em uma democracia, preparado para a consulta pública do projeto hidrelétrico Grande Baleia, no Canadá, é mostrado na Fig. 16.1. À parte os processos tradicionais de participação em uma democracia representativa, mediante eleições, plebiscitos ou referendos, um entendimento amplo do que é a participação pública a define como qualquer forma de expressão de pontos de vista dos cidadãos. Tal expressão pode dar-se de forma

Fig. 16.1 *Tipologia das formas de expressão do cidadão em uma democracia*
Fonte: modificado de Thibault (1991) e Vincent (1994).

autônoma, por meio de manifestações públicas, passeatas, atos públicos, abaixo-assinados, campanhas de mídia e outras ações, ou na forma de manifestação sob convite, na qual as opiniões dos cidadãos são expostas, registradas e debatidas segundo certas regras previamente estabelecidas.

A ausência de procedimentos formais de participação canaliza todas as manifestações para os meios espontâneos e autônomos de expressão e de pressão da opinião pública, incluindo os *lobbies*, potencialmente favorecendo os que têm mais poder, especialmente poder econômico. A falta de mecanismos de consulta pública também torna menos transparentes as decisões e amplia o poder de influência de grupos de interesse, sejam interesses econômicos, sejam interesses políticos de curto prazo, e que podem influenciar a aprovação de um projeto que possa causar impacto ambiental significativo. Note-se que a organização da participação pública por meio de procedimentos estabelecidos em lei não significa uma instrumentalização ou um enquadramento do público, pois continuam abertas todas as possibilidades de expressão compatíveis com a democracia. A realização de uma audiência pública visando o licenciamento ambiental de um projeto não impede que os mesmos cidadãos que nela estiveram também se manifestem, contra ou favoravelmente, por outros meios; ao contrário, a audiência (um dentre vários modos de participação pública) pode favorecer o envolvimento de pessoas que talvez não se expressassem em outros fóruns. A consulta pública não tolhe a liberdade nem substitui o direito de expressão dos cidadãos, apenas o complementa.

Assim, usando a tipologia da Fig. 16.1, a participação pública no processo decisório em matéria ambiental se faz "sob convite", e os cidadãos se manifestam no momento apropriado e com base em informações previamente disseminadas, não obstante seu direito de se expressar fora do procedimento formal de participação pública, garantido em qualquer regime democrático. Os tratados internacionais e as leis nacionais impõem às autoridades governamentais a obrigação de promover uma consulta pública dentro do processo de AIA, cabendo a cada jurisdição definir seus mecanismos e regras.

Estabelecidos tais princípios gerais para a consulta pública, não se pode deixar de lembrar que, evidentemente, as tradições democráticas e a propensão ao diálogo variam imensamente de acordo com a cultura política de cada país e de cada grupo social. Também as organizações empresariais têm uma ampla variedade de maneiras de encarar a participação pública nas decisões relativas a seus investimentos e muitas vezes representantes de empresas que nunca se confrontaram com uma consulta pública têm grande dificuldade de entender as razões subjacentes ao processo.

A participação do público é um tema estudado nas disciplinas de planejamento e nas Ciências Sociais. A AIA, que também é uma forma de planejamento, ensejou uma ampliação da participação pública, que passou a abarcar também certas decisões privadas. Mas, de que tipo de participação se trata? Alguns autores propõem uma escala de graus de participação pública nos processos decisórios. Uma das mais conhecidas é a de Arnstein (1969) (Fig. 16.2).

Para Arnstein, há simulacros de participação apresentados com esse nome, mas que, na verdade, constituem uma manipulação da opinião pública, às vezes sob nomes como educação ou informação. Também informação e consulta não constituiriam uma verdadeira participação, haja vista que o público não tem nenhum controle sobre a decisão tomada. Mesmo a conciliação constituiria nada mais que uma deferência, um sinal de polidez do tomador de decisão, que convida o público para discutir, mas se reserva o poder de decidir. A conciliação seria também uma maneira de atender a formalidades legais (*tokenism*) sem permitir que se questionem os fundamentos da decisão. Apenas os graus superiores constituiriam a verdadeira participação. Para a autora, na parceria existiria real negociação, enquanto na delegação de poder as decisões seriam tomadas pelos representantes do público. Para Arnstein, participação é partilha do poder.

8	Controle	Graus de poder do cidadão
7	Delegação	
6	Parceria	
5	Conciliação	Graus de deferência
4	Consulta	
3	Informação	
2	Terapia	Graus de não participação
1	Manipulação	

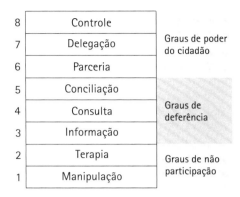

Fig. 16.2 *Escala de graus de participação pública nas decisões*
Fonte: Arnstein (1969).

Quando Arnstein publicou esse trabalho, ainda não havia nos EUA a consulta pública do processo de AIA, e a autora refere-se fundamentalmente a processos decisórios acerca de outros assuntos de interesse público, como o planejamento territorial e decisões em matéria de educação, saúde, habitação e direitos civis.

Eidsvik (1978), ao tratar da participação pública no planejamento de parques nacionais no Canadá, adota uma escala pragmática (Fig. 16.3). O planejamento de parques e de outras áreas protegidas é também um campo em que a participação pública traz benefícios, derivados do maior engajamento daqueles que tomam parte do processo participativo – e de um sentimento de que a decisão também lhes pertence –, ao passo que a falta de participação na escolha, implantação e manejo de unidades de conservação foi muitas vezes criticada por não levar em conta os interesses das populações tradicionais (Diegues, 1994).

Roberts (1995) adota uma escala com sete estágios, desde a persuasão até a "autodeterminação", sendo a consulta colocada no meio do caminho, enquanto o "planejamento conjunto" e a "decisão partilhada" se situam em degraus superiores. O autor prefere designar a relação com o público no processo de AIA com um termo abrangente e mais neutro – envolvimento público –, que, por sua vez, se subdivide em consulta e participação. Consulta inclui educação, partilha de informação e negociação, com o objetivo de tomar melhores decisões. Já participação significa trazer o público para dentro do processo decisório.

← Poder decisório da organização

Informação	Persuasão	Consulta	Parceria	Controle
A decisão é tomada e o público é comunicado a respeito	A decisão é tomada e há uma tentativa de convencimento do público	O problema é apresentado, opiniões são coletadas e a decisão é tomada	Os limites são previamente definidos; as informações são partilhadas e a decisão é conjunta	A decisão é tomada pelo público, que assume a responsabilidade política

Participação do público nas decisões →

Fig. 16.3 *Uma tipologia de graus de participação pública no processo decisório*
Fonte: Eidsvik (1978).

Seus cinco níveis de participação também incluem a "não participação" de Arnstein e aqueles níveis superiores de participação em que a decisão é tomada pelo público. Segundo essa tipologia, a participação pública em AIA normalmente se dá como consulta. É verdade que, nesses casos, a autoridade pode tomar uma decisão contrária à vontade da maioria, mas também ocorre que a participação maciça e intensa do público interessado inviabilize politicamente uma decisão contrária a seus interesses. Por exemplo, no início dos anos 1990, uma empresa estatal de energia de São Paulo, Cesp, apresentou um projeto de construção de uma usina termelétrica que teria como combustível o resíduo de uma refinaria de petróleo (denominado "óleo ultraviscoso"), uma mistura de hidrocarbonetos muito pesados, cuja queima seria potencialmente muito poluente. Embora o EIA tivesse concluído que seriam pouco significativos os efeitos sobre a qualidade do ar, houve forte oposição popular, o que levou a empresa a mudar a localização do projeto, de Paulínia (onde se situa a refinaria) para Mogi Mirim, localizada a algumas dezenas de quilômetros. Nesse local, a população também se mobilizou contra o projeto, apesar das iniciativas da empresa de divulgar as supostas vantagens do empreendimento, até mesmo levando uma comissão de vereadores para visitar usina similar no Japão. A mobilização foi tal que a Câmara Municipal votou uma lei proibindo empreendimentos desse tipo em seu território. Como a Constituição brasileira dá aos municípios a prerrogativa de controlar o uso do solo, a decisão municipal inviabilizou a implantação da usina também em Mogi Mirim. Em vez de continuar buscando locais para construir a usina, o governador do Estado, às vésperas da Conferência do Rio, em 1992, ordenou o arquivamento do projeto (Balby; Napolitano; Fernandes, 1995).

Da mesma forma, o projeto de construção de um aterro de resíduos industriais no município de Piracicaba, também no interior do Estado de São Paulo, não foi adiante por decisão do empreendedor. Apesar de o projeto ter recebido a licença prévia, a discussão do EIA e sua aprovação foram difíceis e conflituosas, o que levou o empreendedor, que não atuava nesse ramo de negócios, a investir em outros setores. Outros empreendedores também desistiram de seus projetos quando encontraram oposição organizada por parte de segmentos do público, às vezes conjugada por ações judiciais.

Na Austrália, uma ampla controvérsia pública emergiu no início da década de 1980 devido ao projeto de construção de uma barragem, no rio Franklin, na Tasmânia. A polêmica levou o governo estadual a organizar um plebiscito, perguntando aos cidadãos qual das duas opções de barragem seria a preferida, mas 45% dos votos foram anulados por cidadãos que escreveram *no dams* nos boletins de voto. O projeto se transformou em objeto de disputa entre sucessivos governos estaduais e federais, com os últimos pretendendo declarar o local como área protegida, e a questão acabou resolvida pela Suprema Corte, inviabilizando legalmente o projeto. "A campanha para salvar o Franklin permanece como a mais famosa batalha ambiental na história de nossa nação" (Toyne, 1994, p. 45). A área forma hoje o Franklin-Gordon Wild Rivers National Park.

Na Argentina, a mobilização pública contrária a uma nova mina de ouro que seria aberta a poucos quilômetros de Esquel, cidade turística voltada para a prática de esportes de neve localizada no sul do país, inviabilizou o projeto. Pressionada pelos eleitores, por ONGs e pela mídia, e depois de passeatas contrárias, a municipalidade local convocou um plebiscito, em março de 2003, no qual a população votou majoritariamente contra o projeto; em 2007 a empresa anunciou sua desistência. Quem se dedicar a colecionar casos ou eventos de projetos recusados devido a seu impacto ambiental ou devido à oposição popular provavelmente ficará surpreso com sua quantidade. A situação se repete em muitos países.

Outra escala de participação – denominada espectro, sugerindo que não são níveis sucessivos, mas uma transição contínua entre categorias – é proposta pela *International Association for Public Participation* (IA2P) (Fig. 16.4), resultante do consenso entre especialistas. O espectro traz categorias de grande utilidade para AIA, pois abre mais possibilidades que as escalas anteriores. A participação pode se dar nos níveis de consulta, envolvimento e colaboração. Sua aplicação é particularmente apropriada para descrever as formas de envolvimento do público empregadas pelos proponentes de projeto, ao passo que a consulta oficial realizada por órgãos governamentais continua a ser enquadrada como "consulta". Nesse modelo, o início do espectro – informar – tem objetivo de facilitar a participação. No caso de Esquel, porém, o espectro parece ser insuficiente, pois nem mesmo o nível de "informação" foi atingido pela empresa (Fernández, 2006), sendo mais verossímil enquadrá-lo em um dos dois primeiros degraus da escala de Arnstein (Fig. 16.2).

Nível crescente de influência da participação pública

	Informar	Consultar	Envolver	Colaborar	Empoderar ou delegar
Objetivo de participação pública	Apresentar informação objetiva e balanceada para ajudar o público a entender o problema, suas alternativas, oportunidades e/ou soluções	Obter retorno do público sobre análises, alternativas e/ou decisões	Trabalhar diretamente com o público para garantir que preocupações e aspirações sejam constantemente compreendidas e consideradas	Estabelecer parcerias com o público em cada aspecto da decisão, incluindo a proposição de alternativas e a identificação da solução preferida	Colocar a decisão final nas mãos do público
O que se promete ao público	Manter informado	Manter informado, ouvir e reconhecer preocupações e aspirações e dar retorno sobre como a participação influenciou a decisão	Trabalhar em conjunto para garantir que preocupações e aspirações se reflitam nas alternativas e dar retorno	Solicitar conselhos na formulação de soluções e incorporá-los às decisões na maior medida possível	Implementar o que o público decidir
Exemplos de técnicas	• Documentos sintéticos impressos • Sites na internet • Reuniões abertas	• Comentários públicos • Grupos focais • Pesquisas de opinião • Reuniões públicas	• Oficinas de trabalho • Consultas deliberativas	• Comitês consultivos de cidadãos • Construção de consenso • Decisões participativas	• Júris populares • Votações • Decisões delegadas

Fig. 16.4 *Espectro de participação pública da Associação Internacional de Participação Pública*
Fonte: International Association for Public Participation (2018; www.iap2.org/resource/resmgr/pillars/Spectrum_8.5x11_Print.pdf).

16.3 Objetivos da consulta pública

A consulta pública tem várias funções e serve a múltiplos objetivos no processo de AIA. A literatura sobre o assunto arrola vários desses objetivos. Entre outros autores, Ortolano (1997, p. 403) destaca:

* aprimorar decisões que possam causar impactos em comunidades ou no meio ambiente;
* possibilitar aos cidadãos a oportunidade de se expressar e de serem ouvidos;
* possibilitar aos cidadãos a oportunidade de influenciar os resultados;
* avaliar a aceitação pública de um projeto e acrescentar medidas mitigadoras;
* desarmar a oposição da comunidade ao projeto;
* legitimar o processo de decisão;
* atender a requisitos legais de participação pública;
* desenvolver mecanismos de comunicação em duas vias entre o empreendedor e os cidadãos;
* identificar as preocupações e os valores do público;
* fornecer aos cidadãos informações sobre o projeto;
* informar os responsáveis pela decisão sobre alternativas e impacto do projeto.

Os benefícios da consulta pública também são frequentemente invocados. World Bank (1999, p. 2) aponta os seguintes:

* a redução do número de conflitos e dos prazos de aprovação se traduz em maior lucratividade para os investidores;
* os governos melhoram os processos decisórios e demonstram maior transparência e responsabilidade;
* órgãos públicos e ONGs ganham credibilidade e melhor compreensão de sua missão;
* o público afetado pode influenciar o projeto e reduzir impactos adversos, maximizar benefícios e assegurar que receba compensação apropriada;
* há maiores possibilidades de que grupos vulneráveis recebam atenção especial, que questões de equidade sejam levadas em conta e que as necessidades dos pobres tenham prioridade;
* os planos de gestão ambiental são mais efetivos.

Em teoria, todos teriam a ganhar com a consulta pública no processo de AIA, mas, na prática, observa-se resistência à realização de consultas amplas e receio de que, ao invés de reduzir o tempo de análise, a consulta o prolongue, ou ainda que uma decisão "técnica" sobre a viabilidade ambiental do projeto torne-se "política" quando há um debate público (no Cap. 17 será abordada a tensão entre a dimensão técnica e a dimensão política das decisões em matéria ambiental). Por outro lado, é fato que muitos investidores privados têm receio de alocar recursos para projetos que não tenham boa aceitação pública. A expressão "licença social para operar" é usada para designar a aceitação pública de um projeto, independentemente da existência de autorizações ou licenças governamentais.

Quando o empreendedor ou órgão governamental aplicam a consulta tão somente como obrigação legal ou formalidade administrativa, seus benefícios são inexistentes ou mínimos. Nesses casos, a consulta, aos olhos do público, parecerá "um ritual vazio de participação" (Arnstein, 1969, p. 216).

> Serão limitados os resultados da consulta pública se ela ocorrer somente após a conclusão do EIA.

Muitos analistas e observadores, insatisfeitos com o grau de participação alcançado, passaram a formular recomendações para que a consulta pública seja efetiva ou significativa; guias de boas práticas passaram a fazer o mesmo (Kvam, 2019). Os seguintes elementos, entre outros, tornam uma consulta pública "significativa" (Kvam, 2017):

* não ser um evento isolado, mas um processo contínuo e iterativo;
* garantir o envolvimento de diferentes categorias de partes interessadas, com especial atenção para os mais pobres e vulneráveis;
* ser transparente e baseada em informação factual;
* ser conduzida de forma respeitosa e sem coerção;
* ser documentada sistematicamente e ter seus resultados divulgados.

Para ser significativa, a consulta pública deveria ocorrer em diferentes fases do processo de AIA, com objetivos próprios em cada uma (Quadro 16.1). Para objetivos diferentes, devem se utilizar técnicas e procedimentos apropriados de consulta. Para definir termos de referência, reuniões de pequenos grupos ou oficinas de trabalho podem ser adequados, ao passo que, na fase decisória, uma audiência pública pode ser a melhor ferramenta, e, na fase de acompanhamento, grupos de supervisão ou comitês de cidadãos podem se revelar os mecanismos mais viáveis para atingir os objetivos de participação. É claro que o momento crucial é o da tomada de decisão de aprovação, mas é importante compreender que a influência real que o público poderá exercer dependerá muito de seu envolvimento nas etapas anteriores. Do mesmo modo, o efetivo cumprimento dos compromissos assumidos por meio da licença ambiental só pode ser garantido se também o público estiver envolvido nas etapas pós-aprovação.

Quadro 16.1 Objetivos de consulta pública no processo de AIA

Etapa do processo	Objetivos de consulta
Triagem	Dar transparência e permitir questionamentos sobre a classificação do projeto e estudos ambientais necessários
Determinação do escopo do EIA	Identificar grupos interessados e pontos de preocupação
	Contribuir para identificar alternativas razoáveis ao projeto
	Incluir ou excluir questões do escopo do EIA
	Aprimorar os termos de referência
Preparação do EIA	Identificar e caracterizar impactos
	Incluir conhecimento local no diagnóstico ambiental e usá-lo na análise de impactos
	Identificar medidas mitigadoras
Análise técnica	Conhecer os pontos de vista do público para que sejam considerados no parecer de análise
Decisão	Levar em conta as opiniões dos interessados
	Considerar a distribuição social dos ônus e dos benefícios do projeto como um dos elementos da decisão
Acompanhamento	Contribuir para verificar o cumprimento satisfatório de compromissos e condicionantes
	Receber reclamações e encaminhar respostas

Assim, os objetivos instrumentais da participação pública nas etapas pré-decisão inserem-se na lógica de que é preciso fortalecer todo o processo de AIA para que melhores decisões sejam tomadas. Contudo, não se pode perder de vista que a consulta pública pode questionar o próprio projeto, seus fundamentos e justificativas. Em algumas ocasiões, a melhor decisão pode ser justamente a recusa.

16.4 A CONSULTA PÚBLICA OFICIAL

A maioria dos países tem requisitos formais de consulta pública no processo de AIA. Também há a modalidade de consulta direta, voluntária, do empreendedor, sem intermediação governamental. No entanto, quando se trata de obtenção de licença, a consulta voluntária não substitui a consulta pública oficial, embora possa complementá-la. Para que possa atingir resultados, a consulta pública necessita regras claras (o procedimento de consulta) e acesso à informação (cujas regras devem ser definidas em leis e regulamentos). Uma atitude aberta ao diálogo por parte do empreendedor (e do agente governamental) só pode contribuir, pois leis, regulamentos e procedimento podem funcionar somente na medida em que haja engajamento das partes.

Há diferentes maneiras de se estruturar a consulta pública e podem ser empregadas diferentes ferramentas para conduzir o processo. Um dos formatos mais conhecidos é justamente a audiência pública. As *public hearings* anglo-saxônicas estão profundamente embrenhadas na cultura política desses países e em muito precedem a AIA. O primeiro registro de uma audiência pública data do ano de 1403, em Londres (Webler; Renn, 1995, p. 24). Ao contrário, em outros países foi a legislação ambiental que inaugurou a prática da realização de audiências públicas, como é o caso do Brasil, onde audiências são hoje realizadas para uma série de finalidades. As *public hearings* foram logo associadas ao processo estabelecido pela NEPA, nos EUA, e são empregadas em vários países como parte do processo de AIA. Por exemplo, a ampla consulta conhecida como Berger Inquiry, realizada no Canadá entre 1974 e 1977, acerca do traçado preferencial de um oleoduto no extremo norte do país, é apontada como "um dos mais significativos eventos no desenvolvimento do processo de avaliação de impacto ambiental no Canadá" (Sewell, 1981, p. 77), tendo contribuído decisivamente para estabelecer a consulta pública como indissociável da AIA.

As audiências públicas encontram mais ampla aplicação para as fases de *scoping* e de tomada de decisão. As formalidades, a dinâmica e a duração das audiências variam grandemente, mas esse tipo de evento participativo tem características comuns em muitos locais. Audiências públicas ambientais são eventos formais, convocados e conduzidos por um ente governamental, cuja dinâmica segue regras previamente estabelecidas, e que tem como finalidade realizar um debate público – aberto a todos os cidadãos – sobre um projeto e seus impactos.

Usualmente, em uma audiência pública há uma exposição sobre o projeto e seus impactos, seguida de perguntas do público, esclarecimentos do proponente, consultores e agentes governamentais, e debates ou questionamentos.

Porém, ainda que valiosos instrumentos para a democratização do processo decisório, audiências têm muitas limitações. Parenteau (1988), ao estudar a participação pública nos processos decisórios ambientais no Canadá, identificou diversas deficiências ou mesmo limitações estruturais desses processos, fundamentados em audiências públicas. Para ele, a participação do público é limitada por alguns "filtros", fatores que dificultam ou mesmo impossibilitam um envolvimento pleno.

Para participar efetivamente de uma audiência, há muitas dificuldades de ordem prática, a começar pelo tempo que os cidadãos precisam dedicar. Ainda que realizadas à noite, se alguém realmente quer se engajar nos debates, não basta somente comparecer e ouvir as exposições; é preciso tomar conhecimento do projeto e do EIA. Um EIA ou Rima mal escrito (Cap. 14) só acentua essa dificuldade. Em segundo lugar, há a dificuldade de acesso intelectual ao EIA ou ao Rima. Não somente se trata de informação técnica a ser decodificada, mas, em certos casos, de dificuldades ainda mais básicas de compreensão de textos da parte de pessoas de baixa escolaridade ou de analfabetos funcionais.

Tais limitações não são características de países de baixa escolaridade média, embora nestes sejam exacerbadas. No Canadá, país que tem um dos mais altos índices de desenvolvimento humano, Parenteau (1988, p. 59) constata que a participação em audiências públicas é muito centrada em "especialistas em audiências públicas", que estão presentes em várias delas e que fazem frequente uso da palavra. Militantes, advogados e técnicos reencontram-se com assiduidade e fazem intervenções fundadas no conhecimento e na competência. Assim, o "objetivo inicial [das audiências públicas], que consistia em produzir um debate público o mais amplo e diversificado possível, com envolvimento das pessoas diretamente afetadas, tende a ser seriamente diminuído". Por tais motivos, guias orientados de participação pública enfatizam a necessidade de participação de minorias e de grupos em desvantagem e a inclusão de todos os grupos que possam ter algum interesse em relação ao projeto (Kvam, 2017; World Bank, 1999).

Não obstante, são as próprias limitações do público geral que justificam o papel de público esclarecido que assumem muitas organizações da sociedade civil. Não fosse pela atuação de algumas associações da sociedade civil, como ONGs ambientalistas, entidades profissionais e associações de moradores, entre outras, o debate público seria empobrecido ou sujeito à dicotomia há muito ultrapassada e encapsulada no mote "economia × ecologia" ou "desenvolvimento × conservação".

Outra limitação das audiências públicas é que elas tendem a favorecer o confronto e não a negociação. Em muitos casos, há um clima de enfrentamento não cooperativo que mais se assemelha a um embate nos tribunais do que a uma situação de consulta e diálogo. Claro que uma audiência pode ser muito diferente de outra. O nível de participação pode ser muito pequeno ou muito grande; o projeto pode ser relativamente consensual e esperado pela comunidade ou pode ser altamente polêmico; a atitude do proponente e do consultor pode ser de arrogância ou de humildade; o público pode ter maior ou menor grau de organização, em virtude de lutas passadas; a comunidade local pode estar dividida devido às expectativas positivas ou negativas em relação às consequências do projeto ou porque alguns esperam beneficiar-se dele, enquanto outros serão afetados negativamente.

No Brasil, as audiências públicas ambientais representam um importante espaço de debate e participação, mas também se deparam com muitas limitações. No Estado de São Paulo, a primeira audiência foi realizada em janeiro de 1988. Ferrer (1998), que estudou quarenta audiências públicas realizadas no Estado entre 1988 e 1996, observa que as audiências contribuem para o aprimoramento do processo de licenciamento ambiental e, principalmente, constituem fóruns em que os conflitos são explicitados, o que contribui para sua resolução. No entanto, "seu formato é inadequado", pois impede que sejam prestados esclarecimentos efetivos, não propiciam informações isentas, o tempo de réplica é pequeno (embora a duração das audiências possa ser longa, estendendo-se além do "limite de assimilação das pessoas"), possibilitam posicionamentos e "informações enganosas" sem que seus locutores possam ser responsabilizados, entre outras deficiências. Algumas audiências sobre empreendimentos controversos reuniram mais de 2 mil participantes. Muitas, porém, têm baixa participação, como constataram Duarte, Ferreira e Sánchez (2016), que analisaram atas de 25 audiências públicas em São Paulo, realizadas entre 2009 e 2012.

Os requisitos regulamentares de consulta pública no Brasil estão muito aquém das boas práticas empresariais.

Em síntese, algumas deficiências das audiências públicas ambientais são:

* têm uma dinâmica que favorece um clima de confronto;
* representam um jogo de soma nula, pois, devido à confrontação, raramente se consegue convergir para algum ponto em comum;
* dão margem à manipulação por aqueles que têm mais poder econômico ou maior capacidade de mobilização;
* ocorrem muito tarde no processo de AIA, quando muitas decisões importantes sobre o projeto já foram tomadas;
* a maior parte do público dispõe de pouquíssima informação sobre o projeto e seus impactos; os processos de informação pública que deveriam preceder a audiência são deficientes;
* grande parte do público não tem condições de decodificar e compreender a informação de caráter técnico e científico colocada à sua disposição;
* os tomadores de decisão raramente estão presentes (somente seus assessores);
* há um "déficit comunicativo implícito", uma vez que os "técnicos se colocam em um degrau superior ao dos cidadãos" (Webler; Renn, 1995, p. 24);
* uso frequente de argumentos de cunho técnico-científico em um contexto político no qual a verdade não pode ser verificada (Parenteau, 1988);
* surgimento de uma categoria de "especialistas em audiências públicas" que falam em nome do público (Parenteau, 1988);
* uso frequente de argumentos jurídicos e de ameaças de ações em Justiça, tentando invalidar ou tornar ilegítimas decisões tomadas anteriormente ou a ser tomadas.

Outras técnicas para facilitar o envolvimento, a consulta ou o diálogo com os interessados podem também ser empregadas no processo de AIA. As mais simples são as reuniões públicas, eventos informais promovidos pelo proponente, aos quais os interessados são convidados a comparecer para conhecer o projeto proposto e debater sobre suas consequências. Tais reuniões podem contribuir principalmente para determinação do escopo e preparação do EIA.

Para o sucesso de uma tal reunião – com afluência de interessados e presença de líderes ou de pessoas influentes na comunidade – é essencial que seja antes realizado um trabalho de divulgação e se busque cooperação de instituições locais, como igrejas, escolas ou associações comunitárias. A escolha de um local neutro e já conhecido da população, como um salão paroquial, uma escola ou ginásio municipal, facilita a participação.

Em uma reunião pública, o proponente do projeto e seu consultor podem fazer uma exposição sobre o tema, seguida de perguntas e debates, em uma sequência parecida com a de uma audiência pública. A reunião pode ser útil para ouvir as preocupações da comunidade e conhecer suas expectativas em relação ao projeto. Por exemplo, em uma reunião pública promovida por uma empresa de mineração no Estado do Rio de Janeiro, acerca de um novo projeto que previa a abertura de mina de uma substância não metálica de uso industrial, diversos moradores vizinhos manifestaram suas inquietações em relação ao suprimento de água, já que o bairro, apesar de situado em zona urbana, era abastecido por cacimbas individuais e não por rede pública. Como o EIA ainda estava em andamento, os consultores e o proponente decidiram que seria conveniente convidar algum especialista independente para realizar um estudo hidrogeológico. Embora suas conclusões fossem utilizadas no EIA, esse estudo seria integralmente anexado, para evitar qualquer suspeita de manipulação de dados. É interessante observar que os termos de referência desse EIA haviam dado pouca importância às águas subterrâneas, porque a análise preliminar indicara que algum impacto sobre a disponibilidade de água subterrânea seria de baixa probabilidade de ocorrência. Ao ficar evidente a preocupação do público com o tema, a programação do EIA foi revista.

Também podem ser realizadas reuniões com pequenos grupos, oficinas ou reuniões de trabalho, onde a participação se faz sob convite, não sendo, portanto, abertas a todos. Lideranças locais e formadores de opinião podem ser convidados para sessões de informação, de discussão ou mesmo reuniões visando a negociação de itens como modificações de projeto ou medidas compensatórias. Embora a autoridade pública sempre resguarde o direito de decidir, seus representantes podem também estar presentes e, em certos casos, atuar como mediadores informais de algum conflito real ou latente. Esse formato de consulta pode ser usado nas mesmas etapas do processo de AIA que as reuniões públicas.

A realização de pesquisas de opinião conhecidas como *surveys* é um método de levantar opiniões, preocupações e pontos de vista que talvez não fossem exprimidos em fóruns como audiências ou reuniões públicas. Essas pesquisas podem ser conduzidas com base em questionários que contenham perguntas preestabelecidas, ou na forma de entrevistas abertas, nas quais o pesquisador chega com alguns temas previamente definidos, mas deixa amplo espaço para que o entrevistado introduza outros assuntos de seu interesse. Essa técnica pode ser útil para a seleção das questões relevantes (definição de escopo) e para a preparação do EIA.

Outros métodos foram desenvolvidos para estimular a participação pública na formulação e avaliação de projetos de desenvolvimento, ultrapassando a noção de consulta e entrando em graus superiores de participação, como a "parceria" de Arnstein (1969). Em vez da participação ser uma resposta (ou uma reação) a um projeto já definido, métodos participativos são usados para gerar, conceber ou delinear projetos da base para o topo. No método conhecido como "Avaliação Rural Participativa" (*Participatory Rural Appraisal* – PRA) ou "Avaliação Rural Rápida" (*Rapid Rural Appraisal* – RRA), as populações locais coletam e analisam os próprios dados, ajudadas por facilitadores que organizam discussões em grupos, auxiliam a desenvolver critérios de classificação e ordenamento de prioridade, entre outras tarefas. Inúmeros outros métodos de planejamento participativo podem ser adaptados ou usados parcialmente em avaliação de impacto ambiental, quase sempre em uma perspectiva que ultrapassa a simples consulta pública.

16.5 PROCEDIMENTOS DE CONSULTA PÚBLICA EM ALGUMAS JURISDIÇÕES

Em muitos países, como o Brasil, a AIA foi pioneira na institucionalização de procedimentos formais de consulta e participação, como as audiências públicas. Nos EUA, a NEPA obrigou os agentes governamentais a informar e ouvir o público – segundo regras detalhadas – antes que as decisões fossem tomadas. Na atualidade, a consulta pública realizada em diversos momentos do processo de AIA é uma boa prática internacionalmente recomendada.

A convocação, a organização e o andamento de uma audiência pública devem ter regras definidas de antemão, e de conhecimento de todos os participantes. No Brasil, as audiências públicas ambientais têm muito pouca regulamentação. Há regras sobre as condições em que devem ser convocadas, porém poucas regras de procedimento ou de conteúdo.

No Estado de São Paulo, o desenrolar de uma audiência pública é regulamentado pelo Conselho Estadual de Meio Ambiente (Consema). A convocação e a organização são feitas pela Secretaria Executiva do Consema, colegiado integrante da Secretaria do Meio Ambiente. A realização da audiência deve ser divulgada por meio de jornais e outros meios de comunicação locais (por exemplo, radiodifusão e carros de som); o EIA e o Rima devem estar à disposição do público por um período mínimo de quinze dias, em algum local de fácil acesso, e são também mantidos à disposição na internet. As audiências são marcadas para o período da noite, para facilitar a participação, e podem durar várias horas. Pode ser realizada mais de uma audiência para debater o mesmo projeto, mas cada uma não se prolonga para mais de um dia. Há a apresentação do projeto e do EIA, manifestações de entidades cadastradas no Consema, de cidadãos, de representantes de órgãos públicos, de membros do Conselho, de parlamentares e de membros do governo, nessa ordem. Seguem-se respostas do empreendedor e do consultor, cabendo réplica apenas aos conselheiros.

Além de manifestar-se verbalmente, os participantes podem apresentar documentos ou requerimentos. Ademais, qualquer interessado, mesmo que não tenha participado da audiência pública, pode também enviar à Secretaria do Meio Ambiente documentos ou petições relativas ao projeto em questão. Para cada audiência, a Secretaria Executiva do Consema prepara uma ata contendo a síntese das intervenções dos participantes e a relação dos documentos entregues. Os debates e as apresentações são também gravados.

Uma audiência pública nunca é decisória. Nada se vota nem se resolve, uma vez que a decisão cabe ao órgão licenciador. No entanto, os debates e questionamentos ocorridos podem influenciar a decisão, até naquilo que se refere à mitigação ou compensação de impactos adversos, assim como acerca de compromissos que possam ser publicamente assumidos pelo empreendedor, mesmo que não venham a constar das condições da licença ambiental.

Outro exemplo de procedimento para audiências públicas ambientais é mostrado no Quadro 16.2, que resume os procedimentos empregados no Quebec. Nessa província, há uma entidade independente criada por lei, o Escritório de Audiências Públicas Ambientais (*Bureau d'Audiences Publiques sur l'Environnement* – Bape), composto de comissários nomeados pelo ministro[4] do Meio Ambiente, que têm como única função a de promover consultas públicas. Os comissários são apontados por períodos de seis anos e inamovíveis durante seus mandatos.

4Cargo equivalente ao de secretário de Meio Ambiente para um Estado brasileiro.

Depois de concluído e considerado adequado pelos serviços técnicos do Ministério (Diretoria de Avaliações Ambientais), o EIA é colocado à disposição do público durante 45 dias, período em que qualquer cidadão, associação ou prefeitura pode solicitar a realização de uma audiência pública. Compete ao Ministro aceitar o pedido e determinar ao Bape que realize a audiência. No Brasil, a audiência pública é também realizada depois da conclusão do EIA, porém antes que se termine sua análise por parte do órgão licenciador. A diferença entre o procedimento brasileiro e o canadense deve-se à competência para tomar decisões de autorização, que, no caso quebequense, é do Conselho de Ministros, ao passo que, no Brasil, a decisão cabe à autoridade ambiental. No Quebec, a Diretoria de Avaliações Ambientais do Ministério gerencia todo o processo de AIA, desde a triagem até a análise técnica, e pode não aceitar um EIA em razão de deficiências que prejudiquem a boa avaliação do projeto proposto. Todavia, uma vez que o EIA seja considerado satisfatório (ou seja, descreveu e analisou adequadamente as consequências do projeto, mesmo que haja impactos adversos significativos), a decisão passa a uma instância su-

Quadro 16.2 Regras para condução de audiências públicas no Quebec, Canadá

Etapa do processo de consulta

1. Um cidadão ou uma associação requer ao ministro do Meio Ambiente a realização de uma audiência pública para discutir um projeto.

2. Se o pedido é aceito, o presidente do Escritório de Audiências Públicas Ambientais (Bape) nomeia uma comissão de consulta e seu responsável.

3. A realização da audiência é publicada nos jornais e na internet.

4. A comissão de consulta realiza reuniões preparatórias com o proponente do projeto e com o requerente da audiência.

5. Realização da primeira parte da audiência com a seguinte sequência:
   - explicações preliminares (comissão de consulta);
   - explanação do requerente sobre os motivos da solicitação de audiência;
   - apresentação do proponente do projeto, principalmente sobre o EIA;
   - depoimentos de outras pessoas;
   - questões colocadas pelo público.

6. Encaminhamento de documentos, pareceres ou relatórios dos interessados.

7. Realização da segunda parte da audiência, com a seguinte sequência:
   - alocução dos representantes de entidades ou cidadãos que apresentaram previamente documentos ou pareceres ou que desejem se exprimir verbalmente;
   - a comissão de consulta pode ouvir ou dirigir perguntas ao proponente do projeto, ao requerente da audiência pública ou a qualquer outra pessoa.

8. Preparação do relatório final da comissão de consulta.

9. Publicação e divulgação do relatório final.

Fonte: Règles de Procédure Relatives au Déroulement des Audiences Publiques, Q-2, r. 19.

perior (Sánchez; André, 2013). Nenhuma dessas duas filosofias pode ser julgada como superior, pois sua prática depende das condições objetivas de cada jurisdição. Essa questão será aprofundada no Cap. 17.

O Bape dispõe de quatro meses para realizar a audiência e preparar seu relatório. As audiências desenrolam-se em duas partes, com intervalo de 21 dias. Cada parte pode durar vários dias, consecutivos ou não (a duração usual é de três a cinco dias). A primeira parte da audiência tem função informativa. Nela, o proponente apresenta o projeto, suas justificativas e seus principais impactos, assim como as medidas mitigadoras propostas. O público pode fazer perguntas sobre o projeto, suas alternativas, os estudos realizados, mas a formulação de críticas e opiniões deve ser deixada para a segunda parte da audiência, e os comissários têm poder de cortar a palavra dos participantes durante a audiência. Os comissários também questionam o empreendedor e seu consultor e podem convocar representantes de órgãos públicos para prestar esclarecimentos. A sequência de apresentações e de perguntas, os tempos e a própria disposição dos participantes na sala seguem uma ordem precisa. Atualmente, as audiências são transmitidas ao vivo pela internet.

Pareceres, opiniões ou quaisquer outros documentos podem ser encaminhados ao Bape antes da segunda parte da audiência, quando se estabelece um debate sobre o projeto, suas justificativas, alternativas, seus impactos diretos e indiretos, sempre mediado pela comissão, que também nessa parte tem um papel ativo ao dirigir perguntas não somente ao proponente, mas também aos participantes da audiência. A divisão da audiência em duas partes é "o que torna original o procedimento, que assegura a exatidão e a integralidade da informação, e que permite a despolarização do debate" (Bape, 1994b, p. 11).

Terminada a segunda parte, os comissários preparam um relatório dirigido ao Ministro que, em seguida, é publicado. Todo o acervo de relatórios de consulta e audiência pública do Bape está disponível na internet. Exemplos do sumário desses relatórios são mostrados no Quadro 16.3, observando-se que a estrutura e o conteúdo são definidos sob medida para melhor tratar das questões particulares de cada caso. O Bape não tem nenhum poder de decisão, mas cumpre uma função de promover ativamente uma consulta pública. Todos os seus relatórios são públicos, assim como os documentos apresentados durante a audiência. Muitas vezes há uma duplicação entre o trabalho de análise técnica do EIA realizado pela Direção de Avaliações Ambientais do Ministério do Meio Ambiente e o conteúdo dos relatórios do Bape, mas a independência dos comissários é um fator de credibilidade muito prezado pela sociedade local.

Digno de nota é o mecanismo existente na legislação federal canadense, e também em algumas províncias, de auxílio financeiro para que os interessados participem do processo de consulta pública. À semelhança do procedimento do Quebec, no processo federal as audiências também são longas e dirigidas por uma comissão com poderes de requisitar documentos e depoimentos. A participação do cidadão comum não é muito simples, e para reduzir as dificuldades de acesso e decodificação de informação técnica há fundos disponíveis, em montantes limitados, que cidadãos, associações locais e outras entidades podem pleitear, mediante justificativa, para contratar assessoria técnica que facilite seu entendimento e análise dos estudos e documentos apresentados. Esses recursos também podem ser empregados para produzir documentos, adquirir certos materiais informativos e cobrir despesas de viagem, entre outros.

Já um modelo oposto de consulta pública é adotado na Austrália, aqui exemplificado pelo procedimento estabelecido pela legislação do Estado da Austrália Ocidental. Não há consulta pública, mas a obrigatoriedade, para o empreendedor, de realizar sua própria

Quadro 16.3 Exemplo de estrutura de um relatório de consulta e audiência pública no Quebec

Contorno ferroviário de uma cidade (2019)		Parque eólico (2016)	
Resumo	4 pgs.	Resumo	6 pgs.
Introdução	12 pgs.	Introdução	3 pgs.
1. O projeto de ferrovia de contorno	6 pgs.	1. O projeto e seu contexto	5 pgs.
2. As preocupações e as opiniões dos participantes	14 pgs.	2. As preocupações e as opiniões dos participantes	14 pgs.
3. A governança	9 pgs.	3. As questões ecológicas	17 pgs.
4. A escolha do traçado	13 pgs.	4. As questões humanas	30 pgs.
5. O meio humano	16 pgs.	5. As considerações econômicas e a estrutura do projeto	23 pgs.
6. O meio natural	10 pgs.	6. As questões sociais	8 pgs.
7. O risco de acidentes tecnológicos	9 pgs.		
Conclusão	2 pgs.	Conclusão	3 pgs.
Anexos		Anexos	
Bibliografia		Bibliografia	

consulta e de documentar todas as atividades realizadas – tais como listas de presença em reuniões abertas, convocatórias ou convites etc. – e relatar o processo e suas conclusões no EIA. O órgão ambiental – a Autoridade de Proteção Ambiental (EPA) – tem apenas duas funções de consulta pública: (1) verificar os documentos apresentados pelo empreendedor como parte de sua tarefa de análise técnica do EIA, e (2) realizar uma consulta, somente pela internet, em determinados momentos do processo de AIA: triagem, determinação do escopo e análise do EIA. Na etapa de análise, um período de consulta pública é anunciado, uma cópia eletrônica do EIA fica disponível por um período de tempo predeterminado (e cópias físicas podem ser solicitadas pelo correio, a um preço limitado a 10 dólares) e os interessados podem enviar seus comentários em um formulário próprio, com espaço limitado, através do site da EPA.

Uma reunião pública aberta promovida pelo empreendedor para discutir um projeto de construção de uma via expressa urbana na cidade de Perth é ilustrada na Fig. 16.5. Uma reunião marcada durante um dia inteiro em um fim de semana, em espaço próximo ao local do projeto, comporta exibição de vídeos, de documentos de projeto (desenhos, ilustrações, fotos) e a presença de uma equipe de técnicos da empresa de consultoria e de representantes do empreendedor para conversar com o público interessado. Oponentes podem comparecer, distribuir material e também conversar com o público.

O registro, no EIA, dos resultados da consulta pública, com uma síntese dos pontos levantados e a indicação de como são tratados no EIA, é uma exigência. Como exemplo, mostra-se no Quadro 16.4 um extrato de como o EIA de um projeto de expansão de uma mina de ferro em uma região ao Norte do Estado (Pilbara) sintetiza a consulta pública.

Os exemplos do Quebec e da Austrália ilustram abordagens muito distintas para a consulta pública. Há ainda outros formatos em uso em outras partes do mundo. Possivelmente, a consulta pública seja a etapa do processo de AIA na qual haja menos convergência internacional.

16.6 Engajamento das partes interessadas

Além de requisito legal, a participação pública é reconhecida como boa prática empresarial. Usando a conceituação de Webler e Renn (1995), as corporações deveriam apoiar e promover voluntariamente a consulta pública por razões funcionais, ou seja, porque "produz resultados", podendo reduzir custos e encurtar prazos. Pragmatismo e eficiência são ilustrados por Millison e Hettige (2005, p. 40), que, ao analisarem retrospectivamente projetos financiados pelo Banco Asiático de Desenvolvimento, observaram que "o processo de consulta [pública]

Fig. 16.5 *Técnica (esq.) conversa com cidadã durante uma sessão de consulta pública na Austrália, que envolveu um levantamento da opinião dos presentes sobre as questões mais relevantes relacionadas ao projeto. No registro da foto, as questões de "ambiente" sobrepujavam as demais*

Avaliação de Impacto Ambiental: conceitos e métodos

Quadro 16.4 Extrato de um quadro-síntese sobre questões levantadas durante a consulta pública do projeto de expansão de uma mina de ferro e seu tratamento no EIA

Parte interessada	Questões levantadas	Resposta do proponente
Organizações não governamentais		
Conselho de Conservação da Austrália Ocidental	Os impactos do bombeamento de água da cava precisam levar em conta eventos climáticos extremos, como secas, para avaliar os impactos no Parque Nacional Karijini	Os impactos combinados do bombeamento de água da cava e eventos climáticos extremos, como secas, são tratados na seção 5.5
	Consideração dos crescentes custos de combustível e da taxa de carbono sobre os custos de fechamento	Os custos de fechamento são revistos anualmente e o plano de fechamento é atualizado a cada cinco anos. Quaisquer mudanças significativas nos custos de fechamento [...] serão levadas em conta nas revisões, para garantir que o cálculo da provisão financeira seja acurado (seção 5.10)
Comunidade		
Povo Guruma oriental	Oportunidades de emprego	As empresas aborígenes terão oportunidade de participar de licitações
	Proteção de sítios históricos	A proteção dos sítios patrimoniais aborígenes identificados é tratada na seção 5.8

Fonte: Rio Tinto, 2008.

não foi muito eficaz [...] [e] resultou em identificação imprópria de impactos, surgimento de expectativas irrealistas entre as pessoas afetadas e medidas mitigadoras inadequadas". O Banco Mundial também recorda que a inadequada identificação de interessados pode representar custos adicionais para o projeto e também levar informação incompleta ou incorreta a circular publicamente, criando um clima de hostilidade à proposta (World Bank, 1999).

O conceito de engajamento tem sido usado com uma acepção mais ampla que a de participação pública. A IFC, ao atualizar sua política em 2011, substituiu a exigência de que os clientes apresentassem um "Plano de Consulta Pública e Divulgação" pela preparação de um "Plano de Engajamento de Partes Interessadas", e o Banco Mundial, em sua nova Estrutura Ambiental e Social, tem uma norma específica, o Padrão Ambiental e Social 10 – Engajamento de Partes Interessadas e Divulgação de Informações.

Os empreendedores têm, basicamente, dois caminhos para se relacionar com o público quando preparam um novo projeto. O caminho tradicional é descrito como o "modelo DAD", ou seja, "decida, anuncie, defenda", em que o público é apenas informado, não participa, ou é convidado apenas quando as principais decisões já foram tomadas e as únicas ações de participação pública são aquelas obrigatórias. O engajamento com as partes interessadas é também conhecido como EDD, de "engaje, delibere, decida", que possibilita evitar conflitos e chegar a soluções mutuamente aceitáveis, mas deve ser iniciado cedo, pode consumir bastante tempo e tem custo razoavelmente conhecido desde o início. Já o custo do modelo DAD é desconhecido: o empreendedor pode "passar" facilmente pelo crivo administrativo e público, mas também pode ser "barrado" por uma oposição organizada ao seu projeto, adiando seu início ou mesmo o inviabilizando.

É interessante observar que, mesmo em uma jurisdição onde a consulta pública oficial é muito desenvolvida – o Quebec –, os próprios termos de referência para um EIA determinam que o proponente de um projeto deve promover a participação pública *antes* de sua conclusão, procurando conhecer os pontos de vista do público e oferecer soluções aceitáveis aos cidadãos. Dessa forma, espera-se que questões de âmbito local possam ser resolvidas diretamente entre as partes, sem recurso ao processo oficial, que é custoso – cada processo completo de consulta e audiência pública custa, em média, CAN $ 250 mil.

> Para que seja eficaz, o engajamento com as partes interessadas precisa começar durante a preparação do projeto.

Os tomadores de empréstimo dos bancos de desenvolvimento e dos signatários dos Princípios do Equador também devem cumprir etapas apropriadas de consulta pública e documentá-las. O Padrão de Desempenho 1 requer que os clientes executem as seguintes tarefas:

* *análise das partes interessadas e planejamento de seu engajamento*: identificar as partes interessadas, incluindo as comunidades afetadas, e aplicar um plano de engajamento que seja proporcional aos riscos e impactos do projeto, podendo adotar medidas diferenciadas para facilitar a participação efetiva de grupos vulneráveis ou em desvantagem;
* *divulgação e disseminação de informação*: prover informação sobre o projeto, seus potenciais impactos para as comunidades e medidas de mitigação relevantes;
* *consulta*: "proporcionar às comunidades afetadas a oportunidade de expressar seus pontos de vista sobre os riscos, os impactos e as medidas de mitigação do projeto e permitir ao cliente analisá-los e responder a eles" (§ 30).

Esse padrão da IFC requer uma ação afirmativa para tratar desigualmente os desiguais, ou seja, aqueles desfavorecidos social ou economicamente, o que geralmente não é previsto pelos processos governamentais de participação, que pressupõem igualdade de todos. No caso de deslocamento involuntário, são necessários cuidados adicionais de engajamento (Kvam, 2017), e há requisitos adicionais para comunidades indígenas.

Pode ser necessário um esforço vigoroso para conseguir a aceitação pública de um novo projeto, mas não há garantias de que isso será conseguido. Em um período de dois anos que precedeu a aprovação da primeira mina canadense de diamantes, situada no norte do país, em uma região pouco povoada, mas inserida em território tradicional de comunidades indígenas (denominadas, no Canadá, de "Primeiras Nações", isto é, aquelas que precederam a chegada dos colonizadores europeus), a equipe do proponente (uma grande empresa australiana com operações em muitos países) realizou cerca de trezentas reuniões com mais de cinquenta diferentes grupos de interesse (Azinger, 1998). Naturalmente, não foram meras reuniões de informação, mas encontros de discussão e negociação, que resultaram em compromissos assumidos pela empresa, como a contratação preferencial de pessoal da região.

Nos processos voluntários de consulta é importante tratar de identificar quais são os potenciais grupos de interesse, em vez de esperar que eles "apareçam". Além da identificação das partes interessadas, pode ser conveniente fazer o chamado mapeamento, que inclui uma interpretação do grau de interesse e do grau de influência de cada grupo. O mapeamento de *stakeholders* procura identificar os grupos interessados ou potencialmente afetados pelo projeto, identificando também seus interesses e avaliando seu possível grau de influência sobre as decisões de projeto. O perfil de cada grupo inclui uma descrição de seu interesse relativo ao projeto, seu grau de influência e sua importância para o empreendedor. Ações de comunicação podem, então, ser planejadas levando em conta o perfil de cada grupo, em vez de se promover uma comunicação "genérica", voltada a qualquer interessado.

Em alguns casos, as partes interessadas podem ser comunidades situadas a grandes distâncias. No exemplo da mina canadense de diamantes (Azinger, 1998), grupos nativos localizados a 550 km foram incluídos na consulta, pois caçavam caribus, cujas manadas, migratórias, utilizavam a área do projeto. Uma das principais recomendações de guias e manuais de consulta pública é "ser inclusivo", não deixando de fora nenhum grupo ou indivíduo que declare ter interesse. World Bank (1999, p. 6) enfatiza que a identificação de grupos de interessados é "elemento crítico" do processo de consulta, e sugere que se busque identificar: (i) aqueles que serão diretamente afetados; (ii) aqueles que serão indiretamente afetados; (iii) aqueles que tenham um interesse; e (iv) aqueles que sintam que poderão ser afetados. O Padrão Ambiental e Social 10 classifica esses grupos em "partes afetadas pelo projeto" e "outras partes interessadas".

A divulgação pública do projeto auxilia na identificação dos grupos de interesse. Muitas vezes, há pouca participação por falta de informação (o primeiro pilar do Princípio 10 da Declaração do Rio), e somente tarde demais os cidadãos descobrem que serão afetados. Por exemplo, a construção da linha 4 do metrô de São Paulo levou ao fechamento de ruas e ao isolamento permanente de alguns quarteirões, causando um aumento nos tempos de viagem (para automóveis, ônibus, ciclistas e pedestres) para deslocamentos transversais próximos a uma extremidade da linha. Quando comerciantes e moradores descobriram o fato e perceberam que seriam prejudicados, mobilizaram-se para tentar manter aberta uma rua, mas era tarde demais para modificar o projeto, mesmo com pressão política de vereadores.

Nesse caso, o descontentamento popular não teve nenhuma influência sobre o projeto, mas em outros pode levar a questionamentos por via judicial e a atrasos na implantação. O mapeamento de partes interessadas envolve a identificação de cada uma delas (por exemplo, uma entidade, como associação de moradores e seu representante, ou indivíduos), um entendimento de seus interesses em relação ao projeto, uma apreciação de seu grau de informação sobre o projeto e uma avaliação de seu grau de influência. Podem ser influentes entidades ou indivíduos que sejam lideranças locais, que tenham destaque político ou que sejam formadores de opinião, entre outros. Para realizar um bom mapeamento de partes interessadas pode ser necessário realizar entrevistas, caso em que necessariamente informações sobre o projeto devem ser apresentadas.

O mapeamento das partes interessadas pode ter como produto a formulação de estratégias ou de ações de comunicação. A Fig. 16.6 indica uma forma usual de representar *stakeholders*, combinando a interpretação de seu interesse com sua possível influência sobre as decisões atinentes ao projeto. Cada um é colocado em determinada posição no campo interesse × influência. Assim, os esforços de consulta e comunicação poderão ser concentrados sobre o grupo dos atores-chave. As formas de consulta poderão ser diferentes para grupos distintos, assim como o tipo e o conteúdo da informação.

Os meios de divulgação (material escrito, visual, exposições orais, conversas frente a frente etc.) deverão ser escolhidos de acordo com as características de cada grupo de interessados. Claramente, a maneira de abordar populações tradicionais não pode ser a mesma usada para comunicação com uma ONG ambientalista de atuação internacional, por exemplo.

A riqueza do processo está nos intercâmbios que se possam estabelecer e no entendimento mútuo que se possa construir – desde que o proponente do projeto esteja aberto ao diálogo. Caso contrário, em vez de assessoria técnica, deve contratar uma agência de publicidade e se engajar em uma estratégia de manipulação ou persuasão (Figs. 16.2 e 16.3).

Depois da disseminação de informação sobre o projeto e de um primeiro mapeamento dos pontos de vista, expectativas, demandas e objeções dos interessados, é preciso organizar as discussões em torno de alguns pontos-chave. Por exemplo: há questões a serem elucidadas no EIA? Há demandas específicas que possam ser atendidas? Há alternativas que devam ser exploradas? Esta última questão pode ser ilustrada por uma demanda frequente em projetos industriais, a de reduzir os incômodos causados pelo tráfego de veículos induzido pelo empreendimento, particularmente caminhões. Ao identificar previamente tal demanda, a empresa pode explorar vias de acesso alternativas antes de incorrer em custos de construção e mais tarde precisar fazer modificações, invariavelmente mais caras.

Intercâmbio e diálogo formam o caldo de cultura necessário para que avance o processo de engajamento. Para que apareçam frutos, é necessário vencer resistências (inclusive internas à empresa ou organização que promove a consulta voluntária) e forjar um clima de confiança, o que sempre leva tempo. Ainda que as discussões possam ampliar o horizonte inicial do proponente, é importante não perder de vista o objetivo do trabalho, organizando as atividades e mantendo um registro dos avanços. Planilhas, diagramas e versões sucessivamente atualizadas de pontos de acordo são algumas ferramentas que ajudam a não perder objetividade durante o processo de consulta e negociação.

Uma vez que se tenha chegado a consensos, todos têm a ganhar se compromissos escritos, como memorandos de entendimento, forem firmados, pelo menos entre algumas das partes envolvidas. O passo seguinte será implementar as decisões e monitorar seus resultados. Não é raro que grupos ou indivíduos inicialmente muito interessados desapareçam de súbito, ou que novos grupos ou indivíduos venham se juntar ou apareçam no decorrer ou no final do processo de consulta. Tampouco é raro que mudanças de diretores ou gerentes levem ao desmonte do que foi negociado.

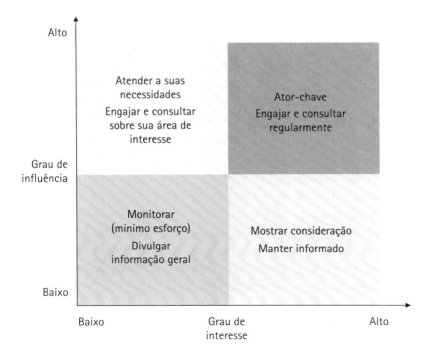

Fig. 16.6 *Diagrama de mapeamento de partes interessadas*

Depois de aprovado o projeto, é recomendável manter um centro de informação durante todo o período de construção, no qual se possa receber reclamações, sanar dúvidas e veicular informações sobre o projeto. Idealmente, esse centro deveria ter, pelo menos, uma pessoa permanente, suficiente e adequadamente informada e conhecedora do projeto. O centro deve ser instalado em um local visível e de fácil acesso, localizado fora do canteiro de obras ou de áreas industriais ou operacionais. Naturalmente, ele pode ser complementado por um centro virtual (internet), cuja função não é substituir o centro físico. A criação e a operação de um mecanismo formal de queixas e reclamações são uma exigência dos bancos de desenvolvimento, ao financiarem projetos que possam causar impactos significativos.

16.7 A CONSULTA AOS POVOS INDÍGENAS

Os termos "consulta livre, prévia e informada" e "consentimento livre, prévio e informado" são usados com relação à participação pública de povos indígenas. O "consentimento" é requerido nos termos da Convenção 169 da Organização Internacional do Trabalho, de 27 de junho de 1989, sendo também mencionado em diferentes artigos da Declaração das Nações Unidas sobre os Direitos dos Povos Indígenas e Tribais (adotada pela Assembleia Geral em setembro de 2007).

Essa Declaração não vinculante (isto é, os estados signatários não são obrigados a cumpri-la) não estabelece novos direitos, apenas reforça políticas de direitos humanos em favor de povos indígenas (Hanna; Vanclay, 2013). Já a Convenção da OIT é vinculante. O primeiro país a aderir à Convenção foi a Noruega, em junho de 1990. Vários países latino-americanos são signatários, como Colômbia, que aderiu em 1991, Brasil, em 2002, e Chile, em 2008. Cada país desenvolve procedimentos próprios para realizar a consulta.

O Art. 6º da Convenção requer que a consulta seja "de boa-fé", conduzida mediante "procedimentos apropriados" e por meio das "instituições representativas" dos povos indígenas. O Art. 7º é explícito quanto ao direito desses povos em "decidir suas próprias prioridades quanto ao processo de desenvolvimento, na medida em que estes afetem suas vidas, crenças, instituições e bem-estar espiritual e as terras que ocupem". O mesmo artigo atribui aos governos a obrigação de velar por que sejam realizados estudos "a fim de avaliar a incidência social, espiritual e cultural e sobre o meio ambiente" que atividades de desenvolvimento possam vir a causar, e que os resultados desses estudos sejam considerados nas decisões.

O Padrão de Desempenho 7 – Povos Indígenas, da IFC, requer que a consulta se dê de maneira "culturalmente apropriada" e com tempo suficiente para atingir uma "conclusão legítima para a maioria dos participantes" (§ 10). O consentimento prévio é necessário quando: (1) houver impactos sobre a terra e aos recursos naturais comuns; (2) houver necessidade de relocação; (3) afetar patrimônio cultural crítico. O Padrão Ambiental e Social 7 – Povos Indígenas, do Banco Mundial, estabelece condições parecidas para a obtenção de consentimento, entendido como "apoio coletivo" dos povos afetados, "obtido por meio de um processo culturalmente apropriado" (§ 26).

Entretanto, há vários problemas práticos para implementar algum mecanismo de consentimento livre, prévio e informado, como os apresentados por Esteves, Franks e Vanclay (2012): (i) definir quem tem direito de consentir e quem representa as comunidades afetadas; (ii) decidir quem tem legitimidade como provedor de informação; (iii) o direito ou a capacidade das comunidades de retirar um consentimento já dado. No caso da barragem de Belo Monte, questionamentos acerca da adequação da consulta, nos termos da Convenção 169, foram levados à Justiça pelo Ministério Público e à Comissão Interamericana de Direitos Humanos e à própria OIT por ONGs. O relatório de um comitê de especialistas nomeado pela OIT observou que, apesar de todas as consultas e reuniões realizadas,

> segundo a documentação e a informação apresentada pelo Governo, os procedimentos adotados até o momento, apesar de terem sido amplos, não reúnem os requisitos estabelecidos nos artigos 6 e 15 da Convenção [...] e tampouco demonstram que se tenha permitido aos povos indígenas participar de maneira efetiva na determinação de suas prioridades, em conformidade com o artigo 7 da Convenção. (Brasil. Aplicación del Convenio 169. Informe OIT CEARC 2012).

O Art. 6º da Convenção requer a consulta sempre que houver medidas legislativas ou administrativas que possam afetar os povos indígenas e tribais, o que é o caso do licenciamento de projetos em terras indígenas, para os quais é necessária uma autorização do Congresso.

No Brasil, as reuniões de consulta são chamadas de oitivas, mas seus procedimentos são pouco regulamentados. Alguns povos indígenas vêm desenvolvendo *protocolos de consulta e consentimento*, regras fundamentadas na Convenção 169. Por exemplo, alguns extratos do documento preparado pelos Waiãpi, do Amapá, são transcritos a seguir:

* A consulta tem que ser feita quando a decisão de fazer um projeto ainda pode ser mudada.
* O governo não pode vir com um projeto já decidido e depois querer consultar os Wajãpi.
* O governo também tem que garantir recursos para os Wajãpi terem acesso a informação e assessoria independente para avaliar os impactos dos projetos e outras decisões de interesse do governo.

Alguns países dispõem de procedimentos de consulta a povos indígenas integrados a seus sistemas de AIA, como o Canadá. Um exemplo nesse país são os acordos para avaliação de projetos no norte do Quebec, firmados em novembro de 1975 entre os governos federal e provincial e duas nações indígenas, os Cri e os Inuit. Os termos desses acordos incluem a decisão partilhada sobre projetos de significativo impacto ambiental. Ambas nações indígenas têm suas próprias equipes técnicas de análise de estudos de impacto ambiental e de acompanhamento de empreendimentos em seus territórios, mas o caminho foi longo. Na província de Colúmbia Britânica, uma lei aprovada em novembro de 2019 alinha os requisitos legais para aprovação de projetos às diretrizes da Declaração das Nações Unidas sobre os Direitos dos Povos Indígenas e Tribais.

No Chile, a consulta aos povos indígenas é conduzida pelo Serviço de Avaliações Ambientais de forma equivalente à consulta pública, porém seguindo rito próprio, um protocolo sobre o Processo de Consulta a Povos Indígenas.

A TOMADA DE DECISÃO NO PROCESSO DE AVALIAÇÃO DE IMPACTO AMBIENTAL

17

Várias decisões são tomadas, por diferentes protagonistas, ao longo do processo de avaliação de impacto ambiental: decisões sobre alternativas de projeto, escopo dos estudos, medidas mitigadoras, mas a principal decisão diz respeito à aprovação do projeto e às condições para sua implementação, que, por sua vez, depende das demais. Assim, configura-se "uma sucessão de decisões parciais que conduzem a uma tomada final de decisão" (André et al., 2003, p. 158).

Algumas decisões são tomadas basicamente pelo proponente (frequentemente auxiliado por um consultor), como a formulação de alternativas e a escolha entre elas. Outras resultam da interação entre proponente, consultor e autoridade reguladora, às vezes incluindo o público, como os termos de referência para o EIA. Durante a realização dos estudos, tomam-se várias decisões sobre a necessidade de mitigação ou de modificações de projeto que possam evitar impactos ou reduzir sua magnitude ou importância. Essa, aliás, é uma das partes mais ricas do processo de AIA, usada para auxiliar o planejamento de projetos, e quase sempre ela se dá no âmbito privado, em reuniões, discussões (e mesmo disputas) entre o proponente, o projetista e o consultor ambiental (Costanzo; Sánchez, 2014). Somente os resultados vão a público, por intermédio do EIA.

Outras decisões decorrem de negociação com as partes interessadas, como programas de compensação ou certas medidas mitigadoras. Contudo, a decisão mais importante é a aprovação (ou não) do projeto, e as condicionantes decorrentes. Na verdade, o mais usual é decidir sobre as condições para a realização do projeto. Em certos casos, elas podem implicar custos elevados e levar à desistência do projeto. Em seu exame comparativo de procedimentos de AIA em diversos países, Wood (1994, p. 183) notou, a respeito do balanço entre objetivos de proteção ambiental e benefícios econômicos e sociais que norteia a maioria das decisões, que "é provável [...] que os tomadores de decisão tendam a aprovar a ação, a menos que haja razões politicamente avassaladoras para recusá-la, mas negociem melhorias nos benefícios e maior mitigação dos impactos negativos".

Há também as outras decisões, que são tomadas após a aprovação do projeto, durante a construção e funcionamento, e que têm repercussões ambientais. Por exemplo, os resultados de monitoramento podem levar a novas modificações de projeto ou a novas medidas mitigadoras, caso sejam detectados impactos significativos não previstos.

Trata-se, portanto, de decisões múltiplas e sequenciais, sobressaindo a decisão sobre aprovação do projeto.

17.1 MODALIDADES DE PROCESSOS DECISÓRIOS

O poder decisório acerca dos empreendimentos sujeitos ao processo de AIA varia entre jurisdições. Há locais em que a decisão compete a uma autoridade ambiental; em outros, a competência é de uma autoridade setorial, cuja competência abarca um setor da atividade econômica, por exemplo, o florestal ou o energético, ou, ainda, uma autoridade de planejamento territorial, como é o caso do Reino Unido. Há jurisdições nas quais as decisões são formalmente tomadas por instâncias governamentais que congregam diferentes interesses, como conselhos de ministros. Qualquer que seja a modalidade, a decisão é tomada diretamente por representantes políticos ou é delegada a altos funcionários indicados politicamente. Para dar maior credibilidade ao processo, alguns países, como Holanda e Canadá, entregam a análise do EIA e a consulta pública a organismos independentes, cujos integrantes têm autonomia e mandatos fixos, sendo inamovíveis durante o mandato, mas a decisão mantém-se na esfera política.

O tomador de decisão político certamente não irá ler a totalidade do EIA, seus anexos e documentos complementares. Sua decisão será baseada em informações prestadas por assessores e em pressões políticas visando promover interesses quase sempre contraditórios (seção 14.1).

Embora a formalidade do processo decisório seja importante para a efetividade do processo de AIA e para o controle social, o mais relevante é seu aspecto substantivo. A questão-chave é saber se as conclusões da AIA são realmente refletidas nas decisões tomadas. Muitos autores apontam a fraca integração dos resultados da AIA às decisões como questão crítica (Lee, 2000b), ao passo que Wood (2008, p. 22) reporta que "a prática da AIA não necessariamente muda a direção final da decisão" (no sentido de aprovação da proposta), mas "as informações geradas durante o processo sim influenciam decisões relativas a mitigação e alternativas de projeto".

O caso americano

O caso americano é sempre uma referência nos estudos sobre AIA, devido ao pioneirismo da NEPA, a *National Environmental Policy Act*. Segundo essa lei, são as agências do governo federal as responsáveis pela condução do processo de AIA e também pela tomada de decisão[1]. Estas podem ser as próprias promotoras do projeto (principalmente obras públicas), provedoras de fundos ou financiadoras (por exemplo, para a construção de conjuntos habitacionais), ou podem ter atribuição de autorizar projetos privados, em virtude de outras leis. Assim, em muitos casos, o tomador de decisões é o próprio interessado na aprovação e execução do projeto ou programa, característica que propicia severas críticas à lei americana, vista como exercendo "influência limitada sobre as decisões" (Ortolano, 1997, p. 325).

A Agência de Proteção Ambiental (*Environmental Protection Agency* – EPA) tem função de analisar todos os EIAs e emitir um parecer, mas não tem poder decisório nem de veto. O Conselho de Qualidade Ambiental (seção 2.1) pode ser acionado em caso de discordância da EPA ou de qualquer outra agência federal, mas seus pareceres tampouco são compulsórios. Entretanto, quando ocorre discordância intragovernamental, a própria ameaça de levar o caso para aquele Conselho tem sido um estímulo para que se chegue a um acordo (Wood, 1994).

Mesmo assim, a NEPA parece ter tido significativa influência sobre a maneira como os projetos são formulados, e principalmente sobre a transparência do processo decisório, dado o caráter público dos documentos que integram o processo de AIA, as oportunidades de consulta e manifestação públicas, e o controle judicial exercido pelos tribunais, com sua interpretação muito estrita de que todos os procedimentos estabelecidos pela NEPA devam ser rigorosamente cumpridos (Kennedy, 1984).

O procedimento americano é essencialmente de autoavaliação, cabendo a decisão às agências setoriais ou responsáveis pela gestão de terras públicas, como o Serviço Florestal ou o Escritório de Gestão de Terras. No caso de projetos privados, os proponentes submetem seus projetos e seus estudos, mas é a agência que o autoriza que tem a obrigação legal de preparar o EIA e submetê-lo à consulta pública. São os dispositivos legais que asseguram transparência e a possibilidade de controle do público, de controle judicial e de controle administrativo, exercido por outras agências, que dão coerência ao processo. A regulamentação do CEQ de 1978 contribuiu para essa coerência, ao estipular a obrigatoriedade de publicação de um registro de decisão (*Record of Decision* – ROD), documento público no qual a agência que conduz o processo (*lead agency*) deve explicitar as razões de sua decisão, apresentar as medidas mitigadoras e o programa de monitoramento que serão adotados. Entretanto, formalmente "uma agência federal pode legalmente ignorar a oposição à sua proposta, da parte de outras agências federais, estados, municípios e do público" (Greenberg, 2012, p. 12).

[1] *Leis estaduais americanas podem diferir da lei federal quanto às modalidades de decisão, entre outras diferenças.*

O caso canadense

O processo federal canadense de AIA, reformado em 2018, atribui o poder decisório ao Ministro do Meio Ambiente ou ao Conselho de Ministros, com base em recomendação feita pela Agência Canadense de Avaliação de Impacto (que substitui a Agência Canadense de Avaliação Ambiental, criada pela lei de 1992) ou por uma comissão de avaliação especialmente designada (*Review Panel*), para os casos mais complexos. A recomendação está contida no relatório de avaliação (parecer técnico) preparado pela Agência ou pela comissão.

A decisão deve indicar se os impactos do projeto sobre assuntos de competência federal "são significativos, no interesse público" (Art. 60), determinação que, por sua vez, deve ser baseada (Art. 63):

 * na contribuição do projeto para a sustentabilidade;
 * na significância dos impactos adversos;
 * na implementação de medidas mitigadoras;
 * nos impactos sobre povos indígenas;
 * na medida em que os impactos do projeto prejudicam ou contribuem em relação aos compromissos nacionais acerca de mudanças climáticas.

A autoridade decisória é obrigada, por lei, a "dar razões para a decisão de modo a demonstrar que a decisão é fundamentada no parecer da Agência ou da comissão de avaliação" (Doelle; Sinclair, 2019). A aprovação de um projeto – ou seja, a declaração de que ele é de interesse público – é acompanhada de condicionantes.

O caso holandês

Também nos Países Baixos, a autoridade competente para tomar decisões em matéria ambiental pode ser o proponente do projeto (caso de obras públicas), mas uma decisão provisória é frequentemente modificada como resultado das recomendações da Comissão de Avaliação de Impacto Ambiental e da participação do público (Wood, 1994).

Essa comissão, independente e permanente, é um dos traços marcantes do procedimento holandês. Ela é consultada para a preparação dos termos de referência e para a análise técnica do EIA, mas não tem poder decisório, que é sempre da autoridade competente. Entretanto, sua independência é uma garantia de credibilidade e de "transparência do processo decisório", no entendimento de uma outra comissão, temporária, o comitê de avaliação dos resultados do processo de AIA (Evaluation Committee, 1996). A atuação da Comissão de AIA é vista como trazendo resultados concretos em termos de "melhoria da qualidade da informação usada na AIA, valorização do conteúdo científico, redução de parcialidade e realce da importância da AIA para o processo decisório" (idem).

A Comissão, que tem estatuto jurídico de fundação privada, é mantida com subsídios governamentais e suas atribuições são estabelecidas na Lei de Gestão Ambiental (NCEA, 2002b). Atua com um grupo de comissários e uma secretaria executiva que congrega pessoal técnico e administrativo; para realizar seu trabalho, também utiliza os serviços de consultores externos. Seu papel no processo de AIA é o de fazer recomendações quanto aos termos de referência dos EIAs e de analisar esses estudos, após a análise feita pela autoridade competente. Assim, somente depois que o EIA é tido como aceitável pela autoridade que detém o poder de decisão é que será encaminhado para apreciação da Comissão. A lei determina que a autoridade competente é "obrigada a incorporar as conclusões do EIA e do parecer da Comissão" (Wood, 1994, p. 189).

Os relatórios da Comissão são públicos e contêm recomendações quanto à aceitabilidade do EIA como fundamento para a tomada de decisão. Para cada análise é montado um grupo de trabalho, que frequentemente inclui consultores externos e cuja composição é submetida à autoridade competente, que tem o direito de fazer objeções quanto à composição do grupo, "caso tenha boas razões para duvidar de sua imparcialidade" (NCEA, 2002b). A Comissão também atua em projetos de cooperação internacional nos quais o governo holandês seja doador.

17.2 MODELO DECISÓRIO NO BRASIL

A legislação brasileira atribui poder de decisão aos órgãos ambientais. O licenciamento ambiental é sempre feito por um órgão governamental (federal, estadual ou municipal) integrante do Sistema Nacional do Meio Ambiente (Sisnama), introduzido pela Lei nº 6.938/81, da Política Nacional do Meio Ambiente. A AIA está integrada ao licenciamento e cabe àquele que licencia decidir pelo tipo de estudo ambiental necessário, estabelecer seus procedimentos internos (respeitadas as normas gerais estabelecidas pela União) e seus critérios de tomada de decisão.

A decisão pode ser tomada diretamente pelo órgão licenciador, como ocorre com o licenciamento federal (Ibama) e em certos Estados, ou por colegiados que contam com representantes de diferentes segmentos da sociedade civil e do governo – os conselhos de meio ambiente. Esta modalidade é usada em estados como São Paulo, Bahia e Minas Gerais, e em diversos municípios.

A decisão colegiada possibilita a busca de um certo consentimento por parte da sociedade, representada nesses conselhos por organizações não governamentais ambientalistas, associações profissionais, associações empresariais e outras representações. Embora o parecer resultante da análise técnica realizada pela equipe do órgão ambiental possa prevalecer como fundamento da decisão, os conselheiros podem impor ou negociar condições adicionais para a licença, ou podem, ocasionalmente, divergir do parecer técnico. Por exemplo, em julho de 1994, ao discutir um projeto de implantação de uma pedreira no município de Barueri, na região metropolitana de São Paulo, proposta para um local designado como zona de exploração mineral no plano diretor municipal, os conselheiros do Consema (Conselho Estadual do Meio Ambiente), pela primeira vez, votaram contra um parecer favorável preparado pela equipe técnica da Secretaria do Meio Ambiente (Dias; Sánchez, 1999).

Nesse contexto, a função dos estudos ambientais é principalmente demonstrar a viabilidade ambiental do projeto, supondo que a viabilidade econômica e a exequibilidade técnica tenham sido comprovadas ou sejam decisões tomadas exclusivamente na esfera privada. Não é raro, todavia, principalmente para projetos públicos, que a viabilidade econômica ou a própria utilidade pública do projeto seja contestada por intermédio do processo de AIA. Tal processo muitas vezes se transforma no *locus* de um debate público sobre a viabilidade e a sustentabilidade, vistas sob enfoques múltiplos (sociais, econômicos, políticos, culturais). Por exemplo, o projeto de melhoria das condições de navegação na hidrovia Paraguai-Paraná foi duramente criticado não só por seus prováveis impactos sobre o Pantanal, mas também por sua viabilidade econômica (Cebrac/ICV/WWF, 1994), seus custos ambientais (Bucher; Huzsar, 1995) e a severidade dos impactos socioambientais (Bucher et al., 1994). Também o projeto de transposição das águas do rio São Francisco para bacias do semiárido nordestino foi criticado não apenas por seus impactos ambientais, mas também com base em sua (in)viabilidade econômica (Silva et al., 2005).

> O processo de avaliação de impacto ambiental dá mais visibilidade e transparência às decisões governamentais.

17.3 Decisão técnica ou política?

Há uma percepção recorrente em certos círculos de que as decisões baseadas no processo de AIA seriam muitas vezes tomadas por motivações políticas em vez de serem baseadas em critérios técnicos. Assim, empresários frequentemente reclamam que os interesses que se manifestam com maior visibilidade em audiências públicas ou aqueles mais "ruidosos" pesam mais na decisão, enquanto organizações da sociedade civil desconfiam que o poder econômico das corporações ou o poder das elites políticas é muito mais influente que a pressão popular. Quando há uma disputa polarizada, envolvendo um campo nitidamente contrário a um projeto em oposição a um campo favorável, parece inevitável que o perdedor lamente que seus argumentos – "indiscutivelmente razoáveis" – tenham sido preteridos por razões "políticas". Até que ponto há fundamentação em tais queixas? As decisões devem ser tomadas exclusivamente com base em informações técnicas apresentadas nos estudos ambientais? Devem ser baseadas em considerações políticas? É preciso clarificar o sentido desses termos para entender o processo decisório.

Nesta seção, a análise ficará restrita à decisão governamental de autorizar ou não a iniciativa proposta. No caso, um agente público é investido do poder decisório, e está obrigado a observar todos os princípios que norteiam a gestão pública, como a impessoalidade e a moralidade. Ademais, sua decisão estará sujeita ao controle exercido no âmbito da administração pública, e ao controle judicial. Assim, toda decisão deve ser devidamente motivada e fundamentada. Em matéria ambiental, o poder público deve também observar outros princípios, como o da precaução e o da prevenção.

Poucos duvidam que a decisão deva ser "racional", mas raramente há acordo sobre os princípios e critérios que devam norteá-la. Fundamenta-se em uma racionalidade econômica ou ecológica? Devem-se privilegiar os benefícios de curto prazo em detrimento dos custos de longo prazo? Questões de natureza ética – como os direitos das futuras gerações – devem ser consideradas?

Para Godelier (1983, p. 114),

> a racionalidade intencional do comportamento econômico dos membros de uma sociedade se inscreve [...] sempre em uma racionalidade fundamental, não intencional, da estrutura hierarquizada das relações sociais que caracterizam essa sociedade. Não há, portanto, uma racionalidade econômica 'em si', nem, de forma definitiva, 'modelo' de racionalidade econômica.

O autor usa uma perspectiva antropológica para relativizar as escolhas racionais da sociedade, argumentando que toda racionalidade é socialmente determinada. Em tal contexto, as decisões têm intrínseca e inevitavelmente um caráter político, no sentido de que afetam ou modificam o *status quo*.

> Um projeto que acarrete impactos significativos necessariamente irá mudar a situação preexistente e, portanto, afetar interesses. Haverá setores, grupos ou pessoas que se beneficiarão com a nova situação, ao passo que outros serão prejudicados, e isso necessariamente implica uma decisão política – toda redistribuição é uma decisão política.

Embora o termo "decisão política" seja desconfortável para muitos profissionais que têm formação técnica ou científica – como é o caso da maioria daqueles que preparam os EIAs e dos que elaboram os projetos de engenharia –, não deve ser assimilado a política partidária ou interesses mesquinhos e imediatistas, embora esses aspectos muitas vezes estejam presentes nas decisões. Mesmo a subjetividade da AIA ou de partes do EIA, tão deplorada por muitos técnicos e cientistas naturais (Cap. 10), e que é vista como "inevitável" pela maioria dos autores, aparece, para alguns, como uma característica desejável (Wilkins, 2003).

Wiklund (2005) entende que o processo de AIA tem grande potencial de fortalecer um "estilo decisório deliberativo", entendido como um diálogo não coercitivo que permite legitimar as decisões, ao possibilitar que os cidadãos tenham suas opiniões ouvidas e consideradas, o que envolve "buscas coletivas de interesses comuns e negociação entre interesses privados conflituosos" (p. 284). De fato, o processo de AIA possibilita que os conflitos, as demandas e as reivindicações ganhem visibilidade e ressonância na esfera pública, no sentido atribuído por Habermas (1984), o de um espaço público político acessível aos argumentos e ao uso público da razão, em que se torna possível "uma política deliberativa" (Wiklund, 2005). É disso que efetivamente se trata quando se deve tomar decisões sobre projetos que causem impactos significativos, nas quais os ônus e os benefícios são desigualmente distribuídos, inclusive entre gerações presentes e futuras.

A AIA como um processo deliberativo tem potencial de melhorar o processo decisório em matéria ambiental (Petts, 2000), como um "fórum que promove o discurso" (Wilkins, 2003), o que, por sua vez, é tido como um "procedimento deliberativo ideal" (Wiklund, 2005).

Os conceitos de deliberação e de democracia deliberativa são empregados por esses autores com uma conotação mais restrita que o uso vernáculo do verbo deliberar[2]. Considerando que conflito e desacordo são inerentes à democracia e que têm como causa não apenas interesses econômicos ou pessoais, mas também razões de natureza moral, Gutmann e Thompson (1996, p. 52) afirmam que "a disposição de buscar razões mutuamente justificáveis exprime o coração do processo deliberativo". De acordo com Wiklund (2005), os diversos modelos de democracia deliberativa (um dos quais o de Habermas) têm em comum a ênfase na importância da "voz" ou do discurso, instrumento por excelência de construção de consensos e da busca de soluções socialmente aceitáveis.

Processos deliberativos podem conduzir a consenso, entendido como "uma solução que serve ao bem comum e atende aos interesses e valores dos participantes melhor do que qualquer outra solução" (Renn, 2006, p. 36). Não se trata de uma visão ingênua ou idealizada de que os cidadãos passam a ter um poder real de influenciar as decisões por meio do processo de AIA, tampouco de atribuir ao cidadão e à sociedade civil o lugar de um "macrossujeito", mas, como aponta Habermas (1997), quando problemas relevantes são identificados e debatidos na esfera pública, os cidadãos "podem assumir um papel surpreendentemente ativo e pleno de conseqüências". Se a capacidade dos cidadãos de influenciar a decisão pode ser limitada, não se pode negar sua capacidade de reorientar os processos de tomada de decisão no âmbito da AIA.

Há muitos exemplos de influência decisiva da AIA em decisões sobre projetos, aceitos ou não, ou alterados em maior ou menor grau. O projeto de um aterro de resíduos na baía de Ise, no Japão, uma área importante para aves (Figs. 2.2 e 2.3), foi cancelado depois de mobilização popular, uma solução alternativa foi desenvolvida e o local foi transformado em área protegida (Tanaka, 2001). O caso é considerado um marco na AIA no Japão e um exemplo da influência da sociedade civil no processo decisório.

---

[2] "Resolver depois de exame e discussão" (Novo Dicionário Aurélio da Língua Portuguesa, 1986). "Decidir após reflexão e/ou consultas" (Dicionário Houaiss da Língua Portuguesa, 2001).

Há também projetos que passaram pelo crivo da AIA e que não foram executados por pressão popular. É o caso de uma via expressa urbana na Austrália, que foi aprovada depois de quatro anos de avaliação e dois anos de discussão no âmbito do governo estadual, seguidos de mais um ano de disputa judicial. A construção teve início em 2017 pela supressão de vegetação, mas sob intenso protesto da população local (Fig. 17.1), que havia se oposto ao projeto desde o início das consultas para a fase de definição do escopo (Fig. 16.5). Houve manifestações, bloqueios e intervenção da polícia, em período eleitoral. As eleições estaduais levaram a oposição ao poder, que cancelou o projeto (Gaynor; Newman; Jennings, 2017).

Fig. 17.1 *Lago e ciclovia no alinhamento de rodovia projetada cuja construção foi barrada por protesto popular na Austrália, depois de aprovação governamental com base na avaliação de impactos*

É notável que são muitas as ocasiões em que o processo de AIA conduz a uma solução aceitável pelas partes, "que serve ao bem comum e atende aos interesses e valores dos participantes melhor do que qualquer outra solução" (Renn, 2006, p. 36). Alguns casos foram brevemente descritos em outros capítulos, como a usina hidrelétrica de Piraju (Fig. 5.10), um estaleiro no litoral de Alagoas (Fig. 13.6) e diversos exemplos da seção 16.2; outros são discutidos na literatura (Lima; Teixeira; Sánchez, 1995; Arts et al., 2012, entre outros).

Estudar esses casos e compreender o contexto ajuda a identificar as condições que contribuem para que a AIA possa efetivamente influenciar as decisões, ajudando também a talvez reproduzi-las em outros casos. Note-se que a influência da AIA sobre as decisões é uma das dimensões de efetividade, que é uma característica mais ampla.

17.4 Negociação

Se há conflito, deve haver negociação ou, pelo menos, diálogo em torno das divergências. A negociação é uma característica inerente ao processo de AIA, aliás, é uma das funções da AIA. Há negociação entre consultor e proponente, e entre ambos e projetista, acerca de características de projeto, como localização e arranjo físico das instalações (*layout*), alternativas de mitigação, alternativas tecnológicas, possibilidades técnicas e custos para se evitar certos impactos e muitos outros tópicos. Tais negociações raramente transparecem para os demais envolvidos no processo de AIA, não são feitas na esfera pública, mas podem ter grande influência sobre a viabilidade ambiental do empreendimento (Costanzo; Sánchez, 2014).

Há, também, negociação entre proponente e consultor com o órgão gestor do processo de AIA, com relação aos termos de referência do estudo, e muitas vezes pode haver negociação acerca das complementações necessárias para a análise da viabilidade do projeto, assim como sobre mitigação e compensação. Pode também haver negociação sobre alternativas e modificações de projeto que possam evitar impactos, trazendo para o âmbito governamental discussões que antes se davam somente na esfera privada.

Negociar, indubitavelmente, faz parte do relacionamento humano, no âmbito pessoal, interpessoal, social e político; mas as negociações em torno de conflitos ambientais tendem a ser especialmente difíceis, pois tais conflitos são, muitas vezes, de maior complexidade que os oriundos de outras fontes. Bingham (1989, p. 21) aponta as seguintes particularidades dos conflitos ambientais:

* envolvem múltiplas partes;
* envolvem organizações, não indivíduos;
* envolvem questões múltiplas;
* a "solução" de uma das questões de forma individual pode dificultar a "solução" das demais;
* as questões em jogo requerem conhecimentos técnicos e científicos;
* muitas vezes não há consenso entre técnicos e cientistas sobre a interpretação das questões em jogo;
* as partes têm acesso desigual à informação técnica e científica;
* as partes têm acesso desigual à decodificação da informação técnica e científica.

Além dessas características, as controvérsias de ordem ambiental não poucas vezes envolvem conflitos de valor ou objeções de cunho moral (Crowfoot; Wondolleck, 1990). O único rio livre (sem barramentos) de uma região deveria ser represado? (Esta foi uma discussão quando foram propostas barragens no rio Ribeira de Iguape, das quais apenas a de Tijuco Alto entrou em licenciamento, negado.) Deveria ser mantido em estado selvagem para desfrute das futuras gerações ou para pesquisas em ciências naturais? Deveria ser permitida a mineração em uma região particularmente rica em biodiversidade?

No caso de Kakadu, na Austrália (Fig. 1.1), onde pontos de vista econômicos, ambientais e culturais estavam em conflito, uma pesquisa revelou que os australianos estavam dispostos a pagar para que não houvesse novos empreendimentos de mineração na zona de amortecimento do Parque Nacional, que acabou sendo incorporada ao parque[3].

[3] "A Price on the Priceless", The Economist, 17 ago. 1991, e Resource Assessment Commission (1991).

Negociação direta

Ainda que intrínseca ao processo de AIA, a negociação nem sempre é explícita (ou formal), e poucas vezes é estruturada com vistas a atingir uma solução aceitável para as partes em conflito. As condições comumente apontadas para o início de uma negociação formal são:

* definição clara do conflito;
* que as partes estejam dispostas e prontas para negociar;
* que as partes sejam interdependentes, ou que nenhuma delas possa, unilateralmente, atingir seus objetivos.

Gorczynski (1991) entende que há permanente negociação ambiental, mas nem sempre de caráter formal (atendendo aos requisitos acima). Muitas negociações são informais e ocorrem até à revelia do proponente do projeto. Quando os conflitos estão amadurecendo, "seria um erro monumental presumir que nenhuma negociação importante está acontecendo [...] ambos os lados estão explorando e testando o outro [...] para ver até onde este é capaz de ir" (p. 14). Em uma negociação formal, o negociador Gorczynski ironiza que "ambos os lados concederam ao outro a suprema condescendência de concordar em negociar".

"Um pré-requisito de toda negociação é que as partes aceitem negociar. Isso implica o reconhecimento da legitimidade da outra parte" (Sánchez; Silva; Paula, 1993, p. 489), o que nem sempre é fácil de conseguir. Entretanto, um fator que impulsiona a negociação é a ameaça de uma disputa judicial, que pode ser longa e, se for até o fim, resultar em uma parte ganhadora e outra perdedora. Para disputas ambientais, esse leque de opções é muito pobre, um "jogo de soma nula" no qual há necessariamente um vencedor e seu corolário, o derrotado. A negociação, ao contrário, torna possível que as partes envolvidas em uma disputa possam ter algum ganho, através de um "uso produtivo do conflito" (Bape, 1986).

Quando um grupo de cidadãos enxerga uma ameaça a seus interesses ou valores em um projeto público ou privado, pode usar diversas estratégias para reagir. Barouch e Theys (1987) mapeiam os tipos de reação: em um extremo, há uma "indignação moral" que desemboca em uma oposição ferrenha, por princípio avessa a todo tipo de negociação, e fundada sobre princípios morais ou éticos, reação muitas vezes rebatida, pela outra parte, com outros argumentos morais, como a defesa do emprego. Uma postura de "resignação razoável" reconhece uma relação de forças frequentemente desfavorável aos ideais conservacionistas, e por isso avança argumentos pragmáticos, como os benefícios da conservação ambiental e os serviços fornecidos pelos ecossistemas.

Pesquisadores que se filiam à escola da economia ecológica desenvolvem vários trabalhos nessa linha (Costanza, 1991), como a estimativa de que o valor global dos serviços ambientais fornecidos pela natureza se elevaria a cerca de US$ 33 trilhões por ano (em valores de 1998), cerca do dobro da soma dos produtos nacionais brutos de todos os países do globo naquele ano (Costanza et al., 1997). Balmford et al. (2002) defendem que mais benefícios econômicos podem ser obtidos da conservação dos hábitats naturais que de sua conversão a outras formas de uso, e que o benefício de "um programa global de conservação dos remanescentes naturais" seria cem vezes maior que os custos.

Barouch e Theys (1987, p. 4) entendem que "reivindicar que a negociação seja colocada unicamente no terreno da racionalidade", uma forma de "legitimação por competência", é uma estratégia eficaz, por se situar em um campo familiar ao proponente do projeto. Demonstrar competência técnica ao questionar um projeto "em 90% dos casos funciona melhor que a legitimação ética" (p. 8).

Para certos empreendedores, a oposição ambientalista é muitas vezes descrita com adjetivos como "radical", "poética", "irrealista" e as ONGs podem ser classificadas como "opositoras" ou "construtivas", que seriam aquelas que colaboram. Os empreendedores, por sua vez, distribuem-se em um largo espectro, representando interesses privados, empresas estatais, *self-made men* ou subalternos que representam interesses dos patrões ou, ainda, representantes governamentais promovendo agendas partidárias. Seu discurso vai da responsabilidade social e da contribuição ao desenvolvimento sustentável aos jargões de antigamente, em que ainda imperam palavras de ordem como "progresso", "pagamento de impostos" e "geração de empregos".

Gorczynski sugere que o negociador sério deve compreender bem o que pensa seu adversário, mas, na negociação formal, boas maneiras imperam: "é contraprodutivo e tolo ridicularizar seu oponente e persistir em distorcer suas posições se ele mostrou a cortesia e o respeito de concordar em negociar com você" (p. 15). Como arguto observador, o autor jocosamente traça caricaturas dos principais protagonistas. Como toda caricatura, as características exacerbadas parecem ajudar a compreender melhor a personagem: os empreendedores se acham "os verdadeiros heróis deste mundo", cujos esforços "criam riqueza e empregos e os incontáveis benefícios da moderna civilização"; já os ativistas "acreditam estar imbuídos de uma missão divina [...] e buscam perfeição e pureza e não compromisso e vitória"; engenheiros são uma lástima em negociações "e falam uma linguagem que 99% da raça humana não consegue entender", usando somente um dos hemisférios de seu cérebro, o lógico e analítico; eles e seus colegas cientistas "sentem-se superiores ao restante dos mortais por ter um conhecimento especial que os demais não têm"; os advogados são como "os pistoleiros de aluguel do velho Oeste"; já os políticos "não sabem sobre o que estão falando durante 90% do tempo"; quanto aos jornalistas, devem ser tratados "como pessoas armadas" que podem atirar contra você; finalmente, quanto aos burocratas, deve-se saber por que escolheram esse serviço, já que a maneira de tratá-los vai depender de sua motivação. Na negociação direta, conhecer o perfil dos interlocutores e saber antecipar suas jogadas é uma arte.

A negociação direta envolve estratégia e tática. Parte da estratégia é identificar e compreender os interesses, que são as "necessidades que têm as partes". Em uma disputa, os interesses estão frequentemente escondidos atrás de posições, que são "preferências substantivas verbalizadas"[4]. As posições fazem parte do discurso das partes em litígio, mas podem ser meras peças de retórica. Os interesses podem ser: (1) substantivos (referentes ao conteúdo de uma decisão); (2) processuais (referentes às formas e mecanismos através dos quais as decisões são tomadas); ou (3) psicológicos (referentes à forma como as pessoas se sentem tratadas nas negociações). Descobrir quais são os reais interesses das outras partes já sinaliza quais são as possíveis soluções. Um líder comunitário pode posicionar-se contra um projeto porque sua possível realização não lhe foi comunicada antes das demais pessoas e diretamente pelo empreendedor (interesse psicológico), porque a comunidade não foi consultada (interesse processual) ou porque acredita que seu grupo será excessiva e injustamente prejudicado com a implantação do projeto (interesse substantivo).

> [4] A inspiração e os conceitos apresentados nesse parágrafo e nos seguintes vêm de uma oficina sobre Effective Negotiation ministrada por Christopher W. Moore, em setembro de 1995, em Chiang Mai, Tailândia, no âmbito do Programa Lead (Leadership for Environment and Development).

Os estilos de negociação variam entre a discussão sobre posições (*positional bargaining*) e a negociação sobre interesses. No primeiro tipo, a conversa já começa com uma solução, expressa por meio de posições e ofertas, continuando com uma contraoferta da outra parte. O processo assemelha-se ao ato de pechinchar no mercado. Suares (1996) denomina a discussão sobre posições como "modelo distributivo ou convergente", na medida em que se tenta convergir para algum acordo situado em um ponto intermediário entre as posições iniciais.

A negociação com base em interesses visa manter boas relações duradouras; as partes "educam" as outras sobre suas necessidades, justificam suas posições e tentam, juntas, encontrar ou desenvolver soluções aceitáveis para todos. A modalidade permite explorar *opções*, que são soluções potenciais que atendem a um ou mais interesses. O autor chama a negociação sobre interesses de "modelo integrativo ou de ganho mútuo", no qual ambas as partes podem sair ganhando. Pode-se gerar várias opções, avaliar cada uma delas (até que ponto elas atendem aos interesses ou necessidades das partes) e selecionar as mais viáveis. É também um processo mais demorado e que pode demandar recursos, no mínimo o tempo despendido nas negociações e na preparação para os encontros. A negociação termina, após acordo, com um plano de implementação.

No mundo real, essas duas modalidades não são escolhidas antes, como se escolhem as armas em um duelo cinematográfico. A parte mais experiente pode tentar conduzir a negociação de um duelo sobre posições para um diálogo sobre interesses. Assim, não responder a um posicionamento retórico com outra declaração de efeito, identificar e declarar os pontos comuns em vez de salientar as diferenças, buscar primeiro um acordo sobre as questões mais fáceis, sugerir o hipotético atendimento de determinada reivindicação para explorar opções que se seguiriam são algumas táticas que podem ser usadas no curso de uma negociação.

Negociação assistida

A negociação entre partes em conflito pode ser facilitada por meio da participação de especialistas. Métodos alternativos de resolução de disputas têm sido usados em vários casos de conflitos ambientais, porém com aparente predominância em situações já estabelecidas, quando já ocorreram impactos ou danos, ou quando um dano é iminente. Uma provável razão para isso decorre de os empreendimentos em fase de avaliação prévia serem, justamente, apenas projetos de situações potenciais e não ainda concretas.

Não obstante, métodos alternativos de resolução de disputas encontram aplicação em AIA, particularmente onde as disputas judiciais são frequentes (Bingham; Landstaff, 1997). O processo de AIA oferece diversas oportunidades para negociação, e muitas vezes a autoridade responsável ou a que promove a consulta pública pode atuar como facilitadora da negociação (mas raramente a autoridade com poder decisório). Essa última modalidade é exemplificada pela atuação do *Bureau d'Audiences Publiques sur l'Environnement* (Bape) do Quebec (conforme seção 16.5), que, em vez de realizar uma consulta ampla e aberta a todos, pode decidir por usar uma modalidade de negociação, a mediação. A experiência desse organismo é de um processo de mediação "menos conflituoso que a audiência pública" e que "favorece uma melhoria dos projetos, ao mesmo tempo que respeita as expectativas e as restrições de todas as partes envolvidas" (Bape, 1994a, p. 14).

Mediação é definida como "modo amigável de resolução de litígios no qual um terceiro é encarregado de propor às partes uma solução para as suas desavenças". É uma modalidade de negociação que se diferencia da conciliação, definida como "modo amigável de resolução de litígios no qual as partes tentam se entender diretamente, se necessário com a ajuda de um terceiro, para encerrar suas desavenças". A diferença entre conciliação e mediação é que um terceiro não necessariamente intervém naquela, ao passo que na mediação a terceira parte tem um papel ativo (Bape, 1994a, p. 27). Na Justiça brasileira, os casos levados aos tribunais de pequenas causas são primeiro tratados por um conciliador, que convoca uma reunião entre as partes litigiosas e pergunta se há alguma possibilidade de acordo.

Ao notarem que a maioria dos conflitos que envolvem múltiplas partes e diferentes questões, como os ambientais, somente se resolvem com ajuda externa, Susskind e Cruikshank (1987) identificam três formas de "negociação assistida": facilitação, mediação e arbitragem não vinculante. A arbitragem não vinculante é uma categoria diferente da arbitragem comercial. Os contratos privados que estabelecem o mecanismo de arbitragem para resolução de desavenças estipulam que as decisões do árbitro são inapeláveis; caso contrário, a arbitragem é ineficaz. Na arbitragem não vinculante, o árbitro oferece uma opinião sobre como as partes poderiam resolver sua disputa. Esse é normalmente o "último estágio antes que as partes atravessem a fronteira rumo a uma solução não consensual" (Susskind; Cruikshank, 1987, p. 241). A mediação também não é vinculante.

O facilitador executa tarefas pré-negociação, como a formulação de regras para guiar a negociação e o estabelecimento de uma agenda; pode também fazer serviços de secretaria, como identificar e preparar locais para encontros e preparar atas e relatos.

A mediação se dá pela atuação de uma terceira parte, imparcial, no processo de negociação, parte que não tem interesse em nenhum resultado em particular. O mediador não é um mero interlocutor, mas alguém que busca ativamente possibilidades de solução e assiste as partes na busca de um acordo. Um mediador se reunirá separadamente com cada parte, tantas vezes quanto for necessário, para entender suas necessidades e interesses, e somente depois promoverá um ou mais encontros entre as partes. Ele deve identificar e compreender os *interesses* das partes e não se deixar influenciar por suas *posições* e pela sua retórica.

O conceito de mediação do Bape é de

> um processo no qual uma terceira parte, independente e imparcial e que não tem o poder e a missão de impor uma decisão, ajuda as partes, geralmente o proponente de um projeto e cidadãos que requerem uma audiência pública, a resolver suas desavenças ou a se entenderem acerca de pontos precisos (Bape, 1994a, p. 18).

A autoridade que tem o poder de decisão – o órgão licenciador no Brasil – não pode atuar como mediador. Nos Estados Unidos, diversos casos de mediação envolvem a EPA e outra parte. Para Susskind e Cruikshank (1987, p. 10), "não é realista esperar que agências administrativas (como a EPA) nos ajudem quando outros mecanismos falham", não é sua missão, pois seu papel é fazer cumprir a lei, e acrescentam: "a resolução administrativa de disputas públicas tende a favorecer aqueles que detêm poder de *lobby* e podem atuar nos bastidores da política".

O Bape atua como mediador público, mas nos Estados Unidos domina a mediação privada. Sánchez; Silva; Paula (1993) relatam um caso de mediação conduzida por uma empresa de consultoria ambiental envolvendo uma pedreira e a comunidade vizinha, mas não se tratava de um novo projeto, e, sim, de um empreendimento que funcionava havia mais de 40 anos. A dificuldade de um mediador privado em um conflito ambiental é ter credibilidade e conquistar a confiança da outra parte, já que uma delas (normalmente o empreendedor) paga pelos serviços de mediação. Foram feitas várias reuniões com cada parte, negociando-se um acordo. As partes em conflito somente se encontraram pessoalmente quando da assinatura do acordo, em um território neutro, o escritório do consultor-mediador.

A mediação requer adesão voluntária e que o conflito admita possibilidade de compromisso. Ao ser voluntário, naturalmente as partes podem abandonar o processo a qualquer momento. O tipo de mediação preconizado pelo Bape é de interesse porque se aplica ao tipo exato de problema colocado pela tomada de decisão no processo de AIA, ou seja, não se trata somente de mediação, no sentido amplo, nem mesmo de mediação ambiental (aplicada a várias modalidades de conflitos de cunho ambiental), mas de facilitar decisões sobre empreendimentos que causam impactos significativos. Assim, "o recurso à mediação somente é possível quando há acordo sobre a justificativa do projeto e sua eventual realização" (Bape, 1994a).

17.5 Mecanismos de controle

Cada país introduziu, em sua legislação, mecanismos que permitem à sociedade exercer certo controle sobre as decisões governamentais. A clássica separação de poderes, a liberdade de imprensa e, mais modernamente, a fiscalização exercida pelo Ministério Público são alguns mecanismos de controle democrático. No campo da AIA, há mecanismos que permitem ao Estado controlar a qualidade do EIA e mecanismos que permitem à sociedade exercer certo controle sobre as decisões. Há três tipos de mecanismos principais de controle:

* Controle administrativo, exercido por uma autoridade governamental encarregada de gerir o processo de AIA, aplicado durante a análise técnica dos estudos e em outras etapas do processo, como na formulação dos termos de referência.
* Controle do público (ou controle social), exercido por intermédio de processos participativos previstos pela legislação, como as audiências públicas ou a participação em colegiados, ou ainda por intermédio do direito de os cidadãos manifestarem livremente suas opiniões.
* Controle judicial, exercido por intermédio do Poder Judiciário, acionado por cidadãos, ONGs ou pelo Ministério Público.

Além desses, dois outros mecanismos de controle podem ser exercidos no âmbito do processo de AIA (Ortolano; Jenkins; Abracosa, 1987):

* Controle instrumental, quando um agente financiador avalia a qualidade dos estudos e pode exigir modificações de projeto ou complementações dos estudos e acompanhar a implantação do empreendimento por intermédio de supervisão ou auditoria; bancos de desenvolvimento e agências bilaterais de cooperação exercem esse tipo de controle, e bancos comerciais aderentes aos Princípios do Equador passaram, em certa medida, a exercê-lo também.
* Controle profissional, quando códigos de ética ou mesmo procedimentos de sanção no âmbito de uma categoria profissional têm influência sobre as atitudes dos profissionais envolvidos na elaboração dos EIAs.

> Mecanismos de controle são fundamentais para a efetividade da avaliação de impacto ambiental.

As modalidades práticas de controle e a importância relativa de cada uma delas variam entre jurisdições. A importância do controle judicial, por exemplo, depende do acesso à Justiça, dos riscos e custos em caso de perda da causa e também das tradições jurídicas e democráticas do país. Assim, nos Estados Unidos, cerca de 10% dos estudos de impacto ambiental realizados entre 1970 e 1982 foram objeto de disputa na Justiça (Kennedy, 1984), caindo para cerca de 0,2% nos tempos recentes (Ruple; Race, 2020).

Na Holanda, o controle judicial é visto por Soppe e Pieters (2002) não somente como efetivo, mas como capaz de cobrir lacunas da própria lei. A questão com maior frequência levada aos tribunais é a da necessidade de um EIA, cujos julgamentos são "rigorosos e usualmente lógicos", além de "razoavelmente consistentes", fazendo da suspensão ou nulidade de uma licença uma sanção suficientemente forte, por implicar "desperdício de tempo e dinheiro, algo que todo proponente deseja evitar a todo custo" (p. 30).

O alcance do controle administrativo depende dos procedimentos de análise dos estudos. Como mencionado acima, nos Estados Unidos, onde a própria agência governamental com responsabilidades sobre o projeto faz sua avaliação de impacto, o controle administrativo é exercido por outras agências do governo federal (o procedimento chamado de *inter-agency review*) e pela *Environmental Protection Agency*.

O controle do público é, de longe, o mais importante, e deve ser visto em duas dimensões, das quais a mais imediata é o controle direto mediante os mecanismos formais de consulta e participação. Mais importante, porém, é o controle indireto, quando os cidadãos pressionam para que sejam mais efetivos o controle administrativo e o controle judicial. Mesmo sem mecanismos formais de participação é possível haver algum controle social, por intermédio de denúncias, manifestações e pressão política. A formalização dos procedimentos de consulta tenciona justamente regulamentar o acesso do público à informação e reduzir a probabilidade de conflitos, canalizando-os para um fórum reconhecido como legítimo pelas partes envolvidas. O direito à informação em tempo hábil é o ponto nevrálgico para que possa haver um real controle social.

A ETAPA DE ACOMPANHAMENTO NO PROCESSODE AVALIAÇÃO DE IMPACTO AMBIENTAL

18

Na implementação de um projeto aprovado, supõe-se que o Plano de Gestão Ambiental seja adotado integralmente, mas duas questões importantes devem ser colocadas: (1) como garantir que o empreendedor execute fielmente o que foi acordado e (2) o que deve ser feito caso a mitigação resultante do EIA não seja eficaz.

Vale lembrar que a aprovação do projeto pode ser interna, quando uma empresa adota a AIA independentemente de exigências legais, ou externa, quando uma terceira parte (como o órgão licenciador ou financiador) formalmente se declara de acordo com o projeto proposto e estabelece condicionantes. Em ambos, é preciso dispor de ferramentas para assegurar a plena implementação dos compromissos e a adoção de ajustes ou correções, se necessário.

George (2000, p. 177) é incisivo: "se a estrada que leva ao inferno é pavimentada com boas intenções, as avaliações ambientais que terminam no momento da decisão formam um pavimento custoso e equivocado". Portanto, a AIA deve ter prosseguimento na gestão ambiental.

Para garantir a proteção do ambiente e das comunidades e para que o processo de AIA seja efetivo, a etapa de acompanhamento é crucial. O acompanhamento tem como funções:

* assegurar a implementação dos compromissos assumidos pelo empreendedor (descritos nos estudos e licenças ambientais, contratos de financiamento e outros documentos);
* adaptar o projeto ou seus programas de gestão no caso de ocorrência de impactos não previstos ou de magnitude maior que o esperado;
* demonstrar o cumprimento desses compromissos e o atingimento de objetivos e metas;
* aperfeiçoar o processo de AIA, melhorando futuras avaliações.

18.1 A ETAPA DE ACOMPANHAMENTO E A EFETIVIDADE DA AVALIAÇÃO DE IMPACTO AMBIENTAL

A etapa de acompanhamento é reconhecida por pesquisadores e por profissionais como essencial para a efetividade do processo de AIA, pois não são raras as ocasiões em que compromissos assumidos pelos empreendedores não são satisfatoriamente cumpridos, chegando às vezes a ser ignorados. Fiscalização deficiente agrava o problema (Dias; Sánchez, 2001; TCU, 2009), o que é frequentemente citado na literatura. Glasson, Therivel e Chadwick (1999, p. 209), referindo-se ao Reino Unido, entendem que há muito pouco acompanhamento após a implantação dos projetos, e que essa etapa é "provavelmente a mais fraca em muitos países", enquanto Chang et al. (2018) verificaram grande disparidade nas práticas de acompanhamento na China. Sadler (1988) sintetiza tais preocupações: "O paradoxo da avaliação de impacto ambiental, tal como praticada convencionalmente, é que relativamente pouca atenção é dada aos efeitos ambientais e sociais que realmente decorrem de um projeto ou à eficácia das medidas mitigadoras e de gestão que são adotadas".

Muitas vezes, a fase de acompanhamento tem peso pequeno diante da importância e dos recursos despendidos nas etapas pré-aprovação. Isso pode indicar uma excessiva preocupação com os aspectos formais do processo de AIA em detrimento de seu conteúdo substantivo. Dito de outra forma, grande atenção é dedicada à preparação de um EIA e à exigência de que o projeto incorpore um extenso programa de mitigação de impactos, mas, uma vez aprovado o projeto, há um interesse surpreendentemente pequeno em verificar se ele foi implantado de acordo com o prescrito e se as medidas mitigadoras atingiram seus objetivos de proteção ambiental. Esse foi um motivador da mudança de foco da IFC, desde 2006, e do Banco Mundial, mais recentemente, de dar mais importância relativa ao desempenho, exigindo a adoção de um sistema de gestão ambiental e social adequado para tratar dos impactos e riscos do projeto.

Qualquer julgamento sobre a efetividade da AIA deveria levar em conta em que medida sua aplicação tem sucesso ao desempenhar quatro papéis complementares: (i) fornecer informação relevante para ajuda à decisão; (ii) auxiliar na concepção de projetos que mitiguem os impactos adversos; (iii) funcionar como instrumento de negociação entre as partes interessadas: (iv) servir de fundamento para gestão ambiental, em caso de aprovação do projeto (Sánchez, 1993a).

Um estudo comparativo internacional sobre a efetividade da AIA, envolvendo dezenas de especialistas, foi realizado nos anos 1990 (Sadler, 1996). Partindo do princípio de que era necessário avaliar as práticas para melhorar o desempenho, isto é, o resultado da aplicação do instrumento, o estudo identificou três tópicos para avaliar a efetividade:

* relativos aos procedimentos: critérios para verificar em que medida cada sistema de AIA está em conformidade com requisitos legais ou normativos de cada país ou com diretrizes internacionais de boa prática;
* substantivos: critérios para verificar se o processo de AIA atende a um conjunto de objetivos preestabelecidos, como suporte à decisão que leve em conta as preocupações do público e assegure a proteção ambiental;
* transacionais: critérios para aferir em que medida esses objetivos são atingidos ao menor custo e no menor período de tempo possível.

Os estudos de impacto tratam de situações ideais, no sentido de que são projetos a serem realizados: somente quando começam a ser implementados, esses projetos se materializam e, portanto, manifestam-se também seus impactos. Alguns impactos ocorrem durante a fase de planejamento do projeto, mas os impactos mais significativos geralmente ocorrem após o início da implantação. Há incertezas inerentes a muitas previsões de impactos e não são poucos os casos de impactos que não são corretamente identificados ou previstos pelo EIA (seção 9.4), mas que podem ser corrigidos por meio de medidas mitigadoras desenvolvidas depois da aprovação do projeto. Por esses motivos, a fase de acompanhamento é apontada como uma etapa crítica para o sucesso do processo de AIA (Arts, 1998).

A etapa de acompanhamento é necessária para dar efetividade ao processo de avaliação de impacto ambiental.

Não somente a prática, mas também a teoria atribuía importância menor ao que se passava após a aprovação dos projetos. Insuficiente exploração das ligações entre avaliação prévia e gestão *ex post* foi apontada como "uma deficiência perceptível da literatura teórica" (Bailey, 1997, p. 317), mais voltada para analisar sua influência sobre o processo decisório que leva à aprovação de uma iniciativa. As soluções passariam por uma melhor conceituação da fase de acompanhamento (Arts, 1998) e pela aplicação de boas práticas, como defendido por Wilson (1998), lembrando que não somente é necessário implementar os compromissos assumidos pelos proponentes, mas que a implementação deveria ser monitorada, registrada em documentos e auditada para verificar sua conformidade.

Trabalhos posteriores têm enfatizado as variáveis de ordem gerencial do processo de AIA como determinantes do seu sucesso, e não apenas a qualidade técnica de um EIA (Perdicoúlis; Durning; Palframan, 2012). Tem-se argumentado que um bom sistema de

430 Avaliação de Impacto Ambiental: conceitos e métodos

gerenciamento da implantação e operação (e da desativação, quando pertinente) de um empreendimento pode corrigir imperfeições resultantes das etapas prévias do processo de AIA (Marshall, 2002, 2005). Em paralelo, reconhece-se que o acompanhamento eficaz necessita da atuação do empreendedor e dos agentes governamentais, e que o envolvimento do público tende a melhorar os resultados.

Assim, cabe ao empreendedor (e seus contratados):

* cumprir os requisitos legais (obrigações gerais de atendimento à legislação);
* observar as condicionantes da licença ambiental (obrigações particulares de cada empreendimento) e implementar os programas de gestão, inclusive os de monitoramento;
* atender aos requisitos das instituições financeiras (quando aplicável);
* demonstrar o cumprimento de todos os requisitos aplicáveis;
* coletar evidências ou provas documentais que permitam demonstrar o cumprimento dos requisitos;
* organizar e manter registros das ações e resultados alcançados.

Ao agente governamental, cabe:

* verificar e fiscalizar o atendimento às exigências;
* impor sanções em caso de não atendimento;
* demonstrar às partes interessadas o cumprimento de todos os requisitos aplicáveis;
* conferir e validar evidências ou provas documentais fornecidas pelo empreendedor acerca do cumprimento dos requisitos legais.

[1]O acesso à informação ambiental é um dos fundamentos da Convenção de Aarhus e do Acordo de Escazú, conforme seção 16.1.

Os cidadãos também podem ter um papel no acompanhamento, como mostrarão exemplos na próxima seção, mas não se trata de uma responsabilidade e, sim, do exercício do direito de ser informado sobre as condições ambientais[1].

Diferentes instrumentos são utilizados para realizar as tarefas de acompanhamento. Já os papéis respectivos dos atores principais (empreendedor e órgão governamental) e dos demais atores podem ser coordenados de diferentes formas, aqui denominadas arranjos para o acompanhamento ambiental. Instrumentos e arranjos serão explorados nas próximas seções.

18.2 Instrumentos para acompanhamento

Não há terminologia nem conceituação homogênea no que se refere ao acompanhamento. Uma classificação que reflete a prática é agrupar as atividades em três categorias: (1) monitoramento, (2) supervisão, fiscalização ou auditoria, (3) documentação e análise.

O monitoramento ambiental é a coleta sistemática e periódica de dados previamente selecionados, com o objetivo principal de verificar o atendimento a requisitos predeterminados, de cumprimento voluntário ou obrigatório, como padrões legais e condicionantes de licenciamento. Os itens monitorados abarcam parâmetros do ambiente afetado e parâmetros do empreendimento. Quando o monitoramento ambiental usa os mesmos parâmetros, as mesmas estações de amostragem e os mesmos métodos de coleta e análise que foram usados para a preparação do diagnóstico ambiental, é possível constatar os impactos reais do projeto, por meio de uma comparação com a situação pré-projeto (dada no diagnóstico ambiental prévio). Todavia, isso pressupõe qualidade e consistência no monitoramento pré-projeto, que dessa forma se revela como um dos pontos críticos para promover a integração entre o planejamento e a gestão ambiental. Esse monitoramento não se confunde com outras formas de monitoramento ambiental realizadas por órgãos governamentais, como o monitoramento de qualidade do ar em uma área urbana ou o monitoramento da balneabilidade de praias.

CAPÍTULO

Convém registrar que o termo monitoramento também é usado com outras conotações, às vezes se confundindo com as próprias atividades de acompanhamento. Por exemplo, as instituições financeiras comumente se referem a "monitoramento" de um projeto após a concessão de crédito, para descrever as atividades de verificação do cumprimento dos compromissos contidos em um plano de ação. No caso dos Princípios do Equador, é requerido um "monitoramento independente" executado por um consultor ambiental e social. Assim, o tomador de empréstimo é sujeito a inspeções e auditorias de terceira parte que procuram verificar as evidências de cumprimento do plano de ação, assim como verificar a conformidade legal. Em planejamento e gestão ambiental, um mesmo termo pode ter significado distinto em diferentes contextos (Cap. 1).

A supervisão, a fiscalização e a auditoria são atividades complementares que se superpõem parcialmente e nem sempre são definidas de maneira consistente. No sentido mais comum desses termos, a *supervisão* é uma atividade contínua realizada pelo empreendedor ou seu representante, com a finalidade de verificar o cumprimento de exigências legais ou contratuais por parte de empreiteiros e quaisquer outros contratados para a implantação, operação ou desativação de um empreendimento. A supervisão também é utilizada por agentes financeiros com o mesmo sentido de verificar o atendimento a exigências de natureza contratual. *Fiscalização* é uma atividade correlata, porém realizada por agentes governamentais no cumprimento do poder de polícia do Estado. A fiscalização muitas vezes se faz por amostragem e é discreta, em contraposição ao caráter contínuo e permanente da supervisão. Há certa força de expressão nessa afirmativa: contínuo e permanente não significa uma observação diuturna e cerrada das atividades de terceiros, mas o emprego de procedimentos sistemáticos que requerem a presença constante da equipe de supervisão no campo, que pode ser suplementada pelo uso de tecnologias de detecção e informação, como câmeras e transmissão em tempo real de registros de monitoramento. Já a *auditoria* é uma atividade sistemática, documentada e objetiva que visa analisar a conformidade com critérios prescritos, nesse caso, o atendimento aos requisitos legais, aos termos e condições da licença ambiental ou a outros critérios, como os que podem ser determinados por agentes financeiros.

> A supervisão ambiental tem se demonstrado uma ferramenta importante para garantir o atendimento aos requisitos ambientais durante a implantação dos empreendimentos.

Uma das modalidades de auditoria ambiental é aquela integrante dos sistemas de gestão ambiental e de qualidade, cuja orientação é dada pela norma ISO 19.011:2018. Esse tipo de auditoria é definido como "processo sistemático, documentado e independente para obter evidência objetiva e avaliá-la, objetivamente, para determinar a extensão na qual os critérios de auditoria são atendidos" (item 3.1), definição que serve para outras aplicações da auditoria.

Vários estudos têm mostrado que a supervisão ambiental é ferramenta da maior importância para assegurar: (i) o cumprimento efetivo das medidas mitigadoras e demais condições impostas (Goodland; Mercier, 1999); (ii) a adaptação do projeto ou de seus programas de gestão, no caso de impactos não previstos ou de impactos de magnitude maior que o esperado (Costa; Sánchez, 2010; Sánchez; Gallardo, 2005). Entre outras vantagens, a supervisão e a auditoria podem detectar alguma não conformidade[2] antes que o monitoramento (ou a fiscalização, ou alguma denúncia) indique um problema ou uma não conformidade legal.

A supervisão ambiental vem se tornando usual em vários países durante a fase de implantação de empreendimentos. Tem semelhanças com a supervisão, controle ou fis-

---

[2] *Não conformidade é um termo muito usado em auditoria. Designa qualquer situação que não esteja de acordo com um requisito (por exemplo, em desacordo com uma condicionante de licença ambiental).*

calização (todos esses termos são utilizados) de obras civis, que tem como uma de suas principais funções a verificação de conformidade com o projeto, ou seja, se a obra foi construída de acordo com as especificações do projeto. A supervisão ambiental verifica a conformidade com os requisitos aplicáveis, como as condicionantes da licença ambiental. É normalmente realizada por uma empresa especializada contratada exclusivamente para essa tarefa. Supervisores de campo acompanham a construção, registram problemas, como não conformidades ou mesmo desvios de menor importância, estabelecem prazos para ação corretiva e verificam seu cumprimento.

Documentação é a parte de acompanhamento que envolve o registro sistemático de resultados de monitoramento, de constatações de não conformidades, de evidências de atendimento a requisitos e de quaisquer outras informações relevantes. Os registros devem ser coletados, armazenados de modo tal que permita sua fácil recuperação e submetidos a uma análise que possa alertar para a necessidade de adotar medidas corretivas, caso os critérios preestabelecidos não sejam atendidos.

Segundo USEPA (1989), diferentes meios são empregados para verificar o cumprimento das obrigações das empresas, destacando-se a análise de resultados de automonitoramento e as inspeções de campo. As inspeções são usadas para as seguintes funções:

* avaliar o grau de cumprimento dos requisitos legais;
* determinar se o automonitoramento e os relatórios resultantes estão de acordo com protocolos estabelecidos;
* detectar e documentar violações dos requisitos legais.

Ainda segundo USEPA (1989, p. 3-12), há três níveis de aprofundamento para realizar-se uma inspeção:

* Inspeção visual (*walk-through*), limitada a uma caminhada pela área, verificando a existência de dispositivos de controle, observando as práticas de trabalho e verificando se há um armazenamento adequado de dados; tipicamente tais inspeções têm duração de algumas horas.
* Inspeção de avaliação de cumprimento (*compliance evaluation*), que, além das observações visuais, inclui análise e avaliação de registros de monitoramento, documentos, entrevistas e outras atividades de coleta de evidências (incluindo a coleta de amostras físicas em alguns casos). Também pode incluir testes de processos e equipamentos de controle.
* Inspeção com amostragem (*sampling inspection*), que inclui coleta planejada de amostras para checar resultados do automonitoramento; é uma investigação completa que pode durar semanas.

As inspeções servem tanto à supervisão como à fiscalização e à auditoria. Frequentemente, uma inspeção segue um roteiro preestabelecido, de acordo com seu objetivo. Assim, inspeções de rotina para fins de fiscalização usualmente se baseiam em requisitos de uma lei ou regulamento cujo cumprimento se deseja verificar; caso o inspetor ou fiscal constate alguma irregularidade, precisa enquadrá-la em alguma categoria que tipifique uma conduta em desacordo com a lei, para que o transgressor possa ser notificado, multado ou receber outras sanções previstas. Essas inspeções têm escopo limitado pela competência legal do agente fiscal.

A demonstração dos resultados costuma ser feita por meio de relatórios que podem ser divulgados publicamente. O conteúdo de um relatório público é ilustrado no Quadro 18.1, que traz a estrutura de um "balanço de atividades ambientais" anual preparado pela Hydro-Québec durante a construção de uma usina hidrelétrica em um afluente do rio São Lourenço. Numa época de pouco acesso à internet, vários exemplares do relatório-síntese foram impressos e distribuídos para os interessados, além dos relatórios completos protocolizados nos organismos governamentais competentes. Esse é o primeiro de uma série de relatórios anuais preparados durante a construção, que teve início em abril de 1994 e terminou em 2004. Projeto de grande porte, é constituído de uma barragem de 410 m de altura, um reservatório de 25.300 ha e uma usina de 884 MW de potência instalada.

18.3 Arranjos para acompanhamento

O proponente do projeto e o poder público têm papéis centrais (diferentes e complementares) na fase de acompanhamento, mas outros protagonistas podem desempenhar papel relevante para o sucesso dessa etapa, em particular o público. Não há uma fórmula ideal para organizar o acompanhamento, que pode ser feito sob diferentes formatos ou arranjos. Seis formatos são discutidos a seguir, os quais não esgotam as possibilidades de organização para acompanhamento ambiental e não são mutuamente excludentes.

Fiscalização por entidade governamental

A fiscalização é um mecanismo muito comum de acompanhamento, em geral previsto em leis, mas nem sempre o mais eficaz. As leis geralmente atribuem aos órgãos governamentais o dever de fiscalizar a conduta de indivíduos ou empresas, e preveem sanções em caso de não cumprimento de requisitos legais. No entanto, fiscalização requer procedimentos preestabelecidos e rotinas de trabalho que nem sempre se coadunam às necessidades dos projetos sujeitos à AIA, uma vez que é justamente devido às suas características que esses projetos foram submetidos ao processo. Por outro lado, toda fiscalização atua por amostragem, e para muitos empreendimentos sujeitos ao processo de AIA o acompanhamento é essencial, principalmente para as fases que causam os impactos mais significativos.

Critérios de triagem podem ser usados para selecionar os empreendimentos que necessitam de acompanhamento mais estrito, como inspeções mais frequentes. Assim, o acompanhamento de certos empreendimentos de alto impacto poderia ser feito por uma comissão mista (que será discutida a seguir), ao passo que outros empreendimentos ficariam sujeitos a uma fiscalização regular e rotineira ou mesmo ocasional. Ademais, as atividades de acompanhamento também podem ser mais ou menos intensas segundo a fase do empreendimento; assim, para projetos de infraestrutura, a fase de implantação costuma ser crítica e pode provocar grande parte dos impactos mais significativos, de modo que o acompanhamento geralmente demanda mais atenção nessa fase.

Condições que indicam a necessidade de acompanhamento ambiental de projetos são sugeridas por Arts e Meijer (2004, p. 70) e podem ser usadas para selecionar os projetos para fins de acompanhamento:
* grau de incerteza das previsões do EIA;
* grau de incerteza sobre a eficácia das medidas mitigadoras;
* complexidade e porte do projeto;
* sensibilidade da área afetada pelo empreendimento;
* preocupação política ou social.

O estudo de Dias e Sánchez (2001) mostrou que muitas vezes não é claro o que deve ser acompanhado, fiscalizado ou controlado e menos ainda como pode ser avaliado o atendimento às condicionantes de uma licença, o que também foi constatado em auditoria do Tribunal de Contas da União sobre o licenciamento federal (TCU, 2011).

Supervisão e verificação de terceira parte

Em nenhum país os órgãos governamentais têm capacidade de fiscalizar todos os empreendimentos. Mesmo com a utilização de critérios de triagem que selecionem os empreendimentos que necessitem acompanhamento mais intenso, não há como realizá-lo continuamente. Por outro lado, é o empreendedor que deve arcar com todos os custos relacionados aos seus projetos, e o acompanhamento ambiental é um dos itens de custo.

Embora a gestão ambiental seja função da empresa, costuma-se atribuir maior credibilidade quando uma terceira parte independente verifica o que foi realizado e emite um parecer ou certificado. A contratação de uma terceira parte pode ser feita voluntariamente ou resultar de determinação do agente licenciador ou financiador. Por exemplo, tem sido comum licenças ambientais no Brasil incluírem a condicionante de supervisão de terceira parte durante as atividades de construção de empreendimentos de infraestrutura (Fig. 18.1), assim como exigem os bancos de desenvolvimento. Por exemplo, o Padrão de Desempenho 1 da IFC estabelece que, "no caso de projetos com impactos significativos, o cliente contratará especialistas externos para verificar suas informações de monitoramento" (§ 22). Em Hong Kong, a legislação determina que os relatórios de acompanhamento preparados pelo empreendedor (em geral assessorado por um consultor ambiental) sejam aprovados por um "verificador ambiental independente", que atesta o conteúdo de cada relatório, e também na África do Sul a participação de um verificador independente é obrigatória (Wessels; Retief; Morrison-Saunders, 2015).

Automonitoramento

Verificar se suas atividades atendem aos requisitos legais é uma das obrigações de toda empresa. Os custos de monitoramento ambiental são parte dos custos operacionais de qualquer atividade econômica. Idealmente, a empresa coleta dados sobre seu desempenho – de acordo com um plano previamente estabelecido –, registra-os, interpreta e prepara relatórios periódicos, que servem para comunicar os resultados interna e externamente.

A preparação de relatórios de andamento acerca dos programas de gestão ou relatórios conclusivos sobre a implantação de medidas mitigadoras ou compensatórias é uma exigência costumeira em muitas licenças ambientais, mas sua implementação não

Fig. 18.1 *Obras de construção da ferrovia Transnordestina, no Ceará, onde a supervisão ambiental foi uma condicionante da licença ambiental. Observa-se a instalação de lastro, dormentes e trilhos sobre um trecho em aterro, assim como, no canto superior esquerdo, uma grande área de corte. A movimentação do solo em cortes e aterros é uma das atividades acompanhadas pela equipe de supervisão ambiental*

é simples. A escolha prévia de indicadores quando da preparação do plano de gestão e a coleta sistemática de dados por meio de programas de monitoramento são uma condição necessária para a preparação de relatórios, que, elaborados pelo empreendedor, muitas vezes com a ajuda de consultores, precisam ser validados, mediante submissão ao crivo do órgão fiscalizador ou de uma comissão externa, pois, do contrário, podem ter baixa credibilidade. Um exemplo de relatório de atividades de acompanhamento ambiental durante a etapa de construção de uma usina hidrelétrica foi apresentado no Quadro 18.1. É um relatório público sintético que apresenta os mais importantes resultados dos trabalhos realizados durante o período; informa quais foram os vários estudos técnicos em andamento ou concluídos e onde podem ser consultados.

A divulgação de resultados de monitoramento nem sempre é transparente, dados e relatórios podem não ser publicamente disponíveis e sua divulgação pode não ser claramente exigida pela legislação. Por outro lado, o excesso de informação pode também dificultar a compreensão dos reais impactos de um projeto ou o satisfatório cumprimento de exigências e compromissos. O nível mais básico de comunicação é a divulgação de relatórios técnicos, mas as empresas podem utilizar a internet e redes sociais para divulgar rapidamente dados que possam ser de interesse de grupos de pessoas. Por exemplo, a empresa MTR, empreendedora do projeto de ferrovia de alta velocidade em Hong Kong (seção 10.1 e Quadro 10.2), divulgou semanalmente, durante todo o período de construção, os resultados de monitoramento de ruído e de qualidade do ar em cada estação de amostragem, e preparou relatórios mensais de acompanhamento, uma exigência legal.

Comissões especiais de acompanhamento

O emprego de comissões de acompanhamento é uma solução adotada em casos mais complexos, quando há pouca confiança do público nos órgãos de governo ou quando estes carecem de recursos humanos ou financeiros para fiscalizar com eficácia. As comissões podem ser interinstitucionais ou incluir representantes comunitários ou de organizações não governamentais.

Comissões interinstitucionais podem formar um mecanismo eficaz de acompanhamento quando há diversos órgãos governamentais com atribuições diferentes para fiscalizar um empreendimento. Formam-se grupos com um representante de cada órgão, que realizam inspeções em conjunto, discutem em grupo e podem também formular exigências conjuntas coerentes. Esse arranjo requer disposição para colaborar e uma inequívoca repartição de responsabilidades. O acompanhamento ambiental da construção da pista descendente da rodovia dos Imigrantes utilizou esse modelo, que associou diversos departamentos, com atribuições distintas, da Secretaria do Meio Ambiente de São Paulo (Gallardo; Sánchez, 2004).

Durante o período de construção (1999-2002), inspeções periódicas eram realizadas por equipes mistas. Essa foi a fase mais crítica do projeto, e os impactos mais significativos se davam no meio físico. Para reforçar a ação dos órgãos diretamente envolvidos, foi contratado o Instituto de Pesquisas Tecnológicas (IPT), que entrou com uma equipe especializada em processos de dinâmica superficial do meio físico, um dos mais importantes problemas, pois a construção foi feita em uma área de vertentes íngremes e de alta pluviosidade, a Serra do Mar. Relatórios mensais do IPT informavam o agente governamental (Departamento de Avaliação de Impacto Ambiental – Daia) e o empreendedor sobre eventuais problemas encontrados.

Em paralelo, o empreendedor tinha sua própria equipe ambiental e contratou os serviços de uma empresa de consultoria para, entre outras funções, implementar o programa

Quadro 18.1 Balanço de atividades ambientais – construção da usina hidrelétrica Sainte-Marguerite 3, Quebec, Canadá

Resumo

Introdução

Estudos de monitoramento ambiental

Estudo morfossedimentológico do estuário do rio Sainte-Marguerite

Qualidade da água

Fauna terrestre

Avifauna

Utilização do território

Economia regional

Atualização do contexto socioeconômico

Avaliação dos impactos econômicos regionais

Eficácia das medidas de otimização das consequências econômicas regionais

Aspectos sociais [para cada item do monitoramento apresentam-se objetivos, métodos e resultados]

Medidas mitigadoras

Aproveitamento de madeira

Arqueologia

Documentação audiovisual de cachoeiras e corredeiras

Controle das estradas de acesso

Programa de comunicação ambiental

Otimização dos impactos econômicos

Medidas de valorização e indenização

Compensação para população autóctone

Apoio ao desenvolvimento regional e valorização ambiental

Estudos sobre a biologia do salmão

Supervisão ambiental

Autorizações governamentais

Lista das autorizações obtidas no período

Anexos

Condicionantes das licenças ambientais (39 condicionantes provinciais e onze federais)

Avanço no cumprimento das condicionantes

Autos de infração recebidos

Principais documentos encaminhados ao Ministério de Meio Ambiente

Cronogramas (monitoramento, implementação das medidas)

Lista de estudos realizados

Lista de cartas preparadas ou atualizadas

Fonte: Hydro-Québec, Aménagement Hydroélectrique de Sainte-Marguerite 3. Bilan des Activités Environnementales *1994-1995.*

de monitoramento ambiental e um sistema de gestão e detectar não conformidades com relação às boas práticas ambientais ou procedimentos estabelecidos pela própria empresa. Por sua vez, o consórcio construtor também tinha sua equipe ambiental, encarregada de resolver os problemas à medida que fossem detectados. A organização interna do proponente e das empreiteiras foi fator essencial para a satisfatória implementação das medidas mitigadoras, ao lado do controle administrativo exercido pela comissão governamental (Sánchez; Gallardo, 2005).

As *comissões mistas* incluem a participação de representantes da comunidade, usualmente como observadores, caracterizando-se como uma forma de participação pública na etapa de acompanhamento. Um exemplo foi a abertura da mina do Trevo, uma mina subterrânea de carvão localizada em Siderópolis, Santa Catarina, cujo processo de AIA foi bastante conflituoso e contou com intensa participação da comunidade, tendo várias vezes ocorrido manifestações contrárias ao empreendimento. A mina situa-se em uma zona rural caracterizada por pequenas propriedades e agricultura familiar. Os agricultores temiam principalmente que a mina viesse a interferir no regime de circulação das águas subterrâneas e pudesse secar nascentes e cacimbas (Crepaldi, 2003, p. 47), transformando, assim, a produção agrícola e a qualidade da vida. Com a mediação do promotor de Justiça da comarca foi formada uma comissão contando com a participação de moradores que, logo após o início dos trabalhos de abertura da mina, passou a ter livre acesso a todos os dados de monitoramento e a realizar inspeções mensais na mina, verificando o avanço do projeto e o cumprimento de medidas mitigadoras. Além disso, um morador local foi contratado pela empresa, atuando como uma espécie de fiscal interno e verificando "se os órgãos ambientais fazem cumprir os termos do acordo", além de informar o Ministério Público sobre o andamento dos trabalhos (Crepaldi, 2003, p. 49). Tal arranjo foi capaz de forjar uma relação de confiança mútua entre as partes e também ajudou a garantir o cumprimento dos compromissos firmados pela empresa.

O programa intenso de monitoramento foi um elemento essencial da estratégia de acompanhamento. Vários pontos de monitoramento situavam-se nas propriedades daqueles que protestaram contra a implantação da mina. Com o intuito de aumentar a credibilidade do programa de monitoramento, parte das medições e amostragens foi inicialmente realizada pela Universidade do Extremo Sul Catarinense, enquanto os dados dos impactos mais críticos – aqueles sobre os recursos hídricos subterrâneos – foram interpretados e analisados por um instituto especializado ligado à Universidade Federal do Rio Grande do Sul. Nas situações – bastante comuns – em que a comunidade desconfia da empresa e mesmo dos órgãos governamentais, a chancela de um *organismo independente* pode ser a única saída para resolver o conflito, pois alterações ambientais observadas ou medidas na área de influência de um projeto podem ser devidas às suas atividades, mas também a outros agentes degradadores ou mesmo a causas naturais. A interpretação dos resultados pode até colocar em cheque elementos essenciais do programa de monitoramento, como os procedimentos de amostragem ou a qualidade das análises laboratoriais, e talvez sejam necessárias alterações do programa.

O caso da mina do Trevo também incluiu uma garantia interessante: a empresa foi obrigada, pelo Ministério Público, a contratar um seguro contra danos ambientais, segundo o qual, caso houvesse danos, a seguradora ressarciria as vítimas. A exigência de garantias financeiras, como seguros, cauções ou outras modalidades, é um mecanismo para assegurar ao público, ao governo e a outras partes interessadas que os compromissos assumidos pelo proponente do projeto serão realmente cumpridos de modo satisfatório. Garantias financeiras são exigidas em diversos países para atividades como mineração, disposição de resíduos e certas atividades industriais (Sánchez, 2001).

Uma *comissão mista* também foi criada para acompanhamento no caso do aumento das concentrações de mercúrio nos reservatórios hidrelétricos do norte do Quebec, Canadá (seção 9.4 e Fig. 7.1). Suas funções incluíam o seguimento do problema já identificado nas represas existentes e das medidas preventivas ou compensatórias para novos empreendimentos. A questão do aumento das concentrações de mercúrio nas águas e nos tecidos dos peixes era da maior relevância, pois afetava não somente a saúde, mas também o modo de vida tradicional das comunidades indígenas locais (os Cri), para quem os peixes representam uma parte importante da dieta, e a pesca, um elemento indissociável da cultura.

Para acompanhar a situação, orientar o monitoramento e estabelecer diretrizes sobre as pesquisas necessárias para embasar as ações de mitigação, foi criado um "Comitê da Baía James sobre o Mercúrio", composto por representantes do povo indígena Cri, do governo provincial e do empreendedor (Hydro-Québec), dotado de um orçamento de C\$ 18,5 milhões para um período de dez anos (1987-1996). Monitoramento, pesquisa e mitigação formaram os fundamentos do programa de acompanhamento. O monitoramento incluiu, entre outros, a determinação do teor de mercúrio nos tecidos de algumas espécies de peixes (Fig. 9.9) consumidos pelos Cri, e a determinação do conteúdo desse metal nos fios de cabelo da população (que é o procedimento padrão para o acompanhamento de populações humanas, como aquelas afetadas pelo uso do mercúrio em garimpos de ouro). A pesquisa foi voltada, basicamente, para a compreensão e a modelagem dos processos de transformação do mercúrio metálico (Hg_0) em metilmercúrio (CH_3Hg), composto orgânico facilmente absorvido pelos organismos. Finalmente, a mitigação buscou desenvolver fontes alternativas de pescado com baixos teores de mercúrio (Comité de la Baie James sur le Mercure, 1988, 1992).

Outra modalidade é a de *comissões consultivas*, compostas de cidadãos locais e representantes de empresa, como a que foi criada para discutir um projeto de mina de ilmenita (minério de titânio) em Augusta, sudoeste da Austrália (Figs. 18.2 e 18.3). Em uma região rural, o projeto suscitou preocupações com a qualidade das águas, devido à presença de solos sulfatados geradores de drenagem ácida. A mina, porém, teve sua vida abreviada por problemas técnicos e foi fechada prematuramente. A comissão continuou ativa até a Autoridade de Proteção Ambiental atestar que os 21 critérios de fechamento, negociados com as partes interessadas, tinham sido atendidos, 19 anos depois de a mina cessar sua atividade (Norrish et al., 2019).

Na construção dos túneis da ferrovia de alta velocidade em Hong Kong, o empreendedor facilitou a constituição de dez "grupos de ligação comunitária", que incluíam representantes de escolas situadas nas áreas afetadas, representantes de associações de moradores e outras entidades. Cada grupo realizava visitas à obra e reuniões com a equipe do empreendedor e acompanhava a divulgação de informações no site do projeto. Governos locais (distritos) também eram visitados regularmente pela equipe do empreendedor para esclarecimentos e informações.

A existência de canais de comunicação com o público durante as fases de implantação e operação de empreendimentos é boa prática amplamente reconhecida; é um requisito do sistema de gestão ISO 14.001 e também do sistema de gestão ambiental e social requerido pela IFC. O Padrão de Desempenho 1 requer que os clientes adotem um procedimento de recebimento, registro e resposta a queixas das comunidades afetadas (às vezes conhecido por "mecanismo de reclamação"). Esse mecanismo tem a finalidade de "receber e facilitar a solução de preocupações e reclamações das comunidades afetadas sobre o desempenho socioambiental do cliente", deve ser "proporcional aos riscos e impactos adversos do projeto" (ou seja, o mecanismo deve ser mais robusto para projetos de maior impacto) e deve ter as comunidades afetadas como seus principais usuários (§ 35). Esse padrão também requer a preparação, pelo empreendedor, de relatórios periódicos a essas comunidades (§ 36).

Fig. 18.2 Vista de área minerada em processo de reabilitação, cujos objetivos e critérios de avaliação foram negociados com a comunidade, em Augusta, Austrália Ocidental

Fig. 18.3 Antiga mina de ilmenita de Augusta quase vinte anos depois de encerrada, observando-se os limites retilíneos do lago remanescente, que atrai aves, e áreas agrícolas no entorno

O envolvimento do público é essencial para o sucesso da etapa de acompanhamento.

Instituições especializadas

Outro arranjo, sofisticado e custoso, tem sido empregado em alguns casos altamente controvertidos. Trata-se da *criação de instituições independentes* para acompanhar um empreendimento. Um dos primeiros casos se deu na Austrália no final dos anos 1970. Depois de anos de debates que abarcaram todo o país, o governo federal australiano decidiu auto-

440 Avaliação de Impacto Ambiental: conceitos e métodos

rizar a abertura de duas minas de urânio em território federal no norte do país (Fig. 1.1). Entretanto, as incertezas quanto aos impactos potenciais dos empreendimentos, e quanto à capacidade das empresas interessadas em controlar esses impactos, motivou a decisão de criar, por meio de uma lei de 1978, três instituições para exercer controle e monitoramento das novas minas[3]. As instituições criadas foram:

* o Comitê Coordenador para a Região dos Rios Alligator;
* o Instituto de Pesquisa da Região dos Rios Alligator;
* a Agência do Cientista Supervisor (*Office of the Supervising Scientist*) para a Região dos Rios Alligator.

As funções da agência foram definidas como:

* "pesquisar os efeitos das operações de mineração de urânio sobre o meio ambiente da região dos rios Alligator";
* "coordenar e supervisionar a implantação das exigências ambientais relativas à mineração de urânio impostas pela legislação em vigor";
* "desenvolver e promover normas, procedimentos e medidas para a proteção e a restauração do meio ambiente";
* "aconselhar o ministro (e o Parlamento) sobre esses temas" (OSS, 1986).

> [3]*Uma medida compensatória foi a criação do Parque Nacional Kakadu, um dos mais importantes da Austrália e também designado como sítio do patrimônio mundial (Fig. 1.1).*

O governo, por meio do Departamento de Minas e Energia dos Territórios do Norte, mantém sua função legal de "licenciamento e regulamentação da mineração de urânio", pois o cientista supervisor "não impõe condições ambientais sobre a mineração e não tem poderes para fazer cumprir a legislação" (OSS, 1986). O *Office of the Supervising Scientist* teve suas funções ampliadas por leis posteriores, mas continua ativo na região dos rios Alligator.

Um arranjo semelhante, uma espécie de "cão de guarda", foi a solução encontrada para o acompanhamento ambiental de uma nova mina de diamante aberta no final dos anos 1990 nos territórios do noroeste canadense (mina Ekati). Foi criada uma agência independente de monitoramento ambiental, que empregou pessoas da comunidade local (comunidades indígenas) para o monitoramento da fauna, haja vista que os principais impactos potenciais do empreendimento se dariam sobre a fauna autóctone, principalmente espécies utilizadas pelas populações humanas (Ross, 2004). Hoje, diversas empresas custeiam avaliações externas independentes de suas atividades, inclusive sem interferir na escolha do avaliador.

Avaliações independentes

Raramente as comunidades atingidas têm recursos para realizar o próprio acompanhamento de um empreendimento que as afeta, mas há casos de envolvimento de organizações não governamentais que prestam assistência às comunidades e de assessorias técnicas contratadas com recursos providos pelo empreendedor para trabalhar diretamente com atingidos, a exemplo de alguns casos em Minas Gerais, por ação do Ministério Público, de projetos de pesquisa científica e de iniciativas de ciência cívica (seção 13.7).

Resultados que contrastam com os oficiais podem ser obtidos por avaliações independentes. Os impactos da barragem de Belo Monte sobre a pesca, comunidades de pescadores e comunidades indígenas foi assunto de avaliação *ex post* conduzida pelo Instituto Socioambiental, uma organização não governamental. Embora o empreendimento não tenha inundado terras indígenas, as comunidades Juruna (Yudjá) situadas a jusante da barragem foram afetadas pela modificação do regime hídrico do rio Xingu. Essas comunidades estão localizadas no chamado trecho de vazão reduzida, uma extensão de cerca de 100 km de rio entre a barragem e a casa de força, ponto onde a água turbinada é

CAPÍTULO

restituída ao rio (Fig. 18.4). Em usinas hidrelétricas com esse arranjo, é necessário manter uma vazão mínima nesse trecho (Quadro 5.11), geralmente chamada de vazão ecológica, como medida mitigadora, ainda que tal medida reduza a produção de energia elétrica. O problema são os critérios de projeto para estabelecer qual será essa vazão e a participação (ou sua falta) das comunidades afetadas. Segundo Pezzuti et al. (2018), não foram levados em conta os pulsos de cheia (Junk; Bailey; Sparks, 1989), variações interanuais de vazão que regulam o funcionamento dos ecossistemas ribeirinhos. Como consequência, a reprodução de peixes e quelônios foi afetada, pois diversas espécies dependem da inundação de várzeas (igapós) para se alimentarem. Empregando o conhecimento ecológico tradicional (seção 8.4) dos Juruna (Yudjá) para comparar a situação anterior ao fechamento das comportas (novembro de 2015) à situação posterior, foi constatada uma diminuição do tamanho dos pacus, o principal peixe da região, que se alimenta de frutos que caem na água durante a cheia – com a redução da vazão, as áreas fornecedoras de frutos ficam longe da água, reduzindo a oferta de alimento para essa espécie. Foi também verificada a morte de árvores frutíferas devido à mudança das condições de umidade do substrato.

Há diversas maneiras de se fazer o acompanhamento e não há solução universal. Tal é a conclusão de Morrison-Saunders, Baker e Arts (2003, p. 53) ao analisarem mais de uma dezena de casos em diferentes países, pois "o sucesso da fase de acompanhamento depende de fatores contextuais" como recursos, capacitação técnica, requisitos legais, tipo de projeto e envolvimento do público. Em cada país haverá os melhores arranjos, em função não somente da legislação, mas muitas vezes das condições particulares de cada caso, como o grau de interesse e envolvimento da comunidade.

18.4 Integração entre planejamento e gestão

Integrar a avaliação prévia às ações de gestão ambiental da implantação, operação e desativação de empreendimentos é uma oportunidade de dar mais eficiência a ambas (Jones; Mason, 2002; Sánchez; Hacking, 2002), possibilitando ganhos com a integração da AIA às ferramentas de gestão que foram desenvolvidas depois dela, como a auditoria ambiental, os sistemas de gestão ambiental e a avaliação de desempenho ambiental, todas, aliás, inspiradas e adaptadas da própria AIA (Sánchez, 2018).

A relação entre planejamento e gestão ambiental de um novo empreendimento é ilustrada na Fig. 18.5. Para a fase de acompanhamento, utilizam-se ferramentas de gestão, tais como as exemplificadas. A auditoria ambiental pode ser parte do SGA, e serve para verificar sua conformidade em relação a critérios preestabelecidos, entre os quais o atendimento aos requisitos legais e às condicionantes da licença ambiental. Já a avaliação de desempenho ambiental permite demonstrar se os resultados esperados em termos de proteção ambiental ou compensação estão sendo atingidos. O ciclo de planejamento, implementação, controle e melhoria[4] que orienta e estrutura os sistemas de gestão é mostrado na Fig. 18.6.

Identificar aspectos e impactos ambientais, estabelecer programas de gestão e realizar monitoramento são alguns dos pontos comuns entre a AIA e os SGAs, que, embora tenham aplicação mais difundida na fase de funcionamento de empreendimentos, também são empregados com sucesso na implantação, como demonstrado em vários casos (Marshall, 2002; Perdicoúlis; Durning; Palframan 2012). Um canteiro de obras onde foi empregado um SGA de acordo com a norma ISO 14.001 é mostrado na Fig. 18.7; atividades como tratamento de efluentes de escavação de um túnel, armazenamento de derivados de petróleo e gestão de resíduos, entre outras, são organizadas de forma a atender a objetivos de proteção ambiental e prevenção da poluição.

[4] *Também conhecido como "ciclo PDCA" – plan, do, check, act.*

442 Avaliação de Impacto Ambiental: conceitos e métodos

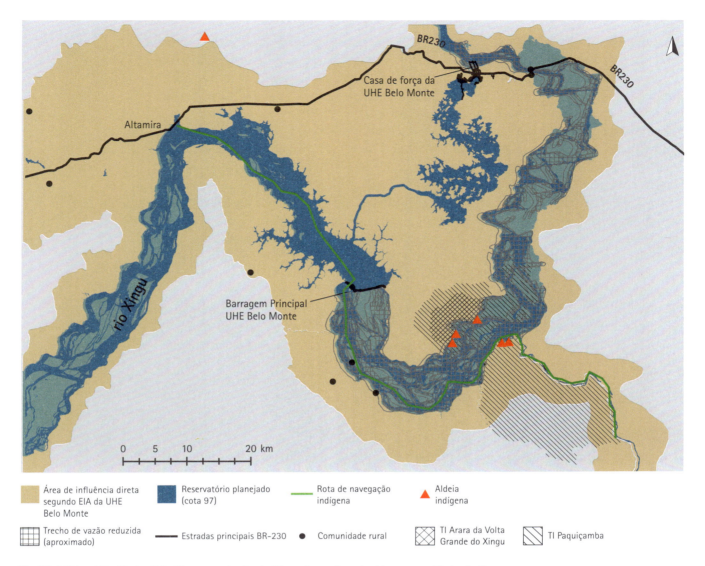

Fig. 18.4 *Usina hidrelétrica Belo Monte, trecho do rio Xingu de vazão reduzida e comunidades indígenas*
Fonte: Instituto Socioambiental. Reproduzido com autorização.

Fig. 18.5 *Ferramentas de gestão para implementar, verificar e avaliar os programas decorrentes da avaliação de impactos*

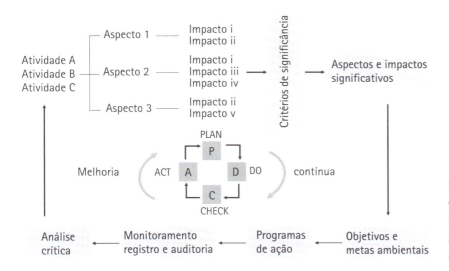

Fig. 18.6 *Identificação e avaliação de aspectos e impactos ambientais e ciclo PDCA, para a melhoria do desempenho ambiental*

Organizar os programas ambientais segundo os requisitos de um sistema de gestão é um modo prático e facilmente reconhecível (por ser normalizado) de traduzir compromissos e obrigações do proponente em um conjunto de tarefas passíveis de verificação. Como constatado por Dias e Sánchez (2001), entre outros autores, muitos compromissos assumidos pelo proponente estão dispersos em diferentes partes do EIA ou de relatórios posteriores, e a verificação de seu cumprimento pode facilmente passar ao largo dos trabalhos de supervisão e fiscalização, como também pode dar margem a reclamações infundadas, por permitir diferentes interpretações.

Como maneira de traduzir os compromissos em instruções precisas, pode-se dar mais atenção ao detalhamento do plano de gestão ambiental, como notado, entre outros autores, por Goodland e Mercier (1999). Uma solução prática é adotada em Hong Kong, onde é obrigatória a preparação, pelos proponentes, de um "Manual de Monitoramento e Auditoria" para cada projeto; desse manual deve constar um resumo das recomendações do EIA (HKEPD, 1996). Algumas empresas preparam um "Manual de Mitigação" (Marshall, 2001). No Brasil, algumas empresas preparam um "Manual de Implementação de Programas". No Quadro 18.2, à semelhança do Quadro 13.5, ilustra-se uma maneira de sintetizar a transformação das recomendações do EIA e das exigências da licença ambiental em tarefas passíveis de verificação ou auditoria.

Fig. 18.7 *Canteiro de obras de construção da usina hidrelétrica San Francisco, Equador, que conta com sistema de gestão ambiental. Note-se, na porção inferior esquerda da foto, uma instalação de tratamento de efluentes dos túneis em construção*

Os programas ambientais apresentados no EIA precisam ser transformados em instruções operacionais claras e passíveis de verificação por meio de supervisão, auditoria ou fiscalização.

Dias (2001), enfatizando o caráter público do processo de AIA, vai mais longe na proposta de tradução das condições impostas para o empreendimento, e propõe que o resultado

Quadro 18.2 Registro hipotético de requisitos de gestão ambiental para verificação de andamento e atendimento

Número de ordem	Tipo de medida	Descrição da medida	Fonte e referência	Responsável	Prazo	Situação atual	Registro de não conformidades	Documentos comprobatórios
1	M	Atividades de construção devem ser realizadas somente entre 7h e 19h	EIA, vol. 2, p. 425	Joana Costa	Todo o período de construção	Em andamento	05 – doc 3-05/06	Relatórios mensais de monitoramento
2	V	Cadastramento de mão de obra local	Termo de compromisso firmado com a prefeitura	Pedro Silva	Um mês antes do início das contratações	Totalmente implementado	Sem registro	Relatório 1-03/04
3	C	Restauração de vegetação nativa na fazenda Porteira	Termo de compromisso de restauração florestal	Contratação da empresa "Flora", supervisão de Manoel Silvestre	Conclusão do plantio até fevereiro	Totalmente implementado	Sem registro, campanha de monitoramento programada para outubro	Relatório AKR-38--19-B
4	E	Realizar salvamento arqueológico nos sítios Piraquara e Angelim	EIA, vol. 2, p. 432 LI condicionante #4	Contratação da empresa "Archeos", supervisão de Ana Macieira	Término antes do início das atividades no setor norte	Em andamento	Sem registro	Relatório Archeos 325A--E-01

M – medidas de mitigação ou atenuação

C – medidas compensatórias

V – medidas de valorização

E – estudos complementares

G – medidas de capacitação e gestão

da etapa decisória deveria ser um "documento de aprovação" do projeto. Esse documento, diferentemente das licenças atuais, que somente fazem menção à obrigatoriedade de adoção das "medidas propostas no EIA", deveria compilar todas essas medidas em um formato adequado para a etapa de acompanhamento, facilitando a supervisão, a fiscalização e a auditoria. A esse propósito, na Austrália Ocidental os proponentes devem apresentar, no EIA, uma lista consolidada de compromissos de mitigação e monitoramento, que é usualmente incorporada às condicionantes da autorização governamental.

No Quadro 18.3 mostram-se extratos do capítulo "Compromissos de Gestão Ambiental" de um EIA de um projeto de prolongamento de uma via expressa urbana que cruza áreas de importância ambiental (lagos e hábitats terrestres de espécies ameaçadas) na região de Perth. Os compromissos estão organizados por "fatores ambientais chave", que foram selecionados pela Autoridade de Proteção Ambiental para os termos de referência desse EIA. Para cada fator, há um objetivo de proteção ambiental, também estabelecido pela Autoridade. Para atingir cada objetivo, há um ou mais compromissos que o empreendedor assume publicamente ao apresentar o EIA, seguido da indicação de como os compromissos poderão ser respeitados, de modo a atingir os objetivos definidos para cada fator ambiental. O compromisso do empreendedor, então, é o de atingir resultados (*outcome-based*), e não uma "obrigação de fazer".

> Há duas formas distintas de estabelecer compromissos. Uma é calcada em processos ("obrigação de fazer"), assumindo-se que, ao seguir determinada instrução, o resultado tencionado será atingido. A outra é focada nos resultados a atingir; a obrigação é atingir metas, que devem ser estabelecidas de modo não ambíguo.

Se o EIA demonstra a viabilidade do empreendimento, esta é sempre condicionada ao atendimento das medidas mitigadoras e programas de gestão. Se os compromissos assumidos pelo empreendedor não forem redigidos de maneira clara, então a verificação de seu atendimento será muito difícil ou mesmo impossível. O que se requer, dessa forma, é uma espécie de contrato público entre o empreendedor e a sociedade, no qual esta é representada pelo agente governamental.

18.5 SÍNTESE

A fase de acompanhamento é essencial para a efetividade da AIA. Supervisão e auditoria permitem detectar problemas e corrigi-los antes que resultem em dano a algum componente ambiental, ao passo que o monitoramento ambiental permite verificar a eficácia da mitigação e constatar os impactos reais do empreendimento. A atuação governamental, por meio de fiscalização e de análise de dados e documentos produzidos pelo empreendedor, é fundamental para o sucesso e para a própria credibilidade do acompanhamento. A participação dos cidadãos pode aumentar a confiança e melhorar os próprios resultados de proteção ambiental e dos direitos das comunidades.

O acompanhamento também facilita a aprendizagem organizacional, tanto do empreendedor quanto do regulador e, conforme os arranjos institucionais, também de organizações da sociedade civil e de outros atores. Espera-se que o aprendizado contribua tanto para melhorar a gestão do empreendimento quanto para aprimorar outras avaliações de impacto.

A gestão ambiental do empreendimento é orientada pelo plano de gestão ambiental definido no EIA, mas o aprendizado também facilita a gestão adaptativa.

446 Avaliação de Impacto Ambiental: conceitos e métodos

Quadro 18.3 Exemplos de compromissos registrados em um EIA de um projeto de rodovia

Fator ambiental	Objetivo		Compromisso	Possível solução	Cronograma
Áreas úmidas	Manter as funções ecológicas e os valores ambientais atuais	1.1	Manter conectividade ecológica entre ambos os lados da rodovia proposta na travessia do pântano Roe	• Assegurar que no máximo 2,1 ha de vegetação nativa (condição 'degradada a boa') seja removida • Plantio de espécies tolerantes à baixa luminosidade sob a ponte	Durante a construção
		1.8	Conter e tratar as águas pluviais para remover poluentes e assegurar que sua concentração esteja dentro dos limites atuais	• Criação de uma bacia de biorretenção a leste do *Horse Paddockk Swamp* para recebimento de águas pluviais oriundas da drenagem da rodovia	Durante a construção
Fauna	Manter abundância, diversidade, distribuição geográfica e produtividade da fauna aos níveis de ecossistemas e de espécies por meio de medidas para evitar ou gerir impactos adversos e melhorias no conhecimento	5.1	Proteger a fauna do contato com atividades de construção e do tráfego da rodovia	• Instalar cercas de retenção de fauna de ambos os lados do traçado nos trechos com fragmentos de vegetação nativa • Realizar um programa de captura com três meses de duração para remover a fauna da área do futuro canteiro de obras e reintroduzi-la em hábitat adequado	Antes do início da construção
		5.2	Manter conectividade para que a fauna possa transitar entre as porções norte e sul do traçado	• Construir passagens subterrâneas de 600 mm × 600 mm separadas de não mais de 100 m entre a rua Progress e a rua Bibra em todos os locais em que a altura permitir	Durante a construção
Ruído	Proteger a tranquilidade dos residentes e visitantes dos parques assegurando que os padrões legais sejam respeitados	8.1	Os níveis de ruído não excederão os limites estabelecidos na SPP5.4 nas propriedades adjacentes à rodovia proposta	• Modelagem dos impactos das emissões sonoras do projeto detalhado para estabelecer todas as medidas razoáveis e práticas necessárias para minimizar o alcance do ruído sobre receptores sensíveis	Até o término da construção

Nota: o EIA apresenta um total de 35 compromissos.

Fonte: SouthMetroConnect, 2011.

EPÍLOGO

Avaliação de impacto ambiental se aprende na prática, mas, sem uma sólida base teórica e conceitual, a prática não evolui. Sem atualização, a prática profissional se degrada. Os próprios conceitos envelhecem, porque os desafios mudam.

Quando os primeiros estudos de impacto ambiental começaram a ser feitos, há 50 anos, não se falava em mudanças climáticas, desarranjo do ciclo hidrometeorológico da Amazônia, pandemias ou microplásticos acumulados nos oceanos e na cadeia trófica. Mas a qualidade de vida dos cidadãos das presentes e das futuras gerações (e duas novas gerações já surgiram desde então) era e continua sendo a *raison d'être* da avaliação de impacto ambiental.

Para que a avaliação de impactos possa fazer diferença, os profissionais que a praticam precisam ser bem preparados, o que não é possível sem atualização contínua. Novas ferramentas surgem – dispositivos de coleta de dados e transmissão à distância, modelos mais avançados, formas de analisar quantidades imensas de dados – e também novos conceitos são desenvolvidos, tentando dar conta da crescente complexidade do mundo contemporâneo.

A avaliação de impactos é ensinada em universidades de vários países e é campo de pesquisa interdisciplinar, que a faz avançar a par com outras disciplinas. Entretanto, muitos jovens recém-formados, ao se incorporarem ao mercado de trabalho, rapidamente vão adotando muitas das más práticas vigentes ou, guiados pelos mais experientes (mas nem sempre competentes) profissionais, repetem soluções que podiam ser válidas décadas atrás, mas não mais correspondem aos desafios atuais.

A legislação defasada e sua interpretação muitas vezes formalista, e não finalista, dificultam os avanços, e repetem-se mais os erros do que se replicam os acertos.

A propagação de más práticas é um problema sério para a efetividade e para a credibilidade da avaliação de impacto ambiental. É preciso constante reflexão crítica e um processo de avaliação e aprendizagem para continuamente identificar problemas recorrentes, detectar os novos problemas e encontrar soluções coletivamente aceitáveis.

Como se sabe, a avaliação de impactos de projetos é apenas um dos instrumentos de políticas públicas governamentais. A avaliação de projetos, em particular, tem limitações que lhe são inerentes e seus resultados dependem, em parte, da boa aplicação de outros instrumentos.

Mas a cada um a parte que lhe cabe. Em tempos de combate e adaptação às mudanças climáticas e de prevenção de novas pandemias, a AIA precisa se tornar mais eficaz – atingir resultados demonstráveis de proteção dos recursos ambientais e das comunidades –, mais eficiente – entregando seus resultados com celeridade e sem perda de qualidade – e mais efetiva – contribuindo para a tomada de decisões que atendam simultaneamente a objetivos de sustentabilidade, de maneira pluralista e democrática. Recursos humanos bem formados são apenas parte dos ingredientes, mas são essenciais.

Por isso esta nova edição, inteiramente atualizada, e o novo conteúdo on-line. O apêndice "Recursos", impresso nas edições anteriores, agora está na internet, e poderá ser atualizado com frequência com fontes de informação e ferramentas de interesse para a prática da avaliação de impactos.

Em cada capítulo, inseri "pílulas" com mensagens práticas e recapitulação de conceitos essenciais. São 66 mensagens que, para serem plenamente compreendidas, requerem leitura ou releitura atenta, mas que condensam algo do que foi aprendido pela comunidade internacional de profissionais e pesquisadores de avaliação de impactos.

Espero continuar contribuindo para a formação de estudantes, o aprimoramento de profissionais e a inspiração dos pesquisadores.

Mas a avaliação de impactos interessa não apenas aos que nela se envolvem por motivos profissionais. Empreendedores precisam se envolver para obter licenças e financiamento. Políticos e planificadores governamentais precisam se inteirar dos efeitos colaterais de suas decisões – e seguir os preceitos legais. Investidores e financiadores precisam avaliar os cada vez mais determinantes riscos socioambientais de suas decisões de alocação de recursos, e as comunidades locais que não se inteirarem dos projetos pretendidos em seus territórios sofrerão as consequências sem terem sido ouvidas.

São Paulo, outono de 2020

GLOSSÁRIO

análise de riscos
conjunto de atividades de identificação, estimativa e gerenciamento de risco

análise dos impactos
em um estudo ambiental, designa a atividade de identificar, prever a magnitude e avaliar a importância dos impactos decorrentes da proposta em estudo

área de estudo
área geográfica na qual são realizados os levantamentos para fins de diagnóstico ambiental

área de influência
área geográfica na qual são detectáveis os impactos de um projeto

aspecto ambiental
elemento das atividades, produtos ou serviços de uma organização que interage ou pode interagir com o meio ambiente (NBR ISO 14001:2015)

atributo (de um impacto)
característica ou propriedade de um impacto, podendo ser usada para descrevê-lo ou qualificá-lo

auditoria (ambiental)
atividade sistemática, documentada e objetiva que visa analisar a conformidade de uma atividade com critérios prescritos

processo sistemático, documentado e independente para obter evidência objetiva e avaliá-la, objetivamente, para determinar a extensão na qual os critérios de auditoria são atendidos (NBR ISO 19011:2018)

avaliação (da importância ou significância) dos impactos
interpretação da importância de um impacto ambiental, sempre referida ao contexto socioambiental do projeto

avaliação de impacto ambiental
processo de exame das consequências futuras de uma ação presente ou proposta

avaliação de risco
processo pelo qual os resultados da análise de riscos são utilizados para a tomada de decisão (norma Cetesb P4.261)

campo de aplicação da avaliação de impacto ambiental
conjunto de ações humanas (atividades, obras, empreendimentos, projetos, planos, programas) sujeitas ao processo de AIA em uma determinada jurisdição

cenário
situação futura plausível, fundamentada em hipóteses coerentes e explícitas

compensação ambiental
substituição de um bem que será perdido, alterado ou descaracterizado, por outro, entendido como equivalente ou que desempenhe função equivalente

componente ambiental ou social selecionado
componente escolhido, com base em critérios que devem ser explicitados, para avaliação de impactos cumulativos

conhecimento local

conhecimento que as pessoas de uma dada comunidade têm sobre o ambiente e seus recursos

conhecimento tradicional

conhecimento que povos tradicionais têm sobre seu território, geralmente incorporado em suas práticas culturais e transmitido entre gerações

critério de avaliação

regra ou conjunto de regras para avaliar a importância de um impacto

degradação ambiental

qualquer alteração adversa dos processos, funções ou componentes ambientais, ou alteração adversa da qualidade ambiental

desempenho ambiental

conjunto de resultados demonstráveis de proteção ambiental

resultados mensuráveis da gestão de uma organização sobre seus aspectos ambientais (ISO 14031:2013)

diagnóstico ambiental

descrição das condições ambientais existentes em determinada área no momento presente

descrição e análise da situação atual de uma área de estudo feita por meio de levantamentos de componentes e processos do meio ambiente e de suas interações

efeito ambiental

alteração de um processo natural ou social decorrente de uma ação humana [Nota: efeito é muitas vezes usado como sinônimo de impacto]

estudo de análise de risco

estudo quantitativo de risco de um empreendimento, baseado em técnicas de identificação de perigos, estimativa de frequências e de efeitos físicos, avaliação de vulnerabilidade e na estimativa do risco (norma Cetesb P4.261)

estudo de impacto ambiental

documento integrante do processo de avaliação de impacto ambiental, cuja estrutura e conteúdo devem atender aos requisitos legais estabelecidos pelo sistema de avaliação de impacto ambiental em que esse estudo deve ser realizado e apresentado

estudo ou relatório que examina as consequências ambientais futuras de uma ação proposta

estudo de impacto de vizinhança

modalidade específica de estudo de impacto ambiental adaptado a empreendimentos e impactos urbanos

estudos de base

levantamentos acerca de alguns componentes e processos selecionados do meio ambiente que podem ser afetados pela proposta (projeto, plano, programa, política) em análise

fator de emissão

média estatística da massa de poluentes emitida por uma determinada fonte de poluição por quantidade de material manuseado ou processado

GLOSSÁRIO

gestão ambiental
conjunto de medidas de ordem técnica e gerencial que visam assegurar que o empreendimento seja implantado, operado e desativado em conformidade com a legislação ambiental e outros requisitos relevantes, a fim de minimizar os riscos ambientais e os impactos adversos e maximizar os efeitos benéficos

hierarquia de mitigação
sequência de medidas mitigadoras, com preferência para aquelas que evitem impactos adversos, seguida de medidas de redução ou minimização de impactos, e de medidas corretivas; após aplicação da hierarquia de mitigação, podem restar impactos residuais que, se forem significativos, devem ser objeto de medidas compensatórias, o último degrau da hierarquia de mitigação

hipótese acidental
suposição fundamentada de condições que podem resultar em perda de contenção de matéria e/ou de energia

identificação de impactos
descrição das consequências esperadas de um determinado empreendimento e dos mecanismos pelos quais se dão as relações de causa e efeito, a partir das ações modificadoras do meio ambiente que compõem um empreendimento ou outra ação humana

impacto aditivo
tipo de impacto cumulativo que resulta da soma de impactos de mesma natureza sobre determinado receptor

impacto ambiental
alteração da qualidade ambiental que resulta da modificação de processos naturais ou sociais provocada por ação humana

impacto cumulativo
impacto que se acumula no tempo ou no espaço como resultado de uma atividade, quando combinado ao impacto de outras, existentes, planejadas e/ou razoavelmente antecipadas
    mudança na condição de um componente ambiental ou social que se acumula no tempo e no espaço, causada por um conjunto de atividades antrópicas

impacto de médio (ou de longo) prazo
aquele que ocorre com uma certa defasagem em relação à ação que o gera

impacto direto
aquele que decorre das atividades ou ações realizadas pelo empreendedor, por empresas por ele contratadas, ou que por ele possam ser controladas

impacto imediato
aquele que ocorre simultaneamente à ação que o gera

impacto indireto
aquele que decorre (i) de um impacto direto causado pelo projeto (impacto de segunda ou terceira ordem); ou (ii) de ações de terceiros facilitadas pela presença do empreendimento (impacto induzido)

impacto irreversível

alteração para a qual há impossibilidade ou dificuldade extrema de retornar à condição precedente, alterações ambientais que não podem ser corrigidas por iniciativa humana, seja por razões de ordem técnica, seja por razões de cunho econômico ou social

impacto permanente

alteração definitiva do meio ambiente ou alterações que têm duração indefinida (um impacto permanente pode ser reversível ou irreversível)

impacto residual

impacto remanescente após a aplicação da hierarquia de mitigação, ou seja, impacto que não pode ser evitado ou suficientemente reduzido e para o qual podem se aplicar medidas compensatórias

impacto reversível

alteração do meio ambiente que pode ser corrigida por iniciativa humana (ações de recuperação ambiental)

impacto sinérgico

tipo de impacto cumulativo que resulta da combinação de outros impactos de natureza distinta

impacto temporário

aquele que só se manifesta durante uma ou mais fases do projeto, e que cessa quando de sua desativação

impacto que cessa quando cessa a ação que o causou (por exemplo, a alteração do ambiente sonoro cessa quando para a fonte de ruído)

matriz de impactos

quadro ou planilha estruturado em linhas e colunas, que pode ser apresentado sob diferentes formatos, e que mostra correlações entre (1) as ações ou atividades do empreendimento analisado e (2) os componentes ou elementos ambientais, ou entre (1) as ações ou atividades do empreendimento analisado e (3) os aspectos e/ou impactos ambientais

medidas compensatórias

ações que visam compensar a perda de um bem ou função que será perdido em decorrência do projeto em análise

medidas aplicadas depois de esgotadas as medidas preferenciais segundo a hierarquia de mitigação, ou seja, evitar, reduzir e compensar os impactos adversos

medidas mitigadoras

ações propostas com a finalidade de reduzir a magnitude ou a importância dos impactos adversos

medidas potencializadoras (ou de valorização)

ações propostas com a finalidade de realçar a magnitude ou a importância dos impactos benéficos

meios de vida

conjunto de meios que indivíduos, famílias e comunidades utilizam para se manter, como salário, renda da agricultura, pesca, coleta, pequeno comércio ou trocas (World Bank, 2017)

GLOSSÁRIO

monitoramento ambiental
coleta sistemática e periódica de dados previamente selecionados, com o objetivo principal de verificar o atendimento a requisitos predeterminados

não conformidade
termo usado em auditoria para designar qualquer situação que não esteja de acordo com um requisito

perigo
condição ou situação física com potencial de acarretar consequências indesejáveis

propriedade intrínseca de uma substância perigosa ou de uma situação física de poder provocar danos à saúde humana ou ao ambiente (Diretiva 2012/18/EU)

plano de gestão ambiental
em um estudo de impacto ambiental, um conjunto de medidas propostas para prevenir, atenuar ou compensar impactos adversos e riscos ambientais e para valorizar os impactos positivos

poluição
introdução, no meio ambiente, de qualquer forma de matéria ou energia que possa afetar negativamente o homem ou outros organismos

previsão de impactos
estimativa fundamentada da intensidade, duração e área de influência de um impacto ambiental

uso de métodos e técnicas para antecipar a magnitude ou a intensidade, a duração e a área de influência de um impacto ambiental

processo de avaliação de impacto ambiental
conjunto de procedimentos concatenados de maneira lógica, com a finalidade de analisar a viabilidade ambiental de projetos, planos e programas e fundamentar uma decisão a respeito

prognóstico ambiental
projeção da provável situação futura do ambiente potencialmente afetado caso a proposta em análise (projeto, política, plano, programa) seja implementada; também se pode fazer um prognóstico ambiental considerando que a proposta em análise não seja implementada

programa ambiental (ou socioambiental)
iniciativa de uma organização com o objetivo de proteção de recursos ambientais ou culturais, da qualidade de vida ou dos direitos de comunidades que podem ser ou são afetadas por projetos de desenvolvimento ou pelas atividades, produtos ou serviços dessa organização

reassentamento
processo de instalação em um novo local de famílias ou comunidades deslocadas por um projeto e de restabelecimento de seus meios de vida

recuperação ambiental
aplicação de técnicas de manejo visando tornar um ambiente degradado apto para um novo uso produtivo, desde que sustentável

relatório de impacto ambiental (Rima)

denominação dada pela regulamentação brasileira (Resolução Conama 1/86) ao documento que sintetiza as conclusões do estudo de impacto ambiental; o termo equivalente internacional é "resumo não técnico"

resiliência

capacidade de um sistema de absorver perturbações e se reorganizar para reter, essencialmente, a mesma função, estrutura e retroalimentações – e, portanto, sua identidade (Folke, 2016)

risco ambiental

potencial de realização de consequências adversas indesejadas para a saúde ou a vida humana, para o ambiente ou para bens materiais (segundo Society for Risk Analysis)

combinação da probabilidade de determinadas ocorrências de perigos e a gravidade dos impactos resultantes de tais ocorrências (IFC, 2012)

sistema de avaliação de impacto ambiental

mecanismo legal e institucional que torna operacional o processo de avaliação de impacto ambiental em uma determinada jurisdição

expressão legal do processo de avaliação de impacto ambiental em uma determinada jurisdição

sistema de gestão ambiental

conjunto de compromissos, procedimentos, documentos e recursos humanos para planejar, implementar, controlar e melhorar as ações de uma organização com vistas a cumprir suas obrigações e compromissos de natureza ambiental

parte do sistema de gestão utilizado para gerenciar aspectos ambientais, cumprir requisitos legais e outros requisitos e abordar riscos e oportunidades (segundo ISO 14001:2015)

substância perigosa

toda substância ou mistura que, em razão de suas propriedades químicas, físicas ou toxicológicas, seja só ou em combinação com outras, represente um perigo (Convenção OIT 174:1993)

supervisão ambiental

atividade contínua realizada pelo empreendedor ou seu representante, com a finalidade de verificar o cumprimento de exigências legais ou contratuais por parte de empreiteiros e de quaisquer outros contratados para a implantação, operação ou desativação de um empreendimento

qualquer verificação do atendimento de obrigações de natureza contratual, inclusive o atendimento a obrigações legais

termos de referência

diretrizes para a preparação de um EIA

um documento que (i) orienta a elaboração de um EIA; (ii) define seu conteúdo, abrangência, métodos; e (iii) estabelece sua estrutura

ESTUDOS AMBIENTAIS CITADOS

AECOM ENVIRONMENT. *Environmental Impact Assessment of Hong Kong Section of Guangzhou--Shenzhen-Hong Kong Express Rail Link*, 2009. 5 v.

ARCADIS-TETRAPLAN. *Estudo de Impacto Ambiental Ampliação de Produção e Áreas de Plantio*, Açucareira Quatá S.A., 2008.

BOTNIA. *Environmental Impact Assessment Summary 2004/14001/1/01177*. 2004. 1 v. (Construção de uma fábrica de celulose em Fray Bentos, Uruguai).

BMA – BIOMONITORAMENTO E MEIO AMBIENTE. *EIA Atividade de Perfuração Marítima no Bloco BM-J-1, Bacia do Jequitinhonha*. Petrobrás, 2008. 4 v.

BRGM – BUREAU DE RECHERCHES GÉOLOGIQUES ET MINIÈRES. *Étude d´Impact sur l´Environnement de l´Extension de la Mine à Ciel Ouvert de Montroc (Tarn)*. Sogerem, 22 p. + anexos, 1981.

BRIAN J O'BRIEN & ASSOCIATES PTY LTD. *Marandoo Iron Ore Mine and Central Pilbara Railway, Environmental Review and Management Programme*. Hamersley Iron Pty. Limited, 1992. 1 v.

CNEC – CONSÓRCIO NACIONAL DE ENGENHEIROS CONSULTORES. *Estudo de Impacto Ambiental, Usina Hidrelétrica Piraju*. Companhia Brasileira de Alumínio – CBA, 1996. 5 v.

CONSÓRCIO GESAI. *Estudo de Impacto Ambiental, Aproveitamento Hidrelétrico Santa Isabel*. Geração Santa Isabel, 2010. 9 v.

CPEA – CONSULTORIA PAULISTA DE ESTUDOS AMBIENTAIS S/C LTDA. *Estudo de Impacto Ambiental, Dragagem do Canal de Piaçaguera e Gerenciamento dos Passivos Ambientais*. Cosipa, 2005a. 3 v.

_____. *Estudo de Impacto Ambiental, Otimização do transporte de cargas entre Planalto Central e Baixada Santista*. MRS Logística S.A., 2005b. 4 v.

_____. *Estudo de Impacto Ambiental, Plano Urbanístico da Reserva da Serra do Itapety*. SPFL Investimentos e Participações, 2009 (+ complemento de 2011).

_____. *Estudo de Impacto Ambiental, Terminal Brites*. 2010.

CSIR ENVIRONMENTAL SERVICES. *Impact Assessment Report, Environmental Impact Assessment for Exploration Drilling in Offshore Area 2815, Namibia*. 1994.

ECOLOGY BRASIL/AGRAR/JP MEIO AMBIENTE. *Relatório de Impacto Ambiental, Projeto de Integração do Rio São Francisco com Bacias Hidrográficas do Nordeste Setentrional*. Ministério da Integração Nacional, 2004.

EDP/PROFICO AMBIENTE. *Estudo de Impacte Ambiental do Aproveitamento Hidreléctrico de Foz Tua*, 2008.

EQUIPE UMAH. *Relatório Ambiental Preliminar Terminal Portuário do Rio Sandi*. Empresa Brasileira de Terminais Portuários S.A., 2000.

ERM BRASIL LTDA. *Estudo de Impacto Ambiental, Fábrica Três Lagoas*, International Paper do Brasil Ltda., 2005.

FEARO – FEDERAL ENVIRONMENTAL ASSESSMENT REVIEW OFFICE. *Banff Highway Project km 13 to km 17, Report of the Environmental Assessment Panel*, 1982.

FESPSP – FUNDAÇÃO ESCOLA DE SOCIOLOGIA E POLÍTICA DE SÃO PAULO. *Estudo de Impacto Ambiental, Programa Rodoanel Mario Covas Trecho Sul Modificado*. Dersa/Secretaria dos Transportes, 2004. 9 v.

HABTEC ENGENHARIA AMBIENTAL. *Relatório de Impacto Ambiental, FPSO P-50. Atividade de Produção e Escoamento de Petróleo e Gás Natural.* Campo de Albacora Leste. Petrobras, 2002.

HOUILLÈRES DE BASSIN DU CENTRE ET DU MIDI/HOULLÈRES D'AQUITAINE. *Étude d'Impact, Exploitation par Grandes Découvertes des Stots de Carmaux*, 1982. 3 v.

HYDRO-QUÉBEC. *Aménagement Hydroélectrique d'Eastmain 1, Rapport d'Avant Projet.* 1991.

JGP CONSULTORIA E PARTICIPAÇÕES LTDA. *Estudo de Impacto Ambiental, Loteamento Alphaville Santana.* 2003.

LOWER MANHATTAN DEVELOPMENT CORPORATION. *The World Trade Center Memorial and Redevelopment Plan, Final Generic Environmental Impact Statement*, 2004. 3 v.

LYDIAN INTERNATIONAL. *Amulsar Gold Mine Project, Environmental and Social Impact Assessment*, Chapter 7, 2016.

MATOS, FONSECA E ASSOCIADOS. *Estudo de impacte ambiental da central fotovoltaica de Alcoutim.* Relatório Técnico, Solara4 Ltda., 2015.

MKR TECNOLOGIA, SERV., IND. E COM. LTDA./E.LABORE ASSESSORIA AMBIENTAL ESTRATÉGICA/ COMPANHIA DE CIMENTO RIBEIRÃO GRANDE. *Estudo de Impacto Ambiental, Ampliação da Mina Limeira.* Companhia de Cimento Ribeirão Grande, 2003. 6 v.

MKR CONSULTORIA, SERVIÇOS E TECNOLOGIA. *EIA Projeto Uniduto.* Logum Logística, 2010.

MULTIGEO MEIO AMBIENTE. *Estudo de Impacto Ambiental, Mineração de Argila Vieira e Pirizal.* Camargo Corrêa Cimentos, 2004. 3 v.

PROCESL. *Proposta de definição de âmbito Estudo de Impacte Ambiental das centrais de ciclo combinado de Sines.* Companhia Portuguesa de Produção de Electricidade; Endesa Generación. 2004.

PROMINER PROJETOS S/C LTDA. *Estudo Comparativo de Alternativas Locacionais do Projeto Fartura.* Mineração Jundu Ltda., 2001a. 1 v. [Relatório de informações complementares ao EIA.]

_____. *Estudo de Impacto ambiental, Minas de Bauxita de Divinolândia.* Cia. Geral de Minas, 2001b.

_____. *Estudo de Impacto Ambiental, Lavra de Bauxita.* Companhia Geral de Minas – Alcoa, 2002. 2 v.

_____. *Estudo de Impacto Ambiental, Mineração de calcário.* Mineração Horical, 2010.

_____/APA – ASSESSORIA E PLANEJAMENTO AMBIENTAL Ltda. *Estudo de Impacto Ambiental, Projeto Edealina.* Votorantim Cimentos S.A., 2012.

RES CANADA. *Parc Éolien Sainte-Marguerite, Étude d'Impact sur l'Environnement*, 2014.

RIO TINTO. *Public Environmental Review, Marandoo Mine Phase 2*, 2008. 1 v. + anexos.

SAVANNAH ENVIRONMENTAL. *Proposed Spitskop Wind Energy Facility and associated Infrastructure on a site north-west of Riebeek East, Draft 2, Eastern Cape Province.* Renewable Energy Systems (RES) Southern Africa (Pty) Ltd, 2011.

SOUTHMETROCONNECT. *Roe Highway Extension Public Environmental Review*, 2011. 1 v. + anexos.

TECSULT/ROCHE. *Environmental Assessment, Lachine Canal Decontamination Project.* Parks Canada/Société du Vieux-Port de Montréal, Summary, 1993.

THE PELICAN JOINT VENTURE. *Environmental Impact Assessment for a 466,000 tpa Aluminium Smelter in Richards Bay, South Africa. Summary Report.* University of Cape Town Environmental Evaluation Unit/CSIR Environmental Services, 1992.

THE UNIVERSITY OF ABERDEEN. *Removal and Disposal of the Brent Spar, A Safety and Environmental Assessment of the Options.* Shell UK Exploration and Production, 1995.

U.S. ARMY CORPS OF ENGINEERS. *Draft Environmental Impact Statement for the Buckhorn Reservoir Expansion, City of Wilson, North Carolina.* 1995. 2 v.

U.S. DEPARTMENT OF THE INTERIOR. Bureau of Reclamation, Mid-Pacific Region. *Scoping Report Environmental Impact Statement/Environmental Impact Report on the Klamath Hydroelectric Settlement Agreement Including the Secretarial Determination on Whether to Remove Four Dams on the Klamath River in California and Oregon.* September 2010.

AB'SÁBER, A. N. Diretrizes para uma política de preservação de reservas naturais no Estado de São Paulo. *Geografia e planejamento,* v. 30, p. 1-8, 1977.

ABBRUZZESE, B.; LEIBOWITZ, S. G. A synoptic approach for assessing cumulative impacts to Wetlands. *Environmental management,* v. 21, n. 3, p. 457-475, 1997.

AGRA FILHO, S. S. Situação atual e perspectivas da avaliação de impacto ambiental no Brasil. In: SÁNCHEZ, L. E. (Org.). *Avaliação de impacto ambiental:* situação atual e perspectivas. São Paulo: Epusp, 1993. p. 153-156.

ALCAMO, J. Scenarios as tools for international environmental assessments. *Environmental Issue Reports,* v. 24. Luxembourg: Office for Official Publications of the European Communities, 2001.

ALLOWAY, B. J.; AYRES, D. C. *Chemical principles of environmental pollution.* London: Blackie Academic & Professional, 1993.

ALTON, C. C.; UNDERWOOD, P. B. Let us make impact assessment more accessible. *Environmental impact assessment review,* v. 23, p. 141-153, 2003.

ANDRÉ, P. et al. *L'évaluation des impacts sur l'environnement. Processus, acteurs et pratique pour un développement durable.* 2. ed. Montreal, Presses Internationales Polytechnique, 2003.

ANDREWS, R. L. N. Environmental impact assessment and risk assessment: learning from each other. In: WATHERN, P. (Org.). *Environmental impact assessment:* theory and practice. London: Unwin Hyman, 1988. p. 85-97.

ANIFOWOSE, B. et al. A systematic quality assessment of Environmental Impact Statements in the oil and gas industry. *Science of the total environment,* v. 572, p. 570-585, 2016.

ANTUNES, P.; SANTOS, R.; JORDÃO, L. The application of geographical information systems to determine environmental impact significance. *Environmental impact assessment review,* v. 21, p. 511-535, 2001.

ARNSTEIN, S. R. A ladder of citizen participation. *Journal of the American Institute of Planners,* v. 35, n. 4, p. 216-224, 1969.

ARTS, J. *EIA follow-up:* on the role of ex post evaluation in environmental impact assessment. Groningen: Geo Press, 1998.

ARTS, J.; MEIJER, J. Designing for EIA follow-up: experiences from The Netherlands. In: MORRISON-SAUNDERS, A.; ARTS, J. (Org.). *Assessing impact: handbook of EIA and SEA follow-up.* London: Earthscan, 2004, p. 63-96.

ARTS, J. et al. The effectiveness of EIA as an Instrument for environmental governance: Reflecting on 25 Years of EIA practice in the Netherlands and the UK. *Journal of environmental assessment policy and management,* v. 14, n.4, 1250025, 2012.

ATHAYDE, S. et al. Improving policies and instruments to address cumulative impacts of small hydropower in the Amazon. *Energy Policy,* v. 132, p. 265-271, 2019.

AUERBACH, S. I. et al. Environmental Impact Statements. *Science,* v. 193, p. 248, 1976.

AUGEL, J. O lago de barragem de Sobradinho/Bahía (Brasil) Implicações econômicas e sociais de um projeto de desenvolvimento. *Revista Geográfica,* n. 98, p. 30-43, 1983.

AWAZU, L. A. M. Análise, avaliação e gerenciamento de riscos no processo de avaliação de impactos ambientais. In: JUCHEM, P.A. (Org.). *Manual de avaliação de impactos ambientais.* 2. ed. Curitiba, Instituto Ambiental do Paraná/Deutsche Gesellschaft für Technische Zusammenarbeit, 1993. p. 3200-3254.

REFERÊNCIAS BIBLIOGRÁFICAS

AZINGER, K. L. Methodology for developing a stakeholder-based external affairs strategy. *CIM Bulletin*, p. 87-93, April 1998.

BAILEY, J. Environmental impact assessment and management: an underexplored relationship. *Environmental management*, v. 21, n. 3, p. 317-327, 1997.

BAINES, J.; MCCLINTOCK, W.; TAYLOR, N.; BUCKENHAM, B. Using local knowledge. In: BECKER, B.; VANCLAY, F. (Org.). *The international handbook of social impact assessment:* conceptual and methodological advances. Cheltenham: Edward Elgar, 2003, p. 26-41.

BALBY, C. N; NAPOLITANO, C. M.; FERNANDES, E. S. L. Usina termoelétrica de Paulínia. In: LIMA, A. L. B. R.; H. R. TEIXEIRA; SÁNCHEZ, L. E. (Org.). *A efetividade do processo de avaliação de impacto ambiental no Estado de São Paulo: uma análise a partir de estudos de caso*. São Paulo: Secretaria do Meio Ambiente do Estado, 1995. p. 67-75.

BALMFORD, A. et al. Economic reasons for conserving wild nature. *Science*, v. 297, p. 950-953, 2002.

BANTA, D. M. The Three Gorges dam: Triumph or disaster in the Yangtze river. *Stanford journal of east Asian affairs*, v. 10, n. 1, p. 22-28, 2010.

BAPE – BUREAU D'AUDIENCES PUBLIQUES SUR L'ENVIRONNEMENT. *Le BAPE et la gestion des conflits: bilan et perspectives*. Québec: BAPE, 1986.

_____. *La médiation en environnement: une nouvelle approche du BAPE*. Québec: BAPE, 1994a.

_____. *Rapport Annuel 1993-1994*. Sainte-Foy: Les Publications du Québec, 1994b.

BARBOSA, R. I.; FEARNSIDE, P. M. Erosão do solo na Amazônia: estudo de caso na região de Apiaú, Roraima, Brasil. *Acta Amazonica* v. 30, n. 4, p. 601-613, 2000.

BAROUCH, G.; THEYS, J. L'Environnement dans la négotiation et l'analyse des projets: que faire de plus que les études d'impact? *Cahiers du GERMES*, v. 12, p. 3-23, 1987. (Groupe d'Explorations et de Recherches Multidisciplinaires sur l'Environnement, Paris.)

BARRASS, R. *Os cientistas precisam escrever*. São Paulo: T. A. Queiroz/Edusp, 1979.

BARTHES, R. *Le texte et l'image*. Paris: Ed. Paris Musées, 1986.

BBOP – BUSINESS AND BIODIVERSITY OFFSETS PROGRAMME. *To no net loss and beyond: an overview of the business and biodiversity offsets programme (BBOP)*. Washington, DC: Forest Trends, 2013.

BEANLANDS, G. Scoping methods and baseline studies in EIA. In: WATHERN, P. (Org.). *Environmental impact assessment. Theory and practice*. London: Unwin Hyman, 1988. p. 31-46.

_____. Environmental assessment requirements at the World Bank. In: SÁNCHEZ, L. E. (Org.). *Avaliação de impacto ambiental: situação atual e perspectivas*. São Paulo: Epusp, 1993a. p. 91-101.

_____. Forecasts, uncertainties and the scientific contents of environmental impact assessment. In: SÁNCHEZ, L. E. (Org.). *Avaliação de impacto ambiental: situação atual e perspectivas*. São Paulo: Epusp, 1993b. p. 59-65.

BEANLANDS, G. E.; DUINKER, P. N. *An ecological framework for environmental impact assessment in Canada*. Halifax: Institute for Resource and Environmental Studies, Dalhousie University, 1983.

BECKER, D. R. et al. A comparison of a technical and a participatory application of social impact assessment. *Impact assessment and project appraisal*, v. 22, n. 3, p. 177-189, 2004.

BEDÊ, L. C. et al. *Manual para mapeamento de biótopos no Brasil*. 2. ed. Belo Horizonte: Fundação Alexander Brandt, 1997.

BELLINGER, E. et al. *Environmental assessment in countries in transition*. Budapest: CEU Press, 2000.

BENSON, J. F. What is the alternative? Impact assessment tools and sustainable planning. *Impact assessment and project appraisal*, v. 21, n. 4, p. 261-266, 2003.

BERENSHTEIN, I.; PARIS, C. B.; PERLIN, N.; ALLOY, M. M.; Joye, S. B., MURAWASKI, S. Invisible oil beyond the Deepwater Horizon satellite footprint. *Science advances*, v. 6, n. 7, eaaw8863, 2020.

BERNARD, P.; PENNA, L. A. O.; ARAÚJO, E. Downgrading, Downsizing, Degazettement, and Reclassification of Protected Areas in Brazil. *Conservation Biology*, v. 28, n. 4, p. 939-950, 2014.

BINGHAM, G. Must the Courts Resolve All Our Conflicts? *Phi Kappa Phi Journal*, p. 20-21, winter 1989.

BINGHAM, G.; LANDSTAFF, L. M. Alternative dispute resolution in the NEPA process. In: CLARCK, R.; CANTER, L. (Org.). *Environmental policy and NEPA. Past, present and future*. Boca Raton, St. Lucie Press, 1997. p. 277-288.

BIRLEY, M. *Health impact assessment: principles and practice*. London: Earthscan, 2011.

BISSET, R. A critical survey of methods for environmental impact assessment. In: O'RIORDAN, T.; TURNER, R.K. (Org.). *An annotated reader in environmental planning and management*. Oxford, Pergamon, 1984a. p. 168-186.

_____. Post development audits to investigate the accuracy of environmental impact predictions. *Zeitschrift für Umweltpolitik*, v. 7, p. 463-484, 1984b.

BLACKEY, J. et al. Cumulative effects assessment. *FasTips*, no. 16. Fargo: IAIA, 2017.

BLOCK, M. R. *Identifying environmental aspects and impacts*. Milwaukee: Quality Press, 1999.

BLUM, A. G. et al. Causal effect of impervious cover on annual flood magnitude for the United States. *Geophysical research letters*, v. 47, e2019GL08648.

BOJÓRQUEZ-TAPIA, L. A.; GARCÍA, O. An approach for evaluating EIAs – deficiencies of EIA in Mexico. *Environmental impact assessment review*, v. 18, p. 218-240, 1998.

BOND, A.; MORRISON-SAUNDERS, A.; POPE, J. Sustainability assessment: the state of the art. *Impact assessment and project appraisal*, v. 30, n.1, p. 53-62, 2012.

BOOTHROYD, P. An overview of the issues raised at the international conference on social impact assessment, Vancouver, October 24-27, 1982, não publicado.

BORIONI, R.; GALLARDO, A. L. C. F.; SÁNCHEZ, L. E. Advancing scoping practice in environmental impact assessment: an examination of the Brazilian federal system. *Impact assessment and project appraisal*, v. 35, n. 3, p. 200-213, 2017.

BOSI, A. *A dialética da colonização*. 2. ed. São Paulo: Companhia das Letras, 1992.

BOWONDER, B.; KASPERSON, J. X.; KASPERSON, R. E. Avoiding Future Bhopals. *Environment*, v. 27, n. 7, p. 6-13, 31, 1985.

BOX, G. E. P.; DRAPER, N. R. *Empirical model building and response surfaces*, John Wiley & Sons, New York, 1987.

BRANCO, G. M. et al. Impacto do sistema Anchieta-Imigrantes sobre a qualidade do ar e modelagem estatística para a intervenção e gerenciamento da sua operação. In: III CONGRESSO BRASILEIRO DE CONCESSÕES DE RODOVIAS, Gramado, 2003.

REFERÊNCIAS BIBLIOGRÁFICAS

BREGMAN, J. I.; MACKENTHUN, K. M. *Environmental impact statements*. Boca Raton: Lewis, 1992.

BRODERICK, M.; DURNING, B.; SÁNCHEZ, L.E. Cumulative effects. In: THERIVEL, R.; WOOD, G. (Org.). *Methods of environmental and social impact assessment*. Abingdon: Routledge, 2018, p. 649-677.

BUCHER, E. H.; HUZSAR, P. C. Critical environmental costs of the Paraguai-Paraná waterway project in South America. *Ecological Economics*, v. 15, p. 3-9, 1995.

BUCHER, E. H. et al. *Hidrovia*: uma análise ambiental inicial da via fluvial Paraguai-Paraná. Buenos Aires, Manomet, Humedales para las Américas, 1994.

BUCKLEY, R. Auditing the precision and accuracy of environmental impact predictions in Australia. *Environmental monitoring and assessment*, v. 18, p. 1-23, 1991a.

_____. How accurate are environmental impact predictions? *Ambio*, v. 20, n. 3-4, p. 161-162, 1991b.

BURDGE, R. J. Social impact assessment: definition and historical trends. In: BURDGE, R. J. (Org.). *The concepts, process and methods of social impact assessment*. Middleton: Social Ecology Press, 2004. p. 1-11.

BURDGE, R. J.; VANCLAY, F. Social impact assessment. In: VANCLAY, F.; BRONSTEIN, D. A. (Org.). *Environmental and social impact assessment*. Chichester: John Wiley & Sons, 1995. p. 31-65.

BYRON, H. *Biodiversity and environmental impact assessment: a good practice guide for road schemes*. Royal Society for the Protection of Birds/WWF-UK/English Nature/The Wildlife Trust, Sandy, 2000.

CALDARELLI, S. B. Levantamento arqueológico em planejamento ambiental. *Revista do museu de arqueologia e etnologia*, Suplemento 3, p. 347-369, 1999.

CALDARELLI, S. B.; SANTOS, M. C. M. M. Arqueologia de contrato no Brasil. *Revista USP*, n. 44, p. 52-73, 2000.

CALDWELL, L. The environmental impact statement: a misused tool. In: JAIN, R. K.; HUTCHINGS, B. L. (Org.). *Environmental impact analysis*. Urbana: Univ. of Illinois Press, 1977. p. 11-25.

_____. 20 years with NEPA indicates the need. *Environment*, v. 31, n. 10, p. 6-28, 1989.

CALLUX, A. S.; LOBO, H. A. S. Cavernas. In: SÁNCHEZ, L. E.; LOBO, H. A. S. (Org.). *Guia de boas práticas ambientais na mineração de calcário em áreas cársticas*. Campinas: Sociedade Brasileira de Espeleologia, 2016. p. 93-123.

CANELAS, L.; ALMANSA, P.; MERCHAN, M.; CIFUENTES, P. Quality of environmental impact statements in Portugal and Spain. *Environmental impact assessment review*, v. 25, p. 217-225, 2005.

CANTER, L. *Environmental impact assessment*. 2. ed. New York: Mc-Graw-Hill, 1996.

_____. Cumulative effects assessment. In: PETTS, J (Org.). *Handbook of environmental impact assessment: process, methods and potential,* vol. 1. Oxford: Blackwell, 1999, p. 405- 440.

_____. *Cumulative effects assessment and management: principles, processes and practices*. Horsehoe Bay: EIA Press, 2015.

CANTER, L.; ROSS, B. State of practice of cumulative effects assessment and management: the good, the bad and the ugly. *Impact Assessment and Project Appraisal*, v. 28, n. 4, p. 261-268, 2010.

CARDOSO, F. H; MULLER, G. *Amazônia: expansão do capitalismo*. 2a. ed. São Paulo: Brasiliense, 1978.

CARRASCO, L. E.; BLANK, G.; SILLS, E. O. Characterizing environmental impact statements for road projects in North Carolina, USA. *Impact assessment and project appraisal*, v. 24, n. 1, p. 65-76, 2006.

CARROLL, B.; TURPIN, T. *Environmental impact assessment handbook*: a practical guide for planners, developers and communities. 2a. ed. London: Thomas Telford, 2009.

CARVALHO, J.; ALMEIDA, R. O. P. O.; BASTOS, R. L. *Análise crítica do processo de avaliação de impacto ambiental da UHE Piraju*. Trabalho da disciplina PMI-5705 Estudos Comparativos em Avaliação de Impacto Ambiental: Canadá, França, Brasil. Escola Politécnica da USP, 1998. (Inédito).

CASHMORE, M.; CHRISTOPHILOPOULOS, E.; COBB, D. An evaluation of the quality of environmental impact statements in Thessaloniki, Greece. *Journal of environmental assessment policy and management* v. 4, n. 4, p.371-395, 2002.

CASSETI, W. *Ambiente e apropriação do relevo*. 2. ed. São Paulo: Contexto, 1995.

CCME – CANADIAN COUNCIL OF MINISTERS OF THE ENVIRONMENT. *Canadian-wide definitions and principles for cumulative effects*. 2014.

CEBRAC/ICV/WWF. *Hidrovia Paraguai-Paraná. Quem paga a conta?* Brasília: 1994.

CEMAT. *Relatório de responsabilidade socioambiental*. 2011.

CEQ – COUNCIL ON ENVIRONMENTAL QUALITY. *Considering cumulative effects under the National Environmental Policy Act*. Washington, DC: Executive Office of the President, 1997.

CERNEA, M. A historic landmark in development: reflecting on the first resettlement policy – an interview with Professor Michael M Cernea by Professor Hari Mohan Mathur. *Resettlement News* n, 23/24, p. 1-4, 2011.

CETESB – COMPANHIA ESTADUAL DE TECNOLOGIA DE SANEAMENTO AMBIENTAL. *Manual de Gerenciamento de Áreas Contaminadas*. 2. ed. São Paulo: Cetesb, 2001.

_____. Norma Técnica P4.261. Risco de Acidente de Origem Tecnológica – Método para decisão e termos de referência. 2. ed. São Paulo: Cetesb, 2011.

_____. Emergências químicas. [s.d.]. Disponível em: <https://sistemasinter.cetesb.sp.gov.br/emergencia/est_crisco.php>. Acesso em: 23 mar. 2020.

CHANG, I. et al. Environmental impact assessment follow-up for projects in China: Institution and practice. *Environmental impact assessment review*, v. 73, p. 7-19, 2018.

CHEN, G.; POWERS, R. P.; DE CARVALHO, L. M. T.; MORA, B. Spatiotemporal patterns of tropical deforestation and forest degradation in response to the operation of the Tucuruí hydroelectric dam in the Amazon basin. *Applied Geography*, v. 63, p. 1-8, 2015.

CLARK, R. NEPA: the rational approach to change. In: CLARK, R.; CANTER, L. (Org.). *Environmental policy and NEPA. Past, present and future*. Boca Raton: St. Lucie Press, 1997. p. 15-23.

CLOQUELL-BALLESTER et al. Indicators validation for the improvement of environmental and social impact quantitative assessment. *Environmental impact assessment review*, n. 26, p. 79-105, 2006.

COCA, N. The Toll of Tourism: Can Southeast Asia Save Its Prized Natural Areas? *Yale Environment 360*, 18 de abril de 2019. Disponível em: <https://e360.yale.edu/features/the-toll-of-tourism-can-southeast-asia-save-its-prized-natural-areas>.

COLBORN, T. et al. Natural gas operations from a public health perspective. *Human and ecological risk assessment*, v. 17, p. 1039-1056, 2011.

COMITÉ DE LA BAIE JAMES SUR LE MERCURE. *Rapport d'Activités 1988-1987.* Montreal: 1988.

_____. *Rapport d'Activités 1990-1991.* Montreal: 1992.

COPPEDÊ JR., A.; BOECHAT, E. C. Avaliação das interferências ambientais da mineração nos recursos hídricos na bacia do Alto Rio das Velhas. In: X CONG. BRAS. GEOLOGIA DE ENGENHARIA, Ouro Preto, 2002. Anais... CD-ROM.

COSTA, R. M.; SÁNCHEZ, L. E. Avaliação do desempenho ambiental de obras de recuperação de rodovias. *REM: Revista Escola de Minas*, v. 63, n. 2, p. 247-254, 2010.

COSTANZA, R. *Ecological economics*: the science and management of sustainability. Columbia University Press, 1991.

COSTANZA, R. et al. The value of the world's ecosystem services and natural capital. *Ecological economics*, v. 25, n. 1, p. 3-15, 1997.

COSTANZO, B. P.; SÁNCHEZ, L. E. Gestão do conhecimento em empresas de consultoria ambiental. *Production*, v. 24, n. 4, p. 742-759, 2014.

COUCEIRO, S. R. M.; FONSECA, C. P. Sedimentos reduzem biodiversidade. *Ciência hoje*, v. 44, n. 262, p. 60-63, 2009.

COUTO, T. B.; OLDEN, J. D. Global proliferation of small hydropower plants – science and policy. *Frontiers of ecology and environment*, v. 16, p. 91-100, 2018.

CPRM – COMPANHIA DE PESQUISA DE RECURSOS MINERAIS. *Contribuição da CPRM para os planos diretores municipais. Orientações básicas.* Brasília: CPRM, 1991.

CREPALDI, C. *Análise de parâmetros de monitoramento ambiental da mina do Trevo Siderópolis.* São Paulo: Escola Politécnica da USP, Dissertação de Mestrado, 2003.

CROWFOOT, J. E.; WONDOLLECK, J. M. Citizen organizations and environmental conflict. In: CROWFOOT, J. E.; WONDOLLECK, J. M. (Org.). *Environmental disputes*: community involvement in conflict resolution. Washington: Island Press, 1990. p. 1-16.

CRUMP, A. *Dictionary of environment and development.* Cambridge: MIT Press, 1993.

CULHANE, P. J. Decision making by voluminous speculation: the contents and accuracy of U.S. environmental impact statements. In: SADLER, B. (Org.). *Audit and evaluation in environmental assessment and management*: Canadian and international experience. Ottawa: Environment Canada, 1985. v. II, p. 357-378.

CULHANE, P. J. et al. *Forecasts and environmental decision-making. The content and accuracy of environmental impact statements.* Boulder: Westview Press, 1987.

CUPEI, J. Estudo de impacto ambiental (UVP) e processos de decisão. In: MÜLLER--PLANTENBERG, C.; AB'SÁBER, A. N. (Org.). *Previsão de impactos.* São Paulo: Edusp, 1994. p. 419-437.

CUPERUS, R. et al. Ecological compensation in Dutch highway planning. *Environmental management,* n. 27, v. 1, p. 75-89, 2001.

DALLMEIER F. et al. Biodiversity monitoring and assessment framework for an infrastructure megaproject in the Peruvian Andes. In: ALONSO, A. (Ed.). *Monitoring Biodiversity.* Smithsonian Institution Scholarly Press, Washington, 2013, p. 21-32.

DAWSON, D. G. Roads and habitat corridors for animals and plants. In: SHERWOOD, B.; CUTLER, D.; BURTON, J. A. (Org.). *Wildlife and roads*: the ecological impact. London: Imperial College Press, 2002. p. 185-198.

DE PAULA, M. B. et al. Effects of artificial flooding for hydroelectric development on the population of *Mansonia humeralis* (Diptera: Culicidae) in the Paraná River, São Paulo, Brazil. *Journal of Tropical Medicine*, v. 29, Article ID 598789, 2012. 6 p.

DEA – DEPARTMENT OF ENVIRONMENTAL AFFAIRS. *Checklist of Environmental Characteristics*. Pretoria: Integrated Environmental Management Guideline Series, Guideline Document 5, 1992.

DEAN, W. *A ferro e fogo. A história e a devastação da mata atlântica brasileira*. São Paulo: Companhia das Letras, 1997.

DEVALPLO, A. L'art des grands projets inutiles. *Le Monde Diplomatique*, p. 28, ago 2012.

DGOTDU – DIREÇÃO GENERAL DO ORDENAMENTO DO TERRITÓRIO E DESENVOLVIMENTO URBANO. *Servidões e restrições de utilidade pública*. Lisboa, 2011.

DIAS, E. G. C. S. *Avaliação de impacto ambiental de projetos de mineração no Estado de São Paulo; a etapa de acompanhamento*. São Paulo: Escola Politécnica da USP, tese de doutorado, 2001.

DIAS, E. G. C. S.; SÁNCHEZ. A participação pública *versus* os procedimentos burocráticos no processo de avaliação de impactos ambientais de uma pedreira. *Revista de Administração Pública*, v. 33, n. 4, p. 81-91, 1999.

_____. Deficiências na implementação de projetos submetidos à avaliação de impacto ambiental no Estado de São Paulo. *Revista de Direito Ambiental*, v. 6, n. 23, p. 163-204, 2001.

DIBO, A. P. *Avaliação de impactos cumulativos para a biodiversidade*: uma proposta de quadro de referência no contexto da avaliação de impacto ambiental de projetos. São Paulo: Escola Politécnica da USP, tese de doutorado, 2018.

DIEGUES, A. C. *O mito moderno da natureza intocada*. São Paulo: Nupaub/USP, 1994.

DINIZ, M. T. M. et al. Paisagens Integradas dos Municípios Costeiros da Foz do Rio São Francisco: Brejo Grande/SE e Piaçabuçu/AL. *Revista do Departamento de Geografia USP*, v. 37, p. 108-122, 2019.

DOELLE, M.; SINCLAIR, J. The new IAA in Canada: from revolutionary thoughts to reality. *Environmental impact assessment review*, v. 79: 106292, 2019.

DORNEY, R. S. *The professional practice of environmental management*. New York: Springer-Verlag, 1989.

DOUGHERTY, T. C.; HALL, A. W. *Environmental impact assessment of irrigation and drainage projects*. Roma: FAO, 1995.

DREYER-EIMBCKE, O. *O descobrimento da terra*: história e histórias da aventura cartográfica. São Paulo: Melhoramentos/Edusp, 1992.

DREYFUS, D. A.; INGRAM, H. M. The National Environmental Policy Act: a view of intent and practice. *Natural resources journal,* v.16, n. 2, p. 243-262, 1976.

DUARTE, C. G.; SÁNCHEZ, L. E. Addressing significant impacts coherently in environmental impact statements. *Environmental impact assessment review*, v. 82, 106373, 2020.

DUARTE, C. G.; FERREIRA, V. H.; SÁNCHEZ, L. E. Analisando audiências públicas no licenciamento ambiental: quem são e o que dizem os participantes sobre projetos de usinas de cana-de-açúcar. *Saúde & Sociedade*, v. 25, n. 4, p. 1075-1094, 2016.

DUINKER, P. N. et al. Scientific dimensions of cumulative effects assessment: toward improvements in guidance for practice. *Environmental Reviews*, v. 21, p. 40-52, 2013.

ECCLESTON, C. H. *Environmental impact statement: a comprehensive guide to project and strategic planning*. New York: John Wiley & Sons, 2000.

REFERÊNCIAS BIBLIOGRÁFICAS

_____. *Environmental impact assessment: a guide to best professional practices*. Boca Raton: CRC Press, 2011.

ECO, U. *Come si fa una tesi di laurea*. 10. ed. Milano: Tascabili Bompiani, 1986.

EIDSVIK, H. K. Involving the public in park planning: Canada. *Parks*, v. 3, n. 1, p. 3-5, 1978.

ELETROBRÁS. *Manual de estudos de efeitos ambientais dos sistemas elétricos*, 1986.

ELLIS, D. *Environments at risk. Case histories of impact assessment*. New York: Springer-Verlag, 1989.

ENRÍQUEZ-DE-SALAMANCA, A. Project splitting in environmental impact assessment, *Impact Assessment and Project Appraisal*, v. 34, n.2, p. 152-159, 2016.

ERICKSEN, P.; WOODLEY, E. Using multiple knpwledge systems: benefits and challenges. In: CAPESTRANO, D. et al. (Org.). *Ecosystems and human well-being: multiscale assessments*, volume 4. Washington: Island Press, 2005, p. 85-117.

ERICKSON, P. A. *A practical guide to environmental impact assessment*. San Diego: Academic Press, 1994.

ERLICH, A.; ROSS, W. The significance spectrum and EIA significance determination, *Impact Assessment and Project Appraisal*, v. 30, n. 2, p. 87-97, 2015.

ESPINOZA, G.; ALZINA, V. *Review of environmental impact assessment in selected countries of Latin America and the Caribbean*: methodology, results and trends. Santiago: Inter-American Development Bank, Center for Development Studies, 2001.

ESTEVES, A. M.; FRANKS, D.; VANCLAY, F. Social impact assessment: the state-of-the-art. *Impact assessment and project appraisal*, v. 30, n. 1, p. 34-42, 2012.

ESTEVES, F. A.; BOZELLI, R. L.; ROLAND, F. Lago Batata: um laboratório de limnologia tropical. *Ciência Hoje*, n. 11, n. 64, p. 26-33, 1990.

ESTEVES, O. Résistances Populaires. *Le Monde Diplomatique*, p. 16-17, jan. 2006.

EUROPEAN COMMISSION. *Guidance on EIA. EIS review*. Directorate General for Environment, Nuclear Safety and Civil Protection, 1994.

_____. *Guidance on EIA – Scoping*. Luxembourg: Office for Official Publications of the European Communities, 2001a.

_____. *Environmental impact assessment review*. Luxembourg: Office for Official Publications of the European Communities, 2001b.

EVALUATION COMMITTEE. *Towards a sustainable system of environmental impact assessment. Second advisory report on the EIA regulations contained in the environmental management act, Summary*. The Hague: Ministry of Housing, Spatial Planning and the Environment, 1996.

EVANS, J. S.; KIESECKER, J. M. Shale gas, wind and water: assessing the potential cumulative impacts of energy development on ecosystem services within the Marcellus Play. *PLoSOne*, 9(2): e89210, 2014.

FAIRFAX, S. K. A disaster in the environmental movement. *Science*, v. 199, p. 743-748, 1978.

FEARNSIDE, P. Social Impacts of Brazil's Tucuruí Dam. *Environmental Management*, v. 24, p. 483-495, 1999.

FEININGER, A. *La nueva técnica fotográfica*. Barcelona: Editorial Hispano Europea, 1972.

FERC – FEDERAL ENERGY REGULATORY COMMISSION. Silver lake fuse plug activation, dead river project, P-10855, Summary of Conclusions, 4/13/04. Disponível em: <www.ferc.org>. Acesso em: 23 mar. 2020.

FERNÁNDEZ, H. D. *Plan estratégico de comunicación (PEC) para la industria minera argentina*. Rio de Janeiro: Cetem, 2006.

FERNÁNDEZ-VÍTORA, V. C. *Guía metodológica para la evaluación del impacto ambiental*. 3. ed. Madrid: Mundi-Prensa, 2000.

FERRER, J. T. V. Audiências públicas realizadas no processo de licenciamento e avaliação de impacto ambiental no Estado de São Paulo. *Avaliação de impactos*, n. 4, v. 1, p. 79-100, 1998.

FESTINGER, L. A *Theory of cognitive dissonance*. Stanford: Stanford University Press, 1957.

FISCHER, F. Risk assessment and environmental crisis: towards an integration of science and participation. *Industrial crisis quarterly*, n. 5, p. 113-132, 1991.

FISCHER, T. B. et al. The revised EIA Directive – possible implications for practice in England *UVP-report*, 30(2): 106-112, 2016.

FIX, M. *São Paulo cidade global: fundamentos financeiros de uma miragem*. São Paulo: Boitempo, 2007.

FOLKE, C. Resilience. In: Oxford research encyclopedia of environmental science, 2016. [on-line].

FONTES Jr., H. M.; FERNANDEZ, D. R.; FIORINI, A. S. New channel provides fish passage at Itaipu Dam. *HRW Hydro Review Worldwide*, July 2004, p. 18-19.

FORD, A. T.; CLEVENGER, A. P.; RETTIE, K. The Banff wildlife crossing project: an international public-private partnership. In: BECKMANN, J. P.; CLEVERNGER, A. P.; HUIJSER, M. P.; HILTY, J. A. (Org.). *Safe passages: highways, wildlife, and habitat connectivity*. Washington: Island Press, 2010, p. 157-172.

FORNASARI FILHO, N. et al. *Alterações no meio físico decorrentes de obras de engenharia. Boletim 61*, São Paulo: Instituto de Pesquisas Tecnológicas, 1992.

FORSBERG, B. et al. Development and erosion in the brazilian Amazon: a geochronological case study. *GeoJournal*, n. 19, v. 4, p. 399, 402-405, 1989.

FRANKS, D. M.; BRERETON, D.; MORAN, C. J. Managing the cumulative impacts of coal mining on regional communities and environments in Australia. *Impact Assessment and Project Appraisal*, v. 28, n. 4, p. 299-312, 2010.

FUGGLE, R. et al. *Guidelines for scoping*. Pretoria: Department of Environmental Affairs, 1992.

FURTADO, C. *O Mito do desenvolvimento econômico*. Rio de Janeiro: Paz e Terra, 1974.

_____. *O Brasil pós-"milagre"*. 7. ed. Rio de Janeiro: Paz e Terra, 1982.

GALLARDO, A. L. C. F. *Análise das práticas de gestão ambiental da construção da pista descendente da rodovia dos Imigrantes*. Escola Politécnica da USP, tese de doutorado, 2004.

GALLARDO, A. L. C. F.; SÁNCHEZ, L. E. Follow-up of a road building scheme in a fragile environment. *Environmental impact assessment review*, n. 24, v. 2, p. 47-58, 2004.

GALVES, M. L.; HACHICH, W. Análise de decisões em geotecnia ambiental: exemplo de aplicação à escolha do traçado de rodovias *Solos e rochas*, v. 23, n. 2, p. 93-111, 2000.

GANDOLFI, N. A cartografia geotécnica no planejamento do uso e ocupação do solo. In: CHASSOT, A.; CAMPOS, H. (Org.). *Ciências da terra e meio ambiente*: diálogos para (inter)ações no planeta. São Leopoldo: Editora Unisinos, 1999, p. 113-127.

GAO – GOVERNMENT ACCOUNTABILITY OFFICE. *National Environmental Policy Act. Little information exists on NEPA analysis*. April 2014. GAO-14-369.

GARCEZ, L. N. Efeitos de grandes barragens no meio ambiente e no desenvolvimento regional. *Inter-Fácies – Escritos e Documentos*, n. 64, p. 1-21, 1981. (Instituto de Biociências, Letras e Ciências Exatas, Unesp, São José do Rio Preto.)

GARIS, Y. What is the alternative? Response to Benson. *Impact Assessment and Project appraisal*, n. 21, v. 4, p. 272, 2003.

GAYNOR, A.; NEWMAN, P.; JENNINGS, P. (Org.). *Never again. Reflections on environmental responsibility after Roe 8*. Crawley: University of Western Australia Publishing, 2017.

GEORGE, C. Environmental monitoring, management and auditing. In: LEE, N.; GEORGE, C. (Org.). *Environmental assessment in developing and transitional countries*. Chichester: John Wiley & Sons, 2000. p. 177-193.

GHK. *Collection of information and data to support the impact assessment study of the review of the EIA Directive. A study for DG Environment*. London: GHK, 2010.

GIBSON, R. et al. *Sustainability assessment: criteria, process and applications*. London: Earthscan, 2005.

GILLETTE, R. Trans-Alaska pipeline: impact study receives bad reviews. *Science*, v. 171, p. 1130-1132, 1971.

GIMENES, C. E. R. A pesquisa da cultura imaterial na AIA: reflexão sobre o EIA da hidrelétrica Santa Isabel. In: 2ª Conferência da REDE de Língua Portuguesa de Avaliação de Impactos/ 1º Congresso Brasileiro de Avaliação de Impactos, 1º. São Paulo, 2012.

GLASSON, J.; SALVADOR, N. N. B. EIA in Brazil: a procedures-practice gap. A comparative study with reference to the European Union, and especially the UK. *Environmental impact assessment review*, v. 20, p. 191-225, 2000.

GLASSON, J.; THERIVEL, R.; CHADWICK, A. *Introduction to Environmental Impact Assessment*. 2. ed. London: UCL Press, 1999.

GLASSON, J.; THERIVEL, R.; WESTON, J; WLSON, E; FROST, R. EIA – Learning from experience: changes in the quality of environmental impact statements for UK planning projects. *Journal of environmental planning and management* v. 40, n. 4, p. 451-464, 1997.

GODARD. O. *Aspects institutionnels de la gestion intégrée des ressources naturelles et de l'environnement*. Paris: Éditions de la Maison des Sciences de l'Homme, 1980.

_____. L'Environnement, une polysémie sous-exploitée. In: JOLLIVET, M. (Org.). *Sciences de la nature, sciences de la société*: les passeus de frontières. Paris: CNRS Éditions, 1992. p. 337-344.

GODELIER, M. *Rationalité & irrationalité en économie*. Paris: Maspero, 1983. v. I.

GODET, M. Méthode des scénarios. *Futuribles*, n. 71, p. 110-120, 1983a.

_____. Sept idées-clés. *Futuribles*, n. 71, p. 5-9, 1983b.

GOLDSTEIN, A. et al. Protecting irrecoverable carbon in Earth's ecosystems. *Nature climate change*, 2020. https://doi.org/10.1038/s41558-020-0738-8.

GOODLAND, R. Social and environmental assessment to promote sustainability. An informal view. *The World Bank environment department papers*, n. 74, p. 1-36, 2000.

GOODLAND, R.; IRWIN, H. *A selva amazônia*: do inferno verde ao deserto vermelho? São Paulo/Belo Horizonte: Edusp/Itatiaia, 1975.

GOODLAND, R.; MERCIER, J. R. *The evolution of environmental assessment in the World Bank: from "Approval" to Results. The World Bank environment department papers*, n. 67, 1999.

GORCZYNSKI, D.M. *Insider's guide to environmental negotiation*. Chelsea: Lewis, 1991.

GOUTAL, N. The Malpasset dam failure: an overview and test case definition. In: Proceedings of the 3rd Cadam Workshop, Zaragoza, 1999.

GOVERNMENT OF SASKATCHEWAN. *Great Sand Hills Regional Environmental Study.* 2007.

GRAY, I.; EDWARDS-JONES, G. A review of environmental statements in the British forest sector. *Impact assessment and project appraisal* v. 21, n. 4, p. 303-312, 2003.

GREENBERG, M. R. *The environmental impact statement after two generations.* Abingdon: Routledge, 2012.

GULLISON, R. E. et al. *Good practices for the collection of biodiversity baseline data.* Prepared for the Multilateral Financing Institutions Biodiversity Working Group & Cross-Sector Biodiversity Initiative, 2015.

GUTMANN, A.; THOMPSON, D. *Democracy and disagreement.* Cambridge, The Belknap Press of Harvard University Press, 1996.

HABERMAS, J. *Mudança estrutural da esfera pública:* investigações quanto a uma categoria da sociedade burguesa. Rio de Janeiro: Tempo Brasileiro, 1984.

_____. *Direito e democracia:* entre facticidade e validade. Rio de Janeiro: Tempo Brasileiro, 1997. v. II.

HANNA, P.; VANCLAY, F. Human rights, Indigenous peoples and the concept of Free, Prior and Informed Consent. *Impact assessment and project appraisal,* v. 31, n. 2, p. 146-157, 2013.

HANSON, J. Precautionary principle: current understandings in Law and Society. *Enclyclpaedia of the Anthropocene,* v. 4, p. 361-366, 2018.

HARRIS-ROXAS, B. et al. Health impact assessment: the state-of-the-art. *Impact assessment and project appraisal,* v. 30, n.1, p. 43-52, 2012.

HARRISON, E. B. *Environmental communication and public relations handbook.* 2. ed. Government Institutes, Rockville: 1992.

HÉBRARD, S. *L'étude d'impact sur l'environement:* révolution ou evolution dans l'aménagement du territoire? Paris: Univ. Paris II, tese de doutorado, 1982.

HEGMANN, G. et al. *Cumulative Effects Assessment Practitioner's Guide.* Hull: Canadian Environmental Assessment Agency, 1999.

HEINK, U.; KOWARIK, I. What are indicators? On the definition of indicators in ecology and environmental planning. *Ecological indicators,* v. 10, p. 584-593, 2010.

HERRERA, A. The generation of technologies in rural areas. *World development,* v. 9, p. 21-35, 1981.

HIRATA, R. C. A. Os recursos hídricos subterrâneos e as novas exigências ambientais. *Revista do instituto geológico,* v. 14, n. 1, p. 39-62, 1993.

HKEPD – HONG KONG ENVIRONMENTAL PROTECTION DEPARTMENT. *Generic environmental monitoring and audit manual.* Hong Kong: HKEPD, 1996.

_____. *Technical memorandum on environmental impact assessment process.* Hong Kong: HKEPD, 1997, atualização em 2011.

HÖLKER, F. et al. Light pollution as a biodiversity threat. *Trends in ecology and evolution* v. 25, n. 12, p. 681-682, 2010a.

_____. The dark side of light: a transdisciplinary research agenda for light pollution policy. *Ecology and society* v. 15, n. 4: 13, 2010b.

HOLLICK, M. Environmental impact assessment: an international evaluation. *Environmental management* v. 10, n. 2, p. 157-178, 1986.

HOLLING, C. S. Resilience and stability of ecological systems. *Annual review of ecology and systematics*, v. 4, p. 1-23, 1973.

HORBERRY, J. Fitting USAID to the environmental assessment provisions of NEPA. In: WATHERN, P. (Org.). *Environmental impact assessment*: theory and practice. London: Unwin Hyman, 1988. p. 286-299.

HYDRO-QUÉBEC. *Méthode d' évaluation environnementale. Lignes e postes.* Montreal, Hydro--Québec, 1990.

HRW – HUMAN RIGHTS WATCH. *O que é uma casa sem comida? O boom da mineração de carvão e o reassentamento.* 2013.

IBAMA – INSTITUTO BRASILEIRO DO MEIO AMBIENTE E DOS RECURSOS NATURAIS RENOVÁVEIS. *Avaliação de impacto ambiental para sistemas de transmissão de energia. Guia, Parte I.* Brasília: Ibama, 2019.

IBRAHIM, M. M. C. et al. Poliduto São Paulo-Brasília/Osbra. In: LIMA, A. L. B. R.; TEIXEIRA, H. R.; SÁNCHEZ, L. E. (Org.). *A efetividade da avaliação de impacto ambiental no Estado de São Paulo: uma análise a partir de estudos de caso.* São Paulo: Secretaria do Meio Ambiente, 1995. p. 35-40.

ICMM – INTERNACIONAL COUNCIL ON MINING AND METALS. *Good practice guidance on health impact assessment.* London: ICMM, 2010.

IEG – INDEPENDENT EVALUATION GROUP. *Environmental sustainability: an evaluation of World Bank Group support.* Washington: World Bank, 2008.

IFC – INTERNATIONAL FINANCE CORPORATION. *Compliance Advisor Ombudsman review of IFC's Safeguard Policies.* Washington: World Bank, 2003.

_____. *IFC performance standards on environmental and social sustainability.* Washington: The World Bank, 2012.

_____. *Cumulative Impact Assessment and Management. Guidelines for the Private Sector in Emerging Markets.* Washington: IFC, 2013.

_____. *Tafila Region Wind Power Projects Cumulative Effects Assessment.* Washington: IFC, 2017.

IG/CETESB/DAEE – INSTITUTO GEOLÓGICO/COMPANHIA DE TECNOLOGIA DE SANEAMENTO AMBIENTAL/DEPARTAMENTO DE ÁGUAS E ENERGIA ELÉTRICA. *Mapeamento da vulnerabilidade e risco de poluição das águas subterrâneas no Estado de São Paulo, v. 1.* São Paulo: Instituto Geológico, 1997.

IIED/WBCSD – INTERNATIONAL INSTITUTE FOR ENVIRONMENT AND DEVELOPMENT/ WORLD BUSINESS COUNCIL FOR SUSTAINABLE DEVELOPMENT. *Breaking new ground. Mining, minerals and sustainable development, The Report of the MMSD Project.* London: Earthscan, 2002.

IPHAN – INSTITUTO DO PATRIMÔNIO HISTÓRICO E ARTÍSTIVO NACIONAL. *Inventário Nacional de Referências Culturais: Manual de aplicação.* Brasília: IPHAN, 2000.

IPIECA – INTERNATIONAL ASSOCIATION OF OIL & GAS PRODUCERS. *A guide to health impact assessment in oil and gas industry.* London: IPIECA, 2011.

ITGE – INSTITUTO TECNOLÓGICO GEOMINERO DE ESPAÑA. *El patrimônio geológico.* Madrid: ITGE, s/d.

JALAVA, K.; PASANEN, S.; SAALASTI, M.; KUITUNEN, M. Quality of environmental impact assessment: Finnish EISs and the opinion of EIA professionals. *Impact assessment and project appraisal* v. 28, n. 1, p. 15-27, 2010.

JOÃO, E. How Scale affects environmental impact assessment. *Environmental impact assessment review*, v. 22, p. 289-310, 2002.

JOHNSON, D. L. et al. Meanings of environmental terms. *Journal of environmental quality*, n. 26, p. 581-589, 1997.

JONES, S. A.; MASON, T. W. Role of impact assessment for strategic environmental management at firm level. *Impact assessment and project appraisal*, v. 19, n. 3, p. 175-185, 2002.

JUNK, W.; BAILEY, P. B.; SPARKS, R. E. The Flood Pulse Concept in River-Floodplain Systems. *Canadian Journal of Fisheries and Aquatic Sciences*, v. 106, p. 110-127, 1989.

KABIR, S. M. Z.; MOMTAZ, S. The quality of environmental impact statement and environmental impact assessment practice in Bangladesh. *Impact assessment and project appraisal* v. 30, n. 2, p. 94-98, 2012.

KASPERSON, R. E. et al. The social amplification of risk: a conceptual framework. *Risk analysis* v. 8, n. 2, p. 177-187, 1988.

KENNEDY, W. V. The West German experience. In: O'RIORDAN, T.; SEWELL, W.R.D. (Org.). *Project appraisal and policy review*. Chichester: John Wiley & Sons, 1981. p. 155-185.

_____. U. S. and Canadian experience with environmental impact assessment: relevance for the European Community? *Zeitschrift für Umweltpolitik*, v. 7, p. 339-366, 1984.

_____. Environmental impact assessment and bilateral development aid: an overview. In: WATHERN, P. (Org.). *Environmental impact assessment*: theory and practice. London: Unwin Hyman, 1988. p. 272-285.

KIBLER, K. M.; TULLOS, D. D. Cumulative biophysical impact of small and large hydropower development in Nu River, China. *Water resources research*, v. 49, p. 3104-3118, 2013.

KING, T. F. How the archeologists stole culture: a gap in American environmental impact assessment practice and how to fill it. *Environmental impact assessment review*, v. 18, n. 2, p. 117-133, 1998.

KIPNIS, P. O Uso de modelos preditivos para diagnosticar recursos arqueológicos em áreas a serem afetadas por empreendimentos de impacto ambiental. In: CALDARELLI, S.B. (Org.). *Atas do Simpósio sobre Política Nacional do Meio Ambiente e Patrimônio Cultural*. Goiânia, 1996, p. 34-40.

KOLLURU, R. V. Risk assessment and management. In: KOLLURU, R.V. (Org.). *Environmental strategies handbook*. New York: McGraw-Hill, 1993. p. 327-403.

KRAWETZ, N. *Social impact assessment*: an introductory handbook. Halifax/Jakarta: Environmental management in Indonesia Project, 1991.

KRIWOKEN, L. K.; ROOTES, D. Tourism on ice: environmental impact assessment of Antarctic tourism. *Impact assessment and project appraisal*, v. 18, n. 2, p. 138-150, 2000.

KUHN, T. S. *The structure of scientific revolutions*. 2. ed. Chicago: The University of Chicago Press, 1970.

KVAM, R. Meaningful stakeholder consultation: IDB series on environmental and social risk and opportunity. Washington: IADB, 2017.

_____. Meaningful stakeholder engagement: a joint publication of the MFI working group on environmental and social standards. Washington: IADB, 2019.

REFERÊNCIAS BIBLIOGRÁFICAS

LAGADEC, P. *La civilisation du risque*: catastrophes tecnhnologiques et responsabilité sociale. Paris: Seuil, 1981.

_____. Risques, crises et gouvernance: ruptures d'horizons, ruptures de paradigmes. Réalités industrielles – Annales des mines, maio 2003. p. 5-11.

LAGO, A.; PÁDUA, J. A. *O que é ecologia*. São Paulo: Brasiliense, 1984.

LAMONTAGNE, S. L. *Le patrimoine immatériel: méthodologie d´inventaire pour les savoirs, les savoir-faire et les porteurs de traditions*. Québec: Les Publications du Québec, 1994.

LANDIN, S. N. T.; SÁNCHEZ, L. E. The contents and scope of environmental impact statements: how do they evolve over time? *Impact asssessment and project appraisal*, v. 30, no. 4, p. 217-228, 2012.

LANDSBERG, F.; TREWEEK, J.; MERCEDES, S.M.; HENNINGER, N.; VENN, O. Weaving ecosystem services into impact assessment: A step-by-step method. Abbreviated version 1.0. Washington, DC: World Resources Institute, 2013.

LAURANCE, W. F. et al. The Future of Brazilian Amazon. *Science*, v. 291, n. 5503, p. 438-439, 2001.

LAWRENCE, D. P. Impact significance determination – designing an approach. *Environmental impact assessment review*, v. 27, p. 730-754, 2007a.

_____. Impact significance determination – back to basics. *Environmental impact assessment review*, v. 27, p. 755-769, 2007b.

_____. Impact significance determination – pushing the boundaries. *Environmental impact assessment review*, v. 27, p. 770-788, 2007c.

LEDUC, G.; RAYMOND, M. L´évaluation des impacts environnementaux: un outil d'aide à la décision. Ste.-Foy: Multimondes, 2000.

LEE, N. Reviewing the quality of environmental assessments. In: LEE, N.; GEORGE, C. (Org.). *Environmental assessment in developing and transitional countries*. Chichester: John Wiley & Sons, 2000a. p. 137-148.

_____. Integrating appraisals and decision-making. In: LEE, N.; GEORGE, C. (Org.). *Environmental assessment in developing and transitional countries*. Chichester: John Wiley & Sons, 2000b. p. 161-175.

LEE, N.; BROWN, D. Quality control in environmental assessment. *Project appraisal* v. 7, n, 1, p. 41-45, 1992.

LEE, N.; DANCEY, R. The quality of environmental impact statements in Ireland and the United Kingdom: a comparative analysis. *Project appraisal* v. 8, n. 1, p. 31-36, 1993.

LEE, N.; COLLEY, R.; BONDE, J. SIMPSON, J. Reviewing the quality of environmental statements. Department of Planning and Landscape, University of Manchester, *Occasional Paper* 55: 1-72, 1999.

LEIBOWITZ, S. C. et al. *A synoptic approach to cumulative impact assessment. A proposed methodology*. Washington: Environmental Protection Agency, EPA/600/R-92/167, 1992.

LEMOS, C. A. C. *Ramos de Azevedo e seu escritório*. São Paulo: Pini, 1993.

LEOPOLD, L. B. et al. A procedure for evaluating environmental impact. *U.S. Geological Survey Circular*, v. 645, 1971.

LIMA, A. L. B. R.; TEIXEIRA, H. R.; SÁNCHEZ, L. E. (Org.). *A efetividade da avaliação de impacto ambiental no Estado de São Paulo*: uma análise a partir de estudos de caso. São Paulo: Secretaria do Meio Ambiente, 1995.

LIRA, N. A. et al. Fish passages in South America: an overview of studied facilities and research effort. *Neotropical ichthyology*, v. 15, n. 2, e160139, 2017.

LOFTIN, H. Environmental impact statements. *Science,* v. 193, p. 248, 251, 1976.

LUTZEMBERGER, J. *Fim do futuro? Manifesto ecológico brasileiro*. Porto Alegre: Editora da URGS/Movimento, 1980.

_____. The World Bank's Polo Noroeste Project – a social and environmental catastrophe. *The Ecologist*, n. 15(1/2): 69-72, 1985.

MACHADO, P. A. L. Avaliação de impacto ambiental e direito ambiental no Brasil. In: SÁNCHEZ, L. E. (Org.). *Avaliação de impacto ambiental:* situação atual e perspectivas. São Paulo: Epusp, 1993. p. 49-57.

_____. *Direito ambiental brasileiro*. 11. ed. São Paulo: Malheiros, 2003.

MAGLIOCCA, A. *Glossário de oceanografia*. São Paulo: Nova Stella/ Edusp, 1987.

MANCUSO, R. C. *Interesses difusos. Conceito e legitimação para agir*. 4. ed. São Paulo: Revista dos Tribunais, 1997.

MARCHIORO, G. B. et al. Avaliação dos impactos da exploração e produção de hidrocarbonetos no banco dos Abrolhos e adjacências. *Megadiversidade*, v. 1, n. 2, p. 225-310, 2005.

MARSHALL, R. Application of mitigation and its resolution within environmental impact assessment: an industrial perspective. *Impact assessment and project appraisal*, v. 19, n. 3, p. 195-204, 2001.

_____. Developing environmental management systems to deliver mitigation and protect the EIA process during follow-up. *Impact assessment and project appraisal*, v. 23, n. 3, p. 191-1962, 2002.

_____. Environmental impact assessment follow-up and its benefits for industry. *Impact assessment and project appraisal*, v. 20, n. 4, 2005.

McCLAIN, C. R.; NUNALLY, C.; BENFIELD, M. C. Persistent and substantial impacts of the Deepwater Horizon oil spill on deep-sea megafauna. *Royal Society open science*, 6191164, 2019.

McCOLD, L. N.; SAULSBURY, J. W. Including past and present impacts in cumulative impact assessments. *Environmental management*, v. 20, n. 5, p. 767-776, 1996.

_____. Defining the no-action alternative for national environmental policy act of continuing actions. *Environmental impact assessment review*, v. 18, p. 15-37, 1998.

McCULLY, P. And the walls cams trubling. *World rivers review*, v. 10, n. 1, p. 1-16, 1995.

McGUIRE, T. N. No ordinary highway: a thirty-year retrospective, Trans Canada Highway, Banff National Park of Canada. In: WEBER, C. (Org.). *Rethinking Protected Areas in a Changing World: Proceeding of the 2011 George Wright Society Biennial Conference on Parks, Protected Areas, and Cultural Sites*. Hancock, Michigan: The George Wright Society, 2011.

MEHTA, C.; BAIMAN, R.; PERSKY, J. The economic impact of Wal-Mart: an assessment of the Wal-Mart store proposed for Chicago's West Side. Chicago, UIC Center for Urban Economic Development, 2004.

MENDES, E.; GERMANI, G. I. Desterritorialização sob as águas de Sobradinho: ganhos e desenganos. *Revista de Desenvolvimento Econômico*, v. 12, p. 30-39, 2010.

MEMON, P. A. Devolution of environmental regulation: environmental impact assessment in Malaysia. *Impact assessment and project appraisal*, v. 18, n. 4, p. 283-293, 2000.

REFERÊNCIAS BIBLIOGRÁFICAS

MERAD, M.; TRUMP, B. D. Critical challenges and difficulties in safety, security, environment and health: why are we so bad at managing SSEH problemas? In: MERAD, M.; TRUMP, B. D. (Org.). *Expertise under scrutiny*. Cham: Springer, 2020. p. 55-88.

METZGER, J. P. Estrutura da paisagem: o uso adequado de métricas. In: CULLEN Jr., L.; RUDRAN, R.; VALLADARES-PÁDUA, C. *Métodos de estudos em biologia da conservação e manejo da vida silvestre*. Curitiba: Editora UFPR, 2006, p. 423,453.

MILARÉ, E. *A ação civil pública na nova ordem constitucional*. São Paulo: Saraiva, 1990.

MILARÉ, E.; BENJAMIN, A. H. V. *Estudo prévio de impacto ambiental*. São Paulo: Revista dos Tribunais, 1993.

MILLISON, D.; HETTIGE, M. Financial advice. *International water power & dam construction*, October 2005. p. 40-42.

MINISTÉRIO DO MEIO AMBIENTE/IBAMA. *Manual de normas e procedimentos para licenciamento ambiental no setor de extração mineral*. Brasília: Ministério do Meio Ambiente, 2001.

MIRRA, A. L. V. *Participação, processo civil e defesa do meio ambiente*. São Paulo: Letras Jurídicas, 2011.

MONMONIER, M. *How to lie with maps*. 2. ed. Chicago: The University of Chicago Press, 1996.

MONOSOWSKI, E. Brazil's tucuruí dam: development at environmental cost. In: GOLDSMITH, E.; HILDYARD, N. (Org.). *The social and environmental effects of large dams*. Camelford: Wadebridge Ecological Centre, 1986. v. 2, p. 191-198.

_____. Lessons from the Tucuruí experience. *Water power & dam construction*, v. 42, n. 2, p. 29-34, 1990.

_____. Avaliação de impacto ambiental na perspectiva do desenvolvimento sustentável. In: SÁNCHEZ, L. E. (Org.). *Avaliação de impacto ambiental: situação atual e perspectivas*. São Paulo: Epusp, 1993. p. 3-10.

_____. O sertão vai virar mar. In: MÜLLER-PLANTENBERG, C.; AB'SÁBER, A. N. (Org.). *Previsão de impactos*. São Paulo: Edusp, 1994. p. 123-141.

MORÁN, E. F. *A ecologia humana das populações da Amazônia*. Petrópolis: Vozes, 1990.

MOREIRA, I. V. D. EIA in Latin America. In: WATHERN, P. (Org.). *Environmental impact assessment: theory and practice*. London: Unwin Hyman, 1988. p. 239-253.

_____. *Vocabulário básico de meio ambiente*. Rio de Janeiro: Feema/Petrobrás, 1992.

_____. A experiência brasileira em avaliação de impacto ambiental. In: SÁNCHEZ, L. E. (Org.). *Avaliação de impacto ambiental: situação atual e perspectivas*. São Paulo: Epusp, 1993. p. 39-48.

MORGAN, R. K. Environmental impact assessment: the state of the art. *Environmental Impact Assessment Review*, v. 30, n. 1, p. 5-14, 2012.

MORIN, E.; KERN, A. B. *Terre-Patrie*. Paris: Seuil, 1993.

MORRIS, P.; EMBERTON, R. Ecology – overview and terrestrial systems. In: MORRIS, P.; THERIVEL, R. (Org.). *Methods of environmental impact assessment*. 2. ed. London: Spon Press, 2001, p. 241-285.

MORRISON-SAUNDERS, A.; BAKER, J.; ARTS, J. Lessons from practice: towards successful follow-up. *Impact assessment and project appraisal*, v. 21, n. 1, p. 43-56, 2003.

MORRISON-SAUNDERS, A. et al. Gearing up impact assessment as a vehicle for achieving the UN sustainable development goals. *Impact assessment and project appraisal*, v. 38, n. 2, p. 113-117, 2020.

MPF – MINISTÉRIO PÚBLICO FEDERAL. *Deficiências em estudos de impacto ambiental*: síntese de uma experiência. Brasília: Escola Superior do Ministério Público, 2004.

MUKAI, T. *Direito ambiental sistematizado*. Rio de Janeiro: Forense Universitária, 1992.

MÜLLER-PLANTENBERG, C.; AB'SÁBER, A. N. (Org.). *Previsão de impactos*. São Paulo: Edusp, 1994.

MULLER-SALZBURG, L. Vajont catastrophe – a personal review. *Engineering Geology*, v. 24, n. 1-4, p. 423-444, 1987.

MUNN, R. E. *Environmental impact assessment*: principles and procedures. *SCOPE report 5*. Toronto: John Wiley & Sons, 1975.

NAKASHIMA, D. J. *Application of native knowledge in EIA*: Inuit, Eiders and Hudson Bay oil. Hull: Canadian Environmental Assessment Research Council, 1990.

NASH, R. F. *The rights of nature. A history of environmental ethics*. Madison: The University of Wisconsin Press, 1989.

NCEA – NETHERLANDS COMMISSION FOR ENVIRONMENTAL ASSESSMENT. *Annual Report 2001*. Utrecht: Commission for Environmental Impact Assessment, 2002a.

_____. *Environmental Impact Assessment in the Netherlands. Views from the Commission for EIA in 2002*. Utrecht: Commission for Environmental Impact Assessment, 2002b.

_____. *Views and experiences 2012*. Utrecht: MER, 2012.

NERI, A. C.; SÁNCHEZ, L. E. *Guia de boas práticas de recuperação ambiental em pedreiras e minas de calcário*. São Paulo: Associação Brasileira de Geologia de Engenharia e Ambiental, 2012.

NERI, A. C.; DUPIN, P.; SÁNCHEZ, L. E. A pressure-state-response approach to cumulative impact assessment. *Journal of Cleaner Production*, v. 126, p. 288-298, 2016.

NEUMARK, D.; ZHANG, J.; CICARELLA, S. The Effects of Wal-Mart on Local Labor Market. Public Policy Institute of California, 2005, 54 p.

NEW, L. et al. A collision risk model to predict avian fatalities at wind facilities: An example using golden eagles, *Aquila chrysaetos. PLoS One*, v. 10, n. 7, e0130978, 2015.

NOBLE, B. *Introduction to Environmental Impact Assessment*: A guide to principles and practices. 3. ed. Oxford University Press, 2015.

NORRISH, R.; LYON, B.; RUSSEL, W.; PRICE, G. Engaging stakeholders to achieve rehabilitation completion: a case study of the BHP Beenup Project. In: FOURIE, A. B.; TIBBETT, M. (Org.). Proceedings of the 13th International Conference on Mine Closure, Australian Centre for Geomechanics, Perth, pp. 1423-1436, 2019.

OLIVEIRA, F. A *Economia da dependência imperfeita*. 3. ed. Rio de Janeiro: Graal, 1980.

OLIVRY, D. Participation publique à la planification et à la gestion des resources en eau: cas des grands projets hydrauliques. In: INTERNATIONAL SYMPOSIUM ON THE IMPACT OF LARGE WATER PROJECTS ON THE ENVIRONMENT. Paris: UNESCO/UNEP/IIASA/IAHS, 1986.

ORTOLANO, L. *Environmental planning and decision making*. New York: John Wiley & Sons, 1984.

_____. *Environmental regulation and impact assessment*. New York: John Wiley & Sons, 1997.

ORTOLANO, L.; MAY, C. Appraising effects of mitigation measures: the Grand Coulee Dam's impacts on fisheries. In: MORRISON-SAUNDERS, A.; ARTS, J. (Org.). *Assessing impact: handbook of EIA and SEA follow-up*. London: Earthscan, 2004, p. 97-117.

ORTOLANO, L.; SHEPHERD, A. Environmental impact assessment: challenges and opportunities. *Impact Assessment* 13, n. 1, p. 3-30, 1995.

REFERÊNCIAS BIBLIOGRÁFICAS

ORTOLANO, L. JENKINS, B.; ABRACOSA, R. Speculations on when and why EIA is effective. *Environmental impact assessment review*, v. 7, n. 4, p. 285-292, 1987.

OSS – OFFICE OF THE SUPERVISING SCIENTIST FOR THE ALLIGATOR RIVERS REGION *Annual report 1985-86*. Canberra: Australian Government Publishing Service, 1986.

PÁDUA, M. T. J. O nascimento da política verde no Brasil: fatores exógenos e endógenos. In: LEIS, H. R. (Org.). *Ecologia e política mundial*. Rio de Janeiro: Fase/Vozes, 1991. p. 135-161.

PÁDUA, M. T. J. COIMBRA FILHO, A. F. *Os parques nacionais do Brasil*. Madrid: Instituto de Cooperação Ibero Americana/Instituto de la Caza Fotográfica y Ciências de la Naturaleza, 1979.

PAGE, J. M.; SKINNER, N. T. *Writing user-friendly environmental impact documentation*. Trabalho não publicado, apresentado na XV Conferência Anual da IAIA – International Association for Impact Assesment –, Quebec, Canadá, jun. 1994.

PANIZZO, A. et al. Great landslide event in Italian artificial reservoirs. *Natural Hazards and Earth Sciences*, v. 5, n. 5, p. 733-740, 2005.

PARDINI, R. et al. Beyond the fragmentation threshold hypothesis: regime shifts in biodiversity across fragmented landscapes. *PLoS ONE*, v. 5, n. 10, p. e13666, 2010.

PARENTEAU, R. *La participation du public aux décisions d'aménagement*. Federal Environmental Assessment Review Office, 1988.

PERDICOÚLIS, A.; DURNING, B.; PALFRAMAN, L. *Furthering environmental impact assessment: towardes a seamless connection between EIA and EMS*. Cheltenham: Edward Elgar, 2012.

PERDICOÚLIS, A.; GLASSON, J. The causality premise of EIA in practice. *Impact assessment and project appraisal*, v. 27, n. 3, p. 247-250, 2009.

_____. How clearly is causality communicated in EIA? *Journal of environmental assessment policy and management*, v. 14, n. 3, 1250020 (25 p). 2012.

PEREIRA, J. C. R. *Análise de dados qualitativos*. 3. ed. São Paulo: Edusp, 2001.

PEREIRA, M. J. R. et al. Guidelines for consideration of bats in environmental impact assessment of wind farms in Brazil: A collaborative governance experience from Rio Grande do Sul. *Oecologia Australis* 21(3): 232-255, 2017.

PETTS, J. Municipal waste management: inequalities and the role of deliberation. *Risk analysis*, v. 20, n. 6, p. 821-832, 2000.

PEZZUTI, J. et al. *Xingu, o rio que pulsa em nós: Monitoramento independente para registro de impactos da UHE Belo Monte no território e no modo de vida do povo Juruna (Yudjá) da Volta Grande do Xingu*. Altamira: Instituto Socioambiental, 2018.

PINHO, P.; MAIA, R.; MONTERROSO, A. The quality of Portuguese environmental impact studies: The case of small hydropower projects. *Environmental impact assessment review* 27: 189-205, 2007.

PORTER, M. E. *Vantagem Competitiva*. Rio de Janeiro: Campus, 1996.

POTSCHIN, M.; HAINES-YOUNG, R. Defining and measuring ecosystem services. In:

POTSCHIN, M.; HAINES-YOUNG, R.; FISH, R.; TURNER, R. K. (Org.). *Routledge handbook of ecosystme services*. Abingdon: Routledge, 2016, p. 25-44.

PRADO FILHO, J. F.; SOUZA, M. P. Auditoria em avaliação de impacto ambiental: um estudo sobre a previsão de impactos ambientais em EIAs de mineração do Quadrilátero Ferrífero (MG). *Solos e rochas*, v. 27, n. 1, p. 83-89, 2004.

PRITCHARD, S. Will rare Tanzanian toad stall hydro operation? *Internacional water power & dam construction*, p. 23, december 2000.

PROCHNOW, M. (Org.). *Barra Grande: a hidrelétrica que não viu a floresta*. Rio do Sul: Apremavi, 2005.

PURNAMA, D. Review of the EIA process in Indonesia: improving the role of public involvement. *Environmental impact assessment review*, v. 23, p. 415-439, 2003.

REDDY, G.; SMYTH, E.; STEYN, M. *Land access and resettlement. A guide to best practice.* Sheffield: Greenleaf, 2015.

RENN, O. Risk perception and risk management. Part I: risk perception. *Risk abstracts*, v. 7, n. 1, p. 1-9, 1990a.

_____. Risk perception and risk management. Part II: risk management. *Risk abstracts*, v. 7, n. 2, p. 1-9, 1990b.

_____. Participatory processes for designing environmental policies. *Land use policies*, v. 23, p. 34-43, 2006.

RESOURCE ASSESSMENT COMMISSION. *Kakadu conservation zone inquiry. Final report.* Canberra: Australian Government Publishing Office, 1991. v. I.

RETIEF, F.; CHABALALA, B. The cost of environmental impact assessment (EIA) in South Africa. *Journal of environmental assessment policy and management*, v. 11. n. 1, p. 51-68, 2009.

RICH, B. Multi-lateral development banks. Their role in destroying the global environment. *The Ecologist,* v. 15, n. 1-2, p. 56-68, 1985.

RIJKSWATERSTAAT. *Nature across motorways.* Delft: Rijkswaterstaat, 1995.

ROBERTS, R. Public involvement: from consultation to participation. In: VANCLAY, F.; BRONSTEIN, D. A. (Org.). *Environmental and social impact assessment.* Chichester: John Wiley & Sons, 1995. p. 221-246.

RODRIGUES, R. R.; GANDOLFI, S. Conceitos, tendências e ações para a recuperação de florestas ciliares. In: RODRIGUES, R. R.; LEITÃO FILHO, H. F. (Org.). *Matas ciliares*: conservação e recuperação. 2. ed. São Paulo: Edusp, 2001. p. 235-247.

ROLNIK, R. et al. *Estatuto da cidade*: guia para implementação pelos municípios e cidadãos. 2a. ed. Brasília: Câmara dos Deputados, Comissão de Desenvolvimento Urbano e Interior/ Secretaria Especial de Desenvolvimento Urbano da Presidência da República/Caixa Econômica Federal/Instituto Pólis, 2002.

RONZA, C. Piraju hydroelectric plant: a real case of environmental assessment effectiveness. In: McCabe, M. (Org.). *Environmental impact asseessment*: Case studies from developing countries. Fargo, IAIA, 1997 (mimeo).

ROSA, J. C. S.; SÁNCHEZ, L. E. Advances and challenges of incorporating ecosystem services into impact assessment. *Journal of Environmental Management*, 180: 485-492, 2016.

ROSS, W. Reflections of an environmental assessment panel member. *Impact assessment and project appraisal*, v. 18, n. 2, p. 91-98, 2000.

_____. The Independent Environmental Watchdog. A Canadian Experiment in EIA Follow-up. In: MORRISON-SAUNDERS, A.; ARTS, J. (Org.). *Assessing impact: handbook of EIA and SEA follow-up.* London: Earthscan, 2004, p. 63-96.

ROSS, W.; MORRISON-SAUNDERS, A.; MARSHALL, R. Common sense in environmental impact assessment: it is not as common as it should be. *Impact assessment and project appraisal,* v. 24, n. 1, p. 3-22, 2006.

REFERÊNCIAS BIBLIOGRÁFICAS

ROSSI, G.; ANTOINE, P. Impacts hydrologiques et sédimentologiques d'um grand barrage: l'exemple de Nangbéto (Togo – Benin). *Revue de géomorphologie dynamique*, v. 39, n. 2, p. 63-77, 1990.

ROSSOUW, N. et al. South Africa. In: SOUTHERN AFRICA INSTITUTE FOR ENVIRONMENTAL ASSESSMENT. *Environmental impact assessment in Southern Africa*. Windhoek: Southern Africa Institute for Environmental Assessment, 2003. p. 201-225.

ROWAN, M.; STREATHER, T. Converting project risks to development opportunities through SIA enhancement measures: a practitioner perspective. *Impact assessment and project appraisal*, v. 29, n. 3, 2011. p. 217-230.

RUK – RENEWABLES UK. *Guiding Principles for Cumulative Impact Assessments in Offshore Wind Farms*. 2013.

RUNNALS, D. Factors influencing environmental policies in international development agencies. In: ASIAN DEVELOPMENT BANK. *Environmental planning and management*. Manila: ADB, 1986. p. 185-229.

RUPLE, J.; RACE, K. Measuring the NEPA Litigation Burden: A Review of 1,499 Federal Court Cases *Environmental Law*, v. 50, n. 2, 2020.

RYAN, C. H.; BRODY, D. O. B.; LUNDE, A. I. NEPA documents at the US Forest Service: a blessing and a curse? *UVP-report*, v. 25, n. 4, p. 192-197, 2011.

SACHS, I. Environnement et styles de développement. *Annales (économies, sociétés, civilisations)*, p. 553-570, mai-juin 1974.

SADLER, B. The evaluation of assessment: post-EIS research and process development. In: WATHERN, P. (Org.). *Environmental impact assessment: theory and practice*. London: Unwin Hyman, 1988, p. 129-142.

_____. (Org.). *Environmental assessment in a changing world: evaluating practice to improve performance*. Canadian Environmental Assessment Agency International Association for Impact Assessment, 1996.

SALMON, G. M.; HARTFORD, D. N. D. Risk analysis for dam safety. *International water power & dam construction*, p. 42-47, March 1995.

SÁNCHEZ, L. E. Ecologia: da ciência pura à crítica da economia política. In: SÁNCHEZ, L. E. et al. *Ecologia*. Rio de Janeiro: Codecri, 1983. p. 7-34.

_____. Os papéis da avaliação de impacto ambiental. In: SÁNCHEZ, L. E. (Org.). *Avaliação de impacto ambiental: situação atual e perspectivas*. São Paulo: Epusp, 1993a. p. 15-33.

_____. Environmental impact assessment in France. *Environmental impact assessment review*, v. 13, n. 4, p. 255-265, 1993b.

_____. *Desengenharia: o passivo ambiental na desativação de empreendimentos industriais*. São Paulo: Edusp, 2001.

_____. On common sense and EIA. *Impact assessment and project appraisal*, v. 24, n. 1, p. 10-11, 2006.

_____. Avaliação de impacto ambiental e seu papel na gestão de empreendimentos. In: VILELA JR., A.; DEMAJOROVIC, J. (Org.). *Modelos e ferramentas de gestão ambiental: desafios e perspectivas para as organizações*. 4. ed. São Paulo: Senac, 2018. p. 43-74.

SÁNCHEZ, L. E.; ANDRÉ, P. Knowledge management in enviromental impact assessment agencies: a study in Quebec. *Journal of environmental assessment policy and management*, v. 15, n. 3, 2013.

SÁNCHEZ, L. E.; CROAL, P. Environmental impact assessment, from Rio-92 to Rio+20 and beyond. *Ambiente & sociedade*, v. 15, n. 3, p. 41-54, 2012.

SÁNCHEZ, L. E.; GALLARDO A. L. F. C. On the successful implementation of mitigation measures. *Impact assessment and project appraisal*, v. 23, n. 3, p. 182-190, 2005.

SÁNCHEZ, L. E.; HACKING, T. An approach to linking environmental impact assessment and environmental management systems. *Impact assessment and project appraisal*, v. 20, n. 1, p. 25-38, 2002.

SÁNCHEZ, L. E.; LOBO, H. A. S. (Org.). *Guia de boas práticas ambientais na mineração de calcário em áreas cársticas*. Campinas: Sociedade Brasileira de Espeleologia, 2016.

SÁNCHEZ, L. E.; MITCHELL, R. Conceptualizing impact assessment as a learning process. *Environmental Impact Assessment*, v. 62, p. 195-204, 2017.

SÁNCHEZ, L. E.; MORRISON-SAUNDERS, A. Learning about knowledge management for improving environmental impact assessment in a government agency: The Western Australian experience. *Journal of Environmental Management*, v. 92, p. 2260-2271, 2011.

SÁNCHEZ, L. E.; SILVA, S. S.; PAULA, R. G. Gerenciamento ambiental e mediação de conflitos: um estudo de caso. In: II CONGRESSO ÍTALO-BRASILEIRO DE ENGENHARIA DE MINAS. São Paulo, 1993. *Anais...* p. 474-496.

SÁNCHEZ, L. E.; SILVA-SÁNCHEZ, S. S.; NERI, A. C. *Guia para planejamento do fechamento de mina* Brasília: Instituto Brasileiro de Mineração, 2013.

SÁNCHEZ, L. E. et al. *Os impactos do rompimento da Barragem de Fundão:* O caminho para uma mitigação sustentável e resiliente. Gland: IUCN, 2018.

SANDHAM, L. A.; PRETORIUS, H. M. A review of EIA report quality in the North West province of South Africa. *Environmental impact assessment review,* v. 28, p. 229-240, 2008.

SANDHAM, L. A.; A.J. VAN HEERDEN, A. J.; JONES, C. E.; RETIEF, F. P.; MORRISON-SAUNDERS, A. N. Does enhanced regulation improve EIA report quality? Lessons from South Africa. *Environmental impact assessment review,* v. 38, p.155-162, 2013.

SANTOS, M. C. S. R. *Manual de fundamentos cartográficos e diretrizes gerais para elaboração de mapas geológicos, geomorfológicos e geotécnicos.* São Paulo: Instituto de Pesquisas Tecnológicas, 1989.

SANTOS, R. F. *Planejamento ambiental:* teoria e prática. São Paulo: Oficina de Textos, 2004.

SCHLINDER, W. The impact statement boondoggle. *Science,* v. 192, p. 509, 1976.

SCHLÜPMANN, K. Direito do cidadão e estrada real – sobre a pré-história da lei da UVP. In: MÜLLER-PLANTENBERG, C.; AB'SÁBER, A. N. (Org.). *Previsão de impactos.* São Paulo: Edusp, 1994. p. 351-376.

SCHRAGE, M. W. *Mapa de ruído como ferramenta de diagnóstico do conforto acústico da comunidade.* São Paulo: Escola Politécnica da USP, dissertação de mestrado, 2005.

SCHREIER, M. A. Designing and using process evaluation. In: J.S. WHOLEY; H.P. HATRY, K.E. NEWCOMER (Org.). *Handbook of Practical Program Evaluation.* Joey-Bass, San Francisco, p. 40-68, 1994.

SECRETARÍA DE LA CONVENCIÓN DE RAMSAR. *Manual 11 - Evaluación del impacto.* Manuales Ramsar para el uso racional de los humedales. Gland: 2004.

SEINFELD, J. H. *Contaminación atmosférica: fundamentos físicos y químicos.* Madrid: Instituto de Estudios de Administración Local, 1978.

SERRES, M. *Hermès V. Le passage du nord-ouest.* Paris: Les Éditions de Minuit, 1980.

SETRA – SERVICE D'ÉTUDES TECHNIQUES DES ROUTES ET AUTOROUTES. *Passages pour la grande faune. Guide technique*. Bagneux: Setra, 1993.

SEWELL, W. R. D. (1981) How Canada responded: the Berger inquiry. In: O'RIORDAN, T.; SEWELL, W. R. D. (Org.). *Project appraisal and policy review*. Chichester: John Wiley & Sons, 1981. p. 77-94.

SHELL INTERNATIONAL B. V. *technical guidance for environmental assessment*. The Hague: Shell Health, Safety and Environment Panel, 2000.

SHOPPLEY, J. B.; FUGGLE, R. F. A comprehensive review of current environmental impact assessment methods and techniques. *Journal of environmental management*, n. 18, p. 25-47, 1984.

SHRADER-FRECHETTE, K. S. Environmental impact assessment and the fallacy of unfinished business. *Environmental ethics*, n. 4, p. 37-47, 1982.

SIQUEIRA-GAY, J.; SÁNCHEZ, L. E. Exploring potential impacts of mining on forest loss and fragmentation within a biodiverse region of Brazil's northeastern Amazon. *Resources policy*, v. 67, 101662, 2020.

SILVA, A. F. D. et al. As incertezas da transposição. *Ciência Hoje*, n. 217, p. 48-52, 2005.

SILVA, G. E. N. *Direito ambiental internacional*. Rio de Janeiro: Thex, 2002.

SILVA-SÁNCHEZ, S. S. *Cidadania ambiental*: novos direitos no Brasil. 2. ed. São Paulo: Annablume/Humanitas, 2010.

_____. *Crítica e reação em rede*: o debate sobre os transgênicos no Brasil. São Paulo: Faculdade de Filosofia, Letras e Ciências Humanas da USP, tese de doutorado, 2003.

SIMENSEN, T.; HALVORSEN, R.; ERIKSTAD, L. Methods for landscape characterisation and mapping: A systematic review. *Environmental impact assessment review*, v. 75, p. 557-569, 2018.

SLOOTWEG, R. Biodiversity assessment framework: making biodiversity part of corporate social responsibility. *Impact assessment and project appraisal*, v. 23, n. 1, p. 37-46, 2005.

SLOOTWEG, R.; VANCLAY, F.; VAN SCHOOTEN, M. Function evaluation as a framework for the integration of social and environmental impact. *Impact assessment and project appraisal*, v. 19, n. 1, p. 19-28, 2001.

SMITH, N. A. Unhappy anniversary - the disaster at Bouzey in 1895. *International water power & dam construction*, p. 40, April 1995.

SNELL, T.; COWELL, R. Scoping in environmental impact assessment: balancing precaution and efficiency? *Environmental impact assessment review*, v. 26, p. 359-376, 2006.

SOPPE, M.; PIETERS, S. The Dutch courts and EIA: troubleshooter or troublemaker? In: COMMISSION FOR ENVIRONMENTAL IMPACT ASSESSMENT (Org.). *Environmental impact assessment in the Netherlands. Views from the Commission for EIA in 2002*. Utrecht: CEIA, 2002. p. 29-32.

SOUZA, M. A. T. Levantamento arqueológico para fins de diagnóstico de bens históricos, em áreas de implantação de empreendimentos hidrelétricos. In: CALDARELLI, S.B. (Org.). *Atas do Simpósio sobre Política Nacional do Meio Ambiente e Patrimônio Cultural*. Goiânia, 1996. p. 22-27.

SOUZA, M. P. *Instrumentos de gestão ambiental*: fundamentos e prática. São Carlos: Riani Costa, 2000.

SPENSLEY, J. W. National Environmental Policy Act. In: SULLIVAN, T. F. P. (Org.). *Environmental law handbook*. 13. ed. Rockville: Government Institute, 1995. p. 308-332.

SPRAGENS, L. C.; MAYFIELD, S. M. In safe hands. *International water power & dam construction*, p. 20-23, April 2005.

STAPLETON, C.; MASTERS-WILLIAMS, H.; HODSON, M. Soils, land and geology. In: THERIVEL, R.; WOOD, G. (Org.). *Methods of environmental and social impact assessment.* Abingdon: Routledge, 2018. p. 63-101.

STEINEMANN, A. Improving alternatives for environmental impact assessment. *Environmental impact assessment review*, v. 21, p. 3-21, 2001.

STEVENSON, M. G. Indigenous knowledge in environmental assessment. *Arctic*, n. 49, v. 3, p. 278-291, 1996.

STOLP, A. et al. Citizen values assessment: incorporating citizens' value judgements in environmental impact assessment. *Impact Assessment and Project Appraisal* 20, v. 1, p. 11-23, 2002.

SUARES, M. *Mediación. Conducción de disputas, comunicación y técnicas.* Buenos Aires: Paidós, 1996.

SUMMERER, S. O estudo de impacto ambiental: forma jurídica, processo, participantes. In: MÜLLER-PLANTENBERG, C.; AB'SÁBER, A. N. (Org.). *Previsão de impactos.* São Paulo: Edusp, 1994. p. 407-418.

SUSSKIND, L.; CRUIKSHANK, J. *Breaking the impasse:* consensual approaches to resolving public disputes. New York: Basic Books, 1987.

TANAKA, A. Changing ecological assessment and mitigation in Japan. *Built Environment*, v. 27, n. 1 p. 35-41, 2001.

TCU – TRIBUNAL DE CONTAS DA UNIÃO. *Relatório de levantamento de auditoria – Fiscobras 2009, TC 009.362/2009-4.* Brasília, 2009.

_____. Tribunal de Contas da União. *Levantamento. Plano de Fiscalização 2010. Avaliação do pós-licenciamento ambiental. TC 025.829/2010-6.* Brasília, 2011.

TECHNICA LTD. Techniques for assessing industrial hazards: a manual. *World Bank technical paper* 55, Washington, 1988.

TEIXEIRA, M. G. et al. Análise dos relatórios de impactos ambientais de grandes hidrelétricas no Brasil. In: MÜLLER-PLANTENBERG, C.; AB'SÁBER, A. N. (Org.). *Previsão de impactos.* São Paulo: Edusp, 1994. p. 163-186.

TENNØY, A.; KVÆRNER, J.; GJERSTAD, K. K. Uncertainty in environmental assessment predictions: the need for better communication and more transparency. *Impact assessment and project appraisal*, v. 24, n. 1, p. 45-56, 2006.

THEYS, J. *L'Environnement à la recherche d'une définition.* Institut Français de l'Environnement, Note de Méthode n. 1, 1993.

THIBAULT, A. *Comprendre et planifier la participation publique.* Montreal: Bureau de Consultation de Montreal, 1991.

THOMPSON, M. A. Determining impact significance in EIA: a review of 24 methodologies. *Journal of environmental management*, n. 30, p. 235-250, 1990.

TOMLINSON, P. The use of methods in screening and scoping. In: CLARK, B.D. et al. (Org.). *Perspectives on environmental impact assessment.* Dordrecht: D. Riedel, 1984. p.163-194.

_____. What is the alternative? A practitioner's response to Benson. *Impact assessment and project appraisal*, v. 21, n. 4, p. 275-277, 2003.

REFERÊNCIAS BIBLIOGRÁFICAS

TOYNE, P. *The reluctant nation. Environment, law and politics in Australia.* Sydney: ABC Books, 1994.

TREMBLAY, A.; LUCOTTE, M.; HILLAIRE-MARCEL, C. Mercury in the environment and in hydroelectric reservoirs. In: *Great whale environmental assessment background paper,* n. 2. Montreal: Great Whale Public Review Support Office, 1993.

TREWEEK, J.; LANDSBERG, F. Ecosystem services. In: THERIVEL, R.; WOOD, G. (Org.). *Methods of environmental and social impact assessment.* Abingdon: Routledge, 2018, p. 298-329.

TUCCI, C. E. M.; MENDES, C. A. *Avaliação ambiental integrada de bacia hidrográfica.* Brasília: Ministério do Meio Ambiente, 2006.

TUNDISI, J. Construção de reservatórios e previsão de impactos ambientais no baixo Tietê: Problemas limnológicos. *Biogeografia* 13, p. 1-19, 1978. (Instituto de Geografia da Universidade de São Paulo).

TURLIN, M.; LILIN, C. Les etudes d'impact sur l'environnement: l'expérience française. *Aménagement et nature,* n. 102, p.4-7, 1991.

UICN – UNIÃO INTERNACIONAL PARA A CONSERVAÇÃO DA NATUREZA/PNUMA, PROGRAMA DAS NAÇÕES UNIDAS PARA O MEIO AMBIENTE/WWF, FUNDO MUNDIAL PARA A NATUREZA. *Cuidando do planeta Terra:* uma estratégia para o futuro da vida. São Paulo: CL-A Cultural, 1991.

UNEP – UNITED NATIONS ENVIRONMENT PROGRAMME. *Environmental impact assessment training resource manual.* Nairobi/Canberra: *UNEP* Environment and Economics Unit/ Australia Environmental Protection Agency, 1996.

_____. *APELL for mining.* Paris: UNEP Technical Report 41, 2001.

USEPA – UNITED STATES ENVIRONMENTAL PROTECTION AGENCY. *Policy and procedures for the review of federal actions impacting the environment.* Washington: EPA Manual 1640, 1984.

_____. *Fundamentals of environmental compliance inspections.* Rockville: Government Institutes, 1989.

USFWS – UNITED STATES FISH AND WILDLIFE SERVICE. *Habitat evaluation procedures (HEP).* Washington: Division of Ecological Services, 102-ESM, 1980.

VANCLAY, F. *Avaliação de impactos sociais:* Guia para avaliação e gestão dos impactos sociais dos projetos. Fargo: IAIA, 2015.

VERDON, R. et al. Mercury evolution (1978-1988) in fishes of the la grande hydroelectric complex, Québec, Canada. *Water, air & soil pollution,* v. 56, n. 1, p. 405-417, 1991.

_____. Évolution de la concentration en mercure des poissons du Complexe La Grande. In: CHARTRAND, N.; THÉRIEN, N. (Org.). *Les enseignements de las phase I du Complexe La Grande.* Hydro-Québec/Université de Sherbrooke, 1992. p. 66-78.

VIELLIARD, J. M. E.; SILVA, W. R. E. Avifauna. In: LEONEL, C. (Org.). *Intervales.* São Paulo: Fundação para a Conservação e a Produção Florestal do Estado, 2001. p. 124-145.

VINCENT, S. Consulting the population: definition and methodological questions. In: *Great Whale Environmental Assessment Background Paper* 10. Montreal: Great Whale Public review Support Office, 1994.

VIOLA, E. O movimento ambientalista no Brasil (1971-1991): da denúncia e conscientização pública para a institucionalização e o desenvolvimento sustentável. In: GOLDENBERG, M. (Org.). *Ecologia, ciência e política.* Rio de Janeiro: Revan, 1992. p. 49-75.

WALKER, D. P. et al. Air. In: THERIVEL, R.; WOOD. G. (Org.). *Methods of environmental and social impact assessment*. 4. ed. New York: Routledge, 2018. p. 102-133.

WALSH, J. World Bank pressed on environmental reforms. *Science*, v. 236, p. 813-815, 1986.

WALTON, T. *Southern Gobi Regional Environmental Assessment*. Mongolia Discussion Papers, East Asia and Pacific Sustainable Development Department. Washington, D.C.: World Bank, 2010.

WANDESFORDE-SMITH, G.; MOREIRA, I. V. D. Subnational government and EIA in the developing world: bureaucratic strategy and political change in Rio de Janeiro: Brazil. *Environmental impact assessment review*, v. 5, p. 223-238, 1985.

WARD, B.; DUBOS, R. *Only one Earth. The care and maintenance of a small planet*. New York: Norton, 1972.

WARNER, L. L.; DIAB, R. D. Use of geographic information systems in an environmental impact assessment of an overhead power line. *Impact assessment and project appraisal*, v. 20, n. 1, p. 39-47, 2002.

WATHERN, P. An introductory guide to EIA. In: WATHERN, P. (Org.). *Environmental impact assessment*: theory and practice. London: Unwin Hyman, 1988a. p. 3-30.

_____. The EIA directive of the European Community. In: WATHERN, P. (Org.). *Environmental impact assessment*: theory and practice. London: Unwin Hyman, 1988b. p. 192-209.

WATTS, R. et al. *Failure of the Teton dam*: geotechnical aspects. International Water Power and Dam Construction, p. 30-31, July 2002.

WCD – WORLD COMMISSION ON DAMS. *Dams and development*: a new framework for decision-making. The report of the World Commission on Dams. London: Earthscan, 2000.

WCED – WORLD COMMISSION ON ENVIRONMENT AND DEVELOPMENT. *Our common future*. Oxford: Oxford University Press, 1987.

WEAVER, A. EIA and sustainable development: key concepts and tools. In: SOUTHERN AFRICA INSTITUTE FOR ENVIRONMENTAL ASSESSMENT. *Environmental impact assessment in Southern Africa*. Windhoek: SAIEA, 2003. p. 3-10.

WEBLER; T.; RENN, O. A brief primer on participation: philosophy and practice. In: RENN, O.; WEBLER, T.; WIEDEMANN, P. (Org.). *Fairness and competence in citizen participation*. Dordrechet: Kluwer, 1995. p. 17-33.

WEEMS, W. A.; CANTER, L. W. Planning and operational guidelines for mitigation banking for wetland impacts. *Environmental impact assessment review*, v. 15, n. 3, p. 197-218, 1995.

WEILL, M. A. M.; SPAROVEK, G. Estudo da erosão na microbacia do Ceveiro (Piracicaba, SP). I - Estimativa das taxas de perda de solo e estudo de sensibilidade dos fatores do modelo EUPS. *Revista Brasileira de Ciência do Solo*, v. 32, n.2, p. 801-814, 2008.

WEINER, K. S. Basic purposes and policies of the NEPA regulations. In: CLARCK, R.; CANTER, L. (Org.). *Environmental policy and NEPA. Past, present and future*. Boca Raton: St. Lucie Press, 1997. p. 61-83.

WEISS, E. H. An unreadable EIS is an environmental hazard. *The environmental professional*, v. 11, p. 236-240, 1989.

WELLES, H. The CEQ NEPA effectiveness study: learning from our past and shaping our future. In: CLARCK, R.; CANTER, L. (Org.). *Environmental policy and NEPA. Past, present and future*. Boca Raton: St. Lucie Press, 1997. p. 193-214.

WENDE, W. Evaluation of the effectiveness and quality of environmental impact assessment in the Federal Republic of Germany. *Impact assessment and project appraisal* v. 20, n. 2, p. 93-99, 2002.

WENDE, W.; HERBERG, A.; HERZBERG, A. Mitigation banking and compensation pools: improving the effectiveness of impact mitigation in project planning procedures. *Impact assessment and project appraisal*, v. 23, n. 2, p. 101-111, 2005.

WESSELS, J. A.; RETIEF, F.; MORRISON-SAUNDERS, A. ppraising the value of independent EIA follow-up verifiers. *Environmental impact assessment review*, v. 50, p. 178-189, 2015.

WESTMAN, W. E. Measuring the inertia and resilience of ecosystems. *BioScience*, v. 28, n. 11, p. 705-710, 1978.

_____. *Ecology, Impact Assessment, and Environmental Planning*. New York: Wiley, 1985.

WIKLUND, H. In search of arenas for democratic deliberation: a habermasian review of environmental assessment. *Impact assessment and project appraisal*, v. 23, n. 4, p. 281-292, 2005.

WILKINS, H. The need for subjectivity in EIA: discourse as a tool for sustainable development. *Environmental impact assessment review*, v. 23, p. 401-414, 2003.

WILMSEN, B. After the Deluge: A longitudinal study of resettlement at the Three Gorges Dam, China. *World Development*, v. 84, p. 41-54, 2016.

WILSON, L. A practical method for environmental assessment audits. *Environmental impact assessment review*, v. 18, p. 59-71, 1998.

WILSON, E.; MINAS, P. Climate and climate change. In: THERIVEL, R.; WOOD, G. (Org.). *Methods of environmental and social impact assessment*. Abingdon: Routledge, 2018, p. 134-163.

WINTERHALDER, K. Early history if human activities in the Sudbury area and ecological damage to the landscape. In: GUNN, J.M. (Org.). *Restoration and recovery of an industrial region: progress in restoring the smelter-damaged landscape near Sudbury, Canada*. New York: Springer-Verlag, 1995. p. 17-31.

WONG, P. P. Coastal tourism development in Southeast Asia: relevance and lessons for coastal zone management. *Ocean & coastal management*, v. 8, n. 2, p. 89-109, 1998.

WOOD, C. Lessons from comparative practice. *Built environment*, v. 20, p. 322-344, 1994.

_____. Screening and scoping. In: LEE, N.; GEORGE, C. (Org.). *Environmental assessment in developing and transitional countries*. Chichester: John Wiley & Sons, 2000. p. 71-84.

WOOD, D. B. A new twist in the Wal-Mart wars. *The Christian Science Monitor*, 12 ago. 2004.

WOOD, G. Thresholds and criteria for evaluating and communicating impact significance in environmental statements: 'see no evil, hear no evil, speak no evil'? *Environmental impact assessment review*, v. 28, p. 22-38, 2008.

WORLD BANK. Environmental assessment sourcebook – Volume I. policies, procedures, and cross-sectoral issues. *World Bank Technical Paper* 139, Washington, 1991.

_____. Environmental assessment: challenges & good practice. *Environment department papers* 18, p. 1-24, 1995a.

_____. *World Bank participation sourcebook*. Washington: Environment Department Papers, 1995b.

_____. Public consultation in the EA process: A strategic approach. *Environmental assessment sourcebook update* 26, p. 1-14, 1999.

_____. *Sample guidelines: cumulative environmental impact assessment for hydropower projects in Turkey*. Energy Sector Management Assistance Program, 2012.

_____. *The World Bank environmental and social framework*. Washington: The World Bank, 2017.

ZHU, T.; LAM, K. C. *Environmental impact assessment in China*. 2. ed. Nankai University/The Chinese University of Hong Kong, 2010.

ÍNDICE REMISSIVO

A

ação judicial 52, 242, 333

acidente 16, 41, 156, 174, 298, 299, 300, 301, 302, 303, 304, 305, 306, 307, 309, 312, 313, 314, 315, 316, 327, 357, 404

acompanhamento (fase de) 5, 145, 148, 220, 244, 397, 428, 429, 433, 442, 445

Acordo de Escazú 58, 389, 390, 430

agência
  de cooperação 52
  de crédito à exportação 65, 67

Agência Canadense de Avaliação Ambiental, Agência Canadense de Avaliação de Impacto 284, 416

Agência de Proteção Ambiental (Estados Unidos) 224, 375, 415

águas subterrâneas 92, 108, 194, 195, 196, 198, 224, 250, 282, 294, 299, 300, 401, 437, 469

Alagoas 324, 326, 420

Alemanha 48, 51, 57, 68, 183, 201, 332, 337, 373

alternativas
  comparação de 127, 128, 134, 136, 248, 265, 268, 272, 376
  formulação de 15, 126, 128, 129, 132, 136, 414

alumínio
  indústria de 225, 227

Amazônia, Amazonas 29, 30, 34, 59, 147, 201, 236, 447, 459, 462, 473

ambiente urbano 202, 237

análise
  multicritério 262, 263

análise preliminar de perigos 307, 309, 310, 311, 312

Angola 48

Antártida 52

aprendizagem 23, 342, 445, 447

aquífero 34, 37, 92, 119, 121, 171, 195, 196, 197, 198, 252, 282, 290, 294

área
  chave de biodiversidade 97
  contaminada 39, 136, 197
  de estudo 113, 126, 136, 140, 142, 143, 160, 178, 182, 183, 187, 188, 189, 191, 194, 196, 198, 200, 201, 203, 204, 205, 208, 211, 212, 218, 228, 233, 234, 250, 270, 271, 272, 282, 283, 287, 290, 355, 361, 377, 449, 450
  degradada 27, 38, 39, 145, 155, 156, 165, 331, 345
  de influência 142, 143, 149, 162, 188, 220, 224, 237, 238, 245, 249, 255, 307, 374, 376, 437, 449, 453
  de preservação permanente 120, 121, 140, 192, 333
  importante para aves 283, 333, 419
  protegida 95, 97, 117, 278, 332, 333, 335, 393, 394, 419
  úmida 50, 76, 97, 116, 117, 118, 120, 121, 144, 251, 252, 276, 300, 330, 331, 333

Argentina 58, 120, 121, 122, 394

aspecto ambiental 30, 32, 33, 41, 72, 158, 170, 222, 223, 234, 235, 258, 298, 320

assoreamento 34, 161, 168, 169, 288, 290, 292

aterro
  de resíduos 57, 63, 108, 131, 156, 157, 191, 195, 298, 394, 419
  sanitário 72, 92, 250

audiência pública 78, 81, 102, 124, 128, 343, 352, 358, 392, 397, 398, 399, 400, 401, 402, 403, 404, 407, 418, 424, 425

auditoria 32, 62, 76, 79, 80, 147, 239, 308, 320, 345, 346, 379, 426, 430, 431, 432, 434, 442, 443, 445
ausência de impacto significativo 102
Austrália 21, 31, 46, 47, 49, 51, 56, 57, 81, 83, 85, 99, 101, 118, 120, 121, 153, 190, 240, 284, 330, 394, 404, 405, 406, 420, 421, 438, 439, 440, 445
automonitoramento 146, 432, 434
Autoridade de Proteção Ambiental (Austrália Ocidental) 83, 99, 120, 121, 405, 438, 445
avaliação
  ambiental estratégica 52, 55, 58, 71, 97, 131, 136
  ambiental inicial 80, 100, 102, 104, 105, 117
  ambiental integrada 284
  de sustentabilidade 71, 320
  ex post 41, 326, 440
ave migratória 56, 188, 283, 333

B
Banco
  Asiático de Desenvolvimento 68, 405
  Interamericano de Desenvolvimento 148, 336
  Mundial 52, 53, 54, 59, 64, 68, 88, 99, 123, 128, 147, 163, 199, 209, 214, 282, 299, 306, 308, 335, 336, 406, 410, 429
  Nacional de Desenvolvimento Econômico e Social 67
Bangladesh 373
barragem
  Barra Grande 206, 377
  Belo Monte 68, 410, 440, 441
  de rejeitos 303, 304
  Eastmain 190
  Foz Tua 264
  Grand Coulee 176
  Ingula 333, 334
  Irapé 241
  Itaipu 26, 59, 90, 97, 327, 329
  Kihansi 204
  La Grande 158, 242, 243
  Malpasset 303
  Nangbéto 231, 233
  Piraju 114, 132, 133, 134, 160, 323, 420
  Rosana 200
  Sainte-Marguerite 3 436
  San Francisco 443
  Santa Isabel 210, 214
  Sobradinho 53, 335, 336
  Tijuco Alto 421
  Três Gargantas 67, 211, 335
  Tucuruí 53, 59, 236, 374, 377
barragem, remoção de 207
barreira antirruído 230, 322, 326, 345
Benin 118
biodiversidade 30, 55, 66, 95, 96, 97, 98, 120, 131, 144, 178, 199, 283, 295, 313, 322, 331, 333, 335, 342, 421
biótopo 120, 200, 201, 202, 214
boas práticas 53, 68, 97, 117, 124, 329, 331, 345, 358, 371, 372, 378, 397, 400, 429, 436

Botsuana 118

C

Canadá 27, 28, 46, 47, 49, 51, 68, 95, 97, 109, 120, 124, 128, 129, 153, 158, 190, 240, 242, 243, 264, 285, 301, 302, 326, 327, 328, 330, 337, 370, 375, 384, 391, 393, 398, 399, 403, 407, 411, 414, 436, 437

canal 129, 158, 159, 161, 183, 267, 270, 317, 324, 327, 329, 352, 367

carste, cárstica 35, 96, 97, 123, 183, 195, 329

carta
  geotécnica 194, 195, 196

caverna 24, 31, 34, 76, 94, 95, 96, 97, 119, 121, 157, 183, 192, 212, 213, 217, 290, 292

celulose, indústria de 58, 128, 304

cenário 143, 156, 190, 199, 218, 224, 234, 236, 271, 282, 283, 286, 287, 288, 289, 290, 291, 295, 304, 307, 308, 312, 313, 315

cerrado 59, 192

Cetesb – Companhia Ambiental do Estado de São Paulo 39, 116, 196, 226, 227, 302, 304, 305, 306, 315

céu escuro 120, 123, 124

Chile 48, 101, 143, 410, 411

China 47, 51, 67, 68, 101, 211, 251, 303, 335, 428

cimento, indústria de 245, 325

Colômbia 47, 51, 122, 410

Colúmbia Britânica 49, 97, 411

Comissão
  Econômica das Nações Unidas para a América Latina e Caribe - Cepal 389
  Econômica das Nações Unidas para a Europa – Unece 389
  Europeia 46, 110, 115, 147, 372, 373, 375, 380
  Holandesa de Avaliação Ambiental 349, 366, 375, 416, 417

comparação paritária 261, 262

componente
  ambiental ou social selecionado 279
  ambiental relevante 279, 378

comunidade
  afetada 66, 67, 113, 153, 177, 178, 207, 263, 284, 337, 342, 407, 410, 438, 441
  indígena 66, 67, 144, 214, 263, 282, 288, 337, 407, 438, 440, 441

conflito 22, 58, 97, 164, 263, 265, 269, 317, 336, 382, 396, 399, 401, 406, 419, 420, 421, 422, 423, 424, 425, 426, 437

conhecimento
  ecológico tradicional 214, 215, 441
  e informação 75, 186, 199, 216, 230, 286, 342, 353, 359, 431, 438
  local 117, 124, 125, 162, 216, 397

Conselho
  de Qualidade Ambiental (Estados Unidos) 44, 82, 110, 252, 284, 356, 415
  Estadual do Meio Ambiente – Consema (São Paulo) 133, 417
  Nacional do Meio Ambiente – Conama (Brasil) 47

consentimento livre, prévio e informado 67, 410

consulta
  livre, prévia e informada 66, 410
  pública 50, 54, 62, 67, 70, 72, 78, 80, 81, 83, 84, 111, 114, 115, 144, 146, 147, 149, 153, 286, 316, 327, 339, 345, 351, 366, 370, 378, 381, 384, 391, 392, 393, 396, 397, 398, 400, 401, 404, 405, 406, 407, 408, 411, 414, 415, 424

controle
  administrativo 375, 415, 425, 426, 437
  externo 76, 352

judicial 98, 99, 385, 415, 418, 425, 426
público 415, 425, 426
social 58, 142, 375, 415, 425, 426
Convenção
169 da OIT 410
174 da OIT 304
de Aarhus 389, 390, 430
de Bonn 57
de Escazú 59, 389, 390, 430
de Espoo 58
de Paris 24, 211
de Ramsar 56, 119, 371
Diversidade Biológica 55
sobre Mudança do Clima 56, 119
coordenador, coordenação (do estudo) 134, 358, 359
Coreia 39
cultura popular 21, 23, 24, 121, 210, 292
custos
acompanhamento 146, 148, 149, 434
audiência pública 147
EIA 146

D
dados
primários 109, 142, 184, 186, 198, 210, 215, 286, 338, 383
secundários 102, 109, 126, 137, 142, 186, 188, 197, 198, 199, 206, 210, 286, 376
Declaração
das Nações Unidas sobre os Direitos dos Povos Indígenas e Tribais 410, 411
de La Palma 123
de Tlaxcala 122
do Rio 55, 389, 408
democracia deliberativa 419
Departamento de Avaliação de Impacto Ambiental – Daia (São Paulo) 133, 271, 435
desastre
de Minamata 298
de Sobradinho 336
em Mariana 303, 304, 315
deslocamento involuntário 66, 153, 206, 292, 333, 335, 338, 374, 407
diagrama
causal descritivo 175
de interação 174, 175, 176
direitos
difusos 390
humanos 66, 67, 337, 388, 389, 410
Diretiva (Europeia)
nº 79/409/CEE - aves 330
nº 92/43/CEE – hábitats 330
nº 2012/18/EU - Seveso 304
nº 2014/52/EU – avaliação de impacto 46
discricionariedade 98, 99, 379
dispersão 33, 36, 63, 116, 143, 160, 221, 224, 225, 226, 227, 287, 292, 298, 302, 307, 312, 313, 326, 329
dissonância cognitiva 316, 353

dragagem 129, 161, 183, 238, 288, 324, 325
drenagem ácida 234, 241, 438
duto 31, 119, 194, 195, 196, 269, 271, 298, 300, 301, 302, 322, 342

E
efetividade 61, 71, 108, 112, 115, 415, 420, 426, 428, 429, 445
eficácia 73, 76, 145, 152, 250, 293, 315, 326, 327, 328, 341, 345, 350, 356, 367, 379, 428,
  433, 435, 436, 445
eficiência 66, 82, 98, 114, 377, 379, 383, 405, 442
engajamento 47, 66, 91, 125, 140, 207, 216, 342, 344, 388, 393, 398, 405, 406, 407, 409
Equador 443
equipe multidisciplinar 21, 54, 62, 77, 81, 139, 141, 142, 143, 152, 154, 160, 163, 189,
  191, 211, 248, 256, 262, 264, 351, 357, 372
erosão 29, 30, 33, 34, 35, 37, 38, 160, 165, 174, 194, 195, 215, 231, 269, 288, 303
escala
  de mapas 115
  espacial de avaliação 255
Escócia 235
Escritório de Audiências Públicas Ambientais - BAPE (Quebec) 402, 403
Espanha 46, 47, 49, 51, 56, 99, 158, 163, 341, 373
espécies ameaçadas 97, 125, 204, 282, 313, 360, 445
Estados Unidos da América 25, 34, 40, 44, 46, 48, 49, 50, 51, 52, 54, 67, 76, 81, 88,
  93, 95, 101, 102, 109, 110, 111, 121, 165, 166, 190, 201, 203, 224, 233, 237, 240, 252,
  255, 264, 276, 282, 284, 285, 295, 330, 331, 342, 348, 358, 370, 373, 375, 380, 425,
  426
estaleiro 324, 326, 420
estudo ambiental preliminar 99
estudo ambiental simplificado 63, 101
estudo de análise de risco 306, 317
estudo de impacto ambiental
  análise 300
  definição 136, 152
  qualidade 32
estudo de viabilidade técnica, econômica e ambiental 140
etanol, usina de 161

F
ferrovia 148, 190, 230, 257, 258, 282, 327, 404, 434, 435, 438
Finlândia 58, 373
fracionamento (de projetos) 98, 280
fragmentação 66, 161, 174, 200, 203, 209, 236, 237, 254, 289, 293, 322, 323, 331, 345
França 47, 48, 49, 50, 120, 130, 162, 243, 301, 303, 328, 329, 375
fraturamento hidráulico 152, 210
funções
  ambientais 178
  da natureza 177, 178
  dos ecossistemas 38

G
gás
  convencional 282
  de xisto 152, 210, 282
geleira 120, 121
Grécia 46, 373

H

hábitat
  crítico 97, 293
  evaluation procedure 201, 203
  fragmentação de 161, 200, 254, 331
hidrelétrica 44, 59, 72, 93, 104, 114, 131, 133, 160, 187, 190, 206, 212, 236, 241, 250, 264, 277, 285, 321, 333, 334, 374, 377, 420, 433, 435, 436, 441, 443
hidrovia 109, 184, 236, 288, 359, 417
hipermercado 237
Holanda 47, 55, 67, 104, 127, 153, 207, 262, 266, 267, 328, 331, 366, 370, 375, 384, 414, 426
Hong Kong 48, 51, 202, 250, 251, 313, 379, 434, 435, 438, 443

I

IAIA - International Association for Impact Assessment 40
Ibama - Instituto Brasileiro do Meio Ambiente e dos Recursos Naturais Renováveis 62, 95, 117, 174, 324, 366, 379, 417
impacto
  cumulativo 99, 277, 286
  direto 253, 255, 257, 294
  distribuição espacial 188, 220, 228, 230, 245, 255, 257, 269, 273
  distribuição temporal 220, 230, 232, 245
  indireto 176, 236, 253, 254
  irreversível 253
  permanente 254
  residual 156, 264, 331
  significativo 29, 53, 63, 67, 75, 76, 83, 88, 89, 91, 92, 93, 94, 97, 98, 100, 102, 108, 112, 140, 155, 165, 183, 206, 218, 241, 248, 260, 263, 272, 276, 282, 323, 324, 326, 331, 344, 346, 350, 378, 380, 388, 410, 414, 418, 419, 425, 434
  temporário 230, 253, 254
  transfronteiriço 58
incerteza 143, 161, 168, 183, 221, 224, 233, 239, 244, 245, 249, 255, 283, 286, 287, 290, 320, 340, 429, 433, 440
indicador
  definição 221
  exemplos 223
indígenas 37, 54, 66, 67, 95, 153, 176, 177, 213, 214, 263, 282, 288, 337, 407, 410, 411, 416, 438, 440, 441
Indonésia 47, 53, 120, 121
infraestrutura verde 131
Instituto Socioambiental 440, 441
Irlanda 373
ISO (normas)
  ISO 14.001 29, 32, 41, 75, 79, 170, 315, 321, 438, 442
  ISO 14.031 79, 222, 320
  ISO 19.011 79, 431
  ISO 26.000 79
  ISO 31.000 79, 314
Itaipu 26, 59, 90, 97, 327, 329
Itália 48, 298, 301, 303
IUCN - União Internacional para a Conservação da Natureza e seus Recursos 123, 204, 205, 293

ÍNDICE REMISSIVO

J
Japão 48, 51, 57, 120, 298, 394, 419
Jordânia 282, 283
justiça ambiental 45, 50, 110, 127, 348, 378, 385, 389, 390, 400, 410, 424, 426, 437

L
Lei Complementar nº 140, de 8 de dezembro de 2011 62
Lei Federal
  nº 3.924, de 26 de julho de 1961 – monumentos arqueológicos e pré-históricos 211
  nº 6.803, de 2 de julho de 1980 – áreas críticas de poluição 61
  nº 6.938, de 31 de agosto de 1981 – Política Nacional do Meio Ambiente 59, 62, 417
  nº 7.347, de 24 de julho de 1985 – interesses difusos 390
  nº 9.985 de 18 de abril de 2000 – Sistema Nacional de Unidades de Conservação 94
  nº 10.257, de 10 de julho de 2001 – Estatuto da Cidade 64
  nº 10.650, de 16 de abril de 2003 – acesso à informação ambiental 389
  nº 11.428 de 22 de dezembro de 2006 – Mata Atlântica 94, 330
  nº 12.334, de 20 de setembro de 2010 – segurança de barragens 308
  nº 12.651, de 25 de maio de 2012 - Código Florestal 330
licença social 396
licenciamento ambiental 59, 60, 62, 63, 72, 73, 78, 79, 80, 81, 90, 93, 94, 144, 156, 283, 284, 285, 306, 307, 321, 333, 339, 342, 352, 370, 379, 392, 399, 417
linha de transmissão 108, 127, 131, 158, 237, 271, 285, 322
lista
  de verificação 163, 165, 166, 179, 358, 379, 380
  negativa 76, 104
  positiva 76, 79, 82, 83, 84, 93, 94, 103, 104, 105, 390
loteamento 195, 234, 235
lugares de memória 24, 31

M
Malásia 47
manguezal 26, 31, 125, 313
mapa
  de ruídos 230, 231, 232
  de vulnerabilidade de aquíferos 197
  geotécnico 196
Mata Atlântica 94, 95, 97, 118, 203, 209, 218, 330
matriz
  de identificação de aspectos e impactos 173
  de identificação de impactos 168, 169, 171
  de Leopold 166, 167
  de risco 259, 260, 311
mercúrio 242, 243, 298, 299, 437, 438
metrô 126, 127, 408
México 47, 96, 101, 122, 143, 301, 302, 306, 373, 382
Minamata 298
mina, mineração
  de bauxita 169
  de calcário 176
  de carvão 158
  de cobre 97, 282

de ferro 405, 406
de fluorita 243
de rocha fosfática 113
de urânio 21, 241
Minas Gerais 35, 60, 113, 202, 213, 241, 282, 283, 303, 304, 315, 339, 417, 440
Ministério Público 133, 284, 322, 352, 371, 375, 390, 410, 425, 437, 440
mitigação
  conceito 322
  hierarquia de 66, 145, 214, 322, 333, 335, 336
Moçambique 48, 77, 101, 338
modelagem, modelo 184, 188, 216, 217, 224, 226, 227, 228, 232, 233, 236,
      237, 238, 239, 243, 245, 287, 357, 438
monitoramento 39, 74, 75, 79, 80, 81, 93, 112, 145, 146, 147, 148, 182, 187,
      198, 221, 229, 239, 240, 241, 243, 244, 245, 283, 284, 288, 294, 314, 320,
      321, 326, 327, 339, 341, 342, 344, 355, 373, 377, 378, 414, 415, 430, 431,
      432, 434, 435, 436, 437, 438, 440, 442, 444, 445
monumento histórico 122
mudanças climáticas 28, 56, 119, 120, 121, 124, 131, 198, 276, 293, 295, 416
multicritério (análise) 262

N
Namíbia 116, 354
National Environmental Policy Act – NEPA (Estados Unidos) 40, 44, 415
negociação 40, 55, 71, 72, 130, 269, 340, 393, 399, 401, 407, 409, 414, 419,
      420, 421, 422, 423, 424, 429
Nicarágua 214
nível de pressão sonora 217, 229
Noruega 244, 410
Nova Zelândia 46, 47, 51, 120, 216

O
objetivos de desenvolvimento sustentável 320
oleoduto 110, 298, 398
ônus e benefícios 72, 253
Organização das Nações Unidas - ONU 56, 304, 320, 389
Organização das Nações Unidas para a Educação, Ciência e Cultura -
      Unesco 24, 97
Organização Internacional do Trabalho - OIT 301, 410
Organização Mundial da Saúde – OMS 209
Organização para Cooperação e Desenvolvimento Econômico - OCDE 52
organizações
  da sociedade civil 348, 378, 399, 418, 445
  não governamentais (ONGs) 53, 186, 320, 329, 351, 417, 435, 440

P
Padrões Ambientais e Sociais
  1 Avaliação e Gestão de Riscos e Impactos Ambientais e Sociais 306
  4 Saúde e segurança da comunidade 66, 300
  5 Aquisição de Terras, Restrições ao Uso da Terra e Reassentamento
      Involuntário 336
  7 Povos indígenas 66, 214, 410
  10 Engajamento de Partes Interessadas e Divulgação de Informações 406
Padrões de Desempenho sobre Sustentabilidade Socioambiental
  1 Avaliação e gestão de impactos e riscos ambientais e sociais 66, 75,
      285, 306, 343, 407, 434, 438
  2 Trabalho e condições de trabalho 66

3 Eficiência no uso de recursos e prevenção da poluição 66

4 Saúde e segurança da comunidade 66, 209, 300

6 Conservação de biodiversidade e gestão sustentável de recursos naturais vivos 66, 97, 98, 178, 199, 203

7 Povos indígenas 66, 214, 410

8 Patrimônio cultural 66

paisagem 26, 31, 50, 51, 64, 90, 114, 122, 131, 133, 155, 158, 162, 165, 167, 174, 189, 200, 201, 203, 244, 251, 254, 256, 266, 267, 322, 327, 337

paisagem cultural 122

Panamá 159

Pantanal 322, 417

Pará 36, 37, 207, 213

parque eólico 126, 127, 235, 264, 283, 285

Parque Estadual (São Paulo)

  Ilha do Cardoso 118

  Intervales 184

  Serra da Cantareira 108

  Serra do Mar 184, 333, 435

Parque Nacional

  Banff (Canadá) 327, 328

  Franklin-Gordon Wild Rivers (Austrália) 394

  Kakadu (Austrália) 21, 440

  Kruger (África do Sul) 119

  Sete Quedas (Brasil) 26, 90, 97, 373

partes interessadas 66, 70, 91, 109, 113, 116, 125, 134, 221, 259, 263, 265, 286, 289, 292, 295, 317, 320, 321, 344, 346, 348, 351, 388, 397, 405, 406, 407, 408, 409, 414, 429, 430, 437, 438

participação pública

  definição 389

  escalas 391

  fase de acompanhamento 393

passagem

  de fauna 345

  de peixes 327

patrimônio

  arqueológico 160, 188, 211, 268, 291, 339, 340

  cultural 23, 24, 54, 66, 78, 96, 133, 145, 210, 211, 214, 300, 333, 376, 410

  espeleológico 95, 119, 183, 290

  geológico 211, 212

  histórico 24, 95, 127, 163, 213, 290

  imaterial 24, 121, 210, 290

  mundial 97, 121, 122, 440

  natural 26, 64, 95, 121, 211, 218, 283

pedreira 156, 234, 417, 425

pequena central hidrelétrica 133

petróleo 28, 97, 115, 116, 118, 123, 129, 148, 162, 164, 188, 215, 269, 298, 300, 302, 304, 306, 311, 313, 314, 316, 354, 311, 373

plano

  de atendimento a emergências 314, 315

  de gerenciamento de riscos 307

  de gestão ambiental 83, 142, 145, 146, 182, 315, 319, 320, 321, 336, 344, 443, 445

  de monitoramento ambiental 436

  de reassentamento 66, 336, 338

  de trabalho 59, 77, 83, 102, 115, 133, 139, 140, 142, 186, 208 plataforma continental 116, 164, 354

plebiscito 237, 391, 394

Política Nacional do Meio Ambiente (Brasil) 47, 59, 61, 62, 417

poluição
  da água 252, 300
  do ar 60, 299
  do solo 161
  luminosa 123, 124, 280, 326, 331
  sonora 25, 217, 223, 228, 229, 230, 238

porto, terminal portuário 90, 129, 161, 170, 267, 280, 285

Portugal 48, 63, 95, 109, 119, 120, 122, 126, 190, 264, 321, 326, 329, 354, 366,
    373

precaução (princípio da) 114

Princípio
  10 (da Declaração do Rio) 389, 408
  17 (da Declaração do Rio) 55
  da precaução 114

Princípios do Equador 64, 65, 67, 88, 99, 370, 407, 426, 431

Programa das Nações Unidas para o Meio Ambiente - PNUMA, Unep 61,
    73, 315

programas ambientais 147, 149, 314, 340, 342, 355, 442, 443

Protocolo de Madrid 102

Q

qualidade ambiental 26, 29, 31, 32, 41, 55, 73, 129, 142, 143, 146, 254, 292,
    315, 320, 331, 346, 374, 382

quilombo, quilombola 95

R

radiações
  ionizantes 199, 299

Ramsar 56, 57, 97, 118, 119, 371

reabilitação 38, 439

reassentamento 23, 54, 66, 187, 206, 335, 336, 337, 338

recifes de coral 117, 313, 324

recuperação de áreas degradadas 38, 155, 156, 345

redes de interação 174, 176, 179

regeneração 29, 36, 39, 94, 97, 238, 361

Reino Unido 25, 51, 76, 104, 126, 211, 284, 359, 373, 414, 428

Relatório Ambiental Preliminar (RAP) 63, 80, 102, 117, 136

remediação 39, 129, 136, 302

renaturalização 39

represa 20, 90, 243, 244, 335

resiliência 27, 28, 39, 91, 92, 99, 124, 183, 292, 293

resolução de disputas 423, 424

resolução espacial 192, 257

rio
  Alligator (Austrália) 440
  Araguaia 108, 109, 210
  Athabasca (Canadá) 128
  Bow (Canadá) 327
  Columbia (Estados Unidos) 176
  Cupari 277, 278
  das Antas 159
  Douro (Portugal) 122, 264
  Jequitinhonha 241

Kihansi (Tanzânia) 204
Madeira 34
Mono (Togo) 231
Paraná 60, 90, 374
Paranapanema 114, 132, 133
Pelotas 206, 377, 378
Ribeira de Iguape 24, 212, 421
São Francisco 53, 130, 159, 276, 277, 335, 417
São Lourenço (Canadá) 129, 433
Tapajós 277
Tatshenshini (Canadá) 97
Tejo (Portugal) 326
Tietê 59
Trombetas 36, 37
Uruguai 58
Vaal (África do Sul) 333
Xingu 440, 441
Yangtsé (China) 303
Rio+20 58
Rio-92 55
Rio de Janeiro (Estado) 25, 60, 61, 63, 80, 81, 116, 119, 122, 162, 389, 400
risco
agudo 300
conceito de 304
crônico 300
de crédito 67
de imagem 67
gerenciamento de 305, 307, 316
socioambiental 314, 370
tecnológico 301, 308
rodovia 31, 32, 34, 54, 59, 92, 93, 108, 131, 136, 148, 160, 161, 217, 224, 226, 227, 230, 237, 242, 252, 254, 265, 278, 280, 285, 299, 300, 303, 322, 323, 324, 325, 327, 328, 329, 331, 333, 420, 435, 446
Rondônia 34, 35
Roraima 34, 35
ruído 32, 33, 89, 90, 158, 171, 198, 199, 208, 217, 223, 224, 228, 229, 230, 231, 232, 238, 245, 266, 280, 299, 331, 349, 351, 359, 435, 446

S
Santa Catarina 377, 437
São Paulo (Estado) 81, 96, 102, 108, 115, 117, 196, 200, 212, 218, 222, 227, 267, 272, 304, 305, 306, 314, 325, 394, 399, 402
São Paulo (município) 126, 224
saúde 23, 25, 26, 31, 40, 56, 66, 90, 131, 144, 175, 176, 183, 186, 206, 209, 210, 222, 228, 243, 249, 251, 255, 280, 292, 298, 299, 300, 304, 305, 310, 314, 315, 339, 343, 348, 382, 393, 438
sedimentos contaminados 129
serviços ecossistêmicos 66, 121, 125, 131, 178, 179, 206, 214, 215, 300, 333, 336
Seveso 298, 301, 304
sistema
de avaliação de impacto ambiental 70, 88, 94
de gestão ambiental e social (SGAS) 344
de gestão ambiental (SGA) 66, 75, 157, 163, 170, 265, 429, 438, 443
de gestão integrada (SGI) 314, 343
de informação geográfica (SIG) 266, 269

sítio arqueológico 211, 335
solo
  agrícola 119
  uso do 34, 35, 60, 74, 103, 104, 117, 140, 141, 156, 162, 164, 189, 192, 193,
    225, 228, 238, 270, 271, 272, 276, 283, 306, 323, 394
soluções baseadas na natureza 128, 131
Suíça 68, 302
supervisão ambiental 79, 148, 431, 432, 434

T

Tailândia 276, 423
Tanzânia 204
TCU – Tribunal de Contas da União 148, 342, 379, 434
termelétrica 126, 131, 188, 282, 394
termos de referência 77, 78, 80, 84, 109, 114, 115, 116, 118, 123, 125, 130,
    133, 134, 139, 147, 184, 185, 191, 198, 200, 214, 215, 216, 221, 338, 355,
    358, 359, 361, 362, 370, 371, 372, 377, 378, 397, 401, 407, 414, 416, 420,
    425, 445
Togo 231, 233
trecho de vazão reduzida 114, 440
Tucuruí 53, 59, 236, 374, 377
túnel 133, 323, 331, 442
turismo, turístico 26, 58, 94, 96, 102, 109, 118, 120, 121, 133, 184, 250, 276,
    292, 294, 335

U

Unesco 24, 97, 121, 122, 123
União Europeia 46, 93, 147, 304, 330
Uruguai 48, 58, 143, 284
usina
  hidrelétrica 59, 72, 93, 114, 131, 133, 160, 187, 206, 212, 241, 250, 277, 285,
    333, 334, 377, 420, 433, 435, 436, 443
  termelétrica 156

V

vazamento , 28, 33, 215, 298, 300, 302, 311, 33, 311, 312, 314
vazão 34, 36, 114, 130, 133, 144, 194, 197, 198, 205, 231, 233, 234, 277, 288,
    290, 292, 328, 345, 440, 441
viabilidade ambiental 70, 72, 77, 88, 128, 132, 140, 298, 372, 388, 396, 417,
    420
vibrações 25, 32, 171, 234
vulnerabilidade 91, 92, 95, 96, 103, 104, 117, 183, 194, 195, 196, 197, 236,
    293, 306, 307
vulnerável, vulneráveis
  espécies 204
  grupos 153, 209, 255, 339, 396, 407
  populações humanas 186

Z

Zimbábue 35
zoneamento 61, 63, 74, 76, 84, 90, 92, 93, 97, 103, 104, 105, 140, 276